STRUKTUR DER MATERIE
IN EINZELDARSTELLUNGEN

HERAUSGEGEBEN VON
M. BORN - GÖTTINGEN UND J. FRANCK - GÖTTINGEN

XIII

DIE QUANTENSTATISTIK

UND IHRE ANWENDUNG AUF DIE ELEKTRONENTHEORIE DER METALLE

VON

LÉON BRILLOUIN
PROFESSOR DER THEORETISCHEN PHYSIK
AN DER SORBONNE IN PARIS

AUS DEM FRANZÖSISCHEN ÜBERSETZT VON
DR. E. RABINOWITSCH
GÖTTINGEN

MIT 57 ABBILDUNGEN

SPRINGER-VERLAG BERLIN HEIDELBERG GMBH
1931

ISBN 978-3-642-52547-6 ISBN 978-3-642-52601-5 (eBook)
DOI 10.1007/978-3-642-52601-5

URSPRÜNGLICH ERSCHIENEN BEI JULIUS SPRINGER IN BERLIN 1931

Vorwort.

Wenn ich zu der deutschen Auflage meines Buches über die Quantenstatistik einige Begleitworte schreiben soll, so muß ich mit dem Ausdruck meines Dankes an die Kollegen M. Born und J. Franck beginnen, die mir die Gastfreundschaft in ihrer berühmten Monographiensammlung gewährt haben. Ich empfinde tief die Ehre, die sie mir damit erweisen und spreche ihnen meinen lebhaftesten Dank aus.

Die deutsche Auflage unterscheidet sich sehr stark von der französischen. Ich habe die Gelegenheit benutzt, um die Darstellung an vielen Stellen zu verbessern. So wurde z. B. das *dritte* Kapitel, das sich mit dem Verhältnis der Quantenstatistik zu der neuen Quantenmechanik befaßt, von Grund aus verändert. Doch lag mir daran, in diesem Teil der Darstellung elementar zu bleiben. Der ganze erste Teil des Buches sollte so gehalten werden, daß er einem Studierenden verständlich sein könnte, der sich zum erstenmal mit den hier behandelten Problemen befaßt. Auch wollte ich mich nicht in die Gebiete vertiefen, die das Hauptthema des in der gleichen Sammlung erschienenen Buches von Born und Jordan darstellen.

Ziemlich weitgehend waren auch die Veränderungen, die ich im *siebenten* Kapitel vornahm, das der Theorie der freien Elektronen in Metallen in der Sommerfeldschen Fassung gewidmet ist. Vor allem wurde aber das *achte* Kapitel vollständig neu geschrieben. Dieses behandelt die wellenmechanische Theorie der Metallelektronen. Ich habe eine von mir in dem „Journal de Physique“ neuerdings veröffentlichte Arbeit benutzt, um die Grundhypothesen der Theorie in einer möglichst logischen Form zu entwickeln. Anschließend habe ich das gesamte Problem der Leitfähigkeiten nochmals durchgenommen, wobei zuerst der Standpunkt von Bloch und dann die Kritik von Peierls wiedergegeben wurden.

Die Integralgleichung von BLOCH konnte von mir auf einen allgemeinen Typus von VOLTERRA zurückgeführt werden. Leider ist dieser nur wenig untersucht; und die klassische Lösungsmethode durch *iterierte Kerne* ist in Ermangelung eines Konvergenzbeweises schwer anwendbar. Ich sah mich daher genötigt, bei der praktischen Diskussion Näherungsmethoden zu benutzen: eine Reihenentwicklung für hohe Temperaturen und eine schrittweise Näherung für tiefe. GRÜNEISEN hat bemerkt, daß die von BLOCH für tiefe Temperaturen gegebene Lösung stetig in die Lösung für hohe Temperaturen übergeht und eine gute Darstellung der experimentellen Ergebnisse in den weitesten Temperaturgrenzen erlaubt. Erst bei sehr hohen Temperaturen zeigen sich Abweichungen. Dieses Ergebnis, das BLOCH nicht abzuleiten vermochte, konnte von mir ohne besondere Schwierigkeiten theoretisch gedeutet werden.

Ich habe versucht, auch die Theorie der Wärmeleitfähigkeit und der thermoelektrischen Effekte in demselben Rahmen zu bringen. Die Untersuchung dieser letzten Effekte erfordert allerdings eine zweite Näherung in der Lösung der Integralgleichung, die nur schwierig zu gewinnen ist.

Ich habe dann die PEIERLSsche Kritik wiedergegeben und die mögliche Rolle der „Umklappvorgänge" zu schildern versucht. Ich bin dabei zu Ergebnissen gelangt, die von den PEIERLSschen stark abweichen. Unter Benutzung seiner eigenen Rechenmethode fand ich für die Umklappvorgänge ein Wahrscheinlichkeitsgesetz, das von dem von PEIERLS abgeleiteten sehr verschieden ist (und keine Stütze für seine Hypothese ergibt).

Auf dem PEIERLSschen Wege komme ich letzten Endes zu einer Proportionalität des Widerstandes mit T^2 und nicht mit T^4, wie er selbst. Dieses Ergebnis ist aber unvereinbar mit der Erfahrung, denn die Versuche führen zu einer Temperaturabhängigkeit des Widerstandes, die am ehesten durch ein T^5-Gesetz wiedergegeben werden kann, wie ihn auch die BLOCHsche Theorie ergibt.

Es scheint mir, daß man daraus auf die Nichtexistenz der PEIERLSschen Umklappvorgänge schließen muß. In der Tat läßt sich leicht zeigen, daß diese Prozesse eine einfache Überlagerung einer BRAGGschen Reflexion und einer normalen Ablenkung darstellen. Die BRAGGschen Reflexionen spielen aber eine ganz besondere Rolle. Sie äußern sich — wie ich zeigen konnte — in

Wirklichkeit darin, daß die DE BROGLIE-Wellen, die sich im Metall ausbreiten können, eine besondere Strukturanomalie aufweisen. Diese Anomalie muß aber von vornherein schon in den Definitionen berücksichtigt werden. Sie gibt den Wellen die Möglichkeit einer freien, ungestörten Ausbreitung. Es ist nicht möglich, die BRAGGschen Reflexionen nur nachträglich als eine besondere Art von Zusammenstößen einzuführen. Ich habe also den Eindruck, daß man die „Umklappvorgänge" in der Theorie weglassen und statt dessen die Rolle untersuchen muß, die die durch BRAGGsche Reflexionen bedingte Anomalien in der Wellenstruktur spielen. Diese Untersuchung kann im Rahmen der BLOCHschen Theorie erfolgen, und ich glaube, daß diese dadurch keine große Veränderung erfahren wird.

Ich hoffe, daß ich in dieser Weise eine zusammenhängende Darstellung der theoretischen Ergebnisse auf diesem Gebiete bringen und die Frage von GRÜNEISEN beantworten konnte, der in den „Leipziger Vorträgen" im Namen der Experimentatoren Auskunft darüber verlangte, ob die Theorie ein T^2-, T^3-, T^4- oder T^5-Gesetz des elektrischen Widerstandes fordere! Ich möchte aber nachdrücklich bemerken, daß ein solches Resumé der theoretischen Vorstellungen nur provisorisch sein kann, da die bestehenden Theorien alle von vereinfachten Annahmen ausgehen. Es ist nicht ausgeschlossen, daß eine vollständigere Untersuchung (etwa die Berücksichtigung der Austauschphänomene!) noch grundlegende Änderungen in unseren Auffassungen bringen wird.

Am Schluß meiner Ausführungen möchte ich mir erlauben, Herrn Dr. RABINOWITSCH für die Mühe zu danken, die er der Übersetzung gewidmet hat. Die zahlreichen Änderungen, die ich am ursprünglichen Text vorgenommen habe, haben seine Arbeit bedeutend erschwert. Herrn G. RATHENAU danke ich für eine gründliche Durchsicht der Korrekturen. Gedankt sei auch der Verlagsbuchhandlung für die traditionelle Güte des Druckes und der Ausstattung des Buches.

Paris, im August 1931.

L. BRILLOUIN.

Inhaltsverzeichnis.

Erstes Kapitel.

Wärmestrahlung. Allgemeine Definitionen; Gesetze von Kirchhoff und Stefan.

1. Schwarzer Körper. Die ersten Versuche über die Strahlung von warmen Körpern haben zur Feststellung folgender grundlegender Tatsachen geführt:

Die Strahlung, die ein Körper aussendet, hängt von seiner Temperatur ab; Temperaturerhöhung bewirkt nicht nur eine Veränderung der gesamten ausgestrahlten Energie, sondern auch eine Änderung ihrer Verteilung auf die verschiedenen Wellenlängen. Das Emissionsvermögen eines Körpers bei einer bestimmten Temperatur geht parallel mit seinem Absorptionsvermögen. Der Körper, der am vollständigsten zu absorbieren vermag („schwarzer Körper“), hat auch das maximale Emissionsvermögen.

Nach der Feststellung dieser Tatsachen ging man zur Untersuchung der Strahlung des schwarzen Körpers in Abhängigkeit von der Temperatur über. Allerdings ist ein „vollkommen schwarzer“ Körper nur eine Fiktion; kein realer Körper vermag Licht von allen Frequenzen vollkommen zu absorbieren. Man kann aber eine Konstruktion angeben, deren Eigenschaften theoretisch den Eigenschaften eines vollkommen schwarzen Körpers sehr nahe kommen müssen.

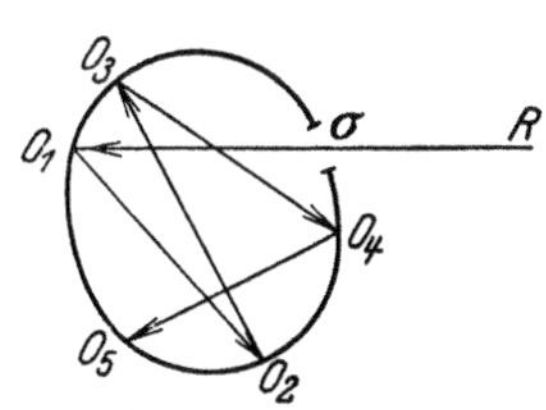

Abb. 1.

Stellen wir uns einen Hohlraum vor, dessen Wände aus irgendeinem merklich absorbierenden Material bestehen. Die Wand soll an einer Stelle eine kleine Öffnung σ aufweisen (Abb. 1). Das Flächenstück σ muß vollkommen schwarz erscheinen. In der Tat: verfolgen wir irgendeinen Strahl R, der durch σ in das Innere des Hohlraumes eintritt. Bei den Reflexionen in O_1, O_2, O_3 usw. wird jeweils ein Teil der Energie des Strahles absorbiert. Nach einer genügenden Anzahl von Reflexionen wird die Intensität des

Strahles praktisch gleich Null. Die Wahrscheinlichkeit dafür, daß ein merklicher Teil der eingestrahlten Energie wieder durch σ hinaustritt, ist sehr gering. Die Öffnung σ spielt also die Rolle einer vollkommen schwarzen Fläche.

Es wird jetzt gefragt: Welche Strahlung emittiert eine solche Öffnung σ bei einer bestimmten Temperatur T? Offenbar die, die den Hohlraum erfüllt, wenn er mit den (bei der Temperatur T befindlichen) Wänden im thermischen Gleichgewicht steht. Diese Überlegung führt uns von der Untersuchung der Emission eines schwarzen Körpers zu der Untersuchung der Strahlung innerhalb eines Hohlraumes mit gleichtemperierten Wänden. Es besteht in der physikalischen Literatur die Gewohnheit, diese Strahlung mit dem nicht sehr schönen Ausdruck „schwarze Strahlung" zu bezeichnen.

2. Strahlung in einem isothermen leeren Raum. Wir betrachten zunächst einen leeren Hohlraum; später werden wir sehen, wie sich die Definitionen ändern, wenn der Hohlraum ein materielles Medium enthält. Auch wenn die Wände überall genau die gleiche Temperatur haben, wird das Innere des Hohlraumes ununterbrochen von Lichtstrahlen aller Frequenzen durchkreuzt, die sich geradlinig fortpflanzen. Wir betrachten die Strahlen, die ein bestimmtes Flächenstück dS durchdringen und deren Richtungen mit der Normalen ON zu dS Winkel bilden, die innerhalb des Winkelelementes $d\Omega$ liegen. In der Zeit dt wird von diesen Strahlen die Energie:

$$dE = J\, dS\, d\Omega\, dt \tag{1}$$

durch dS transportiert. J ist die *Gesamtintensität* der Strahlung. Wir können diese Gesamtstrahlung analysieren[1] und die Energie dE_ν gesondert betrachten, die von Wellen mit den Frequenzen ν bis $\nu + d\nu$ mitgeführt wird:

$$dE_\nu = J_\nu\, d\nu\, dS\, d\Omega\, dt\,. \tag{2}$$

J_ν ist die spezifische Intensität der Strahlung mit der Frequenz ν (genauer mit Frequenzen im Intervall ν bis $\nu + d\nu$). Es gilt offenbar:

$$J = \int_0^\infty J_\nu\, d\nu\,. \tag{3}$$

[1] Eine Welle von beliebiger Form kann stets, nach der Fourierschen Methode, als eine Summe von reinen Sinuswellen mit allen möglichen Frequenzen ν dargestellt werden.

Statt der Intensität der Strahlung können wir die *Energiedichte* ϱ betrachten. Wenn sich eine einzige ebene Welle im Vakuum ausbreitet, so ist:

$$J = \varrho c, \tag{4}$$

wo c die Lichtgeschwindigkeit im Vakuum bedeutet; denn die Energie, die in der Zeiteinheit auf eine Flächeneinheit senkrecht zur Strahlrichtung fällt, ist gleich dem Energiegehalt eines Zylinders mit der Basis 1 cm² und der Höhe c. Die Gesamt-Energiedichte aller Wellen in einem Punkt ist durch die Gleichung:

$$\varrho = \frac{1}{c}\int J\, d\Omega \tag{5}$$

bestimmt. Wenn die Strahlung vollkommen diffus ist, d. h. die gleiche Intensität in allen Richtungen besitzt, so ist:

$$\varrho = \frac{4\pi J}{c}. \tag{5a}$$

Wir werden später oft die Energiedichte der vollkommen diffusen Strahlung von der Frequenz ν (bis $\nu + d\nu$):

$$\varrho_\nu\, d\nu = \frac{4\pi J_\nu}{c}\, d\nu \tag{6}$$

zu betrachten haben; oder auch die Energiedichte der Strahlung mit der Frequenz ν (bis $\nu + d\nu$) und mit einer Fortpflanzungsrichtung, die innerhalb des Raumwinkels $d\Omega$ liegt:

$$\varrho_{\nu\omega}\, d\nu\, d\Omega = \frac{J_\nu}{c}\, d\nu\, d\Omega\,. \tag{7}$$

3. Dispergierendes Medium. Die obigen Definitionen erfahren nicht unwesentliche Abänderungen, wenn man dieselben Betrachtungen auf materielle Medien ausdehnen will. Die realen optischen Medien unterscheiden sich vom Vakuum durch zwei wichtige Eigenschaften: ihr Brechungsindex ist nicht gleich 1; und er hängt von der Frequenz ab. Die zweite Eigenschaft, das *Dispersionsvermögen*, führt zu ziemlich komplizierten Gleichungen für die Wellenausbreitung. Man begnügt sich daher gewöhnlich damit, daß man rein sinusförmige Wellen betrachtet, denen ein einziger Wert des Brechungsindex entspricht. Die dabei gewonnenen Ergebnisse überträgt man oft — unberechtigterweise — auch auf die komplizierteren Fälle einer nichtmonochromatischen Strahlung.

Diese Verallgemeinerung kann zu ungenauen Schlüssen führen. Es sei hier an einige wichtige Erscheinungen erinnert, die auf der Dispersion beruhen:

Die gewöhnlich betrachtete Lichtgeschwindigkeit ist die Geschwindigkeit (V) der *Phasen*fortpflanzung. Sie steht in Beziehung zu der Dielektrizitätskonstante des Mediums $K(\nu)$. Wenn man die magnetische Permeabilität μ gleich der des Vakuums ($\mu_0 = 1$) setzt, so hat diese Beziehung die Form:

$$V = \frac{c}{\sqrt{K(\nu)}}. \tag{8}$$

Die Phasengeschwindigkeit V tritt bei allen Berechnungen der Interferenzerscheinungen auf. Wenn irgendeine Größe — etwa die elektrische Feldstärke — in einem gegebenen Augenblick im Punkt M den Wert $A \cos 2\pi\nu t$ besitzt, so hat dieselbe Größe zur gleichen Zeit in einem Punkt M', der in der Strahlrichtung von M um r entfernt liegt, den Wert:

$$A \cos 2\pi\nu\left(t - \frac{r}{V}\right).$$

Um die Fortpflanzung der *Energie* zu untersuchen, muß man nach der Geschwindigkeit fragen, mit der in einem gegebenen Medium die *Amplitude* der Schwingung fortschreitet. Man betrachte z. B. die Superposition von zwei Wellen mit wenig verschiedenen Frequenzen ν_1 und ν_2:

$$A \cos 2\pi\nu_1\left(t - \frac{r}{V_1}\right) + A \cos 2\pi\nu_2\left(t - \frac{r}{V_2}\right).$$

Wenn man

$$\nu_1 = \nu + \delta\nu \qquad \text{und} \qquad \nu_2 = \nu - \delta\nu$$

setzt, so sieht man leicht ein, daß die Superposition der beiden Bewegungen zum Ausschlag:

$$2A \cos 2\pi\delta\nu\left(t - \frac{r}{U}\right) \cos 2\pi\nu\left(t - \frac{r}{V}\right)$$

führt, worin U durch:

$$\frac{1}{U} = \frac{d\frac{\nu}{V}}{d\nu} \tag{9}$$

definiert ist. Die Amplitudenänderungen $A \cos 2\pi\delta\nu\left(t - \frac{r}{U}\right)$ sind die *Schwebungen*, die sich mit der Geschwindigkeit U fortpflanzen; U ist die sog. *Gruppen*geschwindigkeit.

Etwas schwerer ist es, die Geschwindigkeit S abzuleiten, mit der sich ein *Signal* von der Frequenz ν fortpflanzt[1]. Wir bezeichnen als „Signal" einen Zug von Sinusschwingungen, der in einem bestimmten Augenblick plötzlich einsetzt. Nachdem dieser Zug eine Strecke r durchgelaufen hat, ist er deformiert. Die ersten Anzeichen des Schwingungsvorganges legen den Weg r mit der Lichtgeschwindigkeit c zurück; doch haben diese ersten Schwingungen nur eine verschwindend kleine Amplitude, und die Hauptmenge der Signalenergie bleibt hinter ihnen zurück. Man kann zeigen, daß die Geschwindigkeit, mit der diese Hauptmenge fortschreitet, gleich der Gruppengeschwindigkeit im betreffenden Medium ist, sofern die Frequenz des Signals in keine Absorptionsbande fällt. Innerhalb einer solchen Bande nimmt aber die Gruppengeschwindigkeit einen ganz abnormen Wert an, sie wird unter Umständen unendlich oder sogar negativ. Die Signalgeschwindigkeit besitzt aber auch in diesem Fall einen endlichen positiven Wert, der stets kleiner als c ist; doch ist eine genaue Definition der Signalgeschwindigkeit unter solchen Umständen schwierig. Wenn wir die Absorptionszonen aus der Betrachtung ausschließen, können wir die Gruppengeschwindigkeit U als die Geschwindigkeit ansehen, die für die Fortpflanzung der Lichtenergie maßgebend ist.

4. Energiedichte und Intensität im dispergierenden Medium. Wir müssen nun die Definition der Intensität und der Energiedichte der Strahlung in einem dispergierenden Mittel geben. Es sei eine ebene Welle betrachtet, deren elektrische Feldstärke h mit der Amplitude A schwingt:

$$h = A \cos 2\pi\nu\left(t - \frac{r}{V}\right).$$

In einem nichtdispergierenden Mittel bestimmt sich die Energiedichte ϱ nach:

$$\varrho = \frac{K h^2}{8\pi} + \frac{H^2}{8\pi} = \frac{K A^2}{8\pi}, \qquad V = \frac{c}{\sqrt{K}}. \tag{10}$$

Hier bedeutet H die magnetische Feldstärke. Der zweite Teil der ersten Gleichung (10) ergibt sich aus der Berücksichtigung der Gleichheit der mittleren magnetischen und elektrischen Energie der Schwingung. Die Intensität J einer Welle bestimmt sich

[1] Sommerfeld, A., Ann. Physik **44**, 177—202 (1914). — Brillouin, L., ebenda 203—240.

durch die Menge der von ihr in der Sekunde durch die (senkrecht zur Strahlrichtung gelegene) Flächeneinheit transportierten Energie. Wir erhalten also:

$$J = \varrho V = K V \frac{A^2}{8\pi}. \tag{11}$$

In einem dispergierenden Mittel erhält man etwas andere Formeln. Die Energiedichte ϱ wird von einem Koeffizienten $K_1(\nu)$ abhängen, der von dem oben benutzten $K(\nu)$ verschieden ist.

$$\varrho = K_1(\nu) \frac{A^2}{8\pi}. \tag{12}$$

Um die Intensität J zu definieren, wird man die Energieausbreitungsgeschwindigkeit U_1 einführen müssen:

$$J = K_1 U_1 \frac{A^2}{8\pi}. \tag{13}$$

Wir erhalten auf diese Weise eine allgemeine Methode *zur Definition der Geschwindigkeit U_1 des Energietransportes*: es soll jetzt gezeigt werden, daß diese Geschwindigkeit mit der Gruppengeschwindigkeit U identisch ist, sofern die Frequenz ν nicht in das Gebiet der anomalen Dispersion — d. h. in eine Absorptionsbande — fällt. Um U_1 zu bestimmen, müssen wir den Wert von J finden, d. h. die Energie berechnen, die (in der Zeiteinheit und pro Einheit der Wellenfläche) geliefert werden muß, damit sich der betrachtete Wellenzug erhalten kann. Die Gesetze der Lichtbrechung geben uns die Lösung[1]. Betrachten wir eine ebene Welle mit der Amplitude A_1 und der Frequenz ν, die sich im Vakuum ausbreitet und unter dem Einfallswinkel η_1 auf die ebene Oberfläche fällt, hinter der sich ein Medium mit der Dielektrizitätskonstante K befindet. Dabei wird eine reflektierte Welle entstehen, deren Amplitude wir mit A_1' bezeichnen, und eine gebrochene Welle mit der Amplitude A_2, die unter dem Brechungswinkel η_2 in das Innere des Mediums eindringt. *Die Bedingungen, die bei der Refraktion erfüllt werden müssen* (die Kontinuität der tangentiellen Feldkomponente und der Normalkomponente der elektrischen Induktion), *enthalten nur den Wert $K(\nu)$ und haben für ein dispergierendes Medium dieselbe Form wie bei Abwesenheit der Dispersion.*

---

[1] Brillouin, L., Sur la propagation de la lumière dans un milieu dispersif. C. r. Acad. Sci. Paris **172**, 1167 (1921). Diese Notiz enthält einen Fehler; in Formel (8) ist das Glied $-\int e h d s$ zu streichen.

Die Energie, die in einer Sekunde die Flächeneinheit der trennenden Oberfläche durchdringt, beträgt für ein nichtdispergierendes Mittel:

$$c\left(\frac{A_1^2}{8\pi} - \frac{A_1'^2}{8\pi}\right)\cos\eta_1 = V\frac{KA_2^2}{8\pi}\cos\eta_2. \tag{14}$$

Diese Gleichung drückt das Gesetz der Erhaltung der Energie aus; das erste Glied stellt die Differenz zwischen der Energie der einfallenden und der reflektierten Welle, das zweite Glied bedeutet die Energie der gebrochenen Welle.

Die Gleichung (14) kann direkt aus den Refraktionsgesetzen abgeleitet werden. Sie behält ihre Gültigkeit auch für ein dispergierendes Mittel, da die Refraktionsgesetze dieselben bleiben; doch drückt sie jetzt nicht mehr die Erhaltung der Energie aus. Der Energiesatz lautet im Falle der Dispersion, beim Gebrauch der oben eingeführten Bezeichnungen, folgendermaßen:

$$c\left(\frac{A_1^2}{8\pi} - \frac{A_1'^2}{8\pi}\right)\cos\eta_1 = U_1 K_1 \frac{A_2^2}{8\pi}\cos\eta_2. \tag{15}$$

Der Vergleich von (14) mit (15) führt zu der einfachen Beziehung:

$$U_1 K_1 = VK. \tag{16}$$

Diese Gleichung gibt eine genaue Definition der Geschwindigkeit U_1, mit der sich die Energie fortpflanzt. Sie zeigt, daß man für die Intensität J einer Welle in einem dispergierenden Mittel dieselbe Gleichung benutzen kann wie bei Abwesenheit einer Dispersion, nämlich:

$$J = U_1 K_1 \frac{A_2^2}{8\pi} = VK\frac{A_2^2}{8\pi}. \tag{17}$$

Die Energiedichte hat dagegen in beiden Fällen verschiedene Werte. Im dispergierenden Mittel ist sie durch den Ausdruck:

$$\varrho = \frac{J}{U_1} \tag{17a}$$

bestimmt. Wenn man bestimmte Hypothesen über die innere Struktur des optischen Mittels macht, so kann man leicht K_1 berechnen, und man überzeugt sich, daß U_1 außerhalb der Absorptionsbanden tatsächlich gleich der Gruppengeschwindigkeit U wird. In der klassischen Refraktionstheorie betrachtet man die Materie als aus lauter Elementarresonatoren bestehend, deren

Anzahl in der Volumeneinheit etwa N betragen mag. Man findet dann:

$$K = K_0 + \frac{4\pi N e^2}{m(\omega_0^2 - 2i\omega\varrho - \omega^2)}, \tag{18}$$

$$\frac{c}{V} = \mathrm{Re}\sqrt{\frac{K}{K_0}},$$

worin

$\omega = 2\pi\nu$ ist;

ω_0 die Eigenfrequenz der Resonatoren,

e ihre Ladung und

m ihre Masse,

ϱ die Dämpfungskonstante der Resonatorenschwingung, und

K_0 die Dielektrizitätskonstante des Vakuums bedeutet,

c/V ist der reelle Teil von $\sqrt{K/K_0}$; der imaginäre Teil liefert den Absorptionskoeffizienten. Der Ausdruck für die Gruppengeschwindigkeit ist ziemlich kompliziert. Wenn man aber nur Werte von ω untersucht, die von ω_0 sehr verschieden sind — d. h. wenn man Frequenzen betrachtet, die nicht merklich absorbiert werden — so kann man die Glieder mit ϱ vernachlässigen, und man erhält die Beziehung:

$$\frac{V}{U} = 1 + \frac{4\pi N e^2}{K m}\frac{\omega^2}{(\omega_0^2 - \omega^2)^2} \qquad (\omega \neq \omega_0). \tag{19}$$

Es ist andererseits unschwer, den Ausdruck für die Energiedichte in einer Welle mit der Amplitude A zu bilden; man hat nur die elektrische und die magnetische Feldenergie zu der kinetischen und potentiellen Energie von N Oszillatoren zu addieren (Einzelheiten der Rechnung im Anhang 1). Man erhält in dieser Weise den Ausdruck für K_1, und die Gleichung (16) ergibt:

$$\frac{V}{U_1} = \frac{K_1}{K_r} = 1 + \frac{4\pi N e^2}{K_r m}\frac{\omega^2}{(\omega_0^2 - \omega^2)^2 + 4\varrho^2\omega^2} \tag{20}$$

$$(K_r = \text{reeller Teil von } K).$$

Man sieht, daß die Verhältnisse V/U und V/U_1 bei der Vernachlässigung von Gliedern mit ϱ miteinander identisch werden. Im Gebiet, wo diese Glieder von Bedeutung sind, d. h. im Gebiet der anomalen Dispersion, können dagegen U und U_1 sehr verschieden werden.

Die Abb. 2 zeigt die Änderung von c/V, c/U, c/S und c/U_1 in der Absorptionszone. S ist die in § 3 beschriebene Signalgeschwindigkeit. Allerdings ist die Definition von S in der anomalen Zone schwer genau durchzuführen; je nach der Empfindlichkeit des Anzeigers, den man für die Signalregistrierung benutzt, wird man alle Werte zwischen S und U_1 bekommen können.

Kehren wir jetzt zu der Wärmestrahlung zurück. Die Formeln (4) bis (7), die für ein nichtdispergierendes Medium — das Vakuum — abgeleitet wurden, müssen jetzt vervollständigt werden. Wir können keine allgemeine Formel für die Beziehung zwischen der Gesamtdichte der Energie und der spezifischen Gesamtintensität der Strahlung mehr aufstellen, da K, K_1, U_1 und V nunmehr von der Frequenz abhängen. Wir müssen also in allen Formeln die Frequenz angeben. Wenn die Frequenz in den Grenzen zwischen ν und $\nu + d\nu$ liegt, so können wir schreiben:

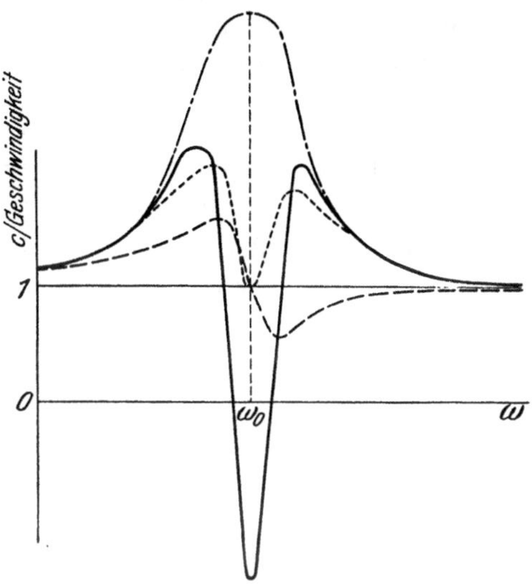

Abb. 2.

- - - - : c/V-Kurve (V = Phasengeschwindigkeit),
——— : c/U-Kurve (U = Gruppengeschwindigkeit),
········ : c/S-Kurve (S = Signalgeschwindigkeit),
- · - · - : c/U_1-Kurve (U_1 = Energietransportgeschwindigkeit).

$$\varrho_{\nu\omega} d\nu d\Omega = \frac{J_{\nu\omega}}{U_1} d\nu d\Omega. \quad (7a)$$

Im Falle einer vollständig diffusen Strahlung und eines vollkommen isotropen Mediums kann diese Gleichung leicht über alle Werte von Ω integriert werden, und man erhält:

$$\varrho_\nu d\nu = \frac{4\pi}{U_1} J_{\nu\omega} d\nu. \quad (6a)$$

Durch Integration über alle ν-Werte kann man die Gesamtenergiedichte ϱ und die Gesamtintensität J bestimmen:

$$\varrho = \int \varrho_\nu d\nu = 4\pi \int \frac{J_{\nu\omega}}{U_1} d\nu; \quad (5a)$$

$$J = 4\pi \int J_{\nu\omega} d\nu.$$

Zwischen ϱ und J existiert aber keine einfache Beziehung mehr.

5. Emission und Absorption. Es sei E_ν der Emissionskoeffizient eines Körpers für die Frequenz ν (bis $\nu + d\nu$). Dieser Koeffizient wird folgendermaßen definiert: Das Volumen $d\tau$ des Körpers emittiert in der Zeit dt innerhalb eines Raumwinkels $d\Omega$ die Strahlung ν (bis $\nu + d\nu$) mit der Energie:

$$dE = E_\nu \, d\tau \, dt \, d\Omega \, d\nu\,; \tag{21}$$

den Faktor E_ν bezeichnen wir als den Emissionskoeffizienten.

Wir definieren außerdem einen Absorptionskoeffizienten α_ν und einen Diffusionskoeffizienten β_ν mittels folgender Beziehungen:

Eine auffallende Welle von der Frequenz ν und Intensität J_ν erleidet beim Durchqueren einer Körperschicht von der Dicke dl eine Abschwächung, die durch den Ausdruck:

$$dJ_\nu = -(\alpha_\nu + \beta_\nu) J_\nu \, dl \tag{22}$$

bestimmt wird. Betrachten wir einfallende Wellen von der Frequenz $\nu\,(d\nu)$[1], deren Strahlrichtungen innerhalb des räumlichen Winkels $d\Omega$ liegen. Die Energiedichte der Welle soll $\varrho_{\nu\omega}$ betragen; der brechende Körper mag die Oberfläche dS (normal zur Strahlrichtung) besitzen, seine Dicke sei dl. Die von diesem Körper in der Zeit dt absorbierte Strahlungsenergie ist — unter Berücksichtigung von (17a) — durch den Ausdruck:

$$dE_a = \alpha_\nu U_1 \varrho_{\nu\omega} \, d\tau \, d\nu \, d\Omega \, dt \tag{23}$$

gegeben. Die allseitig gestreute Energie beträgt dagegen:

$$dE_d = \beta_\nu U_1 \varrho_{\nu\omega} \, d\tau \, d\nu \, d\Omega \, dt\,. \tag{24}$$

In den Gleichungen (23) und (24) ist $d\tau$ das Volumelement $dS\,dl$ des betrachteten Körpers.

Wir können auch eine Definition des Emissionskoeffizienten E und des Absorptionskoeffizienten A für jede gegebene Fläche dS geben. Diese beiden Koeffizienten werden im allgemeinen Funktionen der Frequenz ν, der Temperatur T und des Winkels ϑ sein, den der Strahl mit der Flächennormalen bildet. Nehmen wir an, daß die auffallenden Strahlen von der Frequenz $\nu(d\nu)$ sich innerhalb des Raumwinkels $d\Omega$ befinden und einen mittleren Winkel φ mit der Normalen zur Oberfläche bilden. Die unter diesen Umständen in der Zeit dt emittierte Energie beträgt

$$dE_e = E(\nu, \varphi, T) \, dS \, d\nu \, d\Omega \, dt\,. \tag{21a}$$

[1] Wir wollen zur Abkürzung den Ausdruck „ν bis $\nu + d\nu$“ durch $\nu(d\nu)$ bezeichnen.

Die in der Zeit dt aus einem Strahl von der Intensität $J_{\nu\omega}$ absorbierte Energie beträgt dagegen:

$$dE_a = A(\nu, \varphi, T) J_{\nu\omega} dS\, d\nu\, d\Omega\, dt \quad (23a)$$
$$= A(\nu, \varphi, T) U_1 \varrho_{\nu\omega} dS\, d\nu\, d\Omega\, dt.$$

6. Emissionsvermögen des schwarzen Körpers. Das Emissionsvermögen des schwarzen Körpers kann — wie am Anfang dieses Kapitels angedeutet wurde — aus der Emission einer kleinen Öffnung in der Wand eines isothermen Hohlkörpers bestimmt werden. Es sei dS die Fläche dieser Öffnung, und es sei

$$dS_n = dS \cos\varphi$$

die Projektion dieser Fläche auf die zur Strahlrichtung normale Ebene.

Die Energie der Strahlung $\nu(d\nu)$, die von der Fläche dS in einen Kegel mit dem Raumwinkelelement $d\Omega$ emittiert wird — wobei die Achse des Kegels mit der Flächennormalen den Winkel φ bildet —, beträgt in der Zeit dt:

$$dE_e = J_{\nu\omega} dS_n\, d\nu\, d\Omega\, dt, \quad (25)$$

wo $J_{\nu\omega}$ die spezifische Intensität der Strahlung von der Frequenz ν innerhalb des Hohlraumes bedeutet. Diese Größe $J_{\nu\omega}$ stellt also auch das Emissionsvermögen des schwarzen Körpers bei der Temperatur T dar.

7. Gesetze von LAMBERT und KIRCHHOFF. Betrachten wir einen Hohlraum mit vollkommen spiegelnden, für die Wärme undurchdringlichen Wänden. In diesem Hohlraum sollen außer der Strahlung noch materielle Teilchen von beliebiger Art enthalten sein. Es soll thermisches Gleichgewicht herrschen. Die Entropie hat also den maximalen möglichen Wert erreicht. Durch Anwendung des CARNOTschen Prinzips kann man bestimmte Eigenschaften der Strahlung in diesem Gleichgewichtszustand mit aller Strenge ableiten.

a) *Gesetz von* LAMBERT: An jeder Stelle des Raumes ist die Strahlung „vollkommen diffus"; d. h., die spezifische Intensität ist für alle Strahlrichtungen die gleiche; die spezifische Intensität ist auch für die beiden senkrecht zueinander polarisierten Wellen die gleiche. Aus diesem Gesetz folgt, daß das Emissionsvermögen eines schwarzen Körpers in verschiedenen Richtungen proportional $\cos\varphi$ sein muß — wie dies schon die Formeln des Abschnittes 6 zeigen, wenn man dort J als unabhängig von dem Winkel φ annimmt.

b) *Gesetz der Geschwindigkeiten* (KIRCHHOFF): In einem nichthomogenen Medium ist die spezifische Intensität J_ν der Strahlung von der Frequenz $\nu(d\nu)$ bei der Temperatur T an jeder Stelle eine Funktion der örtlichen Geschwindigkeit der Lichtausbreitung V. KIRCHHOFF hat gezeigt, daß das Produkt $J_\nu V^2$ eine universelle Funktion von ν und T sein muß, die nicht mehr von den individuellen Eigenschaften der verschiedenen Körper abhängt. Bezeichnen wir diese Funktion mit Φ:

$$J_\nu = \frac{1}{V^2}\,\Phi(\nu, T)\,.$$

Daraus folgt:

$$\varrho_\nu = \frac{4\pi}{U_1 V^2}\,\Phi(\nu, T)\,; \tag{26}$$

V = Phasengeschwindigkeit,
U_1 = Energieausbreitungsgeschwindigkeit.

Bei der Formulierung des KIRCHHOFFschen Gesetzes verwechselt man oft die Phasen- mit der Energiegeschwindigkeit. Es wurde oben schon nachdrücklich darauf hingewiesen, daß man in dispergierenden Mitteln zwischen diesen beiden Geschwindigkeiten streng unterscheiden muß.

Betrachten wir ein Medium bei der Temperatur T; sein Emissionskoeffizient sei E_ν, sein Absorptionskoeffizient α_ν. Wir dürfen behaupten, daß das Verhältnis E_ν/α_ν gleich dem Emissionsvermögen des schwarzen Körpers von gleicher Temperatur für die gleiche Frequenz sein muß:

$$\frac{E_\nu}{\alpha_\nu} = J_\nu = \frac{1}{V^2}\,\Phi(\nu, T)\,. \tag{27}$$

Man erhält dieses Gesetz sofort, wenn man die Gleichgewichtsbedingung aufschreibt: der betrachtete Körper, wenn er sich innerhalb des Hohlraumes von der Temperatur T befindet, soll in der Zeit dt ebenso viel Energie von der Frequenz ν aufnehmen, wie er davon in der gleichen Zeit emittiert [vgl. die Formeln (21) und (23)].

In gleicher Weise findet man für die Koeffizienten E und A einer bestimmten strahlenden Fläche (bei bekannter Frequenz, Polarisation, Einfallswinkel und Temperatur) das Verhältnis:

$$\frac{E(\nu, \varphi, T)}{A(\nu, \varphi, T)} = J_\nu = \frac{1}{V^2}\,\Phi(\nu, T)\,. \tag{28}$$

8. Strahlungsdruck. Um die weiteren Eigenschaften der schwarzen Strahlung abzuleiten und die Gesetze von STEFAN und WIEN darzustellen, müssen wir zunächst den Begriff des Strahlungsdruckes einführen.

In der Theorie des elektromagnetischen Feldes wird gezeigt, daß eine Lichtwelle, die im Vakuum senkrecht auf eine spiegelnde Fläche fällt, auf diese den Druck:

$$p = \frac{2J}{V} = 2\varrho \tag{29}$$

ausübt, wo J die Intensität der einfallenden Welle, ϱ ihre Energiedichte und V ihre Fortpflanzungsgeschwindigkeit bedeutet.

Die Emission oder Absorption der Strahlung von der Energiedichte ϱ führt zu einem Druck:

$$p = \varrho\,, \tag{30}$$

dessen Richtung bei der Emission der Strahlrichtung entgegengesetzt ist (Rückstoß), während sie bei der Absorption mit der Strahlrichtung zusammenfällt.

Wenn die ebene Welle auf einen Spiegel nicht senkrecht, sondern unter einem Winkel φ fällt, so beträgt der Strahlungsdruck:

$$p = 2\varrho\cos^2\varphi\,. \tag{31}$$

Wenn ein Hohlraum eine vollkommen diffuse Strahlung enthält, deren Gesamtenergiedichte ϱ beträgt, so übt diese Strahlung auf die Wände des Hohlraumes einen zu der Wandfläche überall senkrechten Druck von der Größe:

$$p = \tfrac{1}{3}\varrho \tag{32}$$

aus. Diese Formel wird aus den vorhergehenden durch Mittelbildung über alle Winkel φ erhalten. Sie behält ihre Gültigkeit für den Fall von vollkommen spiegelnden, wie auch für den Fall von absorbierenden und wiederemittierenden Wänden.

Die angeführten Gleichungen gelten aber nur für den leeren Raum. Breitet sich die Welle in einem materiellen Medium aus, so ist die Formel für den Druck, den diese Welle bei der Reflexion auf den Spiegel ausübt, ziemlich kompliziert. Der Druck hängt von dem Einfallswinkel φ und der Polarisation ab. Für eine vollkommen diffuse Strahlung vereinfacht sich die Formel zu folgendem Ausdruck:

$$dp = \varrho\,d\nu\,\frac{U}{V}\left(\frac{1}{3} + \frac{\partial \log V}{\partial \log d}\right), \tag{33}$$

worin d die Dichte des Mediums, V die Phasengeschwindigkeit, U die Gruppengeschwindigkeit und $\varrho\, d\nu$ die Dichte der Energie von der Frequenz ν (bis $\nu + d\nu$) für alle Richtungen im Raume bedeutet. Eine sehr allgemeine Ableitung dieser Formeln wurde vom Verfasser in einigen Aufsätzen[1] gegeben.

9. Gesetz von Stefan und Boltzmann. Das Stefan-Boltzmannsche Gesetz bestimmt die Änderung des Gesamtemissionsvermögens (integriert über alle Wellenlängen) des schwarzen Körpers bei der Änderung der Temperatur.

Wir führen die Temperatur mit Hilfe der klassischen thermodynamischen Definition ein, indem wir die Forderung aufstellen, daß die Entropie ein vollständiges Differential darstellen muß.

Es sei τ das Volumen eines leeren Hohlraumes, das nur Wärmestrahlung von der Temperatur T enthält. Stellen wir uns vor, daß der Hohlraum die Form eines Zylinders mit vollkommen reflektierenden Wänden besitzt, in dem sich ein vollkommen reflektierender Kolben bewegen kann. Wir führen nun folgende unendlich kleine Veränderung durch:

Wir vergrößern das Volumen des Hohlraumes durch Bewegung des Kolbens um den unendlich kleinen Betrag $d\tau$; und wir variieren die Temperatur um den unendlich kleinen Betrag dT.

Durch ϱ soll wieder die Gesamtdichte der Energie im Volumen τ bezeichnet werden. Die Arbeit, die der Strahlungsdruck bei der Ausdehnung um $d\tau$ leistet, beträgt:

$$dA = \tfrac{1}{3}\varrho\, d\tau\,.$$

Die Änderung der inneren Energie des Systems beträgt:

$$dU = \varrho\, d\tau + \tau \frac{\partial \varrho}{\partial T} dT\,. \tag{34}$$

Bilden wir den Ausdruck für die Variation der Entropie:

$$dS = \frac{dU + dA}{T} = \frac{4}{3}\frac{\varrho}{T} d\tau + \frac{\tau}{T}\frac{\partial \varrho}{\partial T} dT\,. \tag{35}$$

Die Bedingung, daß die Entropie ein vollständiges Differential sein muß, ergibt nun:

$$T\frac{\partial \varrho}{\partial T} = 4\varrho\,, \tag{36}$$

---

[1] Brillouin, L., „La Théorie des solides et les quanta" (Thèse). Ann. de l'École Normale Supérieure **37**, 359—459 (1920), Kapitel V; J. Physique et Radium **6**, 337 (1925) — Ann. Physique **4**, 528 (1925) — Physica, Lorentz-Jubiläumsheft 1925.

woraus folgt

$$\varrho = a\,T^4 .$$

Auch für das Gesamtemissionsvermögen des schwarzen Körpers erhält man einen Ausdruck von der Form:

$$J = A\,T^4; \qquad A = \frac{c\,a}{4\pi} \qquad \text{[vgl. (5')]}. \tag{37}$$

Die Messungen haben dieses Gesetz gut bestätigt. Experimentell wurden folgende Werte von a und A gefunden:

KURLBAUM: $A = 1{,}69 \cdot 10^{-5}$ (c. g. s.), $a = 7{,}06 \cdot 10^{-15}$ (c. g. s.),
FÉRY: $A = 1{,}98 \cdot 10^{-5}$ $a = 8{,}4 \cdot 10^{-15}$.

Aus den angegebenen Formeln können wir auch das Gesetz der adiabatischen Ausdehnung der schwarzen Strahlung ableiten. Es genügt zu diesem Zweck, die Variation der Entropie in (35) gleich Null zu setzen und ϱ durch den Ausdruck aT^4 zu ersetzen. Wir erhalten dann die Beziehung:

$$\frac{4}{3}\frac{\varrho}{T}\,d\tau + \frac{\tau}{T}\frac{\partial\varrho}{\partial T}\,d\,T = 0; \tag{38}$$

$$\frac{1}{3}\frac{d\tau}{\tau} + \frac{d\,T}{T} = 0$$

und daraus:

$$\tau\,T^3 = \text{konst.} \tag{39}$$

Der Exponent 4 in dem STEFANschen Gesetz ist direkt durch den Koeffizienten $\frac{1}{3}$ in der Formel des Strahlungsdruckes bedingt. Lord RAYLEIGH machte schon in einer seiner ersten Arbeiten über den Strahlungsdruck die Bemerkung, daß aus einem Druckgesetz $p = \frac{1}{n}\,\varrho$ das Gesetz $J = A \cdot T^{n+1}$ folgt.

Es ist schwierig, die gleiche Überlegung für materielle Medien durchzuführen, in denen das Druckgesetz (33) gilt. Die Schwierigkeit ist vor allem durch den Umstand bedingt, daß die Lichtgeschwindigkeit in solchen Medien von der Frequenz abhängt; man darf also nicht von der Gesamtstrahlung sprechen, ohne auf ihre Verteilung auf die verschiedenen Spektralbezirke einzugehen. Auch wenn wir die Annahme machen, daß das betrachtete Medium gar keine Dispersion hervorruft (daß also $U = V$ ist), so bleibt immer noch das Glied $\frac{\partial \log V}{\partial \log d}$ übrig, das man berücksichtigen muß. Dieser Fall ist für die Ausdehnung der Wärmestrahlungsgesetze auf die thermischen Eigenschaften der festen Körper von Bedeutung. Das Gesetz von STEFAN wird in diesem Fall, wie der Verfasser gezeigt hat[1], durch ein *Korrespondenzgesetz* ersetzt, das für jeden Körper eine ihm eigene „Bezugstemperatur" oder „charakteristische Temperatur" enthält. Man gelangt auf diesem Wege zu der DEBYEschen Theorie der spezifischen Wärmen.

Zweites Kapitel.

Isotherme Strahlung und Energie eines Oszillators. Das WIENsche Gesetz.

1. Allgemeine Formeln. Das Problem der spektralen Energieverteilung in der isothermen Strahlung ist eng verknüpft mit der Frage nach der mittleren Energie eines Resonators bei gegebener Temperatur. Die Beziehung zwischen der spektralen Intensität und der mittleren Resonatorenenergie lautet:

$$\varrho(\nu, T)\, d\nu = \frac{8\pi\nu^2 u_\nu\, d\nu}{U V^2}. \tag{1}$$

Hier bedeutet $\varrho(\nu, T)$ die Dichte der Strahlungsenergie von der Frequenz $\nu(d\nu)$ bei der Temperatur T; V die Phasengeschwindigkeit, U die Geschwindigkeit des Energietransports (Gruppengeschwindigkeit); u_ν ist die mittlere Energie eines Oszillators von der Frequenz ν bei der Temperatur T.

Für das Vakuum darf man $U = V = c$ setzen.

Es gibt viele Wege zum Beweis der Formel (1). Wir betrachten nur den einen[2] von ihnen, der über die Abzählung der Eigenfrequenzen eines Hohlraumes vom Volumen Θ führt. Wenn die Frequenz ν genügend groß ist, liegen im Bereich von ν bis $\nu + d\nu$ im ganzen dN solche Eigenfrequenzen, wobei dN durch:

$$dN = \Theta \frac{8\pi\nu^2}{U V^2} d\nu \tag{2}$$

bestimmt wird. Die Anzahl dN ist unabhängig von der Form des Hohlraumes, solange diese Form keine Unregelmäßigkeiten auf-

---

[1] BRILLOUIN, L., Thèse, l. c., Kapitel VI.

[2] JEANS, J. H., Philosophic. Mag. **10**, 91 (1905). — WEYL, H., Math. Ann. **71**, 1213 (1911). — DEBYE, P., Ann. d. Phys. **39**, 798 (1912).

weist, deren Abmessungen von der Größenordnung der Wellenlänge $\lambda = V/\nu$ wären.

Die Formel (2) ist gleichbedeutend mit (1). Jedem Freiheitsgrad des Hohlraumes von der Frequenz ν entspricht bei der Temperatur T eine mittlere Energie u_ν; der Energieinhalt des Hohlraumes für den Frequenzintervall ν bis $\nu + d\nu$ ist:

$$u_\nu \, dN = \Theta \frac{8\pi\nu^2}{U V^2} u_\nu \, d\nu = \Theta \varrho(\nu, T) \, d\nu .$$

2. Berechnung der Eigenfrequenzen eines rechtwinkligen Parallelepipeds. Wir geben in einer möglichst einfachen Form den Gedankengang von JEANS wieder. Man betrachte (Abb. 3) einen Parallelepiped mit den Kanten l_1 in der x-Richtung, l_2 in der y-Richtung und l_3 in der z-Richtung. Es sei angenommen, daß das Volumen $\Theta = l_1 l_2 l_3$ von allen Seiten von vollkommen spiegelnden Flächen begrenzt ist. Wir fragen nach den Eigenfrequenzen des so gebildeten Hohlraumes. Aus den Untersuchungen der akustischen Schwingungen weiß man, daß der Grundton eines solchen rechtwinkligen Kastens einem Bauch in der Mitte des Volumens und Knoten längs den Außenflächen entspricht. Es können aber auch Knoten im Innern des Volumens auftreten; diese Verteilungen ergeben die Obertöne. Betrachten wir den Einheitsvektor $\overrightarrow{OR}$, dessen Richtung wir als Strahlrichtung wählen. Seine Komponenten bezeichnen wir mit α, β und γ:

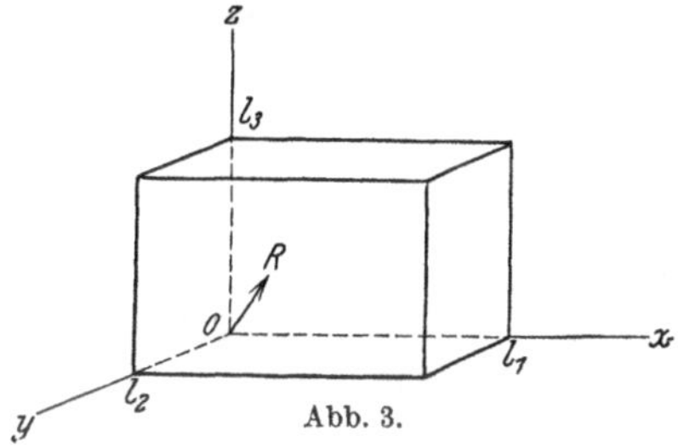

Abb. 3.

$$\alpha^2 + \beta^2 + \gamma^2 = 1 .$$

α, β und γ sind die Richtungskosinusse des Strahles. Durch Reflexion an den verschiedenen Wänden wird sich der Strahlvektor in 8 Spiegelbilder verwandeln mit den Richtungskonstanten:

$$\pm\alpha, \quad \pm\beta, \quad \pm\gamma .$$

Betrachten wir zuerst eine Reflexion an der Fläche yOz. Die Interferenz der einfallenden und der reflektierten Welle wird ein System von stehenden Wellen erzeugen. Wenn man die räumliche Verteilung einer Größe (z. B. der magnetischen Feldkomponente in der Richtung Ox) untersucht, die längs der spiegelnden Fläche gleich Null sein muß, so findet man parallel zu dieser Fläche ein System von Knotenebenen, deren Lage durch die Gleichung

$$x = n_1 \frac{\lambda}{2\alpha}$$

(n_1 = beliebige ganze Zahl) bestimmt wird, wo λ die Wellenlänge bedeutet. Diese Formel folgt unmittelbar aus der Betrachtung der Abb. 4. Die beiden Wellen interferieren im Punkt A, dessen Abstand vom Spiegel

$$IA = \frac{\lambda}{2\cos\Theta} = \frac{\lambda}{2\alpha}$$

beträgt.

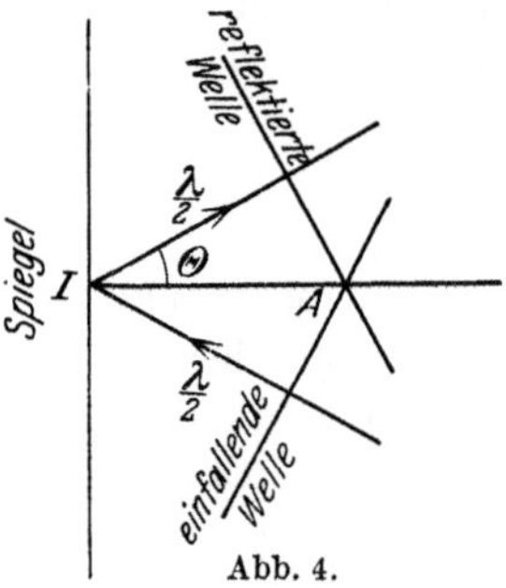

Abb. 4.

Wenn das betrachtete System von stehenden Wellen stabil sein soll, so muß auch die Endfläche $x = l_1$ mit einer Knotenebene zusammenfallen, d. h. es muß die Beziehung gelten:

$$l_1 = n_1 \frac{\lambda}{2\alpha} \tag{3}$$

(n_1 = ganze Zahl).

In analoger Weise erhält man durch Betrachtung der Reflexion an den Flächen senkrecht zu Oy und Oz die Bedingungen:

$$l_2 = n_2 \frac{\lambda}{2\beta} \quad \text{und} \quad l_3 = n_3 \frac{\lambda}{2\gamma}. \tag{4}$$

Jedes mögliche System von stehenden Wellen in dem parallelepipedischen Hohlraum ist also durch eine Kombination von drei ganzen Zahlen n_1, n_2 und n_3 gekennzeichnet, die die Anzahl von Knotenflächen senkrecht zu jeder Koordinatenachse bestimmen. Die elektrischen und magnetischen Größen, die den Schwingungszustand charakterisieren, werden dabei durch Ausdrücke von der Form

$$\left.\begin{matrix}\cos\\ \sin\end{matrix}\right\} \frac{\pi n_1 x}{l_1} \cdot \left.\begin{matrix}\cos\\ \sin\end{matrix}\right\} \frac{\pi n_2 y}{l_2} \cdot \left.\begin{matrix}\cos\\ \sin\end{matrix}\right\} \frac{\pi n_3 z}{l_3}$$

bestimmt. Wenn man die Gesamtausdrücke für das elektrische und magnetische Feld der Schwingung bildet, so erhält man zwei Lösungen, die den beiden möglichen, zueinander senkrechten Polarisationszuständen entsprechen. Jedem System n_1, n_2, n_3 von drei ganzen Zahlen entsprechen also zwei Eigenschwingungen von der gemeinsamen Frequenz ν.

Um den Wert von ν zu bestimmen, kann man einfach die drei Gleichungen (3, 4) quadrieren und zusammenaddieren — unter Berücksichtigung der Beziehung $\alpha^2 + \beta^2 + \gamma^2 = 1$. Man erhält dann:

$$\frac{1}{\lambda^2} = \frac{\nu^2}{V^2} = \left(\frac{n_1}{2l_1}\right)^2 + \left(\frac{n_2}{2l_2}\right)^2 + \left(\frac{n_3}{2l_3}\right)^2. \tag{5}$$

Wie können wir nun die *Anzahl der Eigenfrequenzen bestimmen, die in dem Frequenzintervall ν bis $\nu + d\nu$ liegen?* Die Beantwortung dieser Frage gelingt mit Hilfe eines kleinen Kunstgriffes.

3. Abzählung der Eigenschwingungen von gegebener Frequenz. Betrachten wir (Abb. 5) ein Koordinatensystem $O\xi\eta\zeta$ und in diesem System die Punkte mit den Koordinaten:

$$\xi = \frac{n_1}{2l_1}, \quad \eta = \frac{n_2}{2l_2}, \quad \zeta = \frac{n_3}{2l_3} \tag{6}$$

(n_1, n_2 und n_3 = ganze Zahlen). Diese Punkte bilden ein regelmäßiges Raumgitter. Die Anzahl der Gitterpunkte in der Volumeinheit ist:

$$\delta = 8\, l_1 l_2 l_3 .$$

Die Formel (5) stellt eine Kugel im Raum $\xi\eta\zeta$ dar. Der Radius der Kugel ist:

$$r = \frac{\nu}{V}. \tag{7}$$

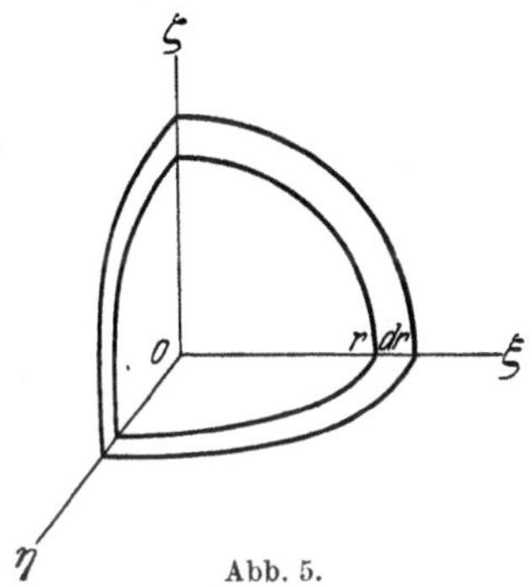

Abb. 5.

Einer Variation $d\nu$ der Frequenz ν entspricht eine Änderung des Abstandes r um dr:

$$dr = d\,\frac{\nu}{V} = \frac{1}{U}\,d\nu, \tag{8}$$

da U, die Gruppengeschwindigkeit, nach Gleichung (5) des ersten Kap. durch:

$$\frac{1}{U} = \frac{d\,\frac{\nu}{V}}{d\nu}$$

bestimmt ist. Wenn r genügend groß ist im Vergleich zu den Netzebenenabständen $1/2l_1$, $1/2l_2$ und $1/2l_3$, so können wir die Anzahl der Gitterpunkte zwischen den Kugelflächen vom Radius r und $r + dr$ angenähert bestimmen. Es gilt:

$$4\pi r^2 dr = 4\pi \frac{\nu^2}{UV^2}\,d\nu. \tag{9}$$

Uns interessieren aber nur die positiven Werte von ξ, η und ζ; wir müssen also nur den Teil der Sphäre betrachten, der im ersten Oktanten liegt; der Ausdruck (9) muß daher durch 8 dividiert werden. Die Anzahl der Punkte innerhalb der Kalotte in dem einen Oktanten ist angenähert:

$$dn = l_1 l_2 l_3 \frac{4\pi\nu^2}{UV^2} d\nu. \tag{10}$$

Jedem Zahlensystem n_1, n_2, n_3 — d. h. jedem Gitterpunkt ξ, η, ζ — entsprechen aber, wie oben gezeigt, *zwei* Eigenschwingungen. Die Anzahl der Eigenschwingungen im Intervall ν bis $\nu + d\nu$ ist also

$$dN = 2dn = \Theta \frac{8\pi\nu^2}{UV^2} d\nu \tag{11}$$

($\Theta = l_1\, l_2\, l_3$).

Die Formel (11) gilt, wie erwähnt, nur für $r \gg \frac{1}{l}$; dies bedeutet, daß die Wellenlänge $\lambda = \frac{V}{\nu} = \frac{1}{r}$ sehr klein im Vergleich zu den Hohlraumabmessungen sein muß. Die dN verschiedenen Eigenschwingungen haben fast gleiche Frequenzen; ihre Strahlrichtungen sind aber verschieden. Die Komponenten des Vektors OR (Abb. 3) betragen:

$$\alpha = \frac{n_1}{2l_1}\lambda = \lambda\xi, \qquad \beta = \lambda\eta, \qquad \gamma = \lambda\zeta.$$

Dieser Vektor ist also jeweils von dem Koordinatenanfangspunkt nach dem Punkt $\xi = n_1$, $\eta = n_2$, $\zeta = n_3$ gerichtet.

Wir können durch ähnliche Betrachtungen auch die Anzahl von Eigenschwingungen bestimmen, deren Strahlen innerhalb eines bestimmten Raumwinkelbereiches $d\Omega$ liegen. Sie ist gleich der Anzahl der Punkte, die in dem Volumelement liegen, das von dem Raumwinkel $d\Omega$ aus der oben betrachteten Kalotte ausgeschnitten wird:

$$dN_\omega = 8\,\Theta \frac{2\nu^2}{UV^2} d\nu\, d\Omega. \tag{12}$$

Der Koeffizient 8 wird durch die Unmöglichkeit bedingt, in diesem Problem den ursprünglichen Strahl von seinen 8 Spiegelungen an den Begrenzungsflächen zu unterscheiden. Die Orientierung der Achse des Kegels $d\Omega$ in bezug auf die Wandflächen ist für dN_ω belanglos.

Es ist wichtig, daß die betrachteten Freiheitsgrade sich gleichmäßig auf die verschiedenen Richtungen im Raume verteilen. Indem wir jedem Freiheitsgrad die gleiche Energie u_ν zuschreiben, kommen wir zu einer vollständigen Isotropie der Strahlung im Hohlraum, in Übereinstimmung mit dem Gesetz von LAMBERT.

Wir müssen jetzt noch die Abhängigkeit der Energie u_ν, die einem Freiheitsgrad entspricht, von der Frequenz ν und der Temperatur T untersuchen. Das aus diesen Betrachtungen folgende WIENsche Gesetz stellt das letzte Resultat der klassischen Theorie der Wärmestrahlung dar.

Bevor wir zu diesem Gesetz übergehen, sei folgende Bemerkung eingeschaltet. Wir haben bis jetzt einen Hohlraum mit spiegelnden Flächen benutzt. Man kann aber dieselben Ergebnisse auch durch Untersuchung eines unendlich ausgedehnten Mediums von *zyklischer Struktur* erhalten. Diese Betrachtungsart wurde von BORN bei der Untersuchung von Schwingungsarten von Kristallgittern eingeführt. Um die Schwierigkeiten zu vermeiden, die durch die Reflexionen an den Oberflächen in das Problem hineingetragen werden, betrachtete BORN einen unendlich ausgedehnten Raum, in dem jede Eigenschaft $f(x, y, z)$ an allen Punkten

$$x + m_1 l_1, \qquad y + m_2 l_2, \qquad z + m_3 l_3 \tag{13}$$

(m_1, m_2, m_3 = ganze Zahlen) durch die gleichen Zahlenwerte charakterisiert ist. Eigenschwingungen eines solchen „zyklischen" Mediums sind ebene Wellen:

$$f(x, y, z, t) = A \cos 2\pi(\nu t - ax - by - cz), \tag{14}$$

mit

$$a = \frac{n_1}{l_1}, \qquad b = \frac{n_2}{l_2}, \qquad c = \frac{n_3}{l_3}$$

(n_1, n_2, n_3 = positive oder negative ganze Zahlen). Die Koeffizienten a, b, c genügen der Bedingung:

$$\frac{1}{\lambda^2} = a^2 + b^2 + c^2 = \left(\frac{n_1}{l_1}\right)^2 + \left(\frac{n_2}{l_2}\right)^2 + \left(\frac{n_3}{l_3}\right)^2. \tag{15}$$

Wenn man dieses Ergebnis mit der Formel (5) vergleicht, so bemerkt man das Verschwinden des Faktors 2 in den Nennern. Wenn man die Abzählung der Eigenschwingungen auf dieser Grundlage durchführt, erhält man also 8mal weniger Bildpunkte im Raum $\xi\eta\zeta$ als vorher. Doch da die ganzen Zahlen n_1, n_2 und

n_3 jetzt auch negativ sein dürfen, wird man alle Oktanten berücksichtigen müssen, so daß man schließlich zu dem gleichen Resultat gelangt wie oben.

4. Das Wiensche Gesetz. Die mittlere Energie $u(\nu, T)$, die einem Freiheitsgrad entspricht, ist eine Funktion von zwei Variablen ν und T. Das Wiensche Gesetz behauptet, daß diese Funktion die Form:

$$u(\nu, T) = \nu F\left(\frac{\nu}{T}\right) \tag{16}$$

haben muß, wo F eine Funktion des Verhältnisses ν/T ist. Die genaue Form von F kann nur mit Hilfe von besonderen Hypothesen abgeleitet werden. Die in vorangehenden Abschnitten abgeleitete Formel ergibt im Verein mit (16) für die Dichte der isothermen Strahlung den Ausdruck:

$$\varrho(\nu, T)\, d\nu = \frac{8\pi\nu^3}{U V^2} F\left(\frac{\nu}{T}\right) d\nu. \tag{17}$$

Von den Ableitungen des Wienschen Gesetzes geben wir nur die allgemeinste wieder, die auf einem Theorem von Boltzmann beruht. Boltzmann zeigte, daß, wenn ein System eine periodische Bewegung von der Periode τ ausführt, zur Änderung seines Zustandes die Zuführung der Energie vom Betrage:

$$dQ = 2\,\frac{d(\tau E_{\text{kin}})}{\tau} \tag{18}$$

nötig ist, worin E_{kin} die mittlere kinetische Energie des Systems darstellt. Der — sehr allgemeine — Beweis des Theorems (18) hat zur Vorbedingung nur, daß für das betrachtete System das Gesetz der kleinsten Wirkung gültig ist. Dies bedeutet, daß die Boltzmannsche Formel auf jedes mechanische System anwendbar ist; ebenso gilt aber diese Formel auch für elektromagnetische Systeme: Denn man weiß, daß man die gesamten Gesetze des Elektromagnetismus aus dem Prinzip der kleinsten Wirkung ableiten kann, wenn man die elektrische Energie als potentielle Energie betrachtet, die magnetische Energie dagegen als das Äquivalent des kinetischen Gliedes auffaßt. Es sei daran erinnert, daß das periodische System, auf das sich die Boltzmannsche Formel anwenden läßt, gar nicht dem Typus eines Resonators anzugehören braucht. Der Resonator ist dadurch charakterisiert, daß seine Frequenz von der Amplitude unabhängig ist. Man kann aber auch Systeme betrachten, deren Frequenz sich mit der Amplitude ändert, oder auch solche, die geschlossene Bahnen beschreiben (z. B. Ellipsenbahnen im Gravitationsfeld). Wenn nur das System eine bestimmte Periode τ hat, ist auch die Formel von BOLTZMANN gültig.

Uns interessiert allerdings speziell der Fall eines Resonators. Die Formel (18) vereinfacht sich hier; denn die mittlere kinetische Energie eines Oszillators ist gleich der Hälfte der Gesamtenergie

$$2E_{\text{kin}} = u_\nu . \tag{19}$$

Wir dürfen also schreiben:

$$dQ = \frac{d(\tau u_\nu)}{\tau} = \nu d\left(\frac{u_\nu}{\nu}\right), \tag{20}$$

indem wir an die Stelle der Periode τ die Frequenz ν einführen. Das CARNOTsche Prinzip lehrt uns, daß der Ausdruck dQ/T ein vollständiges Differential sein muß. Wenn wir diesen Ausdruck bilden:

$$dS = \frac{dQ}{T} = \frac{\nu}{T} d\left(\frac{u_\nu}{\nu}\right), \tag{21}$$

so erkennen wir sofort, daß die rechte Seite nur dann integrierbar sein kann, wenn u_ν/ν eine Funktion von ν/T ist. Es muß also gelten:

$$\frac{u_\nu}{\nu} = F\left(\frac{\nu}{T}\right) \tag{22}$$

— und diese Beziehung ist eben der Inhalt des WIENschen Gesetzes.

5. Adiabatische Transformationen. Die BOLTZMANNsche Formel erlaubt auch zu bestimmen, wie sich das betrachtete System bei einer adiabatischen Transformation ändert. Wie in der Thermodynamik wird man eine solche Transformation durch folgende zwei Bedingungen definieren:

1. Die Transformation muß unendlich langsam sein, so daß das System in jedem Augenblick nur unendlich wenig von dem thermischen Gleichgewicht entfernt ist; dies ist die Bedingung der *Reversibilität.*

2. Zwischen dem betrachteten System und der Umgebung findet kein Wärmeaustausch statt; die energetische Wechselwirkung mit der Umgebung besteht allein in der Leistung einer mechanischen Arbeit; der Parameter, der diese Leistung bestimmt, wird in geeigneter Weise langsam geändert.

Unter diesen Umständen folgt aus der BOLTZMANNschen Formel (18):

$$\tau \bar{E}_{\text{kin}} = \text{konst.} \tag{23}$$

(da $dQ = 0$). Speziell für einen Oszillator gilt:

$$\tau u_\nu = \frac{u_\nu}{\nu} = \text{konst.}$$

Der klassische Beweis des WIENschen Gesetzes beruht im Grunde genommen auf der Betrachtung einer adiabatischen Veränderung, die an der Hohlraumstrahlung vorgenommen wird. Sie besteht in der Verschiebung eines spiegelnden Kolben durch die Kraft des Strahlungsdruckes. Eine genaue Analyse der Änderung der Energieverteilung, die die Kolbenbewegung begleitet, führt zur Folgerung, daß der Ausdruck

$$\frac{u_\nu}{\nu} = \frac{\varrho\, U V^2}{8\pi\nu^3} = F\left(\frac{\nu}{T}\right) \tag{24}$$

invariant bleibt. EHRENFEST scheint der erste gewesen zu sein, der die grundlegende Bedeutung der *adiabatischen Invarianz* des Ausdruckes (24) erkannte.

Wir bemerken gleich an dieser Stelle, daß die PLANCKsche Quantentheorie den numerischen Wert dieser invarianten Größe festlegt. Nach dieser Theorie ist das Verhältnis u_ν/ν bei einem linearen Oszillator stets gleich einem ganzen Vielfachen einer bestimmten Größe h:

$$u_\nu = n h \nu \tag{25}$$

(n = ganze Zahl).

Das Verhältnis u_ν/ν bleibt, wie wir gesehen haben eben, bei adiabatischen Änderungen invariant. Wenn man also einen Oszillator mit n Quanten einer adiabatischen Veränderung unterwirft, so kann er zwar Energie verlieren oder gewinnen, doch muß gleichzeitig seine Frequenz ν so verändert werden, daß die Zahl n konstant bleibt.

Der „PLANCKsche Oszillator“, der nur eine ganze Anzahl von Energiequanten aufzunehmen vermag, scheint uns heute eine Fiktion zu sein. Die Eigenschaften eines Atoms sind in dem BOHRschen Modell von denen eines linearen Oszillators sehr verschieden. Doch bedeuten auch die „BOHRschen Quantenbedingungen“, denen das Atommodell entsprechen muß, im Grunde genommen Forderungen der adiabatischen Invarianz bestimmter Größen.

Die oben angegebene BOLTZMANNsche Formel hat daher auch für diese Theorie eine wichtige Bedeutung. Dies ist der Grund, warum wir diese Formel schon an einer so frühen Stelle brachten, und an sie den Beweis des WIENschen Gesetzes anknüpften. Es ist sehr wichtig, daß man den Grund begreift, warum die Quantentheorien stets das WIENsche Gesetz respektieren; dies ist kein glücklicher Zufall, sondern beruht auf einer allgemeinen und grundlegenden Beziehung.

6. Adiabatische Ausdehnung der Strahlung. Wir haben oben die verschiedenen Schwingungsarten eines parallelepipedischen Hohlraumes untersucht. Die dort gewonnenen Ergebnisse geben die Möglichkeit, die Ableitung des WIENschen Gesetzes zu veranschaulichen und die adiabatische Invarianz des Ausdruckes u_ν/ν zu prüfen.

Betrachten wir eine Eigenschwingung, die durch drei ganze Zahlen n_1, n_2, n_3 gekennzeichnet ist. Die Frequenz ν ist durch die Gleichung (5) gegeben:

$$\left(\frac{2\nu}{V}\right)^2 = \left(\frac{n_1}{l_1}\right)^2 + \left(\frac{n_2}{l_2}\right)^2 + \left(\frac{n_3}{l_3}\right)^2. \tag{26}$$

Stellen wir uns vor, daß die eine Stirnfläche $x = l_1$ des betrachteten Parallelepipeds sich verschieben kann und untersuchen wir die durch diese Bewegung verursachte Änderung der Eigenschwingung. Die Bewegung soll unendlich langsam vor sich gehen, so daß die Interferenzen sich dauernd den veränderten Dimensionen anpassen können. In jedem Augenblick soll also das Bild der stehenden Wellen genau dasselbe sein, wie in einem unbeweglichen Kasten mit der gleichen Kantenlänge l_1. Die Schwingungsperiode muß sich mit der Zunahme von l_1 langsam verändern. Es gilt dabei:

$$4\frac{\nu\,d\nu}{V^2} = -\left(\frac{n_1}{l_1}\right)^2 \frac{d l_1}{l_1}, \tag{27}$$

mit:

$$\frac{d\nu}{\nu} = -\alpha^2 \frac{d l_1}{l_1}.$$

Hier bedeutet α den Kosinus des Einfallwinkels des Lichtstrahles, der die Interferenzen in der zu Ox senkrechten Ebene hervorruft. Bei der Aufstellung von (27) wurde die Beziehung (26) und die Formel:

$$\alpha^2\left[\left(\frac{n_1}{l_1}\right)^2 + \left(\frac{n_2}{l_2}\right)^2 + \left(\frac{n_3}{l_3}\right)^2\right] = \left(\frac{n_1}{l_1}\right)^2 \tag{28}$$

verwendet.

Die Energie u_ν der betrachteten Schwingung ändert sich bei dieser Ausdehnung. Der Strahlungsdruck p auf den beweglichen Spiegel leistet dabei eine Arbeit $p\,dv$; und es muß gelten:

$$du_\nu = -p\,dv = -u_\nu \alpha^2 \frac{dv}{v} = -\,u_\nu \alpha^2 \frac{dl_1}{l_1}, \tag{29}$$

denn das Volumen v ändert sich proportional l_1, und der Strahlungsdruck ist gleich der Dichte der Energie u_ν/v, multipliziert mit α^2, dem Quadrat des cos des Einfallwinkels. Durch Vergleich der beiden obigen Gleichungen erhält man:

$$\frac{du_\nu}{u_\nu} - \frac{d\nu}{\nu} = 0, \qquad \frac{u_\nu}{\nu} = \text{konst.} \tag{30}$$

Damit ist die adiabatische Invarianz des Ausdruckes u_ν/ν bewiesen.

Um die Temperatur der Strahlung zu bestimmen, muß man den Mittelwert der Energien für die verschiedenen Strahlungsarten bilden. Wir haben die Eigenschwingungen im Bereich ν bis $\nu + d\nu$ abgezählt und festgestellt, daß sich diese Schwingungen gleichmäßig auf alle Richtungen im Raume verteilen. Unter diesen Umständen beträgt der Mittelwert des Kosinusquadrates $\overline{\alpha^2}$ bekanntlich $\frac{1}{3}$. Die mittlere Frequenzvariation ist also:

$$\frac{d\nu}{\nu} = -\,\overline{\alpha^2}\frac{dv}{v} = -\,\frac{1}{3}\,\frac{dv}{v}. \tag{31}$$

Die Temperatur T und das Volumen v sind aber — wie bei der Ableitung des Stefanschen Gesetzes festgestellt wurde — durch die Gleichung

$$vT^3 = \text{konst.}, \qquad -\frac{1}{3}\,\frac{dv}{v} = \frac{dT}{T} \tag{32}$$

miteinander verknüpft. Wir sehen also, daß die vorgenommene adiabatische Ausdehnung den Mittelwert von ν/T unverändert läßt.

Die Ausdrücke u_ν/ν und ν/T sind also beide gegen adiabatische Transformationen invariant. Wir müssen daher annehmen, daß zwischen ihnen eine universelle Beziehung besteht:

$$\frac{u_\nu}{\nu} = F\left(\frac{\nu}{T}\right), \tag{33}$$

und dies ist eben das Gesetz von Wien.

Der klassische Beweis wird, wie man sieht, durch die vorgenommene genauere Betrachtung der Schwingungsarten des Hohlraumes bedeutend vereinfacht.

Es sei hervorgehoben, daß auch *nach* der Transformation die verschiedenen Freiheitsgrade der Frequenz $\nu(d\nu)$ sich wie vorher gleichmäßig auf alle Strahlrichtungen verteilen. Diese Eigenschaft wurde in Abschnitt 3 dieses Kapitels allgemein für beliebige Abmessungen des Hohlraumes abgeleitet.

7. Das Rayleighsche Gesetz. Das Plancksche Gesetz. Die Formel von Wien. Die oben abgeleiteten Gesetze enthalten alles, was die klassische Mechanik und Thermodynamik über die Wärmestrahlung aussagen können. Es bleibt noch die Form der universellen Funktion $F(\nu/T)$ zu bestimmen; viele Versuche wurden unternommen, um diese Funktion durch allgemeine Überlegungen abzuleiten. Überlegungen, die von den Gesetzen der alten Statistik ausgingen, führten zur Forderung einer *Gleichverteilung* der Energie auf alle Freiheitsgrade; jedem sollte bei der Temperatur T die mittlere kinetische Energie $\frac{1}{2}kT$ entsprechen. Für die linearen Oszillatoren von der Beschaffenheit, wie sie oben beschrieben wurde, ist die kinetische Energie im Mittel gleich der Hälfte der Gesamtenergie; letztere ist also gleich kT:

$$u_\nu = kT, \qquad F\left(\frac{\nu}{T}\right) = k\frac{T}{\nu}.$$

Daraus ergibt sich für die Dichte der isothermen Strahlung die *Formel von* Lord Rayleigh:

$$\varrho_\nu\, d\nu = \frac{8\pi\nu^2}{U V^2} kT\, d\nu. \tag{34}$$

Diese Formel wird durch Versuche im Gebiet langer Wellen (ν klein) und bei hohen Temperaturen annähernd bestätigt; bei größeren Werten des Verhältnisses ν/T versagt sie aber vollkommen. Sie ist auch logisch unmöglich, da sie für die Gesamtenergie der Wärmestrahlung einen unendlichen Wert ergibt:

$$\int_0^\infty \varrho_\nu\, d\nu = \infty.$$

Wien schlug, auf Grund der experimentellen Ergebnisse im Gebiet kurzer Wellen, eine andere Strahlungsformel vor, die sich bei großen Werten von ν/T gut bestätigt:

$$u_\nu = h\nu\, e^{-\frac{h\nu}{kT}}, \qquad F\left(\frac{\nu}{T}\right) = h\, e^{-\frac{h\nu}{kT}}, \tag{35}$$

$$\varrho_\nu\, d\nu = \frac{8\pi h\nu^2}{U V^2} e^{-\frac{h\nu}{kT}} d\nu.$$

Diese Formel von WIEN enthält eine neue Konstante h, die man jetzt allgemein als die PLANCKsche Konstante bezeichnet. Die Formel (35) hat den schwerwiegenden Fehler, bei kleinen ν/T-Werten nicht mit der dort bewährten RAYLEIGHschen Formel übereinzustimmen. PLANCK kam — auf einem damals sehr neuartig erscheinenden Wege, nämlich durch Einführung von endlichen Energiequanten mit der Größe $h\nu$ — zu einer Formel, die die von RAYLEIGH und WIEN als Grenzgesetze in sich enthielt:

$$u_\nu = \frac{h\nu}{e^{\frac{h\nu}{kT}} - 1}, \qquad F\left(\frac{\nu}{T}\right) = \frac{h}{e^{\frac{h\nu}{kT}} - 1}, \tag{36}$$

$$\varrho_\nu \, d\nu = \frac{8\pi h\nu^3}{UV^2} \cdot \frac{d\nu}{e^{\frac{h\nu}{kT}} - 1}.$$

Die PLANCKsche Formel ist durch die Versuche gut bestätigt worden und kann als experimentell wohlbegründet angesehen werden.

Wir sehen von der Wiedergabe der ursprünglichen PLANCKschen Ableitung, die ernsten Einwänden ausgesetzt ist, ab. An einer späteren Stelle werden wir sehen, wie sich die PLANCKsche Formel ungezwungen aus der neuen sog. BOSE-EINSTEINschen Statistik ergibt.

Um die genaue Form des Strahlungsgesetzes zu bestimmen, muß man also Zusatzhypothesen machen. Wenn die klassischen mechanischen und elektrodynamischen Gesetze auch auf die Vorgänge in den Atomen anwendbar wären, so *müßte* das Gesetz von RAYLEIGH der Wahrheit entsprechen. Dieses ist aber, wie oben gezeigt, unmöglich. Die Atome könnten also überhaupt nicht existieren, wenn die klassischen, makroskopischen Gesetze für sie gültig sein sollten. Alle Abweichungen von den makroskopischen Gesetzen, die durch die Erforschung der atomaren Vorgänge deutlich geworden sind, werden in der Quantentheorie einheitlich zusammengefaßt; aus den Grundsätzen dieser Theorie folgt für die Wärmestrahlung zwingend die Gültigkeit des PLANCKschen Gesetzes.

Drittes Kapitel.

Die Photonen-Hypothese. Grundbegriffe der Wellenmechanik.

1. Allgemeine Bemerkungen; lichtelektrischer Effekt. Die Quantentheorie ist gekennzeichnet durch Einführung einer neuen Größe, der PLANCKschen Konstanten h, die Energie und Frequenz miteinander verbindet:

$$E = h\nu. \tag{1}$$

In allen Strahlungsvorgängen stellt man fest, daß die Energie sich so verhält, als ob sie aus einzelnen Elementen von endlicher Größe bestünde; die Größe der Elemente wächst mit zunehmender Frequenz. Wenn Licht auf die Metalloberfläche fällt und dem Metall Elektronen entreißt, so verlassen diese „Lichtelektronen" das Metall mit einer Geschwindigkeit, die von der Intensität der Bestrahlung unabhängig ist und nur durch die Frequenz des einfallenden Lichtes bestimmt ist. Diese Behauptung ist der Inhalt des berühmten EINSTEINschen Gesetzes der lichtelektrischen Emission. Die genaue Formulierung dieses Gesetzes lautet

$$E_{\text{kin}} = h\nu - W_0, \tag{2}$$

wo E_{kin} die kinetische Energie der Elektronen bedeutet und die Materialkonstante W_0 die Arbeit darstellt, die erforderlich ist, um aus dem betreffenden Metall ein Elektron zu befreien, ohne ihm eine merkliche Geschwindigkeit zu erteilen. Die lichtelektrische Emission spielt sich also so ab, als ob die Energie in Quanten $h\nu$ die Metalloberfläche trifft — und nicht in Übereinstimmung mit den kontinuierlichen Bildern der Wellentheorie. Die Intensität des einfallenden Lichtes bestimmt nicht die Energie der einzelnen ausgesandten Elektronen, sondern nur die Anzahl der Emissionsvorgänge.

Um den Widerspruch mit der Wellentheorie besser zu beleuchten, stellen wir uns ein ähnliches Ergebnis auf dem Gebiete der mechanischen Wellen vor: Es sollen schwache, kaum als Zittern erkennbare kurze Wellen auf der Wasseroberfläche fähig sein, von Zeit zu Zeit einzelne Steine aus dem Uferdamm auszureißen und mit großer Wucht wegzuschleudern, während starker Wellengang mit langen und hohen Wellen diesem Damm nichts antun könnte.

Der photoelektrische Effekt steht nicht vereinzelt da. Der umgekehrte Prozeß — die Entstehung von Strahlung (Röntgenstrahlung) durch Elektronenbombardierung einer Metalloberfläche — gehorcht einem analogen Gesetz: die Frequenz der entstehenden Strahlen wird nach Gleichung (2) durch die Energie der Elektronen bestimmt.

Die Strahlungsenergie entsteht also in Quanten von der endlichen Größe $h\nu$ und wird in diesen Quanten auch absorbiert. Dieses Gesetz ist ganz allgemein und bildet eines der wesentlichen Postulate der BOHRschen Theorie.

2. Rückkehr zur korpuskularen Strahlungstheorie. Angesichts der eindrucksvollen Gesamtheit der oben angedeuteten experimentellen Ergebnisse ist es verlockend, anzunehmen, daß die Strahlungsenergie auch zwischen ihrer Entstehung und Vernichtung in Gestalt von einzelnen Quanten von der Größe $h\nu$ existiert. Dies ist der Inhalt der EINSTEINschen Lichtquantenhypothese. Statt „Lichtquanten" ist in der neueren Zeit auch die Bezeichnung „Photonen" gebräuchlich geworden.

Wir begegnen somit einer fundamentalen Schwierigkeit. Eine große Menge von experimentellen Ergebnissen (die den Inhalt der „physikalischen Optik" ausmachen) zwingt uns zur Annahme einer Wellentheorie des Lichtes. Eine andere Reihe von Versuchen, die nicht minder wichtig sind, führt dagegen zu der Vorstellung von der korpuskularen Natur des Lichtes. Der Streit zwischen den beiden Lichttheorien, der ebenso alt ist wie die Wissenschaft vom Licht selbst, dauert also fort. Noch schlimmer: dieser Streit kann offenbar überhaupt nicht beigelegt werden, solange man keine neue Theorie findet, die aus den beiden, sich scheinbar ausschließenden Hypothesen das Wesentliche übernimmt und sie miteinander vereinbart. Viele Versuche in dieser Richtung sind bereits unternommen worden, doch ist eine voll befriedigende Lösung des Problems noch nicht gelungen.

Wir werden jetzt die korpuskulare Lichttheorie näher betrachten und die Gesetze der „Mechanik der Photonen" darstellen, die von EINSTEIN, LOUIS DE BROGLIE, COMPTON und vielen anderen erforscht wurden.

3. Die Photonen und die relativistische Mechanik. Die Mechanik der Photonen kann nur auf der Grundlage der Relativitätstheorie behandelt werden, da sich die Photonen (wenigstens im leeren Raume) mit der Grenzlichtgeschwindigkeit c bewegen.

Wir beschränken uns zunächst auf den Fall des leeren Raumes. Zuerst werden wir die Bewegungsgesetze eines Teilchens mit der Ruhemasse m_0 aufstellen; dann gehen wir zu dem Grenzfall über, in dem die Masse m_0 unendlich klein wird, während die Energie endliche Werte beibehält.

Ein Teilchen von der Masse m_0 hat im ruhenden Zustand die Energie $m_0 c^2$; wenn sich dasselbe Teilchen mit der Geschwindigkeit v bewegt, so beträgt die Energie nach der relativistischen Mechanik:

$$E = \frac{m_0 c^2}{\sqrt{1-\beta^2}}, \qquad \beta = \frac{v}{c}. \tag{3}$$

Das, was man gewöhnlich als „kinetische Energie" des Teilchens bezeichnet, ist die Differenz zwischen E und der Ruheenergie $m_0 c^2$:

$$E_{\text{kin}} = m_0 c^2 \left(\frac{1}{\sqrt{1-\beta^2}} - 1 \right).$$

Bei kleinen v-Werten reduziert sich dieser Ausdruck in erster Näherung auf $E_{\text{kin}} = \frac{m v^2}{2}$. Die Bewegungsgröße des Teilchens ist nach der Relativitätstheorie:

$$\vec{p} = \frac{m_0 \vec{v}}{\sqrt{1-\beta^2}}, \tag{4}$$

wobei durch Pfeile angedeutet ist, daß die Bewegungsgröße ein zum Geschwindigkeitsvektor parallel gerichteter Vektor ist.

Stellen wir uns nun vor, daß die Masse m_0 gegen Null strebt. Wenn die Energie E einen endlichen Wert behalten soll, so muß die Geschwindigkeit v entsprechend groß werden und der Grenze $v = c$ zustreben. Wir nehmen also an, daß, während m_0 sich dem Wert Null nähert, das Verhältnis β den Wert 1 erreicht, in einer solchen Weise, daß E in (3) einen konstanten Wert beibehält. Was sagt für diesen Fall die Beziehung (4) aus? Wir können sie folgendermaßen schreiben:

$$\vec{p} = E \frac{\vec{v}}{c^2} \simeq \frac{E}{c}. \tag{5}$$

Die Bewegungsgröße wächst also und strebt dem Grenzwert E/c zu. Wir müssen uns also vorstellen, daß ein Photon mit der Energie

$E = h\nu$, das sich im leeren Raum mit der Geschwindigkeit c bewegt, eine Bewegungsgröße:

$$\vec{p} = \frac{E}{c} = \frac{h\nu}{c} \tag{5a}$$

mit sich führt. Die Richtung des Vektors p ist durch die Strahlrichtung gegeben.

Diese einfachen Ergebnisse gelten nur so lange, wie man eine einzige Welle betrachtet, die sich frei im Vakuum fortpflanzt.

4. Strahlungsdruck; elementare Überlegungen. Was kann man über die Gleichung (5a) sagen? Sie scheint in guter Übereinstimmung mit der klassischen Theorie des Elektromagnetismus zu sein. Man weiß, daß bei der Reflexion einer elektromagnetischen Welle an einem Spiegel eine Druckkraft — der Lichtdruck — auftritt. In der korpuskularen Theorie wird dieser Druck durch die Stöße der aufprallenden Photonen erklärt. Wenn auf den Spiegel pro Zeiteinheit n Photonen fallen, so ist die Intensität J der einfallenden Strahlung gleich $nh\nu$. Wenn ϑ den Einfallswinkel bedeutet, so ist die durch die Reflexion bedingte Änderung des Impulses eines einzigen Photons gleich

$$2\frac{h\nu}{c}\cos\vartheta,$$

da bei der Reflexion nur die normale Impulskomponente das Vorzeichen ändert, während die tangentielle unverändert bleibt. Die Druckkraft auf den Spiegel ist also:

$$f = 2n\frac{h\nu}{c}\cos\vartheta = 2\frac{J}{c}\cos\vartheta. \tag{6}$$

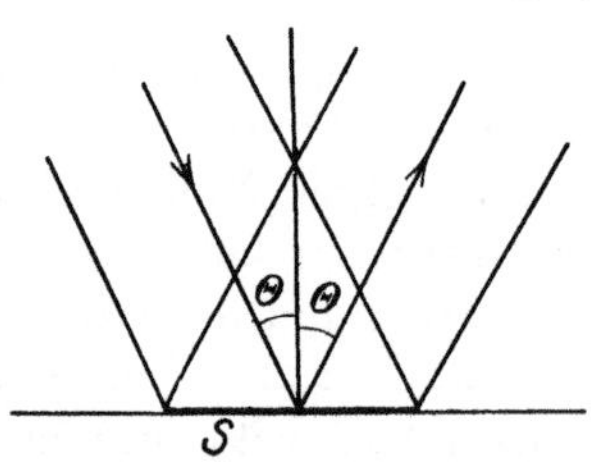

Abb. 6.

Wir erhalten somit das bekannte Gesetz für den Strahlungsdruck wieder, nach dem dieser Druck proportional dem cos des Einfallswinkels und der Energiedichte der Strahlung ist.

Nehmen wir an, daß wir einen Spiegel mit der endlichen Oberfläche S haben und daß das einfallende Licht vollkommen diffus ist. Mit anderen Worten, die Energiedichte der Strahlen, deren Richtungen innerhalb eines räumlichen Winkelelementes $d\omega$ liegen, ist durch den Ausdruck $\varrho\, d\omega$ bestimmt, worin ϱ von der Richtung ϑ unabhängig ist. Die Gesamtdichte der Strahlung ist

$$4\pi\varrho = Nh\nu, \tag{7}$$

worin N die Anzahl der Photonen im Kubikzentimeter bedeutet. Betrachten wir die Photonen, die unter den Winkeln ϑ bis $\vartheta + d\vartheta$ auf den Spiegel fallen. Ihre Anzahl sei n. Es gilt dann:

$$n h \nu = S \cos\vartheta \, c \varrho \, d\omega = S c \varrho \cos\vartheta \cdot 2\pi \sin\vartheta \, d\vartheta,$$

denn $d\omega$ ist gleich $2\pi \sin\vartheta\, d\vartheta$; und die Anzahl der in einer Sekunde auftreffenden Photonen ist gleich ihrer Anzahl in einem Zylinder mit der Höhe c und dem Querschnitt $S \cos\vartheta$. Der von diesen Photonen ausgeübte Druck ist:

$$d P = \frac{f}{S} = 4\pi\varrho \cos^2\vartheta \sin\vartheta \, d\vartheta.$$

Der Gesamtdruck für alle Einfallsrichtungen bestimmt sich durch Integration über alle ϑ-Werte von 0 bis $\pi/2$:

$$P = \frac{4\pi\varrho}{3} = \frac{N h \nu}{3}. \tag{8}$$

Wir finden also das gleiche Resultat wie früher in der Wellentheorie wieder.

5. DOPPLER-Effekt. Der DOPPLER-Effekt besteht in der Veränderung der Lichtfrequenz, die durch eine Bewegung des Beobachters relativ zur Lichtquelle hervorgerufen wird. Vom Standpunkt der Korpuskulartheorie muß der DOPPLER-Effekt in einer Veränderung der Energie E des Photons bestehen.

Die ganze Erscheinung beruht in der relativistischen Mechanik auf dem Übergang von einem Koordinatensystem zu einem anderen, das sich relativ zum ersten bewegt. Für diesen Übergang gilt die LORENTZ-Transformation. Es seien $x y z t$ die Koordinaten im ruhenden, $x' y' z' t'$ die in dem mit der Geschwindigkeit v in der Richtung Ox bewegten System. Dann ist (mit $v = \beta c$):

$$\left.\begin{aligned} x' &= \frac{x + v t}{\sqrt{1-\beta^2}}, & x &= \frac{x' - v t'}{\sqrt{1-\beta^2}},\\ y' &= y, & y &= y',\\ z' &= z, & z &= z',\\ t' &= \frac{t + \frac{v x}{c^2}}{\sqrt{1-\beta^2}}, & t &= \frac{t' - \frac{v x'}{c^2}}{\sqrt{1-\beta^2}}. \end{aligned}\right\} \tag{9}$$

Betrachten wir zuerst die ebene Welle:

$$H = A e^{i 2\pi\nu\left(t - \frac{\alpha_1 x + \alpha_2 y + \alpha_3 z}{c}\right)}, \tag{10}$$

$\alpha_1 \alpha_2 \alpha_3$ sind die Richtungskosinusse der Wellennormalen. Im bewegten System ist die Gleichung derselben Welle:

$$H' = A\, e^{i\, 2\pi \nu' \left(t' - \frac{\alpha_1' x' + \alpha_2' y' + \alpha_3' z'}{c}\right)}.$$

Durch einfache Substitution findet man:

$$\left.\begin{aligned} \nu' &= \nu \frac{1 + \alpha_1 \beta}{\sqrt{1-\beta^2}}, \\ \alpha_1' &= \frac{\alpha_1 + \beta}{1 + \alpha_1 \beta}, \\ \alpha_2' &= \alpha_2 \frac{\nu}{\nu'}, \\ \alpha_3' &= \alpha_3 \frac{\nu}{\nu'}. \end{aligned}\right\} \tag{11}$$

Dieses Gleichungssystem bestimmt die Änderung der Frequenz und der Strahlrichtung beim Übergang zu dem bewegten Koordinatensystem.

Wie stellt sich dieser Übergang für ein Photon dar? Die Bewegungsgröße $p_x p_y p_z$ und die Energie E des Photons bilden einen Vierervektor mit den Komponenten:

$$p_x,\ p_y,\ p_z,\ \frac{E}{c},$$

der sich in der gleichen Weise transformiert wie die Größen:

$$x,\ y,\ z \quad \text{und} \quad ct.$$

Benutzen wir die Beziehungen (9) in folgender Form:

$$\left.\begin{aligned} p_x' &= \frac{p_x + \beta \frac{E}{c}}{\sqrt{1-\beta^2}}, \\ p_y' &= p_y, \\ p_z' &= p_z, \\ \frac{E'}{c} &= \frac{\frac{E}{c} + \beta p_x}{\sqrt{1-\beta^2}}. \end{aligned}\right\} \tag{12}$$

Unter Heranziehung von (5) erhalten wir für ein Photon, das sich in der Richtung $\alpha_1 \alpha_2 \alpha_3$ bewegt, die Beziehungen:

$$p_x = \alpha_1 \frac{h\nu}{c}, \qquad p_y = \alpha_2 \frac{h\nu}{c}, \qquad p_z = \alpha_3 \frac{h\nu}{c},$$
$$E = h\nu.$$

Für den bewegten Beobachter gilt analog:

$$p'_x = \alpha'_1 \frac{h\nu'}{c}, \qquad p'_y = \alpha'_2 \frac{h\nu'}{c}, \qquad p'_z = \alpha'_3 \frac{h\nu'}{c}, \qquad E' = h\nu'.$$

Wenn man diese Werte in die Gleichungen (12) einführt, erhält man die Gleichungen (11) wieder. Die beiden Standpunkte sind also vollkommen identisch. In analoger Weise kann man auch alle anderen Formen des DOPPLER-Effektes — bei der Reflexion, bei der Emission usw. — ableiten.

Man sieht, daß die Transformation auf ein bewegtes System die Frequenz ändert. Es ist also möglich, in der Strahlungslehre die Existenz nur einer Art von Photonen mit einer (in einem bestimmten System festgelegten) Frequenz ν_0 anzunehmen. Je nachdem, auf welches andere Koordinatensystem wir die Bewegung dieser Photonen beziehen, werden ihre Frequenzen ν alle möglichen Werte annehmen. Nach den LORENTZschen Transformationsformeln wird dabei die Geschwindigkeit der Photonen in allen Systemen gleich c bleiben.

6. COMPTON-Effekt. Die Beziehungen, an die wir oben den Leser erinnert haben, machen es möglich, in vielen Problemen der Optik die Vorstellung der Lichtwelle durch das Bild eines Schwarmes von fliegenden Photonen zu ersetzen. Die Photonenhypothese erlaubt aber auch, neue, der Wellentheorie fremde Erscheinungen vorauszusehen. Zu diesen gehört der COMPTON-Effekt.

Untersuchen wir die Erscheinungen bei dem Zusammenstoß eines Photons mit einem freien Elektron. Das Photon wird dabei abgelenkt. Wir kennen die Einzelheiten des Stoßvorganges nicht; doch können wir auf den Anfangs- und Endzustand dieses Vorganges die Gesetze der Erhaltung der Energie und des Impulses anwenden. Das Elektron sei zuerst als ruhend betrachtet; es bekommt vom Photon einen Stoß und setzt sich mit der Geschwindigkeit $\beta_1 c$ in Bewegung, deren Richtung den Winkel φ mit der Richtung des Photons vor dem Stoß bildet (Abb. 7). Die Energie des Photons vor dem Stoß war $E_0 = h\nu_0$, nach dem Stoß ist sie $E_1 = h\nu_1$; die Richtung seiner Bewegung sei um den Winkel ϑ von der ursprünglichen Richtung abgelenkt.

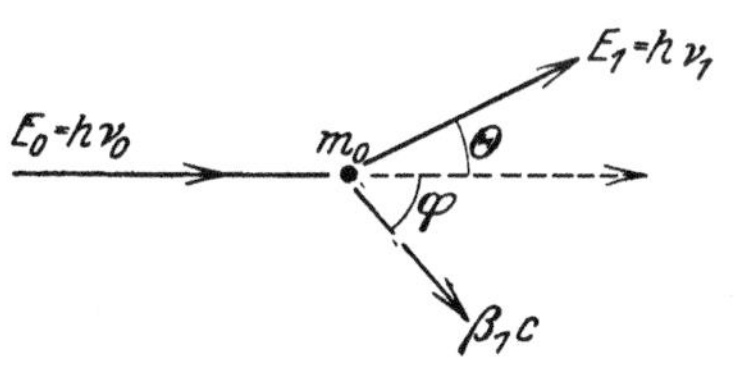

Abb. 7.

Die drei Flugbahnen müssen offenbar in einer Ebene liegen. Der Energieerhaltungssatz liefert die Beziehung:

$$m_0 c^2 + E_0 = \frac{m_0 c^2}{\sqrt{1-\beta_1^2}} + E_1, \tag{13}$$

der Impulssatz ergibt zwei Gleichungen:

$$\left.\begin{aligned} \frac{E_0}{c} &= \frac{E_1}{c}\cos\vartheta + \frac{m_0 c \beta_1}{\sqrt{1-\beta_1^2}}\cos\varphi, \\ 0 &= \frac{E_1}{c}\sin\vartheta + \frac{m_0 c\beta_1}{\sqrt{1-\beta_1^2}}\sin\varphi. \end{aligned}\right\} \tag{14}$$

Nehmen wir für ϑ einen bestimmten Wert an und bestimmen die Energie E der um diesen Winkel gestreuten Photonen. Durch Elimination von φ aus den beiden Gleichungen (14) erhält man:

$$(E_0 - E_1\cos\vartheta)^2 + E_1^2\sin^2\vartheta = \frac{m_0^2 c^4 \beta_1^2}{1-\beta_1^2}. \tag{14a}$$

Jetzt eliminiere man β_1^2 aus (14a) und (13). Dies gibt:

$$E_0 E_1 (1-\cos\vartheta) = m_0 c^2 (E_0 - E_1). \tag{15}$$

Aus (15) erkennt man unmittelbar, daß die Energie des Photons — und somit auch seine Frequenz — infolge des Stoßes kleiner wird. Führen wir in (15) die Wellenlänge λ_0 und λ_1 ein. Die Gleichung kann dann in der Form:

$$2\sin^2\frac{\vartheta}{2} = m_0 c^2\left(\frac{1}{E_1} - \frac{1}{E_0}\right) = \frac{m_0 c}{h}\left(\frac{c}{\nu_1} - \frac{c}{\nu_0}\right)$$
$$= \frac{m_0 c}{h}(\lambda_1 - \lambda_0)$$

geschrieben werden. Es ist also:

$$\lambda_1 - \lambda_0 = \Delta\lambda = 2\frac{h}{m_0 c}\sin^2\frac{\vartheta}{2}. \tag{16}$$

Führen wir eine „Frequenz" N und eine „Wellenlänge" Λ durch die Definitionen:

$$hN = m_0 c^2, \qquad \Lambda = \frac{h}{m_0 c} \tag{17}$$

ein. Wir erhalten dann:

$$\Delta\lambda = 2\Lambda\sin^2\frac{\vartheta}{2}. \tag{18}$$

Für ein Elektron ist die nach (17) definierte Wellenlänge Λ gleich etwa 0,024 Å. Die obigen Formeln wurden experimentell durch die Untersuchung der Streuung von Röntgenstrahlen an leichten Atomen (an Kohle, Paraffin usw.) bestätigt. Die empirisch gefundene Abhängigkeit der Frequenz der gestreuten Röntgenstrahlen von dem Streuwinkel ergab sich in Übereinstimmung mit der Gleichung (16).

Wir haben bis jetzt den Vorgang auf ein Koordinatensystem bezogen, in dem das Elektron ursprünglich ruhte. Dies war für die experimentelle Prüfung von Wichtigkeit. Es bereitet aber keine Schwierigkeit, auch das Ergebnis eines Zusammenstoßes zwischen einem Photon und einem bewegten Elektron zu bestimmen. Man braucht nur die LORENTZ-Transformation auf alle Anfangs- und Endgrößen in den obigen Gleichungen anzuwenden. Wir werden die Formeln, die man durch eine solche Transformation erhält, nicht alle aufschreiben; denn sie lehren uns nichts Neues. Es sei nur bemerkt, daß durch die LORENTZ-Transformation die Frequenzen (und die Energien) in einer solchen Weise verändert werden, daß die Energie des Photons infolge des Stoßes nicht unbedingt abnehmen, sondern unter Umständen auch zunehmen kann.

Als Spezialbeispiel betrachten wir den von LANGEVIN zuerst behandelten Fall: das Elektron möge nicht *vor*, sondern *nach* dem Stoß in Ruhe sein; das entsprechende Koordinatensystem sei $O'x'y'z'$. Das Elektron hat in diesem System ursprünglich eine bestimmte kinetische Energie, die es beim Stoß vollständig verliert. Die Geschwindigkeit, mit der das neue Koordinatensystem sich gegen das vorher benutzte bewegt, sei $\beta_1 c$; die Richtung dieser Bewegung bilde den Winkel φ mit der ursprünglichen und $\varphi + \vartheta$ mit der endgültigen Bewegungsrichtung des Photons.

Nach den oben abgeleiteten Formeln (11) und (12) bestimmen sich die Energien vor dem Stoß in dem bewegten System zu:

$$\frac{m_0 c^2}{\sqrt{1-\beta_1^2}} \quad \text{(Elektron)} \tag{19}$$

und

$$E_0' = E_0 \frac{1-\beta_1 \cos\varphi}{\sqrt{1-\beta_1^2}} \quad \text{(Photon).}$$

Die Energien nach dem Stoß sind:

$$m_0 c^2 \quad \text{(Elektron)} \tag{20}$$

und

$$E_1' = E_1 \frac{1-\beta_1 \cos(\vartheta+\varphi)}{\sqrt{1-\beta_1^2}} \quad \text{(Photon).}$$

Es ist nun bemerkenswert, daß die Energien (19) und (20) dieselben sind wie in dem zuerst betrachteten Fall des ruhenden Elektrons, nur treten sie in umgekehrter Reihenfolge auf. Der Stoß (19) und (20) ist also eine genaue Umkehrung des Stoßes (13), (14) und (15):

$$E'_0 = E_1, \qquad E'_1 = E_0. \tag{21}$$

Um dies zu zeigen, vergleichen wir z. B. die Gleichungen (19) und (14, I). Wir eliminieren $\cos\varphi$ und erhalten:

$$E'_0 = E_0\left[\frac{1}{\sqrt{1-\beta^2}} - \frac{E_0 - E_1\cos\vartheta}{m_0c^2}\right].$$

Die Gleichung (15) ergibt aber

$$E_1\cos\vartheta = E_1 - m_0c^2\,\frac{E_0 - E_1}{E_0},$$

so daß man die Beziehung

$$E'_0 = E_0\left[\frac{1}{\sqrt{1-\beta^2}} - \frac{E_0 - E_1}{m_0c^2} - 1\right] + E_1$$

erhält. Man vergleiche damit die Gleichung (13); man erkennt, daß der Klammerausdruck verschwinden muß — und das Ganze reduziert sich somit auf die erste Beziehung (21). In ähnlicher Weise kann auch die zweite Beziehung (21) verifiziert werden.

Wenn man also den COMPTON-Effekt einmal in einem System betrachtet, in dem das streuende Elektron vor dem Stoß ruht, ein anderes Mal in einem System, in dem dieses Elektron nach dem Stoß ruht, so erhält man zwei vollkommen inverse Prozesse.

7. Andere Erscheinungen, in denen die Photonen eine Rolle spielen. Wir werden jetzt eine Reihe von Problemen kennenlernen, bei deren Lösung die Lichtquantenvorstellung eine entscheidende Rolle spielt. Zu den bekanntesten gehört das Problem der Schwankungen in der isothermen Strahlung; wir werden es aber erst später (viertes Kap., Abschnitt 11) behandeln. Dies war übrigens das Problem, bei dessen Diskussion EINSTEIN die Hypothese der Lichtquanten zum erstenmal deutlich formulierte. PLANCK hatte allerdings schon früher die Vorstellung von Energiequanten $h\nu$ eingeführt; er wagte aber noch nicht, diesen Quanten eine selbständige Existenz zuzuschreiben. Die Konsequenzen der EINSTEINschen Theorie wurden von DE BROGLIE, COMPTON und vielen anderen Forschern ausgearbeitet.

EINSTEIN führte zur Bestätigung seiner Hypothese einige Argumente an; mehrere davon beruhen auf folgender Überlegung: Stellen wir uns einen leeren Hohlraum vor, der die konstante Temperatur T besitzt. Der Hohlraum ist von der Strahlung erfüllt, deren spektrale Energieverteilung der im vorhergehenden Kapitel abgeleiteten PLANCKschen Formel entspricht. Nun führen wir in den Hohlraum etwas Materie ein: ein Atom, ein Elektron oder auch ein Staubkörnchen — irgendein Teilchen, das Licht zu absorbieren oder zu reflektieren vermag. In jedem Fall wird zwischen dem Materieteilchen und der Strahlung ein Energieaustausch stattfinden. Wenn das Teilchen ein Elektron ist, so wird der Austausch durch seine Zusammenstöße mit den Photonen bedingt sein, also in einem COMPTON-Effekt bestehen. Wenn das Teilchen ein Atom ist, so wird es Licht absorbieren und wieder aussenden. In jedem Fall werden die Absorptions- und die Emissionsakte mit einer Impulsübertragung an das Teilchen verknüpft sein. Bei der Absorption des Lichtquantes $h\nu$ erhält das Atom den Impuls $h\nu/c$ in der Richtung des einfallenden Strahles; dies ist keine unbegründete Hypothese, sondern einfach die Formulierung der wohlbekannten Erscheinung des Strahlungsdruckes in der korpuskularen Sprachweise.

Wir kennen also den Impuls, den ein Atom bei der Absorption erhält. Wir wissen aber zunächst nicht, was bei der Emission vorgeht. Wenn die Energie $h\nu$ vom Atom in Gestalt einer Kugelwelle nach allen Seiten ausgesandt wird, so gibt es keinen Rückstoß, die Impulsänderung des Atoms bei der Ausstrahlung ist gleich Null. Wenn wir dagegen annehmen, daß die Energie $h\nu$ in einer bestimmten Richtung ausgestrahlt wird — z. B. als ein räumlich begrenztes Photon fortfliegt —, so müssen wir annehmen, daß die Ausstrahlung von einem Rückstoß mit dem Impuls $-\frac{h\nu}{c}$ begleitet wird. Wie kann man zwischen diesen beiden Möglichkeiten entscheiden?

EINSTEIN betrachtete die ungeordnete Bewegung der materiellen Teilchen im Strahlungsfeld, die durch die wiederholten Absorptions- und Emissionsakte entstehen muß und eine Analogie zur BROWNschen Molekularbewegung darstellt. Bei richtiger Behandlung muß man für jedes Teilchen im stationären Zustand die mittlere kinetische Energie $\frac{3}{2}kT$ bekommen, in Übereinstimmung mit der klassischen Theorie (s. z. B. das folgende Kapitel).

Um dieses Resultat zu erhalten, muß man aber — und dies ist der wichtige Punkt — die zweite von den beiden oben angedeuteten Möglichkeiten wählen. Man muß annehmen, daß nicht nur bei der Absorption, sondern auch bei der Emission des Lichtes auf das Teilchen ein Impuls von der Größe $h\nu/c$ übertragen wird.

Dies ist ein sehr schwerwiegendes Argument zugunsten der Lichtquantenvorstellung. und gegen die Wellentheorie. Wir sehen von der vollständigen Ableitung des angedeuteten Ergebnisses ab; in den folgenden Kapiteln werden die Rechnungen kurz angedeutet[1]. In der Geschichte der Quantentheorie haben diese Probleme eine sehr wichtige Rolle gespielt und viele lebhafte Diskussionen veranlaßt; heute hat aber das Interesse an ihnen bedeutend abgenommen. Denn wir wissen jetzt, daß weder die Photonen- noch die Wellentheorie für sich eine vollständige Erklärung aller Lichterscheinungen geben kann. Es muß eine allgemeine Lichttheorie aufgebaut werden, die die beiden Vorstellungen in sich einschließt, analog wie dies in der neuen Wellenmechanik und der Quantenmechanik von Born und Dirac für die materiellen Teilchen geschieht. In diesem Sinne werden jetzt viele Untersuchungen angestellt, die bereits zu erfreulichen Erfolgen geführt haben.

Für alle statistische Betrachtungen über Strahlungsprobleme ist die Lichtquantenvorstellung ganz besonders bequem. Auf Grund dieser Vorstellung kann man klare Formulierungen der statistischen Gesetze geben und eine statistische Theorie der Strahlung in Analogie zu der kinetischen Theorie der Gase entwickeln. Wir werden daher in der folgenden Darstellung diese Betrachtungsweise benutzen. Einstein hat ihr Prinzip angedeutet; L. de Broglie hat sie systematisch ausgebaut in einer Reihe von Artikeln im „Journal de Physique", die kurz vor seiner berühmten, für die Wellenmechanik grundlegenden Dissertation erschienen. Wir werden uns in den folgenden Kapiteln der von Bose erfundenen Methode bedienen, die wesentliche logische Vorteile besitzt und mit der Zeit eine große Bedeutung erlangt hat.

---

[1] Man siehe z. B. die Arbeiten 23 und 29 des Literaturregisters. Die Ableitungen wurden in einer ganz strengen Form von Langevin in seinen Vorlesungen im Collège de France (1927) gegeben.

8. Die Streuung von Photonen an einem Gitter. Wir wollen jetzt untersuchen, wie sich vom Standpunkt der Photonentheorie die Streuung des Lichtes durch ein Gitter darstellt. Wir betrachten ein ebenes Strichgitter; die Striche sollen zu der Ebene der Abb. 8 senkrecht sein. Der Strichabstand betrage l. Die Welle soll unter einem Winkel ϑ_1 einfallen und eine gebeugte Welle mit dem Beugungswinkel ϑ_2 ergeben. Die Wellenoptik gibt die Bedingung:

$$l(\sin\vartheta_1 - \sin\vartheta_2) = n\lambda. \quad (22)$$

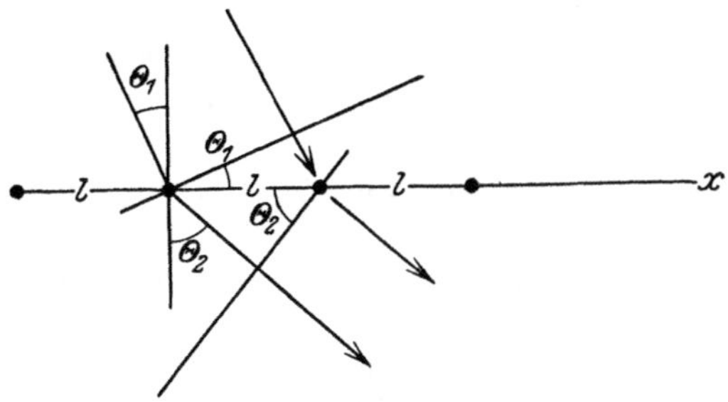

Abb. 8.

Was bedeutet diese Beziehung in der Sprache der Korpuskulartheorie? Die Photonen besitzen vor der Beugung den Impuls p_1, nach der Beugung den Impuls p_2; ihre Komponenten in der Richtung Ox sind:

$$p_{1x} = \frac{h\nu}{c}\sin\vartheta_1 = \frac{h}{\lambda}\sin\vartheta_1\,,$$

$$p_{2x} = \frac{h\nu}{c}\sin\vartheta_2 = \frac{h}{\lambda}\sin\vartheta_2\,.$$

Statt (22) erhalten wir also:

$$(p_{1x} - p_{2x})\,l = nh\,. \quad (23)$$

Wenn ein Photon $h\nu$ in dieser Weise aus der Richtung ϑ_1 in die Richtung ϑ_2 abgelenkt wird, überträgt es auf das Gitter die Bewegungsgröße:

$$P_x = p_{1x} - p_{2x}\,. \quad (24)$$

Das Gitter erhält also einen Rückstoß, dessen Geschwindigkeit v uns aber wenig interessiert. Gleichzeitig erhält es auch einen Impuls parallel zur Gitterebene; die entsprechende Geschwindigkeit bezeichnen wir mit v_x. Nachdem sich das Gitter unter dem Einfluß dieses tangentiellen Impulses um l verschoben hat, ist — wenn wir uns die Gitterebene als unendlich ausgedehnt denken — der ursprüngliche Zustand wieder vollkommen hergestellt, denn an die Stelle jedes Striches ist der Nachbarstrich gerückt. Wir dürfen also — in Übereinstimmung mit den alten SOMMERFELDschen Quantelungsregeln — die Beziehung:

$$\int P\,dQ = P_x l = nh \tag{25}$$

aufstellen. Diese Bedingungen, die die Quantisierung der Gitterbewegung darstellen, sind gleichbedeutend mit den klassischen Beugungsgleichungen; denn (24) und (25) bedeuten dasselbe wie (23).

Diese merkwürdige Übereinstimmung ist nicht zufällig und zeigt deutlich, wie die Quantenbedingungen den Photonen Eigenschaften aufzwingen, die denen der Wellen ganz ähnlich sind.

Die obige Betrachtung wurde von DUANE[1] angedeutet, später von EPSTEIN und EHRENFEST wieder aufgenommen und verbessert. Es gelang ihnen, auf diesem Wege die Intensitäten der Beugungsstrahlen verschiedener Ordnung zu berechnen. Es wurde dabei von dem BOHRschen Korrespondenzprinzip in einer für diesen Fall geistreich abgeänderten Form Gebrauch gemacht. Auch das Problem eines endlich ausgedehnten Gitters kann in dieser Weise behandelt werden. Man hat dabei eine bestimmte Elektronendichte, die regelmäßig entlang der Koordinate x im endlichen Bereich L verteilt ist. Man stellt diese Elektronenverteilung durch ein FOURIER-Integral dar. Jeder Term des Integrals ergibt ein sinusförmiges Gitter von unendlicher Ausdehnung. Man kann für jeden solchen Gitterbestandteil die für unendliche Gitter abgeleiteten Formeln benutzen; dann superponiert man alle Einzelergebnisse und integriert. In dieser Weise erhält man die Intensität der in verschiedenen Richtungen gestreuten Strahlung als Funktion des Winkels ϑ und der Länge L des Gitters.

Nachdem in dieser Weise das Problem der Streuung von ebenen Wellen gelöst war, versuchten dieselben Autoren, auch die Streuung von sphärischen Wellen zu behandeln; auch für diesen Fall fanden sie ein passendes korpuskulares Bild. Doch scheinen die dabei benutzten Methoden etwas künstlich zu sein, wenn man auch an ihrer mathematischen Korrektheit keine Zweifel hegen kann.

---

[1] DUANE, Proc. nat. Acad. Sci. U.S.A. **9**, 159 (1923). — COMPTON, A. H., Physic. Rev. **23**, 118 (1924). — EPSTEIN, P. S., u. EHRENFEST, P., Proc. nat. Acad. Sci. U.S.A. **10**, 133 (1924); **13**, 400 (1927) — Physic. Rev. **23**, 663 (1924). — JAUNCEY, Physic. Rev. **23**, 106 (1924); und viele andere Arbeiten.

Ohne zu lange bei diesen Problemen zu verweilen, müssen wir die interessante Tatsache hervorheben, daß die Vorstellung von den Photonen im Verein mit den aufgelegten Quantenbedingungen eine weitgehende Interpretation der Gesetze der physikalischen Optik zu geben vermag, die sich den Ergebnissen der Wellentheorie auffallend nähert.

Von den Formeln für die Beugung am eindimensionalen Gitter geht man leicht zu den Formeln für ein Raumgitter über. Man findet die Regeln von BRAGG und v. LAUE für die Intensität der Beugungsbilder bei der Streuung von Röntgenstrahlen durch Kristalle wieder. Der Übergang vom linearen Gitter zum Raumgitter besteht nur in der Anwendung von drei Bedingungen — statt der einen Bedingung (22) — für die drei Achsenrichtungen Ox, Oy und Oz, längs deren die Gitterpunkte periodisch angeordnet sind.

9. Wellen und Elektronen. In den vorangehenden Abschnitten haben wir geschildert, wie die Quantenphänomene uns dazu führen, eine diskontinuierliche Natur der Energie anzunehmen und korpuskulare Vorgänge den Wellenerscheinungen des Lichtes zuzuordnen.

Bei der Betrachtung der elementaren Teilchen der Materie befinden wir uns, wie die neue Wellenmechanik zeigt, in einer ähnlichen Lage. Das einzelne Elektron gehorcht nicht den Gesetzen der klassischen Mechanik. Um sein Verhalten zu bestimmen, muß man ihm eine Welle zuordnen, deren Ausbreitung durch die Gleichung:

$$\Delta\psi + \frac{8\pi^2 m_0}{h^2}(E - P)\,\psi = 0 \tag{26}$$

bestimmt ist, worin P die potentielle Energie des Elektrons, E die Gesamtenergie und $\psi(x, y, z)$ die Wellenfunktion bedeutet. Diese sog. SCHRÖDINGERsche Gleichung gilt allerdings nur für langsame Elektronen, d. h. nur, wenn die relativistische Massenveränderlichkeit keine Rolle spielt. Auch setzt Gleichung (26) die Existenz einer zeitunabhängigen potentiellen Energie $P(x, y, z)$ voraus.

Wenn wir (26) mit der gewöhnlichen Gleichung einer Sinuswelle mit der Frequenz ν und Ausbreitungsgeschwindigkeit V:

$$\Delta\psi - \frac{1}{V^2}\frac{\partial^2\psi}{\partial t^2} = \Delta\psi + \frac{4\pi^2\nu^2}{V^2}\psi = 0$$

vergleichen, so finden wir für die Frequenz und Ausbreitungsgeschwindigkeit der Materiewellen die Ausdrücke:

$$V = \frac{h\nu}{\sqrt{2m_0(E-P)}} \tag{27}$$

und

$$\lambda = \frac{V}{\nu} = \frac{h}{\sqrt{2m_0(E-P)}}\,. \tag{28}$$

Wenn wir für die Energie die klassische Formel:

$$E = P + \tfrac{1}{2}m_0 v^2 \tag{29}$$

benutzen, so bekommen wir für die Wellenlänge der Elektronenwellen:

$$\lambda = \frac{h}{m_0 v} \tag{30}$$

— eine heute wohlbekannte Formel, die zuerst von L. DE BROGLIE abgeleitet wurde.

Die Gleichung (26) beschreibt nur die Amplitudenverteilung; die vollständige Wellengleichung, die auch die Zeitabhängigkeit von ψ berücksichtigt, lautet dagegen:

$$\psi = u(x, y, z)\, e^{-2\pi i\nu t}. \tag{31}$$

Für die Materiewellen ist unter Berücksichtigung der relativistischen Massenveränderlichkeit des Elektrons

$$h\nu = E + m_0 c^2$$

zu setzen. Die erweiterte SCHRÖDINGERsche Gleichung erhält somit die Form:

$$\Delta\psi + \frac{4\pi m_0}{hi}\frac{\partial\psi}{\partial t} - \frac{8\pi^2 m_0}{h^2}(P_0 + m_0 c^2)\,\psi = 0\,. \tag{32}$$

Wir nehmen an, daß (32) auch dann gültig bleibt, wenn P von der Zeit abhängt.

Welche Auskunft gibt uns die Wellenfunktion ψ, einmal bestimmt, über die Lage und Bewegung des zugeordneten Teilchens? Die Antwort auf diese Frage hat übrigens die gleiche Bedeutung auch für das Verhältnis zwischen Lichtwellen und Photonen.

Betrachten wir zunächst eine ebene Welle:

$$\psi = A e^{+2\pi i\varphi}, \qquad \varphi = -\nu t + ax + by + cz\,.$$

Die Intensität der Welle (die dem Amplitudenquadrat A^2 proportional ist) bestimmt die Konzentration ϱ der betrachteten Teilchen. Unter Voraussetzung einer geeigneten Normalisierung gilt:

$$\varrho = A^2 . \tag{33}$$

Man stellt sich des weiteren vor, daß sich die Teilchen stets in der Richtung der Normalen zu der Wellenfläche bewegen; ihre Bewegungsgrößen sind:

$$p_x = a h = h \frac{\partial \varphi}{\partial x}, \qquad p_y = b h = h \frac{\partial \varphi}{\partial y}, \qquad p_z = c h = h \frac{\partial \varphi}{\partial z}.$$

Der Strömungsvektor der Teilchen hat also die Komponenten

$$\left.\begin{aligned} \Phi_x &= \frac{h A^2}{m_0} \cdot \frac{\partial \varphi}{\partial x}, \\ \Phi_y &= \frac{h A^2}{m_0} \cdot \frac{\partial \varphi}{\partial y}, \\ \Phi_z &= \frac{h A^2}{m_0} \cdot \frac{\partial \varphi}{\partial z}. \end{aligned}\right\} \tag{34}$$

Die einfachen Formeln (33) und (34) gelten auch noch in den komplizierteren Fällen, wenn A und φ beliebige reelle Funktionen der Raumkoordinaten und der Zeit sind. An Stelle der obigen, von L. DE BROGLIE angegebenen Darstellung, kann man nach SCHRÖDINGER[1] auch die folgende wählen:

$$\begin{aligned} \varrho &= \psi \overline{\psi}, \\ \Phi_x &= + \frac{h}{4\pi m_0 i} \left[\overline{\psi} \frac{\partial \psi}{\partial x} - \psi \frac{\partial \overline{\psi}}{\partial x} \right], \end{aligned} \tag{35}$$

worin $\overline{\psi}$ die zu ψ konjugierte imaginäre Größe darstellt.

Diese allgemeinen Formeln werden dadurch bestätigt, daß man, von ihnen ausgehend, zu einem Erhaltungsgesetz für die Gesamtzahl der Teilchen gelangt:

$$\frac{\partial \Phi_x}{\partial x} + \frac{\partial \Phi_y}{\partial y} + \frac{\partial \Phi_z}{\partial z} + \frac{\partial \varrho}{\partial t} = 0 . \tag{36}$$

Die Beziehung (36) wird identisch erfüllt durch (32) und die entsprechende konjugierte imaginäre Gleichung für $\overline{\psi}$.

10. Ungenauigkeitsrelation von HEISENBERG. Die dualistische Auffassung, die für Materie und Licht teils Wellen-, teils Korpuskeleigenschaften annimmt, führt zu einer Reihe von merkwürdigen Folgerungen. Eine der wichtigsten wurde von HEISEN-

[1] SCHRÖDINGER, E., Ann. Physik **81**, 138 (1926).

BERG als ein „Ungenauigkeitsprinzip" ausgesprochen. Wir wollen dieses Prinzip in elementarer Form darstellen, indem wir das Beispiel der Photonen wählen.

Die klassische Mechanik geht bekanntlich von der Voraussetzung aus, daß es prinzipiell möglich sei, die Anfangskoordinaten eines materiellen Systems mit einer unbegrenzten Genauigkeit zu bestimmen. Aus den so bestimmten Anfangsbedingungen können dann auf Grund der mechanischen Gesetze die Koordinaten des Systems zu jeder beliebigen späteren Zeit ebenso genau berechnet werden. In der Wellenmechanik ist eine solche genaue Angabe der Anfangsbedingungen unmöglich. Es bleibt immer eine bestimmte Undefiniertheit, Ungenauigkeit bestehen, die von der Art der angewandten Meßmethoden abhängt. Durch die Ungenauigkeit der Anfangskoordinaten wird auch die genaue Voraussage des späteren Verhaltens des Systems unmöglich. Die Wellenmechanik erlaubt nur Angaben über Mittelwerte, nur statistisch gültige Voraussagen für das Verhalten von materiellen Systemen oder Lichtquanten.

Diese allgemeine Aussage kann folgendermaßen präzisiert werden: Jeder Koordinate q kann bekanntlich ein Impuls p zugeordnet werden. Es sei Δq die Ungenauigkeit der q-Bestimmung und Δp die der p-Bestimmung. Wenn wir den Versuch machen, Δq und Δp möglichst zu reduzieren, stoßen wir auf ein Hindernis von prinzipieller Bedeutung. Es zeigt sich, daß das Produkt $\Delta p \Delta q$ in keiner Weise kleiner als h gemacht werden kann:

$$\Delta q \cdot \Delta p \geqq h\,. \tag{37}$$

Diese Beschränkung folgt aus der dualistischen Auffassung der Materie und des Lichtes. Einige Beispiele werden uns helfen, diese merkwürdige Folgerung zu verstehen.

Betrachten wir zunächst eine ebene Welle mit unendlichem Querschnitt. Sie soll als „Führungswelle" die Bewegung eines Stromes von Teilchen bestimmen. Nach den oben durchgeführten Ableitungen können wir ganz genau die Bewegungsgrößen angeben, die diese Teilchen besitzen müssen. Der Fehler Δp kann also — bei bekannter Wellenfunktion — beliebig klein gemacht werden. Dafür gibt aber die Wellenfunktion gar keine Auskunft über die Raumkoordinaten q der einzelnen Teilchen; die Amplitude A der Welle bestimmt nur die *mittlere Dichte* der Teilchen

ϱ ($\varrho = \text{const.} A^2$). Während also $\Delta p = 0$ ist, ist Δq unendlich groß; die Grenzbedingung (37) wird also nicht verletzt.

Um das Produkt $\Delta p \cdot \Delta q$ genauer zu bestimmen, versuchen wir, die Lage der Photonen im Strom durch zusätzliche Messungen zu ermitteln. Wir setzen zu diesem Zweck in den Weg der Welle einen Spalt, der einen räumlich begrenzten Bezirk aus der Wellenfront ausschneidet (Abb. 9). Wenn der Spalt in der z-Richtung unendlich ausgedehnt ist und in der y-Richtung die Breite $2d$ hat, so werden dadurch die y-Koordinaten der Teilchen hinter dem Spalt auf bestimmte Werte beschränkt. Die ebene Welle mag die Normale x haben, also senkrecht auf den Spalt einfallen. Eine einfache Rechnung ergibt die Amplitude der durch die Ränder des Spalts gebeugten Welle für jeden Winkel α (mit der Spitze bei $y = 0$ in der Mitte des Ausschnittes). Man findet dafür die Gleichung:

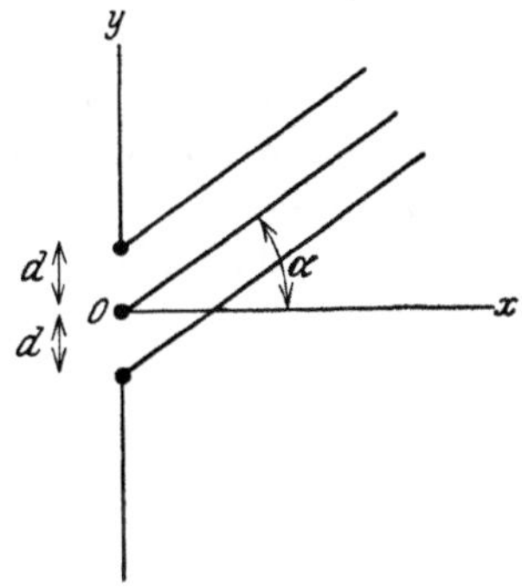

Abb. 9.

$$a \int_{-d}^{+d} e^{\frac{2\pi i}{\lambda} y \sin\alpha} \, dy = 2ad \frac{\sin\left(\frac{2\pi d}{\lambda} \sin\alpha\right)}{\frac{2\pi d}{\lambda} \sin\alpha}. \tag{38}$$

Die Intensität hat ihren maximalen Wert für die Ablenkung Null ($\alpha = 0$ und $\frac{\sin\alpha}{\alpha} = 1$); sie fällt mit wachsendem Winkel α rasch ab. Ein erstes Minimum wird bei:

$$\frac{2\pi d}{\lambda} \sin\alpha_1 = \pi, \tag{39}$$

also bei

$$\sin\alpha_1 = \frac{\lambda}{2d} = \frac{c}{2d\nu}$$

erreicht. Es gibt keinen scharf definierten Höchstwert der Ablenkung; die Intensität nimmt stetig — unter Ausbildung von Diffraktionsstreifen — auf Null ab. Wir wollen — mit einer gewissen Willkür — die Größe des Winkels α_1, der dem ersten Intensitätsminimum entspricht, als Maß für die Ungenauigkeit der Winkelkoordinate der Teilchen nach dem Durchgang durch den Spalt betrachten.

Sofort nach dem Durchgang durch den Spalt von der Breite $2d$ sind die y-Koordinaten aller Teilchen durch die beiden Grenzwerte $+d$ und $-d$ beschränkt:

$$\Delta y = 2d.$$

Der Impuls war vorher senkrecht zum Spalt gerichtet und genau bekannt. Nach der Einführung des Spaltes in den Strahlenweg ist aber eine so genaue Aussage über den Impuls nicht mehr möglich. Wenn wir, wie oben angegeben, α_1 als den Maximalwert des Beugungswinkels betrachten, so können wir für die Impulskomponente p_y, die früher gleich 0 war, jetzt nur die beiden Grenzwerte $\pm \frac{h\nu}{c} \sin \alpha_1$ angeben. Wir erhalten somit, nach (39):

$$\Delta p_y = 2 \frac{h\nu}{c} \sin \alpha_1 = \frac{h}{d},$$

also:

$$\Delta y \, \Delta p_y = 2h$$

ein Ergebnis, das mit der Ungenauigkeitsrelation (37) verträglich ist. Die Formel (38) kann man etwas umformen; an die Stelle des Winkels α kann man den Wert $p_y = \frac{h\nu}{c} \sin \alpha$ der Impulskoordinate in der Richtung y einführen. Der Integrand erhält dann die Form:

$$\Pi = e^{\frac{2\pi i}{\lambda} y \sin \alpha} = e^{\frac{2\pi i}{h} p_y y}. \tag{40}$$

Die Wahrscheinlichkeit dafür, daß ein Photon die Bewegungsgröße p_y besitzt und seine Lagekoordinate zwischen y und $y + dy$ liegt, ist durch den Ausdruck

$$\Pi^2 dy$$

gegeben. Die Größe Π bezeichnet man als „Wahrscheinlichkeitsamplitude", da Π^2 die Intensität mißt. Wir haben an diesem speziellen Beispiel eine Formel abgeleitet, die in der neuen Mechanik ganz allgemein bewiesen wird und eine genaue Formulierung des Ungenauigkeitsprinzipes enthält. Betrachten wir irgendeine Koordinate Q und den ihr konjugierten Impuls P. Die Wahrscheinlichkeitsamplitude wird immer die Form:

$$\Pi = e^{\frac{2\pi i}{h} P \cdot Q} \tag{41}$$

haben. Der Ausdruck $\Pi^2 dQ$ bestimmt die Dichte der Bildpunkte im Gebiet Q bis $Q + dQ$. Man erkennt sofort, daß, wenn man P in

(41) als genau bekannt voraussetzt, Π^2 gleich 1 wird und alle Q-Werte gleiche Wahrscheinlichkeiten erhalten. Diesen Fall hatten wir bei der Betrachtung eines von einer unendlich ausgedehnten ebenen Welle getragenen Photonenstroms.

Wenn für P eine gewisse Ungenauigkeitsgrenze zugelassen wird — wie in unserer gebeugten Welle — so wird Π^2 abhängig von Q, und wir können mit einer gewissen Genauigkeit einen Mittelwert für Q angeben.

Andere Beispiele können uns eine bessere Verständnis des physikalischen Sinns dieser Aussagen vermitteln. Betrachten wir eine sphärische Welle, die im Brennpunkt F konvergiert. Aus dieser Welle schneiden wir mit Hilfe einer Kreisblende vom Radius R einen Strahl aus (Abb. 10). Der Öffnungswinkel α des Strahlkegels entspricht der Beziehung:

$$\sin\alpha = \frac{R}{f}.$$

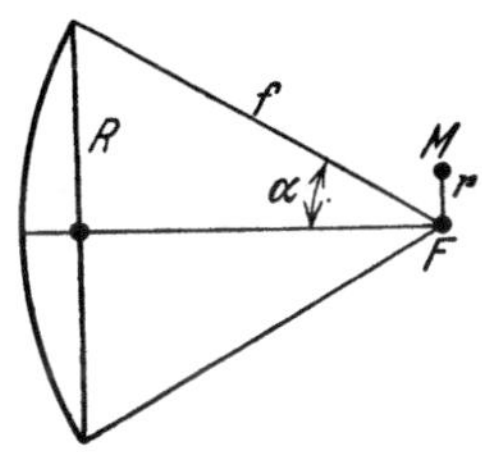

Abb. 10.

Die Konvergenz der Strahlen in F wird unter diesen Bedingungen unvollkommen, um F bilden sich Beugungsringe aus. Die Strahlungsintensität in einem Punkt M der Fokalebene, dessen Abstand von F gleich r ist, wird durch die Amplitudengleichung

$$A = \frac{2\pi R^2}{m} J_1(\xi), \qquad \xi = \frac{2\pi}{\lambda} r \frac{R}{f} \tag{42}$$

bestimmt, worin J_1 die BESSELsche Funktion erster Ordnung bedeutet. Sie ergibt ein sehr ausgesprochenes Maximum für $\xi = 0$, eine Nullstelle bei $\xi = 3{,}832$ und eine Reihe weiterer, immer schwächer werdender Maxima für wachsende ξ-Werte. Die mittlere Winkelabweichung von der ursprünglichen Strahlrichtung sei ξ_0. Bei gegebener Wellenlänge und Blendendurchmesser entspricht einem bestimmten Wert ξ_0 ein bestimmter Abstand r_0 in der Fokalebene:

$$r_0 = \frac{\lambda \xi_0}{2\pi} \frac{f}{R} = \frac{c\xi_0}{2\pi\nu \sin\alpha}.$$

Die Größe r_0 bestimmt den mittleren Fehler Δr, den wir bei der Angabe der Lagekoordinate der Photonen machen. Welcher Fehler bei der Bestimmung des zugehörigen Impulses p_r entspricht diesen Bedingungen? Die möglichen Grenzwerte für p_r sind $\pm \frac{h\nu}{c} \sin\alpha$; es ist also:

$$\Delta p_r = 2\frac{h\nu}{c} \sin\alpha$$

und

$$\Delta r \, \Delta p_r = h \frac{2\xi_0}{2\pi}. \tag{43}$$

Das Produkt der beiden Fehler ist also auch in diesem Falle von der Größenordnung der Konstante h. Wie wir auch die Definition des Brennpunktes F ändern mögen — in keiner Weise werden wir für $\Delta r \, \Delta p_r$ einen Wert herausbekommen, der kleiner wäre als der in (43) angegebene.

Die Anzahl der Beispiele kann noch beliebig vermehrt werden; BORN und HEISENBERG haben viele davon angegeben[1]; immer erhält man das gleiche Ergebnis. Diese Tatsachen spielen in den statistischen Anwendungen der neuen Mechanik eine große Rolle; wir werden daher später noch ausführlich darauf zurückkommen.

An dieser Stelle schließen wir mit dem Nachweis ab, daß die eingeführte Ungenauigkeit der Koordinaten Q und P auch eine Ungenauigkeit der Energie E bedingt, wenn man die Energieangabe auf einen genau definierten Zeitpunkt t beziehen will. Tatsächlich weiß man aus der Mechanik, daß E und t ein konjugiertes Paar von Variablen bilden, das dem Paar P und Q analog ist. Diese Analogie ergibt sich in einfachster Weise aus den relativistischen Formeln, die in den vorangehenden Abschnitten benutzt wurden. Wir erwarten somit eine Beziehung zwischen den Ungenauigkeitsbreiten ΔE und Δt von der Form:

$$\Delta E \, \Delta t \geq h. \tag{44}$$

Wenn E bekannt ist, kennt man auch die Frequenz $\nu\left(= \frac{E}{h}\right)$ der zugeordneten Welle. Damit die Frequenz ganz genau definiert erscheint, muß die Welle zeitlich unbeschränkt sein. Die Annahme eines Fehlers $\Delta E = 0$ führt also zu einer völligen Un-

[1] Bezüglich dieser Probleme sowie des gesamten in diesem Kapitel behandelten Materials sei auf die Berichte des Solvaykongresses in Brüssel vom Oktober 1928 (erschienen bei Gauthiers-Villars, Paris 1929) verwiesen. Vgl. auch W. HEISENBERG, Die physikalischen Prinzipien der Quantenmechanik. Leipzig: S. Hirzel 1930.

bestimmtheit des Zeitpunktes, in dem das Photon die Beobachtungsstelle passiert; der Fehler Δt wird also unendlich groß, und die Beziehung (44) bleibt gewahrt.

Versuchen wir, eine genauere Zeitangabe zu machen, indem wir die Ausdehnung der Führungswelle des Photons beschränken; der Wellenvorgang an der Beobachtungsstelle soll zur Zeit $t = 0$ beginnen und zur Zeit $t = T = N\tau$ plötzlich abbrechen. Es gelte:

$$f = \begin{cases} 0 \text{ für } t < 0, \\ \sin 2\pi \frac{t}{\tau} \text{ für } 0 < t < T, \text{ mit } \omega = \frac{2\pi}{\tau}, \\ 0 \text{ für } t > T. \end{cases}$$

Ein solcher begrenzter Wellenzug kann nach FOURIER zerlegt werden[1]. Man findet dabei:

$$f = \frac{4}{\tau}\int_0^\infty dn \sin n\left(t - \frac{T}{2}\right)\frac{\sin\frac{nT}{2}}{n^2 - \omega^2}. \tag{45}$$

[1] Man siehe z. B. SOMMERFELD, Ann. Physik **44**, 186 (1914).

Um die Formel (45) zu beweisen, ist es zweckmäßig, die Integrale in imaginärer Form zu schreiben:

$$f = \frac{1}{\tau}\int_{-\infty}^{+\infty}\frac{dn}{n^2 - \omega^2}\left[e^{-in(t-T)} - e^{-int}\right].$$

Wir werden sehen, daß das zweite Glied in der Klammer eine Welle gibt, die bei $t = 0$ beginnt und unendlich andauert, das erste dagegen eine Welle, die bei $t = T$ einsetzt und den Teil der ersten Welle, der hinter $t = T$ liegt, gerade aufhebt. Betrachten wir zunächst den Ausdruck:

$$f = \frac{-1}{\tau}\int_{-\infty}^{+\infty}\frac{dn}{n^2 - \omega^2}\,e^{-int} = \frac{-1}{2\omega\tau}\int_{-\infty}^{+\infty} e^{-int}\left[\frac{1}{n-\omega} - \frac{1}{n+\omega}\right]dn$$

$$= -\frac{1}{4\pi}\int_{-\infty}^{+\infty}\left[\frac{e^{-int}}{n-\omega} + \frac{e^{+int}}{n-\omega}\right]dn = \frac{-1}{2\pi}\int_{-\infty}^{+\infty}\frac{e^{-int}\,dn}{n-\omega}.$$

In diesen Formeln bedeutet f nur den *reellen Teil* des Integrals. Das letzte Integral erstreckt sich auf die reelle Achse der Variablen n; ein Pol liegt bei $n = \omega$. Für negative t-Werte dürfen wir den Integrationsweg auf der Halbebene ins Unendliche rücken, wo n die Form $+i\infty$ hat. Die Integration ergibt dann Null. Bei positiven t-Werten bleibt bei analoger Verschiebung des Integrationswegs ins Unendliche in der Halbebene, in der n die

Die Intensität der Schwingungen von der Frequenz n ist also dargestellt durch:

$$J = \left[\frac{4}{\tau} \frac{\sin \frac{n T}{2}}{n^2 - \omega^2} \right]^2 . \tag{46}$$

Dieser Ausdruck hat ein scharfes Maximum — von der Höhe $\left(\frac{N \tau}{2 \pi}\right)^2 = \frac{T^2}{4 \pi^2}$ — bei der Frequenz $n = \omega$, und fällt an beiden Seiten des Maximums rasch ab. Bei $\frac{n T}{2} = \pm \pi$ werden die ersten Nullwerte von J erreicht, auf die sekundäre Maxima folgen usw. Man erhält also statt einer bestimmten Frequenz ω ein ganzes Spektrum. Wenn man die ersten Nullwerte als ungefähre Fehlergrenzen für die n-Bestimmung benutzt, so erhält man:

$$\varDelta n = \frac{4 \pi}{T}, \qquad \varDelta \nu = \frac{2}{T}, \qquad \varDelta E = \frac{2 h}{T}.$$

Die Genauigkeit mit der die Zeit des Durchganges der Photons durch die Beobachtungsstelle angegeben werden kann, ist unter den betrachteten Bedingungen gleich T; wir erhalten also

$$\varDelta E \cdot \varDelta t = 2 h$$

in Übereinstimmung mit der Ungleichung (44).

11. Die Photonen und die Polarisation des Lichtes. In allen obigen Überlegungen wurde an keiner Stelle von der Polarisation des Lichtes gesprochen. In unserer statistischen Theorie haben wir keine Größe kennengelernt, die zu dem Polarisationszustand des Lichtes in Beziehung stehen könnte. Dies ist offenbar eine wichtige Lücke. Wir sind leider nicht imstande, genau anzugeben, welche Eigenschaften man einem Photon zuschreiben muß, damit das korpuskulare Bild der Lichtausbreitung auch in bezug auf Polarisation das Wellenbild ersetzen kann. Wir können nur auf einige Analogien hinweisen und die Art der in diesem Punkte auftretenden Schwierigkeiten näher schildern.

Im Abschnitt 5 haben wir gesehen, daß die LORENTZ-Transformation, auf ein bewegtes Photon angewandt, zur Änderung

---

Form $-i\infty$ besitzt, die Umgebung des Poles ω übrig. Der Umlauf um den Pol gibt für das Integral den Wert $-2\pi i\, e^{-i\omega t}$; es ergibt sich somit: $f = 0$ für $t < 0$ und

$$f = i e - i \omega t = \sin \omega t$$

für $t > 0$, was zu beweisen war.

der Frequenz führt. Diese Frequenzverschiebung — der DOPPLER-Effekt — kann aber auch aus der Wellentheorie errechnet werden, und beide Methoden führen zum gleichen Ergebnis. Man kann somit allgemein bei der Betrachtung der Photonen von der Existenz von Photonen verschiedener Frequenz absehen. An einer einzigen Photonenart müssen die Eigenschaften aller verschiedener Lichtarten zu erkennen sein, es genügt dazu, diese Photonen vom Standpunkt verschieden bewegter Beobachter zu betrachten und die LORENTZ-Transformation anzuwenden.

Betrachten wir näher die Anwendung der LORENTZ-Transformation auf eine elektromagnetische Welle. Stellen wir uns eine ebene Welle vor, die sich in der Richtung Ox fortpflanzt und elliptisch polarisiert ist. Die elektrische Schwingung hat zwei Komponenten, h_y und h_z; das Verhältnis h_y/h_z bestimmt den Grad der elliptischen Polarisation.

Die gleiche Welle sei nun vom Standpunkt eines Beobachters beschrieben, der sich entlang der Ox-Achse bewegt. Die LORENTZ-Transformation wird die Feldkomponenten h_y und h_z in gleicher Weise verändern, das Verhältnis der beiden Größen — und somit die Elliptizität des Lichtes — bleiben also für den bewegten Beobachter unverändert.

Wenn wir also dem Photon eine Eigenschaft zuschreiben wollen, die der Polarisation analog ist, so muß sie invariant in bezug auf eine LORENTZ-Transformation sein. Was für eine Eigenschaft dieser Art können wir uns vorstellen? Man könnte daran denken, das Photon als einen rotierenden Körper zu betrachten. Stellen wir uns (Abb. 11) ein Geschoß vor, das sich mit der Geschwindigkeit c in der Richtung Ox bewegt und gleichzeitig eine Rotation um die eigene Achse ausführt; diese Achse bilde den Winkel α mit der Ox-Achse. Bei einer LORENTZ-Transformation bleibt α unverändert. Ein Kreis in der Ebene senkrecht zu OR gibt bei der Projektion auf eine Ebene senkrecht zu Ox eine Ellipse; diese Ellipse kann man als Abbild der Polarisationsellipse des Lichtes ansehen; auch ihre Form ist relativistisch invariant.

Abb. 11.

Es gibt somit eine Analogie zwischen einer polarisierten Lichtwelle und einem Strom von Teilchen, die um ihre eigene Achse rotieren; die verschiedenen Polarisationsarten entsprechen den verschiedenen möglichen Winkeln α zwischen der Bewegungsrichtung und der Rotationsachse. Diese Analogie bleibt aber rein qualitativ; eine genauere Durchführung der angedeuteten Vorstellung ist nicht möglich gewesen.

Ein umgekehrtes Problem entsteht übrigens in der Wellenmechanik der materiellen Teilchen. Die Vorstellung vom rotierenden („spinnenden") Elektron hat bekanntlich große Dienste bei der Deutung der Spektren geleistet. Es schien nun nötig zu sein, diese Vorstellung auch wellenmechanisch zu interpretieren, und DARWIN versuchte zu diesem Zweck, eine Polarisation der Materiewellen einzuführen. Sein Versuch führte aber zu keinem vollen Erfolg. DIRAC gelang es, das Problem formell zu lösen, indem er gleichzeitig ein ganzes System von Wellen betrachtete; diese Wellen sind aber von einem Typus, der sich von den üblichen transversalen Wellen der Optik und der Elastizitätslehre tiefgehend unterscheidet.

Viele Forscher haben sich mit der Analogie zwischen Elektronendrall und Polarisation beschäftigt und die Polarisationseigenschaften der Photonen genauer zu beschreiben versucht. Wir heben z. B. eine neuerdings erschienene Untersuchung von PROCA[1] hervor. Plausible Überlegungen führen diesen Verfasser zu der Vorstellung, daß die von den Wellen „geführten" Photonen in Abständen aufeinanderfolgen, die ganze Vielfache der Wellenlänge betragen. Die räumliche Verteilung der Photonen spiegelt also die Struktur der Welle wieder. Wenn die Welle intensiv und die Anzahl der Photonen groß ist, bilden die Photonen eine Art bewegtes Raumgitter. Man kann annehmen, daß jedes Photon ein elektrisches und ein magnetisches Feld mit sich trägt, und man gelangt in dieser Weise zu einer diskontinuierlichen Darstellung des elektromagnetischen Feldes der Lichtwelle. Diese Anregungen sind interessant und ihre Diskussion sehr lehrreich; doch scheint es unmöglich zu sein, durch so naive Bilder das Geheimnis zu lösen, das immer noch die Natur des Lichtes umgibt.

12. Eigenwerte und Eigenfunktionen; der harmonische Oszillator. Die alte Quantentheorie bestimmte die Energie-

---

[1] PROCA, A., „Collection des suggestions scientifiques". Paris: Blanchard 1928 — J. Physique et Radium **10**, 186 (1929) — C. r. Acad. Sci. Paris **1**, 739, 1097 (1928).

niveaus eines abgeschlossenen Systems mit Hilfe der Quantenbedingungen:

$$\oint_{\tau_k} p_k \, dq_k = n_k h \,. \tag{47}$$

Jeder Koordinate q_k entspricht ein Impuls p_k. Wenn man die Variablen so gewählt hat, daß die HAMILTONsche Gleichung separierbar wird, findet man, daß sich p_k und q_k periodisch mit der Periode τ_k ändern. Die Integrale (47) sind dann ausreichend, um die Energiewerte zu berechnen.

Anders stellt sich das Problem in der neuen Mechanik. Diese geht von der Wellengleichung aus und sucht diejenigen Werte der Energie zu bestimmen, für die diese Gleichung stationäre und im Unendlichen verschwindende Lösungen besitzt. Diese Energiewerte sind die *Eigenwerte* des Parameters E in der Wellengleichung, und die ihnen entsprechenden Lösungen ψ sind die *Eigenfunktionen*. Man findet — in Übereinstimmung mit dem BOHRschen Korrespondenzprinzip — daß die Bedingungen (47) einer ersten Näherung bei der Bestimmung der Eigenwerte entsprechen.

Nehmen wir als Beispiel einen harmonischen Oszillator, d. h. ein Teilchen von der Masse m, das sich entlang der Achse Ox unter dem Einfluß eines Potentials $P = \frac{1}{2} k x^2$ bewegt. Die Periode τ der Schwingung ist in der klassischen Mechanik:

$$\tau = 2\pi \sqrt{\frac{m}{k}} = \frac{1}{\nu} \,. \tag{48}$$

Die Koordinate x und die Bewegungsgröße $p = m\dot{x}$ sind beide Sinusfunktionen. Die Bedingung (47) gibt für die Gesamtenergie folgende quantentheoretisch erlaubte Werte:

$$E = n_k h\nu \,; \qquad n_k = 1, 2, 3 \ldots \tag{49}$$

In der Wellenmechanik gehen wir von der Betrachtung der Wellengleichung:

$$\frac{\partial^2 \psi}{\partial x^2} + \frac{8\pi^2 m}{h^2}\left(E - \frac{1}{2} k x^2\right)\psi = 0 \tag{50}$$

aus. Setzen wir:

$$x = \sqrt{\frac{h\nu}{k}}\, s \qquad \text{und} \qquad E = \eta h\nu \,. \tag{51}$$

Die Wellengleichung reduziert sich dann auf:

$$\frac{\partial^2 \psi}{\partial s^2} + (2\eta - s^2)\,\psi = 0 \,.$$

Wir versuchen eine Lösung von der Form:

$$\psi = u(s)\, e^{-\frac{s^2}{2}}, \tag{52}$$

und erhalten durch ihre Einsetzung in die vorangehende Gleichung:

$$u'' - 2su' + (2\eta - 1)\, u = 0 .$$

Wenn wir für $u(s)$ eine Reihendarstellung:

$$u = a_0 + a_1 s + a_2 s^2 + \cdots$$

versuchen, so finden wir für die aufeinanderfolgenden Koeffizienten die Reduktionsformel:

$$a_{n+2}(n+1)(n+2) + (2\eta - 2n - 1)\, a_n = 0 . \tag{53}$$

Wenn man für die Energie die Werte:

$$\eta = n + \tfrac{1}{2}, \qquad E = (n + \tfrac{1}{2})\, h\nu \tag{54}$$

nimmt, so bricht die Reihe bei dem $(n+1)$-sten Glied ab. Sie stellt ein sog. Hermitesches Polynom dar. Man kann nachweisen, daß für alle anderen E-Werte ψ mit wachsendem s unendlich groß wird; denn die Reihe u wächst wie e^{s^2}. Die Werte (54) sind also die Eigenwerte des Energieparameters. Zwei aufeinanderfolgende Eigenwerte unterscheiden sich, wie in (49), um $h\nu$; doch sind die Koeffizienten jetzt „halbzahlig" ($\frac{1}{2}$, $1\frac{1}{2}$ ...) und nicht mehr ganzzahlig wie in der alten Theorie.

Um die Koeffizienten der Reihe (53) genauer zu bestimmen, stellt man die Forderung auf, daß das Integral von $\psi_n \overline{\psi}_n$, genommen über den ganzen unendlichen Raum, gleich 1 sein muß. Indem wir für die Hermiteschen Polynome die übliche Bezeichnung $H_n(s)$ benutzen, können wir das Ergebnis in der Form:

$$\psi_n = \frac{1}{a\sqrt{2^n n! \sqrt{\pi}}} H_n\left(\frac{x}{a}\right) e^{-\frac{1}{2}\left(\frac{x}{a}\right)^2} \tag{55}$$

$$\left(\text{mit } a = \sqrt{\frac{h\nu}{k}}\right)$$

anschreiben. Es ist:

$$\int_{\infty} \psi_n \overline{\psi}_m \, dx = \delta_{nm} = \begin{cases} 0 \text{ bei } n \neq m, \\ 1 \text{ bei } n = m. \end{cases} \tag{56}$$

$\overline{\psi}_m$ bezeichnet, wie schon einmal erwähnt, die zu ψ_m konjugierte imaginäre Größe.

Die Orthogonalitäts- und Normalisierungsbedingungen (56) sind in der Atommechanik ganz allgemein in Benutzung.

Wir wollen uns auch folgende Beziehungen merken, die wir später brauchen werden:

$$\int\limits_{\infty} x\,\psi_n\,\overline{\psi}_m\,dx = \begin{cases} a\sqrt{\dfrac{n+1}{2}}, & \text{bei} \quad m = n+1, \\ a\sqrt{\dfrac{n}{2}}, & \text{bei} \quad m = n-1, \\ 0, & \text{bei} \quad m \neq n \pm 1. \end{cases} \tag{57}$$

Diese Beziehungen können leicht aus den Reduktionsgleichungen der HERMITEschen Polynome abgeleitet werden.

$$H_{n+1} - 2sH_n + 2nH_{n-1} = 0,$$

$$H_0(s) = 1, \quad H_1(s) = 2s, \quad H_2(s) = 4s^2 - 2, \quad \ldots$$

Wir haben einige einfache Beispiele der Wellengleichung besprochen. Im allgemeinen Fall wird diese Gleichung in folgender Weise gebildet: Man schreibt für das gegebene Problem die klassische HAMILTONsche Funktion $H(q_k, p_k)$ an, die die Koordinaten q_k und die zugeordneten Impulse p_k enthält. Man bildet dann den *Operator* H, indem man die p_k durch die Operatoren $\frac{h}{2\pi i}\frac{\partial}{\partial q_k}$ ersetzt, und man erhält die Wellengleichung, indem man H in den Ausdruck:

$$H\psi - E\psi = 0 \tag{58}$$

einführt. $H\psi$ bedeutet das Ergebnis der Anwendung des Operators H auf die Wellenfunktion $\psi(q_1 \ldots q_k \ldots)$. Die Lösung des Problems besteht nunmehr in der Auffindung der Eigenwerte und der Eigenfunktionen der Gleichung (58). Die ψ-Funktionen erfüllen die Bedingung der Orthogonalität; ihre vollständige Bestimmung erfolgt mit Hilfe der Normalisierung nach (56).

13. Störungsprobleme. Es gibt Fälle, in denen eine direkte Lösung der Wellengleichung schwierig ist, so daß man es vorzieht, von einer etwas vereinfachten Näherungsgleichung auszugehen. Es sei:

$$H = H_0 + \lambda H_1 + \lambda^2 H_2 + \cdots \tag{59}$$

eine HAMILTONsche Funktion, die in einen Hauptbestandteil H_0 und die Korrektionsglieder λH_1, $\lambda^2 H_2$ usw. zerlegt werden kann, wobei λ eine kleine Größe ist. Es sei möglich, die Gleichung (58) zu lösen, wenn wir darin den *ungestörten* Wert H_0 annehmen; ψ_{0i} seien die Eigenfunktionen dieses ungestörten Problems und E_{0i} die ihnen entsprechenden Eigenwerte. Wir setzen voraus, daß keine Entartung vorliegt, daß also jeder Eigenwert eine einzige Eigenfunktion ergibt.

Zwei verschiedene Methoden sind ersonnen worden, um von dem ungestörten Problem ausgehend zu einer vollständigen Lösung zu gelangen. Die eine Methode (SCHRÖDINGER; BORN, HEISENBERG, JORDAN) besteht darin, daß man nach einer Reihenentwicklung für die Eigenfunktionen:

$$\psi_i = \psi_{0i} + \lambda \psi_{1i} + \cdots \tag{60}$$

sucht und die Genauigkeit schrittweise steigert. Die zweite (von DIRAC ausgearbeitete) ist die sog. „Methode der Variation der Konstanten". Da wir die beiden Methoden später benutzen müssen, wollen wir sie kurz andeuten.

Zunächst die erste: Die Eigenfunktionen mögen also die Form (60) besitzen und die Eigenwerte durch:

$$E_i = E_{0i} + \lambda E_{1i} + \cdots$$

ausgedrückt sein. Setzen wir diese Werte in (58) ein. Die erste Näherung gibt E_{0i} und ψ_{0i}; die zweite, die die in λ linearen Glieder berücksichtigt, ergibt:

$$(H_0 - E_{0i})\psi_{1i} = -(H_1 - E_{1i})\psi_{0i}. \tag{61}$$

Diese Gleichung kann nur dann endliche Lösungen besitzen, wenn das zweite Glied orthogonal zu allen Lösungen der transponierten homogenen Gleichung ist. Dies ist in unserem Fall die konjugiertkomplexe Gleichung, und sie hat nur die eine Lösung $\overline{\psi}_{0i}$. Die Orthogonalitätsbedingung ist somit:

$$\int \overline{\psi}_{0i}(H_1 - E_{1i})\,\psi_{0i}\,d\tau = 0, \tag{62}$$

oder, entsprechend der Normalisierung (56):

$$\left.\begin{aligned} E_{1i} &= H_1(i, i) \\ H_1(k, i) &= \int \overline{\psi}_{0k} H_1 \psi_{0i}\,d\tau. \end{aligned}\right\} \tag{63}$$

Es erscheinen somit die Diagonalelemente $H_1(i, i)$ der Matrix $H_1(k, i)$, die H_1 im System der Funktionen ψ_{0i} darstellt. Die Lösung kann jetzt in Form einer Reihe:

$$\psi_{1i} = \sum c_{ki}\,\psi_{0k} \tag{64}$$

gesucht werden. Wir tragen diese Summe in (61) ein und erinnern uns, daß ψ_{0k} einer nichtgestörten Gleichung mit dem Eigenwert E_{0k} genügt:

$$\sum_k c_{ki}(E_{0k} - E_{0i})\,\psi_{0k} = -(H_1 - E_{1i})\,\psi_{0i}\,.$$

Jetzt multiplizieren wir die beiden Seiten mit $\overline{\psi}_{0k}$ und integrieren; infolge der Orthogonalitätsbedingung (56) bleibt dabei nur der Ausdruck:

$$c_{ki} = -\frac{H_1(k,i)}{E_{0k} - E_{0i}}, \qquad k \neq i, \qquad c_{ii} = 0 \tag{65}$$

übrig. Die Vorbedingung (62) hatte gerade den Zweck, die Befreiung vor dem Glied c_{ii}, das sonst unendlich geworden wäre, zu erreichen.

Eine Schwierigkeit entsteht in dem Fall, wenn das Eigenfunktionensystem ψ_{0i} entartet ist, so daß einem Energiewert E_{0i} mehrere Funktionen $\psi_{0i1} \ldots \psi_{0il}$ entsprechen. Wir müssen in diesem Fall mehrere Bedingungen von der Art (62) anschreiben; und es wäre unmöglich, sie alle mit einer einzigen Konstanten E_{1i} zu befriedigen. Es erscheint hier notwendig, für jede Störungsart die geeigneten Eigenfunktionen auszuwählen. Statt des ursprünglichen Systems ψ_{0il} kann man ja auch alle linearen Kombinationen:

$$\psi^*_{0im} = \sum_l \alpha_{ml}\,\psi_{0il} \tag{66}$$

benutzen und nach einer Lösung der vollständigen Gleichung:

$$\psi_{im} = \psi^*_{0im} + \lambda\psi_{1im} + \cdots$$

suchen. Die zweite Näherung wird stets durch (61) gegeben sein; die Orthogonalitätsbedingung wird lauten, daß das zweite Glied dieser Gleichung zu allen Lösungen $\psi_{0il'}$ der homogenen Gleichung orthogonal sein muß. Es ergeben sich somit die l Beziehungen:

$$\sum_l \alpha_{ml}[H_1(il', il) - E_{1im}\delta_{ll'}] = 0\,, \tag{67}$$

mit

$$H_1(il', il) = \int \overline{\psi}_{0il'}\,H_1\psi_{0il}\,d\tau\,.$$

Wir haben somit l homogene Gleichungen (67), um die α_{ml} und E_{1im} zu bestimmen. Eine Lösung existiert nur, wenn die Determinante:

$$|H_1(il', il) - E_{1im}\delta_{ll'}| = 0 \tag{68}$$

verschwindet. Dies gibt eine Säkulargleichung l-ten Grades zur Bestimmung der Energien E_{1im}. Nachdem diese bestimmt worden sind, erhält man aus (67) die α-Werte, und die Näherung kann in der gewohnten Weise fortgesetzt werden.

14. Zeitabhängige Hamiltonsche Funktion. Methode der variierten Konstanten (Dirac). In den obigen Ableitungen wurde vorausgesetzt, daß die Hamiltonsche Funktion nur von den q und p abhängt und die Zeit t nicht explizite enthält. Die Wellengleichung (58) erlaubt in diesem Fall die Bestimmung einer nur von den Koordinaten abhängigen Lösungsfunktion ψ_i und die Auffindung der Eigenwerte E_i der Energie. Diese beiden Ergebnisse können zusammen durch eine einzige, zeitabhängige Wellenfunktion ausgedrückt werden:

$$\Psi_i = \psi_i(q)\, e^{-\frac{2\pi i}{h} E_i t}, \tag{69}$$

genau wie dies schon in Gleichung (31) geschah. Diese Wellenfunktion erfüllt die der Gleichung (32) analoge Beziehung:

$$H\Psi + \frac{h}{2\pi i}\frac{\partial \Psi}{\partial t} = 0\,. \tag{70}$$

Diese letzte Gleichung kann auch aus (58) abgeleitet werden, wenn man bedenkt, daß in der Mechanik $-E$ den zu der Zeit t konjugierten Impuls darstellt. Es ist also naheliegend, die Transformation (58) dadurch zu vervollständigen, daß man $-E$ durch $\frac{h}{2\pi i}\cdot\frac{\partial}{\partial t}$ ersetzt. Die Formel (70) ist auch dann noch anwendbar, wenn die Hamiltonsche Funktion H die Zeit explizite enthält, also in einem Fall, in dem die Gleichung (58) unbrauchbar wird.

Diese Verallgemeinerung führt zu einer ziemlich tiefgehenden Veränderung in dem Sinne der abgeleiteten Formeln. Es sei z. B. $\Psi_1, \Psi_2, \ldots, \Psi_i, \ldots$ eine Reihe von Eigenfunktionen (69). Die lineare Kombination:

$$\Psi = \sum_i c_i \Psi_i \qquad (c_i = \text{konst.}) \tag{71}$$

stellt die allgemeine Lösung von (70) dar. Was bedeutet diese *Superposition* der Wellenfunktionen? Wir nehmen mit Dirac an, daß sie eine Gesamtheit von Atomen darstellt, die auf die verschiedenen stationären Zustände Ψ_i so verteilt sind, daß es im

Mittel $|c_i|^2$ Atome im Zustand Ψ_i gibt. Dies ist eine natürliche Weiterbildung der früher besprochenen statistischen Anschauungen.

Die einzelnen Ψ_i stellen stationäre Zustände dar; der allgemeine Zustand Ψ ist aber nicht mehr stationär. DIRAC bezeichnet ihn als einen „Eigenzustand".

Betrachten wir nunmehr das gestörte Problem:

$$H = H_0 + \lambda H_1 , \tag{72}$$

wo H_0 zeitunabhängig ist, während H_1 auch eine Funktion von t sein darf. Wir können eine Lösung in der Form:

$$\Psi = \sum_i a_i(t)\Psi_{0i} \tag{73}$$

versuchen, wo die Ψ_{0i} Funktionen von der Art (69) sind, die den Energiewerten E_{0i} des nichtgestörten Systems entsprechen. Wir nehmen an, daß die Ausdrücke $|a_i|^2$ die mittlere Anzahl von Systemen bestimmen, die sich im Zeitpunkt t im Zustand Ψ_{0i} befinden. Tragen wir (73) in (72) ein und erinnern wir uns daran, daß die Zeitabhängigkeit von Ψ_{0i} durch die Exponentialfunktion $e^{-\frac{2\pi i}{h}E_{0i}t}$ bestimmt ist. Wir finden dann:

$$\lambda \sum_i a_i H_1 \Psi_{0i} + \frac{h}{2\pi i}\sum_i \dot{a}_i \Psi_{0i} = 0 .$$

Multiplikation mit $\overline{\Psi}_{0k}$ und Integration unter Berücksichtigung der Normalisierung von Ψ ergibt:

$$\lambda \sum_i a_i H_1^*(k, i) + \frac{h}{2\pi i}\dot{a}_k = 0 , \tag{74}$$

worin $H_1^*(k, i)$ die durch (63) definierten und mit $e^{\frac{2\pi i}{h}(E_{0k} - E_{0i})t}$ multiplizierten Elemente der Matrix $H_1(k, i)$ sind.

Wir können nunmehr die oben gegebene statistische Deutung der $a_i(t)$ durch Ableitung eines Erhaltungsprinzipes bestätigen. Die durch (74) dargestellten Schwankungen der a-Werte verändern nicht die Gesamtzahl der betrachteten Systeme (etwa der Atome); denn es gilt:

$$\sum_i |a_i|^2 = \sum_i a_i \bar{a}_i = \text{konst.} \tag{75}$$

Eine analoge Feststellung — Gleichung (36) — dient zur statistischen Interpretation der SCHRÖDINGERschen Gleichung. In der Tat berechnen wir:

$$\left.\begin{aligned} \frac{d}{dt}\sum_k (a_k \bar{a}_k) &= \sum_k (a_k \dot{\bar{a}}_k + \dot{a}_k \bar{a}_k) \\ &= -\frac{h\lambda}{2\pi i}\sum_{ik}\left[-\bar{a}_i a_k \bar{H}_1^*(k,i) + a_i \bar{a}_k H_1^*(k,i)\right] = 0, \end{aligned}\right\} \quad (76)$$

denn $\dot{\bar{a}}$ ist durch eine zu (74) konjugierte imaginäre Gleichung bestimmt, und es gilt definitionsgemäß:

$$\bar{H}_1^*(k, i) = H_1^*(i, k) \quad (77)$$

(die H_1 sind HERMITEsche Matrizen).

Es sei bemerkt, daß die Gleichungen (74) streng gültig sind; nur bei ihrer Lösung ist man zur Benutzung von Näherungsverfahren genötigt. Wir werden im Kap. VIII die DIRACsche Methode zur Behandlung eines Problems gebrauchen, in dem die Störung von der Zeit abhängt; dort werden wir die Einzelheiten der Rechnung kennenlernen.

15. Eine Beobachtungsgröße wird durch eine Matrix dargestellt. Die quantenmechanischen Probleme wurden von uns bis jetzt in einer elementaren Weise behandelt, die für unsere Anwendungszwecke ausreicht. Eine tiefer gehende Analyse findet man in dem schönen Buch von BORN und JORDAN[1]. An dieser Stelle müssen wir aber noch auf die Darstellung von Beobachtungsgrößen durch Matrizen eingehen. Jede Beobachtung bedeutet stets eine bestimmte Störung des untersuchten atomaren Systems. Diese Störung macht sich bei der mathematischen Behandlung durch ein Korrektionsglied $H_1(q, p)$ von charakteristischer Form in der HAMILTONschen Funktion bemerkbar. Wenn man das Problem nach den Methoden der Abschnitte 13 und 14 behandelt, so erscheint die Größe H_1 in Gestalt einer Matrix. Die diagonalen Glieder $H_1(k, k)$ dieser Matrix beziehen sich auf einen bestimmten stationären Zustand; sie bestimmen den Mittelwert von H_1 in diesem Zustand. Die übrigen Glieder $H(i, k)$ entsprechen Kombinationen von je zwei stationären Zuständen; sie bedingen, wenn

---

[1] BORN, M., u. JORDAN, P., Elementare Quantenmechanik, Bd. IX der Sammlung „Struktur der Materie". Berlin: Julius Springer 1930.

man den statistischen Standpunkt des vorangehenden Abschnittes annimmt, die Übergänge der Atome aus dem einen in den andern Zustand.

Nehmen wir in der Tat die Gleichungen (76) und unterdrücken darin die Summierung über die k-Werte. Wir sehen, daß die Änderung der Anzahl der Atome in dem k-ten Zustand durch

$$\frac{d}{dt}(a_k \bar{a}_k) = -\frac{h\lambda}{2\pi i}\sum_i [a_i \bar{a}_k H_1^*(k, i) - \bar{a}_i a_k \overline{H}_1^*(k, i)]$$

dargestellt ist. Wenn die Matrix H_1 diagonal ist, ruft die Störung H_1 — d. h. die Beobachtung der Größe H_1 — keine Übergänge hervor: die Beobachtung von H_1 und die gleichzeitige Bestimmung der Energie E sind prinzipiell möglich; H_1 ist eine Funktion der Energie und eine mit E kommutative Größe.

Wenn dagegen die Matrix nichtdiagonal ist, so reicht die Kenntnis von E (die durch eine frühere Messung erreicht werden kann) noch nicht aus, um H_1 zu bestimmen; wir kennen nur die Mittelwerte (oder die Wahrscheinlichkeiten bestimmter Werte) von H_1. Die Größen H_1 und E können nicht gleichzeitig ermittelt werden, ihre Matrizen sind nichtkommutativ.

An allen unseren Formeln können wir feststellen, daß der Gegenstand der Quantenmechanik von Funktionen gebildet wird, die *Wahrscheinlichkeitsamplituden* bestimmen. Die Quadrate dieser Funktionen (oder ihrer Module) stellen ein Maß für die Wahrscheinlichkeiten der verschiedenen Zustände dar. So bestimmt — man siehe Gleichung (35) in Abschnitt 3 — die SCHRÖDINGERsche Funktion ψ_n durch das Quadrat ihres Moduls die Wahrscheinlichkeit dafür, daß die Koordinaten der Bestandteile eines Atoms bei gegebener Energie E_n bestimmte Werte haben. Betrachten wir einen nichtstationären Zustand — Gleichung (71) in Abschnit 14 —: die Koeffizienten c_i sind wiederum Amplituden, und das Quadrat ihres Moduls gibt die Wahrscheinlichkeit dafür an, daß ein Atom im Zustand Ψ — Gleichung (71) — zu gegebener Zeit die Energie E_i besitzt.

Wählen wir irgendeine Koordinate x des Systems und versuchen, sie durch Messung zu bestimmen. Wir müssen die Matrix:

$$x_{ki} = \int_\infty \overline{\psi}_{0k}\, x\, \psi_{0i}\, d\tau \cdot e^{\frac{2\pi i}{h}(E_k - E_i)t} \tag{78}$$

bilden, deren Amplitude schon durch (63) bestimmt ist, die jedoch nunmehr exponentiell von der Zeit abhängt, wie wir dies im Anschluß an Gleichung (74) bemerkt haben. Im Abschnitt 12 — Gleichung (57) — wurden die Amplitudenwerte der Elemente dieser Matrix für den Fall eines linearen Oszillators abgeleitet. Man erkennt, daß in diesem Fall die diagonalen Glieder der Matrix gleich Null sind; somit verschwindet der Mittelwert $\bar{x}$. Die der Diagonale benachbarten Glieder sind aber von Null verschieden. Die Koordinate x ist also mit Übergängen aus einem Zustand in den vorangehenden oder nachfolgenden Zustand verknüpft.

In dieser kurzen Darstellung haben wir uns auf das Ausgangsproblem der Quantentheorie beschränkt, in dem die Energie die primär bestimmbare Größe ist. Später wurde die Problemstellung bedeutend erweitert. Man findet in den Büchern von Born und Jordan und von Dirac eine ganz allgemeine Behandlung.

16. Beispiele der Anwendung der abgeleiteten Formeln. Ein Beispiel wird uns die Anwendungsart der aufgestellten allgemeinen Formeln zu verstehen helfen. Wir wählen ein Beispiel, das uns auf die Untersuchungen in Kap. VIII vorbereiten wird.

Betrachten wir zunächst ein Elektron, das sich in der Richtung Oy in einem Gebiet konstanten Potentials P_0 bewegt. Seine Bewegungsfreiheit sei auf den Zwischenraum zwischen zwei Punkten $y = 0$ und $y = l$ auf der Oy-Achse beschränkt. Dieser Forderung würde z. B. ein Elektron in einem eindimensionalen Gefäß von der Länge l entsprechen. Wir betrachten aber ein etwas anderes Problem: wir nehmen an, daß die dem Elektron zugeordnete Welle gezwungen ist, sich auf der Achse Oy mit der Periode l zu wiederholen, d. h. daß in den Punkten y, $y + l$, $y + 2l$ usw. stets der gleiche Zustand herrscht. Die ungestörte Ψ-Welle wird also folgende Eigenfunktionen besitzen:

$$\begin{aligned} \Psi_{0j}(yt) &= e^{-2\pi i(\nu_j t - \tau_j y)}; \\ \tau_j &= \frac{j}{l} \qquad (j = \text{ganze Zahl}); \\ h\nu_j &= m_0 c^2 + P_0 + \frac{h^2}{2m_0}\tau_j^2. \end{aligned} \tag{79}$$

Die Funktion (79) befriedigt in der Tat die Wellengleichung (32) und auch die aufgestellten Randbedingungen.

Jetzt gehen wir zu einem gestörten Problem über, indem wir annehmen, daß die potentielle Energie P ein kleines Korrektionsglied enthält, das eine Sinusfunktion der Zeit darstellt:

$$P = P_0 + \lambda A \varphi(y) e^{-2\pi i \nu t}. \qquad (\lambda \text{ klein}) \tag{80}$$

Das Glied mit λ stellt die Störungsfunktion des Abschnittes 14 dar. Wir wollen eine Lösung nach der DIRACschen Methode suchen. Nach (73) und (74) erhalten wir:

$$\left.\begin{aligned} \Psi &= \sum_j a_j(t)\, \Psi_{0j}\,, \\ \lambda \sum_j a_j H_1^*(k, j) &+ \frac{h}{2\pi i}\, \dot{a}_k = 0\,, \end{aligned}\right\} \tag{81}$$

mit:

$$H_1^*(k, j) = A \int_0^l \varphi(y)\, e^{-2\pi i \nu t}\, \overline{\Psi}_{0k} \Psi_{0j}\, dy = A\, e^{2\pi i(\nu_k - \nu - \nu_j)t} \varphi(k, j). \tag{82}$$

Der Ausdruck $\varphi(k, j)$ stellt ein Element der Matrix:

$$\varphi(k, j) = \int_0^l \varphi(y)\, e^{2\pi i(\tau_j - \tau_k)y}\, dy$$

dar. Das Gleichungssystem (81) für a kann gelöst werden, wenn man die Anfangsbedingungen kennt und die Kleinheit von λ berücksichtigt. Nehmen wir an, daß sich ursprünglich alle Elektronen in einem gegebenen Zustand j befinden; d. h.

$$a_j(0) = 1$$

ist, während für alle anderen a-Werte $(k \neq j)$:

$$a_k(0) = 0$$

gilt.

Wir behalten in erster Näherung in den Gleichungen (81) nur die Glieder mit a_j, und erhalten:

$$\lambda A\, a_j(0)\, e^{2\pi i(\nu_k - \nu - \nu_j)t}\, \varphi(k, j) + \frac{h}{2\pi i}\, \dot{a}_k = 0$$

— eine Beziehung, die so lange gilt, als t nicht zu groß wird. Man findet weiter:

$$a_k = -\lambda A\, a_j(0) \frac{\varphi(k, j)}{h(\nu_k - \nu - \nu_j)} \left[e^{2\pi i(\nu_k - \nu - \nu_j)t} - 1\right]. \tag{83}$$

Die Integrationskonstante wurde dabei so gewählt, daß für $t = 0$ auch $a_k = 0$ wird. Nun folgt:

$$\left.\begin{aligned} a_k \bar{a}_k &= |a_k|^2 \\ &= 2\lambda^2 A^2 a_j^2(0) \frac{|\varphi(k, j)|^2}{h^2(\nu_k - \nu - \nu_j)^2}[1 - \cos 2\pi(\nu_k - \nu - \nu_j)t]. \end{aligned}\right\} \quad (84)$$

Die Störung (80) äußert sich also, wie aus (84) ersichtlich, in einer fortschreitenden Änderung der Elektronenverteilung auf die Eigenfunktionen (79).

Jetzt gehen wir zu einem etwas abweichenden Problem über. Stellen wir uns einen harmonischen Oszillator mit der Frequenz ν vor. Wir können eine der in (80) beschriebenen durchaus analoge Störung dadurch hervorrufen, daß wir eine Kopplung zwischen dem Oszillator und dem oben betrachteten freien Elektron einführen. Die Schwingung des Oszillators soll längs der x-Achse geschehen. Wir setzen:

$$x = A e^{-2\pi i \nu t},$$

und für die Kopplungsenergie:

$$H_1 = \lambda x \varphi(y). \quad (85)$$

Wir finden wieder eine Störung von der Form:

$$\lambda A \varphi(y) e^{-2\pi i \nu t},$$

die der Störung (80) sehr ähnlich ist. Die beiden Probleme wären sogar identisch, wenn wir die Amplitude A der Schwingungen des harmonischen Oszillators genau kennen würden. *Doch können wir diese Amplitude nicht genau angeben*, denn der Oszillator gehorcht selbst der Wellenmechanik, die nur eine *Wahrscheinlichkeitsverteilung* der möglichen Amplituden zu bestimmen erlaubt. Wir wollen das sich dadurch bietende Problem ausführlich behandeln, um zu zeigen, auf welche Weise in der Lösung die Matrixelemente (57) erscheinen; diese Elemente bestimmen die relative Wahrscheinlichkeit der verschiedenen möglichen Werte der Amplitude A.

Das ungestörte System besteht aus dem Elektron mit seiner Wellenfunktion (79) und dem unabhängigen Oszillator mit der Funktion (55):

$$\Psi_n = \frac{1}{a\sqrt{2^n n! \sqrt{\pi}}} H_n\left(\frac{x}{a}\right) e^{-\frac{1}{2}\frac{x^2}{a^2}} e^{-2\pi i\left(n+\frac{1}{2}\right)\nu t}; \quad (86)$$

$$a = \sqrt{\frac{h\nu}{k}},$$

— denn der Funktion Ψ_n entspricht die Energie $(n + \frac{1}{2}) h\nu$.

Wenn man die beiden Objekte — Elektron und Oszillator — ohne Wechselwirkung zu einem System zusammenfaßt, so ist die Wellenfunktion des Gesamtsystems:

$$\Psi_0(j,n) = \Psi_{0j}\cdot\Psi_n$$

Um die Kopplung nach (85) zu berücksichtigen, müssen wir die DIRACsche Methode (Abschnitt 14) anwenden. Die Formeln (73), (74) geben:

$$\left.\begin{aligned} &\Psi = \sum_{j,n} a_{j,n}(t)\,\Psi_{0j}\,\Psi_n \\ &\lambda\sum_{j,n} a_{j,n} H_1^*(k,m;j,n) + \frac{h}{2\pi i}\,\dot a_{k,m} = 0, \end{aligned}\right\} \quad (87)$$

mit:

$$\left.\begin{aligned} H_1^*(k,m;j,n) &= \int_0^l dy \int_{-\infty}^{+\infty} dx\, x\varphi(y)\,\overline{\Psi}_{0k}\,\overline{\Psi}_m\,\Psi_{0j}\,\Psi_n \\ &= e^{2\pi i[\nu_k-\nu_j+(m-n)\nu]t}\,x(m,n)\,\varphi(k,j)\,. \end{aligned}\right\} \quad (88)$$

Hier bedeutet $x(m,n)$ ein Matrixelement (57), und $\varphi(k,j)$ ein Matrixelement (82). Die Elemente (57) sind aber nur für $m = n\pm 1$ von 0 verschieden[1]:

$$x(n+1,n) = \sqrt{\frac{h\nu}{2k}(n+1)}\,,$$

$$x(n-1,n) = \sqrt{\frac{h\nu}{2k}\,n}\,.$$

Setzen wir nun voraus, daß ursprünglich ein einziger Zustand mit n Schwingungsquanten des Oszillators und der Quantenzahl j des Elektrons vorhanden war:

$$t=0,\quad a_{j,n}(0)=1,\quad a_{k,m}(0)=0 \quad \text{für} \quad k\neq j \quad \text{oder} \quad m\neq n.$$

Wenn t nicht zu groß ist, reduzieren sich die Summen (87) auf ein einziges Glied und geben:

$$\left.\begin{aligned} &m = n\pm 1\,, \\ &\lambda a_{j,n}(0)\,e^{2\pi i(\nu_k-\nu_j\pm\nu)t}\,x(n\pm1,n)\,\varphi(k,j) + \frac{h}{2\pi i}\,\dot a_{k,n\pm1} = 0\,, \\ &a_{k,n\pm1} = -\lambda a_{j,n}(0)\,\frac{x(n\pm1,n)\,\varphi(k,j)}{h(\nu_k-\nu_j\pm\nu)}\,[e^{2\pi i(\nu_k-\nu_j\pm\nu)t}-1], \\ &a_{k,n\pm1}\bar a_{k,n\pm1} = |a_{k,n\pm1}|^2 \\ &= 2\lambda^2 a_{j,n}^2(0)\,\frac{x^2(n\pm1,n)\,|\varphi(k,j)|^2}{h^2(\nu_k-\nu_j\pm\nu)^2}\,[1-\cos 2\pi(\nu_k-\nu_j\pm\nu)t]\,. \end{aligned}\right\} \quad (89)$$

[1] Der in Formel (86) sowie in den folgenden Formeln vorkommende Koeffizient der elastischen Kraft k soll nicht mit dem Index k der Matrizenelemente in (87), (88) usw. verwechselt werden!

Diese Formel hat große Ähnlichkeit mit (84). Wenn wir in (89) unsere Werte von $x(n \pm 1, n)$ einsetzen, so erhalten wir:

$$|a_{k,n\pm1}|^2 = \frac{h\nu}{k}\lambda^2 a_{jn}^2 \frac{|\varphi(k,j)|^2}{h^2(\nu_k-\nu_j\pm\nu)^2}[1-\cos 2\pi(\nu_k-\nu_j\pm\nu)t]\begin{cases}(n+1)\\ n\end{cases} \quad (90)$$

Wenn wir einfach Gleichung (84) benutzt hätten, so hätten wir ein ungenaues Resultat erhalten. Dieses Verfahren wäre identisch mit der Annahme, daß der Oszillator in dem Energiezustand $(n + \frac{1}{2})\,h\nu$ eine bestimmte Amplitude:

$$A = \sqrt{\frac{h\nu}{2k}\left(n + \frac{1}{2}\right)}$$

besitzt. Durch Einsetzen dieses A-Wertes in (84) hätten wir statt der Formel (90) den Ausdruck:

$$|a_{k,n\pm1}|^2 = \frac{h\nu}{k}\lambda^2 a_{jn}^2 \frac{|\varphi(k,j)|^2}{h^2(\nu_k-\nu_j\pm\nu)^2}[1-\cos 2\pi(\nu_k-\nu_j\pm\nu)t]\left(n+\frac{1}{2}\right) \quad (91)$$

gefunden, d. h. gleiche Wahrscheinlichkeit für die beiden Übergänge $n \to n+1$ und $n \to n-1$.

Die Formeln (90) und (91) haben, wie man leicht erkennen kann, wichtige Unterschiede. Stellen wir uns z. B. vor, daß sich der Oszillator in dem tiefsten Zustand:

$$E = \tfrac{1}{2}h\nu, \qquad n = 0$$

befindet. Die Formel (90) zeigt, daß der Oszillator unter diesen Umständen vom Elektron die Energie $h\nu$ aufnehmen kann:

$$\nu_k = \nu_j - \nu, \qquad \text{Übergang } n = 0 \to n = 1;$$

der Oszillator kann aber keine Energie verlieren, denn nach (90) ist die Wahrscheinlichkeit des Überganges $n \to n-1$ proportional n; für $n = 0$ wird also diese Wahrscheinlichkeit gleich Null.

Die Formel (91) ergibt dagegen gleiche Wahrscheinlichkeit für Energieaufnahme und Energieverlust; im Falle $n = 0$ erhält man daher ein physikalisch widersinniges Ergebnis. Wenn aber die Quantenzahl n nicht zu klein ist, so gibt (91) als Mittelwert zwischen den beiden Werten (90) eine gute Annäherung an die wirklichen Verhältnisse.

Zusammenfassend dürfen wir also behaupten, daß die Quantentheorie jede Möglichkeit, die Existenz der minimalen Energie $\frac{1}{2}h\nu$ des Oszillators direkt nachzuweisen, unmöglich macht. Denn um diese Energie zu beobachten, müßte man die Wechselwirkung des Oszillators ν mit irgendeinem anderen System untersuchen. Diese Wechselwirkung kann aber nur in Energieübertragung bestehen. Die „Nullpunktsenergie" $\frac{1}{2}h\nu$ stellt aber einen nichtübertragbaren Restbetrag dar, den der Oszillator unter keinen Umständen verlieren kann.

17. Systeme mit mehreren gleichen Teilchen. Symmetrische und antisymmetrische Wellenfunktionen. Die oben gemachten Definitionen und Ausführungen können ohne besondere Schwierigkeiten auf Systeme angewandt werden, die aus lauter verschiedenen Teilchen bestehen; die Teilchen dürfen sich in beliebigen Kraftfeldern befinden.

Eine erste Erweiterung, die an den bisherigen Formeln angebracht werden muß, besteht in der Einführung einer neuen, zusätzlichen Variablen. Das Elektron ist keine einfache punktförmige Ladung; es besitzt auch ein Drehimpulsmoment (Drall oder Spin genannt). Um seine räumliche Lage vollständig zu beschreiben, braucht man außer den drei Schwerpunktskoordinaten x, y, z noch eine vierte, σ, die die Richtung der Drallachse im Raum bestimmt. Diese Variable kann übrigens nur zwei verschiedene Werte annehmen (z. B. ± 1), da die Drallachse sich entweder parallel oder antiparallel zum örtlichen magnetischen Feld einstellt. Wir können an dieser Stelle nicht ausführlich auf die physikalische Begründung dieser Vorstellungen eingehen, die eine ungeheure Bedeutung für die ganze Theorie der Spektren besitzen. Analog ist übrigens die Lage auch bei den Photonen: auch dort braucht man eine zusätzliche Variable zur Beschreibung des Polarisationszustandes des Lichtes. Wir haben schon einmal — in Abschnitt 11 — auf den Parallelismus hingewiesen, der zwischen den beiden Erscheinungen besteht.

Eine grundsätzliche Schwierigkeit tritt ein, wenn das System mehrere vollkommen gleiche Teilchen enthält. Stellen wir uns vor, daß wir auch in diesem Fall die üblichen mechanischen Methoden anzuwenden versuchen. Wir bezeichnen zunächst die N gleichen Teilchen mit Indices von 1 bis N; ihre Koordinaten seien x_1, y_1, z_1, σ_1; $x_2, y_2, z_2, \sigma_2, \ldots, x_N, y_N, z_N, \sigma_N$. Wir führen also eine *künstliche Unterscheidung* zwischen den einzelnen identischen Teilchen durch. Betrachten wir z. B. einen Zustand, der durch eine Funktion $\psi(x_1 y_1 z_1 \sigma_1, x_2 y_2 z_2 \sigma_2, \ldots, x_N y_N z_N \sigma_N)$ dargestellt wird. Es ist unmöglich, ihn etwa von dem Zustand $\psi(x_2 y_2 z_2 \sigma_2, x_1 y_1 z_1 \sigma_1, \ldots, x_N y_N z_N \sigma_N)$ zu unterscheiden, der durch einfachen Austausch der beiden ersten Teilchen entsteht. Um diesen physikalisch ohne weiteres klaren Sachverhalt mathematisch zu charakterisieren, müssen wir eine spezielle Wahl der Wellenfunktion ψ treffen.

Wenn wir die Bildung von ψ ohne besondere Vorsichtsmaßnahmen vornehmen, so wird die erhaltene Funktion im allgemeinen gegen einen Austausch von zwei Teilchen nicht unempfindlich sein. Wir haben aber ein $N!$-fach entartetes System vor uns. Bezeichnen wir etwa, zur Vereinfachung, mit $\psi(x)$ eine bestimmte Wellenfunktion aller Koordinaten, und mit $\psi(Px)$ die gleiche Funktion nach einer Permutation von Teilchen, d. h. nach einem Austausch von Indizes zwischen zwei Koordinatengruppen x, y, z, σ. Alle möglichen Funktionen $\psi(Px)$ sind Lösungen, die der gleichen Energie des betrachteten Systems entsprechen. Wir wissen, daß wir in einem solchen Entartungsfall ein neues System von Funktionen ψ bilden können, z. B. mit Hilfe von Linearkombinationen:

$$\Phi(x) = \sum_p c_p \psi(Px), \tag{92}$$

wo c_p in irgendeiner Weise zu bestimmende Koeffizienten sind. Doch sind alle $\psi(Px)$ vollkommen gleichberechtigt; es wäre also unzulässig, Koeffizienten c_p von verschiedenem Absolutbetrag für die einzelnen $\psi(Px)$ zu benutzen. Alle c_p müssen also — bis auf das Vorzeichen — untereinander gleich sein. Was ist das Ergebnis unter solchen Bedingungen?

Ein Austausch von zwei Teilchen wird den Absolutwert von Φ nicht ändern, kann aber zu einer Änderung des Vorzeichens von Φ führen.

Wenn der Austausch zweier Teilchen das Vorzeichen der Wellenfunktion unverändert läßt, nennt man diese Funktion *symmetrisch* in bezug auf diese beiden Teilchen. Beim Vorzeichenwechsel spricht man von einer *antisymmetrischen* Funktion.

Es muß bemerkt werden, daß infolge der Gleichheit der N Teilchen die Symmetrie von ψ in bezug auf alle möglichen Austauschvorgänge zwischen je 2 Teilchen die gleiche sein muß. Wir können uns also auf die Betrachtung von vollkommen symmetrischen oder vollkommen antisymmetrischen Funktionen beschränken. Wenn ψ etwa in bezug auf n_s Teilchen symmetrisch und in bezug auf die $N - n_s$ übrigen Teilchen antisymmetrisch wäre, so hätte dieses bedeutet, daß wir eben zwei Gruppen von unterschiedlichen Teilchen vor uns haben.

Die HAMILTONsche Funktion H ist ihrerseits symmetrisch in bezug auf alle Teilchen, und zwar in allen Näherungen. Kein physikalisches Verfahren kann uns erlauben, etwa ein gegebenes Elektron zu bezeichnen und später von einem andern zu unterscheiden. Es ergibt sich daraus fast intuitiv, daß die Symmetrieart einer Wellenfunktion für immer unverändert bleiben muß. Man kann zeigen, daß die Symmetrieeigenschaften auch in bezug auf jede kanonische Transformation der Koordinaten invariant sind.

Wenn man also künstlich eine Unterscheidung der N identischen Teilchen durchführt, so erhält man eine große Anzahl $(N! - 1)$ von Nebenlösungen, die die erforderliche Symmetrie nicht aufweisen und eliminiert werden müssen. Nur eine einzige Wellenart von allen ist als physikalisch möglich auszusondern. Es wird dies, je nach den Umständen, die Welle mit der symmetrischen oder mit der antisymmetrischen Eigenfunktion sein.

Die Symmetrie der Eigenfunktionen ist ein Abbild von bestimmten Grundeigenschaften der Teilchen, denen die Wellen zugeordnet sind.

Die symmetrische Lösung ist offenbar:

$$\Phi_s = \frac{1}{N!} \sum_P \psi(Px), \tag{93}$$

und die antisymmetrische:

$$\Phi_a = \frac{1}{N!} \sum_P (-1)^k \psi(Px), \tag{94}$$

wobei k die Anzahl der geraden Permutationen bedeutet, die man zur Realisierung der Permutation P braucht.

Unter den Lösungen unterscheidet man insbesondere solche, die in bezug auf die räumlichen Koordinaten allein symmetrisch („partiell symmetrisch“) sind. Ihnen entsprechen Gruppen von Zuständen, die durch besondere Eigenschaften ausgezeichnet sind.

Besonders wichtig ist das Beispiel einer Reihe von Systemen, deren jedes nur ein Teilchen enthält, z. B. einer Anzahl von einelektronigen Atomen. Es seien $\psi_1(x_1\sigma_1)$, $\psi_2(x_2\sigma_2)$, ..., $\psi_N(x_N\sigma_N)$ die Eigenfunktionen der einzelnen Atome, solange sie voneinander unabhängig sind. Das erste Elektron $(x_1\sigma_1)$ sei zunächst dem ersten Atom ψ_1 zugeordnet usf. Jetzt bilden wir aus allen N

Atomen ein einziges System. Die Atome sollen dabei in eine schwache Wechselwirkung treten. Die Eigenfunktion des Gesamtsystems ist in erster Näherung

$$\psi = \psi_1(x_1\sigma_1)\cdot\psi_2(x_2\sigma_2)\ldots\psi_N(x_N\sigma_N). \tag{95}$$

Die symmetrische Funktion Φ wird dann nach (93) definiert; und die antisymmetrische kann in der Form der Determinante:

$$\psi_a = \begin{vmatrix} \psi_1(x_1\sigma_1) & \psi_1(x_2\sigma_2) & \ldots & \psi_1(x_N\sigma_N) \\ \psi_2(x_1\sigma_1) & \psi_2(x_2\sigma_2) & \ldots & \psi_2(x_N\sigma_N) \\ \cdot & \cdot & \cdot & \cdot \\ \psi_N(x_1\sigma_1) & \psi_N(x_2\sigma_2) & \ldots & \psi_N(x_N\sigma_N) \end{vmatrix} \tag{96}$$

geschrieben werden. Die Permutation von zwei Elektronen ist gleichbedeutend mit dem Austausch von zwei Spalten in (96), und dieser führt bekanntlich zur Änderung des Vorzeichens der Determinante.

Bei der symmetrischen Funktion entsteht keine Besonderheit, auch wenn zwei oder mehr Teilsysteme die gleiche Wellenfunktion $\psi_i = \psi_k$ haben; die antisymmetrische Funktion wird aber in diesem Fall gleich Null, wie man dies aus (94) und (96) sofort erkennt. Dieser Unterschied wird uns ermöglichen, zu entscheiden, bei welchen Teilchen die symmetrische und bei welchen die antisymmetrische Funktion zu wählen ist. Man weiß z. B., daß man eine beliebige Menge von Photonen mit gleicher Wellenlänge haben kann; gleiche Wellenlänge bedeutet aber gleiche Wellenfunktion ψ. *Bei den Photonen kommen also nur symmetrische Wellenfunktionen in Frage.*

Bei den *Elektronen* besteht dagegen das *Paulische Verbot*, das die Existenz von zwei Elektronen mit vier identischen Quantenzahlen — also mit gleichen Eigenfunktionen — innerhalb eines Systems (eines Atoms, Moleküls oder Kristallgitters) unmöglich macht. Daraus folgt eindeutig, daß die Wellenfunktionen, die den Elektronen zugeordnet sind, *antisymmetrisch* sein müssen.

Wir werden zu diesem Thema im fünften Kap. bei der Untersuchung der Statistik der Strahlung und des Elektronengases zurückkehren. Dem Unterschied in den Symmetrieeigenschaften der Eigenfunktionen entspricht der Unterschied zwischen der BOSE-EINSTEINschen Statistik der Lichtquanten und der FERMI-DIRACschen Statistik der Elektronen.

Für die *Protonen* kann man von vornherein die gleichen Verhältnisse erwarten, wie für die Elektronen — also antisymmetrische Eigenfunktionen und Gültigkeit der FERMI-DIRACschen Statistik.

Betrachten wir ein System von Wasserstoffatomen. Jedes Atom besteht aus einem Elektron und einem Proton. Ein Austausch von zwei Atomen ist also gleichbedeutend mit einem doppelten Austausch von Elementarteilchen. Das Vorzeichen der Eigenfunktion kehrt sich zweimal um, bleibt also letzten Endes unverändert. *Die Eigenfunktion des Systems muß also in bezug auf die einzelnen Atome symmetrisch sein.* Für die H-Atome gilt die Statistik von BOSE-EINSTEIN.

Ein Atomkern mit der Ladung $+ Ze$ enthält N Elektronen und $N + Z$ Protonen. Wenn das Atom als Ganzes neutral ist, enthält es $N + Z$ äußere Elektronen. Ein neutrales Atom enthält somit stets eine gerade Anzahl $2\,N$ von Teilchen (Elektronen und Protonen) mit antisymmetrischen Eigenfunktionen. *Wenn wir für die Elektronen und Protonen im Kern dieselben Symmetrieeigenschaften annehmen dürften*, die diese Teilchen im freien Zustand besitzen, so hätten wir die Schlußfolgerung ziehen können, daß die *Eigenfunktionen aller neutralen Atome symmetrisch sind* und daß alle solche Atome der BOSE-Statistik gehorchen. Dasselbe wäre für alle Ionen von *gerader Wertigkeit* (Ladung $\pm 2e$, $\pm 4e$ ...) der Fall, während Ionen mit ungerader Ladung immer antisymmetrische Eigenfunktionen haben müßten und der FERMI-Statistik gehorchten.

Es ist aber möglich und sogar wahrscheinlich, daß die Protonen und Elektronen in den Atomkernen besondern Gesetzen unterworfen sind und daß daher die eben gemachten allgemeinen Schlüsse nicht zwingend sind.

Die ganze bisherige Darstellung beruhte auf der Anwendung der am Anfang dieses Abschnittes beschriebenen Methoden. Es wurden also stets zunächst alle Teilchen als unterschiedlich (numeriert) angesehen; dies ergab eine große Anzahl (ungefähr $N!$) von Lösungen, von denen nur eine sinnvoll war. In der Statistik treten ganz ähnliche Verhältnisse auf. Auch dort werden wir (im fünften Kap.) Methoden kennenlernen, die von der künstlichen Unterscheidung der an sich identischen Teilchen ausgehen und diese Unterscheidung erst am Schluß der Rechnung fallen lassen — daneben gibt es aber auch Methoden, die von vornherein an der

Identität der Teilchen festhalten. Im sechsten Kap. werden wir Beispiele besprechen, in denen durch die Unterscheidung der Teilchen die Anzahl der Lösungen im Verhältnis $N!$ vergrößert wird und solche, in denen die Lösungszahl unter $N!$ bleibt.

Solange wir die Wechselwirkung der Teilchen vernachlässigen, ist es leicht, ihren speziellen Eigenschaften Rechnung zu tragen. Wenn wir von einer Unterscheidung der Teilchen absehen und ihre Identität von vornherein berücksichtigen wollen, so müssen wir so vorgehen, wie es oben [Gleichung (95) und (96)] geschah. Wir bilden die einzelnen Eigenfunktionen $\psi_i(x, \sigma)$, die unter den Bedingungen des Problems möglich sind und begnügen uns mit der Bestimmung der Zahlen n_i, die die „Besetzung" jeder Eigenfunktion ψ_i mit Teilchen bestimmen[1]. Die Zahlen n_i dürfen für Teilchen mit ungerader Ladung (Elektronen, Protonen) nur die Werte 0 oder 1 besitzen; für neutrale oder geradzahlig geladene Teilchen (Photone, neutrale Atome) dürfen es beliebige ganze Zahlen sein. Am Anfang des fünften Kap. kehren wir zu diesen Beziehungen zurück. Wir werden dort speziell die Äquivalenz kennenlernen, die zwischen den Begriffen der stationären Eigenwellen und denen der PLANCKschen Phasenraumzellen besteht.

18. Quantisierung der Strahlungsresonatoren. Im zweiten Kap. (Abschnitt 2 und 3) haben wir gesehen, wie man die Strahlung im geschlossenen Gefäß in ein System von stehenden Wellen zerlegen kann. Wir wollen diese Betrachtung näher ausführen und die Anwendung der Quantentheorie auf diese Art von Resonatoren untersuchen.

Um die Darstellung zu vereinfachen, stellen wir uns statt eines geschlossenen Volumens V einen Raum von *zyklischer Beschaffenheit* vor (Kap. II, Abschnitt 3). Wir betrachten also nur solche Wellenvorgänge, die sich in bestimmten Abständen l_1, l_2, l_3 entlang der drei Koordinatenachsen identisch wiederholen; der Zustand in $x_1 + m_1 l_1$, $x_2 + m_2 l_2$, $x_3 + m_3 l_3$ (m = ganze Zahl) ist also stets der gleiche, wie in x_1, x_2, x_3.

Die Rechnung soll für Lichtwellen im Vakuum durchgeführt werden; ganz analog lassen sich aber auch elastische oder beliebige andere Wellen behandeln.

---

[1] Das Wesentliche ist, daß man nur die Zahl der Teilchen angibt, die einer bestimmten Eigenfunktion entsprechen und nichts darüber aussagt, *welche* Teilchen es sind.

Nach MAXWELL gelten im betrachteten Fall folgende Beziehungen zwischen dem elektrischen und dem magnetischen Feldvektor:

$$\left.\begin{aligned} &\frac{\partial \vec{H}_3}{\partial x_2} - \frac{\partial \vec{H}_2}{\partial x_3} - \frac{1}{c}\frac{\partial \vec{E}_1}{\partial t} = 0, \\ &\cdot\;\cdot\;\cdot\;\cdot\;\cdot\;\cdot\;\cdot\;\cdot\;\cdot\;\cdot \\ &\frac{\partial \vec{E}_3}{\partial x_2} - \frac{\partial \vec{E}_2}{\partial x_3} + \frac{1}{c}\frac{\partial \vec{H}_1}{\partial t} = 0, \\ &\operatorname{div}\vec{E} = 0, \quad \operatorname{div}\vec{H} = 0. \end{aligned}\right\} \tag{97}$$

Wir suchen diese Gleichungen zu befriedigen, indem wir die Feldstärken E und H in Reihen entwickeln:

$$\left.\begin{aligned} \vec{E}_1 &= \sum_{a_1 a_2 a_3} \vec{B}_{1(a_1 a_2 a_3)}\, e^{2\pi i (a_1 x_1 + a_2 x_2 + a_3 x_3)}, \\ \vec{H}_1 &= \sum_{a_1 a_2 a_3} \vec{C}_{1(a_1 a_2 a_3)}\, e^{2\pi i (a_1 x_1 + a_2 x_2 + a_3 x_3)}. \end{aligned}\right\} \tag{98}$$

Damit die Feldstärken E und H reell werden, müssen die Größen:

$$\vec{B}_{1(a_1 a_2 a_3)} = \vec{B}_{1(-a_1, -a_2, -a_3)},$$

$$\vec{C}_{1(a_1 a_2 a_3)} = \vec{C}_{1(-a_1, -a_2, -a_3)}$$

zueinander konjugiert komplex sein.

Die Bedingungen für die zyklische Struktur lauten:

$$a_1 = \frac{n_1}{l_1}, \qquad a_2 = \frac{n_2}{l_2}, \qquad a_3 = \frac{n_3}{l_3} \tag{99}$$

(n_1, n_2, n_3 = ganze Zahlen).

Diese Bedingungen sind durchaus analog denjenigen, die wir im Kap. II, Abschnitt 3 abgeleitet haben, als wir nach den Wellenlängen der stehenden Wellen fragten, die sich im Volumen V $(= l_1 l_2 l_3)$ ausbilden können. Wir fanden dort [Kap. II, Gleichung (3, 4)]:

$$a_1 = \frac{\alpha}{\lambda} = \frac{n_1}{2 l_1}, \qquad a_2 = \frac{n_2}{2 l_2}, \qquad a_3 = \frac{n_3}{2 l_3}. \tag{99a}$$

Eine stehende Welle im Volumen V entsteht durch Überlagerung von 8 Wellen vom Typus (98), mit den Koeffizienten $\pm a_1$, $\pm a_2$ und $\pm a_3$; denn jede Spiegelung an der Wand kehrt das Vorzeichen von einem Koeffizienten a um. In (99a) müssen die a-Werte positiv sein; in (99) dürfen sie positiv oder negativ sein.

Durch Eintragen von (98) in (97) erhält man für jeden Wert der Koeffizienten $a_1 a_2 a_3$:

$$2\pi i(a_2 \vec{C}_3 - a_3 \vec{C}_2) - \frac{1}{c}\dot{\vec{B}}_1 = 0\,,$$

$$2\pi i(a_2 \vec{B}_3 - a_3 \vec{B}_2) + \frac{1}{c}\dot{\vec{C}}_1 = 0\,,$$

$$a_1 \vec{B}_1 + a_2 \vec{B}_2 + a_3 \vec{B}_3 = 0\,,$$

$$a_1 \vec{C}_1 + a_2 \vec{C}_2 + a_3 \vec{C}_3 = 0\,.$$

Die zwei letzten Gleichungen zeigen, daß die Vektoren $\vec{B}$ und $\vec{C}$ senkrecht auf a stehen. Wir wollen zwei Einheitsvektoren, α und β, wählen, die senkrecht zueinander und zu dem Vektor a gerichtet sind (also in der Wellenebene liegen); die gegenseitige Orientierung von α, β, a soll dieselbe sein, wie die von $x_1 x_2 x_3$:

$$\left.\begin{aligned} |\alpha|^2 = |\beta|^2 = 1\,, \\ (a\cdot\alpha) = (a\cdot\beta) = (\alpha\cdot\beta) = 0\,, \\ a_2\alpha_3 - a_3\alpha_2 = \beta_1 |a|\,, \\ \cdot\;\cdot\;\cdot\;\cdot\;\cdot\;\cdot\;\cdot\;\cdot\;\cdot\;\cdot \\ a_2\beta_3 - a_3\beta_2 = -\alpha_1 |a|\,, \\ \cdot\;\cdot\;\cdot\;\cdot\;\cdot\;\cdot\;\cdot\;\cdot\;\cdot\;\cdot \end{aligned}\right\} \tag{100}$$

wo $|a|$ den Absolutbetrag des Vektors a bedeutet.

Die Vektoren $\vec{B}$ und $\vec{C}$ können wir in je zwei komplexe Komponenten in den Richtungen α und β zerlegen; wir wollen aber jetzt lauter reelle Variablen $\xi_\alpha \eta_\alpha \xi_\beta \eta_\beta$ einführen. In (101) schreiben wir die konjugiert-komplexen Größen $\vec{B}_{a_1 a_2 a_3}$ und $\vec{B}_{-a_1 -a_2 -a_3}$ nebeneinander auf:

$$\left.\begin{aligned} \vec{B}_{a_1 a_2 a_3} &= 2\pi |a| c \sqrt{\frac{2\pi c}{V}} \\ &\quad \left[\vec{\alpha}\xi_{\alpha a_1 a_2 a_3} + i\vec{\alpha}\eta_{\alpha a_1 a_2 a_3} + \vec{\beta}\xi_{\beta a_1 a_2 a_3} + i\vec{\beta}\eta_{\beta a_1 a_2 a_3}\right]. \\ \vec{B}_{-a_1 -a_2 -a_3} &= 2\pi |a| c \sqrt{\frac{2\pi c}{V}} \\ &\quad \left[\vec{\alpha}\xi_{\alpha a_1 a_2 a_3} - i\vec{\alpha}\eta_{\alpha a_1 a_2 a_3} + \vec{\beta}\xi_{\beta a_1 a_2 a_3} - i\vec{\beta}\eta_{\beta a_1 a_2 a_3}\right], \\ \vec{C}_{a_1 a_2 a_3} &= \sqrt{\frac{2\pi c}{V}} \\ &\quad \left[\vec{\alpha}p_{\eta\beta a_1 a_2 a_3} - i\vec{\alpha}p_{\xi\beta a_1 a_2 a_3} - \vec{\beta}p_{\eta\alpha a_1 a_2 a_3} + i\vec{\beta}p_{\xi\alpha a_1 a_2 a_3}\right], \\ \vec{C}_{-a_1 -a_2 -a_3} &= \sqrt{\frac{2\pi c}{V}} \\ &\quad \left[\vec{\alpha}p_{\eta\beta a_1 a_2 a_3} + i\vec{\alpha}p_{\xi\beta a_1 a_2 a_3} - \vec{\beta}p_{\eta\alpha a_1 a_2 a_3} - i\vec{\beta}p_{\xi\alpha a_1 a_2 a_3}\right]. \end{aligned}\right\} \tag{101}$$

Die Koeffizienten wurden so gewählt, daß sich der Energieausdruck später vereinfacht: die $p_{\xi\alpha} p_{\eta\alpha} p_{\xi\beta} p_{\eta\beta}$ sollen die Bedeutung der zu $\xi_\alpha \eta_\alpha \xi_\beta \eta_\beta$ konjugierten Impulse erhalten. Da wir in (101) die $\vec{B}_{-a_1-a_2-a_3}$ und $\vec{C}_{-a_1-a_2-a_3}$ gesondert angeführt haben, müssen wir darauf achten, daß in den Summen (98) dieselben Terme nicht zweimal gerechnet werden; das kann man z. B. so durchführen, daß man für a_1 nur positive Werte annimmt, während a_2 und a_3 positiv oder negativ sein dürfen; eine solche Summierung werden wir mit Σ' bezeichnen.

Wir tragen die Werte (101) in die MAXWELLschen Formeln ein und erhalten folgende separierte Gleichungen:

$$\dot{\xi}_\alpha - p_{\xi\alpha} = 0, \qquad 4\pi^2 |a^2| c^2 \xi_\alpha + \dot{p}_{\xi\alpha} = 0, \tag{102}$$

sowie analoge Bedingungen für die anderen Variabeln η_α, ξ_β, η_β. Für jede dieser Variablen gilt also die Gleichung eines harmonischen Oszillators mit der Frequenz:

$$\nu = |a|\, c.$$

Die Analogie wird vervollständigt durch Bildung des Energieausdrucks:

$$\left.\begin{aligned} W &= \frac{1}{8\pi c}\int\limits_V [\vec{E}^2 + \vec{H}^2]\, d\tau \\ &= \frac{V}{4\pi c} \sum_{a_1, a_2, a_3, j=1,2,3}{}' [\vec{B}_{j a_1 a_2 a_3} \vec{B}_{j-a_1-a_2-a_3} + \vec{C}_{j a_1 a_2 a_3} \vec{C}_{j-a_1-a_2-a_3}] \\ &= \frac{1}{2} \sum_{a_1, a_2, a_3}{}' [4\pi^2 |a|^2 c^2 (\xi^2_{\alpha a} + \eta^2_{\alpha a} + \xi^2_{\beta a} + \eta^2_{\beta a}) + p^2_{\xi\alpha a} + p^2_{\eta\alpha a} + p^2_{\xi\beta a} + {}^2_{\eta\beta a}]. \end{aligned}\right\} \tag{103}$$

Zur Abkürzung wurde zuletzt a statt $a_1 a_2 a_3$ gesetzt. α und β sind die beiden Polarisationsrichtungen; für jedes Wertsystem $a_1 a_2 a_3$ [a_1 nur positiv!] bekommt man vier Variablen $\xi_\alpha \eta_\alpha \xi_\beta \eta_\beta$ — also insgesamt zweimal so viel Variablen, wie man $a_1 a_2 a_3$-Wertsysteme hat, wenn man den drei Zahlen $a_1 a_2 a_3$ alle möglichen positiven und negativen Werte zuschreibt.

Die unendliche Folge von Variablen ξ, η ersetzt die kontinuierliche Größe E; ξ und p_ξ bilden nach (101) ein konjugiertes Paar, wie im Falle eines Oszillators von der Frequenz ν:

$$\frac{\nu^2}{c^2} = |a|^2 = \left(\frac{n_1}{l_1}\right)^2 + \left(\frac{n_2}{l_2}\right)^2 + \left(\frac{n_3}{l_3}\right)^2. \tag{104}$$

Fragen wir jetzt nach der Anzahl der Oszillatoren mit einer Frequenz zwischen ν und $\nu + d\nu$. Wir betrachten den Raum $a_1 a_2 a_3$ und bestimmen die Anzahl von Punkten (99), die in diesem Raum zwischen den Sphären mit den Radien $\frac{\nu}{c}$ und $\frac{\nu + d\nu}{c}$ liegen. Sie beträgt:

$$dn = l_1 l_2 l_3 \cdot 4\pi \left(\frac{\nu}{c}\right)^2 d\frac{\nu}{c} = \frac{V}{c^3}\, 4\pi\nu^2\, d\nu\,, \tag{105}$$

denn infolge von (99) gibt es $l_1 l_2 l_3$ Punkte in der Volumeinheit. Jedem System von Zahlen $n_1 n_2 n_3$ entspricht, wie wir gesehen haben, ein Paar von Resonatoren. Die Gesamtzahl der Resonatoren ist also:

$$dN = V\,\frac{8\pi\nu^2}{c^3}\, d\nu. \tag{106}$$

Dieses Ergebnis ist der Formel (11) in Abschnitt 3 des zweiten Kap. analog. In der Tat sind die Zahlen $a_1 a_2 a_3$ für ein abgeschlossenes Volumen durch die Bedingungen (99a) bestimmt. Dies gibt zwar eine achtmal größere Dichte, doch die Zahlen a müssen alle positiv sein, so daß die Summe (105) nur über einen Oktanten des Raumes zu erstrecken ist (wie dies im Abschnitt 4 des Kap. II geschehen war). Auf diese Weise fällt der Faktor 8 wieder aus, und die beiden Resultate werden identisch.

Die ganze Rechnung ist bis zu diesem Punkt streng klassisch.

In Ermangelung einer vollständigen Quantentheorie des elektromagnetischen Feldes ist man bis jetzt meistens folgendermaßen verfahren: Man ging von den Bewegungsgleichungen (101) und der Energiegleichung (102) aus; diese wurden, wie in den vorangehenden Abschnitten, zur Bildung einer *Wellengleichung* verwendet. Da die Energie eines Oszillators $n_1 n_2 n_3 j$ durch:

$$\tfrac{1}{2}\,(4\pi^2 a^2 c^2 \xi^2 + p_\xi^2) - W_{n_1 n_2 n_3 j} = 0$$

bestimmt ist, so erhält man eine Wellengleichung von der Form:

$$\frac{h^2}{8\pi^2}\,\frac{\partial^2 \psi}{\partial \xi^2} - (2\pi^2 \nu^2 \xi^2 - W)\,\psi = 0\,, \tag{107}$$

indem man p_ξ, wie in der Wellenmechanik üblich, durch $\frac{h}{2\pi i} \cdot \frac{\partial}{\partial \xi}$ ersetzt.

Wir überlagern somit der klassischen elektromagnetischen Welle eine „ψ-Welle“.

Die Gleichung (107) ist die wellenmechanische Darstellung eines harmonischen Oszillators (vgl. Abschnitt 12 dieses Kapitels). Indem wir die Ergebnisse des Abschnittes 12 [Gleichung (54)] heranziehen, finden wir für die Energieniveaus:

$$W_{n_1 n_2 n_3 j} = (m + \tfrac{1}{2})\, h\nu_{n_1 n_2 n_3}. \tag{108}$$

Wenn bei allen Wechselwirkungen zwischen Materie und Strahlung der Effekt proportional der elektrischen Feldstärke $\vec{E}$ ist, so ist das einzige Beobachtbare an diesem Effekt — nach Abschnitt 15 und 16 — die entsprechende Matrix. Die Matrix, die die Komponente $(n_1 n_2 n_3 j)$ des Feldes darstellt, wird die Form (57) haben. In (57) tritt ein Koeffizient:

$$a = \sqrt{\frac{h\nu}{k}} = \sqrt{\frac{h}{4\pi^2\nu}}$$

auf [worin k durch Vergleich von (50) mit (107) gewonnen wurde]. Die $\vec{E}$-Matrix hat also nur die Komponenten:

$$\vec{E}_{\alpha\xi n_1 n_2 n_3}(m', m) = \begin{cases} \sqrt{\dfrac{2\pi h\nu c}{V}(m+1)} & m' = m+1 \\ \sqrt{\dfrac{2\pi h\nu c}{V}m} & m' = m-1 \\ 0 & m' \neq m \pm 1. \end{cases}$$

Unter ν ist dabei die Frequenz (104) zu verstehen.

19. Ist die Nullpunktsenergie beobachtbar? Die gewonnenen Ergebnisse erfordern einige Kommentare:

1. Die Formeln (93) erlauben die Ansammlung einer beliebigen Anzahl von Quanten $h\nu$ auf jeder Welle. Sie sind somit in Übereinstimmung mit der Vorstellung von Photonen, die der Bose-Einstein-Statistik gehorchen (vgl. Abschnitt 18). Wenn die den Wellen zugeordneten Teilchen dem Pauli-Prinzip unterworfen sind, so hört die Gültigkeit der obigen Ableitungen auf.

2. Die Formel (93) weist auf eine minimale Energie $\frac{1}{2}h\nu$, die jedem Resonator eigen ist. Wie wir gesehen haben, gibt es aber

pro Volumeinheit $\frac{8\pi^2\nu^2}{c^3}d\nu$ Resonatoren im Frequenzgebiet ν bis $\nu + d\nu$. Die *gesamte Nullpunktsenergie* für alle Frequenzen:

$$E_0 = \int_0^\infty \frac{4\pi h\nu^3}{c^3}d\nu \tag{110}$$

wäre somit unendlich groß. Diese Folgerung ist schwer zu verstehen. Einer unendlichen Energie müßte unendliche Masse und unendliche Schwerkraft entsprechen. ROSENFELD[1] hat dieses Problem systematisch untersucht. Ein Teil der Schwierigkeiten kann dadurch beseitigt werden, daß man quantisierte Gravitationswellen einführt. Die Unendlichkeit der Gravitationsenergie bleibt aber auch in diesem Fall bestehen, und man kann sich damit schwer abfinden.

Die Energie eines elastischen oder elektromagnetischen Oszillators kann sich in verschiedener Weise bemerkbar machen. Der Resonator kann z. B. die Bewegung eines Teilchens, eines Elektrons oder eines Photons (d. h. die Ausbreitung der entsprechenden Welle) beeinflussen. In Abschnitt 16 haben wir ein einfaches Beispiel dieser Art untersucht: die Störung eines Elektrons durch einen elastischen Resonator. Der Fall eines Resonators, der die Ausbreitung einer elektromagnetischen Welle stört, wäre durchaus analog. Wir haben gesehen, daß alle Versuche über die Wechselwirkungsvorgänge solcher Art nur die Energieübertragung festzustellen erlauben und somit keine Auskunft über den nichtübertragbaren Restbetrag $\frac{1}{2}h\nu$ geben können.

Im achten Kapitel werden wir eine Verallgemeinerung des in Abschnitt 16 behandelten Beispiels kennenlernen. Dort werden an Stelle eines einzigen störenden Oszillators alle stehenden elastischen Wellen auftreten, die sich in einem festen Körper ausbilden können. Die Störung der elektromagnetischen Welle durch eine elastische tritt auch bei der Lichtstreuung sowie bei der Verwaschung der Punkte im LAUE-Diagramm durch die thermische Bewegung des streuenden Kristalls auf. Diese thermische Bewegung kann in ein System von stehenden elastischen Wellen aufgelöst werden. DEBYE[2], der die alte Quantentheorie benutzte, er-

[1] ROSENFELD, L., Z. Physik **65**, 589 (1930) — Ann. Inst. Poincaré **1** (1931).

[2] DEBYE, P., Ann. Physique **43**, 49 (1914). — WALLER, J., Z. Physik **17**, 198 (1923).

hielt für diesen Fall eine Formel vom Typus (91), die jetzt durch zwei Formeln vom Typus (90) zu ersetzen ist. Die DEBYEschen Formeln haben durch Messungen von BRAGG eine befriedigende experimentelle Bestätigung gefunden, was dadurch zu erklären ist, daß die Formel (91) den Mittelwert aus den beiden Formeln (90) ergibt.

Die Energie eines Resonators muß sich in einem *Strahlungsdruck* äußern. Wenn man ein schwingendes System beobachtet und einen Parameter ξ der Schwingung sehr langsam variiert, so daß sich auch die Periode ändert, so wird vom System Arbeit verbraucht, denn die Schwingung wehrt sich mit der Kraft Ξ gegen die Änderung des Parameters ξ. Eine solche unendlich langsame Transformation muß adiabatisch reversibel sein. BORN und JORDAN haben mit der alten, BORN und FOCK[1] mit der neuen Quantentheorie bewiesen, daß in diesem Fall der Quantenzustand des Systems während der Transformation unverändert bleibt. Wenn vor der Transformation n Quanten vorhanden waren, behält der Resonator auch zum Schluß n Quanten. Wenn speziell $n = 0$ ist, der Resonator also zunächst die Energie $\frac{1}{2}h\nu$ hat, so hat er nach dem Prozeß immer noch null Quanten, seine Energie ist aber infolge der Frequenzänderung nicht mehr $\frac{1}{2}h\nu$, sondern z. B. $\frac{1}{2}h\nu'$. Gegen den Strahlungsdruck ist also die Arbeit:

$$\Delta E = \int \Xi \, d\xi = \tfrac{1}{2}h(\nu - \nu') \tag{111}$$

geleistet worden. Die Messung des Strahlungsdruckes müßte also den Nachweis der Nullpunktsenergie $\frac{1}{2}h\nu$ erlauben. Die Messung ist aber nur an einem elastischen Resonator, nicht aber an den Strahlungsresonatoren möglich. Denn wenn die Nullpunktsenergie der Strahlung unendlich ist, muß auch der Strahlungsdruck unendlich sein. Wenn wir die Strahlung in einem Hohlraum, etwa mit Hilfe eines Kolbens komprimieren, so wirkt auf diesen Kolben nicht nur von innen, sondern auch von außen ein — ebenfalls unendlicher — Strahlungsdruck, denn auch die Umgebung ist von einer Wärmestrahlung erfüllt. Wir können also auf diese Weise keine Auskunft über die Veränderung des Strahlungsdruckes durch Komprimierung erhalten.

[1] BORN, M., Z. Physik **40**, 167 (1927); BORN, M., u. FOCK, V., Z. Physik **51**, 165 (1928).

Viertes Kapitel.

Die statistische Thermodynamik. Allgemeine Definitionen.

1. Problemstellung. Wir haben oben die zur Zeit herrschenden Vorstellungen über die Struktur von Atomen und Molekülen kurz zusammengefaßt, und wir sahen, wie wichtig die Rolle ist, die in diesen Vorstellungen der Begriff der Quanten spielt. Jetzt müssen wir zu dem Problem zurückkehren, mit dem wir uns in den ersten Kapiteln dieses Buches beschäftigt haben — zur Untersuchung der isothermen Strahlung. Die Quanten wurden von PLANCK zuerst eingeführt, um die experimentell gefundenen Gesetze der schwarzen Strahlung zu erklären. Die ursprünglichen PLANCKschen Hypothesen waren von den oben geschilderten theoretischen Auffassungen noch sehr verschieden. Es erscheint daher erforderlich, den Nachweis zu führen, daß auch diese neuen Hypothesen eine genügende Grundlage zur Ableitung der PLANCKschen Strahlungsformel bilden. Um dieses Ziel zu erreichen, müssen wir uns zuerst an einige Grundsätze der statistischen Thermodynamik erinnern. Es handelt sich um die Definition der „Wahrscheinlichkeit" eines Zustandes, die von GIBBS und BOLTZMANN gegeben wurde, als es sich noch um Lösung von „stetigen" Problemen handelte, d. h. um das Studium von Systemen, bei denen jeder nachfolgende Zustand von dem unmittelbar vorangehenden nur unendlich wenig verschieden ist. In dieser Weise verhalten sich z. B. unsere gewöhnlichen makroskopischen mechanischen Systeme; anders dagegen die BOHRschen Atommodelle mit ihren diskontinuierlichen Zustandsreihen. Es ist also notwendig, den Sinn des Wahrscheinlichkeitsbegriffes für solche „diskontinuierliche" Systeme zu untersuchen und die möglichen Anwendungen dieses Begriffes festzustellen.

Jedes Atom oder Molekül kann nur in einer bestimmten Reihe von Formen (oder Komplexionen):

$$\Sigma_1, \Sigma_2, \ldots, \Sigma_m$$

existieren, die sich deutlich voneinander unterscheiden. Es seien:

$$E_1, E_2, \ldots, E_m$$

die inneren Energien, die den einzelnen Komplexionen entsprechen. In speziellen Fällen können einige E_i-Werte untereinander gleich sein. Die Energie des behandelten Systems kann sich bei der Wechselwirkung mit Strahlung oder mit einem anderen Körper nicht kontinuierlich ändern. Die Änderung erfolgt vielmehr in Sprüngen von der Größe eines Quantes $h\nu$.

Betrachten wir einen zusammengesetzten Körper, der aus mehreren Atomen oder Molekülen der beschriebenen Art besteht, die aufeinander wirken können. Wenn dieses System bestimmten makroskopischen Bedingungen (Druck, Volumen, Gesamtenergie, chemische Zusammensetzung) entspricht, so ist damit ein makroskopischer Zustand definiert, den wir etwa mit A bezeichnen können. Es sei P die Anzahl der Komplexionen, die alle mit den gegebenen makroskopischen Bedingungen verträglich sind. Die einzelnen Komplexionen scheinen uns nicht weiter unterscheidbar zu sein; denn sie entsprechen alle einem und demselben thermodynamischen Zustand A.

Unter den Variablen, die A bestimmen, spielt infolge des Energieerhaltungssatzes die Gesamtenergie E eine besondere Rolle. Wenn man ein abgeschlossenes System betrachtet, so können sich andere makroskopische Variabeln ändern, die Energie E bleibt aber konstant.

2. Wiederholung der thermodynamischen Definitionen. Zählen wir zunächst die hauptsächlichen thermodynamischen Begriffe auf, deren statistische Deutung wir geben wollen:

Wärmeinhalt oder Wärmemenge eines Körpers. Dies ist in der statistischen Auffassung die Energie der ungeregelten Bewegung der einzelnen Teilchen, der Atome oder Moleküle, aus denen die Körper aufgebaut sind. Eine genauere Beschreibung der Einzelheiten der Wärmebewegung ist nicht möglich; wir verfolgen nur ihre summarischen Ergebnisse. Auch ist es unmöglich, diese Energie direkt in nutzbringende Arbeit zu verwandeln.

Gleichgewichtszustand eines Körpers. Als solchen bezeichnet man einen thermodynamisch stabilen Zustand. Vom statistischen Standpunkt aus ist dies nicht der einzig mögliche, sondern nur der wahrscheinlichste Zustand, und wir nehmen an, daß ein Körper bisweilen von selbst, ohne äußeren Einfluß, aus dem wahrscheinlichsten in einen weniger wahrscheinlichen Zustand übergehen kann. Allerdings können wir solche Übergänge praktisch fast nie beobachten. Die Erscheinungen der „Schwankungen" und der BROWNschen Bewegung geben aber einen Beweis für ihr tatsächliches Vorkommen.

Temperatur. Wir charakterisieren jeden stabilen Zustand eines Körpers durch die Angabe einer Größe Θ, die man als „Temperatur" dieses Körpers bezeichnet und deren Bedeutung man mit Hilfe folgender experimentellen Ergebnisse beschreibt:

a) Wenn man dem Körper Wärme zuführt und andere Veränderungen (z. B. Ausdehnung oder chemische Umwandlung) vermeidet, so erhöht man seine Temperatur.

b) Zwei Körper von gleicher Temperatur sind miteinander in Gleichgewicht (vorausgesetzt, daß sie außer dem Wärmeaustausch keiner anderen physikalischen oder chemischen Wechselwirkung fähig sind).

c) Wenn die ursprüngliche Temperatur von zwei Körpern c_1 und c_2 ungleich war (z. B. $\Theta_1 > \Theta_2$), so findet bei ihrem Kontakt ein irreversibler Wärmeübergang von c_1 auf c_2 statt, der bis zum völligen Temperaturausgleich andauert.

Vom statistischen Standpunkt aus müssen wir allerdings den eben beschriebenen Prozeß nur als den wahrscheinlichsten ansehen, prinzipiell aber auch die Möglichkeit eines inversen Vorganges — des Wärmeüberganges vom kalten zum warmen Körper — zulassen.

Die Punkte a) bis c) gestatten noch nicht, eine *Temperaturskala* zu definieren. Wenn man irgendeine Θ-Skala willkürlich annimmt, so kann auch jede davon abgeleitete Skala $\tau = f(\Theta)$ denselben Dienst leisten, vorausgesetzt nur, daß der Quotient $df/d\Theta$ überall positiv bleibt.

Entropie und absolute Temperatur. Um eine willkürfreie Temperaturskala zu definieren, muß man den zweiten Hauptsatz der Thermodynamik heranziehen. Betrachten wir einen Körper, dessen Temperatur wir reversibel ändern können, indem wir ihm Wärme *unendlich langsam* zuführen oder entziehen. Bei jeder Temperatur wird sich der Körper in seinem stabilen, d. h. wahrscheinlichsten Zustand befinden. Es sei dQ die dem Körper zugeführte Wärmemenge (die gleich der Zunahme dE seiner inneren Energie ist). Der zweite Grundsatz behauptet, daß die Größe:

$$dS = \frac{dQ}{T} = \frac{dE}{T} \tag{1}$$

unter diesen Umständen ein vollständiges Differential sein muß. Die Funktion S nennt man Entropie des Körpers. Die durch (1) definierte Temperaturskala T besitzt die oben unter a), b) und c) beschriebenen Eigenschaften. Diese Skala ist für alle Körper gleich; man nennt sie absolute Temperaturskala. Die Größe S wird in der Thermodynamik (als Integral von dS) nur bis auf eine additive Konstante definiert.

Entropie und Wahrscheinlichkeit. Der stabile Zustand jedes Körpers bei einer gegebenen Temperatur ist durch einen maximalen Entropiewert gekennzeichnet. In statistischer Auffassung ist der stabile Zustand als der wahrscheinlichste Zustand zu interpretieren; es muß also zwischen der Entropie und der Wahrscheinlichkeit eines Zustandes eine direkte Beziehung bestehen. Da die Entropie S eine additive, die Wahrscheinlichkeit Π dagegen eine multiplikative Eigenschaft ist, liegt es nahe, zwischen den beiden Größen die Beziehung:

$$S = k \log \Pi \tag{2}$$

anzunehmen. Dies ist die grundlegende Formel von BOLTZMANN. Die darin enthaltene universelle Konstante k kann durch Untersuchung der idealen Gase zu der Gaskonstante R des BOYLE-MARIOTTEschen Gesetzes $pv = RT$ in Beziehung gebracht werden. Es ist:

$$k = \frac{R}{N},$$

wo N die AVOGADROsche oder LOSCHMIDTsche Zahl ($N = 6{,}06 \cdot 10^{23}$) bedeutet. Der Zahlenwert von R beträgt $8{,}313 \cdot 10^7$ cgs-Einheiten (pro Grammol).

3. Statistische Definition der Entropie. Die Wahrscheinlichkeit eines Zustandes — und somit auch seine Entropie — kann in verschiedener Weise statistisch definiert werden. Eine erste, naheliegende Definition dieser Art wurde von BOLTZMANN gegeben; auch jetzt wird sie noch oft verwendet, und nicht immer gibt man sich dabei volle Rechenschaft über die ihr zugrunde liegenden Voraussetzungen. Nach BOLTZMANN wird angenommen, *daß alle elementaren Zustände (Komplexionen) Σ eines Körpers an sich gleich wahrscheinlich sind, unabhängig von den ihnen entsprechenden Werten der makroskopischen Parameter* (*etwa der* *inneren Energie E*). Die Wahrscheinlichkeit eines makroskopischen Zustandes A ist demnach:

$$\Pi_A = \frac{P_A}{m},$$

worin P_A die Anzahl der Elementarzustände oder Komplexionen bedeutet, die alle den makroskopischen Zustand A ergeben. Der Proportionalitätsfaktor m gibt in (2) nur eine additive Konstante $-k \log m$. Wir werden gleich sehen, daß man m praktisch einfach fortzulassen pflegt.

Auf den ersten Blick scheint diese Definition der Wahrscheinlichkeit einfach und einleuchtend zu sein; doch ergeben sich bei näherer Betrachtung zahlreiche Schwierigkeiten. So bedeutet z. B. m eigentlich die Gesamtzahl aller möglichen Zustände des Systems und ist daher gewöhnlich unendlich groß. Die Wahrscheinlichkeit jedes speziellen Zustandes müßte also unendlich klein sein. Nach vielen Diskussionen hat schließlich die Meinung Oberhand gewonnen, daß man die Entropie einfach durch:

$$S = k \log P_A \tag{2a}$$

statistisch definieren soll, ohne auf den Begriff der Wahrscheinlichkeit näher einzugehen. Die additive Konstante $-k \log m$ in (2) wird also einfach gleich Null gesetzt. Dadurch wird der Absolutwert der Entropie eindeutig bestimmbar, und die Quantentheorie erlaubt eine vollständige Abzählung der zu einem bestimmten Typus A gehörigen Komplexionen. Dieses Verfahren zur Entropiebestimmung entspricht den Forderungen des NERNSTschen Theorems.

Wie soll man die Komplexionen P_A abzählen? Für dieses Problem sind mehrere verschiedene Lösungen vorgeschlagen worden, und es gibt noch keinen Grund, um sich eindeutig für eine davon zu entscheiden. Wenn der makroskopische Zustand A gegeben ist, so muß natürlich vor allem die Gesamtenergie E, die diesem Zustand entspricht, bekannt sein. Man hat dann, wie PLANCK gezeigt hat, folgende Möglichkeiten:

1. Man könnte alle Komplexionen zusammenzählen, die $E \leq E_A$ ergeben (und dabei allen anderen gestellten Bedingungen entsprechen). Diese Anzahl sei P_{1A}.

2. Man könnte nur solche Komplexionen zählen, die zu $E = E_A$ führen (dieses Verfahren scheint vernünftiger zu sein,

als das unter 1 angegebene); die Anzahl solcher Komplexionen sei P_{2A}.

3. Man kann den Kreis der zu berücksichtigenden Komplexionen noch enger ziehen: man wählt nur solche darunter aus, die dem wahrscheinlichsten Zustand unter den gegebenen Bedingungen entsprechen. Die Anzahl solcher Komplexionen wollen wir mit P_{3A} bezeichnen.

Offenbar ist stets

$$P_{1A} > P_{2A} > P_{3A}.$$

Jedoch ist der Unterschied zwischen diesen drei Größen für Systeme, die aus einer sehr großen Anzahl von Bestandteilen bestehen, verschwindend klein. Andererseits hat der Begriff der Entropie überhaupt nur für solche Systeme einen Sinn. Die drei Definitionen sind also praktisch äquivalent. Diese Äquivalenz kann sogar als ein Kriterium für die Anwendbarkeit des Entropiebegriffs benutzt werden. LORENTZ hat diese *Unempfindlichkeit der Boltzmannschen Formel* in seinen Vorlesungen im Collège de France besonders ausdrücklich betont.

Wir können diese Behauptungen an einem einfachen Beispiel erläutern (s. Literaturverzeichnis 49 und 50). Stellen wir uns vor, daß die Anzahl P_{1A} von der Form E^f sei, wo f eine sehr große Zahl ist. Die Gesamtenergie E_A des Systems A ist nicht ganz genau, sondern nur bis auf einen kleinen Fehler ΔE_A definiert. Man kann also nur behaupten, daß der Zustand A eine Energie besitzt, die zwischen E_A und $E_A + \Delta E_A$ liegt. Die Anzahl der Komplexionen P_{2A}, die der Energie E_A (bis $E_A + \Delta E_A$) entsprechen, ist:

$$P_{2A} = \Delta P_{1A} = (E_A + \Delta E_A)^f - E_A^f.$$

Wenn nun f sehr groß ist, so kann man die beiden Ungleichungen:

$$\Delta E_A \ll E_A \qquad \text{und} \qquad \Delta P_{1A} \gg P_{1A}$$

gleichzeitig befriedigen; denn es ist:

$$\frac{\Delta P_{1A}}{P_{1A}} = \left(1 + \frac{\Delta E_A}{E_A}\right)^f - 1,$$

$$= f\frac{\Delta E_A}{E_A} + \frac{f(f-1)}{2}\left(\frac{\Delta E_A}{E_A}\right)^2 + \cdots$$

Die Anzahl P_{2A} von Komplexionen, die die erforderliche Energie ergeben, wird also viel größer sein als die Gesamtzahl aller Komplexionen mit kleineren Energiewerten. Die Definitionen 1 und

2 werden in diesem Fall praktisch äquivalent. Auch die Definition 3 wird von den beiden anderen nur wenig abweichen.

Diese allgemeinen Überlegungen sollen später noch an verschiedenen Spezialfällen geprüft werden.

4. Stetige Wahrscheinlichkeit; die klassische statistische Mechanik; der Satz von Liouville. Die klassische Mechanik war das Gebiet, auf dem die Grundbegriffe der Statistik früher am meisten angewandt und diskutiert wurden. Wir beginnen mit einer kurzen Erinnerung an die Ergebnisse dieser Diskussion, da wir uns darauf später oft beziehen werden. Vollständige Ableitungen findet man in jedem der klassischen Werke über die statistische Mechanik.

Wir betrachten ein mechanisches System, das durch eine sehr große Anzahl r von Parametern $q_1, q_2, q_3, \ldots, q_r$ charakterisiert wird. Dies können z. B. die $3N$ räumlichen Koordinaten von N Molekülen sein. Bei genauerer Analyse müßte man die Moleküle nicht als materielle Punkte, sondern als Systeme von Atomen oder von einzelnen Elektronen ansehen und die Koordinaten aller dieser Bestandteile einzeln als Parameter benutzen. Es sei angenommen, daß für das betrachtete System die klassische Mechanik gilt. Im Gegensatz zu einem „gequantelten" System kann also unser System eine kontinuierliche Reihe von Zuständen durchlaufen, die nur unendlich wenig voneinander verschieden sind. Um diesen Prozeß zu verfolgen, ist es zweckmäßig, den jeweiligen Zustand des Systems durch einen Punkt in dem $2r$-dimensionalen *Phasenraum* des Systems zu charakterisieren. Dieser Punkt hat die r Koordinaten $q_1, q_2, \ldots, q_r$ und die gleiche Anzahl von Koordinaten $p_1, p_2, \ldots, p_r$, die den Impulskomponenten der einzelnen Teilchen entsprechen. Warum benutzt man die Impulse, statt z. B. der Geschwindigkeiten $\dot{q}_1, \dot{q}_2, \ldots, \dot{q}_r$? Dies erklärt sich aus der wohlbekannten Symmetrie, die die Bewegungsgleichungen erhalten, wenn man in sie statt der Geschwindigkeiten die Impulse einführt. Es entstehen dann die HAMILTONschen „kanonischen" Gleichungen:

$$\dot{q}_i = \frac{\partial H}{\partial p_i}, \qquad \dot{p}_i = -\frac{\partial H}{\partial q_i},$$

worin $H(q_1, q_2, \ldots, q_r; p_1, p_2, \ldots, p_r)$ die sog. HAMILTONsche Funktion darstellt. Für konservative Systeme bedeutet H einfach die Gesamtenergie des Systems.

Die Änderung des betrachteten Systems wird sich durch eine Bewegung des ihm entsprechenden Punktes im Phasenraum symbolisieren. Wenn das System abgeschlossen ist, so bleibt seine Gesamtenergie konstant. Der Bildpunkt des Systems muß also eine „Kurve" beschreiben, die auf einer $(2r - 1)$-dimensionalen „Fläche" $H =$ konst. im Phasenraum liegt.

Das sog. *Theorem von Liouville* erlaubt für diesen Fall eine Reihe von wichtigen Folgerungen. Stellen wir uns vor, daß die ursprünglichen Bedingungen nur mit einer gewissen Ungenauigkeit bekannt sind. Man weiß nur, daß zur Zeit $t = 0$ der Bildpunkt des Systems sich innerhalb eines kleinen Volumens $d\omega$ von der Größe:

$$d\omega = dq_1\, dq_2 \ldots dq_r \cdot dp_1\, dp_2 \ldots dp_r$$

befindet. Unsere Meßmethoden erlauben uns tatsächlich nur die Angabe, daß sich z. B. die Koordinate q_1 innerhalb der Grenzen q_1 bis $q_1 + dq_1$ befindet, oder daß der entsprechende Impuls zwischen p_1 und $p_1 + dp_1$ liegt usw.

Das LIOUVILLEsche Theorem behauptet, daß das Volumen $d\omega$ im Laufe der Zeit unverändert bleibt, wie sich das System auch verändern mag. Die Bildpunkte, die ursprünglich eng beisammen lagen, können sich im Laufe der Zeit auf ungeheuer große Entfernungen trennen. Das ursprünglich kubische Volumelement kann seine Form beliebig ändern, doch sein Inhalt bleibt immer der gleiche. Ähnliche Invarianz von $d\omega$ besteht auch in bezug auf Änderungen des Koordinatensystems. Geht man von den Koordinaten q zu irgendwelchen neuen Koordinaten Q über und führt statt der Impulse p die den neuen Koordinaten entsprechende Impulse P ein, so gilt nach dem LIOUVILLEschen Satz immer noch:

$$d\omega = dq_1 \ldots dq_r \cdot dp_1 \ldots dp_r = dQ_1 \ldots dQ_r \cdot dP_1 \ldots dP_r = d\Omega\,. \quad (3)$$

Diese Gesetze erlauben uns, die Behauptung aufzustellen, daß allen Phasen-Volumelementen von der Größe $d\omega$, die sich in einer Energieschicht E (bis $E + dE$) befinden, die gleiche a priori-Wahrscheinlichkeit entspricht. Stellen wir uns eine große Anzahl von gleichen Systemen vor, deren Bildpunkte sich zunächst gleichmäßig auf die Schicht E verteilen. Nach dem LIOUVILLEschen Satz muß die Gleichförmigkeit der Verteilung für immer erhalten bleiben. Die gleichförmige Verteilung hat also eine besondere Stabilität. Wir dürfen irgendein konstantes Volumen Ω

in dem Phasenraum zur Bestimmung der Anzahl der entsprechenden Komplexionen benutzen. Wir schreiben etwa:

$$P_A = \frac{1}{a} \Omega_A . \tag{4}$$

Die klassische Mechanik lehrt uns nichts über die Zahl a, die in (4) als Proportionalitätsfaktor auftritt. Weiter unten werden wir sehen, daß die Quantenmechanik zu der Annahme $a = h^r$ führt. Der Phasenraum wird in der Quantentheorie in Zellen von der Größe h^r eingeteilt.

5. Die Ergodenhypothese. Man war bestrebt, diese Ergebnisse zu erweitern und zu präziseren Aussagen zu gelangen als die, die das Theorem von LIOUVILLE an sich zu liefern vermag. Betrachten wir ein System, das kein anderes vollständiges erstes Integral besitzt außer der Energie. BOLTZMANN kam auf den Gedanken, daß ein solches System *ergodisch* sein muß, d. h. eine beliebige, in die Vergangenheit und in die Zukunft unendlich fortgesetzte Bahn muß die Schicht im Phasenraum, die der Energie E entspricht, gleichmäßig dicht erfüllen. Sie muß an jedem Punkte dieser Schicht unendlich nahe vorbeikommen. Statt einer einzigen Bahn kann man auch ein Bündel davon betrachten, das zur Zeit $t = 0$ von einem kleinen Phasenvolumen $d\omega$ ausgeht. Dies führt dann zu der sog. *Quasi-Ergodenhypothese.*

Trotz der großen Wahrscheinlichkeit, die der Ergodensatz für sich zu haben scheint, ist ein strenger Beweis bis jetzt noch nicht gelungen. Dabei hat die Hypothese eine große Bedeutung, denn sie erlaubt es, die zeitlichen Mittelwerte für eine beschränkte Gruppe von Systemen durch Mittelwerte für eine gleichmäßige Verteilung von sehr vielen ähnlichen Systemen auf die ganze Schicht E zu ersetzen. Es ist möglich, wie wir weiter unten sehen werden, den Ergodensatz in die Sprache der diskontinuierlichen Wahrscheinlichkeitslehre zu übertragen. Die Behauptung ist dann, daß ein gegebenes System im Mittel die gleiche Zeit in jedem der quantenmäßig erlaubten Zustände mit der gleichen Energie E verweilt.

Wenden wir uns der Quasi-Ergodenhypothese zu. Wir müssen die Entwicklung einer gewissen Anzahl von Systemen betrachten, deren Bildpunkte zur Zeit $t = 0$ in einem kleinen Volumelement $d\omega$ versammelt waren. Notieren wir in regelmäßigen Zeitabständen die Lagen dieser Systeme im Phasenraum. Wir nehmen an, daß dieses System von Punkten die ganze Zone E bis $E + dE$ gleichmäßig ausfüllt. Es wird nicht behauptet, daß die Verteilung, die in einem bestimmten Augenblick beobachtet wird, um so gleichmäßiger ist, je später dieser Augenblick ist. Eine dauernde Annäherung an die gleichmäßige Verteilung (oder an einen anderen endgültigen Zustand) *darf* sogar nicht stattfinden, denn die Elementarvorgänge der Wechselwirkung zwischen Atomen, Molekülen usw. sind alle reversibel. Zu jedem solchen Vorgang gehört daher ein ebenso denkbarer und möglicher umgekehrter Prozeß. Nur die oben definierte *mittlere* Verteilung kann einer Grenze zustreben, und unsere Hypothese behauptet, daß diese Grenzverteilung eine gleichmäßige sein muß.

Die gleichmäßige Verteilung soll übrigens um so viel wahrscheinlicher sein, als jede andere, daß sie praktisch immer realisiert ist. Diese Behauptung folgt aus der Tatsache, daß für ein System aus einer ungeheuer großen Anzahl von Einzelkomponenten die drei Definitionen der Entropie, die in Abschnitt 3 gegeben wurden, praktisch übereinstimmen. Die Anzahl der Komplexionen P_{3A}, die der wahrscheinlichsten Verteilung entsprechen, ist also kaum kleiner als die Anzahl P_{2A} von Komplexionen, die allen Verteilungen mit derselben Gesamtenergie E zusammen zugeordnet sind. Wenn man von einer beliebigen Verteilung ausgeht, der P Komplexionen (also die Entropie $S = k \log P$) entsprechen, so darf man behaupten, daß die normale Entwicklung des Systemes sich in der Richtung der Erreichung wahrscheinlicherer Zustände, (d. h. Zustände mit größerer Entropie) vollziehen wird, wobei der angestrebte Grenzzustand die Entropie $S = k \log P_{3A}$ besitzen wird. Es ist aber nicht so leicht, dieses Ergebnis, das sog. BOLTZMANNsche H-Theorem, genau zu beweisen. Die Schwierigkeit ist durch den vollständigen Determinismus bedingt, der in der klassischen Mechanik herrscht.

In der neuen Mechanik verschwindet diese Schwierigkeit aus zwei verschiedenen Gründen: erstens wegen der unvermeidlichen unvollständigen Definition des Ausgangszustandes (HEISENBERG, vgl. drittes Kapitel, Abschnitt 10, S. 45), zweitens aber deswegen, weil die Quantenmechanik für jedes isolierte System keine bestimmte Entwicklung vorschreibt, sondern nur die Wahrscheinlichkeit der verschiedenen möglichen Entwicklungen angibt. Dieser Punkt soll von uns später (sechstes Kapitel, Abschnitt 11) diskutiert werden. Dort soll auch gezeigt werden, wie sich in der neuen Mechanik das H-Theorem beweisen läßt.

6. Adiabatische Invarianz von Φ; Definition der Entropie. Wir haben in den oben gegebenen kurzen Bemerkungen gesehen, wie man vom Standpunkt der klassischen Mechanik die Anzahl der elementaren Komplexionen zu bestimmen hat. Die Fläche $E = E_A$ im Phasenraum begrenzt ein bestimmtes inneres Volumen Φ. Dieses Volumen bildet ein Maß für die Anzahl P_{1A} von Komplexionen, deren Energie kleiner oder gleich E_A ist. Die beiden ersten Definitionen von Abschnitt 3 erhalten [entsprechend der Formel (4) des Abschnittes 4] die Formulierungen:

$$\left.\begin{aligned} S_1 &= k\log\Phi - k\log a\,, & P_1 &= \frac{\Phi}{a}\,,\\ S_2 &= k\log\frac{\partial\Phi}{\partial E}\Delta E - k\log a\,, & P_2 &= \frac{1}{a}\Delta\Phi = \frac{1}{a}\frac{\partial\Phi}{\partial E}\Delta E\,. \end{aligned}\right\} \qquad (5)$$

Diese Definitionen sind nur möglich, wenn Φ adiabatisch invariant ist. Der Zustand des Systems sei durch die Koordinaten aller beteiligten Moleküle definiert. Es existiere ein Parameter ξ, der sehr langsam geändert werden kann. Die mechanischen Grundgleichungen erlauben uns die Veränderung des Systemes, die durch die Änderung von ξ bedingt ist, vollständig zu beschreiben. Bei der Änderung von ξ wird Arbeit geleistet, und die Energie des Systems verändert sich. Die Entropie muß aber konstant bleiben.

Es muß also gezeigt werden, daß auch das Volumen Φ, das von der Fläche E_A eingeschlossen ist, eine adiabatische Invariante darstellt. In diesem Fall wird offenbar auch das Volumen $\Delta\Phi$ zwischen den Flächen E_A und $E_A + dE_A$ invariant sein.

Der Beweis der Invarianz von Φ wurde von P. Hertz gegeben. Doch wurde dabei die Ergodenhypothese benutzt, indem der zeitliche Mittelwert der kinetischen Energie durch den Mittelwert für die gleichmäßige Verteilung in der Schicht ΔE ersetzt wurde. Ohne auf einen strengen Beweis Anspruch zu erheben, wollen wir hier versuchen, das in Frage stehende Problem zu den Invariantenproblemen der Quantentheorie in Beziehung zu bringen.

Stellen wir uns ein mechanisches System vor, bei dem eine Separation der Variablen möglich erscheint. Wenn man von einer Reihe von Anfangskoordinaten $q_1, \ldots, q_r$ ausgeht, so wird man imstande sein, ein System aus r neuen Variablen $Q_1, \ldots, Q_r$ zu bestimmen, in denen das Problem separierbar ist. Folgende Integrale stellen dann adiabatische Invarianten dar:

$$J_1 = \oint P_1\,dQ_1\,, \qquad J_2 = \oint P_2\,dQ_2\,, \qquad J_r = \oint P_r\,dQ_r\,.$$

Was bedeutet etwa das Integral J_1? Nichts anderes als die Fläche, die in der Ebene P_1Q_1 von der Kurve eingeschlossen wird, die die Bewegung des Systemes in dem Raum der Variablen Q_1, P_1 beschreibt — mit anderen Worten: das Integral von $d\,P_1\,d\,Q_1$, erstreckt über das Innere der Kurve E. Daß jedes einzelne J adiabatisch invariant ist, kann man elementar einsehen. Bildet man nun das Produkt:

$$J_1 J_2 \ldots J_r = \int\limits_{E \leqq E_A} dQ_1\,dQ_2 \ldots dQ_r \cdot dP_1 \ldots dP_r = \Phi\,, \tag{6}$$

so ist auch Φ eine adiabatische Invariante; außerdem bleibt aber Φ auch beim Übergang von den Koordinaten q zu beliebigen neuen Koordinaten Q invariant.

Die vorstehende Bemerkung stellt vielleicht sogar einen allgemeinen Beweis dar, wenn man an die Richtigkeit der Arbeiten von Cherry (Literaturverzeichnis Nr. 47) glaubt. Dieser Verfasser behauptet, daß jedes stabile mechanische System notwendig quasi-periodisch sein muß. Es gibt aber im allgemeinen keine einfache Regel zur Auffindung der Variablen $Q_1 \ldots Q_r$, in denen ein mechanisches Problem separierbar ist. Für Anfangsbedingungen, die untereinander sehr ähnlich sind, können diese Variablen unter Umständen ganz verschieden sein. Man begreift daher, daß die Integrale J, die für jede Bewegungsart konstant sind, oft in gar keiner einfachen Beziehung zu den Koordinaten $q_1 \ldots q_r$ stehen, mit deren Hilfe man die betreffende Bewegung üblicherweise beschreibt. Es sind dies stets Integrale der Bewegung, ihre physikalische Bedeutung ist aber nicht immer die gleiche. Der einzige Ausdruck, dessen Bedeutung in allen Fällen unverändert bleibt, ist das Produkt aller J-Werte, das stets das Volumen Φ ergibt. Dieses Volumen ist, wie wir sehen, ein für allemal adiabatisch invariant.

7. Gleichgewicht von zwei Körpern in Berührung; Temperaturgleichheit. Die obigen Betrachtungen reichen aus, um ein allgemeines Problem zu betrachten. Gegeben sei ein System C, bestehend aus zwei sich berührenden Körpern C_1 und C_2, die von der Umgebung vollständig isoliert sind. Die beiden Körper C_1 und C_2 können Wärme austauschen, üben aber sonst keine physikalischen oder chemischen Wirkungen aufeinander aus. Ihre Gesamtenergie ist konstant:

$$E_1 + E_2 = E\,.$$

Wir wollen die wahrscheinlichste Energieverteilung auf die beiden Körper feststellen. Es wird vorausgesetzt, daß die Anzahl der elementaren Komplexionen $P_1(E_1)$, die jedem möglichen Energiewert E_1 von C_1 entspricht, bekannt ist.

Die erlaubten Werte der Energie E_1 sollen eine diskontinuierliche Reihe:

$$E_1^1,\ E_1^2,\ \ldots,\ E_1^i,\ \ldots$$

bilden.

Auch für den Körper C_2 soll die Reihe der möglichen Energiewerte und die zu jedem solchen Wert gehörige Anzahl von Elementarzuständen P_2 bekannt sein.

Man kann nun fragen, welche Kombinationen der Zustände von C_1 und C_2 der obigen Bedingung:

$$E_1 + E_2 = E$$

genügen. Wir bilden die Anzahl P von Komplexionen, die der Energie E_1 des ersten und $E_2 = E - E_1$ des zweiten Körpers entsprechen. Diese Anzahl ist offenbar:

$$P = P_1(E_1) \cdot P_2(E - E_1)\,. \tag{7}$$

Die Formel (7) gilt allerdings nur unter der Voraussetzung, daß beide Körper vollkommen unabhängig voneinander sind: die Anzahl $P_1(E_1)$ der Zustände des ersten Körpers soll von der Energie E_2 des zweiten Körpers (und von allen anderen vom Zustand des C_2 bestimmten Größen) in keiner Weise abhängen.

Welche Verteilung der Energie auf C_1 und C_2 wird am wahrscheinlichsten sein?

Um diese Frage zu beantworten, setzen wir voraus:

1., daß die Energiedifferenzen ΔE_1 zwischen den aufeinanderfolgenden erlaubten Zuständen des Körpers C_1 klein sind, und

2., daß die Anzahl $P_1(E_1)$ sowie $P_2(E_2)$ der Komplexionen, die den Energien E_1 und E_2 entsprechen, in genügender Annäherung durch stetige, differenzierbare Funktionen von E_1 und E_2 ausgedrückt werden können.

Ein Körper, der diesen Voraussetzungen genügt, soll ein „normaler“ Körper genannt werden.

Die wahrscheinlichste Energieverteilung ist durch die Forderung bestimmt, daß P einen Maximalwert haben soll. Diese Forderung kann in der Form:

$$\frac{d \log P}{d E_1} = 0 \tag{8}$$

geschrieben werden. Wenn man die Bedingung

$$d E_1 = -d E_2$$

berücksichtigt, kann man statt (8) auch

$$\frac{\partial \log P_1}{\partial E_1} = \frac{\partial \log P_2}{\partial E_2} \tag{9}$$

schreiben. Diese Formel bestimmt den wahrscheinlichsten Zustand. Aus ihr kann man die Werte E_1^m und E_2^m ableiten, die der wahrscheinlichsten Energieverteilung zwischen C_1 und C_2 entsprechen.

Wir benutzen nun die beiden folgenden thermodynamischen Definitionen:

1. Wenn sich zwei Körper im Gleichgewicht (d. h. im wahrscheinlichsten Zustand) befinden, so ist

$$T_1 = T_2\,.$$

2. Die absolute Temperatur T ist durch die Gleichung (1):

$$\frac{1}{T_1} = \frac{\partial S_1}{\partial E_1}$$

bestimmt.

Die thermodynamische Gleichgewichtsbedingung ist demnach für unseren Fall:

$$\frac{\partial S_1}{\partial E_1} = \frac{\partial S_2}{\partial E_2}\,. \tag{10}$$

Vergleichen wir die Beziehung (10) mit der wahrscheinlichkeitstheoretischen Formel (9). Wir sehen, daß der Logarithmus der Zahl P für jeden Körper die gleiche Bedeutung hat, wie die Entropie. Wir kommen in dieser Weise wieder zu der Definitionsgleichung:

$$S = k \log P\,, \tag{2a}$$

wo P die Anzahl der Elementarzustände bedeutet, die der gegebenen Energie (Abschnitt 3, Definition 2) entspricht.

Durch Vergleich von (1) mit (2a) erhält man:

$$\frac{\partial \log P}{\partial E} = \frac{1}{kT}. \tag{11}$$

Diese Gleichung bestimmt die Temperatur, für die der betrachtete makroskopische Zustand (mit der Energie E) den wahrscheinlichsten Zustand des untersuchten Körpers darstellt.

8. Thermostat; kanonische Gesamtheit von Gibbs. Wir wollen nun genauer den Zustand eines Körpers *mit vorgegebener Temperatur* T beschreiben. Nachdem wir den wahrscheinlichsten Zustand definiert haben, wollen wir die Wahrscheinlichkeit der anderen bei dieser Temperatur möglichen Zustände feststellen.

Wir wollen uns die experimentellen Bedingungen veranschaulichen, die der Problemstellung entsprechen. Es sei C_2 ein Thermostat, in dessen Innerem sich der Körper C_1 befindet. Der Thermostat ist ein großer Wärmebehälter von der Temperatur T. Die Gesamtenergie E_2 des Thermostats wird als ungeheuer groß angesehen im Vergleich zu allen betrachteten Energieänderungen:

$$\Delta E_2 = E_2 - E_2^m.$$

Des weiteren nehmen wir an — ebenso wie in den Abschnitten 6 und 7 —, daß die beiden Körper C_1 und C_2 außer dem Wärmeaustausch keiner anderen Wechselwirkung fähig sind. Weiter unten werden wir sehen, welche Abweichungen von den jetzt abgeleiteten Formeln entstehen, wenn die Anzahl der Komplexionen des Körpers C_1 (oder die des C_2) bei einer gegebenen Energie E_1 von der Anwesenheit und dem Zustand des zweiten Körpers abhängt.

Unter den gemachten Voraussetzungen können wir die Größe $\log P_2$ in eine Taylorreihe entwickeln und uns mit dem ersten Glied der Entwicklung begnügen. Nach (11) findet man:

$$\Delta \log P_2 = \frac{1}{kT} \Delta E_2.$$

Daraus folgt:

$$P_2 = P_2^m \cdot e^{\frac{\Delta E_2}{kT}}. \tag{11 a}$$

Der Thermostat muß natürlich ein Normalkörper sein, bei dem man an der Zahl P Differenziationen und Integrationen vornehmen darf.

Der Körper C_1 darf dagegen beliebig sein, seine Eigenschaften dürfen sich von denen eines Normalkörpers stark unterscheiden. Vorausgesetzt wird nur, daß die Reihe seiner erlaubten Energiewerte:

$$E_1^1, \ldots, E_1^i, \ldots, E_1^m$$

bekannt ist und daß wir zu jedem Energiewert E_1^i die zugehörige Anzahl P_i der Elementarzustände kennen. Nach (7) und (11a) ist die Anzahl der Fälle, in denen der Körper C_1 (in Berührung mit C_2) die innere Energie E_1^i besitzt, gegeben durch:

$$P_i = P_1^i P_2 = P_1(E_1^i)\, P_2^m\, e^{\frac{\Delta E_2}{kT}}. \tag{12}$$

Es gilt aber:

$$\Delta E_2 = E_2 - E_2^m = E_1^m - E_1^i,$$

denn die Gesamtenergie $E_1 + E_2$ wird als konstant angenommen.

Die Wahrscheinlichkeit des Energiezustandes E_1^i bestimmt sich durch den Quotienten aus der oben gegebenen Anzahl P und der Gesamtzahl N der Komplexionen, die mit der Gesamtenergie E verträglich sind,

$$\Pi_i = \frac{P_i}{N} = P_1(E_1^i)\frac{P_2^m}{N}\, e^{\frac{E_1^m - E_1^i}{kT}}$$

oder:

$$\Pi_i = P_1(E_1^i)\, e^{\frac{\psi - E_1^i}{kT}}, \tag{13}$$

worin ψ einen von der Temperatur T abhängigen Koeffizienten darstellt.

Der Wert von ψ wird durch die Forderung bestimmt, daß die Summe aller Π_i-Werte gleich 1 sein muß:

$$\sum_i \Pi_i = \sum_i P_1(E_1^i)\, e^{\frac{\psi - E_1^i}{kT}} = 1, \tag{14}$$

also:

$$e^{-\frac{\psi}{kT}} = \sum_i P_1(E_1^i)\, e^{-\frac{E_1^i}{kT}} = Z. \tag{14a}$$

Bei stetigen Problemen treten in (14) Integrale an die Stelle der Summenzeichen.

Die oben angegebenen Formeln wurden von Gibbs in seinem Werk als a priori gültig aufgestellt. Auch Planck benutzt immer wieder die Formel (14a). Die darin vorkommende Summe Z bezeichnet er als „Zustandssumme".

Unsere Formeln geben die Möglichkeit, für einen beliebig „anomalen" Körper C die kanonische Gesamtheit von GIBBS zu bilden, d. h. die relative Wahrscheinlichkeit der verschiedenen Komplexionen dieses Körpers in einem Thermostaten zu bestimmen. Praktisch kann ein solcher Thermostat durch einen Hohlraum ersetzt werden, der von isothermer Strahlung erfüllt ist. Das Ergebnis lautet:

Das Auftreten jedes inneren Zustandes Σ eines Körpers wird bei gegebener Temperatur T durch einen Wahrscheinlichkeitsfaktor:

$$\overline{w} = e^{\frac{\psi - E}{kT}} \tag{15}$$

bestimmt. Die Bedeutung dieses Wahrscheinlichkeitskoeffizienten hängt davon ab, was wir unter der Wahrscheinlichkeit selbst verstehen.

Nehmen wir z. B. mit EINSTEIN an, daß die „Wahrscheinlichkeit" eines Zustandes die Zeit bedeutet, während deren der Körper im Mittel in dem betreffenden Zustand verweilt. Dann bestimmt der Koeffizient $\overline{w}$ die mittlere Verweilzeit des Körpers in dem mikroskopischen Elementarzustand Σ_i bei der Temperatur T.

Aus den gewonnenen Formeln können wir leicht den klassischen Ausdruck für das thermodynamische Potential ψ als Funktion der Entropie ableiten. Es genügt dazu, in der Formel (14a) die Anzahl der Komplexionen $P(E_i)$ durch den entsprechenden Ausdruck $e^{\frac{S(E_i)}{k}}$ zu ersetzen:

$$e^{-\frac{\psi}{kT}} = \sum e^{-\frac{E_i - TS(E_i)}{kT}}. \tag{14b}$$

Für *gewöhnliche Körper*, die aus einer sehr großen Anzahl von Einzelbestandteilen aufgebaut sind, haben die Summanden der rechten Seite ein sehr ausgesprochenes Maximum bei einem bestimmten Wert $E(T)$, der der Normalenergie des Körpers bei der Temperatur T entspricht. Das Glied, welches diesem E-Wert zugeordnet ist, ist um so viel größer, als alle anderen zusammen, daß man es allein benutzen und alle übrigen vernachlässigen darf. Die Formel (14b) vereinfacht sich dann zu:

$$\psi = E(T) - TS(T). \tag{16}$$

Bestätigen wir dies an einem Beispiel: Stellen wir uns — wie am Ende des Abschnittes 3 — vor, daß die Anzahl der Komplexionen mit der Energie $\leq E$ die Form E^f hat, wo f eine ungeheuer große Zahl ist. Ein ideales Gas ist ein Beispiel eines Systems mit solchen Eigenschaften. Die Anzahl $P(E_i)$ der Zustände, die den Energien E bis $E + dE$ entsprechen, hat dann die Form $f E^{f-1} dE$. Das Integral (14a) ist in diesem Fall:

$$e^{-\frac{\psi}{kT}} = \int_0^\infty f E^{f-1} e^{-\frac{E}{kT}} dE = f!(kT)^f.$$

Gehen wir zu Logarithmen über und verwenden die STIRLINGsche Formel [mit den beiden ersten Gliedern: $\log f! = f(\log f - 1)$]. Wir erhalten dann:

$$\psi = -fkT[\log(fkT) - 1].$$

Man erkennt leicht, daß die obige Reihe ein sehr ausgesprochenes Maximum bei dem Glied besitzt, dessen Energie gleich der wahrscheinlichsten Energie $E(T)$ bei der Temperatur T ist. Dabei ist $E(T) = (f - 1)\, kT \simeq fkT$. Die Anzahl von Komplexionen, die diesem $E(T)$-Wert entsprechen, ist $E(T)^f$, und die Entropie beträgt:

$$S(T) = kf \log E(T) = kf \log fkT.$$

Vergleichen wir dieses mit dem Ausdruck für ψ. Wir finden tatsächlich:

$$\psi = E(T) - TS(T).$$

Die obigen Ergebnisse sind allerdings nur angenähert gültig. Sie finden Anwendung nur auf Körper, die aus einer sehr großen Anzahl von Atomen, Molekülen oder Strahlungsresonatoren bestehen. Die Entropie kann übrigens überhaupt nur für solche Körper eindeutig definiert werden; denn nur in diesem Fall stimmen die drei Definitionen des Abschnittes 3 praktisch überein. Wenn man über die Entropie eines einzigen Moleküls oder einer kleinen Anzahl davon sprechen wollte, so müßte man eine Entscheidung zwischen diesen drei Definitionen treffen.

Ebenso wie die Energie E und die Entropie S besitzt auch das thermodynamische Potential ψ *die Eigenschaft der Additivität*. Wenn man zwei Körper C_1 und C_2 von gleicher Temperatur in Berührung bringt, so ist das thermodynamische Potential des

Gesamtsystems gleich der Summe der Potentiale ψ_1 und ψ_2 der beiden Körper — natürlich unter der Voraussetzung, daß zwischen diesen Körpern keine Reaktion stattfindet. Es seien $E_1^1, E_1^2, \ldots, E_1^i, \ldots$ die möglichen Energiewerte des Körpers C_1; $E_2^1, E_2^2, \ldots, E_2^i$ die des Körpers C_2. Nach der Definition (14a) haben wir:

$$Z_1 = e^{-\frac{\psi_1}{kT}} = \sum_i P_1(E_1^i)\, e^{-\frac{E_1^i}{kT}}$$

und

$$Z_2 = e^{-\frac{\psi_2}{kT}} = \sum_j P_2(E_2^j)\, e^{-\frac{E_2^j}{kT}}.$$

Für die Gesamtheit $C_1 + C_2$ sind die Energiewerte durch alle möglichen Kombinationen $E_1^i + E_2^j$ gegeben. Die entsprechende Anzahl von Komplexionen ist jeweils $P_1 \cdot P_2$. Es folgt also:

$$Z = e^{-\frac{\psi}{kT}} = \sum_i \sum_j P_1(E_1^i)\, P_2(E_2^j)\, e^{-\frac{E_1^i + E_2^j}{kT}} = e^{-\frac{\psi_1}{kT}} e^{-\frac{\psi_2}{kT}}.$$

Dies ist das erwartete Ergebnis, denn aus der Formel folgt, daß $\psi = \psi_1 + \psi_2$ ist.

9. Mittlere Energie eines Systems bei gegebener Temperatur. Es sei ein diskontinuierliches System gegeben, das in einer Reihe von Zuständen:

$$\Sigma_1, \Sigma_2, \ldots, \Sigma_i, \ldots, \Sigma_m$$

mit den Energien:

$$E_1, E_2, \ldots, E_i, \ldots, E_m$$

existieren kann. Die Funktion ψ, bei der Temperatur T, ist durch:

$$Z = e^{-\frac{\psi}{kT}} = \sum P_i\, e^{-\frac{E_i}{kT}} \tag{14a}$$

definiert. Die mittlere Energie des Systems bestimmt sich aus der Gleichung:

$$\overline{E} = \sum P_i E_i\, e^{\frac{\psi - E_i}{kT}} = \frac{\sum E_i P_i\, e^{-\frac{E_i}{kT}}}{\sum P_i\, e^{-\frac{E_i}{kT}}}. \tag{17}$$

Um den zweiten Ausdruck zu gewinnen, haben wir ψ durch seinen Wert aus der vorangehenden Gleichung ersetzt. Der

Nenner stellt einfach $e^{-\frac{\psi}{kT}}$ dar. Der Zähler kann in der Form:

$$\frac{\partial e^{-\frac{\psi}{kT}}}{\partial\left(-\frac{1}{kT}\right)} = \frac{\partial Z}{\partial\left(-\frac{1}{kT}\right)}$$

geschrieben werden. Daraus folgt die allgemeine Formel:

$$\overline{E} = \frac{\partial \log Z}{\partial\left(-\frac{1}{kT}\right)}. \tag{17a}$$

Nehmen wir z. B. einen Körper, der die Energie in ganzen Vielfachen eines Quants q aufnehmen kann (einen PLANCKschen Oszillator). Die Energiewerte sind also:

$$E_1 = 0, \quad E_2 = q, \quad E_3 = 2q, \ldots, E_m = (m-1)q.$$

Die Formel (14a) ergibt:

$$Z = e^{-\frac{\psi}{kT}} = 1 + e^{-\frac{q}{kT}} + e^{-\frac{2q}{kT}} + \cdots \tag{18}$$

$$= \frac{1}{1 - e^{-\frac{q}{kT}}}.$$

Nach (17a) folgt daraus:

$$\overline{E} = -\frac{1}{Z}\frac{\partial Z}{\partial\left(\frac{1}{kT}\right)} = \frac{q}{e^{\frac{q}{kT}} - 1}. \tag{18a}$$

Setzen wir $q = h\nu$, so erhalten wir die PLANCKsche Strahlungsformel. Diese Ableitung stammt von JEANS[1].

Wenn das Energiequant q gegen Null strebt, so nähert sich die Schwingungsenergie dem Wert kT, der dem Äquipartitionsgesetz entspricht. Für jeden endlichen Wert von q geschieht dasselbe bei unendlich wachsender Temperatur T.

Man kann auch den Fall eines Oszillators mit nur zwei Energiestufen, $E_1 = 0$ und $E_2 = q$, betrachten. Diese Annahme entspricht der Statistik von FERMI und DIRAC, mit der wir uns weiter unten ausführlich beschäftigen werden. In diesem Fall gilt:

$$Z = 1 + e^{-\frac{q}{kT}}$$

[1] JEANS, J. H., „Report on radiation and quantum Theory" London; Physical Society 1914.

und:
$$\overline{E} = \frac{q}{e^{\frac{q}{kT}} + 1}.$$

In den beiden behandelten Beispielen mußten wir annehmen, daß die Anzahl der Komplexionen $P(E)$ für jeden möglichen Zustand gleich 1 ist. Dies bedeutet, daß wir die Energiequanten q (bzw. die Photonen) als *voneinander nicht unterscheidbar* betrachteten.

Dieser Punkt ist wichtig, und wir müssen etwas bei ihm verharren. Stellen wir uns N Energiequanten vor, die alle gleich groß sind, die wir aber durch irgendeine andere Eigenschaft unterscheiden können. In diesem Fall hätten wir die Möglichkeit, auf verschiedene Weisen eine Anzahl m von diesen N Quanten auszuwählen. Die Gesamtzahl solcher Möglichkeiten ist:

$$\frac{N!}{m!(N-m)!},$$

und dieses wäre dann die Anzahl von Komplexionen, die zu einem Zustand mit m Quanten gehören. Unter diesen Umständen wäre das Ergebnis ein ganz anderes als das oben abgeleitete gewesen, nämlich:

$$Z = 1 + N e^{-\frac{q}{kT}} + \cdots + \frac{N!}{m!(N-m)!} e^{-\frac{mq}{kT}} + \cdots$$

Um auf statistischem Wege Formeln zu erhalten, die mit der Erfahrung übereinstimmen (PLANCKsche Strahlungsformel), muß man also ausdrücklich annehmen, daß die Energiequanten voneinander prinzipiell nicht zu unterscheiden sind.

Die obigen Überlegungen setzten stets voraus, daß die beiden Körper C_1 und C_2 nur ihre Energie austauschen können. Nehmen wir jetzt auch die Möglichkeit eines Materieaustausches an. Es sei N_1 die Anzahl der Atome einer bestimmten Art in C_1 und N_2 die der gleichen Atome in C_2. Die Komplexionenanzahl P_1 (bzw. P_2) muß eine Funktion der beiden Variablen E_1 und N_1 (bzw. E_2 und N_2) sein. Eine Überlegung, die der des Abschnitts 7 durchaus ähnlich ist, ergibt dann die beiden Bedingungen für den wahrscheinlichsten Zustand:

$$\frac{1}{kT_1} = \frac{\partial \log P_1}{\partial E_1} = \frac{\partial \log P_2}{\partial E_2} = \frac{1}{kT_2},$$

und:

$$\frac{\partial \log P_1}{\partial N_1} = \frac{\partial \log P_2}{\partial N_2}.$$

Die zweite Bedingung ergibt sich aus der Forderung $N_1 + N_2 = N$ = einer Konstanten. Die Abgeleitete $\partial \log P_1/\partial N_1$ ist nichts anderes als das sog. *chemische Potential* des Körpers C_1 in bezug auf die Atomart N_1. Wir wollen die chemischen Potentiale von C_1 und C_2 mit α_1 und α_2 bezeichnen.

Wir nehmen an, daß der Körper C_2 ein sehr großes Reservoir von Atomen darstellt, und sein Energieinhalt so groß ist, daß er auch als Thermostat wirken kann. Für kleine Variationen δN_1 und δE_1 darf man dann schreiben:

$$\delta \log P_2 = \alpha_2 \delta N_2 + \frac{1}{kT} \delta E_2 .$$

Ein Zustand:

$$N_1 = N_1^m + \delta N_1 \quad (\delta N_1 = -\delta N_2),$$
$$E_1 = E_1^m + \delta E_1 \quad (\delta E_1 = -\delta E_2),$$

des ersten Körpers im Kontakt mit dem Behälter C_2 wird dann durch den Wahrscheinlichkeitsfaktor:

$$\overline{w} = e^{\frac{\psi_1 - E_1}{kT} - \alpha_1 N_1}$$

charakterisiert sein. Wir haben somit eine Verallgemeinerung der Formel (15) erreicht.

Das auf S. 101 behandelte Beispiel der Planckschen Resonatoren kann ebenfalls unter der Annahme untersucht werden, daß die Anzahl der verfügbaren Energiequanten q nicht unendlich, sondern ebenso beschränkt ist, wie die Anzahl der materiellen Atome in dem eben betrachteten Fall. Wenn der Körper m Quanten aufnimmt, so ist:

$$\delta E = qm, \qquad \delta N_1 = m.$$

Die Summe (18) wird dann:

$$Z = 1 + e^{-\left(\frac{q}{kT} + \alpha\right)} + \cdots + e^{-m\left(\frac{q}{kT} + \alpha\right)} + \cdots$$
$$= \frac{1}{1 - e^{-\left(\frac{q}{kT} + \alpha\right)}}.$$

Die mittlere Anzahl der Energiequanten, die ein Körper unter solchen Umständen aufnehmen wird, beträgt:

$$\frac{1}{e^{\alpha+\frac{q}{kT}}-1},$$

und seine mittlere Energie:

$$\overline{E}=\frac{q}{e^{\alpha+\frac{q}{kT}}-1}.$$

10. Methode von Darwin und Fowler. An den angeführten Beispielen sieht man die Bedeutung, die der Berechnung der Planckschen Zustandssumme zukommt: sie führt unmittelbar zur Kenntnis der Mittelwerte der Energie (und anderer wichtigen Größen), unter Vermeidung von Unsicherheiten, die bei der statistischen Definition der Entropie entstehen. Statt nach der wahrscheinlichsten Verteilung zu fragen, sucht man direkt die Mittelwerte der Zustandsgrößen zu bestimmen. Darwin und Fowler haben diese Eigentümlichkeit der Planckschen Methode an einer Reihe von Beispielen anschaulich dargestellt und ihre Allgemeinheit gezeigt.

Betrachten wir zunächst zwei Systeme von Planckschen Oszillatoren A und B. Das Energiequant des ersten sei q_a, das des zweiten q_b. Die Anzahl der Oszillatoren vom ersten Typus sei N_a, die vom zweiten N_b. Die Gesamtenergie E sei vorgegeben.

Die Energieverteilung auf die Oszillatoren kann als bekannt angesehen werden, wenn man die Zahlenreihen $a_0, a_1, a_2, \ldots, a_r, \ldots$ sowie $b_0, b_1, b_2, \ldots, b_s, \ldots$ kennt, die die Anzahl der Oszillatoren von beiden Arten in den „nullquantigen“, „einquantigen“ usw. Zuständen bestimmen. Die Zahlen a_r und b_s müssen die Bedingungen:

$$\sum a_r = N_a\,,\qquad \sum b_s = N_b\,,\qquad \sum r\,a_r\,q_a + \sum s\,b_s\,q_b = E$$

erfüllen. Wie viele Verteilungen gibt es, die diesen Bedingungen genügen? Ihre Anzahl ist gleich der Anzahl von Permutationen, die in einem System von N_a Gegenständen bei einer Verteilung auf Gruppen mit der Besetzung $a_0, a_1, a_2, \ldots, a_r, \ldots$ möglich sind, multipliziert mit der Anzahl von möglichen Permutationen in den Gruppen $b_0, b_1, b_2, \ldots, b_s, \ldots$ in einem System aus N_b Gegenständen:

$$\frac{N_a!}{a_0!\,a_1!\ldots a_r!\ldots}\cdot\frac{N_b!}{b_0!\,b_1!\ldots b_s!\ldots}.$$

Die Gesamtzahl von Komplexionen mit der Energie E bestimmt sich durch Summierung der Ausdrücke für die einzelnen Verteilungen zu:

$$C = \sum_{a,b} \frac{N_a!\,N_b!}{\Pi a_r!\,\Pi b_s!}$$

(wobei a_r und b_s den drei oben angeführten Bedingungen genügen müssen). Wir führen jetzt die Zustandssummen Z_a und Z_b ein:

$$Z_a = 1 + z^{q_a} + z^{2q_a} + \cdots + z^{r\,q_a} \cdots = \frac{1}{1 - z^{q_a}};$$

$$Z_b = 1 + z^{q_b} + z^{2q_b} + \cdots + z^{s\,q_b} \cdots = \frac{1}{1 - z^{q_b}}.$$

Die Variable z ersetzt den Ausdruck $e^{-\frac{1}{kT}}$ und vereinfacht das Aussehen der Formeln. Wir bilden für die N_a Oszillatoren A und die N_b Oszillatoren B den Ausdruck:

$$Z = Z_a^{N_a} Z_b^{N_b} = (1 + z^{q_a} + z^{2q_a} \ldots)^{N_a} (1 + z^{q_b} + z^{2q_b} \ldots)^{N_b}.$$

Unter Zuhilfenahme des wohlbekannten Polynomialsatzes können wir die N-ten Potenzen der eingeklammerten unendlichen Reihen entwickeln. Das allgemeine Glied der Entwicklung ist:

$$\frac{N_a!\,N_b!}{\Pi a_r!\,\Pi b_s!} \cdot z^{\sum r a_r q_a + \sum s b_s q_b}.$$

Die Summe C, die wir zu bestimmen suchen, stellt den Koeffizienten des Gliedes mit z^E in der gegebenen Entwicklung dar. Unter Benutzung des Residualsatzes von CAUCHY können wir das Ergebnis in der Form:

$$C = \frac{1}{2\pi i} \int_{\gamma} Z_a^{N_a} Z_b^{N_b} \frac{dz}{z^{E+1}} \tag{19}$$

schreiben. Das Integral ist über einen kleinen Kreis um den Mittelpunkt in der komplexen z-Ebene zu nehmen[1].

[1] Man weiß, daß bei der Integration über den Kreis γ alle Glieder z^m Null ergeben, mit Ausnahme desjenigen mit $m = -1$. Dieses Glied gibt $2\pi i$. Die angegebenen Formeln setzen implizite voraus, daß E eine ganze Zahl ist, d. h. daß man die Energie in solchen Einheiten mißt, daß sich die Grundquanten q_a und q_b durch ganze Zahlen darstellen.

Es sei nun nach der mittleren Energie der Oszillatoren A gefragt. Sie bestimmt sich zu:

$$C\overline{E}_A = \sum_{a,\,b} \frac{(\sum r a_r q_a) N_a!\, N_b!}{\Pi a_r!\, \Pi b_s!}.$$

Eine Überlegung, die der oben angestellten vollkommen analog ist, zeigt, daß CE_A der Koeffizient des Gliedes z^E in der Potenzentwicklung des folgenden Ausdruckes:

$$\left[z \frac{d}{dz}(1 + z^{q_a} + z^{2q_a} + \cdots)^{N_a}\right] \cdot (1 + z^{q_b} + \cdots)^{N_b}$$

$$= N_a z \frac{d}{dz} \log Z_a \cdot Z_a^{N_a} Z_b^{N_b}$$

ist. Die CAUCHYsche Formel gibt uns:

$$C\overline{E}_A = \frac{1}{2\pi i} \int_\gamma N_a z \frac{d}{dz} \log Z_a \cdot Z_a^{N_a} Z_b^{N_b} \frac{dz}{z^{E+1}}. \qquad (20)$$

Die abgeleiteten Ausdrücke für C und CE_A sind streng gültig. Wir können eine angenäherte Abschätzung der Werte von C und CE_A durchführen, wenn wir eine Methode der komplexen Integration anwenden, die unter der Bezeichnung „Sattelpunktmethode" bekannt ist. Betrachten wir den Integrand in Formel (19). Er wird unendlich für $z = 0$ und $z = 1$, und hat ein Minimum auf der reellen Achse im Punkte:

$$\frac{d}{dz}(z^{-E-1} Z_a^{N_a} Z_b^{N_b}) = 0.$$

Den so definierten Punkt bezeichnen wir mit $z = \vartheta$. Als Integrationskreis nehmen wir einen Kreis, der durch den Punkt ϑ durchgeht. Die Eigenschaften der komplexen Funktionen erlauben leicht den Nachweis, daß der Modul der zu integrierenden Größe bei der Entfernung vom Sattelpunkt $z = \vartheta$ außerordentlich schnell verschwindet. Das Verschwinden geschieht so schnell, daß wir uns bei der Bestimmung des Integrals für CE_A ausschließlich mit der nächsten Umgebung des Sattelpunkts $z = \vartheta$ zu befassen brauchen. Wir dürfen die langsam veränderlichen Funktionen vor das Summenzeichen nehmen und schreiben also:

$$C\overline{E}_A = \frac{1}{2\pi i} N_a \vartheta \frac{d}{d\vartheta} \log Z_a \int_\gamma Z_a^{N_a} Z_b^{N_b} \frac{dz}{z^{E+1}}.$$

Das verbleibende Integral ist nichts anderes als C selbst, so daß wir erhalten:

$$\overline{E}_A = N_a \vartheta \frac{d}{d\vartheta} \log Z_a. \tag{20a}$$

Kehren wir nun zu der Gleichung zurück, die die Lage des Sattelpunkts $z = \vartheta$ mittels einer Minimumforderung bestimmt. Wenn wir in diese die Ausdrücke für Z_a und Z_b einführen, erhalten wir:

$$E = \frac{N_a q_a}{\vartheta^{-q_a} - 1} + \frac{N_b q_b}{\vartheta^{-q_b} - 1} - 1.$$

Der Wert $z = \vartheta$, dem der Sattelpunkt entspricht, wird durch die Temperatur T_1 bestimmt bei der die wahrscheinlichste Energie des Systems gerade gleich E ist:

$$\vartheta = e^{-\frac{1}{kT_1}}.$$

Die Integration auf die Umgebung des Sattelpunkts zu beschränken, ist ein mathematisches Verfahren, dem physikalisch die oben benutzte Methode entspricht: ein isoliertes System mit der Gesamtenergie E durch ein System in Berührung mit einem Thermostaten T zu ersetzen, dessen Temperatur so gewählt ist, daß die wahrscheinlichste Energie E ist.

Die Formel für E_A erhält jetzt die Form:

$$\overline{E}_A = N_a \frac{d \log Z_a}{d\left(-\frac{1}{kT}\right)}$$

und wird somit identisch mit der früher abgeleiteten Formel (17a).

Diese Methode von Darwin und Fowler ist sehr allgemein. Wir haben sie an einem einfachen Beispiel entwickelt, in dem die materiellen Systeme Plancksche Oszillatoren sind. Sie ist aber auch auf beliebige andere quantisierte Systeme anwendbar. Bezüglich dieser Anwendungen muß aber auf die Originalarbeiten und auf das Buch von Fowler verwiesen werden.

11. Energieschwankungen. Wir haben die wahrscheinlichste Energieverteilung zwischen zwei sich berührenden Körpern C_1 und C_2 bestimmt. Jetzt sei nach den Schwankungen um diese Verteilung gefragt. Zur Vereinfachung nehmen wir, wie in Abschnitt 8, an, daß der Körper C_2 einen Thermostaten darstellt. C_2 hat daher eine sehr große Anzahl von wenig voneinander verschiedenen Komplexionen, und wir dürfen diesen Körper als stetig veränderlich betrachten. Die Formeln des Abschnittes 6 finden daher auf C_2 Anwendung. Als Entropiedefinition benutzen wir die zweite Definition des Abschnittes 3:

$$S = k \log \frac{\partial \Phi}{a \partial E} \Delta E, \qquad P = \frac{1}{a} \frac{\partial \Phi}{\partial E} \Delta E = P_2 \Delta E.$$

Es seien E_{1m} und E_{2m} die wahrscheinlichsten Energiewerte von C_1 und C_2 und ε die augenblickliche Abweichung davon:

$$E_1 = E_{1m} + \varepsilon, \qquad E_2 = E_{2m} - \varepsilon.$$

Die Anzahl der Komplexionen des Gesamtsystems, die dem Energiebereich ε bis $\varepsilon + d\varepsilon$ entsprechen, ist dann:

$$dP = P_1(E_{1m} + \varepsilon) \cdot P_2(E_{2m} - \varepsilon)\, d\varepsilon. \tag{21}$$

Wenn die Abweichungen ε nicht zu groß sind, darf man die Reihenentwicklung nach Taylor vornehmen:

$$\log P_1 = \log P_{1m} + \varepsilon \frac{\partial \log P_{1m}}{\partial E_1} + \frac{\varepsilon^2}{2} \frac{\partial^2 \log P_{1m}}{\partial E_1^2} + \cdots,$$

$$\log P_2 = \log P_{2m} - \varepsilon \frac{\partial \log P_{2m}}{\partial E_2} + \cdots.$$

Für den Körper C_1 behalten wir die Glieder zweiter Ordnung, für den Thermostaten C_2 reicht das Glied erster Ordnung vollkommen aus.

Wir haben andererseits definitionsgemäß:

$$\frac{\partial \log P_{1m}}{\partial E_1} = \frac{1}{kT}, \qquad \frac{\partial^2 \log P_{1m}}{\partial E_1^2} = \frac{1}{k} \cdot \frac{\partial \left(\frac{1}{T}\right)}{\partial E_{1m}} = -\frac{1}{kT^2} \cdot \frac{\partial T}{\partial E_{1m}}.$$

Die Abgeleitete $\partial E_{1m}/\partial T$ ist die Wärmekapazität c_1 bei konstantem Volumen. Wir erhalten daher:

$$\log P_1 = \log P_{1m} + \frac{\varepsilon}{kT} - \frac{\varepsilon^2}{2 c_1 k T^2}$$

oder

$$P_1 = P_{1m} e^{\frac{\varepsilon}{kT} - \frac{\varepsilon^2}{2 c_1 k T^2}}.$$

Dieselbe Rechnung gibt für den Thermostaten einfach:

$$P_2 = P_{2m} e^{-\frac{\varepsilon}{kT}}.$$

Führen wir diese Ausdrücke in (21) ein. Man bekommt dann:

$$dP = P_{1m} P_{2m} e^{-\frac{\varepsilon^2}{2c_1 kT^2}} d\varepsilon\,. \tag{22}$$

Diese Formel bestimmt, wie oft die Abweichung um ε von der wahrscheinlichsten Verteilung vorkommt. Die Integration[1] von $\varepsilon^2 dP$ und Division durch das Integral von dP ergibt den Mittelwert $\overline{\varepsilon^2}$:

$$\overline{\varepsilon^2} = c_1 kT^2\,. \tag{22a}$$

Das mittlere Quadrat der Energieschwankungen ist also [wegen des Koeffizienten k in (22a)] außerordentlich klein.

Erinnern wir uns jetzt an die Definition des thermodynamischen Potentials nach Gibbs (Abschnitt 8). Die jetzt durchgeführten Rechnungen erlauben die Anbringung gewisser Korrekturen an der Formel (16). Nach (14a) müssen wir ψ durch Ermittlung der Summe:

$$e^{-\frac{\psi}{kT}} = \sum P(E_i)\, e^{-\frac{E_i}{kT}}$$

bestimmen. Nach der oben gewonnenen Formel für P_1 ist aber:

$$P e^{-\frac{E_i}{kT}} = P_m e^{-\frac{E_m}{kT}} e^{-\frac{\varepsilon^2}{2c_1 kT^2}} d\varepsilon\,,$$

denn es gilt:

$$E_i = E_m + \varepsilon\,.$$

Es ist also:

$$e^{-\frac{\psi}{kT}} = P_m e^{-\frac{E_m}{kT}} \int e^{-\frac{\varepsilon^2}{2c_1 kT^2}} d\varepsilon\,.$$

Der Exponentialausdruck unter dem Integralzeichen kann bei sehr kleinen Werten von ε infolge der Kleinheit von k vernachlässigt werden. Wir dürfen daher von $-\infty$ bis $+\infty$ integrieren, und dies ergibt:

$$e^{-\frac{\psi}{kT}} = P_m e^{-\frac{E_m}{kT}} \sqrt{2\pi c_1 kT^2}\,.$$

Zu Logarithmen übergehend, erhalten wir:

$$\psi = E_m - kT\left(\log P_m + \log\sqrt{2\pi c_1 kT^2}\right).$$

Wir haben (Abschnitt 3, Definition 2):

$$S = k \log P_m$$

[1] Siehe Zusatz 2, Formel (18).

angenommen. An die Stelle der Gleichung (16) muß also die genauere Formel:

$$\psi = E_m - T(S_m - S_0)$$

treten, mit:

$$-S_0 = k \log \sqrt{2\pi c_1 k T^2}. \tag{23}$$

Das Korrektionsglied ist praktisch vollkommen unbedeutend infolge des Auftretens des Koeffizienten k, dessen Zahlenwert bekanntlich $k = 1{,}4 \cdot 10^{-16}$ beträgt. Durch Zahlenbeispiele kann man sich leicht überzeugen, daß der Logarithmus in (23) die Größenordnung 1, höchstens 10 hat. Die Größe S_0 hat also etwa die Größenordnung 10^{-16}. Es ist übrigens einleuchtend, daß ein Ausdruck von der Form $k \log k$ beim Verschwinden von k ebenfalls gegen Null streben muß.

Das erhaltene Ergebnis stimmt somit mit dem am Ende des Abschnittes 8 angekündigten überein.

12. Strahlungsschwankungen. Die angeführten Überlegungen wurden von EINSTEIN[1] in einer scharfsinnigen Abhandlung verwandt, um den Mechanismus des Strahlungsgleichgewichts aufzuklären. Wir wollen seinen Standpunkt kurz andeuten: Man stelle sich ein Volumen V vor, das frei von jeder Materie ist. Es sei durch eine isotherme Hülle von der Temperatur T umgeben. Die Energie der Strahlung von der Frequenz ν (bis $\nu + d\nu$) ist nach dem PLANCKschen Gesetz im Volumen V gleich:

$$E_\nu = V \frac{8\pi h \nu^3}{c^3} \frac{d\nu}{e^{\frac{h\nu}{kT}} - 1}. \tag{24}$$

Die Energie E_ν ist sehr klein im Vergleich zu der Gesamtenergie des betrachteten Systems. Die letztere kann die Rolle des „Thermostaten" spielen. Wir dürfen die Formel (22a) des vorangehenden Abschnittes anwenden, um die Schwankungen der Energie E_ν, die der Strahlung von der Frequenz ν entspricht, zu bestimmen.

Man findet leicht

$$\overline{\varepsilon^2} = k T^2 \frac{\partial E}{\partial T} = V \frac{8\pi h \nu^3 d\nu}{c^3} k T^2 \frac{h\nu}{k T^2} \left[\frac{1}{e^{\frac{h\nu}{kT}} - 1} + \frac{1}{\left(e^{\frac{h\nu}{kT}} - 1\right)^2} \right];$$

[1] Vgl. LORENTZ, H. A., Vorlesungen im Collège de France, S. 41 u. 71. — EINSTEIN, A., Berichte des Solvaykongresses für Physik in Brüssel. Gauthier-Villars: Paris 1912.

eine Umformung ergibt:

$$\overline{\varepsilon^2} = h\nu E + \frac{c^3}{8\pi\nu^2 d\nu}\frac{E^2}{V}. \tag{25}$$

Das Ergebnis ist insofern merkwürdig, als sich $\overline{\varepsilon^2}$ aus zwei Beträgen zusammensetzt; der eine ist proportional E, der andere E^2.

Wir nahmen an, daß die Strahlung dem PLANCKschen Gesetz gehorcht. Man kann auch untersuchen, wie groß die Energieschwankungen in einer Strahlung sein werden, die den anderen, am Schluß des zweiten Kapitels erläuterten Gesetzen entspricht. Das WIENsche Gesetz bildet, wie wir dort gesehen haben, eine gute Näherung für hohe Frequenzen. Dieses Gesetz ergibt nur das erste Glied in der Schwankungsformel. Dagegen gibt das für relativ kleine Frequenzen gültige Gesetz von RAYLEIGH nur das zweite Glied. Auch hier erscheint also das PLANCKsche Gesetz als eine Synthese der beiden, für entgegengesetzte Grenzfälle gültigen Näherungsformeln.

Wie kann man die beiden Glieder in (25) deuten? Das zweite Glied ist leicht zu verstehen: es folgt, wie die ganze RAYLEIGHsche Formel, aus klassischen Überlegungen und bedeutet die Energieschwankungen, die durch die Wellennatur des Lichtes bedingt sind. In jedem Punkte des Raumes V kreuzen sich in jedem Augenblick viele Wellen von der Frequenz ν, mit den verschiedensten Richtungen und Phasen. Sie interferieren und bilden ein verwickeltes System von stehenden Schwingungen, dessen Aussehen sich fortwährend verändert. Zwei Wellen von der gleichen Periode mit den Amplituden a_1 und a_2 geben bei ihrer Interferenz stehende Wellen, deren Intensität (Energiedichte) von $(a_1 + a_2)^2$ bis $(a_1 - a_2)^2$ schwanken kann. Die mittlere Intensität ist $a_1^2 + a_2^2$. Wenn die beiden Amplituden im Verhältnis s vergrößert werden, wächst die Energie E proportional s^2. Auch die Energieschwankungen sind proportional s^2. Das Quadrat der Schwankungen wächst also wie s^4 oder wie E^2. Eine genaue Verfolgung dieses Bildes erlaubt eine vollständige Ableitung des zweiten Gliedes von (25) mit seinem numerischen Koeffizienten. Was soll nun das erste Glied bedeuten, das der ersten Potenz der Energie proportional ist? Wir betrachten jetzt die Strahlung als eine korpuskulare Erscheinung, bestehend aus Quanten von der Größe $h\nu$. Die mittlere Anzahl der Quanten im Volumen V ist offenbar:

$$n = \frac{E}{h\nu}.$$

Diese Anzahl ist aber Schwankungen unterworfen. In jedem gegebenen Augenblick wird die tatsächliche Anzahl von Quanten etwas von n abweichen, etwa gleich $n + m$ sein, wo m eine relativ kleine Zahl ist. Wir stellen uns vor, daß die Quanten voneinander vollkommen unabhängig sind. Man kann dann nach den Regeln der klassischen Wahrscheinlichkeitslehre das mittlere Schwankungsquadrat $\overline{m^2}$ berechnen[1], und man erhält:

$$\overline{m^2} = n\,, \qquad \text{also} \qquad \overline{\varepsilon^2} = n h^2 \nu^2 = h\nu E\,. \tag{26}$$

Die Vorstellung von Photonen oder Lichtquanten, die vollkommen unabhängig voneinander sind, gibt also eine einfache Erklärung für das erste Glied in der Schwankungsformel. Man sieht, daß weder die reine Wellentheorie noch die reine Korpuskulartheorie an sich ausreichen, um die Strahlungsgesetze zu erklären. Das wahre Gesetz wird stets eine Mittelstellung zwischen dem „korpuskularen" und dem „wellentheoretischen" einnehmen. Wenn man die Photonenhypothese annimmt, so müssen die Photonen miteinander so reagieren, daß eine größere Anzahl von ihnen ein Analogon zu einer Welle bildet. Nur die Vorstellung von solchen *gekoppelten Lichtquanten* vermag die beiden Glieder in der Formel (25) gleichzeitig zu erklären.

13. Ein Beispiel der klassischen Statistik: ideales Gas. Bei der Darstellung der Quantentheorie werden wir genötigt sein, eine ganze Reihe von Problemen zu behandeln, deren Lösung auf der Feststellung der wahrscheinlichsten Verteilung einer Anzahl von gleichen Gegenständen auf eine Anzahl von Behältern beruht. Wir beginnen hier mit dem einfachsten Beispiel. Es sei ein Volumen V gegeben, in dem N einatomige Moleküle Platz finden sollen. Die räumlichen Lagen und die Geschwindigkeiten der Moleküle werden vom Zufall — aber unter Erfüllung der Energiebedingung — bestimmt. Der Zustand eines Moleküls sei stets durch Angabe der drei räumlichen Koordinaten x, y, z und der drei Impulskoordinaten p_x, p_y, p_z definiert. Es gibt somit sechs unabhängige Variablen für jedes Molekül. Zur Beschreibung der Bewegung eines Moleküls kann man sich einen sechsdimensionalen Phasenraum der Koordinaten x, y, z, p_x, p_y, p_z konstruieren. Wir stellen uns die Moleküle als vollkommen voneinander unabhängig vor. Das

[1] Die Rechnung soll später als Spezialfall eines allgemeinen Problems angeführt werden. Siehe sechstes Kapitel, Abschnitt 6, Gleichung (32).

Vorhandensein eines Moleküls an einer Stelle des Raumes stört also in keiner Weise ein anderes Molekül, auch wenn sich dieses in der nächsten Nähe befindet. Die Moleküle sollen nur in den äußerst kurzen Zeiten ihrer Zusammenstöße aufeinander wirken. Ihre gegenseitige potentielle Energie soll im Mittel verschwindend klein sein.

Um das Problem der Molekülverteilung auf einen einfachen Fall der Kombinationstheorie zurückzuführen, stellen wir uns vor, daß der Phasenraum in eine sehr große Anzahl von kleinen Zellen von gleichem Volumen a eingeteilt ist. Wir wollen wissen, wieviel Moleküle eine kinetische Energie besitzen, die zwischen zwei bestimmten Werten E_i und $E_i + \Delta E_i$ liegt. Einer solchen Energie entspricht ein zwischen bestimmten Grenzen (etwa p_i und $p_i + \Delta p_i$) gelegener Impuls p. Es gilt:

$$E_i = \frac{1}{2}\frac{p_i^2}{m}; \tag{27}$$

$$\Delta E_i = \frac{1}{m} p_i \Delta p_i .$$

Alle Moleküle mit der geforderten Energie befinden sich in einem bestimmten Teil des Phasenraumes. Zu seiner Bestimmung spalten wir den Phasenraum in einen gewöhnlichen Konfigurationsraum x, y, z und einen Impulsraum p_x, p_y, p_z. Für die Lage des Moleküls im ersten Raum besteht nur die Forderung, daß es innerhalb der Gefäßwände bleiben soll. Das verfügbare Volumen im Koordinatenraum ist also V. Im Impulsraum wird dagegen durch die Bedingung (27) die mögliche Lage des Moleküls auf eine sphärische Schicht mit dem Radius $p_i = \sqrt{p_{ix}^2 + p_{iy}^2 + p_{iz}^2}$ und mit der Dicke Δp_i begrenzt. Das Volumen dieser Schicht ist $4\pi p_i^2 \Delta p_i$.

Das Volumen im sechsdimensionalen Phasenraum, das dem Teilchen von der Energie E_i zur Verfügung steht, ist also:

$$\Phi_i = V \cdot 4\pi p_i^2 \Delta p_i . \tag{28}$$

Die Anzahl der Zellen in diesem Volumen ist:

$$g_i = \frac{\Phi_i}{a} = \frac{V}{a} \cdot 4\pi p_i^2 \Delta p_i . \tag{28a}$$

Um die Geschwindigkeitsverteilung der Moleküle zu bestimmen, betrachten wir eine Reihe von konzentrischen sphärischen Schichten im Impulsraum, denen die Energien $E_1, E_2, \ldots, E_i, \ldots$ (mit $E_{i+1} - E_i = \Delta E_i$) entsprechen. Die Anzahl der Zellen darin soll $g_1, g_2, \ldots, g_i, \ldots$ sein. Jeder speziellen Geschwindigkeitsverteilung entspricht eine Reihe von Zahlen $n_1, n_2, \ldots, n_i, \ldots$, die die „Besetzung" der einzelnen Schichten durch Moleküle bestimmen.

Um die Wahrscheinlichkeitsrechnung anzuwenden, müssen wir die Anzahl der verschiedenen Weisen bestimmen, auf denen eine gegebene Verteilung $n_1, n_2, \ldots$ realisiert werden kann. Wir beginnen mit der Annahme, daß die N Moleküle alle voneinander unterschieden werden können. Nachdem die Rechnung durchgeführt sein wird, können wir diese Differenz verwischen und zur Annahme von vollkommen identischen Teilchen zurückkehren. Zunächst handelt es sich also darum, N verschiedene Gegenstände auf alle mögliche Weisen auf Gruppen zu $n_1, n_2, \ldots, n_i, \ldots$ zu verteilen. Die Gesamtzahl solcher Verteilungen für eine gegebene Zahlenreihe $n_1, n_2, \ldots$ ist durch den Ausdruck[1]:

$$\frac{N!}{n_1!\,n_2!\ldots n_i!\ldots}$$

bestimmt.

Wir betrachten jetzt die n_i verschiedenen Moleküle, die zu einer Schicht gehören. Sie sollen aufs Geratewohl auf die g_i-Zellen, aus denen diese Schicht besteht, verteilt werden. Da die Moleküle voneinander unabhängig sind, kann sich ein jedes davon mit gleicher Wahrscheinlichkeit in jeder der g_i Zellen befinden. Dies gibt $g_i^{n_i}$ verschiedene Verteilungen. Bei der Annahme von unterschiedlichen Molekülen ist also die Gesamtzahl P der Verteilungen von N Molekülen auf die $g_1 + g_2 + \cdots + g_i + \cdots$ Zellen, die den Besetzungen $n_1, n_2, \ldots$ der einzelnen Schichten entsprechen, durch:

$$P = N! \prod_i \frac{g_i^{n_i}}{n_i!} = \frac{N!}{a^N} \prod_i \frac{\Phi_i^{n_i}}{n_i!} \tag{29}$$

bestimmt.

Die Wahrscheinlichkeit W einer Besetzung $n_1, n_2, \ldots$ ist gleich dem Verhältnis von P zu der Gesamtzahl aller möglichen Verteilungen. Diese Anzahl ist offenbar G^N, wo G die Summe aller g_i-Werte bedeutet.

---

[1] Vgl. Zusatz 2, Formel (7).

Es ist also:

$$W = \frac{P}{G^N} = \frac{P}{\Phi^N} a^N = \frac{N!}{\Phi^N} \prod_i \frac{\Phi_i^{n_i}}{n_i!}. \tag{30}$$

Es wurde dabei $\Phi = \sum_i \Phi_i$ gesetzt. Φ ist also das Gesamtphasenvolumen des untersuchten Systems. Wenn die Zellen a sehr klein werden, wird die Wahrscheinlichkeit W unabhängig von ihrer absoluten Größe. Dies gilt aber nicht für die Anzahl der Komplexionen P.

Die Hypothese der unterschiedlichen Teilchen ist dem gestellten Problem nicht adäquat, denn alle Moleküle eines einheitlichen Gases sind untereinander gleich. Wenn wir die Identität aller Teilchen wiederherstellen, werden auch viele bis jetzt als verschieden angesehene Verteilungen identisch. Nehmen wir z. B. eine Verteilung, bei der m_1 Zellen je ein Molekül enthalten, m_2 Zellen je zwei, allgemein m_s Zellen je s Moleküle. Die Gesamtzahl der Moleküle ist:

$$N = m_1 + 2m_2 + \cdots + s m_s + \cdots$$

Bei der obigen Ableitung haben wir die Anzahl:

$$\frac{N!}{(1!)^{m_1} (2!)^{m_2} \ldots (s!)^{m_s} \ldots} \tag{31}$$

von Verteilungen gesondert gerechnet, die alle derselben Zahlenreihe $m_1, m_2, \ldots$ entsprechen und sich voneinander nur durch Austausch von Molekülen zwischen den einzelnen Zellen unterscheiden[1]. Um die Anzahl P von wirklich verschiedenen Verteilungen zu bestimmen, müssen wir die früher berechnete Zahl (29) durch den Ausdruck (31) dividieren.

Wir müssen also die Natur der verschiedenen Komplexionen näher betrachten und diejenigen von ihnen aussondern, bei denen die Zellen mehr als ein Teilchen enthalten. In der klassischen Mechanik hat man aber glücklicherweise die Möglichkeit, die Zellen a beliebig zu verkleinern, da ihre Benutzung darin nur einen mathematischen Kunstgriff darstellt. Wir dürfen also a auch so klein wählen, daß keine Zelle mehr als ein Teilchen ent-

[1] Dies ist eine direkte Folgerung der Formel (7) des Zusatzes 2.

hält. Der ganze Ausdruck (31) reduziert sich dann auf $N!$. Die Anzahl P' der unterschiedlichen Komplexionen wird dann für gleiche Moleküle:

$$P' = \frac{P}{N!} = \prod_i \frac{g_i^{n_i}}{n_i!} = \frac{1}{a^N} \prod_i \frac{\Phi_i^{n_i}}{n_i!}. \tag{29a}$$

Und da auch die Gesamtzahl aller Verteilungen G^N durch denselben Faktor $N!$ zu dividieren ist, bleibt die relative Wahrscheinlichkeit jeder Verteilung $n_1, n_2, \ldots$ beim Übergang von verschiedenen zu gleichen Molekülen unverändert[1].

14. Ideales Gas: wahrscheinlichster Zustand; Vergleich der verschiedenen Definitionen der Entropie. Fragen wir jetzt nach der wahrscheinlichsten Energieverteilung. Wir nehmen die Gesamtzahl N der Moleküle und die Gesamtenergie:

$$U = \sum_i E_i n_i$$

als gegeben an.

Benutzen wir die STIRLINGsche Formel [Zusatz 2, Formel (14)] und ersetzen $\log n!$ durch $n(\log n - 1)$. Wir erhalten dann:

$$\log W = N(\log N - \log G - 1) - \sum_i n_i(\log n_i - \log g_i - 1)\,; \tag{32}$$

$$\log P' = -\sum_i n_i(\log n_i - \log g_i - 1)\,.$$

Wenn wir von einer Verteilung n_i zu einer anderen, wenig verschiedenen Verteilung $n_i + \delta n_i$ übergehen, so wird die Variation von $\log P'$ durch:

$$\delta \log P' = \sum_i \delta n_i(\log g_i - \log n_i)$$

gegeben. Wir müssen diese Variation für den wahrscheinlichsten Zustand gleich Null setzen und die Zusatzbedingungen:

$$\delta N = \sum \delta n_i = 0$$

und

$$\delta U = \sum E_i\, \delta n_i = 0$$

[1] Die Berechtigung der Division durch $N!$ hat Anlaß zu einer ausgedehnten Diskussion zwischen PLANCK, EHRENFEST, EINSTEIN, SCHRÖDINGER (Zitate 19, 20, 23, 41, 53 usw.) gegeben. Die obige Überlegung scheint uns dazu geeignet, dieses Problem endgültig zu klären und deutlich zu zeigen, wann die Division durch $N!$ berechtigt ist.

berücksichtigen. Um diese beiden Beziehungen zu verwerten, addieren wir sie (nach vorheriger Multiplikation mit frei wählbaren Konstanten $-\alpha$ und $-\beta$) zu dem Ausdruck für $\delta \log P'$. Wir erhalten:

$$\delta \log P' - \alpha \delta N - \beta \delta U = \sum \delta n_i (\log g_i - \log n_i - \alpha - \beta E_i) = 0.$$

Damit die Gesamtvariation Null bleibt, muß der Klammerausdruck für jeden Summanden verschwinden. Somit gilt:

$$\log \frac{g_i}{n_i} = \alpha + \beta E_i, \tag{33}$$

$$n_i = g_i e^{-\alpha - \beta E_i}.$$

Der Vergleich dieser Formel mit der in Abschnitt 8 abgeleiteten Formel (13) zeigt eine vollkommene Identität. Die Zahl n_i ist die Zahl der Moleküle im Energiezustand E_i, und g_i die Anzahl der Komplexionen, die diese Energie ergeben [früher mit $P(E_i)$ bezeichnet]. Der Vergleich der beiden Gleichungen lehrt uns, daß β gleich $1/kT$ sein muß. Was das Glied $e^{-\alpha}$ betrifft, so ersetzt es den Koeffizienten $e^{\frac{\psi}{kT}}$ in (13). Die Bedeutung der Größen α und β soll weiter unten noch genauer untersucht werden.

Die Formel (33) gibt uns das klassische Gesetz MAXWELLS für die Geschwindigkeitsverteilung bei der thermischen Bewegung in einem Gas wieder. Um dieses Gesetz abzuleiten, war es auch hier, wie in Abschnitt 8, notwendig, eine vollständige wechselseitige Unabhängigkeit der Moleküle anzunehmen.

Wir können an diesem ersten praktischen Beispiel die drei in Abschnitt 3 gegebenen Definitionen der Entropie miteinander vergleichen. Betrachten wir zunächst die erste Definition, die die Entropie mit der Anzahl P_1 von Komplexionen in Verbindung setzt, die einer Gesamtenergie $E \leqq U$ entsprechen. Um diesen Wert P_1 zu bestimmen, gehen wir ebenso wie in Abschnitt 4, Formel (4), oder in Abschnitt 6, Formel (5) vor. Wir betrachten aber diesmal einen Phasenraum von $6\,N$ (statt von 6) Dimensionen. Die sechs ersten Koordinaten $x_1, x_2, x_3, p_1, p_2, p_3$ entsprechen dem ersten, die folgenden sechs dem zweiten Molekül usw. Dieses Vorgehen setzt die Möglichkeit einer individuellen Unterscheidung der einzelnen Moleküle voraus. Um zu dem Fall von identischen Molekülen überzugehen, werden wir also wie oben[1] die zuerst erhaltene Zahl der Komplexionen durch $N!$ dividieren müssen. Die Größe der Zellen wird jetzt a^N sein, statt a in dem sechsdimensionalen Fall.

Die Gleichung der Fläche $U =$ konst. im $3\,N$-dimensionalen Impulsraum der N Moleküle ist:

$$p_1^2 + p_2^2 + \cdots + p_{3N}^2 = 2mU,$$

wo m die Masse der einzelnen Moleküle bedeutet. Diese Fläche ist eine „Hyperkugel" mit dem Radius $\sqrt{2mU}$ und dem Volumen

$$C(2mU)^{\frac{3N}{2}}.$$

Wenn N sehr groß ist, kann der numerische Koeffizient C angenähert durch:

$$\log C = \frac{3N}{2}\left(\log\frac{2\pi}{3N} + 1\right)$$

dargestellt werden.

Im Konfigurationsraum beträgt das Volumen des Systems V^N. Seine Ausdehnung im Phasenraum ist also:

$$\Phi = C V^N (2mU)^{\frac{3N}{2}},$$

und die Anzahl der Komplexionen:

$$P_1 = \frac{\Phi}{a^N N!}.$$

Unter Benutzung der STIRLINGschen Formel:

$$\log N! = N(\log N - 1)$$

erhält man für die Entropie:

$$S_1 = k\log P_1 = kN\left[\log\frac{V}{aN}\left(\frac{4\pi m U}{3N}\right)^{\frac{3}{2}} + \frac{5}{2}\right]. \qquad (34)$$

Die Anzahl der Komplexionen, deren Energie den Betrag U nicht übersteigt, ist also einer sehr hohen Potenz $f = \frac{3N}{2}$ von U proportional. Die am Schluß des Abschnittes 3 gemachten Bemer-

[1] Die im vorigen Abschnitt gemachten Bemerkungen über die Zulässigkeit dieser Division werden unschwer auf das neue Problem übertragen. Einer Zelle a in einem sechsdimensionalen Raum, die 2 Bildpunkte enthält, entspricht jetzt eine Zelle von der Größe a^N, die sich in gleicher Entfernung befindet von zwei Gruppen zu 6 Achsen, die zwei Molekülen entsprechen und so fort.

kungen beweisen, daß in diesem Fall die beiden ersten Definitionen der Entropie praktisch zusammenfallen.

Wir sind jetzt imstande, auch die dritte Definition anzuwenden, nach der die Anzahl der Komplexionen, die der wahrscheinlichsten Verteilung entsprechen, die Entropie bestimmt. Diese Anzahl ist durch die Gleichungen (29a) und (33) gegeben, d. h. in der STIRLINGschen Näherung durch:

$$\begin{aligned} \log P_3 &= \sum_i n_i(\log g_i - \log n_i + 1)\,, \qquad (35)\\ &= \sum n_i(\beta E_i + \alpha + 1)\,. \end{aligned}$$

Um die Rechnung zum Ziele zu führen, bestimmen wir α mit Hilfe der Beziehung:

$$N = \sum n_i = e^{-\alpha} \sum g_i e^{-\beta E_i} = \frac{4\pi V}{a} e^{-\alpha} \int\limits^{\infty} e^{-\frac{\beta p^2}{2m}} p^2 dp = e^{-\alpha} \frac{V}{a} \left(\frac{2\pi m}{\beta}\right)^{\frac{3}{2}}.$$

Es folgt also:

$$\alpha = \log \frac{V}{aN} (2\pi m\, kT)^{\frac{3}{2}}\,, \qquad (36)$$

denn es ist ja $\beta = \frac{1}{kT}$.

In dieser Rechnung haben wir von der Formel (28a) dieses Kapitels und der Beziehung (16) aus dem Zusatz 3 Gebrauch gemacht. Wir erhalten jetzt:

$$S_3 = k \log P_3 = kN(\alpha + 1) + k\beta U = kN(\alpha + \tfrac{5}{2})\,,$$

denn die gesamte kinetische Energie des Gases U ist gleich $\frac{3}{2} NkT$ (ein klassisches Ergebnis, das man in unseren Formeln leicht wiederfinden kann). Der letzte Ausdruck ist identisch mit (34). Wir bestätigen damit, daß auch die dritte Entropiedefinition in dem betrachteten Fall praktisch mit den beiden ersten übereinstimmt.

Wir kehren nun auch zur Berechnung des thermodynamischen Potentials Ψ zurück. Auf diese Weise werden wir die in Abschnitt 8 aufgestellten Behauptungen verifizieren können. Wenn wir von der Entropieformel ausgehen und eine bekannte thermodynamische Gleichung verwenden, so finden wir:

$$\Psi = U - TS = -kNT(\alpha + 1)\,. \qquad (37)$$

Wir wollen jetzt zeigen, wie man dasselbe Ergebnis mit Hilfe der PLANCKschen Zustandssumme wiederfinden kann. Betrachten wir zunächst ein einzelnes Molekül in einem kleinen Volumen v bei der Temperatur T. Die Wahrscheinlichkeit dafür, daß dieses

Molekül die kinetische Energie E_i hat, ist durch die Gleichungen (33) bis (36) zu:

$$\overline{w_i} = g_i e^{-\alpha_1 - \frac{E_i}{kT}},$$

mit:

$$\alpha_1 = \log \frac{v}{a} (2\pi m k T)^{\frac{3}{2}}$$

bestimmt. Vergleichen wir diesen Ausdruck mit (13). Die Identität ist vollkommen. Sie gibt uns die Beziehung:

$$\psi_1 = -kT\alpha_1. \tag{37a}$$

Ob man ψ_1 durch Bildung der Zustandssumme bestimmt oder α_1 nach dem Integrationsverfahren berechnet, das uns zur Gleichung (36) führte, ist gleich.

Betrachten wir jetzt N Zellen, jede vom Volumen v, die je ein Molekül enthalten. Bilden wir die ψ-Funktion für dieses System. Wir gehen genau so vor, wie es am Ende des Abschnittes 8 gesagt wurde. Die Zustandssumme des Systems ist:

$$e^{-\frac{\psi}{kT}} = \Pi e^{-\frac{\psi_1}{kT}} = \left(e^{-\frac{\psi_1}{kT}}\right)^N.$$

Es ist also:

$$\psi = N\psi_1 = -NkT\alpha_1. \tag{37b}$$

Man hätte erwartet, Gleichung (37) wiederzufinden. Dies ist aber nicht der Fall. Wenn wir jeder Zelle das Volumen $v = \frac{V}{N}$ zuschreiben, so ist das Gesamtvolumen wohl gleich V, und α hat somit wieder den Wert (36); jedoch ist die mittels der Zustandssumme bestimmte, durch (37b) gegebene Größe ψ von dem thermodynamischen Potential Ψ verschieden. Dieses scheinbare Paradoxon löst sich leicht auf. Es wurde schon einmal betont, daß die Zustandssumme nur für solche Körper das richtige thermodynamische Potential liefert, die aus sehr viel Einzelmolekülen bestehen. In (37a) und (37b) haben wir aber die Zustandssumme für einzelne Moleküle gebildet und dann N solche Moleküle einfach zu einem System zusammengefaßt. Dieses Verfahren reicht nicht aus, um ein korrektes Bild von einem wirklichen Gas zu gewinnen.

Um dieses Ziel zu erreichen, nehmen wir an, daß die Zellen v, die den einzelnen Molekülen von vornherein zugeteilt werden, sehr klein gegenüber dem Mittelwert des einem Molekül „zur

Verfügung stehenden" Raumes V/N sind. Nachdem wir die Zustandssumme für jedes Molekül bestimmt haben, vereinigen wir die N kleinen Zellen vom Volumen v zu einem System; wir müssen aber noch eine Verteilung dieser Zellen auf das Gesamtvolumen V vornehmen. Das Verhältnis $V : v$ bezeichnen wir mit M. Die Anzahl der verschiedenen möglichen Verteilungen ist:

$$Q = \frac{M!}{N!(M-N)!},$$

(Es ist dies ein einfaches Problem der Verteilung von N Gegenständen auf M Kästen.)

Die so bestimmte Zustandssumme des Gesamtgassystems wird demnach folgende Form erhalten:

$$e^{-\frac{\Psi}{kT}} = Q\left(e^{-\frac{\psi_1}{kT}}\right)^N.$$

Wir können uns leicht überzeugen, daß wir auf diesem Wege zu einem korrekten Wert des thermodynamischen Potentiales kommen. Durch Anwendung der STIRLINGschen Formel erhalten wir:

$$\log Q = N \log \frac{M-N}{N} - M \log \frac{M-N}{M} \sim N \log \frac{M}{N} - M \log\left(1 - \frac{N}{M}\right)$$
$$\sim N \log \frac{M}{N} + N,$$

(denn es wurde angenommen, daß N sehr klein gegen M ist).

Wir setzen diesen Wert in die vorangehende Formel ein und erhalten:

$$-\frac{\Psi}{kT} = N\left(-\frac{\psi_1}{kT} + \log\frac{M}{N} + 1\right) = N\left(\alpha_1 + \log\frac{V}{Nv} + 1\right)$$
$$= N\left[\log\frac{V}{Na}(2\pi m k T)^{\frac{3}{2}} + 1\right].$$

Dies Resultat ist vollkommen identisch mit dem in (37) enthaltenen Ergebnis der direkten Rechnung. An diesem Beispiel können wir erkennen, welche Vorsichtsmaßnahmen man zuweilen bei der Anwendung von allgemeinen Definitionen anwenden muß, damit man zu korrekten Ergebnissen gelangt.

15. Wiederholung einiger Formeln der klassischen Thermodynamik. Wir haben oben Definitionen für die Gesamtenergie U und die Entropie S eines Körpers gegeben. Jetzt wollen wir die Gleichgewichtsbedingungen von zwei sich berührenden Körpern unter verschiedenen Bedingungen untersuchen. Wenn das Volumen beider Körper gegeben ist und zwischen ihnen nur ein

Energieaustausch stattfinden kann, so wird — wie oben gezeigt — das Gleichgewicht (oder, was dasselbe ist, der wahrscheinlichste Zustand) dann erreicht, wenn die Bedingungen:

$$T_1 = T_2, \qquad \frac{\partial S_1}{\partial U_1} = \frac{\partial S_2}{\partial U_2} \tag{38}$$

erfüllt sind. Es sei jetzt angenommen, daß die beiden Körper während der Berührung einen Druck aufeinander ausüben. In Ergänzung zu den Bedingungen (38) gilt in diesem Fall noch die Gleichgewichtsbedingung:

$$p_1 = -\frac{\partial U_1}{\partial v_1} = -\frac{\partial U_2}{\partial v_2} = p_2 . \tag{39}$$

Wir dürfen auch annehmen, daß zwischen den beiden Körpern außer dem Energieaustausch noch Materieaustausch auftritt, indem irgendeine Art von chemischen Molekülen oder Atomen von einem zum anderen Körper übergeht. Das Gesamtvolumen soll aber auch bei diesem Vorgang konstant bleiben. Auch soll der Austausch stets reversibel erfolgen.

Es sei dm_k die Anzahl der Atome des k-ten Bestandteiles der beiden Körper, die vom Körper 1 zum Körper 2 hinübertreten. Beide Körper sollen sich in einem gemeinsamen Thermostaten von der Temperatur T befinden. Die von dem Thermostaten an die beiden Körper abgegebene Wärmemenge beträgt:

$$dQ = \left(\frac{\partial U_2}{\partial m_k} - \frac{\partial U_1}{\partial m_k}\right) dm_k .$$

Damit der Vorgang reversibel und das Gleichgewicht in jedem Augenblick vorhanden sein kann, muß dQ auch gleich $T\left(\frac{\partial S_2}{\partial m_k} - \frac{\partial S_1}{\partial m_k}\right) d\,m_k$ sein. Wir erhalten daher die Gleichung

$$\mu_{k_1} = \frac{\partial \Psi_1}{\partial m_k} = \frac{\partial \Psi_2}{\partial m_k} = \mu_{k_2} . \tag{40}$$

$$\Psi = U - TS .$$

Die Größe μ_{k_1} ist das sog. chemische Potential des Systems für den Bestandteil k. Die Funktion Ψ bedeutet das thermodynamische Potential beim konstanten Volumen[1]. Statt den Vor-

[1] Die Betrachtung wurde von uns vom thermodynamischen Standpunkte aus durchgeführt. Man kann aber alle Formeln auch in statistischer Form aufstellen. Dies eben wurde am Ende des Abschnittes 9 für den Spezialfall von zwei Körpern mit konstantem Gesamtvolumen und konstanter Gesamtenergie (ohne Thermostaten) durchgeführt.

gang bei konstantem Volumen sich abspielen zu lassen, kann man auch seinen Ablauf bei konstantem Druck betrachten. Wir haben dann zwei Körper in einem Thermostaten zu untersuchen, in dem der Druck unverändert gehalten wird. Die Reversibilitätsbedingung ist in diesem Fall:

$$T\left(\frac{\partial S_2}{\partial m_k} - \frac{\partial S_1}{\partial m_k}\right) d m_k = d Q = \left(\frac{\partial U_2}{\partial m_k} + p \frac{\partial V_2}{\partial m_k} - \frac{\partial U_1}{\partial m_k} - p \frac{\partial V_1}{\partial m_k}\right) d m_k .$$

Daraus ergibt sich die Bedingung der Gleichheit des chemischen Potentials bei konstantem Druck in der Form:

$$\eta_{k_1} = \frac{\partial \Phi_1}{\partial m_k} = \frac{\partial \Phi_2}{\partial m_k} = \eta_{k_2} . \tag{41}$$

Diese Potentiale η sind partielle Ableitungen der Funktion:

$$\Phi = U - T S + p v , \tag{42}$$

die wir als das „thermodynamische Potential bei konstantem Druck" bezeichnen wollen. Diese Bezeichnungen beruhen auf folgenden Beziehungen: Die Energie U ist zweckmäßig als Funktion des Volumens, der Entropie und der Zahlen m_k, die die Konzentrationen der verschiedenen Atomarten bestimmen, darzustellen. Das vollständige Differential der Energie ist also:

$$d U = -p d v + T d S + \sum_k \frac{\partial U}{\partial m_k} d m_k . \tag{43}$$

Für das Potential Ψ erhalten wir:

$$d \Psi = - p d v - S d T + \sum_k \mu_k d m_k ; \tag{44}$$

Ψ wird naturgemäß als eine Funktion von v, T und m_k dargestellt. Dagegen werden wir gleich sehen, daß Φ am einfachsten als eine Funktion von p, T und m_k darstellbar ist. Denn es ist:

$$d \Phi = v d p - S d T + \sum_k \eta_k d m_k . \tag{45}$$

Für ein ideales Gas haben wir also folgende Werte der charakteristischen Größen gefunden:

$$\left.\begin{aligned} &\text{a)} \quad S = k N \left(\alpha + \tfrac{5}{2}\right) , \\ &\text{b)} \quad \Psi = -k N T (\alpha + 1) , \\ &\text{c)} \quad \Phi = -k N T \alpha , \quad (\text{da } p V = N k T) , \\ &\text{d)} \quad \alpha = \log \frac{V}{a N} (2 \pi m k T)^{\frac{3}{2}} . \end{aligned}\right\} \tag{46}$$

Um Ψ vollständig anzugeben, müssen wir den Ausdruck (46d) einsetzen, der α als Funktion von V, T und N darstellt. Für die Darstellung von Φ muß man dagegen α als Funktion von p, T und N ausdrücken:

$$\alpha = \log \frac{kT}{a\,p} (2\pi m k T)^{\frac{3}{2}} . \tag{47}$$

Wir können diese Zusammenstellung noch durch die Ausdrücke für die chemischen Potentiale μ bzw. η vervollständigen:

$$\mu = \frac{\partial \Psi}{\partial N} = -kT\left(\alpha + 1 + N \frac{\partial \alpha}{\partial N}\right) = -kT\alpha = \frac{\Phi}{N}, \tag{48}$$

$$\eta = \frac{\partial \Phi}{\partial N} = -kT\alpha = \frac{\Phi}{N}, \tag{49}$$

denn in Φ ist α durch den Ausdruck (47) zu ersetzen, und dieser enthält die Anzahl der Atome N nicht.

Φ ist also eine der Atomzahl N direkt proportionale Funktion. Dieser Umstand erleichtert sehr ihre Anwendung. Wir werden sehen, daß die Gleichung (48) auch in den neuen Arten der Statistik ihre Gültigkeit behält.

Fünftes Kapitel.

Quantenstatistik.

1. Einführung der Quanten; Zellen endlicher Größe im Phasenraum. In den vorausgehenden Überlegungen war die Einteilung des Phasenraumes in kleine Zellen vom Volumen a nur eine Rechenmethode. Beim Übergang von individuell verschiedenen zu vollkommen gleichen Molekülen mußten wir sogar annehmen, daß die Zellen a unendlich klein sind und daher nie mehr als ein einziges Molekül enthalten können. Wir werden jetzt sehen, daß die Grundannahmen der Quantentheorie eine bestimmte endliche Größe der Zellen fordern. Bei einem Freiheitsgrad beträgt diese Größe h, bei r Freiheitsgraden allgemein h^r. Im Problem des idealen Gases müssen wir z. B. $a = h^3$ setzen. Die Annahme von Zellen endlicher Größe zwingt uns dazu, alle bisher gemachten Ableitungen zu revidieren.

Stellen wir zunächst an einigen Beispielen die Form und Größe der Elementarzellen fest. Als erstes Beispiel betrachten wir einen linearen Oszillator von der Frequenz ν (nach den Vorstellungen der älteren Quantentheorie). Seine Lagekoordinate sei x, sein Impuls p. Die Bewegungsgleichungen lauten:

$$E = E_p + E_v = 2\pi^2\nu^2 m x^2 + \frac{p_x^2}{2m}, \quad p_x = m\dot{x}. \tag{1}$$

E ist die Gesamt-, E_p die potentielle und E_v die kinetische Energie.

In der Quantentheorie darf der Oszillator nur Schwingungen ausführen, bei denen die Energie die Größe $nh\nu$ (n = ganze Zahl) hat. In der Ebene x, p_x — die in diesem Fall den ganzen Phasenraum darstellt — beschreibt der Bildpunkt des schwingenden Teilchens die durch (1) definierte Kurve. Es ist dies, wie aus der Form von (1) ersichtlich, eine Ellipse. Die x-Werte oszillieren dabei zwischen $+a$ und $-a$, die Werte von p_x zwischen $+b$ und $-b$ (s. Abb. 12):

$$a = \frac{1}{\pi}\sqrt{\frac{nh}{2m\nu}}, \qquad b = \sqrt{2m\nu nh}.$$

Die Fläche der Ellipse beträgt:

$$\pi a b = nh. \tag{2}$$

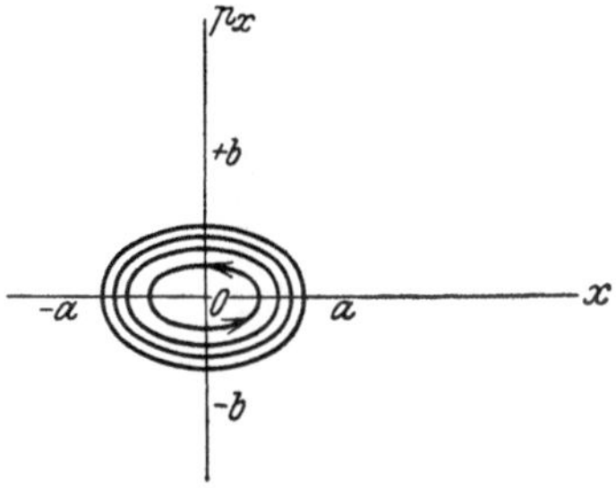

Abb. 12.

Wenn wir also die Folge der Schwingungen $n = 1, 2, 3, \ldots$ in der Phasenebene darstellen, so erhalten wir eine Schar von konzentrischen Ellipsen. Die von zwei aufeinanderfolgenden Ellipsen begrenzten Ellipsenringe haben die Fläche h. Statt die Bildpunkte, wie früher, beliebig im Phasenraum zu zerstreuen, müssen wir sie jetzt in die einzelnen ringförmigen Zellen — genauer gesagt auf die einzelnen diese begrenzenden Ellipsen — setzen. Zwei Punkte auf derselben Ellipse sind dabei physikalisch nicht unterscheidbar. Der Übergang zu der „halbzahligen" Quantisierung nach der neuen Quantenmechanik läßt die Zellen unverändert; nur die Verteilung der Bildpunkte in den Zellen wird dabei eine andere.

Betrachten wir jetzt ein zweites Beispiel: ein Teilchen, das sich nur längs einer Geraden Ox bewegen kann, wobei es in zwei voneinander um l_1 entfernten Punkten immer wieder zurückgeworfen wird, so daß der Impuls ohne Änderung seiner Größe *sein Vorzeichen umkehrt. Der Phasenraum eines solchen Teilchens* ist wiederum, wie beim Oszillator, die Ebene (x, p_x). Seine Bahn in dieser Ebene ist ein Rechteck (Abb. 13) von der Länge l_1. Die Quantenbedingungen lauten:

$$\oint p_x dx = nh\,; \qquad 2 p_x l_1 = nh\,. \tag{3}$$

Die Fläche der Rechtecke in Abb. 13 ist nh. Zwei aufeinanderfolgende Rechtecke begrenzen eine Zelle mit der Fläche h. Jede Zelle besteht aus zwei Streifen von der Breite $h/2\,l_1$, die symmetrisch ober- und unterhalb der Achse Ox liegen.

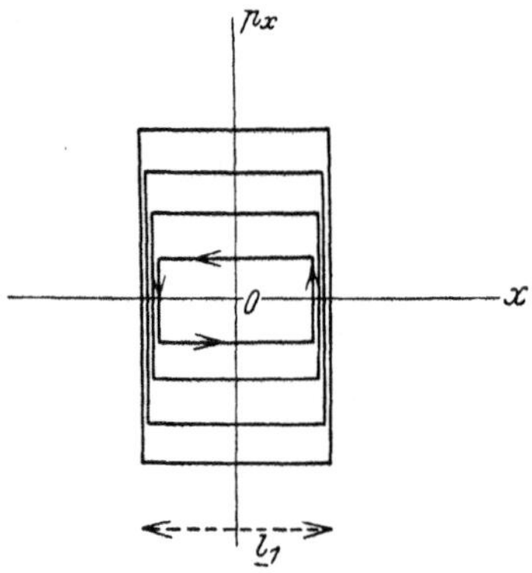

Abb. 13.

Wir können dieses Beispiel verallgemeinern: das Molekül soll sich in einem dreidimensionalen rechteckigen Raum mit der Kante l_1 längs der Ox-Achse, l_2 längs der Oy- und l_3 längs der Oz-Achse befinden. Bei jedem Stoß gegen eine Wand wird das Vorzeichen einer von den drei Impulskomponenten p_x, p_y oder p_z geändert. Wir erhalten dann drei getrennte Bedingungen von der Art (3):

$$2 p_x l_1 = n_1 h\,, \qquad 2 p_y l_2 = n_2 h\,, \qquad 2 p_z l_3 = n_3 h\,. \tag{4}$$

Die Bahn im Phasenraum wird eine dreidimensionale Fläche mit dem Inhalt:

$$8 p_x p_y p_z l_1 l_2 l_3 = n_1 n_2 n_3 h^3$$

überstreichen. Die Zahlen n_1, n_2 und n_3 können sich nur um 1, 2, 3, ... ändern. Jede Änderung einer Quantenzahl um 1 führt zur Vergrößerung des eingeschlossenen Volumens um h^3, so daß die Gesamtheit der Flächen den Phasenraum in lauter Zellen von der Größe h^3 einteilt.

Bei der Behandlung von komplizierteren Problemen mit r Freiheitsgraden wird man stets r Quantenbedingungen vom BOHRschen Typus

$$n_i h = \oint p_i dq_i = \iint dp_i dq_i\,; \qquad i = 1, 2, \ldots, r \tag{5}$$

ansetzen müssen, je eine für jeden Freiheitsgrad. Jedem Freiheitsgrad entspricht eine Ebene im Phasenraum, in dem die Bedingung (5) eine Folge von Zellen mit der Fläche h definiert. Der

Gesamtphasenraum aller r Freiheitsgrade wird in dieser Weise, wie schon einmal angekündigt, in Zellen mit dem Inhalt h^r eingeteilt.

Im dritten Kapitel haben wir schon die dualistische Auffassung des Lichtes — Photonen, die von Wellen geleitet werden — entwickelt. Die Wellenmechanik gibt für die Bewegung der materiellen Teilchen (Atomen oder Elektronen) ein vollkommen ähnliches Bild. Jedem Teilchen ist eine Welle („DE-BROGLIE-Welle") zugeordnet, deren Ausbreitung die Bewegung des Teilchens bestimmt.

Kehren wir daher zum Problem der Ausbreitung von Wellen in einem rechteckigen Raum $l_1 l_2 l_3$ zurück, das wir bereits im zweiten Kapitel, Abschnitt 3, untersucht haben. Wir fanden dort, daß es eine unendliche Folge von stehenden Wellen gibt, die sich in einem solchen Raum ausbilden können. Jeder Welle entspricht ein System von ganzen Zahlen n_1, n_2, n_3, die die Anzahl von Bäuchen der Schwingung in den drei zueinander senkrechten Richtungen bestimmen. Eine von der Wellenamplitude abhängige Größe wird also in jedem Punkt in dem betrachteten Raum durch eine Formel bestimmt, die den Ausdruck:

$$\cos\frac{\pi n_1 x}{l_1}\cos\frac{\pi n_2 y}{l_2}\cos\frac{\pi n_3 z}{l_3}\cos 2\pi\nu t$$

enthält. Dieser Ausdruck entsteht durch Superposition der einfallenden Welle:

$$\cos 2\pi\left(\nu t - \frac{n_1}{2l_1}x - \frac{n_2}{2l_2}y - \frac{n_3}{2l_3}z\right)$$

mit den Wellen, die an den spiegelnden Begrenzungsflächen des Raumes V reflektiert sind.

Der angegebenen Welle entspricht in der Wellenmechanik ein Teilchen mit den Impulskoordinaten:

$$p_x = \frac{n_1}{2l_1}h\,, \qquad p_y = \frac{n_2}{2l_2}h \qquad \text{und} \qquad p_z = \frac{n_3}{2l_3}h\,,$$

wie dies leicht aus den Formeln (28) bis (34) im dritten Kapitel geschlossen werden kann. Diese Bedingungen sind mit den in (4) gegebenen identisch. Wir sehen also, daß jeder Zelle von der Größe h^3 im Phasenraum eine bestimmte stehende Welle im Inneren des betrachteten Raumes entspricht. Diese Korrespondenz werden wir in unseren Ableitungen noch oft antreffen und verwenden.

Eine enge Beziehung besteht auch zwischen den Betrachtungen dieses Abschnittes und der HEISENBERGschen Ungenauigkeitsrelation (drittes Kapitel, Abschnitt 10), nach der wir die Anfangsbedingungen der Bewegung nur innerhalb bestimmter Fehlergrenzen angeben können. Wenn der Fehler in der p-Bestimmung mit Δp und der in der q-Bestimmung mit Δq bezeichnet wird, so ist bei der maximalen erreichbaren Genauigkeit $\Delta p \Delta q = h$ — d. h., wir können die Lage eines Punktes in der Phasenebene nur durch Angabe einer Zelle von der Größe h definieren, innerhalb deren sich der Punkt befinden muß.

2. Die BOSE-EINSTEINsche Statistik; die Gasentartung. Die Einteilung des Phasenraumes in Zellen von der endlichen Größe h^r führt zu einer Revision der in den Abschnitten 13 und 14 des vorigen Kapitels gegebenen Ableitungen. Bei der strengen Behandlung wäre es notwendig, für jedes spezielle Problem die Form und Anordnung der Elementarzellen zu bestimmen. Die Kleinheit der Zellen erlaubt es aber, sich mit einer Näherungsrechnung zu begnügen. Wenn ein Gebiet des Phasenraumes Φ_i eine sehr große Anzahl von Elementarzellen enthält, so wird diese Anzahl ungefähr:

$$g_i = \frac{\Phi_i}{h^r} \tag{6}$$

betragen. Es ist nützlich, sich eine Vorstellung von der ungefähren Größe der Elementarzellen zu bilden. Wir nehmen das Beispiel des idealen Gases, das oben bereits behandelt worden ist. In dem sechsdimensionalen Phasenraum jedes einzelnen Moleküls ist die Anzahl von Zellen mit einer Energie kleiner (oder gleich) E durch den Ausdruck:

$$g = \frac{V}{h^3} \cdot \frac{4}{3} \pi p^3 = \frac{4\pi V}{3h^3} (2mE)^{\frac{3}{2}} = \frac{4\pi V}{3h^3} (3mkT)^{\frac{3}{2}} \tag{7}$$

gegeben; denn in dem Impulsraum ist das Volumen, das von einer Kugel mit dem Radius $p = \sqrt{2mE}$ eingeschlossen ist, gleich $\frac{4}{3}\pi p^3$, und die Energie E ist in der üblichen „klassischen" Weise mit der Temperatur T verknüpft. Wir wollen die Anzahl der Zellen g mit der Anzahl der zu verteilenden Moleküle N vergleichen:

$$\frac{g}{N} = \frac{4\pi V}{3Nh^3} (3mkT)^{\frac{3}{2}} = 2\sqrt{\frac{3}{2\pi}}\, e^{\alpha}\,. \tag{8}$$

Hier ist α dieselbe Größe, die schon im Abschnitt 14 des vorangehenden Kapitels eingeführt wurde. Für diese erhielten wir damals den Ausdruck (36). Unter Verwendung dieses Ausdruckes berechnen wir:

$$e^{\alpha} = \frac{V}{N h^3}(2\pi m k T)^{\frac{3}{2}} = \frac{V}{N^4 h^3}(2\pi M R T)^{\frac{3}{2}}. \tag{9}$$

Um die Größenordnung von e^{α} zu bestimmen, wählen wir als Beispiel Wasserstoff ($M = 2$) unter Normalbedingungen. Es ist dann $V = 2{,}23 \cdot 10^4$ cm³; $R = 8{,}3 \cdot 10^7$ cgs-Einh.; $N = 6{,}06 \cdot 10^{23}$ (LOSCHMIDT-AVOGADROsche Zahl); und $h = 6{,}55 \cdot 10^{-27}$ erg. sec; schließlich $T = 300°$ abs. Für e^{α} erhält man daraus etwa 10^5. Die Anzahl der Zellen ist also unter solchen Bedingungen viel größer als die Anzahl der zur Verfügung stehenden Moleküle. Doch ist das Verhältnis g/N nicht so ungeheuer groß, daß es sich nicht gelohnt hätte, die Folgen seiner Endlichkeit genauer zu untersuchen.

Es wäre ungünstig, bei dieser Untersuchung von individuell verschiedenen Molekülen auszugehen, wie wir es früher gemacht haben. Wir betrachten von vornherein N vollkommen identische Moleküle, die wir auf die Gruppen $n_1, n_2, \ldots, n_i, \ldots$ zu verteilen haben, die den Energiewerten $E_1, E_2, \ldots, E_i, \ldots$ entsprechen. Infolge der Identität der Moleküle entspricht jeder Zahlenreihe n_i nur eine Verteilung.

Wenn man die Anzahl von Molekülen, die jede der g_i Zellen mit der Energie E_i enthalten können, für unbeschränkt hält, so ist die Anzahl der möglichen Verteilungen von n_i gleichen Teilchen auf g_i gleich große Zellen durch die Formel der Kombinationen mit Wiederholungen [Zusatz 2, Formel (12)] gegeben. Sie beträgt:

$$\frac{(n_i + g_i - 1)!}{n_i!\,(g_i - 1)!}. \tag{10}$$

Für alle Energieniveaus zusammen ist die Gesamtzahl der Komplexionen:

$$P = \prod_i \frac{(n_i + g_i - 1)!}{n_i!\,(g_i - 1)!}. \tag{11}$$

Um die Wahrscheinlichkeit W zu bestimmen, muß man P durch die Anzahl aller möglichen Verteilungen dividieren. Diese letztere ist durch:

$$\frac{(N + G - 1)!}{N!\,(G - 1)!}, \qquad N = \sum n_i, \qquad G = \sum g_i \tag{12}$$

gegeben. Es ist also:

$$W = \frac{N!\,(G - 1)!}{(N + G - 1)!} \cdot \prod_i \frac{(n_i + g_i - 1)!}{n_i!\,(g_i - 1)!}. \tag{13}$$

Da die Zahlen n und g sehr groß sind, darf man die STIRLINGsche Formel anwenden und gleichzeitig $g - 1$ durch g ersetzen:

$$\left.\begin{aligned} \log W = N \log N + G \log G - (N + G) \log (N + G) \\ + \sum_i [-g_i \log g_i - n_i \log n_i + (n_i + g_i) \log (n_i + g_i)] \,. \end{aligned}\right\} \quad (14)$$

Fragen wir nach der wahrscheinlichsten Verteilung. Für eine Variation δn_i der Zahlen n_i erhalten wir aus (11):

$$\delta \log P = \delta \log W = \sum_i \delta n_i [\log (n_i + g_i) - \log n_i] \,. \quad (15)$$

Da bei konstanter Molekülzahl N und Gesamtenergie U die Bedingungen:

$$\delta N = \sum \delta n_i = 0 \qquad \text{und} \qquad \delta U = \sum E_i \delta n_i = 0$$

erfüllt sein müssen, so dürfen wir diese Gleichungen mit beliebigen Koeffizienten $-\alpha$ und $-\beta$ multipliziert an den Ausdruck (15) addieren. Es ergibt sich:

$$\delta \log P - \alpha \delta N - \beta \delta U = \sum_i \delta n_i \left(\log \frac{n_i + g_i}{n_i} - \alpha - \beta E_i \right) = 0 \,. \quad (16)$$

Dies führt uns zu der Gleichung:

$$\frac{n_i + g_i}{n_i} = e^{\alpha + \beta E_i} \,, \quad (17)$$

oder:

$$n_i = \frac{g_i}{e^{\alpha + \beta E_i} - 1} \quad (17\text{a})$$

Das Ergebnis weicht von dem der klassischen Rechnung [Gleichung (33) im vorigen Kapitel] ab. Die Ursache liegt darin, daß die neue Hypothese der dort gemachten Annahme der völligen gegenseitigen Unabhängigkeit der Moleküle widerspricht. Zwei Moleküle, die sich in der gleichen Zelle befinden, werden in der neuen Theorie als nicht voneinander unterscheidbar angesehen (Abschnitt 1), während die klassische Statistik eine solche vollkommene Identität zweier Teilchen überhaupt nicht kennt.

Welche Bedeutung haben die Koeffizienten α und β? Der erste ist durch die Bedingung:

$$N = \sum_i n_i = \sum_i \frac{g_i}{e^{\alpha + \beta E_i} - 1} \quad (18)$$

bestimmt. Was die Größe β betrifft, so ist ihre Bestimmung sehr einfach: Stellen wir uns vor, daß das betrachtete System aus N Teilchen nicht mehr isoliert ist, sondern sich in einem Thermostaten befindet, dessen Temperatur T beträgt. Wir haben dann eine Bedingung von der Art der Formel (11) (Abschnitt 7 des vorigen Kapitels) zu befriedigen. Diese Bedingung ergibt:

$$\beta = \frac{1}{kT}. \tag{19}$$

In der Tat: wenn wir in Formel (15) die wahrscheinlichste Verteilung (17) als realisiert ansehen, so erhalten wir[1]:

$$\begin{aligned} \delta \log P &= \sum_i \delta n_i \log \frac{n_i + g_i}{n_i} = \sum_i \delta n_i (\beta E_i + \alpha) \\ &= \beta \sum E_i \delta n_i = \beta \delta U \end{aligned}$$

(da $\sum \delta n_i = \delta N$ gleich Null bleiben muß). Unter Heranziehung der Gleichung (11) des Abschnittes 7 (viertes Kapitel) folgern wir also für das Gleichgewicht mit dem Thermostaten die Bedingung:

$$\frac{\partial \log P}{\partial U} = \beta = \frac{1}{kT}.$$

Wir müssen die Gleichung (17) mit dem Ausdruck:

$$\overline{w_i} = e^{\frac{\psi - E_i}{kT}}$$

vergleichen, den wir im vierten Kapitel [Abschnitt 8, Formel (15)] durch eine sehr allgemeine Ableitung gewonnen haben. Dieser Vergleich kann folgendermaßen durchgeführt werden: Betrachten wir eine bestimmte Zelle im Phasenraum, der die kinetische Energie E_i entsprechen mag. Bei der Temperatur T kann diese Zelle $0, 1, 2, \ldots, n, \ldots$ Teilchen enthalten. Diesen Besetzungszahlen entsprechen die Gesamtenergien $0, E_i, 2E_i, \ldots, nE_i, \ldots$ usw. Bei der Temperatur T hat jede Besetzung eine bestimmte a priori-Wahrscheinlichkeit $\overline{w_i}$. Die *mittlere Anzahl* der Teilchen in der betreffenden Zelle wird sich so berechnen lassen, wie dies im vierten Kapitel, Abschnitt 9, durchgeführt wurde.

Was lehrt uns nun die Formel (17)? Sie zeigt, wie groß die Gesamtzahl n_i von Teilchen ist, die in den g_i Zellen des Energiegebietes E_i enthalten sind, wenn das System aus N Molekülen sich in dem Zustand der wahrscheinlichsten Verteilung befindet.

[1] Da das Gas sich jetzt in Berührung mit einem Thermostaten befindet, ist die Energie U keine Konstante mehr.

Es wurde bei unseren Rechnungen vorausgesetzt, daß n_i und g_i sehr groß sind, so daß eine Möglichkeit zur Anwendung der STIRLINGschen Formel besteht. Das Verhältnis n_i/g_i bestimmt unter diesen Bedingungen die *mittlere Anzahl* von Teilchen, die jede Zelle bei der Temperatur T enthält. Wir finden eine vollständige Übereinstimmung zwischen der Formel (17) und der Gleichung, die wir am Schlusse des Abschnittes 9 im vierten Kapitel abgeleitet haben (der verbesserten PLANCKschen Formel). Wenn wir bei der eben durchgeführten Rechnung nicht auf die Konstanz von N zu achten hätten, so müßten wir (16) ohne Einführung von $\alpha \delta N$ schreiben. Dies wäre gleichbedeutend mit der Annahme $\alpha = 0$. Die Formel (17) wäre dadurch identisch geworden mit der Formel des PLANCKschen Gesetzes [Abschnitt 9 des vierten Kapitels, Gleichung (18a)]. Ähnliche Bemerkungen beziehen sich auch auf die Statistik von FERMI und DIRAC, mit der wir uns im nächsten Abschnitt beschäftigen werden.

Die Statistik von BOSE und EINSTEIN werden wir weiter unten auf das Strahlungsgas anzuwenden haben. Sie führt in diesem Fall zum PLANCKschen Gesetz. Bei materiellen Gasen erhält man durch Anwendung dieser Statistik Abweichungen vom klassischen MAXWELLschen Verhalten. Dies ist das Problem der sog. *Gasentartung*. Es wurde aber schon gezeigt, daß praktisch die Zahl N der Moleküle stets klein ist im Vergleich zu der Zahl der verfügbaren Zellen. Es kommt daher sehr selten vor, daß zwei oder mehr Teilchen in die gleiche Zelle geraten. Die aus der BOSE-EINSTEINschen Statistik sich ergebenden Formeln weichen daher bei materiellen Gasen kaum von den klassischen Formeln ab. Die Zahl e^{α} bleibt immer sehr groß (ca. 10^5), und die Formel (17a) dieses Kapitels ist daher von der Formel (33) des vorangehenden Kapitels kaum verschieden.

3. Statistik von FERMI und DIRAC. In den bisherigen Rechnungen wurde angenommen, daß man in jede Zelle eine beliebige Anzahl von Teilchen setzen kann, ohne daß sie sich gegenseitig stören. Man kann sich aber eine andere Hypothese bilden und vorstellen, daß jedes einzelne Teilchen eine Zelle vollständig „besetzt", so daß man kein zweites oder drittes mehr darin unterbringen kann. Diese Hypothese gründet sich auf das sog. Ausschließungsprinzip von PAULI. Bei der Untersuchung der Elektronenverteilung auf die verschiedenen atomaren Energieniveaus kam PAULI auf den Gedanken, daß es eine Regel gibt, nach der keine zwei Elektronen vollständig identische Quantenzahlen haben dürfen. Diese Regel setzt voraus, daß jedes Elektron durch vier Quantenzahlen charakterisiert wird. Drei davon — n, l und m — bestimmen seine Bahn nach Durchmesser, Exzentrizität und räumlicher Orientierung. Eine vierte Zahl, m_s, die nur Werte $+^1/_2$ oder $-^1/_2$ annehmen darf, bestimmt, wie heute allgemein angenommen wird, die räumliche Orientation der Achse der Eigenrotation (des „Dralls") des Elektrons.

Für ein Atom in einem leeren Raum V gibt es nur drei Quantenzahlen, die seine Bahn bestimmen. Wir können untersuchen, was die Ausdehnung des PAULI-Prinzipes auf diesen Fall ergibt. Sie führt zu der Annahme, daß jedes Atom eine eigene Kombination der drei Quantenzahlen n_1, n_2, n_3 haben muß, d. h., daß jedem Atom immer eine eigene Zelle h^3 entspricht.

Die Anzahl der Zellen mit der Energie E_i bleibt auch in diesem Fall gleich g_i. Die Anzahl der Atome, die auf diese Zellen verteilt werden sollen, ist n_i. Die verschiedenen Verteilungen werden jetzt durch die Formel der einfachen Kombinationen (ohne Wiederholungen) beschrieben. Der Ausdruck dafür lautet nach Gleichung (4) des Zusatzes 2:

$$\frac{g_i!}{n_i!\,(g_i - n_i)!}\,.$$

Für alle Energieniveaus zusammen erhalten wir folgende Anzahl der Komplexionen:

$$P = \prod_i \frac{g_i!}{n_i!\,(g_i - n_i)!}\,. \tag{20}$$

Die Wahrscheinlichkeit einer Verteilung erhalten wir durch Division von P durch die Anzahl von Komplexionen, die alle Verteilungen zusammen ergeben:

$$W = \frac{N!\,(G-N)!}{G!} \prod_i \frac{g_i!}{n_i!\,(g_i - n_i)!}\,, \tag{21}$$

$$G = \sum g_i\,, \qquad N = \sum n_i\,.$$

In der STIRLINGschen Näherung erhalten wir:

$$\left.\begin{aligned} \log W &= N \log N + (G - N)\log(G - N) - G \log G \\ &\quad + \sum_i [g_i \log g_i - n_i \log n_i - (g_i - n_i)\log(g_i - n_i)]\,. \end{aligned}\right\} \tag{21a}$$

Die wahrscheinlichste Verteilung kann man in derselben Weise bestimmen, wie dies im vorangehenden Abschnitt geschehen ist. Die Endformeln können daher ohne Ableitung einfach angeführt werden [vgl. oben die Formeln (15) bis (19)]:

$$\delta \log P - \alpha \delta N - \beta \delta U = \sum_i \delta n_i \left[\log \frac{g_i - n_i}{n_i} - \alpha - \beta E_i\right] = 0\,.$$

Daraus folgt:

$$\left.\begin{aligned} \frac{g_i - n_i}{n_i} &= e^{\alpha + \beta E_i} \\ n_i &= \frac{g_i}{e^{\alpha + \beta E_i} + 1}\,. \end{aligned}\right\} \tag{22}$$

Die Koeffizienten α und β werden durch:

$$\beta = \frac{1}{kT}$$

und:

$$N = \sum_i \frac{g_i}{e^{\alpha + \beta E_i} + 1} \tag{22a}$$

bestimmt.

Die FERMI-Statistik führt zu Abweichungen von den klassischen Formeln, die dem Vorzeichen nach den von der Theorie von BOSE und EINSTEIN geforderten entgegengesetzt sind.

Für alle Fälle ist die Größe $e^{-\alpha}$ unter den praktisch erreichbaren Bedingungen sehr klein und kann nach (9) bestimmt werden. Die Formeln (18) und (22a) der beiden neuen Arten der Statistik führen daher zu Ergebnissen, die praktisch nur sehr wenig voneinander abweichen. Wir werden uns in den nächsten Abschnitten näher damit beschäftigen.

4. Die beiden neuen Arten der Statistik und die Thermodynamik. Es ist wichtig festzustellen, daß die oben abgeleiteten verschiedenen Formeln alle in sich widerspruchslos sind und leicht thermodynamisch interpretiert werden können. Um dies zu zeigen, verallgemeinern wir zunächst die Ergebnisse, indem wir die Existenz einer potentiellen Energie zulassen. In jeder Schicht p_i (bis $p_i + dp_i$) sind g_i Zellen mit n_i Atomen enthalten. Die kinetische Energie E_i beträgt $\frac{1}{2m} p_i^2$. Es sei nun angenommen, daß außer der Energie E_i noch eine potentielle Energie U_p auftritt.

Diese potentielle Energie kann unter Umständen auch von der Geschwindigkeit der Teilchen abhängen. Zur Vereinfachung nehmen wir aber an, daß sie eine reine Funktion der Raumkoordinaten x, y, z ist. Wir teilen unser gesamtes Volumen V in Abteilungen von der Größe $\Delta V = \Delta x \Delta y \Delta z$ ein. Jeder Abteilung entsprechen [viertes Kapitel, Gleichung (28a)]:

$$g_i(x, y, z) = \Delta V \frac{4\pi p_i^2}{h^3} dp_i$$

Zellen, für die die Bewegungsgröße dem Bereich p_i bis $p_i + dp_i$ angehört. Es sei $n_i(x, y, z)$ die Anzahl der Teilchen in diesen Zellen. Ihre kinetische Energie ist $E_i = \frac{p_i^2}{2m}$ (pro Teilchen). Die gesamte potentielle Energie des Systems ist eine mehr oder weniger komplizierte Funktion der Zahlen $n_i(x, y, z)$. Es wird im allgemeinen nicht möglich sein, diese Energie in eine Summe von Einzelgliedern zu zerlegen, die sich auf je ein Teilchen beziehen. Eine solche lineare Darstellung ist nur in einem unveränderlichen Kraftfeld möglich.

In der Elektrostatik z. B. wird die potentielle Energie nicht durch einen linearen, sondern durch einen quadratischen Ausdruck dargestellt. Im allgemeinen Fall dürfen wir für die Gesamtenergie den Ausdruck:

$$U = U_p(n_i) + \sum_{i,x,y,z} n_i(x, y, z) E_i \tag{23}$$

verwenden. Einer Änderung dn_i der Anzahl von Atomen in der Schicht n_i entspricht somit eine Änderung der Gesamtenergie um:

$$dU = \sum_i \frac{\partial U}{\partial n_i} dn_i = \sum_i \left(\frac{\partial U_p}{\partial n_i} + E_i\right) dn_i .$$

Was wir tun müssen, ist nur, in den Ableitungen der vorangehenden Abschnitte auf diese Formel zu achten. Wir setzen an:

$$\delta \log P - \alpha \delta N - \beta \delta U = 0$$

und wir gelangen in den beiden neuen statistischen Theorien zu folgendem Ergebnis, das die früheren Formeln (17) und (22) verallgemeinert:

$$n_i(x, y, z) = \frac{g_i(x, y, z)}{e^{\alpha + \beta \frac{\partial U}{\partial n_i}} \mp 1} = \frac{g_i(x, y, z)}{e^{\alpha + \beta\left(\frac{\partial U_p}{\partial n_i} + E_i\right)} \mp 1}, \tag{24}$$

mit:

$$\beta = \frac{1}{kT}$$

und:

$$N = \sum_{i,x,y,z} n_i(x, y, z).$$

Um weitere Schlüsse zu ermöglichen, berechnen wir nun den Wert von log P, der der wahrscheinlichsten Verteilung (24) entspricht. Für die Statistik von BOSE und EINSTEIN entnehmen wir dabei log P aus den Gleichungen (11) oder (14):

$$\log P = \sum_{i,x,y,z} [- g_i \log g_i - n_i \log n_i + (n_i + g_i) \log (n_i + g_i)]$$
$$= \sum_{i,x,y,z} \left[g_i \log \frac{n_i + g_i}{g_i} + n_i \log \frac{n_i + g_i}{n_i} \right].$$

Unter Verwendung von (24) erhalten wir daraus:

$$\log P = \alpha N + \beta \sum n_i \frac{\partial U}{\partial n_i} - \sum g_i \log\left(1 - e^{-\alpha - \beta \frac{\partial U}{\partial n_i}}\right). \tag{25 I}$$

Eine analoge Rechnung in der FERMI-Statistik muß die Gleichung (20) berücksichtigen. Durch Einsetzen von (24) in (20) erhält man:

$$\log P = \alpha N + \beta \sum n_i \frac{\partial U}{\partial n_i} + \sum g_i \log\left(1 + e^{-\alpha - \beta \frac{\partial U}{\partial n_i}}\right). \tag{25 II}$$

Die Formeln (25 I) und (25 II) müssen mit der entsprechenden klassischen Formel [Gleichung (35) des vorigen Kapitels] verglichen werden.

Nehmen wir nunmehr an, daß wir die potentielle Energie allmählich ändern, indem wir einen Parameter λ in geeigneter Weise langsam variieren. Die kinetische Energie behält ihre Form, und die Definition der Impulse bleibt unverändert. Daher bleiben auch die elementaren Zellen h^3 die gleichen. Doch ändert sich die potentielle Energie, die einer gegebenen Zelle entspricht. Einer Änderung des Parameters um $d\lambda$ entspricht die Änderung der gesamten potentiellen Energie des Systems um:

$$d U_p = \frac{\partial U_p}{\partial \lambda} d\lambda = -dA.$$

Diese Zunahme der potentiellen Energie entspricht einer Arbeit dA, geleistet von der Kraft, die den Parameter λ verändert. Nehmen wir die Änderung von λ als sehr langsam und reversibel an, so daß sich für jeden λ-Wert der entsprechende Gleichgewichtszustand (der wahrscheinlichste Zustand) ausbilden kann. Die Besetzungszahlen n_i der einzelnen Zellen werden sich dabei ändern. Nach Einstellung des Gleichgewichtes wird die Änderung der Energie:

$$\begin{aligned} dU &= \sum \frac{\partial U}{\partial n_i} \delta n_i + \frac{\partial U}{\partial \lambda} d\lambda \\ &= \sum \frac{\partial U_p}{\partial n_i} \delta n_i + \sum E_i \delta n_i + \frac{\partial U_p}{\partial \lambda} d\lambda \end{aligned}$$

betragen. Die im Laufe dieser nachträglichen Veränderung der Verteilung verbrauchte Wärme wird gleich:

$$dQ = dU + dA = \sum \frac{\partial U_p}{\partial n_i} \delta n_i + \sum E_i \delta n_i = \sum \frac{\partial U}{\partial n_i} \delta n_i$$

sein. Wie groß wird nun die Variation von $\log P$ sein?

Wir führen die Rechnung für den Fall der BOSE-EINSTEIN-Statistik durch. Ganz analog gestaltet sie sich auch in der FERMI-Statistik. Wir gehen von der Gleichung (25 I) aus. Für eine Variation δn_i und $d\lambda$ erhält man daraus:

$$\begin{aligned} \delta \log P = N \delta\alpha &+ \beta \sum \left(\frac{\partial U}{\partial n_i} \delta n_i + n_i \frac{\partial^2 U}{\partial n_i \partial \lambda} d\lambda \right) + \sum n_i \frac{\partial U}{\partial n_i} \delta\beta \\ &- \sum g_i \frac{e^{-\alpha - \beta \frac{\partial U}{\partial n_i}}}{1 - e^{-\alpha - \beta \frac{\partial U}{\partial n_i}}} \left[\delta\alpha + \delta\beta \frac{\partial U}{\partial n_i} + \beta \frac{\partial^2 U}{\partial n_i \partial \lambda} d\lambda \right]. \end{aligned}$$

Wir müssen aber auch die Beziehungen (24) berücksichtigen. Aus ihnen folgt, daß die Glieder mit $\delta\alpha$, $\delta\beta$ und $d\lambda$ in dem Ausdruck für $\delta \log P$ sich kompensieren müssen; denn es ist:

$$g_i \frac{e^{-\alpha - \beta \frac{\partial U}{\partial n_i}}}{1 - e^{-\alpha - \beta \frac{\partial U}{\partial n_i}}} = g_i \frac{1}{e^{\alpha + \beta \frac{\partial U}{\partial n_i}} - 1} = n_i .$$

Es bleibt also übrig:

$$\delta \log P = \beta \sum_i \frac{\partial U}{\partial n_i} \delta n_i = \beta dQ . \tag{26}$$

Wir finden in dieser Weise, wenn wir noch $\beta = \frac{1}{kT}$ setzen, die Entropieformel:

$$\delta S = k \delta \log P$$

wieder, und zwar diesmal entsprechend der dritten Definition des Abschnittes 3 (viertes Kapitel); denn P ist die Anzahl der

Elementarzustände, die der wahrscheinlichsten Verteilung bei der Energie U entspricht.

Um diese Ergebnisse zu vervollständigen, berechnen wir explizite den Wert der Entropie. Wir müssen zu diesem Zweck das letzte Glied des Ausdruckes (25 I) ausrechnen:

$$-\sum_{i,x,y,z} g_i \log\left(1 - e^{-\alpha-\beta\frac{\partial U}{\partial n_i}}\right)$$
$$= -\frac{4\pi}{h^3}\int_v dx\,dy\,dz\int_0^\infty p^2\,dp\log\left(1 - e^{-\alpha-\beta\frac{\partial U_p}{\partial n_i}-\beta\frac{p^2}{2m}}\right).$$

Wir benutzen dabei unsere Methode der Summierung über die einzelnen Schichten p_i bis $p_i + dp_i$, und führen den Ausdruck für g_i:

$$g_i = \frac{4\pi}{h^3}\,dx\,dy\,dz\,p^2\,dp$$

ein. Wir bilden das Integral durch partielle Integration um und erhalten:

$$\frac{4\pi}{h^3}\int_v dx\,dy\,dz\int_0^\infty \frac{p^3}{3}\beta\frac{p}{m}\,\frac{dp}{e^{\alpha+\beta\frac{\partial U_p}{\partial n}+\beta\frac{p^2}{2m}}-1}.$$

Unter Berücksichtigung des Ausdruckes (24) finden wir, daß das Integral durch den Ausdruck:

$$\frac{\beta}{3}\sum_{i,x,y,z} n_i\frac{p^2}{m} = 2\frac{\beta}{3}U_{\text{kin}}$$

ersetzt werden kann.

Führen wir diesen Ausdruck in (25 I) ein. Wir erhalten:

$$\log P = \alpha N + \frac{5}{3}\beta U_{\text{kin}} + \beta\sum_{i,x,y,z} n_i\frac{\partial U_p}{\partial n_i}. \tag{27}$$

Die Größe α bestimmt sich aus der ziemlich verwickelt aussehenden Beziehung:

$$N = \sum_{i,x,y,z} n_i(x,y,z) = \frac{4\pi}{h^3}\int_v dx\,dy\,dz\int_0^\infty \frac{p^2\,dp}{e^{\alpha+\beta\frac{\partial U_p}{\partial n_i}+\beta\frac{p^2}{2m}}-1}.$$

Betrachten wir einen einfachen Fall, in dem die *potentielle Energie* U_p von den Koordinaten x, y, z unabhängig ist und *nur durch die Gesamtzahl der Teilchen N bestimmt wird.* Wir haben dann:

$$S = kN\alpha + \frac{5}{3}\frac{U_{\text{kin}}}{T} + \frac{1}{T}N\frac{\partial U_p}{\partial N}, \tag{27a}$$

da $\beta = \frac{1}{kT}$ ist. Diese Formel stimmt mit der klassischen Formel (34) oder (37) des vierten Kapitels überein, die wir damals für die potentielle Energie Null abgeleitet hatten. Die FERMI-Statistik gibt übrigens dasselbe Resultat.

Setzen wir:

$$\alpha = \alpha' - \frac{1}{kT}\frac{\partial U_p}{\partial N}. \tag{28}$$

Zur Bestimmung von α' erhalten wir dann die Beziehung:

$$\left.\begin{aligned} N &= \sum n_i = \sum \frac{g_i}{e^{\alpha'+\beta E_i}-1} = \frac{4\pi V}{h^3}\int_0^\infty \frac{p^2\,dp}{e^{\alpha'+\frac{p^2}{2mkT}}-1} \\ &= \frac{V}{h^3}(2\pi m k T)^{\frac{3}{2}} F_1(\alpha'), \end{aligned}\right\} \tag{29}$$

mit:

$$F_I(\alpha') = \frac{2}{\sqrt{\pi}}\int_0^\infty \frac{z^{\frac{1}{2}}\,dz}{e^{\alpha'+z}-1} \backsimeq e^{-\alpha'} + \frac{e^{-2\alpha'}}{2^{\frac{3}{2}}} + \frac{e^{-3\alpha'}}{3^{\frac{3}{2}}} + \cdots, \tag{29 I}$$

wenn $\alpha' > 1$ ist.

Die Reihenentwicklung gilt nur für den Fall, wenn α' größer als 1 ist, d. h. wenn die Entartung schwach ist. Weiter unten werden wir andere Näherungsformeln kennenlernen. Auf alle Fälle dürfen wir schreiben:

$$\alpha' = f\left(T, \frac{N}{V}\right).$$

Ein ganz ähnliches Ergebnis erhält man mit der FERMI-Statistik. Nur hat hier die Funktion $F(\alpha)$ die Form:

$$F_{II}(\alpha') = \frac{2}{\sqrt{\pi}}\int_0^\infty \frac{z^{\frac{1}{2}}\,dz}{e^{\alpha'+z}+1} \backsimeq e^{-\alpha'} - \frac{e^{-2\alpha'}}{2^{\frac{3}{2}}} + \frac{e^{-3\alpha'}}{3^{\frac{3}{2}}} - \cdots. \tag{29 II}$$

Die gesamte kinetische Energie U_{kin} des Systems erhält man mit Hilfe der Formel[1]:

$$U_{\text{kin}} = \sum n_i E_i = \frac{3}{2} V k T \frac{(2\pi m k T)^{\frac{3}{2}}}{h^3} H(\alpha') = \frac{3}{2} N k T \frac{H(\alpha')}{F(\alpha')}, \tag{30}$$

mit:

$$H(\alpha') = \frac{4}{3\sqrt{\pi}} \int_0^\infty \frac{z^{\frac{3}{2}}\, dz}{e^{\alpha'+z} \pm 1} \cong e^{-\alpha'} \pm \frac{e^{-2\alpha'}}{2^{\frac{5}{2}}} + \frac{e^{-3\alpha'}}{3^{\frac{5}{2}}} \pm \cdots,$$

wiederum unter der Voraussetzung $\alpha' > 1$. Das Minuszeichen entspricht der Statistik von Bose-Einstein, das Pluszeichen der Fermi-Statistik.

Diese Formeln erlauben uns, wenn wir noch die Gleichung:

$$S = N k \alpha' + \frac{5}{3} \frac{U_{\text{kin}}}{T} \tag{27a}$$

heranziehen, die verschiedenen thermodynamischen Potentiale zu berechnen[2]:

$$\left.\begin{aligned} \Psi &= U - TS = -NkT\alpha' - \tfrac{2}{3} U_{\text{kin}} + U_p, \\ \Phi &= U - TS + pV = -NkT\alpha' + U_p - V\frac{\partial U_p}{\partial V}. \end{aligned}\right\} \tag{31}$$

Im Potential Φ müssen wir den Druck p durch:

$$p = -\left(\frac{\partial \Psi}{\partial V}\right) = NkT\frac{\partial \alpha'}{\partial V} + \frac{2}{3}\frac{\partial U_{\text{kin}}}{\partial V} - \frac{\partial U_p}{\partial V}$$

ersetzen. Doch ist nach (30):

$$\frac{\partial U_{\text{kin}}}{\partial V} = \frac{U_{\text{kin}}}{V} + U_{\text{kin}} \frac{1}{H} \cdot \frac{\partial H}{\partial \alpha'} \cdot \frac{\partial \alpha'}{\partial V} = \frac{U_{\text{kin}}}{V} - \frac{3}{2} NkT \frac{\partial \alpha'}{\partial V}$$

(da $\frac{\partial H}{\partial \alpha'} = -F$ ist). Also erhält man:

$$pV = \frac{2}{3} U_{\text{kin}} - V\frac{\partial U_p}{\partial V}. \tag{31a}$$

Diese Formeln bilden eine direkte Verallgemeinerung der für ein ideales Gas abgeleiteten Ausdrücke [Abschnitte (13) und (14) im

---

[1] Die Funktion $H(\alpha)$ wird in der Literatur oft mit $G(\alpha)$ bezeichnet; wir haben den Buchstaben H vorgezogen, um eine spätere Kollision mit dem Faktor $G(=2)$ in der Elektronentheorie zu vermeiden.

[2] Die Bezeichnung des Druckes und des Impulses mit dem gleichen Buchstaben p wird wohl zu keinem Mißverständnis führen können.

vierten Kapitel]. Wir können auch die *chemischen Potentiale*, auf deren Bedeutung dort hingewiesen wurde, wieder ableiten:

für konstantes Volumen:

$$\mu = \frac{\partial \Psi}{\partial N} = -kT\alpha' - \frac{\partial \alpha'}{\partial N}\left(NkT + \frac{2}{3}\frac{\partial U_{\mathrm{kin}}}{\partial \alpha'}\right) + \frac{\partial U_p}{\partial N}, \tag{32}$$

für konstanten Druck:

$$\eta = \frac{\partial \Phi}{\partial N} = -kT\alpha' - NkT\frac{\partial \alpha'}{\partial N} + \frac{\partial}{\partial N}\left(U_p - V\frac{\partial U_p}{\partial V}\right).$$

Es muß beachtet werden, daß in den Ausdrücken für Φ und η die Größe α' als eine Funktion von p, T und N zu betrachten ist (wie dies schon am Ende des vierten Kapitels bemerkt wurde). Man sollte also die Gleichungen (29) und (31a) benutzen, um V zu eliminieren.

Das erste dieser beiden Potentiale, μ, stellt einen sehr einfachen Ausdruck dar. Denn die Berechnung seiner Abgeleiteten ergibt:

$$\frac{\partial U_{\mathrm{kin}}}{\partial \alpha'} = U_{\mathrm{kin}}\frac{1}{H}\frac{\partial H}{\partial \alpha'} = -\frac{F}{H}U_{\mathrm{kin}} = -\frac{3}{2}NkT.$$

Wir erhalten somit:

$$\mu = -kT\alpha' + \frac{\partial U_p}{\partial N} = \varphi + \frac{\partial U_p}{\partial N}, \tag{32a}$$

worin φ als Abkürzung für:

$$\varphi = -kT\alpha'$$

gesetzt worden ist. Es ist also:

$$\Phi = N\varphi + U_p - V\frac{\partial U_p}{\partial V}.$$

Wenn *keine potentielle Energie* vorhanden ist, ist φ gleich Φ/N und stellt für stark entartete Gase einen sehr einfachen Ausdruck dar. Die oben abgeleiteten Größen besitzen die Form:

$$\left.\begin{aligned} \Psi &= NF_0\left(\frac{N}{V}, T\right), \\ U_{\mathrm{kin}} &= Nf_0\left(\frac{N}{V}, T\right), \\ p &= p_0\left(\frac{N}{V}, T\right), \end{aligned}\right\} \tag{33}$$

da α' nur eine Funktion von T und N/V ist.

5. Besprechung der Ergebnisse; Bedingungen der Entartung. Es wurden oben Näherungsdarstellungen für die Funktionen $F(\alpha)$ und $H(\alpha)$ gegeben, die für normale Bedingungen (α sehr groß) gelten. In welcher Richtung werden nun die Abweichungen vom idealen Gaszustand liegen? Wenn wir uns auf die beiden ersten Glieder der Reihen für F und H beschränken, so erhalten wir aus (31a), (30) und (29):

$$pV = RT\left(1 \pm \frac{e^{-\alpha}}{2^{\frac{5}{2}}}\right) = RT\left[1 \pm \frac{1}{16}\frac{Nh^3}{V(\pi m k T)^{\frac{3}{2}}}\right]. \tag{34}$$

Das Zeichen — entspricht der Statistik von Bose und Einstein, das Zeichen + der von Fermi. Die erste Statistik gibt also eine vergrößerte, die zweite eine verkleinerte Kompressibilität im Vergleich zu der des idealen Gases. Wir können die Untersuchung auf das extreme Gebiet — die unmittelbare Nähe des absoluten Nullpunktes und sehr hohe Konzentrationen — ausdehnen und uns fragen, was unter diesen Bedingungen, bei denen die *Gasentartung* merklich werden kann, eintreten soll.

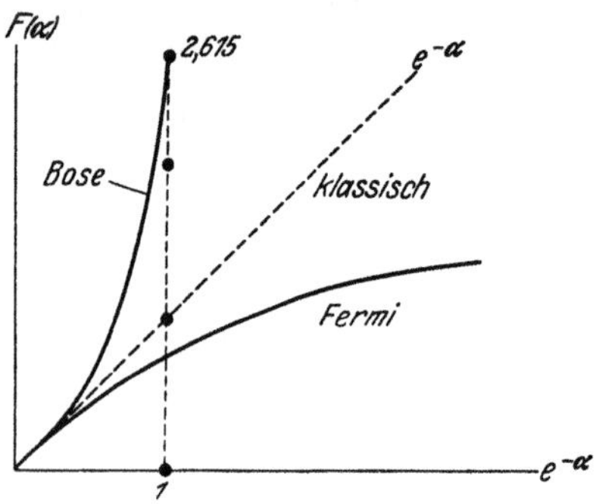

Abb. 14.

Vom Standpunkt der Theorie von Bose-Einstein kann α nicht kleiner als Null werden, da dann die Nenner mit $e^{\alpha+\beta E}-1$ verschwinden müssen. Die Reihenentwicklungen (29 I) und (30) sind bis zu dieser Grenze gültig. Sie streben dabei den Grenzwerten $F = 2{,}615$ und $H = 1{,}34$ zu. Das Verhältnis H/F nähert sich also einem Grenzwert von etwa 0,5, was einer bedeutenden Abweichung vom idealen Gaszustand entspricht.

Da die Funktion F einem endlichen Grenzwert ($F = 2{,}615$) zustrebt, so scheint es, als ob bei tiefen Temperaturen T die Anzahl der Moleküle, die man in einem kleinen Volumen V unterbringen kann, nach (29) auf den Wert:

$$N_m = \frac{V}{h^3}(2\pi m k T)^{\frac{3}{2}} \cdot 2{,}615$$

beschränkt bliebe. Wenn man den Versuch machte, mehr Moleküle in dieses Volumen hereinzubringen, so müßte man sie in die Zelle $E_0 = 0$ (ruhende Moleküle) setzen; sie würden dann eine Art flüssiger Phase bilden, und sich von dem gasförmigen Rest trennen.

Diese Bemerkung EINSTEINS[1] wurde aber von UHLENBECK[2] als unzutreffend bezeichnet. In der Formel (29) ist die Summe:

$$\sum_i n_i = \sum_i \frac{g_i}{e^{\alpha+\beta E_i}-1}$$

durch ein Integral ersetzt worden, wobei für g_i der Ausdruck [(28a), viertes Kapitel bzw. (6), fünftes Kapitel] benutzt wurde, d. h. eine Näherung, die nur gilt, wenn die Zahl der Zellen g_i groß ist. Dieses Verfahren ist nur dann berechtigt, wenn die zu integrierende Funktion $\frac{1}{e^{\alpha+\beta E_i}-1}$ sich langsam verändert. Für $\alpha = 0$ wird aber diese Funktion bei $E_i = 0$ unendlich. Wir haben also kein Recht, bei der Behandlung von Zellen mit geringer Energie (E_i in der Nähe von Null) die Summe Σ durch ein Integral zu ersetzen. Die Beziehung:

$$N = \frac{V}{h^3}(2\pi m k T)^{\frac{3}{2}} F(\alpha)$$

ist in diesem Gebiet nicht mehr gültig. Die Anzahl N darf daher unbeschränkt vergrößert werden, denn die erlaubten Besetzungszahlen n_i der einzelnen Zellen mit kleiner Energie wachsen ungeheuer an. Es gibt also keinen Grund, eine Trennung in zwei Phasen zu erwarten.

Die Methode von FERMI, die eine „Undurchdringlichkeit" der Atome im Phasenraum postuliert, gibt dagegen eine kleinere Kompressibilität als die klassische Theorie des idealen Gases. Hier darf α unbeschränkt abnehmen und beliebig große negative Werte erreichen. Man findet dabei (Rechnungen s. Zusatz 2, Abschnitt 10):

$$F_{II}(\alpha) = \frac{4}{3\sqrt{\pi}}(-\alpha)^{\frac{3}{2}}\left[1 + \frac{\pi^2}{8\alpha^2} + \cdots\right]; \tag{35}$$

$$H_{II}(\alpha) = \frac{8}{15\sqrt{\pi}}(-\alpha)^{\frac{5}{2}}\left[1 + \frac{5\pi^2}{8\alpha^2} + \cdots\right]. \tag{36}$$

Eine Näherungslösung von (35) unter Berücksichtigung von (29) ergibt:

$$-\alpha = \frac{h^2}{2mkT}\left(\frac{3N}{4\pi V}\right)^{\frac{2}{3}}\left[1 - \frac{(2\pi m k T)^2}{12 h^4}\left(\frac{3N}{4\pi V}\right)^{-\frac{4}{3}} + \cdots\right] \tag{37}$$

[1] EINSTEIN, A., Ber. Akad. Berlin 1925, 3.

[2] UHLENBECK, G. E., „Over statistische Methoden in de Theorie der Quanta", Verl. M. Nijhof, den Haag, 1927.

und:
$$U = \frac{3}{2} VkT \frac{(2\pi mkT)^{\frac{3}{2}}}{h^3} H(\alpha) = U_0 + \frac{1}{2}\gamma V T^2, \tag{38}$$
mit:
$$U_0 = \frac{3Nh^2}{10m}\left(\frac{3N}{4\pi V}\right)^{\frac{2}{3}}, \quad \gamma = \frac{4\pi^3 mk^2}{3h^2}\left(\frac{3N}{4\pi V}\right)^{\frac{1}{3}}.$$

Es gibt also eine kinetische Energie U_0 beim absoluten Nullpunkt. Dies ist leicht verständlich. Von allen Zellen im Phasenraum entspricht ja eine einzige der Energie Null, und sie kann nur ein Molekül beherbergen. Die übrigen Moleküle müssen sich beim absoluten Nullpunkt auf die Zellen verteilen, die möglichst kleinen Energiewerten entsprechen. Nehmen wir an, daß die N Moleküle in dieser Weise eine Sphäre im Impulsraum vollständig ausfüllen, deren Mittelpunkt in der Zelle mit der Energie 0 liegt und deren Radius p_0 beträgt. Das Volumen dieser Sphäre muß gleich Nh^3/V sein:
$$\frac{4}{3}\pi p_0^3 = \frac{N}{V}h^3, \qquad p_0 = \left(\frac{3N}{4\pi V}\right)^{\frac{1}{3}} \cdot h.$$

Die entsprechende Energie U_0 berechnet sich leicht zu:
$$U_0 = \int_0^{p_0} \frac{p^2}{2m}\frac{4\pi V}{h^3} p^2 dp = N \cdot \frac{3}{10} \cdot \left(\frac{3N}{4\pi V}\right)^{\frac{2}{3}} \cdot \frac{h^2}{m}, \tag{39}$$
denn zwischen p und $p + dp$ liegen $\frac{4\pi V}{h^3} p^2 dp$ Zellen mit der Energie $p^2/2m$. Diese sehr einfache Überlegung zeigt, wie aus der FERMI-Statistik die Annahme einer Nullpunktsenergie folgt.

Die angeführte elementare Rechnung zeigt unter anderem auch, daß es beim absoluten Nullpunkt nur eine einzige mögliche Verteilung der Moleküle gibt. Die Anzahl der Komplexionen P ist also in diesem Fall gleich 1 und $\log P$ gleich Null. Wir erhalten also aus den allgemeinen Formeln (31):
$$\left.\begin{aligned} S_0 &= 0, \\ \Psi_0 &= U_0 - TS_0 = U_0, \\ \Phi_0 &= U_0 - TS_0 + pv = -NkT\alpha = \frac{Nh^2}{2m}\left(\frac{15mp}{4\pi h^2}\right)^{\frac{2}{5}}. \end{aligned}\right\} \tag{40}$$

Wie schon in Anschluß an Gleichung (32) bemerkt wurde, muß α in dem Ausdruck für Φ als eine Funktion von p, T und N betrachtet werden. Aus (31a) und (38) erhält man, für $T = 0$:
$$p = \frac{2}{3}\frac{U_0}{V} = \frac{4\pi h^2}{15m}\left(\frac{3N}{4\pi V}\right)^{\frac{5}{3}},$$
also:
$$-\alpha = \frac{h^2}{2mkT}\left(\frac{3N}{4\pi V}\right)^{\frac{2}{3}} = \frac{h^2}{2mkT}\left(\frac{15mp}{4\pi h^2}\right)^{\frac{2}{5}}.$$

Andererseits können wir folgende einfache Beziehung registrieren:

$$U_0 = \tfrac{3}{5}\,\Phi_0 .$$

Wie in Abschnitt 14 des vierten Kapitels gezeigt, sind die sog. chemische Potentiale die Ableitungen der thermodynamischen Potentiale Ψ und Φ in bezug auf N. Elementare Rechnungen ergeben daher für den absoluten Nullpunkt:

$$\mu_0 = \frac{\partial \Psi_0}{\partial N} = \frac{\Phi_0}{N} \qquad \text{(konstantes Volumen)}, \tag{40a}$$

$$\eta_0 = \frac{\partial \Phi_0}{\partial N} = \frac{\Phi_0}{N} \qquad \text{(konstanter Druck)}. \tag{40b}$$

Diese Formeln spielen eine wichtige Rolle bei der Anwendung der Theorie auf die Elektronen in Metallen. (40a) ist als ein Spezialfall von (32a) zu betrachten.

Für reale Gase sind die Abweichungen von dem klassischen Verhalten, die die beiden neuen Theorien voraussagen, offenbar sehr schwer zu beobachten. Die Entartung müßte erst bei sehr tiefen Temperaturen und enormen Drucken merklich werden. Unter solchen Bedingungen wird sie aber durch die Wirkungen der Kohäsionskräfte vollständig überdeckt. Die von der van der Waalsschen Zustandsgleichung geforderten Abweichungen vom idealen Gaszustande übertreffen um ein Vielfaches die Abweichungen, die aus der Statistik von Bose oder Fermi abgeleitet werden können.

6. Prüfung an Hand der Dampfdruckkurve. Eine Möglichkeit zur Prüfung der Grundlagen der Quantenstatistik ist vorhanden. Stern war der erste, der auf sie hinwies. Unter Heranziehung des Nernstschen Prinzips kann man die Richtigkeit der Ausdrücke (31) und (33) für das Potential Ψ prüfen. Die drei Arten der Statistik stimmen in diesem Punkt (unter gewöhnlichen Druck- und Temperaturbedingungen) überein, so daß man zwischen ihnen praktisch nicht unterscheiden kann. Die wesentlichen Grundannahmen der Ableitungen, die durch die Prüfung bestätigt oder widerlegt werden sollen, sind die folgenden: Erstens haben wir in allen unseren Rechnungen angenommen, daß die Entropie, entsprechend der Verabredungen im Abschnitt 3 des vorangehenden Kapitels, *ohne additive Konstante* definiert ist. Und zweitens wurde von uns die Anzahl der Komplexionen durch die *Quantenbedingung* bestimmt, durch die die Größe (h^3) der Zellen im Phasenraume vorgeschrieben wurde. Dies sind die beiden wichtigen Annahmen, die durch den Erfolg der Sternschen Rechnung gerechtfertigt werden.

Betrachten wir ein einatomiges Gas, das sich in Berührung mit seinem (flüssigen oder festen) Kondensat befindet und das Volumen V einnimmt. Gleichgewicht ist vorhanden, wenn die chemischen Potentiale des Dampfes und des Kondensates (für konstantes Volumen) einander gleich sind (viertes Kapitel, Abschnitt 15):

$$\mu_{\text{Gas}} = \mu_{\text{Kond}}. \tag{41}$$

Das Potential des Gases wurde von uns bereits berechnet. Jetzt müssen wir dasjenige des Kondensates bestimmen. Das thermodynamische Potential Ψ ist proportional der Zahl der Atome N. Wir können daher für μ_{Kond} das thermodynamische Potential pro Gramm-Molekül einsetzen. Beim absoluten Nullpunkt besteht eine Sublimationswärme, die wir mit λ_0 bezeichnen. Die innere Energie des festen Kondensates beim absoluten Nullpunkt ist also $-\lambda_0$. Es sei $c(T)$ die spezifische Wärme bei der Temperatur T. Die innere Energie bei T ist dann:

$$U = -\lambda_0 + \int c\, dT = -\lambda_0 + E(T). \tag{42}$$

Für die Entropie nehmen wir mit NERNST beim absoluten Nullpunkt den Wert Null an. Dies gibt uns:

$$S = \int c \frac{dT}{T} = \int \frac{dE}{T}. \tag{43}$$

Wir können daher schreiben:

$$\Psi_{\text{Kond}} = U - TS = -\lambda_0 + E - T\int_0^T \frac{dE}{T} = -\lambda_0 - T\int_0^T \frac{E\,dT}{T^2} \tag{44}$$

(letzteres durch partielle Integration). Wenn sich alle angeschriebenen Größen auf ein Mol beziehen, so stellt der Ausdruck (44) das chemische Potential μ_{Kond} dar.

Kehren wir jetzt zum Potential des Gases [Gleichungen (32) und (33)] zurück:

$$\begin{aligned}\mu_{\text{Gas}} &= -RT\alpha = -RT\log\frac{V}{N^4 h^3}(2\pi MRT)^{\frac{3}{2}}\\ &= RT\left[-\log V - \frac{3}{2}\log T - \frac{3}{2}\log M + \log\frac{N^4 h^3}{(2\pi R)^{\frac{3}{2}}}\right].\end{aligned}$$

Wenn die Beziehung zwischen V, p und T durch das ideale Gasgesetz ausgedrückt wird, so kann man V eliminieren und man erhält:

$$\mu_{\text{Gas}} = RT\left[\log p - \frac{5}{2}\log T - \frac{3}{2}\log M + \log\frac{N^4 h^3}{(2\pi)^{\frac{3}{2}} R^{\frac{5}{2}}}\right]. \tag{45}$$

Hier wird auch μ pro Mol berechnet.

Das letzte Glied dieses Ausdruckes enthält nur universelle Konstanten, ist also selbst eine Konstante, die wir mit C bezeichnen wollen. Es ist:

$$C \simeq 10{,}17\,.$$

Vergleichen wir (44) mit (45), und wir finden:

$$\log p = \frac{5}{2}\log T + \frac{3}{2}\log M - \frac{\lambda_0}{RT} - \frac{1}{R}\int\limits_0^T \frac{E\,dT}{T^2} + C\,. \qquad (46)$$

Diese Gleichung bestimmt die Änderung des Dampfdruckes mit der Temperatur. Sie enthält keine willkürlichen Konstanten mehr. Die Drucke werden gewöhnlich nicht in absoluten Einheiten, sondern in Atmosphären gemessen. Auch pflegt man gewöhnliche Logarithmen statt der natürlichen zu benutzen. Die Konstante C in (46) erhält in diesem Fall den Wert $-1{,}59$. Es ist also:

$$\begin{aligned}\mathrm{Log}_{10}\, p_{\mathrm{atm}} &= \tfrac{5}{2}\,\mathrm{Log}_{10} T + \tfrac{3}{2}\,\mathrm{Log}_{10} M \\ &\quad + \frac{1}{2{,}3026}\left(-\frac{\lambda_0}{T} - \int\limits_0^T \frac{E\,dT}{T^2}\right) - 1{,}59\,. \qquad (47)\end{aligned}$$

Die aus empirischen Daten berechneten Werte von C liegen in der nächsten Nähe des theoretischen. Für die einatomigen Gase Quecksilber und Argon findet man z. B. $C = -1{,}62\,(\mp 0{,}03)$ und $C = -1{,}65\,(\mp 0{,}06)$; für Wasserstoff (ein nichteinatomiges Gas) ist $C = -1{,}69\,(\mp 0{,}15)$. Die Übereinstimmung ist befriedigend und rechtfertigt vollständig die auf S. 145 formulierten Grundannahmen der Quantenstatistik; u. a. wird durch dieses Ergebnis die wichtige Rolle, die die Konstante h in der ganzen Statistik spielt, unmittelbar veranschaulicht.

Die abgeleiteten Formeln gestatten weitere Anwendungen. So können z. B. die Nernstschen chemischen Konstanten berechnet werden. In einem Rezipienten von gegebenem Volumen sollen sich Atome befinden, die zu verschiedenen Molekülen zusammentreten können. Es sei E_k die innere Bildungsenergie eines Moleküls k. Die freie Energie oder das thermodynamische Potential Ψ_k, das der Bildung dieser Molekülen entspricht, ist nach (31):

$$\left.\begin{aligned}\Psi_k &= N_k(-kT\alpha_k + E_k) - \tfrac{2}{3}U_k \\ &= N_k\left\{kT\left[-1 - \log\frac{V}{N_k h^3}(2\pi m_k kT)^{\frac{3}{2}}\right] + E_k\right\},\end{aligned}\right\} \qquad (48)$$

wo N_k die Anzahl der Moleküle von der Art k bedeutet. Es wird angenommen, daß diese Moleküle sich wie ein ideales Gas verhalten. Diese letzte Voraussetzung erlaubt die Verwendung des Ausdruckes (9) für α_k und die Substitution $\frac{2}{3} U_k = N_k k T$.

Für die Gesamtheit der Moleküle von verschiedenen Arten, die sich in unserem Gefäß bilden können, ist die freie Energie gleich der Summe der freien Energien der einzelnen Arten. Auf diese Weise kann man zu einer Formel für das chemische Gleichgewicht gelangen. Doch läßt die bisherige Rechnung den Umstand unberücksichtigt, daß die Moleküle auch Rotationsenergie besitzen können. Es wurden bis jetzt einfach die Formeln verwendet, die zuerst für einatomige Gase abgeleitet wurden. Für das chemische Gleichgewicht zwischen mehratomigen Molekülen ist daher noch eine Reihe von Nebenbedingungen maßgebend, die in einer Arbeit von Ehrenfest und Trkal sehr klar entwickelt worden sind.

7. Atome, die verschiedene innere Energien besitzen können. Unsere Ableitungen gingen bis jetzt an der Tatsache vorbei, daß ein Atom eine Reihe von verschiedenen Werten der inneren Energie besitzen kann. Wir rechneten nur mit der kinetischen Energie der ganzen Atome. Diese Lücke muß jetzt ausgefüllt werden. Es seien:

$$\varepsilon_1, \varepsilon_2, \varepsilon_3, \ldots, \varepsilon_m, \ldots$$

die verschiedenen erlaubten Energiewerte eines Atoms, und

$$\gamma_1, \gamma_2, \gamma_3, \ldots, \gamma_m, \ldots$$

die den verschiedenen Zuständen entsprechende Anzahl von Komplexionen. Die Gesamtenergie eines Atoms im m-ten Zustand, das die kinetische Energie E_i besitzt, ist:

$$E_{im} = \varepsilon_m + E_i .$$

Jedem Energieniveau E_{im} entsprechen g_i Zellen und γ_m innere Komplexionen, insgesamt also $g_i \gamma_m$ verschiedene Möglichkeiten. Bezeichnen wir mit n_{im} die Anzahl der Atome, die bei einer bestimmten Verteilung dem Niveau E_{im} angehören. Die weitere Berechnung ist der in Abschnitt 3 durchgeführten vollkommen analog. Es sei N die Gesamtzahl der Atome und U die Gesamtenergie:

$$N = \sum_{i,m} n_{im}, \qquad U = \sum_{i,m} n_{im}(E_i + \varepsilon_m) . \qquad (50)$$

Die Anzahl der Verteilungen der n_{im} Atome auf die $\gamma_m g_i$ Zellen des Niveaus (i, m) beträgt in der FERMI-Statistik:

$$\frac{(\gamma_m g_i)!}{n_{im}!\,(\gamma_m g_i - n_{im})!},$$

und die Anzahl der Komplexionen, die einer bestimmten Verteilung, also einer bestimmten Zahlenreihe n_{im}, entsprechen, ist:

$$P = \prod_{im} \frac{(\gamma_m g_i)!}{n_{im}!\,(\gamma_m g_i - n_{im})!}. \tag{51}$$

Durch diese Formel ist die frühere Gleichung (20) zu ersetzen. Durch einen Übergang zu den Logarithmen und Anwendung der STIRLINGschen Formel erhalten wir:

$$\begin{aligned}\log P &= \sum_{im} \gamma_m g_i \log \gamma_m g_i \\ &\quad - \sum_{im} [n_{im} \log n_{im} + (\gamma_m g_i - n_{im}) \log (\gamma_m g_i - n_{im})].\end{aligned}$$

Wir wollen nach der wahrscheinlichsten Verteilung fragen. Diese entspricht dem Maximum von log P [unter Berücksichtigung der Bedingungen (50)]. Wir schreiben daher die Extremalbedingung auf:

$$\begin{aligned}0 &= \delta \log P - \alpha\,\delta N - \beta\,\delta U \\ &= \sum_{im} \delta n_{im} \left[\log \frac{\gamma_m g_i - n_{im}}{n_{im}} - \alpha - \beta (E_i + \varepsilon_m)\right],\end{aligned}$$

und gewinnen daraus den Ausdruck:

$$n_{im} = \frac{\gamma_m g_i}{e^{\alpha + \beta (E_i + \varepsilon_m)} + 1}, \tag{52}$$

der an die Stelle des Ausdruckes (22) in Abschnitt 3 treten muß.

Dieses Ergebnis kann folgendermaßen ausgesprochen werden: Für jede innere Struktur des Atoms mit der Energie ε_m, erhält man eine eigene Verteilung der Atome auf die verschiedenen Werte der kinetischen Energie. Diese Verteilung entspricht den Gleichungen eines entarteten Gases mit dem Koeffizienten:

$$\alpha_m = \alpha + \frac{\varepsilon_m}{kT}. \tag{52a}$$

Die γ_m verschiedenen inneren Strukturen, die der gleichen Energie ε_m entsprechen, stören einander in keiner Weise.

Analoge Formeln gelten auch in der Statistik von BOSE und EINSTEIN[1]. Die Entropie S_m der Atome mit der inneren Energie

[1] LEWIS, G. N., u. MAYER, J. E., Proc. Nat. Acad. Sci. U.S.A. **15**, 208 (1929).

ε_m wird durch die folgende Gleichung bestimmt, die eine Verallgemeinerung von (27a) darstellt:

$$S_m = \frac{5}{3}\frac{U_{m,\mathrm{kin}}}{T} + N_m k \alpha_m = \frac{5}{3}\frac{U_{m,\mathrm{kin}}}{T} + \frac{N_m \varepsilon_m}{T} + N_m k \alpha\,, \tag{53}$$

die Gesamtentropie des Gases ist deshalb:

$$S = \sum_m S_m = \frac{5}{3}\frac{U_{\mathrm{kin}}}{T} + \frac{E_{(\mathrm{innere})}}{T} + N k \alpha\,. \tag{54}$$

Die Größe α bestimmt sich dabei durch die Bedingung:

$$N = \sum_{im} n_{im} = \frac{4\pi V}{h^3}\sum_m \gamma_m \int \frac{p^2\,dp}{e^{\alpha + \frac{\varepsilon_m}{kT} + \frac{p^2}{2mkT}} + 1}\,. \tag{55}$$

Diese Ergebnisse sind denen von Abschnitt 4, die wir für den allgemeinen Fall einer von Null verschiedenen potentiellen Energie abgeleitet haben, durchaus analog. Betrachten wir z. B. die Gleichung (27) und nehmen an, daß die potentielle Energie eine lineare Funktion der Teilchenzahlen n_i ist (was der hier gemachten Hypothese entspricht). Wir erhalten dann, mit:

$$U_p = \sum n_i U_{p,i}\,,$$

$$S = \frac{5}{3}\frac{U_{\mathrm{kin}}}{T} + \frac{U_p}{T} + N k \alpha$$

— eine Formel, die der Gleichung (54) durchaus ähnlich ist. Ebenso ist Formel (28) der Formel (52a) äquivalent. Diese beiden Beispiele zeigen, wie man die gewonnenen Ergebnisse leicht verallgemeinern und auf kompliziertere Probleme anwenden kann.

In dem hier behandelten Falle kann man leicht nachprüfen, daß sich in dem Energiezustand ε_m:

$$n_m = \gamma_m F_{II}(\alpha_m)$$

Atome befinden müssen, wobei F_{II} die durch (29 II) definierte Funktion ist. Unter Berücksichtigung des oben gefundenen Wertes für α_m erhält man daraus:

$$\frac{n_m}{n_{m'}} = \frac{\gamma_m}{\gamma_{m'}}\,\frac{F_{II}\left(\alpha + \frac{\varepsilon_m}{kT}\right)}{F_{II}\left(\alpha + \frac{\varepsilon_{m'}}{kT}\right)}\,,$$

statt des Verhältnisses:

$$\frac{n_m}{n_{m'}} = \frac{\gamma_m}{\gamma_{m'}}\, e^{\frac{\varepsilon_{m'} - \varepsilon_m}{kT}}\,,$$

zu dem die klassische Theorie (viertes Kapitel, Abschnitt 9) führt. Das Unabhängigkeitspostulat, das zur Ableitung der klassischen Formel notwendig ist, findet in der neuen Theorie keine Anwendung[1].

8. Atome, die einen Drehimpuls besitzen; strenge Anwendung des Pauli-Prinzipes. Die Fermi-Statistik beruht, wie wir es gesehen haben, auf dem Ausschließungsprinzip von Pauli. Es wäre jedoch falsch, sie als eine direkte Folgerung aus diesem Prinzip zu betrachten. In der Tat: was behauptet Pauli? Er findet auf Grund der Untersuchung der Spektren, daß in den Systemen von Elektronen, die einen Atomkern umgeben, niemals zwei Elektronen mit vollständig gleichen Quantenzahlen auftreten. Wenn man Pauli glaubt, so soll es nie zwei vollkommen „äquivalente" Elektronen geben. Man nennt daher das Pauli-Prinzip auch „Äquivalenzregel"[2]. Um das Pauli-Prinzip anzuwenden, muß man jedem Elektron vier Quantenzahlen geben; drei davon bestimmen seine Umlaufsbahn, die vierte bezieht sich auf seine Eigenrotation.

Fermi benutzt in seiner Statistik eine analoge Regel, indem er behauptet, daß jede Zelle im Phasenraum nur ein einziges Elektron enthalten darf. Für zwei Elektronen dürfen also die drei Quantenzahlen der fortschreitenden Bewegung nicht identisch sein. Es ist aber nicht ohne weiteres statthaft, eine Regel, die für vier Quantenzahlen aufgestellt wurde, auf drei anzuwenden. Pauli nahm daher die statistische Untersuchung für Teilchen (Atome oder Elektronen), die einen eigenen Drehimpuls besitzen, wieder auf.

Um die verschiedenen räumlichen Orientierungen solcher Teilchen unterscheiden zu können, nehmen wir an, daß eine Vorzugsrichtung im Raume durch ein schwaches magnetisches Feld H definiert ist. Es sei j die gesamte Anzahl der Rotationsquanten,

[1] Sehr wichtige Anwendungen auf das Problem der Dissoziation findet man in einer Arbeit von E. A. Milne, Monthly Notices R. A. S. **90**, 769 (1930).

[2] Eines der einfachsten Beispiele gibt das Element Helium. Im Grundzustand befinden sich beide Elektronen auf äquivalenten Bahnen. Ihre drei Bahnquantenzahlen sind identisch, deshalb müssen die Eigenrotationen verschieden sein. Die magnetischen Eigenmomente der Elektronen sind also von verschiedenen Vorzeichen. Das Gesamtmoment ist Null und das Heliumatom daher unmagnetisch.

die das Teilchen besitzt und m die Anzahl der Rotationsquanten um die Richtung des Feldes H. Wir stellen uns das Teilchen als einen Kreisel vor, dessen Achse einen Winkel $\vartheta\left(\cos\vartheta = \frac{m}{j}\right)$ mit der Feldrichtung bildet und eine Präzession um diese Richtung ausführt. Nach den früher üblichen Quantisierungsregeln müssen die Zahlen m und j ganz sein. Man weiß aber jetzt (auch aus der Erfahrung), daß man dafür oft „halbzahlige" Werte annehmen muß. Die Zahl m nimmt bei einem bestimmten Wert von j die Werte $-j$, $(-j+1), \ldots, (j-1)$, j an. Die Anzahl der möglichen räumlichen Orientierungen des Teilchens ist also:

$$G = 2j + 1 .$$

Stellen wir uns vor, daß das äußere Feld H eine merkliche Stärke hat, dann besitzt das Teilchen eine zusätzliche magnetische Energie:

$$\varepsilon_m = -m\mu_a H ,$$

worin μ_a sein magnetisches Moment bedeutet. In der statistischen Theorie muß ε_m dieselbe Rolle spielen wie die im vorigen Abschnitt eingeführte innere Energie des Atoms. Die dort abgeleiteten Formeln können auch auf diesen Fall angewandt werden.

Was geschieht nun, wenn das Feld H allmählich verschwindet? Im Grenzfall sind die Energien ε_m unabhängig vom m-Wert alle gleich Null. In der Gleichung (52) werden also alle G Werte von n_{im}, die der gleichen Zahl i entsprechen und sich nur durch m unterscheiden, untereinander gleich. Wir erhalten somit:

$$n_i = \sum_m n_{im} = \frac{G g_i}{e^{\alpha + \beta E_i} + 1} . \tag{56}$$

Es ist also, als ob die Anzahl der Zellen mit der Energie E_i nicht mehr g_i, wie in Abschnitt 3, sondern $G g_i$ wäre. Es ist leicht zu sehen, wie sich die Formeln von Fermi durch dieses Ergebnis modifizieren. Die Gleichung (29) erhält die Form:

$$N = G\frac{V}{h^3}(2\pi m k T)^{\frac{3}{2}} F_{II}(\alpha) , \tag{57}$$

so daß dort, wo wir früher für α einen Ausdruck $f(T, N/V)$ annahmen, wir jetzt den Ausdruck:

$$\alpha = f\left(T, \frac{N}{GV}\right) \tag{58}$$

setzen müssen.

Die Gesamtenergie, die früher durch (30) gegeben war, ist jetzt:

$$U = \sum_i n_i E_i = G \frac{3}{2} V k T \frac{(2\pi m k T)^{\frac{3}{2}}}{h^3} H_{II}(\alpha) = \frac{3}{2} N k T \frac{H_{II}(\alpha)}{F_{II}(\alpha)}. \quad (59)$$

Für die Entropie bleibt der Ausdruck (27) bestehen. In den Formeln (31) und (32) muß unter α durchweg der neue Ausdruck (58) verstanden werden. Zusammenfassend können wir behaupten, daß die allgemeinen Formeln (33) durch die Formeln:

$$\left.\begin{aligned} \Psi &= N F_0\left(\frac{N}{G V}, T\right), \\ U &= N f_0\left(\frac{N}{G V}, T\right), \\ p &= G p_0\left(\frac{N}{G V}, T\right) \end{aligned}\right\} \quad (60)$$

ersetzt werden müssen[1].

Unser Gas benimmt sich also einfach wie ein Gemisch aus gleichen Teilen von G verschiedenen, statistisch voneinander unabhängigen Gasen mit gleichen Molekulargewichten und ohne Eigenmomente.

Dieses Ergebnis ist fast selbstverständlich. Es bedeutet, daß in einem Gas, dessen Atome Eigenrotation besitzen, die statistische Entartung Gmal schwerer zu beobachten ist als in einem Gas ohne Atomrotation. Bei gleicher Temperatur T werden gleiche Abweichungen von der Kompressibilität eines idealen Gases erst bei Gmal höheren Dichten auftreten.

Wir wissen im übrigen nicht, ob man sich bei der Anwendung dieses Prinzips auf Gase auf die Berücksichtigung des Drehimpulses der Elektronen beschränken darf oder auch das Drehmoment des Kerns in die Überlegungen einbeziehen muß.

9. Der Magnetismus eines entarteten einatomigen Gases; Anwendung auf freie Elektronen in Metallen. Wir kehren zu dem Fall eines Gases im Magnetfeld H zurück und fragen nach seiner Suszeptibilität. Aus den spektralen Daten, insbesondere denen des ZEEMAN-Effektes, weiß man, daß die Energie ε_m eines Atoms im Feld H:

$$\varepsilon_m = m g \mu_0 H \quad (61)$$

[1] Diese Formeln wurden von PAULI [Z. Physik **41**, 97 (1927)] in einer etwas ungenauen Form abgeleitet.

beträgt, worin g der sog. LANDÉsche Faktor[1] und μ_0 das „BOHRsche Magneton" ist. Wenn man eine Summierung über alle m-Werte von $+j$ bis $-j$ ausführt, so erhält man:

$$\sum_{-j}^{+j} \varepsilon_m = 0 \tag{62}$$

und

$$\sum_{-j}^{+j} (\varepsilon_m)^2 = g^2 \mu_0^2 H^2 \sum_{-j}^{+j} (m^2) = \tfrac{1}{3} G \mu^2 H^2 ,$$

wo G wie früher gleich $2j + 1$ ist, und μ, das „effektive magnetische Moment", durch:

$$\mu = \sqrt{j(j+1)}\, g \mu_0 \tag{63}$$

definiert ist. Man bestätigt leicht, daß diese Formeln auch für halbzahlige j-Werte $\left(\text{von der Form } \frac{2k+1}{2}\right)$ ihre Geltung behalten.

Berechnen wir jetzt die Gesamtzahl N_m der Atome, deren Translationsenergie beliebig ist, die aber gleiche Orientierungen (gleiche Zahlen m) besitzen:

$$\left.\begin{aligned} N_m = \sum_i n_{im} &= \frac{4\pi V}{h^3} \int_0^\infty \frac{p^2\, dp}{e^{\alpha + \frac{\varepsilon_m}{kT} + \frac{p^2}{2mkT}} + 1} \\ &= \frac{V}{h^3} (2\pi m k T)^{\frac{3}{2}} F_{II}\left(\alpha + \frac{\varepsilon_m}{kT}\right). \end{aligned}\right\} \tag{64}$$

Man erhält diese Formel aus (52), indem man, wie gewöhnlich, die Anzahl der Zellen g_i durch den Ausdruck $\frac{V}{h^3} 4\pi p^2 dp$ ersetzt. Der Ausdruck im Nenner folgt aus der Formel (29), wenn man darin, um zu der FERMI-Statistik überzugehen, das Zeichen $-$ durch $+$ ersetzt. Der Wert von F_{II} ist in Gleichung (29 II) angegeben worden.

Der Beitrag der betrachteten Atome zur magnetischen Energie des Gases ist $N_m \varepsilon_m$. Die Gesamtenergie des Gases im Magnetfeld $-MH$ bestimmt sich durch Summierung über alle m-Werte:

$$MH = -\sum_{m=-j}^{m=+j} N_m \varepsilon_m = -\frac{V}{h^3} (2\pi m k T)^{\frac{3}{2}} \sum_{-j}^{+j} \varepsilon_m F_{II}\left(\alpha + \frac{\varepsilon_m}{kT}\right). \tag{65}$$

[1] Der Faktor g soll nicht mit der Anzahl der Zellen im Phasenraum, die oben mit g_i bezeichnet wurde, verwechselt werden.

Die Größe α berechnet sich wieder aus der Forderung, daß die Gesamtzahl der Atome N betragen soll:

$$N = \sum_{-j}^{+j} N_m = \frac{V}{h^3} (2\pi m k T)^{\frac{3}{2}} \sum_{-j}^{+j} F_{II}\left(\alpha + \frac{\varepsilon_m}{kT}\right). \tag{66}$$

Für alle gewöhnlich angewandten Felder H ist ε_m/kT sehr klein. Man darf F in eine Taylorreihe entwickeln und die Reihe beim zweiten Glied abbrechen. Die Formel (66) führt dann zu demselben Ergebnis, wie wenn das Feld abwesend wäre, denn infolge von (62) heben die Glieder mit positiven m-Werten die mit negativen m-Werten auf. Man erhält wieder die im vorigen Abschnitt abgeleitete Beziehung:

$$N = G\frac{V}{h^3}(2\pi m k T)^{\frac{3}{2}} F_{II}(\alpha). \tag{57}$$

In derselben Näherung gibt Formel (65):

$$MH = -\frac{V}{h^3}(2\pi m k T)^{\frac{3}{2}} \frac{1}{kT} F'_{II}(\alpha) \sum_{-j}^{+j} (\varepsilon_m)^2. \tag{65}$$

Unter Berücksichtigung von (59) und (62) erhält man für die Suszeptibilität:

$$\chi = \frac{M}{VH} = -G\frac{(2\pi m k T)^{\frac{3}{2}}}{h^3} \cdot \frac{1}{3} \frac{\mu^2}{kT} F'_{II}(\alpha) = \frac{N\mu^2}{3VkT}\left[-\frac{F'_{II}(\alpha)}{F_{II}(\alpha)}\right]. \tag{67}$$

Für sehr hohe Temperaturen reduziert sich $F_{II}(\alpha)$, wie wir früher gezeigt haben, auf $e^{-\alpha}$ [Gleichung (29II)]. Die letzte Klammer wird dann gleich 1, und das Magnetisierungsgesetz ist das von Curie. Was tritt nun im Falle der Entartung — also bei niedrigen Temperaturen und hohen Drucken — ein? Aus der Formel (35) des Abschnittes 5 können wir ableiten:

$$\frac{-F'_{II}(\alpha)}{F_{II}(\alpha)} = \frac{3}{2}\,\frac{1}{(-\alpha)} = \left(\frac{4\pi G V}{3N}\right)^{\frac{2}{3}} \frac{3mkT}{h^2}$$

und somit:

$$\chi_0 = \frac{N\mu^2 m}{Vh^2}\left(\frac{4\pi G V}{3N}\right)^{\frac{2}{3}}. \tag{68}$$

Wenn wir den Wert E_0 der Nullpunktsenergie eines Atoms einführen:

$$E_0 = \frac{U_0}{N} = \frac{3}{10}\left(\frac{3N}{4\pi G V}\right)^{\frac{2}{3}} \frac{h^2}{m_0},$$

so erhalten wir:

$$\chi_0 = \frac{3}{10}\,\frac{N}{V}\,\frac{\mu^2}{E_0}. \tag{69}$$

Klassische Theorien lassen unter diesen Bedingungen eine Sättigung erwarten. Die PAULI-Statistik ergibt dagegen *auch für den absoluten Nullpunkt noch eine endliche Suszeptibilität.* Man versteht dieses Ergebnis anschaulich, wenn man sich überlegt, daß unter diesen Umständen die Atome sich auf die Zellen mit der kleinsten Energie verteilen (wobei jede Zelle G Atome aufnimmt). Das resultierende magnetische Moment wird durch diese Verteilung fast vollständig vernichtet.

PAULI wandte diese Ergebnisse auf das Verhalten von freien Elektronen in Metallen an. Es ist sehr merkwürdig, daß gewöhnliche Metalle nur sehr schwach paramagnetisch oder sogar diamagnetisch sind. Man nimmt ja an, daß jedes Elektron ein magnetisches Moment besitzt, und die Gesamtheit der freien Elektronen in einem Metallstück müßte diesem sehr stark paramagnetische Eigenschaften verleihen. Die Lösung dieses Problems ist — wenigstens angenähert — durch die oben abgeleiteten Formeln gegeben. Man kann die Elektronen im Metall als ein Gas betrachten, für das die FERMI-PAULIsche Statistik gilt. Der Paramagnetismus dieses Gases ist dann durch (67) und (69) bestimmt. Betrachten wir z. B. die Alkalimetalle. Sie sind wahrscheinlich aus einer gleichen Anzahl von einwertigen Ionen und freien Elektronen aufgebaut. Die Ionen sind edelgasähnlich und besitzen daher kein resultierendes magnetisches Moment. Sie können nur zu einem schwachen Diamagnetismus des Metalles Anlaß geben. Die freien Elektronen bilden dagegen ein sehr stark komprimiertes und daher entartetes paramagnetisches Gas. Wegen der fast vollständigen Entartung wird seine Suszeptibilität (in erster Annäherung) durch (68) bestimmt. Wir setzen darin[1]:

$$j = \tfrac{1}{2}, \quad g = 2, \quad \text{also} \quad G = 2, \quad \mu = \sqrt{3}\,\mu_0 = \sqrt{3}\cdot 0{,}921\cdot 10^{-20}. \qquad (70)$$

Für m ist die Ruhemasse des Elektrons ($9{,}02 \cdot 10^{-28}$) und für N/V die Anzahl von Elektronen in einem Kubikzentimeter einzusetzen; letztere setzen wir gleich der Anzahl der Atome in einem Kubikzentimeter des betreffenden Alkalimetalles. Wenn wir $n = \frac{N}{V}$ in cm^{-3} messen, so erhalten wir:

$$\chi_0 = n^{\frac{1}{3}} \cdot 2{,}209 \cdot 10^{-14}.$$

[1] Der Eigenrotation eines Elektrons entspricht ein halbes Quant des mechanischen Drehimpulsmomentes ($j = \frac{1}{2}$), aber ein ganzes BOHRsches Magneton ($jg = 1$).

In der Reihe der Alkalimetalle ändert sich $n^{\frac{1}{3}}$ von $3 \cdot 10^7$ (Natrium) bis $2 \cdot 10^7$ (Cäsium). Wir erhalten somit:

	Na	K	Rb	Cs
$10^7 \cdot \chi_0$ (berechnet)	6,57	5,2	4,88	4,54

Man darf erwarten, daß die experimentellen Werte kleiner ausfallen als die berechneten, denn von der paramagnetischen Suszeptibilität des Elektronengases muß die diamagnetische der positiven Ionen abgezogen werden. Der diamagnetische Beitrag muß von Na zum Cs ständig zunehmen. Folgende Zahlen wurden experimentell gefunden[1]:

		Na	K	Rb	Cs
$10^7 \cdot \chi_0$	LANE	6,5	5,4	—	—
	MCLENNAN	5,9	4,5	1,7	1,8
	SUCKSMITH	5,9	5,1	0,7	−0,5
	HONDA und OWEN	5,1	4	0,7	−0,10

Die Differenzen liegen in der erwarteten Richtung und die Größenordnung ist die erwartete; die neuesten Messungen — von MCLENNAN und LANE — sind mit den theoretischen Werten in recht guter Übereinstimmung. In Ermangelung einer genauen Theorie kann man diese Ergebnisse vorläufig nur als ein interessantes Zeichen zugunsten der Anwendung des PAULI-Prinzipes auf die freien Elektronen in Metallen betrachten. Es ist schon wichtig genug, daß diese Theorie den Ursprung eines sehr schwachen und temperaturunabhängigen Paramagnetismus der Alkalimetalle prinzipiell zu verstehen erlaubt; denn diese Abweichung von dem CURIEschen Gesetz blieb früher vollkommen unverständlich.

Im siebenten Kapitel werden wir zum Problem der freien Elektronen in Metallen zurückkehren und die Theorie von SOMMERFELD entwickeln, die durch eine konsequente Anwendung der FERMI-Statistik auf das Elektronengas die Deutung der elektrischen und thermischen Eigenschaften der Metalle zu geben versucht.

---

[1] MCLENNAN, J. C., RUEDY, R., u. COHEN, Proc. Roy. Soc. A. **116**, 468 (1927); BIELER, E. S., J. Franklin Inst. **206**, 65 (1928); DARROW, K. K., Einführung in die physikalische Statistik, Hirzel, Leipzig, 1931.

Sechstes Kapitel.

Statistik der Strahlung. Untersuchung der Elementarvorgänge, die zur Realisierung der wahrscheinlichsten Verteilung führen; das *H*-Theorem.

1. Statistik der Strahlung; Photonenmethode. Die bis jetzt entwickelten Methoden können auf verschiedene Weise zur Untersuchung der Energieverteilung in der isothermen Strahlung angewandt werden. Wir fangen mit den Gedankengängen an, die von Bose stammen und eine fast wörtliche Übertragung der von uns bereits in Abschnitt 2 des fünften Kapitels wiedergegebenen Rechnungen darstellen. Die Rolle der Teilchen, die auf die verschiedenen Zellen verteilt werden müssen, spielen nunmehr die Lichtquanten oder *Photonen* $h\nu$. Ihre Ruhemasse ist verschwindend, ihre Geschwindigkeit stets gleich der Lichtgeschwindigkeit. Die Relativitätstheorie gibt für diesen Fall folgende Beziehung zwischen der Energie E, der Bewegungsgröße p und der Frequenz ν:

$$E = h\nu, \qquad p = \frac{E}{c} = \frac{h\nu}{c}. \tag{1}$$

Die Photonen sind a priori ununterscheidbar. Ihre individuelle Existenz ist nur durch ihre kinetischen Eigenschaften bedingt, d. h. durch ihre Zugehörigkeit zu bestimmten Zellen im Phasenraum. Einem Energiegebiet E_i bis $E_i + dE_i$ entspricht ein Impulsgebiet $\frac{E_i}{c}$ bis $\frac{E_i + dE_i}{c}$. Die Anzahl der Zellen im Phasenraum einer Strahlung, die den Hohlraum V ausfüllt, müßte daher:

$$g_i = \frac{V}{h^3} 4\pi p^2 \, dp = \frac{4\pi V}{h^3 c^3} E^2 \, dE = \frac{4\pi V}{c^3} \nu^2 \, d\nu \tag{2}$$

betragen. Dieser Ausdruck ist aber noch *zu verdoppeln*, um der Tatsache Rechnung zu tragen, daß einer bestimmten Frequenz und Strahlrichtung *zwei* verschiedene Photonen entsprechen können, die sich durch ihren Polarisationszustand unterscheiden. In Formel (2) ist also statt des Koeffizienten 4π ein Koeffizient 8π einzusetzen.

Wir erinnern uns an den Abschnitt 3 des zweiten Kapitels [Gleichung (11)], in dem wir die Anzahl von Eigenfrequenzen eines

Volumens V berechnet haben, die dem Intervall ν bis $\nu + d\nu$ angehören. Diese Anzahl ist[1] gleich der Zahl der Zellen im Phasenraum, die durch den (verdoppelten!) Ausdruck (2) gegeben ist. Es liegt nahe, die beiden Begriffe zu koordinieren. Jeder Zelle $\frac{1}{2}h^3$ im Phasenraum soll eine Eigenschwingung des Hohlraumes zugeordnet sein. Diese Parallelität wurde schon am Anfang des fünften Kapitels bei der Definition der Zellen h^3 diskutiert.

Nach erfolgter Abzählung der Zellen mit der Energie E_i gehen wir weiter wie in Abschnitt 2 des vorangehenden Kapitels vor, indem wir n_i Teilchen (Photonen) auf diese g_i Zellen zu verteilen suchen. Die Anzahl der verschiedenen möglichen Verteilungen ist durch Formel (11) aus dem fünften Kapitel gegeben. In der STIRLINGschen Näherung lautet sie:

$$\log P = \sum_i [-g_i \log g_i - n_i \log n_i + (n_i + g_i) \log(g_i + n_i)] . \quad (3)$$

Unter welchen Bedingungen haben wir jetzt die wahrscheinlichste Verteilung zu suchen? Die Gesamtenergie ist gegeben:

$$U = \sum n_i E_i , \qquad \delta U = \sum E_i \delta n_i = 0 . \quad (4)$$

Dagegen ist die Anzahl der Photonen völlig unbekannt. Wir dürfen sogar annehmen, daß sie unendlich groß ist. Denn ohne die Gesamtenergie zu ändern, können wir beliebig viel Photonen in die Zelle mit der Energie Null hinzufügen!

Bei der Bestimmung des Maximums von $\log P$ haben wir also nur eine beschränkende Bedingung (4). Anstatt der Gleichung (16) des fünften Kapitels erhalten wir daher:

$$\delta \log P - \beta \delta U = \sum \delta n_i \left[\log \frac{n_i + g_i}{n_i} - \beta E_i\right] = 0 , \quad (5)$$

woraus

$$\frac{n_i + g_i}{n_i} = e^{\beta E_i} , \qquad n_i = \frac{g_i}{e^{\beta E_i} - 1} \quad (6)$$

folgt. Daraus ergibt sich unmittelbar[2] die PLANCKsche Formel für

---

[1] In den Formeln des zweiten Kapitels wurde zwischen der Phasengeschwindigkeit V und der Gruppengeschwindigkeit U unterschieden. Im leeren Raume sind beide gleich c. Das Volumen des Hohlraumes wurde dort mit Θ bezeichnet. Wir bezeichnen es jetzt mit V.

[2] Wir hätten ebensogut auch von dem Ausdruck [(14), fünftes Kapitel] für die Wahrscheinlichkeit W ausgehen können. Wir müßten für n_i alle beliebigen Variationen zulassen und erhielten dann, mit $\delta N = \sum \delta n_i$:

$$\delta \log W = \sum \delta n_i \log \frac{N(g_i + n_i)}{n_i(G + N)} .$$

die isotherme Strahlung. Der Anzahl n_i von Quanten entspricht die Energie $n_i h\nu$. Die Energie der Frequenz ν (bis $\nu + d\nu$) beträgt also im Spektrum eines Hohlraums mit dem Volumen V:

$$V\varrho(\nu, T)\,d\nu = n_i h\nu = V\frac{8\pi h\nu^3}{c^3}\frac{d\nu}{e^{\frac{h\nu}{kT}} - 1}. \tag{7}$$

Für β haben wir, wie im Abschnitt 2 des fünften Kapitels, den Wert $1/kT$ angenommen. Der Beweis ist derselbe wie dort. Bei der wahrscheinlichsten Verteilung beträgt die mittlere Anzahl der Quanten in jeder Zelle:

$$\frac{n_i}{g_i} = \frac{1}{e^{\frac{h\nu}{kT}} - 1}.$$

Durch Multiplikation dieses Ausdruckes mit $h\nu$ finden wir die alte Formel für die mittlere Energie eines Oszillators von der Frequenz ν bei der Temperatur T wieder.

Wie schon oben bemerkt wurde, entspricht jeder Zelle im Phasenraum eine besondere Eigenfrequenz des Hohlraumes.

Im Falle von materiellen Gasen ist die Anzahl der Zellen groß gegenüber der Anzahl der Moleküle. Die Art der benutzten Statistik ist daher von geringer Bedeutung für das Ergebnis.

Doch ist N unendlich, während G endlich bleibt. Bei gegebener Energie ist auch G bestimmt. Daher ist $\frac{N}{G+N}$ gleich 1, und wir erhalten:

$$\delta \log W = \sum \delta n_i \log \frac{g_i + n_i}{n_i}.$$

Indem wir

$$\delta \log W - \beta\delta U = 0$$

setzen, kommen wir wieder zur Gleichung (6) und somit zum PLANCKschen Gesetz.

Wenn wir die Anzahl N von Photonen als endlich und bekannt voraussetzen (wie das für den Fall zutrifft, wenn die Strahlung einen Hohlraum mit vollkommen spiegelnden Wänden ausfüllt, in dem sich gar keine Materie befindet), so müssen wir für das Verhältnis $\frac{N}{N+G}$ einen von 1 verschiedenen Wert e^α behalten. Statt des PLANCKschen Gesetzes erhält man dann die Formel:

$$n_i = \frac{g_i}{e^{\alpha + \beta E_i} - 1},$$

die an die Formel eines entarteten Gases in der BOSE-EINSTEINschen Statistik erinnert. α würde dabei eine Funktion von T sein.

Anders beim Lichte. Für kleine Frequenzen ($h\nu \ll kT$) ist die Zahl der Photonen sogar viel größer als die der Zellen. Die verschiedenen Statistiken geben daher abweichende Resultate, und es zeigt sich, daß die einzige, die sich hier bewährt, die von BOSE ist.

Die Methode von PAULI-DIRAC müßte zu einem Nenner ($e^{\frac{h\nu}{kT}} + 1$) führen, was der Erfahrung widersprechen würde. Die klassische Statistik (Abschnitt 12, viertes Kapitel) ist nicht anwendbar, da es hier unmöglich ist, zuerst die Individualität der einzelnen Teilchen [s. Gleichung (31)] vorauszusetzen und nur nachträglich in geeigneter Weise der vollkommenen Identität der Photonen Rechnung zu tragen.

Wir können nunmehr ohne Schwierigkeit die Entropie der Strahlung berechnen, wenn wir die Definition 3 (Abschnitt 3 des vierten Kapitels) benutzen. Nach dieser ist die Anzahl von Komplexionen, die der wahrscheinlichsten Verteilung entsprechen, für die Entropie bestimmend. Es müssen also die Werte (6) in Formel (3) eingesetzt werden:

$$\left.\begin{aligned} S &= k \log P = k\beta U - k \sum_i g_i \log\left(1 - e^{-\beta E_i}\right) \\ &= \frac{U}{T} - kV\int_0^\infty \frac{8\pi\nu^2}{c^3} \log\left[1 - e^{-\frac{h\nu}{kT}}\right] d\nu = \frac{4}{3}\frac{U}{T}. \end{aligned}\right\} \tag{8}$$

Die Ausrechnung des Integrals ist sehr einfach. Man integriert partiell:

$$-kV\int_0^\infty \frac{8\pi\nu^2}{c^3} \log\left[1 - e^{-\frac{h\nu}{kT}}\right] d\nu = \frac{V}{T}\int_0^\infty \frac{8\pi\nu^3}{3c^3} \frac{h\,d\nu}{e^{\frac{h\nu}{kT}} - 1} = \frac{1}{3}\frac{U}{T}.$$

Die Rechnung von BOSE erlaubt also, alle Gesetze der isothermen Strahlung in einfacher Weise aus der Vorstellung von Lichtquanten abzuleiten. Dabei wird angenommen, daß man in jeder Zelle eine beliebige Anzahl von Lichtquanten unterbringen kann (oder, was dasselbe bedeutet, daß ein Oszillator eine beliebige Anzahl von Schwingungsquanten aufzunehmen vermag).

Nachdem die Entropie bekannt ist, können die Ausdrücke für das thermodynamische Potential des Strahlungsgases leicht abgeleitet werden:

$$\left.\begin{aligned} \Psi &= U - TS = -\tfrac{1}{3}U, \\ \Phi &= U - TS + pV = 0. \end{aligned}\right\} \tag{9}$$

Das Potential Φ ist gleich Null, da der Strahlungsdruck gleich einem Drittel der Energiedichte U/V ist.

Der Ausdruck für Ψ kann auch direkt gewonnen werden. Wir haben im vierten Kapitel, Abschnitt 9 [Gleichung (18)], das Potential ψ eines PLANCKschen Oszillators zu:

$$\psi = kT \log \left[1 - e^{-\frac{h\nu}{kT}}\right]$$

bestimmt. Da die Größe ψ additiv ist, braucht man zur Bestimmung von Ψ nur eine Summierung über alle Frequenzen vorzunehmen:

$$\Psi = \sum g\psi = kTV \int \frac{8\pi\nu^2}{c^3} \log \left[1 - e^{-\frac{h\nu}{kT}}\right] d\nu = -\frac{1}{3} U, \quad (10)$$

das Integral ist dasselbe wie in (8).

2. Die Statistik von Planck; Verteilung von Energiequanten auf Oszillatoren. Die PLANCKsche Methode ist viel älter als die von BOSE. An sie ist die Entstehung des Quantenbegriffes (1900) gebunden. Wir wollen zeigen, daß sie zu fast gleichen Formeln führt, diese aber in einer ganz anderen Sprache ausdrückt. Wir folgen in der Darstellung einem neueren zusammenfassenden Bericht von PLANCK. Bei dieser Gelegenheit werden wir die Folgen der drei Entropiedefinitionen (viertes Kapitel, Abschnitt 3) vergleichen können. Um die Beziehung zu den Ableitungen des vorigen Abschnittes klarer erscheinen zu lassen, werden wir nach Möglichkeit korrespondierende Größen mit gleichen Symbolen bezeichnen.

Betrachten wir eine große Anzahl g von Oszillatoren von der gleichen Frequenz ν, die alle a priori unterscheidbar sein mögen. Eine bestimmte Energie U soll in Quanten von der Größe E auf diese g Oszillatoren verteilt werden. Die Anzahl der Quanten sei n:

$$U = nE. \quad (11)$$

Die Anzahl der möglichen Verteilungen bestimmt sich aus der Kombinationsformel [Zusatz 2, Gleichung (12)] zu:

$$P_2(n, g) = \frac{(n+g-1)!}{n!\,(g-1)!}. \quad (12)$$

Der Index 2 bei P erinnert daran, daß diese Zahl der zweiten Definition von Abschnitt 3 (viertes Kapitel) entspricht. Es ist dies die Anzahl von Komplexionen, die eine bestimmte Energie U ergeben. Wir können ohne Schwierigkeit auch die Anzahl P_1 von Komplexionen bestimmen, die zu einer Energie führen, die kleiner oder gleich U ist. Zu diesem Zweck kann folgender Kunstgriff angewandt werden. Es sei eine Verteilung der Energie $u(< U)$ auf die g Oszillatoren gegeben. Wir fügen einen $(g+1)$sten Oszillator hinzu und geben ihm die Energie $U - u$. Man erhält auf diese Weise eine Verteilung der Energie U auf $g + 1$ Oszillatoren, und zwar kann man in dieser Weise *alle* solche Verteilungen realisieren. Die Gesamtzahl der Komplexionen P_1, die der Energie $u \leq U$ entsprechen, ist demnach:

$$P_1(n, g) = P_2(n, g+1) = \frac{(n+g)!}{n!\, g!}. \tag{13}$$

Es ist klar, daß, wenn n und g sehr groß gegen 1 sind, die Größen P_1 und P_2 kaum voneinander verschieden sind. Beide werden (nach STIRLING) annähernd durch den Ausdruck:

$$\left.\begin{aligned} \log P_1 = \log P_2 &= (n+g)\log(n+g) - g\log g - n\log n \\ &= g\left[\left(1+\frac{n}{g}\right)\log\left(1+\frac{n}{g}\right) - \frac{n}{g}\log\frac{n}{g}\right] \end{aligned}\right\} \tag{14}$$

bestimmt. Fragen wir nunmehr nach der wahrscheinlichsten Energieverteilung auf die verschiedenen Oszillatoren von der Frequenz ν. Wir wollen bestimmen, wieviel Oszillatoren eine Energie mE haben. Ihre Anzahl sei N_m. Das Energieverteilungsgesetz wird dann durch einen Ausdruck:

$$N_m = f(mE)$$

beschrieben. Die Bedingungen:

$$g = \sum N_m \quad \text{und} \quad U = nE = E\sum m N_m \tag{15}$$

sind dabei zu berücksichtigen.

Es ist leicht, die Anzahl von Komplexionen zu berechnen, die diesem Verteilungsgesetz entsprechen. Wir können sie bestimmen, indem wir zunächst Gruppen von Energiequanten bilden: N_0 „Gruppen" zu Null Quanten, N_1 Gruppen zu einem Quant, N_2 zu zwei Quanten, allgemein N_m Gruppen zu m Quanten. Diese Gruppen müssen wir auf g Oszillatoren verteilen. Da die Gruppen aus gleicher Anzahl von Quanten identisch sind, ist die Anzahl der Verteilungen durch die Formel von Variationen mit Wiederholungen gegeben:

$$P = \frac{g!}{\prod\limits_m N_m!}, \qquad \log P = \sum_m N_m \log\frac{g}{N_m} \tag{16}$$

(in der Näherung von STIRLING). Man kann leicht die wahrscheinlichste Verteilung bestimmen, indem man die Forderung aufstellt, daß P einen maximalen Wert haben muß, unter Berücksichtigung der Bedingungen (15). Die Rechnung ist fast gleichlautend mit der im Abschnitt 13 des vierten Kapitels [Gleichung (32) und (33)] gegebenen. Es ergibt sich:

$$N_m = e^{-\alpha - \beta m E}. \tag{17}$$

Die zunächst willkürliche Konstante α bestimmt sich aus der Bedingung (15) in einer Weise, die den Rechnungen im Abschnitt 9, [viertes Kapitel, Gleichungen (17) und (18)], vollkommen analog ist. Man erhält:

$$g = \sum N_m = e^{-\alpha} \sum e^{-\beta m E} = \frac{e^{-\alpha}}{1 - e^{-\beta E}}. \tag{18}$$

$$n = \sum m N_m = -\frac{\partial g}{\partial(\beta E)} = e^{-\alpha} \frac{e^{-\beta E}}{(1 - e^{-\beta E})^2} = \frac{g}{e^{\beta E} - 1}.$$

Was die Konstante β betrifft, so ist diese auch hier gleich $1/kT$, was in derselben Weise wie früher bewiesen werden kann. Aus diesen Formeln schließen wir, daß die *wahrscheinlichste* Energie eines Oszillators *Null* ist [Gleichung (17)], daß aber die *mittlere* Energie [Gleichung (18)]:

$$\frac{nE}{g} = \frac{E}{e^{\beta E} - 1}$$

beträgt. Dies ist die Formel von PLANCK, zu der wir schon wiederholt auf verschiedenen Wegen gelangt sind. Wenn man statt der Systeme aus Einzeloszillatoren solche aus je p zusammengefaßten Oszillatoren untersucht hätte, so wäre man zur Schlußfolgerung gekommen, daß die wahrscheinlichste Energie eines Systemes aus p Oszillatoren mit genügend wachsendem p dem p-fachen des Mittelwertes für die Energie eines Einzeloszillators zustrebt.

Jetzt können wir auch noch die Anzahl P_3 von Komplexionen bilden, die der wahrscheinlichsten Verteilung bei der Energie U entsprechen (viertes Kapitel, Abschnitt 3, Definition 3). Es genügt dazu, den Wert (17) in die Formel (16) einzusetzen und (18) zu berücksichtigen:

$$\begin{aligned}
\log P_3 &= \sum N_m \log \frac{g}{N_m} = \sum N_m(\alpha + \beta m E + \log g) \\
&= n\beta E - \sum N_m \log(1 - e^{-\beta E}) = n\beta E + g \log \frac{n}{g} + g\beta E \\
&= (n + g)\log\left(1 + \frac{g}{n}\right) + g \log \frac{n}{g} \\
&= (n + g)\log(n + g) - n \log n - g \log g\,.
\end{aligned}$$

Wir finden genau den Ausdruck (14) wieder. Auch in diesem Fall sind also die drei Definitionen der Entropie praktisch identisch. Um zwischen P_1, P_2 und P_3 zu unterscheiden, müßte man auch hier — wie beim idealen Gas (viertes Kapitel, Abschnitt 13) — auf die Vernachlässigung von 1 neben g und n verzichten und in der STIRLINGschen Formel mehr als die zwei ersten Glieder benutzen. Die Zusatzglieder sind nicht mehr proportional der Anzahl g von Oszillatoren. Es werden Glieder auftreten, die proportional $\log g$ oder $\log n$ sind und auch solche, die mit wachsendem g oder n abnehmen. Praktisch ist aber die Bedeutung dieser Glieder gleich Null.

Wir haben im vorigen Abschnitt die Verteilung der isothermen Strahlung auf verschiedene Frequenzen untersucht. Die PLANCKsche Rechnung erlaubt uns, die Energieverteilung auf verschiedene Oszillatoren gleicher Frequenz zu bestimmen. Da aber die Begriffe „Oszillator" und „Zelle im Phasenraum" einander äquivalent sind, so bestimmt das nach PLANCK abgeleitete Gesetz für die Verteilung von Energiequanten auf Oszillatoren auch die Verteilung von Photonen auf die Zellen mit bestimmter Energie im Phasenraum.

3. Versuch einer Statistik, die auf Elementarvorgänge anwendbar wäre. Die verschiedenen bis jetzt wiedergegebenen Methoden (BOSE-EINSTEIN, FERMI-DIRAC, PLANCK) haben dasjenige gemeinsam, daß sie sich alle ausschließlich mit der endgültigen Verteilung (von Molekülen, Atomen oder Lichtquanten) beschäftigen, ohne nach dem Mechanismus zu fragen, der zur Einstellung dieser Verteilung führt. Durch Berufung auf die offenbare Gleichheit der Eigenschaften aller untersuchten Teilchen entgeht man der Notwendigkeit, die Geschichte jedes Teilchens einzeln zu verfolgen. Wonach man fragt, ist nur die Anzahl der Teilchen in jeder Zelle. Man kümmert sich nicht darum, wie diese Teilchen dorthin geraten sind.

Diese Art der Untersuchung ist sehr geeignet zur Feststellung des wahrscheinlichsten Zustandes, zur Ableitung der Gleichgewichtsbedingungen usw. Es gibt aber Probleme, die man auf diese Weise nicht aufklären kann. Dies sind die Probleme der *Kinetik* (die denen der chemischen Kinetik analog sind). Z. B. können wir nach der Wahrscheinlichkeit dafür fragen, daß ein bestimmtes Molekül (von gegebener Lage und Geschwindigkeit) mit einem anderen Molekül unter vorgeschriebenen Bedingungen des Druckes und der Temperatur zusammenstößt. Analoge Fragen kann man auch in bezug auf die Wechselwirkung von Molekülen mit Elektronen oder Lichtquanten stellen. Alle diese Fragen sind nach den bisher dargestellten Methoden nicht beantwortbar, da alle statistischen Rechnungen bis jetzt auf einem bewußten Gleichsetzen aller Teilchen (Atome, Quanten, Elektronen . . .), deren Verteilung man untersuchte, beruhten. Bei der Untersuchung der Elementarprozesse ist es aber *ein* bestimmtes Molekül oder *ein* bestimmtes Elektron, dessen Schicksal man verfolgen will. Infolge verschiedener Vorgeschichte besitzen die Teilchen von diesem Standpunkte aus eine Individualität, man darf sie nicht mehr einfach miteinander verwechseln. Um die Elementarvorgänge zu untersuchen und die kinetischen Gesetze abzuleiten, müssen wir von einer Statistik ausgehen, die auf einer *a priori-Identifizierung* der untersuchten Teilchen beruht; die Teilchen müssen an sich alle gleich sein, dürfen aber eine individuell verschiedene Geschichte besitzen. Von dieser Statistik müssen wir fordern, daß sie trotz des abweichenden Ausgangspunktes zu den gleichen Ergebnissen führt, wie die oben angewandten Methoden.

Man kann den Unterschied der beiden Standpunkte noch veranschaulichen, indem man sagt: in den bis jetzt verwandten Statistiken wurden alle Teilchen auf einmal in die zu ihrer Aufnahme bestimmten Zellen geworfen. Jetzt wollen wir dagegen nach den Gesetzen suchen, die wir bei einer sukzessiven Verteilung der einzelnen Gegenstände auf die offenstehenden Zellen zu befolgen haben. Die erste Betrachtungsart ist theoretisch korrekt, entspricht aber keinem praktisch ausführbaren Vorgang. Die zweite beschäftigt sich dagegen mit den Prozessen, die auch in der Natur zu der Einstellung des wahrscheinlichsten Zustandes führen.

Der Verfasser hat gezeigt, daß man auf folgendem Wege zu der gewünschten Lösung kommen kann. Man stelle sich N individuell *verschiedene Kugeln* vor. Sie müssen auf die Energieniveaus $E_1, E_2, \ldots, E_i$ verteilt werden, wobei in die g_i Zellen des i-ten Niveaus n_i Kugeln kommen sollen. In dieser Form ist das Problem sehr ähnlich dem in Abschnitt 13 des vierten Kapitels untersuchten Problem der klassischen Statistik. Jedoch soll jetzt eine neue Hypothese Anwendung finden, die die ganze Sachlage vollkommen ändert.

Diese Hypothese lautet: *Jedes Teilchen soll ein bestimmtes Volumen b im Phasenraum vollständig ausfüllen.* Wenn man das Volumen der einzelnen Zelle als Einheit benutzt, so bleibt also in einer Zelle, die schon ein Teilchen enthält, nur ein „freier Raum" von der Größe $1 - b$ übrig, usw. Die Wahrscheinlichkeit dafür, daß in eine Zelle, die bereits eine Besetzung p aufweist, noch ein Teilchen gelangt, ist dann proportional $(1 - pb)$.

Die klassische Theorie entspricht von diesem Standpunkte aus dem Extremfall $b = 0$. Die einzelnen Teilchen sind in dieser Theorie voneinander vollständig unabhängig und können sich nicht gegenseitig stören. In der FERMI-DIRACschen Theorie ist $b = 1$, jedes Teilchen füllt eine ganze Zelle aus. Um die Formeln von BOSE und EINSTEIN zu gewinnen, muß man die Annahme $b = -1$ machen. Wenn die Wahrscheinlichkeit für die Aufnahme eines Teilchens für eine leere Zelle 1 beträgt, so wird sie bei der Annahme in eine bereits mit einem Teilchen besetzte Zelle gleich 2, für eine Zelle mit 2 Teilchen ist sie gleich 3, allgemein für eine Besetzungszahl p gleich $p + 1$.

Es wurde schon gezeigt, daß die BOSE-EINSTEINsche Statistik den einzigen Weg darstellt, um das PLANCKsche Gesetz aus der Vorstellung des Lichtquantengases abzuleiten. Wir haben schon darauf hingewiesen, daß bei dieser Statistik jede Zelle eine beliebige Anzahl von Teilchen (oder jeder Oszillator eine beliebige Anzahl von Energiequanten $h\nu$) akkumulieren kann. Die vorstehende Bemerkung verschärft noch diese früheren Aussagen. Wenn man das Verhalten der Lichtquanten zeitlich verfolgt, muß man eine Tendenz *zur Anhäufung*, zur Assoziation möglichst vieler Quanten in einer Zelle feststellen. Diese Gruppen von assoziierten Lichtquanten muß man als ein Äquivalent zu den „Wellenzügen" in der klassischen Wellentheorie des Lichtes betrachten. Die Tendenz zur Gruppierung ist offenbar sehr groß, denn wenn die Wahrscheinlichkeit dafür, daß eine Zelle nur ein Teilchen enthält, gleich 1 gesetzt wird, so ist die a priori-Wahrscheinlichkeit dafür, in einer Zelle $(p + 1)$ Teilchen anzutreffen, gleich:

$$1 \cdot 2 \cdot 3 \cdot \cdots \cdot (p + 1) = (p + 1)!\,,$$

wie man dadurch feststellt, daß man die Wahrscheinlichkeiten für das Einfangen des ersten, zweiten, dritten ... [usw. bis zum $(p + 1)$-ten] Teilchens superponiert.

4. Ausbau der vorstehenden Hypothese. Um die Folgen der oben formulierten Hypothese zu entwickeln, werden wir den Überlegungen des Abschnitts 13 (viertes Kapitel) folgen. Wir müssen zuerst unsere N Teilchen auf die Gruppen $n_1, n_2, \ldots, n_i, \ldots$ verteilen, die den Niveaus $E_1, E_2, \ldots, E_i, \ldots$ zugeordnet werden sollen. Für diese Verteilung gibt es:

$$\frac{N!}{n_1!\; n_2! \ldots n_i! \ldots} \tag{19}$$

verschiedene Möglichkeiten. Jetzt nehmen wir uns die n_i Teilchen vor, die auf die g_i Zellen des Niveaus E_i verteilt werden sollen. Für das erste Teilchen gibt es g_i verschiedene freie Plätze, für das zweite $g_i - b$, allgemein für das p-te $g_i - (p-1)b$.

Die Anzahl der unter diesen Umständen möglichen verschiedenen Verteilungen ist:

$$\left.\begin{aligned} & g_i(g_i - b)(g_i - 2b) \ldots [g_i - (n_i - 1)b] \\ & = b^{n_i} \cdot \frac{g_i}{b}\left(\frac{g_i}{b} - 1\right) \cdots \left[\frac{g_i}{b} - (n_i - 1)\right] \\ & = b^{n_i} \cdot \frac{\Gamma\left(\frac{g_i}{b} + 1\right)}{\Gamma\left(\frac{g_i}{b} - n_i + 1\right)}. \end{aligned}\right\} \tag{20}$$

Bei der letzten Umformung machen wir von den Eigenschaften der Γ-Funktion Gebrauch [s. Zusatz 2, Formeln (19) bis (24)]. Die gesamte Anzahl der verschiedenen Verteilungen der N Teilchen auf alle Zellen wird durch das Produkt der Ausdrücke (19) und (20) gegeben:

$$P = N! \prod_i \frac{b^{n_i}\, \Gamma\left(\frac{g_i}{b} + 1\right)}{n_i!\, \Gamma\left(\frac{g_i}{b} - n_i + 1\right)}. \tag{21}$$

Um von der Zahl der Komplexionen zu der Wahrscheinlichkeit einer bestimmten Verteilung überzugehen, muß man (21) durch die Anzahl aller möglichen Verteilungen von N Teilchen auf G Zellen aller Energieniveaus ($G = \sum g_i$) dividieren. Diese Anzahl ist durch den zu (20) analogen Ausdruck:

$$b^N \frac{\Gamma\left(\frac{G}{b} + 1\right)}{\Gamma\left(\frac{G}{b} - N + 1\right)}$$

gegeben. Wir erhalten somit:

$$W = \frac{N!\,\Gamma\left(\frac{G}{b} - N + 1\right)}{b^N \Gamma\left(\frac{G}{b} + 1\right)} \cdot \prod_i \frac{b^{n_i} \Gamma\left(\frac{g_i}{b} + 1\right)}{n_i!\,\Gamma\left(\frac{g_i}{b} - n_i + 1\right)}. \tag{22}$$

Da die Zahlen G, g, N und n sehr groß sind, wenden wir die Stirlingsche Formel an:

$$\left.\begin{aligned} \log W = \frac{1}{b}\left[\sum_i g_i \log g_i - G \log G\right] \\ + N \log N + \left(\frac{G}{b} - N\right) \log(G - bN) \\ + \sum_i \left[-n_i \log n_i + \left(n_i - \frac{g_i}{b}\right) \log(g_i - b n_i)\right]. \end{aligned}\right\} \tag{23}$$

Je nachdem, welchen Wert wir der Größe b zuschreiben, können wir die Formeln der drei verschiedenen Statistiken wiederfinden. Mit $b = 0$ wird die Rechnung identisch mit der des Abschnittes 14 (viertes Kapitel) und führt zu den Formeln der klassischen Statistik. Wir können dieses zeigen, indem wir in (23) b gegen Null streben lassen. Der Ausdruck:

$$\frac{g}{b} \log g + \left(n - \frac{g}{b}\right) \log(g - bn) = -\frac{g}{b} \log\left(1 - b\frac{n}{g}\right) + n \log(g - bn)$$

konvergiert dabei gegen:

$$n(\log g + 1),$$

und wir erhalten somit die Formel (32) des Abschnittes 14 (viertes Kapitel) wieder.

Wenn wir $b = 1$ setzen, kommen wir zu den Formeln von Pauli, Fermi und Dirac [fünftes Kapitel, Abschnitt 3, Formel (21a)].

Um zu den Aussagen der Bose-Einsteinschen Statistik zu gelangen, ist man, wie schon oben bemerkt, genötigt, für b den Wert $b = -1$ anzunehmen.

Bei diesem Vergleich haben wir die Werte der Wahrscheinlichkeit W benutzt. Diese besitzen, wie schon im vierten Kapitel (Abschnitt 12) bemerkt wurde, den Vorzug, bis zu einem gewissen Grade von der Annahme identischer oder unterscheidbarer Teilchen unabhängig zu sein.

5. Vergleich der Anzahl von Komplexionen nach den verschiedenen Hypothesen. Um vollständig zu sein, muß unser Vergleich auch auf die Ausdrücke für die Komplexionenzahlen P ausgedehnt werden. Wir haben dafür die allgemeine Formel (21) abgeleitet. Durch Einsetzen der verschiedenen b-Werte erhalten wir daraus[1]:

$$\left.\begin{aligned} b &= 1, & P &= N! \prod_i \frac{g_i!}{n_i!\,(g_i - n_i)!}, \\ b &= 0, & P &= N! \prod_i \frac{g^{n_i}}{n_i!}, \\ b &= -1, & P &= N! \prod_i \frac{(g_i + n_i - 1)!}{n_i!\,(g_i - 1)!}. \end{aligned}\right\} \tag{24}$$

Die erste Formel (24) ist mit der Formel (20) des fünften Kapitels (Abschnitt 3) zu vergleichen, die aus der Fermi-Diracschen Theorie folgt, die zweite mit der klassischen Formel (29) des vierten Kapitels (Abschnitt 13). Die dritte erinnert an die Bose-Einsteinsche Formel (11) im fünften Kapitel (Abschnitt 2).

In allen Fällen sind aber die Ausdrücke (24) im Verhältnis $N!$ größer, als die aus der Vorstellung von identischen Teilchen abgeleiteten Formeln.

Was hat dieser Faktor $N!$ zu bedeuten? Es lohnt sich, ihn näher zu betrachten; denn es wurden schon früher [viertes Kapitel, Abschnitt 13, Gleichung (31)] die Schwierigkeiten angedeutet, die bei der „nachträglichen" Identifizierung der Atome oder Photonen entstehen. Die Division durch $N!$ ist zunächst

---

[1] Um die dritte Formel zu erhalten, setze man $b = \frac{-1}{1-\varepsilon}$, wo ε sehr klein ist, und wende die Formel (22) des Zusatzes 2 an:

$$\Gamma\left(\frac{g}{b} + 1\right) = \Gamma(1 - g + g\,\varepsilon) = \frac{1}{\Gamma(g - g\,\varepsilon)} \cdot \frac{\pi}{\sin \pi\, g(1-\varepsilon)}$$
$$= \frac{(-1)^g}{g\,\varepsilon} \cdot \frac{1}{\Gamma(g - g\,\varepsilon)} \backsimeq \frac{(-1)^g}{g\,\varepsilon\,(g-1)!};$$

in analoger Weise erhält man:

$$\Gamma\left(\frac{g}{b} - n + 1\right) = \frac{(-1)^{n+g}}{g\,\varepsilon} \cdot \frac{1}{\Gamma(g + n - g\,\varepsilon)} \backsimeq \frac{(-1)^{n+g}}{g\,\varepsilon\,(g + n - 1)!}.$$

Im Grenzfall, wenn ε gegen Null strebt, kompensieren sich die Potenzen von (-1) mit b^n, und man erhält in dieser Weise aus (21) die Formel (24 III).

nur erlaubt, wenn jede Zelle höchstens ein Teilchen enthält, d. h. in der Hypothese von FERMI-DIRAC ($b = 1$). In den beiden übrigen Fällen ($b = 0$ und $b = -1$) kann eine Zelle mehrere Teilchen enthalten, und wir müssen uns mit der Frage nach ihrem Verhalten etwas genauer beschäftigen.

Greifen wir irgendeine spezielle Verteilung heraus, die durch m_1 „einfach besetzte", m_2 „doppelt besetzte", allgemein m_s „s-fach besetzte" Zellen gekennzeichnet ist. Welche Wahrscheinlichkeit haben wir einer solchen Verteilung zugeordnet? Für die Zellen, die ein einziges Teilchen enthalten, setzten wir die a priori-Wahrscheinlichkeit gleich 1. Für das erste Teilchen in einer doppelt besetzten Zelle war die Wahrscheinlichkeit 1, für das zweite $1 - b$, die Gesamtwahrscheinlichkeit also $1\,(1 - b)$. Durch Verallgemeinerung gewinnt man den folgenden Ausdruck für die a priori-Wahrscheinlichkeit einer s-fach besetzten Zelle:

$$1(1 - b)(1 - 2b)\ldots[1 - (s - 1)b].$$

Die von uns betrachtete Verteilung wird als Ganzes durch den Wahrscheinlichkeitskoeffizienten:

$$1^{m_1}[1(1 - b)]^{m_2}\ldots\{1(1 - b)(1 - 2b)\ldots[1 - (s - 1)b]\}^{m_s} \qquad (25)$$

gekennzeichnet. Andererseits haben wir in Abschnitt 13 des vierten Kapitels [Gleichung (31)] die Anzahl der Verteilungen solcher Art bestimmt, die in der Hypothese der individuell verschiedenen Teilchen als besondere Verteilungen gelten, in der Hypothese der identischen Teilchen jedoch als eine einzige Verteilung angesehen werden müssen. Diese Anzahl beträgt:

$$\frac{N!}{1^{m_1}(2!)^{m_2}\ldots(s!)^{m_s}}.$$

Um von der Komplexionenzahl (24) für unterscheidbare Objekte zu der Komplexionenzahl für identische Objekte überzugehen, müssen wir aber, wie im Anfang dieses Abschnittes gezeigt wurde, die erste Zahl einfach mit $N!$ — und nicht mit dem eben angeführten Ausdruck [viertes Kapitel, Gleichung (31)] — dividieren.

Dieses Verfahren bedeutet, daß man gleichzeitig auch den a priori-Wahrscheinlichkeitskoeffizienten ändert, den man den mehrfach besetzten Zellen zuordnet. Wenn wir die Anzahl der Komplexionen durch $N!$, statt durch den obigen Ausdruck [viertes

Kapitel, Gleichung (31)] dividieren, so führen wir damit an Stelle des Faktors (25) den Wahrscheinlichkeitsfaktor:

$$\frac{1^{m_1}[1(1-b)]^{m_2}\ldots\{1(1-b)\ldots[1-(s-1)b]\}^{m_s}}{1^{m_1}(2!)^{m_2}\ldots(s!)^{m_s}} \tag{26}$$

für die oben betrachtete Verteilung ein. Eine s-fache Besetzung einer Zelle hätte demnach die Wahrscheinlichkeit:

$$\frac{1(1-b)(1-2b)\ldots[1-(s-1)b]}{1.\ 2.\ 3.\ \ldots.\ s}. \tag{26a}$$

In der „klassischen" Hypothese ist $b = 0$. Wenn die Teilchen als unterscheidbar angesehen werden, sichert diese Annahme ihre Unabhängigkeit. Die Chance für eine weitere Besetzung einer Zelle bleibt 1, unabhängig von der Anzahl der schon darin enthaltenen Teilchen. Indem wir bei der Identifizierung der Teilchen durch $N!$ dividieren, ändern wir den Wahrscheinlichkeitsfaktor für die mehrfache Besetzung. Statt 1 wird er nach (26a) gleich $1/s!$. Eine wiederholte Besetzung von Zellen, die bereits mehrere Teilchen enthalten, wird in dieser Weise bedeutend erschwert.

Die Annahme $b = -1$ führt uns im Falle von unterscheidbaren Teilchen zu etwas merkwürdigen statistischen Folgerungen: die Wahrscheinlichkeit dafür, daß ein Teilchen in eine bestimmte Zelle gerät, wird um so größer, je mehr Teilchen diese Zelle bereits enthält. Auch hier änderten wir aber diese Wahrscheinlichkeit in dem Augenblick des Überganges zu identischen Objekten. Die a priori-Wahrscheinlichkeit einer s-fach besetzten Zelle wird nach (26a) gleich 1. Es ist also natürlich, daß wir auf diesem Wege zu den Formeln der Theorie von Bose-Einstein kommen, die ja auf der Hypothese der gleichen Wahrscheinlichkeit aller Besetzungszahlen beruht.

Wir können unsere Methode auch an einem anderen Beispiel prüfen, nämlich an dem in Abschnitt 9 des vierten Kapitels diskutierten. Wir haben dort festgestellt, daß es in der Rechnung von Jeans notwendig ist, die Energiequanten als ununterscheidbar anzusehen. Wenn wir jetzt die Hypothese von individuell verschiedenen Quanten einführen wollen, so müssen wir — genau wie oben — neue Verteilungsgesetze für diese Quanten aufstellen. Nehmen wir den Fall von Lichtquanten. Stellen wir uns eine große Anzahl N davon vor, die alle individuell verschieden sein mögen, obwohl sie die gleiche Energie $q = h\nu$ haben. Wir schreiben

m davon dem Resonator und $(N-m)$ dem Thermostaten zu. Diese Verteilung kann auf $\frac{N!}{m!(N-m)!}$ verschiedene Weisen geschehen. Nun verteilen wir die m Photonen des Resonators. Für das erste gibt es eine Möglichkeit; für das zweite $(1-b)=2$, usw. Insgesamt gibt es also:

$$1.\,2.\,3.\,\ldots\,.\,m = m!$$

verschiedene Verteilungen. Um die verbleibenden $(N-m)$ Lichtquanten des Thermostaten zu verteilen, müssen wir die Anzahl g der in ihm enthaltenen Resonatoren von der Frequenz ν berücksichtigen. Die Anzahl der verschiedenen Arten, auf die die Verteilung der $(N-m)$ Photonen durchgeführt werden kann, ist dann:

$$g(g+1)\ldots(g+N-m-1) = \frac{(g+N-m-1)!}{(g-1)!}.$$

Der Vergleich der gewonnenen Formeln lehrt, daß die Wahrscheinlichkeit, auf einem Resonator im Kontakt mit einem Thermostaten m Energiequanten zu finden, durch den Ausdruck:

$$N!\,\frac{(g+N-m-1)!}{(g-1)!(N-m)!}$$

bestimmt ist. Die Fakultäten $m!$ heben sich auf. Diese Rechnung beruht auf der Vorstellung von unterscheidbaren Photonen und ihrem Streben zur Anhäufung $(b=-1)$. Die Gleichgewichtsverteilung der Photonen auf die $(g+1)$ Resonatoren (g im Thermostaten und 1 außen) bei der Temperatur T wird durch den Ausdruck:

$$N = \frac{g+1}{e^{\frac{q}{kT}}-1}\,; \qquad \frac{N+g+1}{N} = e^{\frac{q}{kT}}$$

bestimmt; denn der dritten Formel (24) ist die Formel (11) des fünften Kapitels äquivalent, und diese letztere führt zur Gleichung (17). Wenden wir die STIRLINGsche Formel auf das früher erhaltene Ergebnis an:

$$\begin{aligned}\log\frac{(g+N-m-1)!}{(g-1)!(N-m)!} &= (g+N-m-1)\log(g+N-m-1)\\ &\quad-(g-1)\log(g-1)-(N-m)\log(N-m)\\ &= (g+N-1)\log(g+N-1)\\ &\quad-(g-1)\log(g-1)\\ &\quad-N\log N - m[\log(g+N-1)-\log N]\\ &\quad+m^2(\ldots)+\cdots = A-\frac{mq}{kT}.\end{aligned}$$

Dieses Ergebnis wird durch die Entwicklung in eine Taylorreihe (in bezug auf m, das klein gegen N angenommen werden kann) gewonnen. Man berücksichtigt die vorangehende Formel und vernachlässigt 1 neben $N + g$. A stellt die Zusammenfassung der konstanten Glieder dar. Insgesamt ergibt sich die Wahrscheinlichkeit dafür, m Quanten auf einem Oszillator im Kontakt mit einem Thermostaten zu finden, zu:

$$N!\, e^{A - \frac{m q}{k T}} = \text{konst.}\, e^{-\frac{m q}{k T}},$$

— was genau dem m-ten Glied in Formel (18) des vierten Kapitels entspricht, die mit Hilfe der gewöhnlichen Statistik und der Vorstellung von untereinander gleichen Photonen gewonnen wurde.

Es kann merkwürdig erscheinen, daß wir die Koeffizienten b in einer solchen Weise wählen, daß die daraus für die Wahrscheinlichkeit W gewonnenen Ausdrücke sich zu einem leichten Vergleich eignen und nicht darauf achten, daß die Rückkehr zur Zahl der Komplexionen ziemlich kompliziert erscheint. Dies entspricht aber gerade den Forderungen der Praxis, wie wir es weiter unten bei den Anwendungen auf die Probleme der Reaktionsgeschwindigkeit erkennen werden.

Was wir dort werden bestimmen müssen, ist die relative Wahrscheinlichkeit der verschiedenen Zustände. Die Anzahl der Komplexionen wird dagegen nicht explizite vorkommen. Sie ist nur für die Berechnung der Entropie von Bedeutung.

6. Energieschwankungen in der isothermen Strahlung. Um die Energieschwankungen zu bestimmen, fragen wir nach der Wahrscheinlichkeit der Verteilungen, die nur wenig von der wahrscheinlichsten Verteilung abweichen. Die Ableitungen können in einer sehr allgemeinen Weise ausgeführt werden, so daß sie sich auf alle drei Typen der Statistik (mit $b = 0$, -1 oder $+1$) anwenden lassen.

Die Formel (23) gibt uns für eine Variation δn_i der Anzahl der Photonen, die dem Niveau i entsprechen:

$$\left.\begin{aligned} \delta \log W &= \delta N \log \frac{N}{G - bN} - \sum \delta n_i \log \frac{n_i}{g_i - b n_i} \\ &= \sum \delta n_i \log \frac{N}{n_i} \cdot \frac{g_i - b n_i}{G - bN}\,; \end{aligned}\right\} \tag{27}$$

denn die Variation δN ist die Summe der Variationen δn_i. Der logarithmische Koeffizient von δn_i stellt die Abgeleitete $\partial \log W / \partial n_i$ dar. Eine zweite Differentiation ergibt:

$$\left.\begin{aligned} \frac{\partial^2 \log W}{\partial n_i^2} &= \frac{1}{N} + \frac{b}{G - bN} - \frac{1}{n_i} - \frac{b}{g_i - b n_i} \\ &= \frac{G}{N(G - bN)} - \frac{g_i}{n_i(g_i - b n_i)} = -A\,. \end{aligned}\right\} \tag{28}$$

Betrachten wir nunmehr eine Verteilung, die der wahrscheinlichsten eng benachbart ist. Es seien $n_1 + m_1, \ldots, n_i + m_i, \ldots$ die ihr entsprechenden Photonenzahlen. Entwickeln wir $\log W$ in eine TAYLORsche Reihe:

$$\log W = \log W_{\max} + \sum_i m_i \frac{\partial \log W}{\partial n_i} + \frac{1}{2} \sum_i m_i^2 \frac{\partial^2 \log W}{\partial n_i^2}\,.$$

Für die wahrscheinlichste Verteilung ($W_{\max}$) verschwindet die Summe der Glieder erster Ordnung, wenn man die Bedingungen:

$$\sum n_i E_i = U\,, \qquad \sum m_i E_i = 0$$

(konstante Gesamtenergie) berücksichtigt. Wir haben tatsächlich (vgl. oben Abschnitt 1, sowie Abschnitt 2 und Abschnitt 3 im fünften Kapitel):

$$\frac{\partial \log W_{\max}}{\partial n_i} = \alpha + \beta E_i\,.$$

α ist von Null verschieden, wenn $\sum m_i$ gleich Null ist; bei $\sum m_i \neq 0$ ist dagegen $\alpha = 0$. Es bleibt jetzt nur der Ausdruck:

$$\log W = \log W_{\max} - \sum_i \frac{A\, m_i^2}{2} + \cdots$$

übrig. Daraus folgt:

$$W = W_{\max} \cdot \prod_i e^{-\frac{A m_i^2}{2}}\,. \tag{29}$$

Daraus bestimmt sich das mittlere Schwankungsquadrat (s. Formel (18) im Zusatz 2] zu:

$$\overline{m_i^2} = \frac{1}{A}\,. \tag{30}$$

Sehen wir jetzt zu, zu welchen Folgerungen die verschiedenen Statistiken führen. In der PAULI-FERMI-DIRACschen Theorie mit

$b = 1$ sind die Ergebnisse kompliziert. Wenn N sehr klein gegen G ist, bleibt von dem Ausdruck für $\overline{m_i^2}$ nur:

$$\overline{m_i^2} = \frac{-1}{\frac{1}{N} - \frac{1}{n_i\left(1 - \frac{n_i}{g_i}\right)}} \qquad (b = 1, \quad N \ll G) \tag{31}$$

übrig. Wenn man außerdem noch N als groß gegenüber n_i annimmt, so ist:

$$\overline{m_i^2} = n_i - \frac{n_i^2}{g_i}. \tag{31a}$$

Dieselbe Formel erhält man auch, wenn man fordert, daß N konstant bleiben soll, wodurch die Glieder mit N und G in (27) und (28) zum Verschwinden gebracht werden. Diese Ergebnisse können in der Theorie des entarteten Gases Anwendung finden.

Für die Strahlung sind die beiden anderen Statistiken ($b = 0$ oder -1) von größerer Bedeutung. In diesem Fall ist – bei vorgegebener Gesamtenergie – die Anzahl N völlig unbestimmt, oder, genauer gesagt, N ist unendlich, denn wir können, ohne die Gesamtenergie zu ändern, stets noch Teilchen in die Zelle mit der Energie Null zufügen. Die Ausdrücke vereinfachen sich unter diesen Umständen bedeutend, denn in (28) ist jetzt das erste Glied gleich Null. Die Formel (30) ergibt jetzt:

$$\left.\begin{aligned} b &= 0, & \overline{m_i^2} &= n_i \\ b &= -1, & \overline{m_i^2} &= n_i + \frac{n_i^2}{g_i}. \end{aligned}\right\} \tag{32}$$

Die erste Formel (32) gilt für die klassische Statistik, angewandt auf unterscheidbare und vollkommen voneinander unabhängige Teilchen. Die zweite bezieht sich auf Teilchen, die ebenfalls individuelle Existenz haben, aber durch eine Tendenz zur Anhäufung ausgezeichnet sind. Man kann diese Formel auch nach den Methoden von Bose-Einstein oder von Planck ableiten, angewandt auf Teilchen, die voneinander a priori nicht unterschieden werden können und deren unbegrenzte Akkumulation in einer Zelle erlaubt ist.

Erinnern wir uns an die Diskussion in Abschnitt 12 (viertes Kapitel). Dort wurden die Schwankungen der Strahlung von einem ganz anderen Standpunkt aus untersucht. Wir betrachteten das PLANCKsche Gesetz als von der Erfahrung gegeben und fragten nach den durch dieses Gesetz bedingten Schwankungen. Das Ergebnis sollte uns zur Aufklärung der Struktur der Strahlung dienen. An dieser Stelle gehen wir den umgekehrten Weg: wir bestimmen die Schwankungen, die den verschiedenen Grundannahmen über die Natur der Strahlung entsprechen müßten.

Die erste Formel (32) ist dieselbe, die im Abschnitt 12 [Gleichung (26)] abgeleitet wurde. Sie entspricht, wie schon erwähnt, dem Fall von unabhängigen, a priori unterscheidbaren Objekten.

Die zweite Formel (32), die auf der Vorstellung von der Neigung der Quanten zur Anhäufung beruht, stellt den richtigen Ausdruck für die Schwankungen der isothermen Strahlung dar. Um sie mit der Gleichung (25) des Abschnittes 12 (viertes Kapitel) zu vergleichen, genügt es mit $h^2\nu^2$ zu multiplizieren. Bezeichnen wir mit $E(=nh\nu)$ die Gesamtenergie von n Quanten; ε sei die ihr entsprechende Schwankung $mh\nu$. Wir erhalten dann:

$$\overline{\varepsilon^2} = h\nu E + \frac{E^2}{g},$$

mit:

$$g = \frac{8\pi V\nu^2 d\nu}{c^3}.$$

Dieser Ausdruck ist mit Formel [(25), viertes Kapitel] tatsächlich identisch. Das Streben der Photonen zur Anhäufung in regelmäßigen Gruppen spielt dieselbe Rolle, wie das Auftreten von Wellenzügen in der Wellentheorie. Man findet im Ausdruck für die Schwankungen auch das zu E^2 proportionale Glied, das gewöhnlich auf die Interferenz zurückgeführt wird, wieder. Dieser Punkt wurde von BOTHE hervorgehoben. Gegen seinen Beweis können aber Einwände erhoben werden, während unsere oben gegebene Ableitung die Sachlage vollkommen klärt.

7. Emission und Absorption der Strahlung durch ein Atom. Der erste Versuch einer Ableitung der Gesetze, die bei der Absorption und Emission von Licht durch die Atome ins Spiel treten, wurde 1917 von EINSTEIN durchgeführt. Die von ihm aufgestellten Prinzipien haben in der Geschichte der Atomtheorie eine wichtige Rolle gespielt. Die von EINSTEIN angewandte Methode war weitgehend empirisch. Er ging von sehr allgemeinen Gesichtspunkten aus und gab ihnen eine genauere Formulierung nur dadurch, daß er das PLANCKsche Gesetz von vornherein als notwendiges Ergebnis der Rechnungen postulierte.

Wir können jetzt anders vorgehen und die EINSTEINschen Regeln direkt aus den statistischen Prinzipien ableiten, die wir in den vorangehenden Abschnitten kennengelernt haben. Betrachten wir ein Atom oder ein Molekül, dessen quantentheoretisch erlaubten Zustände die Energien:

$$E_1, E_2, \ldots, E_l, E_m, \ldots$$

besitzen mögen.

Unter diesen Energiewerten dürfen einige untereinander gleich sein. Wir werden solche Fälle noch näher betrachten. An dieser Stelle nehmen wir an, daß die Untersuchung der betreffenden Atome bis zu einer vollkommen eindeutigen Kennzeichnung jedes — durch einen Index $1, 2, \ldots, l, m, \ldots$ beschriebenen — Zustands durchgeführt worden ist. Im Falle des Wasserstoffatomes besteht diese vollständige Kennzeichnung in der Angabe der vier Quantenzahlen, drei für die Umlaufbahn des Elektrons und einen für seinen Drall.

Diese vier Quantenzahlen reichen aus, um die Energie eines ruhenden Wasserstoffatomes eindeutig zu bestimmen. Wenn das Atom frei ist, so kann es sich noch als Ganzes in dem ihm zur Verfügung gestellten Raum bewegen. Dieser translatorischen Bewegung entsprechen drei weitere Quantenzahlen. Dadurch wird, nach den Angaben vom vierten Kapitel, die Zelle h^3 bestimmt, der das Atom angehört.

Wir stellen uns nun vor, daß sich das betrachtete Atom in einem Hohlraum von der Temperatur T befindet, das Atom ist also von einer isothermen Strahlung von dieser Temperatur umgeben. Die relative Wahrscheinlichkeit seiner verschiedenen Zustände im Gleichgewicht mit dieser Strahlung ist durch die Formel (15) des Abschnitts 8, viertes Kapitel, gegeben:

$$\overline{w}_l = e^{\frac{\psi - E_l}{kT}}.$$

Die Größen $\overline{w}_l$ bestimmen die mittlere Verweilzeit jedes Atoms in dem l-ten Zustand. Wenn sich die Beobachtung über eine genügend lange Zeit τ erstreckt, so muß jedes Atom abwechselnd alle energetischen Zustände durchlaufen. Dabei wird die Summe aller Zeitintervalle, während der es sich im l-ten Zustand befindet, durch den Ausdruck $\overline{w}_l \tau$ bestimmt sein.

Wir wollen jetzt die Bedingungen, unter denen eine Umwandlung des Atoms aus dem Zustand E_l in den Zustand E_m stattfindet, näher betrachten. Die Energie E_m sei größer als E_l. Die Umwandlung muß durch die Absorption einer Frequenz ν bedingt sein, die der Gleichung:

$$h\nu = E_m - E_l \tag{33}$$

entspricht.

Es sei zunächst angenommen, daß sich das Atom vor der Umwandlung in bezug auf die Wände des Hohlraumes in Ruhe befindet.

Die Energie $h\nu$ wird dem Strahlungsfeld entnommen. Bei dem umgekehrten Prozeß $l \to m$ wird ein gleicher Energiebetrag vom Atom an die Strahlung abgegeben. Das Atom tauscht also seine Energie mit einem der g Resonatoren der Frequenz ν aus. Man kann auch sagen, daß das Atom ein Photon aus der einen der g Zellen absorbiert, die der Strahlung dieser Frequenz entsprechen. Es wurde schon oben (Abschnitt 1 und 2) wiederholt darauf hingewiesen, daß die Begriffe „Resonator" und „Phasenraumzelle" Synonyme sind.

Im thermischen Gleichgewicht sei die mittlere Anzahl der Photonen in einer Zelle gleich $\bar{p}$; wir haben dann nach (6):

$$g\bar{p} = n, \qquad \frac{n}{g+n} e^{\frac{h\nu}{kT}} = 1. \tag{34}$$

Die Anzahl g der Zellen und die Anzahl n der Quanten von der Frequenz ν sind für ein Volumen V durch die Gleichungen:

$$g = V\frac{8\pi\nu^2 d\nu}{c^3}, \qquad nh\nu = V\varrho(\nu, T)\,d\nu \tag{35}$$

gegeben, worin ϱ die Energiedichte der Strahlung ν (bis $\nu + d\nu$) bedeutet.

Bei der *Absorption* nimmt das Atom einen Lichtquant aus einer ν-Zelle auf. Wir setzen die Wahrscheinlichkeit eines solchen Vorganges proportional der Zahl g der Zellen und der Zahl $\bar{p}$ der Quanten in jeder Zelle:

$$P_{lm} = a_{lm}\, g\bar{p} = a_{lm}\, n, \tag{36}$$

wo a_{lm} einen numerischen Koeffizienten bedeutet. Die Anzahl der Absorptionsvorgänge in der Zeiteinheit erhält man durch Multiplikation von P_{lm} mit der relativen Verweilzeit $\bar{w}_l$ im l-ten Zustand:

$$\Pi_{lm} = a_{lm}\, n\, e^{\frac{\psi - E_l}{kT}}. \tag{37}$$

Welche Formeln gelten nun für den umgekehrten Vorgang, für die Rückkehr des Atoms aus dem Zustand m in den Zustand l unter Emission des Quantes $h\nu$? Wenn das Atom dieses Photon aussendet, so muß das letztere von einem der g Resonatoren (einer der g Zellen) aufgenommen werden, die der Frequenz ν entsprechen. Die Wahrscheinlichkeit dafür muß proportional $1 + \overline{p}$ gesetzt werden, wie dies aus den Abschnitten 3 und 4 dieses Kapitels folgt. Wir setzen also:

$$P_{ml} = a_{ml}\, g(1 + \overline{p}) = a_{ml}\,(g + n) \tag{38}$$

und:

$$\Pi_{ml} = a_{ml}\,(g + n)\, e^{\frac{\psi - E_m}{kT}}. \tag{39}$$

Wir schreiben nun die Gleichgewichtsbedingung (gleiche Anzahl von Umwandlungen in beiden Richtungen) auf:

$$1 = \frac{\Pi_{lm}}{\Pi_{ml}} = \frac{a_{lm}}{a_{ml}} \cdot \frac{n}{g + n}\, e^{\frac{h\nu}{kT}} = \frac{a_{lm}}{a_{ml}}. \tag{40}$$

Die Beziehung (33) hat uns eine Umformung des Exponenten erlaubt, und die Bedingung (34) führte zu einer endgültigen Vereinfachung der Formel. Die Koeffizienten a_{lm} und a_{ml} müssen demnach gleich sein. Welche Gesetze der Absorption und Emission ergeben sich aus dieser Ableitung? Für die Absorption ist ihre Formulierung einfach: die Beziehung (36) ergibt:

$$P_{lm} = a_{lm}\, n = B_{lm}\, \varrho(\nu, T) \tag{41}$$

mit:

$$B_{lm} = a_{lm} \frac{V}{h\nu}\, d\nu.$$

Die Absorption ist demnach proportional der Energiedichte der entsprechenden Strahlung.

Für die Emission finden wir:

$$P_{ml} = a_{lm}\,(g + n) = A_{lm} + B_{lm}\,\varrho, \tag{42}$$

mit:

$$A_{lm} = a_{lm}\, g = a_{lm} V \frac{8\pi\nu^2\, d\nu}{c^3} = B_{lm} \frac{8\pi h\nu^3}{c^3}.$$

Dieses ist das Einsteinsche Gesetz: die Aussendung eines Strahlungsquantes $h\nu$ kann spontan mit einer Wahrscheinlichkeit A_{lm} geschehen; in einem Strahlungsfeld von der Frequenz ν wird aber die Wahrscheinlichkeit der Emission um einen der Strahlungsdichte proportionalen Betrag erhöht. Das Glied $B_{lm}\,\varrho$ in (42), das diesem Einfluß des Feldes Rechnung trägt, nennt man die Wahrscheinlichkeit der *erzwungenen Ausstrahlung*.

8. Diskussion; Fall der Entartung. Die ganze Ableitung beruht auf einer einfachen Hypothese, die uns zu der Beziehung (40) führte: Wir nehmen an, daß jede Umwandlung im Gleichgewicht durch eine vollständig entsprechende Umwandlung in entgegengesetzter Richtung kompensiert wird. Dies ist die Hypothese des *vollständigen (oder mikroskopischen) Gleichgewichtes*, das nicht nur in bezug auf den Gesamtzustand, sondern auch in bezug *auf alle Einzelvorgänge* herrschen soll. Nicht immer hat man diese Annahme gemacht. Oft wurde angenommen, daß sich z. B. die PLANCKsche Energieverteilung zwar als Ergebnis aller Einzelprozesse zusammen einstellt, nicht aber ein entsprechendes Gleichgewicht jedes Einzelprozesses für sich voraussetzt. Dieser Standpunkt scheint aber unlogisch zu sein. Denn wenn irgendwelche isotherme Prozesse an sich zu einem Verteilungsgesetz führen, das von dem PLANCKschen abweicht, so wäre es sicher möglich, experimentelle Bedingungen zu finden, unter denen diese Prozesse besonders begünstigt erschienen gegenüber denen, die gewöhnlich ihren Einfluß kompensieren. Man müßte dann Energieverteilungen beobachten, die von dem PLANCKschen Gesetz abweichen. Solche Beobachtungen sind aber niemals gemacht worden. Es ist also folgerichtig anzunehmen, daß jede Wechselwirkung zwischen Materie und Strahlung schon an sich zu der PLANCKschen Energieverteilung führt. G. N. LEWIS hat wiederholt darauf hingewiesen, daß man ohne die Annahme eines solchen mikroskopischen Gleichgewichts nicht auskommt.

Es kann vorkommen, daß das betrachtete atomare System eine *Entartung* zeigt, d. h. daß mehrere Zustände des Systems gleiche Energie besitzen. Man wird dann in einer vollständigen Analyse des Problems γ_l verschiedene Komplexionen mit der Energie E_l zu berücksichtigen haben, die nach den Werten eines neuen Parameters l' unterschieden werden müssen. Dem Niveau E_m werden γ_m Konfigurationen entsprechen, die wiederum zu Gruppen mit verschiedenen Werten eines Parameters m' vereinigen werden. Die Niveaus $E_{l l'}$ bzw. $E_{m m'}$ sind nur so lange gleich, als kein äußeres Störungsfeld die Entartung aufhebt.

Alle oben gemachten Ableitungen bleiben ohne weiteres gültig, wenn man sie auf die Elementarprozesse $l, l' \leftrightarrow m, m'$ anwendet.

Wir müssen aber die *Auswahlregeln* berücksichtigen. Es wird nicht möglich sein, von jeder beliebigen der γ_l Komplexionen des Zustandes E_l zu jeder der γ_m Komplexionen des Zustandes E_m überzugehen. Die erlaubten Änderungen des zweiten Index werden gewissen Bedingungen entsprechen müssen. Für jede dieser Umwandlungen können wir die Gesetze (41) und (42) der Absorption und der Emission ableiten. Ihre Koeffizienten werden Funktionen der beiden Indizes sein: $A(l, l'; m, m')$ und $B(l, l'; m, m')$, solange alle Energieniveaus getrennt bleiben. Was geschieht nun mit ihnen beim Verschwinden des äußeren Feldes und Eintreten der Entartung?

Die Intensität der unter diesen Umständen beobachteten Spektrallinien muß gleich der Summe der Intensitäten ihrer Komponenten sein, die man bei Anwesenheit eines störenden Feldes getrennt beobachtet. Diese Regel der *spektroskopischen Stabilität* zeigt uns, wie wir die Bedingungen für die Emission und Absorption durch ein entartetes Atom zu formulieren haben. Wir führen die „Gewichte" γ_l und γ_m des Anfangs- und des Endzustandes des atomaren Systems ein, die wir gleich der Gesamtzahl der zusammenfallenden Einzelzustände setzen.

Wir nennen dann, wie im vorigen Abschnitt:

$$A(m, l), \qquad B(m, l), \qquad B(l, m)$$

die Wahrscheinlichkeitskoeffizienten, die die Emission und Absorption bestimmen. Die Wahrscheinlichkeit der Emission ist dann proportional:

$$P_{ml} = \gamma_m [A(m, l) + B(m, l)\,\varrho],$$

und die der Absorption proportional:

$$P_{lm} = \gamma_l B(l, m)\,\varrho.$$

Aus der spektroskopischen Stabilitätsbedingung folgen dann die Beziehungen:

$$\gamma_l B(l, m) = \gamma_m B(m, l) = \sum_{l', m'} B(l, l'; m, m'),$$

$$\gamma_m A(m, l) = \sum_{l', m'} A(l, l'; m, m').$$

Unter Berücksichtigung von (40) und (42) folgt daraus:

$$\gamma_l B(l, m) = \gamma_m B(m, l) = \gamma_m A(m, l) \frac{c^3}{8\pi h \nu^3}. \tag{42 a}$$

9. COMPTON-Effekt; allgemeine Formeln für alle Vorgänge, an denen das Licht beteiligt ist. In dem Beispiel, das wir soeben behandelt haben, wurden Absorption und Emission getrennt behandelt. In vielen Fällen müssen wir aber mit einem gleichzeitigen Auftreten beider Prozesse rechnen. Ein Quant wird absorbiert, ein anderes gleichzeitig emittiert. Welche Wahrscheinlichkeitsgesetze sind dann anzuwenden? Viele Autoren haben dieses Problem zu lösen gesucht, indem sie von den EINSTEINschen Grundsätzen ausgingen. Man fing mit der Aufstellung einfacher a priori-Regeln an und bestimmte dann die zunächst willkürlichen Wahrscheinlichkeitskoeffizienten durch die Forderung, daß man bei ihrem Einsetzen das PLANCKsche Gesetz wiederfinden muß.

Viel einfacher lassen sich aber dieselben Ergebnisse aus den statistischen Grundsätzen der Abschnitte 3 und 4 ableiten. Wir beginnen mit dem Beispiel des COMPTON-Effektes, der gewöhnlich als ein Zusammenstoß eines Lichtquants mit einem Elektron betrachtet wird.

Die Bedingungen des Prozesses können folgendermaßen kurz beschrieben werden: Vor dem Stoß haben wir ein Lichtquant $h\nu_1$ und ein Elektron mit der kinetischen Energie E_1. Nach dem Zusammenstoß ein Lichtquant $h\nu_2$ und ein Elektron mit der Energie E_2. Vom Standpunkt der Strahlungsstatistik besteht also der Vorgang darin, daß man ein Quant aus der Zelle A_1 (Frequenz ν_1) entnimmt und eins in die Zelle A_2 (Frequenz ν_2) setzt.

Das Gesetz der Erhaltung der Energie gibt:

$$h\nu_1 + E_1 = h\nu_2 + E_2. \tag{43}$$

Wenn p_1 und p_2 die Anzahl der Photonen in den Zellen A_1 und A_2 vor dem Stoß bedeuten, so sind die Besetzungszahlen nach dem Stoß $p_1 - 1$ und $p_2 + 1$. Unsere statistischen Regeln besagen, daß die Wahrscheinlichkeit für die Entnahme eines Quants aus A_1 proportional p_1 ist und daß die Wahrscheinlichkeit dafür, daß ein Quant in die Zelle A_2 eintritt, proportional $1 + p_2$ gesetzt werden muß. Die resultierende Wahrscheinlichkeit des Überganges von A_1 nach A_2 ist also:

$$P_{12} = a_{12}\, p_1 (1 + p_2). \tag{44}$$

Der umgekehrte Vorgang würde in einem Übertritt des Photons aus der $(1 + p_2)$-fach besetzten Zelle A_2 in die $(p_1 - 1)$-fach besetzte Zelle A_1 bestehen. Die Zellen A_1 und A_2 bestimmen dabei die Frequenz und die Richtung der Ausstrahlung. Die Frequenzen sind die gleichen wie beim umgekehrten Vorgang, die Richtungen sind in den beiden Fällen entgegengesetzt. Die Wahrscheinlichkeit des Überganges $A_2 \rightarrow A_1$ bestimmt sich durch den Ausdruck:

$$P_{21} = a_{21}\, p_2'(p_1' + 1)\,, \tag{45}$$

mit:

$$p_2' = 1 + p_2 \quad \text{und} \quad p_1' = p_1 - 1\,.$$

Im Gleichgewicht, wenn das System sich in einer isothermen Hülle mit der Temperatur T befindet, müssen die Übergänge in den beiden Richtungen gleich oft vorkommen. Die mittlere Anzahl der Photonen in den Zellen A_1 und A_2 ist aber in diesem Fall durch folgende Ausdrücke bestimmt, die aus der PLANCKschen Strahlungsformel folgen:

$$\left.\begin{aligned} \bar{p}_1 = \bar{p}_1' &= \frac{1}{e^{\frac{h\nu_1}{kT}} - 1}\,, \\ \bar{p}_2 = \bar{p}_2' &= \frac{1}{e^{\frac{h\nu_2}{kT}} - 1}\,. \end{aligned}\right\} \tag{46}$$

Es muß berücksichtigt werden, daß sich das Elektron seltener in dem Zustand mit der Energie E_1, als in dem mit der Energie E_2 befindet, wenn E_1 größer als E_2 ist. Die Verteilung ist nach der wohlbekannten statistischen Formel durch den Ausdruck:

$$B e^{-\frac{E}{kT}} \tag{47}$$

bestimmt. Wir erhalten somit für die mittlere „Frequenz" der Vorgänge $A_1 \rightarrow A_2$ die Formel:

$$B a_{12}\, \bar{p}_1 (\bar{p}_2 + 1)\, e^{-\frac{E_1}{kT}} = B a_{12} \frac{e^{\frac{-E_1 + h\nu_2}{kT}}}{\left(e^{\frac{h\nu_1}{kT}} - 1\right)\left(e^{\frac{h\nu_2}{kT}} - 1\right)}\,. \tag{48}$$

Die Frequenz der umgekehrten Prozesse ist:

$$B a_{21} \frac{e^{\frac{-E_2 + h\nu_1}{kT}}}{\left(e^{\frac{h\nu_1}{kT}} - 1\right)\left(e^{\frac{h\nu_2}{kT}} - 1\right)}\,. \tag{48a}$$

Gleichgewicht erfordert Gleichheit von (48) und (48a). Nach (43) sind die Exponenten in den Zählern dieser beiden Ausdrücke identisch, so daß die Gleichgewichtsbedingung sich auf die Forderung:

$$a_{12} = a_{21} \tag{49}$$

reduziert. Die beiden Wahrscheinlichkeiten (44) und (45) sind somit gleich.

In dieser Ableitung wurde implizite angenommen, daß die Änderung der kinetischen Energie (und somit auch der Bewegungsgröße) des Elektrons keinen bestimmenden Einfluß auf den Ablauf des Prozesses hat. Dieses trifft in der klassischen Statistik in aller Strenge zu. Praktisch geben aber alle Statistiken in Anwendung auf Elektronen (wie auch auf Atome) die gleichen Ergebnisse wie die klassische Statistik, solange die Anzahl der Elektronen klein bleibt gegenüber der der offenstehenden Zellen. Unsere statistischen Sätze führen also dazu, daß bei den Zusammenstößen zwischen Elektronen und Photonen für die ersten die Verteilung (47), für die zweiten diejenige (46) erhalten bleibt. Die Verteilung (47) ist übrigens nichts anderes als die in der kinetischen Theorie wohlbekannte MAXWELLsche Geschwindigkeitsverteilung.

Was können wir aus dieser Überlegung entnehmen? Das Wesentliche ist die Gleichheit der Koeffizienten a_{12} und a_{21} für die beiden inversen Vorgänge. Das Übrige, d. h. die Formeln (46) und (47), war nur eine einfache Folge der schon früher abgeleiteten Gesetze. Die Hypothese, die unserer Statistik der unabhängigen Teilchen zugrunde lag (Abschnitt 2 und 3 dieses Kapitels), hat uns erlaubt, die einfachen Beziehungen (44) und (45) aufzustellen, deren Übereinstimmung mit dem PLANCKschen Strahlungsgesetz wir im voraus behaupten durften.

Welche praktisch anwendbare Formeln können wir aus diesen Gesetzen entnehmen? Es genügt, von den Zahlen $\bar{p}_1$ und $\bar{p}_2$ zu den Ausdrücken für die Dichte der Strahlungsenergie überzugehen, um solche Formeln abzuleiten. Die Rechnung ist dieselbe wie im vorigen Abschnitt [Gleichungen (41) und (42)], und sie ergibt[1]:

$$\left.\begin{aligned} P_{12} &= \varrho(\nu_1)[A_2' + B'\varrho(\nu_2)], \\ P_{21} &= \varrho(\nu_2)[A_1' + B'\varrho(\nu_1)], \end{aligned}\right\} \tag{50}$$

[1] Nehmen wir z. B. die Gleichung (44). Wir ersetzen darin die Mittelwerte $\bar{p}_1$ und $\bar{p}_2$ durch ihre Ausdrücke:

$$\bar{p}_1 = \frac{n_1}{g_1} = \frac{\varrho(\nu_1)\,d\nu_1}{g_1\,h\nu_1} = \frac{c^3\varrho(\nu_1)}{8\pi h\nu_1^3} \quad \text{und:} \quad \bar{p}_2 = \frac{c^3\varrho(\nu_2)}{8\pi h\nu_2^3},$$

und erhalten damit die erste Formel (50). Die zweite Formel für P_{21} wird in analoger Weise aus (45) erhalten. Wir bezeichnen die Koeffizienten in (50) mit A' und B', um ihren Unterschied von den Koeffizienten A und B in den vorangehenden Formeln hervorzuheben.

mit:

$$\left.\begin{aligned} A_2' &= B' \frac{8\pi h \nu_2^3}{c^3} \\ A_1' &= B' \frac{8\pi h \nu_1^3}{c^3}. \end{aligned}\right\} \tag{50a}$$

Dies sind genau die von EINSTEIN, EHRENFEST und PAULI auf anderem Wege abgeleiteten Gesetze.

10. Verallgemeinerungen; Stöße zwischen Teilchen, die verschiedenen statistischen Gesetzen gehorchen. Wir können die Ergebnisse des vorangehenden Abschnittes noch verallgemeinern. Wir betrachten einen Stoß, an dem mehrere Teilchen von verschiedener Art beteiligt sind. Es seien dies die Teilchen A_1, A_2, ..., A_i, ..., deren charakteristische, in Abschnitt 3 und 4 definierte „Häufungszahlen" $b_1, b_2, \ldots, b_i, \ldots$ betragen sollen. Das Ergebnis des Stoßes soll im Übergang des Objektes A_i aus einer p_{1i}-fach besetzten Zelle in eine Zelle mit p_{2i} Teilchen bestehen. Die Wahrscheinlichkeit dafür, daß ein Teilchen die erste Zelle verläßt, setzen wir proportional p_{1i}, die Wahrscheinlichkeit für die Aufnahme in die zweite Zelle proportional $(1 - b_i p_{2i})$. Die resultierende Wahrscheinlichkeit für den Übergang ist:

$$P_{1\to 2} = a_{1\to 2} \prod_i p_{1i}(1 - b_i p_{2i}). \tag{51}$$

Beim umgekehrten Vorgang muß ein Teilchen aus einer mit $p_{2i}' = 1 + p_{2i}$ Teilchen besetzten Zelle entnommen und in eine p_{1i}'-fach ($p_{1i}' = p_{1i} - 1$) besetzte Zelle gesetzt werden. Die Wahrscheinlichkeit dafür ist:

$$P_{2\to 1} = a_{2\to 1} \prod_i p_{2i}'(1 - b_i p_{1i}'). \tag{52}$$

Die Energie des Teilchens A_i mag E_{1i} betragen, solange es sich in der ersten Zelle befindet. Sie nehme in der zweiten Zelle den Wert E_{2i} an. Der Energiesatz fordert:

$$\sum E_{1i} = \sum E_{2i}. \tag{53}$$

Wir wollen das Problem etwas verallgemeinern und stellen uns vor, daß das Teilchen A_i nicht aus einer bestimmten Zelle entnommen wird, sondern aus einem Bereich des Phasenraumes, der g_{1i} Zellen enthält. Der Endzustand soll analog nur dadurch gekennzeichnet sein, daß sich das Teilchen in einem anderen Phasenraumbereich befindet, der g_{2i} Zellen enthalten mag. Die Zahlen

n_{1i} und n_{2i} sollen die Gesamtzahl der Teilchen in den beiden Bereichen vor dem Vorgang bezeichnen. Es ist dann im Mittel:

$$p_{1i} = \frac{n_{1i}}{g_{1i}},$$

und die Formeln (51) und (52) erhalten die Form:

$$P_{1\to 2} = a_{1\to 2} \prod_i n_{1i}(g_{2i} - b_i n_{2i}), \tag{54}$$

$$P_{2\to 1} = a_{2\to 1} \prod_i n'_{2i}(g_{1i} - b_i n'_{1i}). \tag{55}$$

Wir müssen jetzt die Gleichgewichtsbedingung aufstellen. Die Zahlen n_i sind im thermischen Gleichgewicht durch den Ausdruck:

$$n_i = \frac{g_i}{e^{\alpha + \frac{E_i}{kT}} + b_i} \tag{56}$$

bestimmt. Diese Formel enthält die von BOSE-EINSTEIN und die von FERMI-DIRAC als Spezialfälle ($b = -1$ oder $b = +1$) in sich. Das Einsetzen dieser n-Werte in (54) ergibt:

$$P_{1\to 2} = a_{1\to 2} \prod_i \frac{g_{1i} g_{2i} e^{\alpha + \frac{E_{2i}}{kT}}}{\left(e^{\alpha + \frac{E_{1i}}{kT}} + b_i\right)\left(e^{\alpha + \frac{E_{2i}}{kT}} + b_i\right)}. \tag{57}$$

Die Formel für die inverse Reaktion ist:

$$P_{2\to 1} = a_{2\to 1} \prod_i \frac{g_{1i} g_{2i} e^{\alpha + \frac{E_{1i}}{kT}}}{\left(e^{\alpha + \frac{E_{1i}}{kT}} + b_i\right)\left(e^{\alpha + \frac{E_{2i}}{kT}} + b_i\right)}. \tag{58}$$

Die Produkte der e-Potenzen enthalten nach dem Ausmultiplizieren die Energiesummen (53) im Exponenten. Infolge der Beziehung (53) werden die Brüche in (57) und (58) identisch, und die Gleichgewichtsforderung $P_{12} = P_{21}$ führt zu

$$a_{12} = a_{21}. \tag{59}$$

Die Gleichheit der Koeffizienten a_{12} und a_{21} gibt somit die Gewähr dafür, daß im thermischen Gleichgewicht die Übergänge $1 \to 2$ ebenso oft stattfinden wie die Übergänge $2 \to 1$.

Wenn die betrachteten Teilchen Photonen sind, so können wir von den Formeln (54) und (55) wiederum zu solchen übergehen, die sich auf die Energiedichte der Strahlung beziehen. Die Transformation geschieht genau wie in Abschnitt 9, und das Ergebnis lautet:

$$\left.\begin{aligned} P_{12} &= \prod_i \varrho(\nu_{1i})\,[A_{2i} + B_i \varrho(\nu_{2i})]\,, \\ P_{21} &= \prod_i \varrho(\nu_{2i})\,[A_{1i} + B_i \varrho(\nu_{1i})]\,, \end{aligned}\right\} \tag{60}$$

mit:

$$\left.\begin{aligned} A_{2i} &= B_i \frac{8\pi h \nu_{2i}^3}{c^3} \\ A_{1i} &= B_i \frac{8\pi h \nu_{1i}^3}{c^3}. \end{aligned}\right\} \tag{61}$$

Diese letzten Formeln bestimmen die Gesetze der verschiedensten photochemischen Vorgänge. Wenn eine photochemische Reaktion von der Absorption der Frequenzen ν_{1i} und Emission der Frequenzen ν_{2i} begleitet ist, so muß die Reaktionsgeschwindigkeit nach einem Gesetz von der Form (60) von der Strahlungsdichte abhängen.

11. Das *H*-Theorem von Boltzmann. Die Entropiezunahme. Die Formeln, die wir abgeleitet haben, erlauben uns, den Mechanismus der Energieübertragung bei Stößen zwischen verschiedenen Teilchen näher zu betrachten. Bis jetzt untersuchten wir nur den Fall des bereits eingetretenen thermischen Gleichgewichtes. Jetzt nehmen wir an, daß zu Beginn des Prozesses eine ganz willkürliche Verteilung besteht; und es soll gezeigt werden, wie sich diese Verteilung infolge von Stößen ändert und der wahrscheinlichsten Verteilung zustrebt[1]. Diese Entwicklung bildet den Gegenstand des berühmten „H-Theorems" von Boltzmann. Der Beweis des H-Theorems bildete in der klassischen Mechanik ein sehr heikles Problem, während er sich auf Grund der Quantenmechanik ohne Schwierigkeit geben läßt.

Betrachten wir eine Reaktion vom Typus der im vorigen Abschnitt betrachteten. Wir fragen nach der Änderung der Gesamtzahl n_{1i} von Teilchen im Bereich $(1, i)$ des Phasenraumes, der g_{1i} Zellen umfaßt. Diese Änderung wird durch die Bilanz der entgegengesetzten Vorgänge (54) und (55) bestimmt:

$$\frac{d n_{1i}}{dt} = P_{21} - P_{12} = a_{12}\Big[\prod_k n_{2k}(g_{1k} - b_k n_{1k}) - \prod_k n_{1k}(g_{2k} - b_k n_{2k})\Big]. \tag{62}$$

---

[1] Pauli, W., in „Probleme der modernen Physik" (Sommerfeld-Festschrift). S. 30. Leipzig: Hirzel 1928. — Schrödinger, E., Ann. Physik **83**, 956 (1927). — Nordheim, L., Proc. Roy. Soc. Lond. A **119**, 689 (1928).

Die Entropie ist nach den Formeln (24) [vgl. fünftes Kapitel, Gleichungen (11) und (20)] durch:

$$\log P = \frac{S}{k} = \sum_i \left[\left(n_i - \frac{g_i}{b_i}\right)\log(g_i - b_i n_i) - n_i \log n_i + \frac{g_i}{b_i}\log g_i\right] \quad (63)$$

gegeben. Einer Variation dn_i entspricht also folgende Variation der Entropie:

$$\frac{1}{k}\,dS = \sum \log\frac{g_i - b_i n_i}{n_i}\,dn_i\,. \quad (64)$$

Am Anfang sei eine durch eine bestimmte Reihe von n_i-Werten charakterisierte Verteilung vorhanden. Nehmen wir an, daß sich diese Verteilung infolge eines Vorganges ändert, der durch Formel (62) beherrscht wird. Einfachheitshalber tun wir so, als ob nur eine Art von Vorgängen möglich wäre. Wenn mehrere Prozesse auf einmal auftreten, hat man nur die Ausdrücke (62) über alle solche Prozesse zu summieren. Wir kennen — dies ist der entscheidende Punkt — nur die Wahrscheinlichkeiten der Vorgänge $1 \to 2$ und $2 \to 1$. Wir können aber nicht mit Sicherheit angeben, in welchem Augenblick der eine oder der andere Prozeß wirklich eintreten wird, genauer gesagt, können wir nicht wissen, welcher von diesen beiden Prozessen zuerst stattfindet. Unter diesen Umständen wird die Unterscheidung von n_{1k} und n'_{1k} (d. h. der Zahlen von Teilchen in den einzelnen Zellen vor dem Vorgang $1 \to 2$ von den Zahlen der Teilchen in den Zellen vor dem Vorgang $2 \to 1$) unmöglich. Wir müssen diese beiden Zahlenreihen einander gleich setzen. Sie stellen die mittlere Verteilung in dem betrachteten Augenblick dar. Mit der Zeit ändern sie sich, mit einer durch (62) bestimmten mittleren Geschwindigkeit, was nach (64) auch zu einer bestimmten mittleren Geschwindigkeit der Entropieänderung führt:

$$\begin{aligned}\frac{1}{k}\frac{dS}{dt} = &\sum_{(1,i)} a_{12}\log\frac{g_{1i}-b_i n_{1i}}{n_{1i}}\cdot\left[\prod_k n_{2k}(g_{1k}-b_k n_{1k}) - \prod_k n_{1k}(g_{2k}-b_k n_{2k})\right]\\ &-\sum_{(2,i)} a_{12}\log\frac{g_{2i}-b_i n_{2i}}{n_{2i}}\cdot\left[\prod_k n_{2k}(g_{1k}-b_k n_{1k}) - \prod_k n_{1k}(g_{2k}-b_k n_{2k})\right].\end{aligned}$$

Wir haben in diesem Ausdruck die Änderungen dn_{1i}/dt berücksichtigt, die durch (62) bestimmt werden und die Änderungen dn_{2i}/dt, für die dieselbe Formel, aber mit umgekehrtem Vorzeichen, gilt.

Man kann die obige Formel noch umformen. Wir ersetzen die Summe der Logarithmen durch den Logarithmus des Produktes und führen die Variablen:

$$\left.\begin{aligned} X_1 &= \prod_k \frac{g_{1k} - b_k n_{1k}}{n_{1k}} \\ X_2 &= \prod_k \frac{g_{2k} - b_k n_{2k}}{n_{2k}} \end{aligned}\right\} \tag{65}$$

ein. Wir finden dann:

$$\frac{dS}{dt} = a_{12}\, k \prod_k n_{1k}\, n_{2k}\, (X_1 - X_2)(\log X_1 - \log X_2)\,. \tag{66}$$

Diese Formel genügt, um den angestrebten Beweis zu erbringen. In der Tat: Beachten wir zunächst, daß X_1 und X_2 zwei positive Zahlen sind; denn in der Statistik von BOSE-EINSTEIN ist b_k gleich -1, alle Faktoren werden somit positiv; und in der Statistik von FERMI-DIRAC ist b_k zwar gleich $+1$, dafür ist aber immer $n_{1k} \leq g_{1k}$. Andererseits müssen wir berücksichtigen, daß der Logarithmus eine im Gebiet 0 bis ∞ monoton ansteigende Funktion darstellt. Das Vorzeichen von $(\log X_1 - \log X_2)$ ist also immer dasselbe wie das von $(X_1 - X_2)$. Es folgt daraus:

$$(X_1 - X_2)(\log X_1 - \log X_2) \geq 0\,,$$

wobei der Wert 0 nur bei $X_1 = X_2$ möglich ist. Gleichung (66) gibt jetzt:

$$\frac{dS}{dt} \geq 0\,. \tag{67}$$

Wir sehen jetzt, worin der genaue Sinn des Entropiegesetzes besteht: die wahrscheinlichste Veränderung der Entropie geht stets in der Richtung nach ihrer Vergrößerung. Schwankungen sind nicht ausgeschlossen, bisweilen kann die Entropie auch etwas abnehmen. Die allgemeine Entwicklung geht aber immer in der durch (67) bestimmten Richtung. Dieses folgt eindeutig aus den Bemerkungen, die wir am Anfang dieses Abschnittes gemacht haben. Über die Evolution eines einzigen isolierten Systemes können wir nichts aussagen, da wir die genauen Gesetze der Elementarvorgänge nicht kennen. Alles, was wir darüber wissen, wird in den Wahrscheinlichkeitsformeln (62) zusammengefaßt, die uns die wahrscheinlichste Änderung einer gegebenen Größe, n_i oder S, vorauszusagen gestatten.

Die obige Überlegung kann noch weiter geführt werden. Es ist möglich, auf dem eingeschlagenen Weg auch zu der Charakterisierung der stabilen Gleichgewichtszustände (also zu den Verteilungsgesetzen von BOSE-EINSTEIN oder von FERMI-DIRAC) zu gelangen. Das Gleichgewicht kann nur vorhanden sein, wenn die Größen X_1 und X_2 gleich sind. Es ist dann:

$$\log X_1 - \log X_2 = \sum_k \log \frac{g_{1k} - b_k n_{1k}}{n_{1k}} - \sum_k \log \frac{g_{2k} - b_k n_{2k}}{n_{2k}} = 0. \quad (68)$$

Diese Bedingung muß für alle Prozesse zutreffen, die sich zwischen den betrachteten Teilchen abspielen können. Die einzige einschränkende Bedingung stellt der Energieerhaltungssatz:

$$\sum_k E_{1k} - \sum_k E_{2k} = 0 \quad (69)$$

dar, wo E_{1k} und E_{2k} die Energien der Teilchen vor und nach dem Prozeß bedeuten. Damit aus der Bedingung (69) stets die Beziehung (68) folgt, muß offenbar:

$$\log \frac{g_{1k} - b_k n_{1k}}{n_{1k}} = \alpha + \beta E_{1k} \quad (70)$$

sein. Die Größe α kann von Null verschieden sein, wenn die Anzahl der betrachteten Teilchen während des Prozesses nicht geändert wird, so daß einem jeden Teilchen $(1, k)$ nach dem Prozeß ein Teilchen $(2, k)$ von gleicher Art entspricht. Diese Voraussetzung ist bei materiellen Teilchen erfüllt, und die Formel (70) führt in diesem Fall zu den Verteilungssätzen von BOSE oder FERMI:

$$n = \frac{g}{e^{\alpha + \beta E} + b}, \qquad \beta = \frac{1}{kT},$$

wobei $b = +1$ (FERMI) oder -1 (BOSE) ist.

Für den Fall von Lichtquanten müssen wir aber eine andere Überlegung anstellen; denn ihre Anzahl braucht nicht konstant zu bleiben. Wenn wir in diesem Fall eine Gleichung vom Typus (70) angenommen hätten, wäre uns in (68) ein Restglied von der Form $-N\alpha$ übriggeblieben, worin N die Anzahl der während des Prozesses neuentstandenen Photonen bedeutet. Wir müssen also $\alpha = 0$ annehmen und erhalten dann — wie schon am Beginn dieses Kapitels gezeigt wurde — die PLANCKsche Strahlungsformel wieder.

Die gegebene allgemeine Ableitung beruht wesentlich auf der Unsicherheit in bezug auf die Elementargesetze. Schon infolge der HEISENBERGschen Ungenauigkeitsrelation (drittes Kapitel) können wir die Anfangskoordinaten eines Systemes nur mit einer begrenzten Genauigkeit kennen. Wenn wir gleichzeitig eine Koordinate q und das entsprechende Moment p messen wollen, können wir dies nur innerhalb bestimmter Fehlergrenzen Δq und Δp machen, wobei das Produkt $\Delta p \, \Delta q$ nicht kleiner als h gemacht werden kann, wenn h die Größe der PLANCKschen Zelle im Phasenraum eines eindimensionalen Gebildes bedeutet. Wir können also nur aussagen: das Teilchen befindet sich in dieser oder jener Zelle. Die Form der Zellen hängt von der Art der angewandten Messung von q und p, also von experimentellen Bedingungen ab. Da Energie E und Zeit t „konjugierte" Größen sind, die sich wie ein Impuls zu der entsprechenden Koordinate verhalten, so kann man E nur genau messen, wenn die Zeitdauer der Messung genügend groß ist (die Messung von E ist ja mit einer Bestimmung der Frequenz ν gleichbedeutend).

Zu dieser Unsicherheit bezüglich der Anfangsbedingungen kommt aber noch eine solche in bezug auf die Elementargesetze hinzu. Wir mußten diesen Gesetzen eine statistische Formulierung von der Art der Gleichung (62) geben. Man kann sich leicht überzeugen, daß auch die neue Mechanik nichts Eindeutigeres geben kann. Betrachten wir z. B. die Emission und Absorption von Licht seitens eines Atoms. Wir berechnen das elektrische Moment des Atoms, das sich in der Form einer Matrix ergibt, d. h. als Gesamtheit einer Reihe von Gliedern:

$$q_{nm} \, e^{2\pi i (\nu_n - \nu_m) t},$$

wo $h\nu_n$ und $h\nu_m$ die beteiligten Energieniveaus bedeuten. Jedem Term entspricht eine bestimmte Frequenz $\nu_n - \nu_m$ der Emission (wenn $\nu_n > \nu_m$) oder der Absorption (wenn $\nu_n < \nu_m$). Was wissen wir aber über q_{nm}?

Dies ist eine imaginäre Größe, $b_{nm} e^{i\alpha_{nm}}$, deren Amplitude $b_{nm} = b_{mn}$ zwar bestimmt, deren Phase α_{nm} aber unbekannt ist und nur der Bedingung $\alpha_{nm} = -\alpha_{mn}$ genügen muß (d. h. die Matrix muß eine HERMITEsche sein). Daraus folgt, daß der Augenblick der Emission sowie ihre Phase unbestimmt bleiben. Man kennt nur die Wahrscheinlichkeit der Emission, die durch das Quadrat:

$$|b_{nm}|^2 = |b_{mn}|^2 = q_{nm} \, q_{mn}$$

bestimmt wird.

Die Bedingung, daß die Matrix vom HERMITEschen Typus sein muß, führt zur Forderung einer gleichen Wahrscheinlichkeit für zwei inverse Vorgänge $n \to m$ und $m \to n$. Diese Forderung entspricht genau der oben abgeleiteten Forderung nach der Gleichheit der Koeffizienten a_{12} und a_{21}:

$$a_{12} = |b_{12}|^2, \qquad a_{21} = |b_{21}|^2.$$

Diese allgemeinen Bemerkungen finden auf alle Spezialfälle der Wechselwirkung zwischen atomaren Systemen und Licht Anwendung, wie dieses zuerst von PAULI (in der am Anfang dieses Abschnittes zitierten Arbeit) betont wurde.

Siebentes Kapitel.

Die Anwendung der FERMI-Statistik auf die freien Elektronen in Metallen.

1. Einige elementare Überlegungen, die die Bedeutung der FERMI-Statistik für die Theorie der freien Elektronen in Metallen veranschaulichen. Bereits im fünften Kapitel, Abschnitt 9, wurden einige Folgerungen erwähnt, die sich aus der FERMI-Statistik für das Elektronengas in Metallen ergeben. Die wesentlichste Behauptung ist, daß dieses Gas fast vollständig entartet ist. Wir kehren jetzt zu diesem Problem zurück und betrachten zunächst die Größenordnungen der in Frage kommenden Ausdrücke. Wir hatten [Gleichung (29) im fünften Kapitel]:

$$F_{II}(\alpha) = \frac{N h^3}{V^2} (2\pi m k T)^{-\frac{3}{2}} = \frac{N^4 h^3}{V} (2\pi M R T)^{-\frac{3}{2}}, \qquad (1)$$

worin M für das Molekulargewicht und R für die allgemeine Konstante der idealen Gase steht. Es sei daran erinnert, daß die Funktion $F_{II}(\alpha)$ folgende Form hat:

$$F_{II}(\alpha) = \frac{2}{\sqrt{\pi}} \int_0^\infty \frac{\sqrt{z}\, dz}{e^{\alpha + z} + 1},$$

und durch die Näherungsgleichungen:

$$F_{II}(\alpha) = e^{-\alpha} - \frac{e^{-2\alpha}}{2^{\frac{3}{2}}} + \frac{e^{-3\alpha}}{3^{\frac{3}{2}}} - \cdots$$

oder:

$$F_{II}(\alpha) = \frac{4}{3\sqrt{\pi}} (-\alpha)^{\frac{3}{2}} \left[1 + \frac{\pi^2}{8\alpha^2} + \cdots\right]$$

dargestellt werden kann. Die erste davon [Gleichung (29 II) vom fünften Kapitel] gilt für große α- und kleine F-Werte, die zweite [Gleichung (35) vom fünften Kapitel] für negative α-Werte von großem Absolutbetrag.

Schon früher [fünftes Kapitel, Abschnitt 2, Gleichung (9)] hatten wir einmal die Berechnung der rechten Seite der Gleichung (1) durchgeführt: für Wasserstoff ($M = 2$) erhielten wir (mit dem Molvolumen $2{,}23 \cdot 10^4$ cm³ bei der Temperatur $T = 300°$ abs.) F-Werte von der Größenordnung 10^{-5}. Unter diesen Umständen ist $F_{II}(\alpha)$ durch die erste Entwicklung [fünftes Kapitel, Gleichung (29 II)] darstellbar. Man darf sich sogar auf das erste Glied $e^{-\alpha}$ beschränken. Das Gas verhält sich wie ein ideales klassisches Gas.

Sobald die Identifizierung von $F_{II}(\alpha)$ mit $e^{-\alpha}$ unstatthaft wird, und man auch das zweite Glied von Gleichung (29 II) heranziehen muß, darf man sagen, daß das Gas Entartungserscheinungen zu zeigen beginnt. Wir dürfen als Beginn der Entartung etwa den Augenblick betrachten, in dem $F_{II}(\alpha)$ die Größenordnung 0,01 erreicht. Dann ist auch $e^{-\alpha}$ von der Größenordnung 10^{-2}, und das zweite Glied von Gleichung (29 II) bedeutet eine Korrektion von etwa 1%. Die FERMI-Statistik fordert also in diesem Fall schon eine merkliche Abweichung von den Eigenschaften eines idealen Gases. Nach (1) wird der eben gekennzeichnete Zustand bei einer Temperatur T erreicht, die durch:

$$\left(\frac{T}{300}\right)^{\frac{3}{2}} = \frac{10^{-5}}{10^{-2}} = 10^{-3} \tag{2}$$

bestimmt ist, also bei $T = 3°$ abs. (immer für $V = 2{,}23 \cdot 10^4$ cm³ gerechnet). Eine *weitgehende Entartung* wird sicher vorhanden sein, wenn das zweite Glied in (29 II) die Größenordnung des ersten erreicht. Um diesen Zustand zu realisieren, müßte man z. B. Wasserstoff so stark komprimieren, daß man statt $V = 2{,}23 \cdot 10^4$ etwa:

$$V = 10\,\text{cm}^3\,, \qquad T = 3°\,\text{abs.} \tag{3}$$

erreichte.

Wenden wir uns jetzt den freien Elektronen in Metallen zu und setzen wir, wie dies PAULI machte, die Anzahl der freien Elektronen in der Volumeneinheit eines einwertigen Metalls gleich der Anzahl der Atome. Aus dieser Annahme folgt für das Elektronengas ein Molvolumen von der Größenordnung 10 cm³. Bei welcher Temperatur ist für dieses Gas starke Entartung zu erwarten? Nach (1) ist diese Temperatur dem Molekulargewicht umgekehrt proportional. Ein dem Zustand (3) beim H_2 äquivalenter Zustand wird also beim Abkühlen des Elektronengases schon bei:

$$T = \frac{M_{H_2}}{M_{\text{Elektron}}} \cdot 3 = 2 \cdot 1800 \cdot 3 = 10800\,^\circ\text{abs}$$

erreicht. Das Elektronengas ist also bei allen praktisch erreichbaren Temperaturen fast vollständig entartet.

Wir haben es hier mit Bedingungen zu tun, die schon in Abschnitt 5 des fünften Kapitels untersucht wurden. An den dortigen Ergebnissen muß nur eine Korrektur angebracht werden, die der Eigenrotation des Elektrons Rechnung trägt: In jeder Phasenraumzelle können wir nicht ein einziges, sondern zwei Elektronen unterbringen, die sich durch ihren Drallsinn unterscheiden. Mit einer solchen Hypothese haben wir uns schon in Abschnitt 8 des fünften Kapitels beschäftigt.

Solange kein magnetisches Feld vorhanden ist, streben die Elektronen danach, sich so auf die Zellen zu verteilen, daß die kinetische Energie den kleinsten möglichen Wert erhält. Nehmen wir[1] die elementare Rechnung des fünften Kapitels [Abschnitt 5, Gleichung (39) und (40)] wieder auf. Wir geben jeder Phasenraumzelle die Gesamtausdehnung des Systemes V im Koordinatenraum. Im Impulsraum soll ihr dagegen eine sphärische Schicht entsprechen, deren Begrenzung die Kugeln mit den Radien p und $p + dp$ bilden. Das Volumen der Zelle im Phasenraum ist also:

$$d\Phi = \int dx\,dy\,dz\,dp_x\,dp_y\,dp_z = V \cdot 4\pi p^2 dp = h^3 . \tag{5}$$

Beim absoluten Nullpunkt der Temperatur werden sich die Elektronen auf die Zellen verteilen, die den p-Werten von $p = 0$ bis zu einer gewissen oberen Grenze $p = p_0$ entsprechen. Die Gesamtzahl der besetzten Zellen ist $\frac{1}{2} N$, wenn N die Zahl der Elektronen bedeutet. Es ist also:

$$\frac{4}{3} \pi p_0^3 V = h^3 Z_0 = \frac{N}{2} h^3 . \tag{6}$$

Die thermische Nullpunktsenergie eines Elektronengases ist somit:

$$U_0 = \int_0^{p_0} 2 \frac{p^2}{2m} \frac{4\pi V}{h^3} p^2 dp = \frac{4}{5} \frac{\pi V}{m h^3} p_0^5 = \frac{3}{10} \frac{N h^2}{m} \left(\frac{3N}{8\pi V}\right)^{\frac{2}{3}} , \tag{7}$$

---

[1] Siehe Frenkel, J., Z. Physik **49**, 31 (1928).

eine Formel, die sich von der früheren Formel (39) (fünftes Kapitel) nur durch Einführung eines numerischen Koeffizienten $G = 2$ unterscheidet.

Jetzt stellen wir uns vor, daß ein *magnetisches Feld H* eingeschaltet wird. Die bis jetzt betrachtete Verteilung ist dann nicht mehr diejenige mit der minimalen Gesamtenergie, denn außer der kinetischen muß jetzt auch die magnetische Energie der Elektronen im Feld berücksichtigt werden. Betrachten wir ein Elektronenpaar in einer Zelle. Das eine Elektron steht parallel, das andere antiparallel zum Feld. Eine Drehung des zweiten Elektrons um 180° — wenn eine solche möglich wäre — hätte seine magnetische Energie um $2\,\mu_0 H$ vermindert (wenn μ_0 das magnetische Moment des Elektrons bedeutet). Eine solche Drehung hätte aber zu zwei Elektronen mit paralleler Orientierung in einer Zelle geführt. Alle vier Quantenzahlen dieser beiden Elektronen wären identisch, was von dem PAULI-Prinzip für unmöglich erklärt wird. Um das Elektron in die Richtung des Feldes zu setzen, müssen wir es vorher in eine freie Zelle im Phasenraum überführen, d. h. seine kinetische Energie vermehren. Der Gewinn an magnetischer Energie wird praktisch den Verbrauch an Translationsenergie nur dann übersteigen, wenn diese letztere vorher hoch genug war, d. h. nur bei Elektronen, die sich in den äußersten Schichten des sphärischen Volumens (6) befinden. Das Feld kann also nur auf die schnellsten Elektronen orientierend wirken.

Es sei $N_2 = 2\,Z_2$ die Anzahl der Elektronen, die im Magnetfeld zu einem Verlassen der doppelt besetzten Zellen veranlaßt werden können. Die $Z_0 - Z_2$ verbleibenden Zellen werden nach wie vor ihre doppelte Besetzung behalten. Diese Zellen werden eine Kugel im Impulsraum einnehmen, deren Radius wir mit p_1 bezeichnen wollen. Zwischen p_1 und einer anderen Grenze p_2 wird der Impulsraum von Einzelelektronen bevölkert, die alle parallel zum Feld orientiert sind. Ihre Anzahl und die Anzahl der von ihnen besetzten Zellen ist $2\,Z_2$. Statt (6) gilt jetzt:

$$\frac{4\pi V}{3}\,p_1^3 = h^3\,(Z_0 - Z_2)\,, \tag{8}$$

$$\frac{4\pi V}{3}\,p_2^3 = h^3\,(Z_0 + Z_2)\,.$$

Die kinetische Energie der Elektronen ist nunmehr:

$$U = 2\int\limits_0^{p_1} \frac{p^2}{2m}\frac{4\pi V}{h^3}p^2dp + \int\limits_{p_1}^{p_2} \frac{p^2}{2m}\frac{4\pi V}{h^3}p^2dp = \frac{2\pi V}{5mh^3}(p_1^5 + p_2^5). \quad (9)$$

Unter Berücksichtigung von (8) und Einführung des resultierenden magnetischen Moments des gesamten Elektronensystems:

$$M = \mu_0 N_2 = 2\mu_0 Z_2,$$
$$\frac{Z_2}{Z_0} = \frac{M}{\mu_0 N}, \quad (10)$$

erhält man für die kinetische Energie:

$$U = \frac{1}{2}U_0\left[\left(1 - \frac{M}{\mu_0 N}\right)^{\frac{5}{3}} + \left(1 + \frac{M}{\mu_0 N}\right)^{\frac{5}{3}}\right]. \quad (11)$$

Die Gesamtenergie ist gleich der Summe der kinetischen und der magnetischen Energie:

$$E = U - MH. \quad (12)$$

Die Forderung eines Minimalwertes von E führt zur Beziehung:

$$\frac{\partial E}{\partial M} = \frac{\partial U}{\partial M} - H = 0;$$

daraus folgt:

$$H = \frac{5U_0}{6\mu_0 N}\left[\left(1 + \frac{M}{\mu_0 N}\right)^{\frac{2}{3}} - \left(1 - \frac{M}{\mu_0 N}\right)^{\frac{2}{3}}\right]. \quad (13)$$

Bei allen praktisch erreichbaren Feldstärken ist die Anzahl N_2 der „Einzelelektronen" nur sehr klein. M ist also klein gegen $\mu_0 N$. Durch Reihenentwicklung und Fortlassung aller Glieder außer dem ersten erhalten wir:

$$H = \frac{10}{9}\frac{U_0 M}{\mu_0^2 N^2} = \frac{10}{9}\frac{E_0}{\mu_0^2 N}M, \quad (14)$$

wo E_0 die mittlere kinetische Energie eines Elektrons bedeutet. Wir erhalten in dieser Weise die magnetische Suszeptibilität beim absoluten Nullpunkt:

$$\chi_0 = \frac{M}{VH} = \frac{9}{10}\frac{\mu_0^2 N}{E_0 V}, \quad (15)$$

in Übereinstimmung mit unserer Formel (69) vom fünften Kapitel [unter Berücksichtigung der für das Elektron gültigen Beziehungen (63), (fünftes Kapitel), nach denen $\mu^2 = 3\mu_0^2$ gesetzt werden muß].

Diese elementaren Überlegungen zeigen, durch welchen Mechanismus der (praktisch temperaturunabhängige) Paramagnetismus des Elektronengases hervorgerufen wird. FRENKEL hat eine Verallgemeinerung dieser Ergebnisse versucht, um eine Erklärung der ferromagnetischen Erscheinungen zu ermöglichen. Er führte zu diesem Zwecke die Vorstellung von einer Kopplung zwischen den magnetischen Momenten der einzelnen Elektronen ein. Diese Kopplung soll bewirken, daß alle Elektronen nach einer zueinander parallelen Orientierung streben. Eine solche kann aber nur durch Vermehrung der kinetischen Energie (Verdoppelung der Anzahl von besetzten Zellen in der obigen anschaulichen Darstellung) erreicht werden. Diese Hypothese der Kopplung zwischen den Elektronenmagneten ist prinzipiell nicht neu; sie spielt schon in der Theorie der Multiplettspektren eine wichtige Rolle. Jedem Elektron wird dort ein Vektor $\vec{l}$ zugeordnet, der dem Drehimpuls seiner Bahn entspricht, und ein Vektor $\vec{s}$, der den Drehimpuls seiner Eigenrotation bestimmt. Um die Mannigfaltigkeit der Spektralterme zu erklären, mußte man die verschiedenen Kopplungsmöglichkeiten der einzelnen l-Vektoren und der einzelnen s-Vektoren untereinander in Erwägung ziehen, sowie — in zweiter Näherung — die Kopplung der Resultierenden aller l-Vektoren mit der Resultierenden aller s-Vektoren berücksichtigen.

Es liegt also nahe, den Ferromagnetismus auf solche Kopplungserscheinungen zurückzuführen. Man müßte erstens die Kopplung der Elektronenmagnete untereinander, zweitens die Kopplung der Atommagnete untereinander und drittens die Wechselwirkung des magnetischen Momentes des Elektronengases mit dem des Atomgitters berücksichtigen. In dieser elementaren Form führt die angedeutete Theorie zu keinen neuen Ergebnissen: sie ist eine einfache Wiederholung der WEISSschen Theorie des Ferromagnetismus unter Ersatz des Ausdruckes „inneres Feld“ durch den Ausdruck „Kopplung“. Interessanter wird das Problem, wenn man über die Art der Kopplung etwas Genaueres auszusagen versucht. Solche Aussagen sind in der letzten Zeit auf Grund der wellenmechanischen Vorstellungen möglich geworden. Mit Hilfe der Gruppentheorie und der neuen Mechanik kann man eine vollständige Beschreibung der Kopplungskräfte zwischen Elektronen und Atomen geben (was auch eine Erklärung der chemischen

Bindungskräfte und des Valenzbegriffes ermöglicht). HEISENBERG[1] hat dieselben Rechnungsmethoden auch auf das Problem des Ferromagnetismus angewandt und Formeln abgeleitet, die näherungsweise mit denen von LANGEVIN und WEISS übereinstimmen.

Aus den geschilderten allgemeinen Vorstellungen kann man auch eine interessante Folgerung in bezug auf den COMPTON-*Effekt in Metallen* ziehen[2]. Man erinnere sich daran, daß der COMPTON-Effekt auf den Zusammenstößen von Elektronen mit Lichtquanten beruht. Die Elektronen werden abgelenkt, ihre kinetische Energie verändert, die Lichtquanten ebenfalls abgelenkt und ihre Frequenz modifiziert. In der Sprache dieses Kapitels müssen wir sagen, daß das Elektron in eine andere Zelle im Phasenraum springt. Dieses ist aber nur möglich, wenn die neue Zelle einen freien Platz enthält; andernfalls ist der Vorgang durch die PAULI-Regel verboten. In den Metallen sind die kinetischen Energien der meisten Elektronen von der Größenordnung 10^{-11} erg (ca. 6 Volt). Bei der Verwendung von sichtbarem Licht kann die COMPTON-Verschiebung höchstens 10^{-16} erg betragen. Solche Verschiebungen würden fast stets in bereits besetzte Zellen führen und sind somit verboten. Erst mit Röntgenstrahlen könnte man die Überführung der Metallelektronen in freie Zellen mit einer Ausbeute erreichen, die die Beobachtung des COMPTON-Effektes möglich machen würde.

2. Elektrische und thermische Leitfähigkeit (SOMMERFELDsche Theorie); Problemstellung. In dem vorangehenden Abschnitt wurde mehrmals wiederholt, daß das Elektronengas in Metallen fast vollständig entartet ist. Man muß wohl verstehen, was diese Aussage bedeutet: Wenn wir ein leeres Volumen V mit einem aus freien Elektronen bestehenden Gas so ausfüllen könnten, daß die Elektronendichte dieselbe wie in einem Metall wäre, so müßte dieses Gas die Merkmale einer vollkommenen Entartung zeigen. Die Elektronen würden sich auf eine bestimmte, begrenzte Anzahl von Bahnen (jeder Zelle h^3 entspricht eine besondere Bahn) verteilen und auf jeder dieser Bahnen sehr lange verweilen.

---

[1] HEISENBERG, W., in „Probleme der modernen Physik", SOMMERFELD-Festschrift S. 114. Leipzig: S. Hirzel 1928. — S. auch BLOCH, F., Z. Physik **53**, 216 (1929).

[2] BOTHE, W., Z. Physik **46**, 333 (1928).

In einem Metall ist aber die Bewegung der Elektronen nicht ganz frei, sondern durch das Feld der positiven Ionen, die das Gitter bilden, gestört. Wir werden diese gestörte Bewegung im nächsten Kapitel näher untersuchen. Die Vorstellung eines vollkommen freien entarteten Gases können wir also nur als Näherung verwenden, solange wir über die wirklichen Bahnen der Elektronen in dem Gitterfeld noch nichts wissen.

Betrachten wir nochmals die Größenordnungen. Für Silber — um ein Beispiel zu wählen — ist die Anzahl der Atome in 1 cm^3 bei 300° abs. gleich $5{,}9 \cdot 10^{22}$. Wenn wir ein freies Elektron pro Atom annehmen, ist das Atomvolumen des Elektronengases unter diesen Bedingungen gleich 10,3 cm^3. Der Ausdruck:

$$F = \frac{N h^3}{G V} (2 \pi m k T)^{-\frac{3}{2}} = 2330 \qquad (16)$$

$$(\text{mit } G = 2)$$

ist, wie man sieht, in diesem Fall viel größer als 1. Die Entartung muß also sehr stark sein. Die Gesamtbewegungsenergie der Elektronen in der Volumeneinheit ist gleich $3 \cdot 10^{11}$ erg (= 3000 kgm). Der innere Druck des Elektronengases auf die Metalloberfläche ist von der Größenordnung $2 \cdot 10^5$ at.

Wichtig ist für uns die Feststellung des Beitrages, den die freien Elektronen zu der *spezifischen Wärme* des Metalles liefern. Nach den Gleichungen (38, 57 und 60) vom fünften Kapitel ist die Translationsenergie U gleich:

$$U = \frac{3}{2} G \frac{V k T}{h^3} (2 \pi m k T)^{\frac{3}{2}} H(\alpha) = U_0 + \frac{1}{2} \gamma V T^2, \qquad (17)$$

mit:

$$\left.\begin{aligned} U_0 &= \frac{3 N h^2}{10 m} \left(\frac{3N}{4 \pi G V}\right)^{\frac{2}{3}}, \\ \gamma &= \frac{4 \pi^3 m G}{3 h^2} k^2 \left(\frac{3N}{4 \pi G V}\right)^{\frac{1}{3}}. \end{aligned}\right\} \qquad (18)$$

Die spezifische Wärme c_v *pro Elektron* ist:

$$c_v = \frac{1}{N} \frac{\partial U}{\partial T} = \gamma \frac{V}{N} T = \frac{\pi^2 m k^2}{h^2} \left(\frac{4 \pi G V}{3N}\right)^{\frac{2}{3}} T. \qquad (19)$$

Sie verschwindet — in Übereinstimmung mit dem NERNSTschen Prinzip — beim absoluten Nullpunkt. Mit den oben berechneten Größenordnungen für die in (18) vorkommenden Größen können wir c_v ungefähr bestimmen und mit der spezifischen Wärme $\frac{3}{2} k$

vergleichen, die einem einatomigen idealen Gase zukommt und die nach den älteren Theorien auch das Elektronengas besitzen müßte:

$$\frac{2}{3}\frac{c_v}{k} = \frac{2}{3}\frac{\pi^2 m k}{h^2}\left(\frac{8\pi V}{3N}\right)^{\frac{2}{3}} \cdot 300 = 1{,}6 \cdot 10^{-2}.$$

Infolge der Entartung hat also das Elektronengas nur etwa $^1/_{60}$ der ihm „klassisch" zustehenden spezifischen Wärme. Dieser kleine Betrag ist praktisch kaum meßbar. *Eine grundlegende Schwierigkeit, die sich früher der Theorie der freien Elektronen in den Weg stellte und in dem „zu kleinen" Wert der spezifischen Wärme der Metalle bestand, wird in dieser Weise von der neuen Theorie überwunden.*

Das Wesentliche in der neuen Theorie ist die Verteilungsfunktion:

$$F_0 = \frac{1}{e^{\alpha + \frac{E}{kT}} + 1}, \tag{20}$$

die die Anzahl der Elektronen bestimmt, die sich bei der Temperatur T in den Phasenraumzellen mit der kinetischen Energie E $(= \frac{1}{2} m v^2)$ befinden. Wenn α positiv und groß ist, gibt (20) die klassische, glockenförmige Verteilungskurve wieder. Für ein stark entartetes Gas ist aber α negativ (und von einem großen Absolutbetrag). Die Verteilungskurve hat unter solchen Umständen eine ganz andere Form (Abb. 15). Sie verläuft auf einer Strecke parallel zu der Abszissenachse und fällt dann sehr steil auf Null ab. Diese Form der Kurve rechtfertigt die elementaren Rechnungen des vorangehenden Abschnittes. Dort wurde nämlich so gerechnet, als ob die Verteilungskurve aus einem horizontalen und einem senkrecht abfallenden Ast bestände (wie dies beim absoluten Nullpunkt zutrifft). Der Stelle dieses senkrechten Abfalles $v = v'$ entspricht auf der stetig abfallenden Kurve die Stelle, an der die Ordinate auf die Hälfte abgenommen hat:

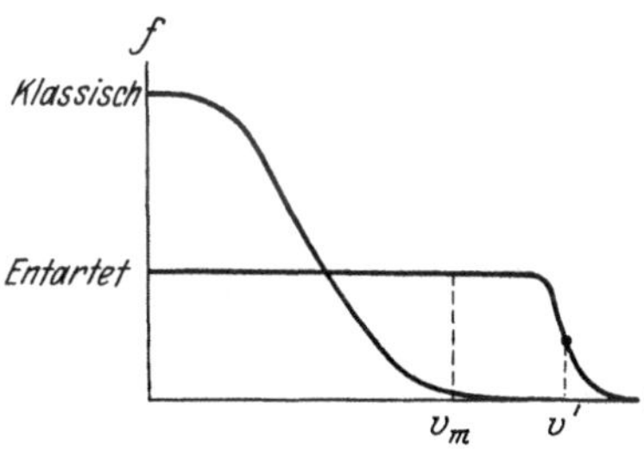

Abb. 15.

$$\frac{m}{2} v'^2 = -kT\alpha,$$

also:

$$v' = \frac{1}{m}\sqrt{2mkTa} \qquad (\alpha = -a).$$

Wir geben nochmals die α-Werte an, die wir schon früher für die beiden verschiedenen Hypothesen abgeleitet haben:

$$e^{\alpha} = \frac{V}{N h^3} G (2 \pi m k T)^{\frac{3}{2}}, \tag{21}$$

für die *alte Theorie* —, siehe fünftes Kapitel, Formeln (28), (29), (58); und

$$\alpha = -\frac{h^2}{2 m k T}\left(\frac{3N}{4\pi G V}\right)^{\frac{2}{3}}\left[1 - \frac{(2\pi m k T)^2}{12 h^4}\left(\frac{3N}{4\pi G V}\right)^{-\frac{4}{3}}\right], \tag{22}$$

für die *Entartung* —, siehe fünftes Kapitel, Formeln (37) und (58).

Wir können die Geschwindigkeit v' für den Fall der Entartung aus (22) leicht berechnen:

$$v' = \frac{h}{m}\left(\frac{3N}{4\pi G V}\right)^{\frac{1}{3}}. \tag{23}$$

Die Quadratwurzel v_m aus dem mittleren Geschwindigkeitsquadrat erhält man mit Hilfe der Beziehung:

$$\frac{m}{2} v_m^2 = \frac{U_0}{N} = \frac{3 h^2}{10 m}\left(\frac{3N}{4\pi G V}\right)^{\frac{2}{3}}.$$

Es ist also:

$$v_m = \sqrt{\tfrac{3}{5}}\, v' = 0{,}774\, v'. \tag{24}$$

Die Werte v' und v_m sind in erster Näherung temperaturunabhängig.

Wir gehen jetzt zu den eigentlichen Problemen der elektrischen und thermischen Leitfähigkeit der Metalle über.

3. Allgemeine Formeln von LORENTZ. Wir werden jetzt Schritt für Schritt die klassischen Ableitungen von LORENTZ[1] wiederholen — mit der einzigen Änderung, daß wir an die Stelle der MAXWELLschen Funktion die neue Verteilungsfunktion f_0 einführen.

Wir betrachten einen Leiter, der von einem stationären elektrischen und einem ebensolchen Wärmestrom durchflossen ist. Es sei E die elektrische Feldstärke. Ihre Richtung sei die der Ox-Achse. Die beiden Ströme sollen ebenfalls in dieser Richtung fließen. Die Eigenschaften des Metalles dürfen dabei in der Richtung der x-Achse variabel sein. Wir bilden eine Funktion:

$$f(x, \xi, \eta, \zeta) = f_0(x, \xi, \eta, \zeta) + \xi \chi(x, \xi, \eta, \zeta). \tag{25}$$

[1] LORENTZ, H. A., „Theorie of electrons", S. 63—67 und 266—273. Teubner 1909.

Darin ist f_0 die zu jedem Punkt zugehörige normale Verteilungsfunktion[1]. χ ist eine andere Funktion derselben Variabeln. Beide Funktionen f_0 und χ hängen von den Geschwindigkeitskomponenten ξ, η und ζ nur in der Kombination:

$$v = \sqrt{\xi^2 + \eta^2 + \zeta^2},$$

d. h. nur von der resultierenden Geschwindigkeit v ab.

Wir wollen alle diese Behauptungen beweisen und die spezielle Form der Funktion χ bestimmen, indem wir die Störung als klein ansehen ($\xi\chi \ll f_0$).

Betrachten wir die Elektronen, die sich in dem Volumen $d\tau$ (x, y, z) befinden und deren Geschwindigkeiten zwischen den Grenzen ξ, $\xi + d\xi$; η, $\eta + d\eta$; ζ, $\zeta + d\zeta$ liegen. Ihre Anzahl ist:

$$n = f d\tau d\xi d\eta d\zeta . \tag{26}$$

Nach einer kurzen Zeitspanne dt werden sich diese Elektronen in dem Punkt:

$$x + \xi dt, \qquad y + \eta dt, \qquad z + \zeta dt$$

befinden und ihre Geschwindigkeiten werden:

$$\xi + \frac{eE}{m} dt, \eta, \zeta$$

betragen, infolge der Beschleunigung, die sie im elektrischen Felde erfahren haben. Im übrigen werden durch Zusammenstöße $a\, d\tau\, d\xi\, d\eta\, d\zeta\, dt$ Elektronen von diesem Typus „zum Verschwinden gebracht" und gleichzeitig $b\, d\tau\, d\xi\, d\eta\, d\zeta\, dt$ solche Elektronen „neu entstehen". Wir stellen uns vor, daß in dieser Weise ein stabiler Zustand erreicht sei, d. h. daß die Funktion f auch nach Ablauf der Zeit dt immer noch richtig die Verteilung der Elektronen beschreibe. Diese Annahme gibt uns die Bedingung:

$$f(x + \xi dt, y + \eta dt, z + \zeta dt, \xi + \frac{eE}{m} dt, \eta, \zeta) = f + (b - a) dt,$$

[1] Unsere Funktion F_0 [Gleichung (20)] stellte die Anzahl von Elektronen in einer Phasenraumzelle von der Ausdehnung h^3 dar. Einem Volumen $d\tau$ und einem Geschwindigkeitsbereich ξ bis $(\xi + d\xi)$, η bis $(\eta + d\eta)$, ζ bis $(\zeta + d\zeta)$ entspricht im Phasenraum ein Bereich $m^3\, d\tau\, d\xi\, d\eta\, d\zeta$; dieser enthält $\frac{m^3}{h^3}\, d\tau\, d\xi\, d\eta\, d\zeta$ Zellen. Mit $G = 2$ ergibt sich:

$$f_0 = 2\frac{m^3}{h^3} F_0 = 2\frac{m^3}{h^3} \frac{1}{e^{\alpha + \frac{m v^2}{2kT}} + 1} . \tag{25a}$$

oder durch Differenzieren:

$$\frac{eE}{m}\frac{\partial f}{\partial \xi} + \xi\frac{\partial f}{\partial x} = b - a\,, \tag{27}$$

denn f ist nur von x abhängig, nicht aber von y und z. Es bleibt uns noch übrig, die Werte a und b zu bestimmen. Wir führen als neue Größe die freie Weglänge $l\,(v)$ der Elektronen ein. Dies ist eine empirische Funktion der Geschwindigkeit v. Für eine Strecke $v\,dt$ ist die Anzahl der verschwundenen Elektronen gleich:

$$\frac{v\,dt}{l}\,n = \frac{v}{l}\,f\,d\tau\,d\xi\,d\eta\,d\zeta\,dt\,, \tag{28}$$

also:

$$a = \frac{v}{l}\,f\,.$$

In dem Zustand des thermischen Gleichgewichts ist die Verteilungsfunktion f_0, und die Anzahl der Elektronen vom beschriebenen Typus muß zeitlich unveränderlich bleiben. Es ist also notwendig, daß durch Stöße die gleiche Anzahl von Elektronen von betrachteter Art entsteht wie gleichzeitig verschwindet. Wir bekommen als Gleichgewichtsbedingung:

$$b = \frac{v}{l}\,f_0\,. \tag{29}$$

Was wird nun aus der Zahl b, wenn die Verteilungsfunktion nicht f_0 ist, sondern $f_0 + \xi\chi$ [Gleichung (25)]? Es ist unmöglich, diese Frage zu beantworten, ohne spezielle Hypothesen einzuführen. Stellen wir uns vor, daß alle Stöße *unelastisch* verlaufen. Die a verschwindenden Elektronen sollen z. B. durch unbeweglich im Raume angeordnete Atome „absorbiert" werden, während gleichzeitig b Elektronen von den Atomen neu ausgesandt werden. Wenn wir eine solche Hypothese machen, so zwingt sie uns dazu, die Emission als eine Erscheinung anzusehen, die vollkommen durch die lokalen Bedingungen der Temperatur, Konzentration usw. bestimmt ist, und wir müssen annehmen, daß die Anzahl b der neuentstandenen Elektronen von der Geschwindigkeitsverteilungsfunktion unabhängig und stets durch die Formel (29) (mit der Funktion f_0, die der Temperatur des betreffenden Punktes im Metall entspricht) gegeben ist.

Man kann auch andere Hypothesen ins Auge fassen, die zu abweichenden Resultaten führen. Nehmen wir z. B. an, daß die

Elektronen *elastisch* mit den unbeweglichen Atomen oder Ionen zusammenstoßen. Ihre Geschwindigkeit wird dann unverändert bleiben, und nur die Richtung dieser Geschwindigkeit ändert sich. Es sei $\mu(\Theta)\,d\omega$ der Wahrscheinlichkeitskoeffizient für die Ablenkung um einen Winkel Θ, den wir als Achse eines Raumwinkelelementes $d\omega$ definieren. Innerhalb der Zeit dt fallen auf das streuende Volumen $d\tau$ im ganzen $v f dt$ Elektronen. Daraus folgt (durch Integration über alle Richtungen Θ):

$$a = v f(\xi,\eta,\zeta)\, 2\pi \int_0^\pi \mu(\Theta) \sin\Theta\, d\Theta\,. \tag{30}$$

Der Vergleich mit (28) gibt die mittlere freie Weglänge l:

$$\frac{1}{l} = 2\pi \int_0^\pi \mu(\Theta) \sin\Theta\, d\Theta\,. \tag{30a}$$

Um b zu berechnen, betrachten wir den Elektronenaustausch zwischen einer bestimmten Richtung OA (mit den Komponenten ξ, η, ζ) und einer anderen Richtung OB (ξ', η', ζ'). Wir stellen uns vor, daß der Absolutbetrag der Geschwindigkeit in beiden Fällen der gleiche ist, da ja nach unserer Annahme die Streuung ohne Energieverlust erfolgt:

$$v^2 = \xi^2 + \eta^2 + \zeta^2 = \xi'^2 + \eta'^2 + \zeta'^2\,.$$

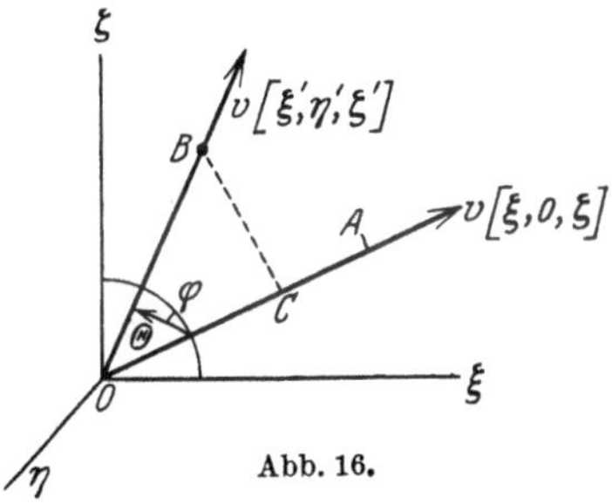

Abb. 16.

Um zu vereinfachen, wählen wir die Achsen so, daß $\eta = 0$ wird (an dem Resultat wird dadurch nichts geändert). Es sei Θ der Winkel AOB zwischen den beiden Richtungen (Abb. 16) und φ der Winkel zwischen den Flächen $AO\xi$ und BOA. Es sei weiter BC die Senkrechte zu OA, die durch B geht. Projizieren wir OCB auf $O\xi$. Wir haben dann:

$$\begin{aligned}\text{Projekt. } OB = \xi' &= \text{Projekt. } OC + \text{Projekt. } CB\\ &= \xi\cos\Theta - \zeta\sin\Theta\cos\varphi\,,\end{aligned}$$

doch ist:

$$\zeta = \sqrt{v^2 - \xi^2}\,,$$

also folgt:

$$\xi' = \xi\left[\cos\Theta - \sqrt{\frac{v^2}{\xi^2} - 1}\,\sin\Theta\cos\varphi\right].$$

Die Anzahl der Elektronen, die von OB nach OA abgelenkt werden, ist $v f(\xi' \eta' \zeta') \mu \sin\Theta\, d\Theta\, d\varphi\, dt$ nach unserer Definition des Koeffizienten $\mu(\Theta)$. Es folgt:

$$b = v \int f(\xi', \eta', \zeta) \mu \sin\Theta\, d\Theta\, d\varphi\,.$$

Unter Benutzung der Beziehung (25) erhalten wir:

$$\left.\begin{aligned} b - a &= v\int [f(\xi', \eta', \zeta') - f(\xi, \eta, \zeta)] \mu \sin\Theta\, d\Theta\, d\varphi \\ &= v\chi \int (\xi' - \xi) \mu \sin\Theta\, d\Theta\, d\varphi\,. \end{aligned}\right\} \quad (30\,\text{b})$$

Entnehmen wir den Wert für ξ' aus der vorangehenden Formel und integrieren über φ:

$$\int_0^{2\pi} (\xi' - \xi)\, d\varphi = 2\pi\xi(\cos\Theta - 1)\,.$$

Daraus folgt:

$$b - a = 2\pi\chi\xi v \int_0^{\pi} (\cos\Theta - 1)\mu(\Theta) \sin\Theta\, d\Theta\,. \quad (31)$$

An Stelle dieses Resultates hätte uns die zu einfache Hypothese (29) zu der Formel (31a) geführt:

$$b - a = \frac{v}{l}(f_0 - f) = -\frac{v}{l}\xi\chi\,. \quad (31\,\text{a})$$

Die Formel (31) stellt das genauere Ergebnis dar. Wenn wir bei der Behandlung der elektrischen Leitfähigkeit von der freien Weglänge sprechen wollen, so müssen wir, wie ersichtlich, nicht die wahre freie Weglänge meinen, die durch die Gleichung (30a) bestimmt ist, sondern eine etwas abweichende Größe l_1, die durch die Beziehung:

$$\frac{1}{l_1} = 2\pi \int_0^{\pi} (1 - \cos\Theta)\, \mu(\Theta) \sin\Theta\, d\Theta \quad (31\,\text{b})$$

definiert ist. Durch Einführung von l_1 statt l erhalten die beiden Ausdrücke (31) und (31a) die gleiche Form. Wenn der Streuungskoeffizient μ unabhängig von Θ ist, so fallen die beiden Definitionen (31a) und (31b) zusammen. Andernfalls ist es die zweite, die man in der Rechnung verwenden muß. Diese Definition wurde von HOUSTON[1] gegeben.

[1] HOUSTON, W. F., Z. Physik **48**, 449 (1928). Wir kommen später auf die vollständige Bestimmung von l durch HOUSTON, FRENKEL und F. BLOCH zu sprechen. Man vgl. auch KRETSCHMANN, E., Z. Physik **48**, 739 (1928).

Wir werden in den weiteren Rechnungen den Index 1 fortlassen und mit l einfach die durch (31b) definierte freie Weglänge bezeichnen.

Kombinieren wir die Formeln (27) und (31). Wir erhalten dann:

$$\xi\chi = -\frac{l}{v}\left[\xi\frac{\partial f}{\partial x} + \frac{eE}{m}\frac{\partial f}{\partial \xi}\right] \backsimeq -\frac{l}{v}\left[\xi\frac{\partial f_0}{\partial x} + \frac{eE}{m}\frac{\partial f_0}{\partial \xi}\right],$$

denn wir können im zweiten Glied die Korrektion $\xi\chi$ neben der Größe f_0 vernachlässigen. Infolge der Symmetrieeigenschaften von f_0 erhalten wir:

$$\frac{\partial f_0}{\partial \xi} = \frac{\partial f_0}{\partial v}\frac{\partial v}{\partial \xi} = \frac{\xi}{v}\cdot\frac{\partial f_0}{\partial v}.$$

Daraus folgt als Schlußergebnis:

$$\chi = -\frac{l}{v}\left[\frac{\partial f_0}{\partial x} + \frac{eE}{mv}\frac{\partial f_0}{\partial v}\right]. \tag{32}$$

Diese Formel stellt im Verein mit der Definition (31b) die Grundlage der SOMMERFELDschen Theorie dar, die somit von der Vorstellung von *elastischen* Zusammenstößen zwischen Elektronen und Gitterionen ausgeht.

4. Berechnung der Leitfähigkeiten; elektrische Leitfähigkeit, Diskussion der freien Weglänge der Elektronen. Wir wollen den elektrischen Strom J und den Wärmestrom C berechnen, die durch eine Einheitsfläche senkrecht zu der Achse Ox fließen. Diese sind durch die Gleichungen:

$$\left.\begin{aligned} J &= e\int \xi f\,d\xi\,d\eta\,d\zeta, \\ C &= \frac{m}{2}\int \xi v^2 f\,d\xi\,d\eta\,d\zeta \end{aligned}\right\} \tag{33}$$

bestimmt, worin die Integration über alle Geschwindigkeitswerte $\xi\eta\zeta$ auszuführen ist. Unter Berücksichtigung von (25) und der Tatsache, daß f_0 und χ nur von der Gesamtgeschwindigkeit v abhängig sind, erhalten wir:

$$J = e\int \xi^2\chi\,d\xi\,d\eta\,d\zeta = \frac{e}{3}\int v^2\chi\,d\xi\,d\eta\,d\zeta = \frac{e}{3}\int_0^\infty v^2\chi\,4\pi v^2\,dv. \tag{34}$$

In der Tat verschwindet das Integral über ξf_0, und wir können ξ^2 durch $\frac{1}{3}v^2$ ersetzen.

In gleicher Weise erhalten wir:

$$C = \frac{m}{2}\int \xi^2 v^2\chi\,d\xi\,d\eta\,d\zeta = \frac{m}{6}\int v^4\chi\,d\xi\,d\eta\,d\zeta = \frac{m}{6}\int_0^\infty v^4\chi\,4\pi v^2\,dv. \tag{35}$$

Wir müssen jetzt χ aus den Gleichungen (32) und (25a) entnehmen, und wir setzen voraus, daß die freie Weglänge l irgendeine Funktion der Geschwindigkeit v und der Temperatur T ist. Wir finden dann:

$$\left.\begin{aligned} J &= -\frac{4\pi}{3} e G \frac{m^3}{h^3}\left[\frac{eE}{m}\int_0^\infty l v^2 \frac{\partial F_0}{\partial v} dv + \int_0^\infty l v^3 \frac{\partial F_0}{\partial x} dv\right], \\ C &= -\frac{2\pi}{3} m G \frac{m^3}{h^3}\left[\frac{eE}{m}\int_0^\infty l v^4 \frac{\partial F_0}{\partial v} dv + \int_0^\infty l v^5 \frac{\partial F_0}{\partial x} dv\right]. \end{aligned}\right\} \quad (36)$$

Das erste Integral können wir durch partielle Integration umformen:

$$\left.\begin{aligned} J &= \frac{4\pi}{3} e G \frac{m^3}{h^3}\left[\frac{eE}{m}\int \frac{\partial}{\partial v}(l v^2) F_0 dv - \int l v^3 \frac{\partial F_0}{\partial x} dv\right], \\ C &= \frac{2\pi}{3} m G \frac{m^3}{h^3}\left[\frac{eE}{m}\int \frac{\partial}{\partial v}(l v^4) F_0 dv - \int l v^5 \frac{\partial F_0}{\partial x} dv\right]. \end{aligned}\right\} \quad (37)$$

Andererseits wird F_0 durch den Ausdruck (20) dargestellt und kann von x nur durch Vermittlung von α und T abhängen:

$$\frac{\partial F_0}{\partial x} = -\frac{e^{\alpha + \frac{m v^2}{2kT}}}{\left[e^{\alpha + \frac{m v^2}{2kT}} + 1\right]^2}\left[\frac{\partial \alpha}{\partial x} - \frac{m v^2}{2kT^2}\frac{\partial T}{\partial x}\right]. \quad (38)$$

Führen wir eine neue Variable u ein:

$$u = \frac{m v^2}{2kT}, \qquad F_0 = \frac{1}{e^{\alpha+u} + 1}, \qquad \frac{\partial F_0}{\partial u} = -\frac{e^{\alpha+u}}{(e^{\alpha+u}+1)^2}. \quad (39)$$

Der Bruch, der in Gleichung (38) steht, stellt nichts anderes als die abgeleitete $\partial F_0/\partial u$ dar. Wir führen diese neue Variable u auch in die anderen Integrale (37) ein. Die freie Weglänge $l\,(v, T)$ wird dann eine neue Funktion der unabhängigen Variablen u und T:

$$L(u, T) = l(v, T) = l\left(\sqrt{\frac{2kTu}{m}}, T\right). \quad (40)$$

Wir erhalten somit:

$$\left.\begin{aligned} l v^2 &= \frac{2kT}{m} u L = \frac{2kT}{m} L_1(u, T), \\ L_1 &= u L, \\ l v^4 &= \left(\frac{2kT}{m}\right)^2 u^2 L = \left(\frac{2kT}{m}\right)^2 L_2(u, T), \\ L_2 &= u^2 L, \\ L_3 &= u^3 L. \end{aligned}\right\} \quad (41)$$

Die Bezeichnungen L, L_1, L_2 entsprechen den im mathematischen Zusatz (am Schluß des Buches) verwandten.

Nach allen diesen Transformationen erhalten schließlich die Formeln (37) die Form:

$$\left.\begin{aligned} J &= \frac{8\pi e m G}{3h^3}\Big[eE\,kT\int F_0\frac{\partial}{\partial u}(Lu)\,du - k^2T^2\frac{\partial\alpha}{\partial x}\int\frac{\partial F_0}{\partial u}Lu\,du \\ &\quad + k^2T\frac{\partial T}{\partial x}\int\frac{\partial F_0}{\partial u}Lu^2\,du\Big], \\ C &= \frac{8\pi m G}{3h^3}kT\Big[eE\,kT\int F_0\frac{\partial}{\partial u}(Lu^2)\,du - k^2T^2\frac{\partial\alpha}{\partial x}\int\frac{\partial F_0}{\partial u}Lu^2\,du \\ &\quad + k^2T\frac{\partial T}{\partial x}\int\frac{\partial F_0}{\partial u}Lu^3\,du\Big]. \end{aligned}\right\} \quad (42)$$

In jedem von diesen beiden Ausdrücken können die beiden letzten Integrale partiell integriert werden. Ebenso wie bei der Umformung (36) bis (37) muß man auch hier die Annahme machen, daß die mittlere freie Weglänge auch für die Elektronen von sehr kleinen Geschwindigkeiten endlich bleibt und bei großen Geschwindigkeiten nicht exponentiell ansteigt, so daß der Ausdruck $[Lu^nF_0]_0^\infty$ Null wird.

$$\left.\begin{aligned} J &= \frac{8\pi e m G}{3h^3}kT\left[\left(eE + kT\frac{\partial\alpha}{\partial x}\right)\int F_0\frac{\partial L_1}{\partial u}du - k\frac{\partial T}{\partial x}\int F_0\frac{\partial L_2}{\partial u}du\right], \\ C &= \frac{8\pi m G}{3h^3}k^2T^2\left[\left(eE + kT\frac{\partial\alpha}{\partial x}\right)\int F_0\frac{\partial L_2}{\partial u}du - k\frac{\partial T}{\partial x}\int F_0\frac{\partial L_3}{\partial u}du\right]. \end{aligned}\right\} \quad (43)$$

Die verschiedenen Integrale, die in diesen Formeln auftreten, sind von folgendem allgemeinen Typus:

$$V_{k-1} = \frac{1}{k!}\int F_0\frac{\partial L_k}{\partial u}\,du.$$

Ihre Berechnung wird im Zusatz II, Abschnitt 10, Gleichung (42) beschrieben. Unsere Endformeln erhalten die Form:

$$\left.\begin{aligned} J &= \frac{8\pi\, m e G}{3h^3}kTV_0\left[eE - 2k\frac{\partial T}{\partial x}\frac{V_1}{V_0} + kT\frac{\partial\alpha}{\partial x}\right], \\ C &= \frac{16\pi m G}{3h^3}k^2T^2V_1\left[eE - 3k\frac{\partial T}{\partial x}\frac{V_2}{V_1} + kT\frac{\partial\alpha}{\partial x}\right]. \end{aligned}\right\} \quad (44)$$

Diese allgemeinen Formeln sind auf alle Fälle anwendbar. Wenn α groß und positiv ist, haben wir den klassischen Fall vor uns, für den die alte Theorie von Lorentz entwickelt worden ist. Für negatives α (mit einem großen absoluten Betrag) erhalten wir dagegen die neue Theorie, die auf der Vorstellung von dem entarteten Elektronengas beruht.

Die Anwendung auf die Leitfähigkeitsprobleme ist unmittelbar gegeben. Um die *elektrische* Leitfähigkeit zu berechnen, stellen wir uns vor, daß im Metall nur ein elektrisches Feld E herrscht, daß dagegen die Temperatur T konstant ist und auch die Zusammensetzung (Atomkonzentration) von Ort zu Ort unveränderlich bleibt ($\alpha =$ konst.). Wir erhalten dann:

$$\sigma = \frac{J}{E} = \frac{8\pi e^2 m G}{3h^3} k T V_0 . \tag{45}$$

Die *alte* Theorie kann aus dieser Formel leicht entwickelt werden. Es genügt, sich ein nichtentartetes Gas ($\alpha > 0$) vorzustellen. Nehmen wir an, daß die freie Weglänge l konstant und unabhängig von der Geschwindigkeit ist. Wir erhalten dann nach (21):

$$V_0 = l U_0 = l e^{-\alpha} = \frac{N}{GV} \frac{l h^3}{(2\pi m k T)^{\frac{3}{2}}},$$

woraus:

$$\sigma = \frac{4}{3} \frac{N}{V} \frac{e^2 l}{\sqrt{2\pi m k T}} \tag{46}$$

folgt.

Unsere *neue Theorie* setzt dagegen eine vollständige Entartung des Elektronengases voraus ($\alpha < 0$). Nach der Formel (44) des Zusatzes erhalten wir unter Berücksichtigung von (40):

$$V_0 = a L(a) = a l\left(\sqrt{\frac{2kTa}{m}}, T\right),$$

mit:

$$a = -\alpha = \frac{h^2}{2mkT}\left(\frac{3N}{4\pi G V}\right)^{\frac{2}{3}} + \cdots,$$

nach (22). Vergleichen wir damit die Gleichung (23). Wir sehen, daß die freie Weglänge $l\ (v, T)$ in unseren Formeln denjenigen Wert besitzt, den sie für die durch (23) definierte Geschwindigkeit v' annimmt. Mit $G = 2$ erhalten wir also als Endresultat die Formel:

$$\left.\begin{aligned} \sigma &= \frac{8\pi}{3} \frac{e^2 l(v', T)}{h} \left(\frac{3N}{8\pi V}\right)^{\frac{2}{3}}, \\ v' &= \sqrt{\frac{2kTa}{m}} = \frac{h}{m}\left(\frac{3N}{8\pi V}\right)^{\frac{1}{3}}. \end{aligned}\right\} \tag{47}$$

Dieses Ergebnis steht in tiefem Gegensatz zu der klassischen Formel (46). Was vor allem in die Augen springt, ist die Tatsache, daß in (47) die Temperatur T nicht explizite vorkommt. Wie können wir nun hoffen, trotzdem den Einfluß der Temperatur auf die elektrische Leitfähigkeit durch diese Formeln darzustellen? Wir müssen entweder die Anzahl N der freien Elektronen oder ihre freie Weglänge l als temperaturabhängig ansehen. Beide Effekte können selbstverständlich auch gleichzeitig auftreten; doch sieht man leicht ein, daß der zweite an Bedeutung weit überwiegen muß. Die Geschwindigkeiten der Elektronen sind im entarteten Zustande fast unabhängig von der Temperatur (vgl. Abschnitt 1). Ihre freie Weglänge kann und muß aber in hohem Maße temperaturabhängig sein. Wir werden im nächsten Kapitel sehen, in welcher Weise verschiedene Autoren auf Grund wellenmechanischer Vorstellungen versucht haben, die freien Weglängen der Elektronen in ihrer Abhängigkeit von der Temperatur des Metalles zu berechnen.

5. Wärmeleitfähigkeit. Das WIEDEMANN-FRANZsche Gesetz. Stellen wir uns vor, daß der elektrische Strom $J = 0$ sei, daß aber im Metall ein Temperaturgradient herrscht. Die Formel (44 I) gibt uns dann:

$$e E = 2k \frac{V_1}{V_0} \frac{\partial T}{\partial x} - k T \frac{\partial \alpha}{\partial x}. \tag{48}$$

Das elektrische Feld E im Innern des Metalles wird also in diesem Falle nicht verschwinden, obwohl keine elektrischen Ströme vorhanden sind. Tragen wir den Wert (48) in die zweite Gleichung (44) ein. Wir erhalten dann:

$$C = \frac{16 \pi m G}{3 h^3} k^3 T^2 \frac{\partial T}{\partial x} V_1 \left(2 \frac{V_1}{V_0} - 3 \frac{V_2}{V_1}\right). \tag{49}$$

Daraus bestimmt sich die Wärmeleitfähigkeit $\varkappa$ zu:

$$\varkappa = \frac{C}{-\frac{\partial T}{\partial x}} = \frac{16 \pi m G}{3} \left(\frac{k}{h}\right)^3 T^2 V_1 \left(3 \frac{V_2}{V_1} - 2 \frac{V_1}{V_0}\right). \tag{50}$$

Wir schreiben zum Vergleich die alte Formel von LORENTZ, wie sie sich bei der vereinfachten Annahme einer konstanten freien Weglänge ergibt, nochmals an:

$$V_0 = V_1 = V_2 = l e^{-\alpha},$$

$$\varkappa = \frac{16 \pi l m}{3} G \frac{k^3}{h^3} T^2 e^{-\alpha} = \frac{8}{3} \frac{l N k^2 T}{V \sqrt{2 \pi m k T}}. \tag{51}$$

In Wirklichkeit ist aber das Elektronengas entartet. Wir müssen also die Formel (44) des Zusatzes anwenden. In erster Annäherung erhalten wir, wie leicht einzusehen ist:

$$3\frac{V_2}{V_1} - 2\frac{V_1}{V_0} = 0\,, \qquad \varkappa = 0\,.$$

Die Geschwindigkeit der Elektronen ist ja fast unabhängig von der Temperatur, und eine Temperaturdifferenz zwischen zwei benachbarten Punkten verursacht daher nur eine sehr geringe Änderung der Elektronengeschwindigkeit. Dementsprechend ist auch die Überführung der kinetischen Energie durch die Leitungselektronen aus dem Gebiet höherer in ein Gebiet tieferer Temperatur nur sehr gering. Die zweite Annäherung gibt uns aber einen von Null verschiedenen Beitrag für die Wärmeleitfähigkeit: nach Gleichung (45) des Zusatzes bekommen wir:

$$V_1\left(3\frac{V_2}{V_1} - 2\frac{V_1}{V_0}\right) = \frac{\pi^2}{6}\,a\,L(a) = \frac{\pi^2}{6}\,a\,l(v')\,.$$

Mit $G = 2$ folgt daraus:

$$\varkappa = \frac{8\pi^3 k^2 T}{9h}\,l(v')\left(\frac{3N}{8\pi V}\right)^{\frac{2}{3}}. \tag{52}$$

Es ist uns jetzt ein leichtes, das Verhältnis $\varkappa/\sigma T$ zu bestimmen, das nach Aussage des WIEDEMANN-FRANZschen Gesetzes konstant sein soll.

In der alten Theorie [Formeln (46) und (51)] erhält man für dieses Verhältnis, wie zuerst LORENTZ fand:

$$\frac{\varkappa}{\sigma T} = 2\left(\frac{k}{e}\right)^2. \tag{53}$$

Unsere neue Theorie (47) und (52) gibt dagegen:

$$\frac{\varkappa}{\sigma T} = \frac{\pi^2}{3}\left(\frac{k}{e}\right)^2 = 3{,}3\left(\frac{k}{e}\right)^2. \tag{54}$$

Dieses Ergebnis ist bemerkenswert; denn der Koeffizient 2, den die LORENTZsche Theorie ergab, konnte durch die experimentellen Ergebnisse nicht bestätigt werden. Diese schienen eher für einen Koeffizienten 3 zu sprechen, den DRUDE damals mit Hilfe einer vereinfachten, sicher unkorrekten Theorie ableitete. SOMMERFELD erhielt, wie aus Gleichung (54) ersichtlich, einen Koeffizienten 3,3, der mit den Erfahrungswerten in guter Übereinstimmung steht. Messungen, die von JÄGER, DIESSELHORST u. a. ausgeführt worden sind und bei denen die 12 Metalle Al, Cu, Ag, Au, Ni, Zn, Cd, Pb, Sn, Pt, Pd, Fe berücksichtigt wurden, haben als Mittelwert (bei 18° C):

$$\frac{\varkappa}{\sigma} = 7{,}11 \cdot 10^{10}$$

ergeben, während aus der SOMMERFELDschen Beziehung (54) der Wert:

$$\frac{\varkappa}{\sigma} = 7{,}1 \cdot 10^{10}$$

folgt. Die Übereinstimmung ist also ausgezeichnet.

Wir müssen noch hinzufügen, daß die für die elektrische Leitfähigkeit und die Wärmeleitfähigkeit abgeleiteten Formeln in guter Übereinstimmung mit den empirischen Ergebnissen über die Leitfähigkeit von Legierungen und den Einfluß der Verunreinigungen stehen[1]. Der elektrische Widerstand $1/\sigma$ ist umgekehrt proportional der freien Weglänge l, d. h. direkt proportional dem Absorptionskoeffizienten μ. Man findet für $1/\sigma$ empirisch — wie es für μ theoretisch zu erwarten ist — ein einfaches additives Verhalten.

6. Thermoelektrische Erscheinungen in einem homogenen Metall (THOMSON-Effekt). Die allgemeinen Formeln (44) enthalten bereits in sich die Beschreibung aller thermoelektrischen Erscheinungen. Es bleibt nur übrig, sie für die verschiedenen Fälle auszuarbeiten. Zwischen den vier Größen J, C, E und $\partial T/\partial x$ bestehen zwei Beziehungen. Es bleiben somit zwei Unbekannte, die durch die experimentellen Bedingungen bestimmt werden. Wir folgen jetzt den Überlegungen, die neuerdings von N. H. FRANK[2] vorgebracht wurden und unterscheiden vier Arten von thermoelektrischen Erscheinungen in einem homogenen Metall (d. h. einem Metall, in dem α nur von T abhängig ist).

1. Fall: Man bestimmt J bei konstanter Temperatur. $\frac{\partial T}{\partial x} = 0$. Unsere Gleichungen geben für diesen Fall:

$$E = \frac{J}{\sigma}, \qquad C = \frac{16\pi m G}{3h^3} k^2 T^2 e V_1 E = \frac{2\sigma}{e} k T \frac{V_1}{V_0} E. \tag{55}$$

[1] Siehe insbesondere eine Diskussion der empirischen Ergebnisse durch BORELIUS, G., Ann. Physik **84**, 907 (1927).

[2] FRANK, N. H., Z. Physik **63**, 596 (1930) (in dieser Arbeit sind einige Formeln durch Druckfehler verunstaltet). — FRANK, N. H., und SOMMERFELD, A., Rev. of Modern Physics. **3**, 1 (1931).

Diese Gleichungen beziehen sich auf Bedingungen, die experimentell bei der Messung der elektrischen Zeitfähigkeit σ vorliegen. Unsere Gleichungen geben dafür den Wert (45). Man sieht, daß in diesem Falle neben dem elektrischen Strom auch ein Wärmestrom entsteht, dessen Größe proportional dem angelegten elektrischen Felde ist und der mit der JOULEschen Wärme nichts zu tun hat.

Wir können diesen „THOMSON-*Wärmestrom*" durch den Koeffizienten:

$$\mu_W = \left(\frac{C}{E}\right)_{\frac{\partial T}{\partial x}=0} = \frac{2\sigma}{e}\frac{V_1}{V_0}kT \tag{56}$$

charakterisieren.

2. Fall: Man mißt J bei verschwindendem Wärmestrom. $C = 0$. Unter diesen Bedingungen — die übrigens praktisch schwer zu realisieren sind — muß im Metall eine Potentialdifferenz und ein Temperaturgradient auftreten. Man findet dafür:

$$E = \frac{J}{\sigma}\left(\frac{-T\frac{\partial\alpha}{\partial T} + 3\frac{V_2}{V_1}}{3\frac{V_2}{V_1} - 2\frac{V_1}{V_0}}\right), \qquad \frac{\partial T}{\partial x} = \frac{eJ}{\sigma k}\frac{1}{\left(3\frac{V_2}{V_1} - 2\frac{V_1}{V_0}\right)}. \tag{57}$$

Das Feld E innerhalb des Metalles ist also infolge des Temperaturgradienten nicht mehr gleich dem äußeren Feld J/σ. Die zweite Gleichung (57) bestimmt den THOMSON-*Temperaturgradienten* mit dem charakteristischen Koeffizienten:

$$\mu_T = \left(\frac{1}{E}\frac{\partial T}{\partial x}\right)_{C=0} = \frac{e}{k}\frac{1}{\left(3\frac{V_2}{V_1} - T\frac{\partial\alpha}{\partial T}\right)}. \tag{58}$$

3. Fall: Man mißt $\partial T/\partial x$ bei verschwindendem elektrischem Strom. $J = 0$. Dies sind die experimentellen Bedingungen für die Messung der Wärmeleitfähigkeit, die wir im vorangehenden Abschnitt diskutiert haben. Für diesen Fall gelten die Gleichungen (48) und (50):

$$C = -\varkappa\frac{\partial T}{\partial x}, \qquad E = \frac{k}{e}\frac{\partial T}{\partial x}\left(2\frac{V_1}{V_0} - T\frac{\partial\alpha}{\partial T}\right).$$

Im Metall entsteht also infolge des Wärmestromes ein elektrisches Feld E, obwohl das von außen angelegte Feld gleich 0 ist. Für diesen THOMSON*schen Potentialgradienten* finden wir den charakteristischen Koeffizienten

$$\mu_P = \left(\frac{E}{\frac{\partial T}{\partial x}}\right)_{J=0} = \frac{k}{e}\left(2\frac{V_1}{V_0} - T\frac{\partial \alpha}{\partial T}\right). \tag{59}$$

4. Fall: Man mißt $\partial T/\partial x$ bei verschwindendem elektrischen Feld. $E = 0$. Das Metall wird in diesem Fall von einem elektrischen Strom durchflossen, der das von dem Temperaturgradienten stammende Feld (s. Fall 3) gerade kompensiert. Es gilt dann:

$$\left.\begin{aligned} J &= \frac{\sigma k}{e}\frac{\partial T}{\partial x}\left(T\frac{\partial \alpha}{\partial T} - 2\frac{V_1}{V_0}\right), \\ C &= \frac{2\sigma k^2 T}{e^2}\frac{V_1}{V_0}\frac{\partial T}{\partial x}\left(T\frac{\partial \alpha}{\partial T} - 3\frac{V_2}{V_1}\right). \end{aligned}\right\} \tag{60}$$

Wir erhalten unter diesen Umständen einen THOMSON*schen elektrischen Strom* mit dem Koeffizienten:

$$\mu_S = \left(\frac{J}{\frac{\partial T}{\partial x}}\right)_{E=0} = \frac{\sigma k}{e}\left(T\frac{\partial \alpha}{\partial T} - 2\frac{V_1}{V_0}\right) = -\sigma\mu_P. \tag{61}$$

Unter diesen verschiedenen Effekten können einige als invers angesehen werden. Das THOMSONsche elektrische Feld im Fall 3 (bei verschwindendem elektrischen Strom) bildet den inversen Effekt zum Fall 2, dem THOMSONschen Temperaturgradienten (bei verschwindendem Wärmestrom). Auch die Fälle 1 und 4 können als zueinander invers betrachtet werden. Was man üblicherweise als „thermoelektrischen Effekt" beobachtet, ist keiner von diesen vier Einzeleffekten: man mißt praktisch die Wärme, die in der Volumeneinheit des Leiters entwickelt wird, wenn er gleichzeitig von dem elektrischen Strom J und dem Wärmestrom C durchflossen wird. Nach Abzug der JOULEschen und der durch Wärmeleitung zugeführten Wärme bleibt noch ein Betrag übrig, den man als die „THOMSON*sche Wärme*" bezeichnet.

Die von den elektrischen Kräften in einer Sekunde geleistete Arbeit ist $J \cdot E$. Der Wärmestrom trägt die Wärme $\partial C/\partial x$ fort. Die in der Zeiteinheit in der Volumeneinheit freiwerdende Wärme ist also:

$$Q = JE - \frac{\partial C}{\partial x}. \tag{62}$$

Die erste Gleichung (44) gibt uns aber — wenn man den in (45) berechneten Wert von σ berücksichtigt —:

$$E = \frac{J}{\sigma} + 2\frac{k}{e}\frac{\partial T}{\partial x}\frac{V_1}{V_0} - \frac{kT}{e}\frac{\partial \alpha}{\partial x}.$$

Tragen wir diesen Wert in die zweite Gleichung (44) ein. Wir erhalten dann:

$$C = \frac{16\pi m G}{3h^3} k^2 T^2 V_1 \left[\frac{eJ}{\sigma} + k\frac{\partial T}{\partial x}\left(2\frac{V_1}{V_0} - 3\frac{V_2}{V_1}\right)\right].$$

Unter Benutzung der Formel (50), die die Wärmeleitfähigkeit $\varkappa$ bestimmt, erhalten wir:

$$C = \frac{2kT}{e}\frac{V_1}{V_0} J - \varkappa\frac{\partial T}{\partial x}. \tag{63}$$

Tragen wir diesen Wert in (62) ein. Wir erhalten dann folgendes Ergebnis:

$$Q = \frac{J^2}{\sigma} + \frac{\partial}{\partial x}\left(\varkappa\frac{\partial T}{\partial x}\right) - J\frac{kT}{e}\frac{\partial}{\partial x}\left(\alpha + 2\frac{V_1}{V_0}\right). \tag{64}$$

Es wurde dabei angenommen, daß der Strom J konstant und unabhängig von x ist.

Das erste Glied in Formel (64) stellt die JOULEsche Wärme dar, das zweite die Wärmemenge, die infolge der Wärmeleitung zugeführt wird. Das dritte enthält den THOMSON- oder den PELTIER-Effekt (je nachdem, ob wir das Metall als homogen annehmen oder nicht).

THOMSON-*Effekt.* Das Metall sei als homogen vorausgesetzt, jedoch soll die Temperatur entlang der x-Richtung variabel sein. Wir führen einen charakteristischen Koeffizienten μ_E ein, so daß das letzte Glied in (64) die Form:

$$-\mu_E J\frac{\partial T}{\partial x} \tag{65}$$

annimmt; μ_E bedeutet also den Ausdruck:

$$\mu_E = \frac{kT}{e}\frac{\partial}{\partial T}\left(\alpha + 2\frac{V_1}{V_0}\right). \tag{66}$$

Diese Formel kann auch in der Form:

$$\mu_E = \frac{\partial}{\partial T}\left(\frac{\mu_W}{\sigma}\right) - \mu_P \tag{67}$$

geschrieben werden. Diese letzte Gleichung hat einen einfachen physikalischen Sinn. Die THOMSON-Wärme wird in einem Volumelement $d\tau = dx$ $(dy\,dz = 1)$ des Metalls entwickelt, durch das ein Strom J fließt und in dem ein Gradient $\partial T/\partial x$ besteht. Diese

Wärme wird bestimmt durch die Differenz der beiden THOMSONschen Wärmeströme (56), die durch die Stirnfläche x ein- und durch die Fläche $x + dx$ austreten, vermehrt um die Arbeit $\mu_P \frac{\partial T}{\partial x}$ des inneren THOMSONschen Feldes (59). In der Formel (67) tritt der Differentialquotient $\frac{\partial}{\partial T}\left(\frac{\mu_W}{\sigma}\right)$ auf, da das Feld E an den Flächen x und $x + dx$ verschiedene Werte besitzt. Da J konstant ist, muß E $(= J/\sigma)$ proportional $1/\sigma$ sein.

Auch in diesem Falle ergibt die neue Statistik Resultate, die von denen der klassischen Statistik stark abweichen. Die alte Theorie der Thermoelektrizität erhält man, wenn man für α den Wert (21) einsetzt. Andererseits ist V_1/V_0 praktisch gleich 1 und die Abgeleitete davon gleich Null. Es bleibt also übrig:

$$\mu_E = \frac{3k}{2e}\left[1 - \frac{2}{3}\frac{TV}{N}\frac{\partial}{\partial T}\left(\frac{N}{V}\right)\right]. \tag{68}$$

Dieser Ausdruck für den THOMSON-Koeffizienten ist ganz unmöglich. Er gibt viel zu hohe Werte. Die nach dieser Theorie zu erwartende Wärmeentwicklung ist um ein Vielfaches größer als die (an sich bedeutenden) thermoelektrischen Effekte, die man bei solchen Metallen wie Bi, As, Sb beobachtet.

Wir müssen also unsere Zuflucht zu der neuen Statistik nehmen. Diese ergibt in erster Näherung (wegen $a = -\alpha$):

$$\frac{V_1}{V_0} = \frac{1}{2}a, \qquad \mu_E = 0.$$

Wir müssen also die zweite Näherung berechnen, unter Benutzung der vollständigeren Reihenentwicklung, die in dem mathematischen Zusatz [s. dort Formel (45)] angegeben ist. Diese Entwicklung gibt:

$$\frac{V_1}{V_0} = \frac{a}{2}\left[1 + \frac{\pi^2}{3a^2}\left(1 + a\frac{\partial \log L}{\partial u}\right)_{u=a} + \cdots\right], \tag{69}$$

und somit:

$$\mu_E = \frac{\pi^2 k T}{3e}\frac{\partial}{\partial T}\left(\frac{1}{a} + \frac{\partial \log L}{\partial a}\right). \tag{70}$$

Erinnern wir uns, daß nach (22), (23) und (40) folgende Beziehungen gelten:

$$L(u) = l(v) = \text{freie Weglänge},$$

$$u = \frac{mv^2}{2kT},$$

$$a = \frac{mv'^2}{2kT} = \frac{h^2}{2mkT}\left(\frac{3N}{8\pi V}\right)^{\frac{2}{3}} - \frac{\pi^2}{12}\frac{2mkT}{h^2}\left(\frac{3N}{8\pi V}\right)^{-\frac{2}{3}} + \cdots$$

Wir setzen:
$$\Lambda = 1 + a\frac{\partial \log L}{\partial a} = 1 + \frac{v'}{2}\frac{\partial \log l}{\partial v'}, \tag{70a}$$
und wir bemerken, daß unter Annahme einer konstanten mittleren freien Weglänge, die von der Elektronengeschwindigkeit nicht abhängt, Λ in erster Näherung gleich 1 gesetzt werden kann:
$$\left.\begin{aligned} T\frac{\partial a}{\partial T} &= -\frac{h^2}{2mkT}\left(\frac{3N}{8\pi V}\right)^{\frac{2}{3}} - \frac{\pi^2}{12}\frac{2mkT}{h^2}\left(\frac{3N}{8\pi V}\right)^{-\frac{2}{3}} \\ &\quad + \frac{2}{3}\frac{h^2}{2mk}\left(\frac{3}{8\pi}\right)^{\frac{2}{3}}\left(\frac{N}{V}\right)^{-\frac{1}{3}}\frac{\partial\left(\frac{N}{V}\right)}{\partial T} + \cdots \end{aligned}\right\} \tag{70b}$$

Wir vernachlässigen allgemein die Änderung der Anzahl N der Elektronen mit der Temperatur, sowie alle Glieder, die hohe negative Potenzen von N/V enthalten. Auf diese Weise finden wir:
$$\left.\begin{aligned} \mu_E &= \frac{\pi^2 kT}{3e}\frac{\partial}{\partial T}\left(\frac{\Lambda}{a}\right) \\ &= \frac{\pi^2 k}{3e}\Lambda\frac{2mkT}{h^2}\left(\frac{3N}{8\pi V}\right)^{-\frac{2}{3}}\left[1 - \frac{2T}{3}\frac{V}{N}\frac{\partial}{\partial T}\left(\frac{N}{V}\right) + T\frac{\partial \log \Lambda}{\partial T} + \cdots\right]. \end{aligned}\right\} \tag{71}$$
Dieser Ausdruck stellt die erste Näherung dar. Um die Größenordnung von μ_E zu bestimmen, nehmen wir darin $\Lambda = 1$ an. Wir erhalten:
$$\frac{\mu_E\,(\text{neue Statistik})}{\mu_E\,(\text{LORENTZ})} \simeq \frac{2\pi^2}{9a} \simeq 0{,}01\,.$$
Der Berechnung lagen die Werte:
$$T = 300^\circ\ \text{abs} \qquad \text{und} \qquad \frac{N}{V} = 5{,}9 \cdot 10^{22}$$
zugrunde; letzterer Wert entspricht der Elektronendichte im Silber. Auf diese Weise erhält man für die THOMSON-Wärme eine durchaus plausible Größenordnung, die den beobachteten Effekt ungefähr wiedergibt. Die Formel (71) fordert übrigens, daß der Effekt proportional der absoluten Temperatur ist, was bei hohen Temperaturen tatsächlich beobachtet wird. Es muß dabei berücksichtigt werden, daß die SOMMERFELDsche Theorie für zu niedrige Temperaturen keine vollständige Gültigkeit beanspruchen darf, wie dies im nächsten Kapitel gezeigt werden soll. Die Korrektionsglieder, die in unserer ersten Annäherung vernachlässigt wurden und in (71) auftreten, können bewirken, daß der THOMSONsche Koeffizient unter Umständen auch negativ werden kann. R. H. FOWLER hat — wie aus einer Bemerkung in der zusammen-

fassenden Arbeit von SOMMERFELD und FRANK hervorgeht — neuerdings darauf hingewiesen, daß der THOMSON-Effekt sogar in den meisten gewöhnlichen Metallen ein Vorzeichen hat, das dem nach (71) zu erwartenden entgegengesetzt ist; die theoretischen Schwierigkeiten sind also in diesem Punkt noch nicht überwunden. Nur beim Blei und Zinn beobachtet man einen „negativen" THOMSON-Effekt — also einen, der nach (71) die Regel sein sollte.

Es ist von Interesse, auch die übrigen oben definierten THOMSONschen Koeffizienten zu berechnen. Wir werden als Beispiel die Berechnung von μ_P und μ_W durchführen, um die Bedeutung der verschiedenen Glieder in der Formel (67) zu verdeutlichen. Erinnern wir uns, daß $a = -\alpha$ ist. Wir können dann (59) auf die Form:

$$\mu_P = \frac{k}{e}\left(2\frac{V_1}{V_0} + T\frac{\partial a}{\partial T}\right) = \frac{k}{e}\left(a + \frac{\pi^2}{3}\frac{\Lambda}{a} + T\frac{\partial a}{\partial T}\right)$$

bringen, indem wir die Beziehungen (69) und (70a) benutzen. Nehmen wir für a und $T\frac{\partial a}{\partial T}$ die Ausdrücke, die in (70) und (70b) berechnet worden sind. Wir bemerken, daß die Glieder erster Ordnung einander kompensieren. Es ist:

$$\left.\begin{aligned}\mu_P &= \frac{\pi^2 k}{3e}\left[\frac{\Lambda}{a} - \frac{1}{2}\,\frac{2mkT}{h^2}\left(\frac{3N}{8\pi V}\right)^{-\frac{2}{3}} + \cdots\right]\\ &\simeq \frac{\pi^2 k}{3e}\left(\frac{\Lambda}{a} - \frac{1}{2a}\right) \simeq \frac{\pi^2 k}{6ea}.\end{aligned}\right\} \qquad (71\,\mathrm{a})$$

(Wir vernachlässigen die Änderung von N/V mit der Temperatur und setzen wieder $\Lambda = 1$.)

Gehen wir nun zu μ_W (56) über. Unter Benutzung derselben Annäherung wie oben erhalten wir:

$$\frac{\mu_W}{\sigma} = 2\frac{V_1}{V_0}\frac{kT}{e} = \frac{kT}{e}\left(a + \frac{\pi^2\Lambda}{3a}\right),$$

$$\begin{aligned}\frac{\partial}{\partial T}\left(\frac{\mu_W}{\sigma}\right) &= \frac{k}{e}\left[a + T\frac{\partial a}{\partial T} + \frac{\pi^2\Lambda}{3a} + \frac{\pi^2 T}{3}\frac{\partial}{\partial T}\left(\frac{\Lambda}{a}\right)\right]\\ &= \frac{\pi^2 k}{3e}\left[\frac{\Lambda}{a} - \frac{1}{2a} - \frac{T\Lambda}{a^2}\frac{\partial a}{\partial T} + \cdots\right].\end{aligned}$$

Setzen wir wieder $\Lambda = 1$. Wir erhalten dann:

$$\frac{\partial}{\partial T}\left(\frac{\mu_W}{\sigma}\right) \simeq \frac{\pi^2 k}{3e}\left(\frac{1}{2a} - \frac{T}{a^2}\frac{\partial a}{\partial T}\right) \simeq \frac{\pi^2 k}{2ae}. \qquad (71\,\mathrm{b})$$

Wir erhalten also folgende Beziehungen zwischen den verschiedenen Gliedern der Formel (67):

$$3\,\mu_E \simeq 6\,\mu_P \simeq 2\,\frac{\partial}{\partial T}\left(\frac{\mu_W}{\sigma}\right) \sim \frac{\pi^2 k}{a e}\,.$$

Die Verwechslung der verschiedenen μ-Werte hat zu vielen Mißverständnissen geführt. So hat z. B. FOWLER[1] eine Ableitung gegeben, die auf Gleichgewichtsbetrachtungen beruhte und zu einer Bestimmung von μ_P statt von μ_E führte. FOWLER hat daraus einen um die Hälfte zu kleinen Wert für den THOMSON-Effekt abgeleitet, was zunächst unverständlich zu sein schien. N. H. FRANK hat in der bereits zitierten Arbeit den Ursprung dieses Mißverständnisses klargelegt.

Als BENEDICKS-Effekt[2] bezeichnet man das Auftreten einer elektromotorischen Kraft in einem Kreis, der aus einem einzigen Metall zusammengesetzt ist, bei einer ungleichmäßigen Erwärmung des Metalles. Dieser Effekt kann auf das elektrische Feld zurückgeführt werden, das $(\partial T/\partial x)^3$ proportional ist. Wir haben bis jetzt die Näherung noch nicht so weit getrieben, uns vielmehr mit den Gliedern begnügt, die $\partial T/\partial x$ proportional sind. Es wäre sehr wünschenswert, wenn die Theorie in dieser Richtung ergänzt werden könnte.

7. Thermoelektrische Effekte in nichthomogenen Leitern. Wir gehen jetzt zu dem sog. PELTIER-Effekt über. Wir stellen uns vor, daß das Metall zwar eine konstante Temperatur besitzt, aber nicht homogen ist. Unsere Formel (64) zeigt, daß dort, wo eine Änderung in der Zusammensetzung des Leiters auftritt, beim Stromdurchgang eine bestimmte Wärmemenge entwickelt wird. Stellen wir uns zwei metallische Leiter 1 und 2 in Berührung miteinander vor. An der Berührungsstelle soll innerhalb einer dünnen Schicht ein kontinuierlicher Übergang von der Zusammensetzung 1 zu der Zusammensetzung 2 stattfinden. Die Wärme $-\Pi_{12}$, die in dieser Schicht durch den elektrischen Strom $J = 1$ entwickelt wird, wenn J von Metall 1 zu Metall 2 fließt, ist durch die Gleichung:

$$\Pi_{12} = \frac{kT}{e}\int_1^2 \frac{\partial}{\partial x}\left(\alpha + 2\,\frac{V_1}{V_0}\right) dx = \frac{kT}{e}\left|\alpha + 2\,\frac{V_1}{V_0}\right|_1^2 \tag{72}$$

---

[1] FOWLER, R. H., „Statistical Mechanics“, S. 549. — STERN, T. E., Proc. Roy. Soc. **126**, 570 (1930).

[2] BENEDICKS, C., Erg. exakt. Naturwiss. **8**, 25 (1929).

bestimmt. Man kann dieses Ergebnis folgendermaßen verständlich machen. Wenn kein Strom vorhanden ist ($J = 0$) und die Temperatur konstant bleibt, besteht nach (44, I) ein elektrisches Feld $E = -\frac{k\,T}{e}\frac{\partial \alpha}{\partial x}$, also eine Potentialdifferenz:

$$P_1 - P_2 = \frac{k\,T}{e}(\alpha_2 - \alpha_1)\,. \tag{72a}$$

Wenn aber J von 0 verschieden ist, so wird an der Berührungsstelle eine Wärmemenge frei, die gleich dem Unterschied der THOMSON-Wärmeströme μ_W/σ in beiden Metallen ist, vermehrt um die Arbeit, die beim Überwinden des Potentialsprungs gewonnen wird:

$$\Pi_{12} = \left(\frac{\mu_W}{\sigma}\right)_2 - \left(\frac{\mu_W}{\sigma}\right)_1 + \frac{k\,T}{e}(\alpha_2 - \alpha_1) = \frac{k\,T}{e}\left|2\frac{V_1}{V_0} + \alpha\right|_1^2; \tag{72b}$$

diese Formel ist der Formel (67) analog.

In diesen Formeln muß man auf die Vorzeichen achtgeben; in der Literatur findet man nämlich zwei entgegengesetzte Definitionen des „positiven" bzw. „negativen" thermoelektrischen Verhaltens.

In der alten Theorie ist $V_1 = V_0$, und α ist durch den Ausdruck (21) gegeben. Es ist also:

$$\Pi_{12}\ \text{(alte Theorie)} = \frac{k\,T}{e}\left(\log\frac{N_1}{V_1} - \log\frac{N_2}{V_2}\right). \tag{73}$$

In der von uns benutzten FERMI-Statistik ist Π_{12} in erster Näherung gleich Null. Die Formeln (69) und (70) gestatten uns aber — genau wie im Falle des Thermoeffektes — eine genauere Berechnung, die in zweiter Näherung zu dem Ausdruck:

$$\Pi_{12} = \frac{\pi^2 k\,T}{3e}\left[\left(\frac{\Lambda}{a}\right)_2 - \left(\frac{\Lambda}{a}\right)_1\right] \tag{74}$$

führt. Die Formel (74) ist der Beziehung (71) ganz analog.

Wenn wir Λ in erster Näherung gleich 1 setzen, so können wir den PELTIER-Koeffizienten Π abschätzen und erhalten dafür die Größenordnung von einigen Zehntel Volt. Dieses Ergebnis ist durchaus annehmbar.

Die Bestimmung der *thermoelektrischen elektromotorischen* Kraft entspricht etwas anderen Bedingungen. Die Effekte von PELTIER und THOMSON treten beim Durchgang eines gegebenen Stromes durch eine Lötstelle auf. Statt dessen wollen wir jetzt die elektromotorische Kraft bestimmen, die beim offenen Stromkreis, also bei der Stromstärke 0, auftritt. Betrachten wir eine Kette, die in folgender Weise zusammengesetzt ist: Freies Ende P des Metalles 1 bei der Temperatur T; Lötstelle (1, 2) bei der Temperatur T', zweite Lötstelle (2, 1) bei der Temperatur T''; Metall 1 bei der Temperatur T; freies Ende Q. Gesucht sei die Potentialdifferenz zwischen den beiden freien Enden P und Q.

Der elektrische Strom J ist gleich 0. Die Formel (44) gibt also für das elektrische Feld E:

$$E = \frac{2k}{e}\frac{V_1}{V_0}\frac{\partial T}{\partial x} - \frac{kT}{e}\frac{\partial \alpha}{\partial x}.$$

Die gesuchte Potentialdifferenz ist somit:

$$\left.\begin{aligned} \Theta &= -\int_P^Q E\,dx = -\frac{2k}{e}\int_P^Q \frac{V_1}{V_0}\frac{\partial T}{\partial x}\,dx + \frac{k}{e}\int_P^Q T\frac{\partial \alpha}{\partial x}\,dx \\ &= \frac{k}{e}\int_{T'}^{T''}\left| -2\frac{V_1}{V_0} + T\frac{\partial \alpha}{\partial T}\right|_1^2 dT \\ &+ \frac{k}{e}\left[T'(\alpha_2-\alpha_1)_{T'} - T''(\alpha_2-\alpha_1)_{T''}\right]. \end{aligned}\right\} \tag{75}$$

Mit Hilfe des THOMSONschen Koeffizienten μ_P (59) und der Kontaktspannung (72a) können wir statt (75) schreiben:

$$\Theta = \int_{T'}^{T''}(\mu_{P_1} - \mu_{P_2})\,dT + (P_1 - P_2)_{T'} - (P_1 - P_2)_{T''}.$$

Diese Formel kann in der alten Theorie unter Benutzung des Ausdrucks (21) für α ausgewertet werden. Zur Vereinfachung nehmen wir wieder an, daß die freie Weglänge l konstant ist, so daß Λ gleich 1 wird und das erste Integral verschwindet. Das zweite Integral in (75 I) gibt dann:

$$\begin{aligned} \Theta &= -\frac{k}{e}\int_P^Q T\frac{\partial}{\partial x}\log\frac{N}{V}\,dx + \frac{3}{2}\frac{k}{e}\int_P^Q T\frac{\partial \log T}{\partial x}\,dx \\ &= \frac{k}{e}\int_P^Q \log\frac{N}{V}\frac{\partial T}{\partial x}\,dx; \end{aligned}$$

(denn das zweite Glied verschwindet und das erste kann partiell integriert werden).

Indem wir die Integration von P bis Q entlang der oben beschriebenen Kette ausführen, erhalten wir:

$$\Theta = \frac{k}{e}\int_{T'}^{T''}\left[\log\left(\frac{N}{V}\right)_2 - \log\left(\frac{N}{V}\right)_1\right] dT. \tag{76}$$

Vergleichen wir nun damit das Ergebnis, das die *neue Theorie* ergibt. Genau wie bei der Berechnung der Effekte von PELTIER und THOMSON müssen wir auch hier von dem Ausdruck (69) für das Verhältnis V_1/V_0 ausgehen; denn die erste Näherung gibt auch hier den Wert 0:

$$\int a\frac{\partial T}{\partial x}\,dx - \int\frac{\partial \alpha}{\partial x}\,T\,dx = \int\frac{\partial}{\partial x}(a\,T)\,dx = 0.$$

$$a = -\alpha.$$

Die zweite Näherung gibt uns, mit den in (70a) definierten Bezeichnungen:

$$\Theta = -\frac{\pi^2 k}{3e}\int_P^Q \frac{\Lambda}{a}\frac{\partial T}{\partial x}\,dx = \frac{\pi^2 k}{3e}\int_{T'}^{T''}\left[\left(\frac{\Lambda}{a}\right)_1 - \left(\frac{\Lambda}{a}\right)_2\right] dT. \tag{77}$$

Um weiterzukommen, müssen wir Annäherungen einführen, die offenbar ziemlich grob sind: Wir nehmen an, daß $\Lambda = 1$ ist und daß die Elektronendichten N_1/V_1 und N_2/V_2 von der Temperatur unabhängig sind. Dann folgt:

$$a = \frac{h^2}{2mkT}\left(\frac{3N}{8\pi V}\right)^{\frac{2}{3}} = \frac{\varphi}{kT}.$$

Da der Koeffizient φ konstant ist, ist a proportional $1/T$. Das Integral (77) gibt nunmehr:

$$\Theta\ (\text{neue Theorie}) = \frac{\pi^2 k^2}{6e}\left(\frac{1}{\varphi_1} - \frac{1}{\varphi_2}\right)(T''^2 - T'^2). \tag{78}$$

Die alte Theorie gibt im Gegensatz dazu:

$$\Theta\ (\text{alte Theorie}) = \frac{k}{e}\left(\log\frac{N_2}{V_2} - \log\frac{N_1}{V_1}\right)(T'' - T'). \tag{79}$$

Man weiß, daß die thermoelektrische Kraft Θ praktisch eine Funktion zweiten Grades der Temperaturdifferenz ϑ ist. Dieses Ergebnis entspricht durchaus der neuen Theorie (78). Die alte forderte eine Proportionalität mit der *ersten* Potenz der Temperaturdifferenz.

$$T'' - T' = \vartheta, \qquad T''^2 - T'^2 = (T'' - T')(T'' + T') = \vartheta\,(2T' + \vartheta).$$

Das Verhältnis des Gliedes, das ϑ enthält, zu dem Glied mit ϑ^2 ist also in unserer Formel (78) gleich $1/2\,T'$, d. h. bei gewöhnlicher Temperatur etwa $\frac{1}{550}$. Dieses Ergebnis entspricht gut dem experimentellen Mittelwert.

Bestimmen wir jetzt die Größenordnung der elektromotorischen Kräfte, die bei thermoelektrischen Erscheinungen auftreten. Betrachten wir die Metalle Natrium und Silber. Die theoretische Berechnung gibt:

$$\Theta \simeq -2 \cdot 10^{-6}\ \text{Volt},$$

was nicht fern von der Wahrheit ist. Dabei ist die Formel (78) nur eine grobe Näherung. Speziell darf man von ihr nicht verlangen, daß sie zur Bestimmung der richtigen *Reihenfolge* der Thermokräfte verschiedener Metalle führt. Die vollständige Formel (77) zeigt den Einfluß der mittleren freien Weglänge, den wir in der Näherungsformel (78) ganz vernachlässigt haben. Vom thermodynamischen Standpunkt aus ist es von Interesse, daß die abgeleiteten Formeln folgenden Forderungen genügen:

Erhaltung der Energie. Für die Zirkulation einer elektrischen Einheitsladung in einem Kreis, bestehend aus verschiedenen und verschieden temperierten Metallen, erhalten wir:

$$\Theta + \Pi_{T''} - \Pi_{T'} + \int_{T'}^{T''} (\mu_{E_1} - \mu_{E_2})\, dT = 0\,. \tag{80}$$

Die Energie des Thermoelementes wird also vollkommen kompensiert durch die Effekte von PELTIER und THOMSON und die Potentialdifferenz (72a).

Andererseits gibt uns der *zweite Wärmesatz* für einen reversiblen Prozeß:

$$\frac{\Pi_{T''}}{T''} - \frac{\Pi_{T'}}{T'} + \int_{T'}^{T''} \frac{\mu_{E_1} - \mu_{E_2}}{T}\, dT = 0\,. \tag{81}$$

Diese Formeln werden am einfachsten aus (66), (72), (72a) und (75) abgeleitet. Die gleichen Ergebnisse könnten allerdings auch aus den alten Formeln von LORENTZ abgeleitet werden, denn sie hängen nur von den Grundhypothesen ab, die allen Formen der Theorie gemeinsam sind.

8. Der RICHARDSON-Effekt; das Entweichen von Elektronen aus Metallen. Die Aussendung von Elektronen durch heiße Metalle muß ohne neue Hypothesen aus den Grundlagen der bisherigen Theorie ableitbar sein; denn auch bei Temperaturen von einigen Tausend Grad bleibt das Elektronengas noch praktisch vollständig entartet. Stellen wir uns vor, daß die Begrenzungsfläche des Metalles senkrecht zu der x-Achse liegt und daß nur solche Elektronen diese Begrenzungsfläche durchdringen können, die in der Richtung x eine Geschwindigkeit ξ haben, die einen bestimmten Betrag ξ_0 überschreitet. Mit anderen Worten, wir setzen die Existenz einer bestimmten *Austrittsarbeit*:

$$W_a = \frac{m}{2}\xi_0^2 \tag{82}$$

voraus, die eine für das Metall charakteristische Konstante darstellt. Die Ursache für das Auftreten der Austrittsarbeit liegt in der Anziehung, die die positiven Ionen des Gitters auf die negativen Elektronen ausüben. Wir werden etwas später, wenn wir das Problem der Kontaktpotentiale besprechen werden, die Gelegenheit haben, auf den Sinn der Bezeichnung „Austrittsarbeit" zurückzukommen.

Die Elektrizitätsmenge, die in der Zeiteinheit die Einheit der Oberfläche durchdringt, ist:

$$J = eG\frac{m^3}{h^3}\int\limits_{\xi_0}^{\infty}\frac{\xi}{e^{\alpha+\frac{\varepsilon}{kT}}+1}\,d\xi\,d\eta\,d\zeta\,,$$

wie in der Formel (33). Das Wesentliche ist, daß wir jetzt zwar über η und ζ immer noch von $-\infty$ bis $+\infty$ integrieren, für ξ aber die Integration auf den Bereich von ξ_0 aufwärts beschränken müssen.

Führen wir an die Stelle der Koordinaten ξ, η, ζ die Zylinderkoordinaten ξ, ϱ, φ ein:

$$\varrho^2 = \eta^2 + \zeta^2, \qquad d\eta\,d\zeta = \varrho\,d\varrho\,d\varphi\,.$$

Die Integration über φ ist ohne weiteres durchführbar. Wir erhalten:

$$J = 2\pi eG\frac{m^3}{h^3}\int\limits_0^{\infty}\varrho\,J_\varrho\,d\varrho\,, \tag{83}$$

$$J_\varrho = \int\limits_{\xi_0}^{+\infty}\frac{\xi\,d\xi}{e^{\alpha+\gamma\varrho^2+\gamma\xi^2}+1}\,,$$

mit der Abkürzung:

$$\gamma = \frac{m}{2kT}.$$

Setzen wir:

$$B = e^{-\alpha-\gamma\varrho^2}, \qquad x = e^{\gamma\xi^2},$$

$$x_0 = e^{\gamma\xi_0^2} = e^{\frac{W_a}{kT}}.$$

Das Integral J_ϱ erhält dann die Form:

$$J_\varrho = \frac{1}{2\gamma}\int_{x_0}^{\infty} \frac{B}{x+B}\frac{dx}{x}, \tag{84}$$

und kann genau berechnet werden:

$$\left.\begin{aligned} J_\varrho &= \frac{1}{2\gamma}\int_{x_0}^{\infty}\left(\frac{1}{x} - \frac{1}{x+B}\right)dx = \frac{1}{2\gamma}\log\left(1+\frac{B}{x_0}\right)\\ &= \frac{1}{2\gamma}\log\left(1+e^{-\alpha-\frac{W_a}{kT}-\gamma\varrho^2}\right).\end{aligned}\right\} \tag{85}$$

Kehren wir nun zu dem Integral (83) zurück. Wir erhalten daraus für den Gesamtelektronenstrom den Ausdruck:

$$\left.\begin{aligned} J &= 2\pi e\frac{G}{2\gamma}\frac{m^3}{h^3}\int_0^{\infty}\log\left(1+e^{-\delta-\gamma\varrho^2}\right)\varrho\, d\varrho,\\ \text{mit}\qquad \delta &= \alpha + \frac{W_a}{kT}.\end{aligned}\right\} \tag{86}$$

Eine partielle Integration wird uns ermöglichen, dieses Integral auf einen bekannten Typus zurückzuführen:

$$J = \pi e G\frac{m^3}{h^3}\int_0^{\infty}\frac{e^{-\delta-\gamma\varrho^2}}{1+e^{-\delta-\gamma\varrho^2}}\varrho^3 d\varrho = \pi e G\frac{m^3}{h^3}\int_0^{\infty}\frac{\varrho^3 d\varrho}{e^{\delta+\gamma\varrho^2}+1}. \tag{87}$$

Dies ist ein Integral von der Art des in Gleichung (25) des Zusatzes behandelten Integrals U. Unter Verwendung der dortigen Ergebnisse erhalten wir:

$$J = \frac{2\pi e m G}{h^3}(kT)^2\, U_1\left(\alpha + \frac{W_a}{kT}\right). \tag{88}$$

Beim Vergleich von (87) mit dem Integral U_1 des Zusatzes müssen wir $\delta = \alpha + \frac{W_a}{kT}$ an die Stelle des dortigen α setzen.

Das Argument δ der Funktion U_1 wird im allgemeinen ziemlich große Werte haben, so daß man die im Zusatz II, Gleichung (26), gegebene Näherung verwenden darf:

$$U_1(\delta) = e^{-\delta}, \qquad J = \frac{2\pi m e G}{h^3}(kT)^2 e^{-\alpha - \frac{W_a}{kT}}. \tag{89}$$

(Diese Behauptung über die Größenordnung von δ soll weiter unten gerechtfertigt werden.)

Um die Rechnung abzuschließen, bleibt es nur noch übrig, den Wert von α einzuführen. Nach der alten LORENTZschen Theorie erhält man:

$$J = \frac{eN}{V}\sqrt{\frac{kT}{2\pi m}}\, e^{-\frac{W_a}{kT}}. \tag{90}$$

Dies ist die von RICHARDSON zuerst abgeleitete Beziehung mit dem charakteristischen Koeffizienten $\sqrt{T}$.

Wir wollen aber statt der alten Theorie die neue Hypothese des entarteten Elektronengases (22) verwenden, nach der:

$$\alpha = -\frac{h^2}{2mkT}\left(\frac{3N}{4\pi G V}\right)^{\frac{2}{3}} \tag{91}$$

ist. Führen wir an die Stelle von α eine Variable φ ein — das thermodynamische Potential bei konstantem Druck, bezogen auf ein Elektron [vgl. fünftes Kapitel, Gleichung (32)]:

$$\varphi = -kT\alpha = \frac{h^2}{2m}\left(\frac{3N}{4\pi G V}\right)^{\frac{2}{3}}. \tag{92}$$

Die Glühelektronenemission ist nach (89) und (92):

$$J = \frac{2\pi e m G}{h^3}(kT)^2 e^{\frac{\varphi - W_a}{kT}}. \tag{93}$$

Eine Gleichung solcher Form wurde schon früher von DUSHMAN, v. LAUE und SCHOTTKY vorgeschlagen. Es muß bemerkt werden, daß W_a die Änderung der potentiellen Energie bei dem Austritt eines Elektrons bedeutet, während die tatsächlich beobachtete „Austrittsarbeit“ nur $W_a - \varphi$ beträgt.

Es sei in der Tat U_p die potentielle Energie der im Metall befindlichen Gesamtheit von Elektronen. U_p wird eine mehr oder weniger komplizierte Funktion der Anzahl N von Elektronen sein, denn die gegenseitige Abstoßung der Elektronen spielt sicherlich eine wichtige Rolle bei der Bestimmung von U_p. Wenn wir δN neue Elektronen in das Metall einführen, ändern wir U_p um:

$$\frac{\partial U_p}{\partial N}\,\delta N = -W_a\,\delta N. \tag{94}$$

Die kinetische Energie der Elektronen im Metall ist aber nach (38) und (40) im fünften Kapitel:

$$U_0 = \tfrac{3}{5} N\varphi. \tag{95}$$

Die Gesamtenergie des Elektronengases beträgt also:

$$U = U_0 + U_p = \tfrac{3}{5} N\varphi + U_p. \tag{96}$$

Einer Vermehrung der Elektronenzahl um δN entspricht die Energieänderung:

$$\delta U = \left(\frac{\partial U_p}{\partial N} + \frac{3}{5}\varphi + \frac{3}{5} N \frac{\partial \varphi}{\partial N}\right)\delta N = (\varphi - W_a)\,\delta N;$$

denn nach (92) ist:

$$N\frac{\delta\varphi}{\delta N} = \frac{2}{3}\varphi.$$

Die Arbeit, die zur Entfernung eines Elektrons aus dem Metall nötig ist, ist also in der Tat gleich:

$$A = W_a - \varphi.$$

Dieses Ergebnis kann auch auf ganz anschaulichem Wege gewonnen werden. Betrachten wir eine Kugel vom Radius p_0 im Impulsraum. (Wir kehren also zu dem in Abschnitt 1 dieses Kapitels benutzten Bild zurück.) Alle Metallelektronen befinden sich innerhalb dieser Kugel. Wenn wir einige Elektronen entfernen (indem wir sie aus einer beliebigen Zelle entnehmen), so werden die verbleibenden Elektronen sich „zusammenschließen“ und eine Kugel von vermindertem Radius ausfüllen. Der Prozeß läuft also letzten Endes stets auf die Entnahme von äußersten Elektronen, d. h. solcher mit der höchsten Geschwindigkeit, hinaus. Die maximale Elektronenenergie ist aber [Abschnitt 1, Gleichung (6)]:

$$\frac{p_0^2}{2m} = \frac{h^2}{2m}\left(\frac{3N}{8\pi V}\right)^{\frac{2}{3}} = \varphi. \tag{97}$$

Dieser Wert ist natürlich verschieden von der mittleren Energie [Abschnitt 1, Gleichung (7)]:

$$\frac{1}{N}\,U_0 = \frac{1}{N}\cdot\frac{4\pi V}{5mh^3}\,p_0^5 = \frac{3}{5}\,\varphi.$$

Die Austrittsarbeit ist also gleich dem Energiesprung W_a, vermindert um die kinetische Energie φ der austretenden Elektronen.

Bei der Aufstellung der Gleichung (89) setzten wir voraus, daß der Ausdruck:

$$\delta = \alpha + \frac{W_a}{kT} = -\frac{\varphi - W_a}{kT}$$

positiv und ziemlich groß ist. Wir können jetzt die Begründung dafür geben: $-(\varphi - W_a)$ ist die Extraktionsarbeit eines Elektrons. In allen gewöhnlichen Metallen ist diese Arbeit von der Größenordnung einiger Elektronenvolt. Die Größe kT ist dagegen auch bei 10000° nicht größer als Bruchteile eines Volts. Die benutzte Näherung war somit zulässig.

Wir führten W_a in Gleichung (82) als die Energie ein, die einer bestimmten Elektronengeschwindigkeit ξ_0 entspricht. Da die Austrittsarbeit positiv ist, muß

$$W_a > \varphi, \quad \text{also} \quad \xi > \sqrt{\frac{2\varphi}{m}} \quad \text{oder} \quad \xi_0 > v'$$

sein. Wenn wir die in Abschnitt 2 (Abb. 15) wiedergegebene Kurve der Geschwindigkeitsverteilung betrachten, so sehen wir, daß ξ_0 sich hinter v' auf dem absteigenden Ast der Kurve befindet (der, wie in Abschnitt 2 gesagt, sich annähernd durch eine Exponentialfunktion darstellen läßt). Die aus dem Metall austretenden Elektronen müssen daher eine Geschwindigkeitsverteilung besitzen, die nur unwesentlich von der klassischen MAXWELLschen Verteilung abweicht. Auf diese Weise wird der „klassische" empirische Befund über die Geschwindigkeitsverteilung der Glühelektronen auch vom Standpunkt der neuen Theorie aus verständlich: die Verteilung der austretenden Elektronen ist annähernd eine MAXWELLsche, obwohl die Elektronen im Innern des Metalles einem ganz anderen Verteilungsgesetz gehorchen[1].

Die Frage nach der Geschwindigkeit von Glühelektronen wurde von verschiedener Seite noch genauer untersucht[2]. Es scheint sicher zu sein, daß die Formel (93) durch Einführung eines „Reflexionskoeffizienten" r für die Reflexion von Elektronen an der

[1] HERZFELD, K. F., in „Probleme der modernen Physik" (SOMMERFELD-Festschrift), S. 143.

[2] NORDHEIM, L., Z. Physik **46**, 833 (1928). — FOWLER, R. H., Proc. Roy. Soc. Lond. A **117**, 549 (1928).

Grenzfläche Metall—Luft korrigiert werden muß. Der SOMMERFELDsche Ausdruck (93) muß mit dem Faktor $(1 - r)$ multipliziert werden. Experimentell erhält man für r Werte in der Nähe von 0,5, so daß $G(1 - r)$ ungefähr gleich 1 wird. Wenigstens erhält man dieses Ergebnis, solange die Metalloberfläche rein ist. Für den Koeffizienten $2\pi e m k^2/h^3$ erhält man, wenn man den Strom in Ampère pro Quadratzentimeter mißt, etwa 60,2. Was kann theoretisch über den Reflexionskoeffizienten r ausgesagt werden? In der Korpuskularmechanik müßte $r = 0$ sein. Die Wellenmechanik bietet dagegen eine Erklärung für von Null abweichende r-Werte. Den von innen gegen die Oberfläche des Metalles anlaufenden Elektronenstrom muß man bei der wellenmechanischen Behandlung durch eine ebene DE BROGLIE-Welle ersetzen. Auch wenn die kinetische Energie der zugeordneten Elektronen den kritischen Wert ξ_0, der zur Überwindung der Potentialschwelle nötig ist, übertrifft, findet man noch eine nicht zu vernachlässigende reflektierte Welle, also einen von Null verschiedenen Reflexionskoeffizienten.

Die Meßdaten bestätigen im allgemeinen gut eine von DUSHMAN empirisch aufgestellte Formel:

$$J = A T^2 e^{-\frac{b}{T}},$$

die formal mit der theoretischen Gleichung (93) übereinstimmt. DUSHMAN[1] berechnete schon vor Jahren für den Koeffizienten A den universellen Wert $60{,}2\,\mathrm{A \cdot cm^{-2} \cdot Grad^{-2}}$, der für alle reinen Metalle gelten sollte. Empirisch wurde der gleiche A-Wert am Wolfram, Molybdän und Tantal gefunden. Andere Metalle — Pt, K, Au, Ag, Cu — zeigen Abweichungen. Man beobachtet bei ihnen u. a. Schwankungen der b-Werte je nach der Art der thermischen Vorbehandlung (Entgasung durch Ausglühen). Man findet aber stets eine lineare Beziehung zwischen $\log A$ und b. Ähnlich verhält sich auch thoriertes Wolfram in verschiedenen Stadien der Aktivierung. BRIDGMAN und DU BRIDGE[2] interpretieren dieses

[1] DUSHMAN, S., Physic. Rev. **21**, 623 (1923); **25**, 338 (1925).

[2] DU BRIDGE, L., Physic. Rev. **29**, 451 (1927); **31**, 236 (1928); **32**, 961 (1928) — Proc. Nat. Acad. Sci. U.S.A. **14**, 788 (1928). — ZWIKKER, C., Versl. Akad. Wetensch. Amsterd., Wis- en natuurkd. Afd. **29**, 792 (1926). — GOETZ, A., Z. Physik **43**, 731 (1927). — FOWLER, R. H., Proc. Roy. Soc. Lond. A **122**, 36 (1929). — BRIDGMAN, P. W., Physic. Rev. **31**, 862 (1928).

Ergebnis als einen Beweis für die *Temperaturabhängigkeit von* b. Wenn:

$$b = b_0 - \alpha T$$

gilt, so erhält man:

$$J = A T^2 e^{\alpha - \frac{b_0}{T}} = A' T^2 e^{-\frac{b_0}{T}},$$

$$\log A' = \log A + \alpha;$$

d. h. man findet empirisch einen „zu großen“ A-Wert. Tatsächlich ist z. B. bei Platin A' fast 230mal größer als der „normale“ A-Wert.

Die Beobachtung der roten Grenze des photoelektrischen Effektes erlaubt eine direkte Bestimmung der Größe b sowie des Koeffizienten α, der die Temperaturabhängigkeit von b bestimmt. Für die Metalle, die der DUSHMANschen Regel gehorchen (z. B. Wolfram) ist $\alpha = 0$. Für Platin erhält man einen von Null verschiedenen α-Wert von der erwarteten Größenordnung

Wir müssen also annehmen, daß die Potentialstufe W_a an der Metalloberfläche von der thermischen Behandlung des Metalles und unter Umständen auch von der Temperatur abhängt.

Unter besonderen Bedingungen kann die Austrittsarbeit bedeutend erniedrigt werden. Ein solcher Effekt tritt nach Versuchen von LILIENFELD[1] und von MILLIKAN und EYRING[2] bei der Anlegung eines starken elektrischen Feldes an das kalte Metall im Vakuum auf. Es ist möglich, durch ein solches Feld einen starken Elektronenaustritt zu erzwingen. Wenn wir die Austrittsarbeit als klein annehmen, so müssen wir die Integrale (87) und (88) neu berechnen:

$$U_1 = \int_0^\infty \frac{u\,du}{e^{\delta+u}+1}, \qquad \delta = \alpha + \frac{W_a}{kT} = \frac{W_a - \varphi}{kT}.$$

Wesentlich sind jetzt für uns die kleinen negativen δ-Werte. In dem mathematischen Zusatz werden dagegen nur die Fälle $\delta \gg 1$ und $\delta \ll 0$ durchgerechnet. In dem uns interessierenden Fall dürfen wir folgende Entwicklung vornehmen:

$$U_1 = \int_0^{-\delta-\varepsilon} u(1 - e^{\delta+u} + e^{2(\delta+u)} - \cdots)\,du + \int_{-\delta-\varepsilon}^{-\delta+\varepsilon} \frac{u}{2}\,du$$
$$+ \int_{-\delta+\varepsilon}^{\infty} u(e^{-\delta-u} - e^{-2(\delta+u)} + e^{-3(\delta+u)} \ldots)\,du.$$

[1] LILIENFELD, Physik. Z. **23**, 306 (1922).

[2] MILLIKAN, R., u. EYRING, H., Physic. Rev. **27**, 51 (1926).

Wir erhalten daraus:

$$U_1 = \frac{1}{2}\delta^2 + \frac{\pi^2}{6} - e^\delta + \frac{1}{4}e^{2\delta} - \cdots \tag{98}$$

HOUSTON[1] hat diese Reihenentwicklung, die auf Vernachlässigung von Gliedern mit ε^2, ε^3 usw. beruht, zuerst angewandt und untersucht. Die Reihe konvergiert schnell, wenn δ ein kleine negative Zahl ist. Für $\delta = 0$ erhält man direkt:

$$U_1 = \frac{\pi^2}{12}.$$

Mit Hilfe dieser verschiedenen Reihenentwicklungen kann man eine Tabelle von numerischen Werten berechnen, aus der zu entnehmen ist, daß die von LILIENFELD und MILLIKAN beobachtete Elektronenemission fast unabhängig von der Temperatur sein muß. Praktisch kann der Temperatureinfluß — mindestens bis

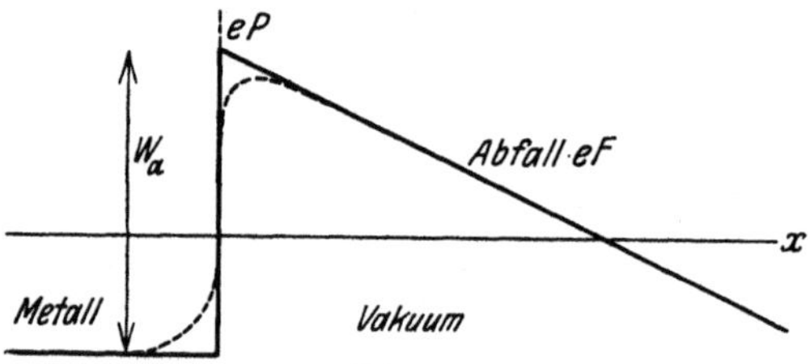

Abb. 17.

1000° — ganz vernachlässigt werden, sobald $W_a - \varphi$ kleiner als $-0,2$ Volt wird. Die neue Theorie vermag also die merkwürdige Erscheinung der „kalten Entladung" wenigstens qualitativ zu erklären.

Bei der Diskussion dieses Problems muß man aber noch die wichtigen Folgerungen berücksichtigen, die sich aus der Wellenmechanik ergeben. Eine Welle vermag über einen Potentialwall zu dringen, der für die zugeordneten Teilchen nach der Korpuskulartheorie ein absolutes Hindernis darstellen mußte. Stellen wir uns (s. Abb. 17) ein Feld F vor, das an die Metalloberfläche angelegt ist. Das Potential in der Umgebung der Oberfläche mag, wie dies FOWLER und NORDHEIM angenommen haben, den in Abb. 17 angedeuteten Verlauf haben: auf eine senkrechte Stufe von der Höhe W_a folgt ein gleichmäßiger, vom angelegten Feld

[1] HOUSTON, W. F., Z. Physik **47**, 33 (1928).

herrührender Abfall. Als Ordinate ist in der Abbildung die potentielle Energie eP des Elektrons aufgetragen, deren Vorzeichen dem Vorzeichen des Potentials umgekehrt ist.

Eine vom Innern des Metalles kommende DE BROGLIE-Welle wird von der Wand reflektiert. Neben der reflektierten entsteht aber auch eine gebrochene Welle, und zwar auch dann, *wenn die kinetische Energie der Elektronen kleiner als* W_a *ist.* Die Rechnung kann für solche vereinfachte Bedingungen vollständig durchgeführt werden, und man findet[1], daß die genaue Form der Potentialkurve keine sehr große Bedeutung für den Elektronenaustritt besitzt. Die gestrichelte abgerundete Kurve und die ausgezogene gebrochene Linie geben fast gleiche Resultate.

Folgende Formel bestimmt nach FOWLER und NORDHEIM die Anzahl der heraustretenden Elektronen:

$$D(W) = \frac{4}{W_a}\sqrt{W(W_a - W)}\, e^{-4K\frac{(W_a-W)^{\frac{3}{2}}}{3F}}; \tag{99}$$

$$\text{mit} \quad K^2 = \frac{8\pi^2 m}{h^2}.$$

W ist die kinetische Energie der Elektronen in der Richtung Ox senkrecht zur Oberfläche:

$$W = \tfrac{1}{2} m\,\xi^2\,; \qquad \xi^2 + \eta^2 + \zeta^2 = v^2\,.$$

Der obige Ausdruck muß über alle Elektronengeschwindigkeiten integriert werden. Direkte Berechnung erscheint schwierig. HOUSTON hat eine Näherungsrechnung für tiefe Temperaturen ausgeführt und erhielt für die Elektronenstromstärke den Ausdruck:

$$J = \frac{e}{2\pi h}\frac{1}{W_a}\sqrt{\frac{\varphi}{(W_a-\varphi)}}\, e^{-4K\frac{(W_a-\varphi)^{\frac{3}{2}}}{3F}}\left[F^2 + \frac{32\pi^4 m k^2}{3h^2}(W_a-\varphi)\,T^2\right]. \tag{99a}$$

Die Bezeichnungen in (99a) sind dieselben wie in (93). F ist das angelegte Feld. T muß so klein sein, daß die Emission beim Feld Null vernachlässigt werden kann.

Man sieht in (99a), daß der Temperatureinfluß auf die „kalte Entladung" nur klein sein darf. Die Stromstärke hängt fast nur von der Feldstärke F ab. Die Erfahrung ist in guter Überein-

[1] RICHARDSON, O. W., Proc. Roy. Soc. Lond. A **117**, 719 (1928). — FOWLER, R. H., u. NORDHEIM, L., Proc. Roy. Soc. Lond. A **119**, 173 (1928). — OPPENHEIMER, J. R., Proc. Nat. Acad. Sci. U.S.A. **14**, 363 (1928). — HOUSTON, W. F., Physic. Rev. **33**, 361 (1929).

stimmung mit dieser Formel, und die von der Theorie gelieferten Größenordnungen der einzelnen Koeffizienten sind durchaus plausibel.

9. Kontaktpotentiale. Um die Kontaktpotentialdifferenzen zu bestimmen, müssen wir das Gleichgewicht zwischen zwei Metallen betrachten, die imstande sind, ihre Elektronen auszutauschen. Der Einfachheit halber nehmen wir an, daß die Metalle auch mit dem Vakuum, d. h. mit einem sehr großen Gefäß von der Temperatur T, in dem die Elektronendichte sehr klein ist, Elektronen austauschen können. Die Elektronen im Vakuum sollen sich wie ein äußerst verdünntes ideales Gas verhalten. Um Komplikationen durch elektrostatische Aufladung zu vermeiden, können wir annehmen, daß das Vakuum außer den Elektronen auch eine entsprechende Anzahl von positiven Ionen enthält, die die Raumladung kompensieren. In genügender Entfernung vom Metall haben die Elektronen unter diesen Bedingungen die potentielle Energie Null und die mittlere kinetische Energie $\frac{3}{2}kT$. Das thermodynamische Potential φ_{Vak} solcher Vakuumelektronen ist durch Gleichung (46) aus dem vierten Kapitel bestimmt:

$$\varphi_{\text{Vak}} = \mu = \frac{\Phi}{N_e} = -kT\log\frac{V_e}{N_e h^3}(2\pi m k T)^{\frac{3}{2}}. \tag{100}$$

Hier bezeichnet φ_{Vak} das thermodynamische Potential eines einzigen Elektrons, Φ dasjenige der Gesamtheit von N_e Elektronen im Volumen V_e. Wenn die Konzentration N_e/V_e sehr klein ist, ist auch φ_{Vak} eine sehr kleine Größe.

Wenn wir nach den Bedingungen für das Gleichgewicht zwischen den beiden Metallen und dem Vakuum fragen, so ist dies ein Problem, das dem im letzten Abschnitt des vierten Kapitels behandelten durchaus analog ist[1]. Wir haben wieder ein System von Körpern $C_1 C_2 \ldots C_m \ldots$ vor uns, die einen Bestandteil (diesmal die Elektronen) austauschen können. Gleichgewicht ist erreicht, wenn die chemischen Potentiale μ_m aller Körper gleich geworden sind. In unserem Fall ist das chemische Potential μ_m der Elektronen im Körper C_m gegeben durch die potentielle Energie eP_m (wo P_m das mittlere elektrostatische Potential

[1] SOMMERFELD, A., Naturwiss. **15**, 829 (1927). — ECKART, C., Z. Physik **47**, 38 (1928). — HERZFELD, K. F., in „Probleme der modernen Physik“ (SOMMERFELD-Festschrift). Leipzig: Hirzel 1928.

im Innern des Metalles bedeutet), vermehrt um das kinetische Glied φ_m:

$$\mu_m = e P_m + \varphi_m. \tag{101}$$

Dieses Ergebnis braucht kaum bewiesen zu werden. Wir können (101) bereits aus den Formeln des fünften Kapitels [Abschnitt 4, Gleichung (28) oder Abschnitt 7, Gleichung (52a)] entnehmen. Wir haben dort die Verteilung von Teilchen untersucht, die der FERMI-Statistik gehorchen und außer ihrer kinetischen Energie noch bestimmte Beträge an potentieller Energie besitzen. Der dortigen Größe $\partial U_p/\partial N$ entspricht in dem jetzt behandelten Falle die Energie $e P_m$. Ein weiteres ähnliches Problem wurde in Abschnitt 7 des fünften Kapitels besprochen, in dem wir ein System von Teilchen in verschiedenen Anregungszuständen (Energie ε_m) untersuchten. Jedem Zustand entsprach ein entartetes Gas, für das die Gleichung:

$$\alpha_m = \alpha + \frac{\varepsilon_m}{kT}$$

galt, worin α eine für das Gesamtsystem charakteristische Konstante bedeutete. Gleichgewichtsbedingung war:

$$-kT\alpha_m + \varepsilon_m = \varphi_m + \varepsilon_m = -kT\alpha, \tag{102}$$

wenn man nach (92) die Größe $\varphi_m = -kT\alpha_m$ einführte. In allen diesen Formeln spielte die Anregungsenergie ε_m genau die gleiche Rolle wie jetzt die potentielle Energie $e P_m$. Gleichung (102) bedeutet also nichts anderes als die Forderung nach der Gleichheit der chemischen Potentiale der verschiedenen koexistierenden Gase. Die elementare Überlegung, die im vorigen Abschnitt durchgeführt wurde, erklärt den physikalischen Sinn dieser Formeln: Wenn man aus dem Metall ein Elektron auszieht, ohne ihm eine endliche Geschwindigkeit zu erteilen, es ins Unendliche befördert und dort ruhend beläßt, so verbraucht man die Arbeit $-e P_m$, wo P_m das mittlere elektrische Potential im Metall bedeutet, während das Potential im Unendlichen Null ist[1]. Wenn aber der Prozeß bei der Temperatur T stattfindet, so besitzt das Elektron vor dem Austritt die kinetische Energie φ_m [Maximalenergie nach Gleichung (97)]. Nach Abschluß des Prozesses behält das Elektron im Vakuum die kinetische Energie $\frac{3}{2} kT$ und das chemische

[1] e ist die Elektronenladung, also die negative Größe $-1{,}591 \cdot 10^{-20}$ el. magn. Einh.

Potential φ_{Vak} nach (100). Das Gleichgewicht ist erreicht, wenn die bei dem Prozeß gewonnene Arbeit gleich Null wird, d. h. wenn:

$$e P_m + \varphi_m = \varphi_{\text{Vak}} \tag{103}$$

ist. In dem vorangehenden Abschnitt haben wir die Vorstellung von einem Potentialwall von der Höhe W_a eingeführt, die das Elektron beim Entweichen zu überwinden hat. Diese Größe W_a muß eine charakteristische Konstante des Metalles sein und ist durch die Existenz einer Doppelschicht an seiner Oberfläche zu erklären. Die Doppelschicht muß aus positiven Ladungen auf der inneren und negativen an der äußeren Seite der Metalloberfläche bestehen. Es ist leicht, die physikalischen Gründe für die Bildung dieser Schicht zu verstehen.

Vom korpuskularen Standpunkt aus stellt das Metall ein Punktgitter aus positiven Ionen dar, zwischen denen sich negative Elektronen bewegen. Die potentielle Energie des Elektrons in einem solchen Gitter wird natürlich von Ort zu Ort stark verschieden sein. Nichtsdestoweniger kann man einen Mittelwert $e P_i$ dieser Energie definieren. Da die Metalle bei tiefen Temperaturen ihre Elektronen nicht verlieren, muß $e P_i$ negativ, P_i also positiv sein. Wir erklären uns dieses positive innere Potential dadurch, daß die Ionen durch Wechselwirkungskräfte zusammengehalten werden und daß das Ionennetzwerk als Ganzes auf jedes Elektron eine Anziehung ausübt und es festhält. Wenn ein Elektron von innen gegen die Außenfläche des Metalles anläuft, so wird es nach Durchdringen der äußersten Ionenschicht nach innen zurückgezogen. Wenn seine kinetische Energie nicht sehr groß ist, wird es die Bewegungsrichtung umkehren und wieder ins Innere des Metalles verschwinden müssen. Die Gesamtheit solcher, gerade umkehrender Elektronen wird in jedem Augenblick eine negative Schicht über der Metalloberfläche bilden (s. Abb. 18). Zusammen mit der positiven äußeren Ionennetzebene bilden sie die elektrische Doppelschicht, von der oben die Rede war.

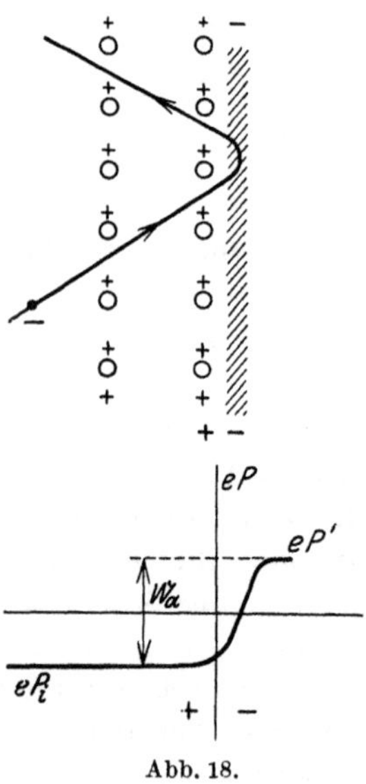

Abb. 18.

Umgekehrt bedingt die Existenz einer solchen Doppelschicht einen bestimmten konstanten Potentialsprung W_a/e auf der Oberfläche des Metalles. Es ist bekannt, daß eine Doppelschicht in einem Aufpunkt A ein Potential $M\Omega$ besitzt, worin M die Stärke der Doppelschicht und Ω den Raumwinkel bedeutet, unter dem die positive Seite der Schicht von A aus gesehen wird. In unserem Falle bildet die Doppelschicht eine geschlossene Hülle um das Metall herum. Für jeden Punkt außerhalb des Metalles ist daher Ω gleich Null, während für jeden inneren Punkt $\Omega = 4\pi$ gilt. Die Kurve, die den Verlauf der potentiellen Energie beim Überschreiten der Oberfläche darstellt, muß also von dem in Abb. 18 angedeuteten Typus sein.

Wenn P' das Potential in einem äußeren Punkt in der nächsten Nähe der Metalloberfläche bedeutet, so ist das innere Potential:

$$P_i = P' + 4\pi M, \qquad \text{d. h.} \qquad eP_i = eP' - W_a.$$

Die Hypothese der Doppelschicht wurde in einer sehr geistreichen Weise von FRENKEL[1] unterstützt. Er versuchte, die Rechnung auf wellenmechanischer Grundlage durchzuführen. Das Bild sieht dann etwas verändert aus:

Die Spiegelung von DE BROGLIE-Wellen, die den gegen die Oberfläche des Metalles von Innen anlaufenden Elektronen zugeordnet sind, wird, wie aus der Optik bekannt, von der Ausbildung einer exponentiell auf Null abfallenden gebeugten Welle hinter der spiegelnden Fläche begleitet. Dieser Welle entspricht eine Art von Elektronenatmosphäre, die das Metall umgibt. Infolge von Interferenzerscheinungen wird dagegen im Inneren des Metalles, in der Nähe der Oberfläche, die Elektronendichte zu klein, so daß eine Schicht mit positiver Raumladung entsteht. Die genaue Berechnung der so gebildeten Doppelschicht wird dadurch erschwert, daß die entstandene Ladungsdichte ihrerseits auf die Verteilung des Potentials und somit auf die Wellenfunktionen rückwirkt.

Wir müssen jetzt folgende Ergebnisse miteinander kombinieren:

Erstens:
$$eP_1 + \varphi_1 = eP_2 + \varphi_2 = \varphi_{\text{Vak}}, \tag{104}$$

[1] FRENKEL, J., Philosophic. Mag. **33**, 297 (1917) — Z. Physik **51**, 232 (1928). — KLEIN, O., Z. Physik **53**, 157 (1929). — Die Rechnungen sind mit denen von FOWLER und NORDHEIM zu vergleichen, die am Schluß des vorigen Abschnittes erwähnt wurden.

— die aus (103) sich ergebende Beziehung zwischen den mittleren inneren Potentialen der beiden Metalle [man vgl. auch Abschnitt 7, Gleichung (72a)].

Zweitens: An der Oberfläche jedes Metalls besteht ein bestimmter Potentialsprung, W_{a_1}/e im ersten, W_{a_2}/e im zweiten Metall.

Was ergibt sich aus diesen beiden Bedingungen für das gegenseitige Verhalten der Metalle?

Stellen wir uns zwei Metallplatten vor (Abb. 19), die einen ebenen Kondensator bilden. Die beiden Metalle 1 und 2 sind in F leitend verbunden, so daß sie ihre Elektronen frei austauschen können. Die Bedingung (104) wird dann erfüllt sein und die inneren Potentiale P_1 und P_2 müssen sich entsprechend einstellen.

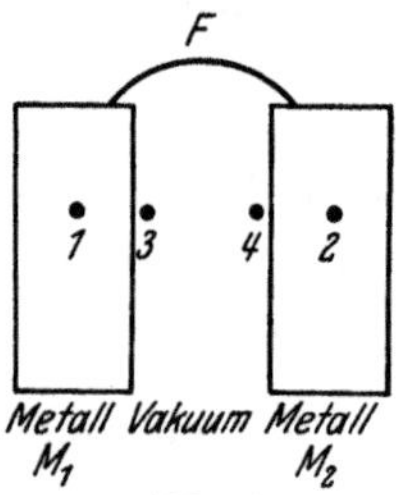

Abb. 19.

Wenn wir die Potentiale in den Punkten 1 und 2 im Innern der beiden Metalle vergleichen, so gilt:

$$P_2 - P_1 = -\frac{1}{e}(\varphi_2 - \varphi_1)\,. \qquad (105)$$

Jetzt betrachten wir die Potentiale P_3 und P_4 in zwei Punkten nahe an der Oberfläche der beiden Metalle. Es ist:

$$P_3 = P_1 + \frac{1}{e} W_{a_1}, \qquad P_4 = P_2 + \frac{1}{e} W_{a_2}\,. \qquad (106)$$

Die Potentialdifferenz zwischen 3 und 4 ist somit:

$$P_4 - P_3 = \frac{1}{e}[W_{a_2} - \varphi_2 - (W_{a_1} - \varphi_1)]\,. \qquad (107)$$

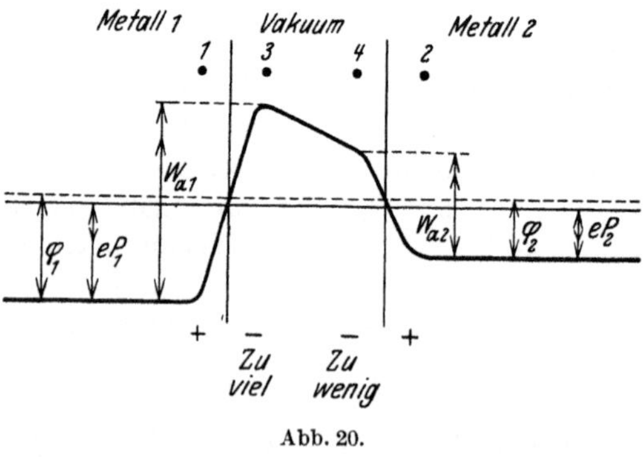

Abb. 20.

Dies ist die Größe, die wir experimentell als das VOLTA*sche Kontaktpotential* des Paares 1 und 2 messen. Diese Potentialdifferenz bedingt die Existenz eines homogenen elektrischen Feldes zwischen den Platten 1 und 2. Dies bedeutet, daß in einem der beiden Punkte 3 und 4 (in Abb. 20 in 3) ein Überschuß, in dem anderen ein Mangel an negativen Ladungen besteht. In der Tat reduziert sich die POISSONsche Gleichung in diesem Fall auf eine Dimension und ergibt:

$$\varDelta P = \frac{\partial^2 P}{\partial x^2} = -4\pi\varrho\,. \tag{108}$$

Eine positive Elektrizitätsdichte gibt eine Krümmung der Potentialkurve eP nach oben, die der Dichte proportional ist. Der negativen Raumladung entspricht eine Krümmung nach unten.

Wenn man die Verbindung F (Abb. 19) löst und die beiden Metalle trennt, findet man sie geladen. Das Verhältnis dieser freigewordenen Ladung zur Kapazität des Kondensators gibt die Potentialdifferenz $P_4 - P_3$.

Die Austrittsarbeiten W_a treten nur auf, wenn ein Elektron aus dem Metall ins Vakuum überführt werden soll. Sie spielen gar

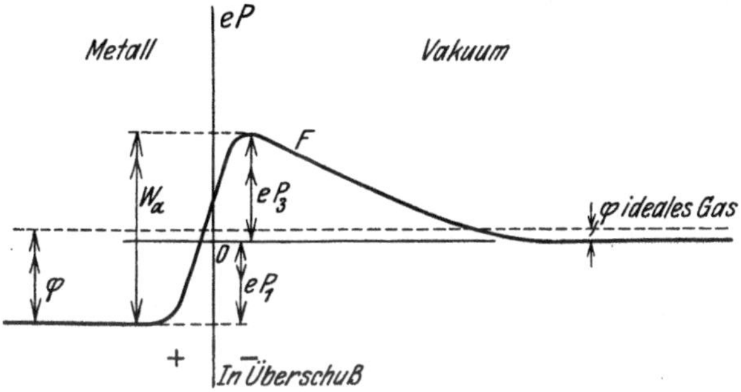

Abb. 21.

keine Rolle bei den Vorgängen im Innern des Metalles wie auch in den Effekten von PELTIER, THOMSON und JOULE, die bei der Bewegung von Elektronen durch ein oder mehrere sich berührende Metalle ohne Übergang ins Vakuum auftreten.

Aus diesen Ausführungen erhellt die Bedeutung, die der Zustand der Metalloberfläche (Reinheitsgrad, Oxydation) für die glühelektrische Emission und für die Höhe der Kontaktpotentiale besitzt.

Betrachten wir jetzt ein Metallstück im Innern eines Hohlraumes von der Temperatur T, mit dem es Elektronen austauschen kann. Die Temperatur soll so hoch sein, daß eine schwache Elektronenemission möglich ist. Der Potentialverlauf wird in diesem Fall durch Abb. 21 dargestellt. Die Gleichgewichtsbedingung (103) führt zur Annahme, daß $eP + \varphi$ eine sehr kleine positive Größe ist, da sie dem Potential φ_{Vak} gleich sein muß. In der Nähe der Metalloberfläche ist das Potential des Vakuums P_3 positiv. Es muß also ein Überschuß an negativer Ladung bestehen, der in der Umgebung des Metalles ein Feld F hervorruft. Dieses ist zunächst konstant und fällt dann allmählich — nach dem COULOMBschen Gesetz — auf Null ab. In genügender Entfernung vom Metall wird das Potential umgekehrt proportional dem Abstand sein.

Die Elektronen, die dem Metall durch Erhitzen (oder durch Belichten) entzogen werden, werden also durch ein Potential P_3 beschleunigt. Sie werden aber beim Eintreten in eine zweite Elektrode aus gleichem Metall dieselbe Potentialhöhe wieder überwinden müssen. Wenn die Auffangelektrode aus anderem Metall besteht, wird man zwischen den beiden nur die oben bestimmte Kontakt-Potentialdifferenz (107) beobachten können.

Vielleicht könnte man aber den Absolutwert von P_3 dadurch bestimmen, daß man die Minimalgeschwindigkeit der vom Metall im Vakuum emittierten Elektronen mittels Ablenkung im magnetischen Feld mißt.

Da wir die Größen W_a theoretisch nicht vorausbestimmen können, ist auch jede theoretische Aussage über die Größe der Kontaktpotentiale unmöglich. Als Hinweis soll die untenstehende Tabelle dienen, die sich auf die Größe φ bezieht. Nach (92) ist φ proportional $(N_1/V_1)^{\frac{2}{3}}$, wo N_1 die Anzahl der freien Elektronen im Volumen V_1 bedeutet. In einwertigen Metallen dürfen wir ein freies Elektron pro Atom annehmen. Es ist dann:

$$\varphi = \frac{h^2}{2m}\left(\frac{3N_1}{8\pi V_1}\right)^{\frac{2}{3}} = \frac{h^2}{2m}\left(\frac{3N_A}{8\pi}\frac{d}{M}\right)^{\frac{2}{3}}, \tag{109}$$

wo N_A die AVOGADROsche Zahl, d die Dichte des Metalles und M das Atomgewicht bedeutet. Wir ordnen die Metalle nach den gemessenen Kontaktpotentialen und vergleichen die Reihenfolge der d/M-Werte:

(110)

Metall:	+ Rb	K	Na	Al	Zn	Pb	Sn	Sb	Bi
$\frac{d}{M}\cdot 10^3$	18	22	42	(100)	(108)	54	61	(55)	(47)
Metall:	Fe	Cu	Ag	Au	Pt	Pd	C	—	
$\frac{d}{M}\cdot 10^3$	(140)	(140)	97	98	110	112	190		

Wenn man von den eingeklammerten Werten absieht, ist die Reihenfolge die erwartete. Al, Zn, Fe, Cu haben dagegen „zu große", Sb und Bi „zu kleine" Werte. Letztere Abweichung könnte darauf zurückgeführt werden, daß in diesen Metallen jedem Atom mehr als ein freies Elektron zukommt.

In der Tabelle (110) nehmen die Kontaktpotentiale von links nach rechts regelmäßig ab. Dies bedeutet nach (107) eine regelmäßige Zunahme von $W_a - \varphi$. Da d/M gleichzeitig zunimmt, so bedeutet dies, daß auch φ einigermaßen regelmäßig vom Rb bis zum C zunimmt. Es muß also angenommen werden, daß W_a und $W_a - \varphi$ sich beide im gleichen Sinne wie φ verändern.

10. Einfluß eines Magnetfeldes. Dieselbe Theorie kann uns auch die verschiedenartigen Effekte erklären, die beim Anlegen eines Magnetfeldes an einen elektrischen Leiter auftreten. Wir werden hier einer Abhandlung von SOMMERFELD folgen, die eine ursprünglich von GANS entwickelte Methode benutzt. Die Behandlung wurde später von FRANK genauer durchgeführt[1].

Die Elektronen seien einem elektrischen Feld mit den Komponenten E_x, E_y und einem magnetischen Feld H_z ausgesetzt. Dies ist die übliche Anordnung bei der Messung des HALL-Effektes an einer metallischen Platte, die in der Ebene xy liegt und dem Einfluß eines dazu senkrechten Magnetfeldes unterliegt. Nehmen wir die Rechnung des Abschnittes 3 wieder auf. Wir suchen nach einer Verteilungsfunktion $f(x, y, \xi, \eta, \zeta)$ von der Form:

$$\left.\begin{aligned} f(x, y, \xi, \eta, \zeta) = f_0(x, y, \xi, \eta, \zeta) + \xi\chi_1(x, y, \xi, \eta, \zeta) \\ + \eta\chi_2(x, y, \xi, \eta, \zeta). \end{aligned}\right\} \quad (111)$$

f_0 ist die Verteilungsfunktion von FERMI, die nur von der resultierenden Geschwindigkeit $v = \sqrt{\xi^2 + \eta^2 + \zeta^2}$ abhängt. Wir nehmen in erster Näherung an, daß auch χ_1 und χ_2 von nur v abhängen. In Abwesenheit des magnetischen Feldes gibt es einen elektrischen Strom J und einen Wärmestrom C nur in der Richtung x.

Betrachten wir die Elektronen, die sich im Volumen $dx dy dz$ befinden und Geschwindigkeiten ξ bis $\xi + d\xi$, η bis $\eta + d\eta$, ζ bis $\zeta + d\zeta$ haben. Nach einer kurzen Zeit dt werden sich diese Elektronen im Raumelement:

$$x + \xi dt, \quad y + \eta dt, \quad z + \zeta dt$$

---

[1] GANS, R., Ann. Physik **20**, 293 (1906). — SOMMERFELD, A., Z. Physik **47**, 43 (1928). — FRANK, N. H., Z. Physik **63**, 596 (1930). — FRANK, N. H., und SOMMERFELD, A., Rev. of Modern Physics **3**, 1 (1931).

befinden, und ihre Geschwindigkeitskomponenten werden:

$$\xi' = \xi + \frac{e E_x}{m} dt + \frac{e}{m} H_z \eta\, dt,$$
$$\eta' = \eta + \frac{e E_y}{m} dt - \frac{e}{m} H_z \xi\, dt,$$
$$\zeta' = \zeta$$

sein. Daneben werden durch Zusammenstöße $a\, dt\, dx\, dy\, dz\, d\xi\, d\eta\, d\zeta$ Elektronen vom betrachteten Typus verschwunden und $b\, dt\, dx\, dy\, dz\, d\xi\, d\eta\, d\zeta$ neu entstanden sein. Wir stellen uns vor, daß der Zustand stationär ist. Dann gilt:

$$f(x + \xi dt,\quad y + \eta dt,\quad z + \zeta dt,\quad \xi', \eta', \zeta)$$
$$= f(x, y, z, \xi, \eta, \zeta) + (b - a)\, dt.$$

Durch Differenziation erhält man daraus:

$$\left.\begin{aligned} &\left(\frac{e}{m} E_x + \frac{e}{m} H_z \eta\right)\frac{\partial f}{\partial \xi} + \xi \frac{\partial f}{\partial x} + \left(\frac{e}{m} E_y - \frac{e}{m} H_z \xi\right)\frac{\partial f}{\partial \eta} + \eta \frac{\partial f}{\partial y} \\ &\qquad = b - a; \end{aligned}\right\} \quad (112)$$

denn wir haben in (111) angenommen, daß f von z nicht abhängt. Die Berechnung von $(b - a)$ geschieht wie früher [Gleichung (31) und (31 b)] mit gleichen Vorbehalten in bezug auf den Wert der freien Weglänge l. Wir erhalten:

$$b - a = -\frac{v}{l}(\xi \chi_1 + \eta \chi_2). \quad (113)$$

Wir tragen diesen Ausdruck in (112) ein und nehmen in erster Näherung an, daß man im ersten Glied an Stelle von f auch f_0 (in den von H_z unabhängigen Ausdrücken) einsetzen darf. Wir erhalten dann nach einigen einfachen Reduktionen:

$$\left.\begin{aligned} \chi_1 - \frac{\mu l}{v}\chi_2 &= -\frac{l}{v} f_1, \\ \chi_2 + \frac{\mu l}{v}\chi_1 &= -\frac{l}{v} f_2, \end{aligned}\right\} \quad (114)$$

mit den Abkürzungen:

$$\left.\begin{aligned} \mu &= \frac{e}{m} H_z, \\ f_1 &= \frac{e}{m}\frac{E_x}{v}\frac{\partial f_0}{\partial v} + \frac{\partial f_0}{\partial x}, \\ f_2 &= \frac{e}{m}\frac{E_y}{v}\frac{\partial f_0}{\partial v} + \frac{\partial f_0}{\partial y}. \end{aligned}\right\} \quad (114\,a)$$

Die Auflösung von (114) gibt sofort:

$$\left.\begin{aligned}\chi_1 &= -\frac{l}{v}\,\frac{f_1+\frac{\mu l}{v} f_2}{1+\frac{\mu^2 l^2}{v^2}},\\ \chi_2 &= -\frac{l}{v}\,\frac{f_2-\frac{\mu l}{v} f_1}{1+\frac{\mu^2 l^2}{v^2}}.\end{aligned}\right\}\qquad(115)$$

Wir berechnen jetzt — genau wie in Abschnitt 4 — die Komponenten J_x, J_y, C_x, C_y des elektrischen und thermischen Stromes [s. Gleichungen (33), (34), (35)]:

$$\left.\begin{aligned}J_x &= e\int \xi f\,d\xi\,d\eta\,d\zeta = \frac{e}{3}\int v^2 \chi_1\, 4\pi v^2\,dv,\\ J_y &= \frac{e}{3}\int v^2 \chi_2\, 4\pi v^2\,dv,\\ C_x &= \frac{m}{2}\int \xi v^2 f\,d\xi\,d\eta\,d\zeta = \frac{m}{6}\int v^4 \chi_1\, 4\pi v^2\,dv,\\ C_y &= \frac{m}{6}\int v^4 \chi_2\, 4\pi v^2\,dv.\end{aligned}\right\}\qquad(116)$$

Betrachten wir als Beispiel näher die Berechnung von J_x aus (114) und (115):

$$J_x = -\frac{4\pi e}{3}\int \frac{l v^2}{1+\frac{\mu^2 l^2}{v^2}}\left[\frac{eE_x}{m}\frac{\partial f_0}{\partial v} + v\frac{\partial f_0}{\partial x} + \mu l\left(\frac{eE_y}{mv}\frac{\partial f_0}{\partial v} + \frac{\partial f_0}{\partial y}\right)\right]dv.$$

Man integriert partiell die beiden Glieder mit $\partial f_0/\partial v$. Was die Glieder mit $\partial f_0/\partial x$ und $\partial f_0/\partial y$ betrifft, so erinnere man sich daran, daß das Metall in diesem Beispiel als homogen vorausgesetzt wird, so daß f_0 von x und y nur als Folge von Temperaturunterschieden abhängen darf. Andererseits gilt nach (25a) (Abschnitt 3, Bemerkung 1):

$$f_0 = G\left(\frac{m}{h}\right)^3 F_0, \qquad \frac{\partial f_0}{\partial x} = G\left(\frac{m}{h}\right)^3 \frac{\partial F_0}{\partial T}\frac{\partial T}{\partial x},$$

worin:

$$F_0 = \frac{1}{e^{\alpha+\frac{mv^2}{2kT}}+1}$$

die FERMIsche Funktion bedeutet. Wir erhalten somit:

$$J_x = \frac{4\pi e G}{3}\left(\frac{m}{h}\right)^3 \left\{\int F_0 \frac{e}{m}\left[E_x \frac{\partial}{\partial v}\left(\frac{l v^2}{1+\frac{\mu^2 l^2}{v^2}}\right) + \mu E_y \frac{\partial}{\partial v}\left(\frac{l^2 v}{1+\frac{\mu^2 l^2}{v^2}}\right)\right] dv \right.$$

$$\left. - \int \frac{l v^2}{1+\frac{\mu^2 l^2}{v^2}} \frac{\partial F_0}{\partial T}\left(v \frac{\partial T}{\partial x} + \mu l \frac{\partial T}{\partial y}\right) dv \right\}.$$

In dieser Gleichung erscheinen folgende zwei Typen von Integralen[1]:

$$K_{jk} = \int_0^\infty F_0 \frac{\partial}{\partial v}\left(\frac{l^j v^k}{1+\frac{\mu^2 l^2}{v^2}}\right) dv, \tag{117 I}$$

$$K'_{jk} = \int_0^\infty \frac{\partial F_0}{\partial T}\left(\frac{l^j v^k}{1+\frac{\mu^2 l^2}{v^2}}\right) dv. \tag{117 II}$$

Wir wollen versuchen, diese Ausdrücke unter Voraussetzung der FERMI-Statistik zu bestimmen. Das erste Integral berechnet sich sofort mit Hilfe der Formeln (38) bis (41) des Zusatzes. Führen wir eine Hilfsvariable u und die Abkürzungen des Abschnittes 4 [Gleichung (39)] ein:

$$K_{jk} = \left(\frac{2kT}{m}\right)^{\frac{k}{2}} \int_0^\infty F_0 \frac{\partial}{\partial u}\left(\frac{l^j u^{\frac{k}{2}}}{1+\frac{\gamma}{u}}\right) du$$

$$\left(u = \frac{m v^2}{2kT}, \qquad \gamma = \frac{\mu^2 l^2 m}{2kT}\right),$$

$$K_{jk} = \left(\frac{2kT}{m}\right)^{\frac{k}{2}} \left[\frac{l^j a^{\frac{k}{2}}}{1+\frac{\gamma}{a}} + \frac{\pi^2}{6}\frac{\partial^2}{\partial u^2}\left(\frac{l^j u^{\frac{k}{2}}}{1+\frac{\gamma}{u}}\right)_{u=a} + \cdots\right].$$

[1] SOMMERFELD und FRANK benutzen die Bezeichnungen: $K_1 = K_{21}$; $K_2 = K_{12}$; $K_5 = K_{23}$; $K_6 = K_{14}$; $K_3^1 = K_{22}^1$; $K_4^1 = K_{13}^1$; $K_7 = K_{24}^1$; $K_8^1 = K_{15}^1$. Man achte darauf, daß in den folgenden Formeln der Exponent k nicht mit der thermischen Konstante k verwechselt werden darf.

Um die Rechnung zu vereinfachen, nehmen wir an, daß l von der Geschwindigkeit v (also auch von u) unabhängig ist. Man findet dann:

$$K_{jk}=\left(\frac{2kT}{m}\right)^{\frac{k}{2}}\frac{l^j a^{\frac{k}{2}}}{1+\frac{\gamma}{a}}\left[1+\frac{\pi^2}{6a^2}\,\frac{\frac{k}{2}\left(\frac{k}{2}-1\right)+\frac{\gamma}{a}\left(\frac{k^2}{2}-2\right)+\frac{\gamma^2 k}{2a^2}\left(\frac{k}{2}+1\right)}{\left(1+\frac{\gamma}{a}\right)^2}\right]. \tag{118}$$

Das zweite Integral K'_{jk} kann auf das erste zurückgeführt werden, mit Hilfe einer Transformation, die der vom Abschnitt 4 [Gleichung (38) bis (42)] analog ist:

$$\frac{\partial F_0}{\partial T}=\frac{\partial F_0}{\partial u}\left(\frac{\partial \alpha}{\partial T}-\frac{u}{T}\right) \qquad -a=\alpha=\frac{m v'^2}{2kT}.$$

Doch ist nach (70b):

$$T\frac{\partial \alpha}{\partial T}=-T\frac{\partial a}{\partial T}=a+\frac{\pi^2}{6a}+\cdots.$$

Daraus folgt:

$$\frac{\partial F_0}{\partial T}=-\frac{1}{T}\frac{\partial F_0}{\partial u}\left(u-a-\frac{\pi^2}{6a}\cdots\right).$$

Das Integral K'_{jk} erhält also die Form:

$$K'_{jk}=-\int\frac{\partial F_0}{\partial u}\left(u-a-\frac{\pi^2}{6a}\right)\frac{l^j\left(\frac{2kTu}{m}\right)^{\frac{k-1}{2}}}{1+\frac{\gamma}{u}}\frac{k}{m}\,du$$

$$=-\frac{k}{m}\left(\frac{2kT}{m}\right)^{\frac{k-1}{2}}\int\frac{\partial F_0}{\partial u}\frac{l^j u^{\frac{k+1}{2}}}{1+\frac{\gamma}{u}}du$$

$$+\frac{k}{m}\left(a+\frac{\pi^2}{6a}\right)\left(\frac{2kT}{m}\right)^{\frac{k-1}{2}}\int\frac{\partial F_0}{\partial u}\frac{l^j u^{\frac{k-1}{2}}}{1+\frac{\gamma}{u}}du.$$

Wir können partiell integrieren, da die Ausdrücke $F_0\,\frac{l^j u^n}{1+\frac{\gamma}{u}}$ an den Grenzen 0 und ∞ verschwinden:

$$K'_{jk}=\frac{1}{2T}K_{j,k+1}-\frac{k}{m}\left(a+\frac{\pi^2}{6a}\right)K_{j,k-1}. \tag{119}$$

Dies gibt unter Benutzung der Entwicklungen (118):

$$K'_{jk} = \frac{\pi^2 k}{6am}\left(\frac{2akT}{m}\right)^{\frac{k-1}{2}} \frac{b^j}{1+\frac{\gamma}{a}}$$

$$\cdot\left[-1+\frac{k-1+2k\frac{\gamma}{a}+(k+1)\frac{\gamma^2}{a^2}-\frac{\pi^2}{24a^2}(k-1)(k-3)}{\left(1+\frac{\gamma}{a}\right)^2}\right]$$

$$= \frac{\pi^2 k}{6am}\left(\frac{2akT}{m}\right)^{\frac{k-1}{2}} \frac{b^j}{\left(1+\frac{\gamma}{a}\right)^3}$$

$$\cdot\left[k-2+2(k-1)\frac{\gamma}{a}+k\frac{\gamma^2}{a^2}-\frac{\pi^2}{24a^2}(k-1)(k-3)\right].$$

Mit diesen Bezeichnungen erhalten wir endgültig:

$$\left.\begin{aligned}
J_x &= \frac{4\pi e G}{3}\left(\frac{m}{h}\right)^3\left[\frac{e}{m}E_x K_{12}+\mu\frac{e}{m}E_y K_{21}-\frac{\partial T}{\partial x}K'_{13}-\mu\frac{\partial T}{\partial y}K'_{22}\right],\\
J_y &= \frac{4\pi e G}{3}\left(\frac{m}{h}\right)^3\left[-\mu\frac{e}{m}E_x K_{21}+\frac{e}{m}E_y K_{12}+\mu\frac{\partial T}{\partial x}K'_{22}-\frac{\partial T}{\partial y}K'_{13}\right],\\
C_x &= \frac{2\pi m G}{3}\left(\frac{m}{h}\right)^3\left[\frac{e}{m}E_x K_{14}+\mu\frac{e}{m}E_y K_{23}-\frac{\partial T}{\partial x}K'_{15}-\mu\frac{\partial T}{\partial y}K'_{24}\right],\\
C_y &= \frac{2\pi m G}{3}\left(\frac{m}{h}\right)^3\left[-\mu\frac{e}{m}E_x K_{23}+\frac{e}{m}E_y K_{14}+\mu\frac{\partial T}{\partial x}K'_{24}-\frac{\partial T}{\partial y}K'_{15}\right].
\end{aligned}\right\} \quad (120)$$

Die Größen J_x, J_y, C_x, C_y sind Strom*dichten* (nicht Stromstärken).

Die Gleichungen (120) müssen, nach der SOMMERFELDschen Theorie, alle magnetischen Effekte in elektrischen Leitern erklären.

11. Der isotherme HALL-Effekt; Widerstandsänderung im magnetischen Feld. Wir betrachten zunächst die Erscheinungen unter streng isothermen Bedingungen. Der primäre elektrische Strom soll in der Richtung Ox fließen. Es ist also:

$$J_x \neq 0, \quad J_y = 0, \quad C_x \neq 0, \quad C_y \neq 0;$$

$$E_x, \quad E_y, \quad \frac{\partial T}{\partial x} = 0, \quad \frac{\partial T}{\partial y} = 0.$$

Die zweite Gleichung (120) gibt:

$$E_y = \mu\frac{K_{21}}{K_{12}}E_x = \frac{\mu}{\sigma_{H,i}}\frac{K_{21}}{K_{12}}J_x, \qquad (121)$$

wobei mit $\sigma_{H,i}$ die isotherme Leitfähigkeit im Felde H bezeichnet wird, wie sie sich aus der ersten Gleichung (120) und aus (121) ergibt:

$$\sigma_{H,i} = \frac{4\pi e G}{3}\left(\frac{m}{h}\right)^3 \frac{e}{m}\left[K_{12} + \mu^2 \frac{K_{21}^2}{K_{12}}\right] = \sigma_0 \frac{K_{12}}{K_{12(0)}}\left(1 + \mu^2 \frac{K_{21}^2}{K_{12}^2}\right). \quad (122)$$

$K_{12(0)}$ bedeutet in (122) den Wert des Integrals K_{12} bei $H = 0$.

Die Gleichung (121) ergibt einen Potentialgradienten senkrecht zur Stromrichtung. Dies ist der isotherme HALL-*Effekt* mit der charakteristischen Konstanten:

$$\left.\begin{aligned} R_i &= \frac{E_x}{H J_x} = \frac{e}{m\,\sigma_{H,i}} \frac{K_{21}}{K_{12}} \\ &= \frac{e}{m\,\sigma_{H,i}}\left(\frac{2akT}{m}\right)^{-\frac{1}{2}} l \, \frac{1 + \dfrac{\pi^2}{6a^2} \dfrac{-\frac{1}{4} - \frac{3}{2}\frac{\gamma}{a} + \frac{3}{4}\frac{\gamma^2}{a^2}}{\left(1 + \frac{\gamma}{a}\right)^2}}{1 + \dfrac{\pi^2 \gamma^2}{3a^4\left(1 + \frac{\gamma}{a}\right)^2}}. \end{aligned}\right\} \quad (123)$$

Wie etwas später gezeigt werden soll, ändert sich die Leitfähigkeit σ nur mit H^2. Wenn wir also den Wert von R_i in schwachen Feldern suchen, so dürfen wir setzen:

$$R_i \simeq \frac{e}{m\,\sigma_0}\left(\frac{2akT}{m}\right)^{-\frac{1}{2}} l.$$

Ersetzen wir σ_0 und a durch ihre Werte (47). Wir finden dann:

$$\left.\begin{aligned} \frac{2akT}{m} &= \frac{h^2}{m^2}\left(\frac{3N}{8\pi V}\right)^{\frac{2}{3}}, \\ \sigma_0 = \frac{8\pi^2 e^2 m^2}{3h^3}\frac{2akT}{m} l &= \frac{8\pi e^2 l}{3h}\left(\frac{3N}{8\pi V}\right)^{\frac{2}{3}}, \qquad R_i \simeq \frac{V}{eN}. \end{aligned}\right\} \quad (124)$$

Auf Grund der gleichen Annahmen (N unabhängig von T, l unabhängig von der Elektronengeschwindigkeit v) soll jetzt die Widerstandsänderung berechnet werden, die nach (122) auftritt. Wir benutzen dabei die im vorigen Abschnitt eingeführten Werte von μ und γ.

$$\frac{\sigma_{H,i}}{\sigma_0} = \frac{1 + \dfrac{\pi^2\gamma^2}{3a^4\left(1 + \frac{\gamma}{a}\right)^2}}{1 + \dfrac{\gamma}{a}}\left[1 + \frac{\gamma}{a}\left(\frac{1 + \dfrac{\pi^2}{6a^2}\dfrac{-\frac{1}{4} - \frac{3}{2}\frac{\gamma}{a} + \frac{3}{4}\frac{\gamma^2}{a^2}}{\left(1 + \frac{\gamma}{a}\right)^2}}{1 + \dfrac{\pi^2\gamma^2}{3a^4\left(1 + \frac{\gamma}{a}\right)^2}}\right)^2\right].$$

Wir entwickeln diesen Ausdruck nach Potenzen von γ/a:

$$\frac{\gamma}{a} = \frac{e^2}{m}\frac{H^2 l^2}{2akT} = \frac{e^2 H^2 l^2}{m^2 v'^2} = \left(\frac{l}{R}\right)^2 = \left(\frac{eHl}{h}\right)^2 \left(\frac{8\pi V}{3N}\right)^{\frac{2}{3}}. \tag{125}$$

Hier bedeutet l die freie Weglänge eines Elektrons mit der Grenzgeschwindigkeit v'. R ist der Krümmungsradius der Bahn solcher Elektronen im Magnetfeld H. In der Entwicklung von $\sigma_{H,i}/\sigma_0$ gibt die erste Näherung, bei der nur der von a unabhängige Ausdruck behalten wird, Eins. Die zweite (Glieder mit π^2/a^2) gibt nach elementaren Rechnungen:

$$\frac{\sigma_{H,i}}{\sigma_0} = \frac{1 + \dfrac{\pi^2\gamma^2}{3a^4\left(1+\dfrac{\gamma}{a}\right)^2}}{1+\dfrac{\gamma}{a}} \left[1 + \frac{\gamma}{a} - \frac{\pi^2\gamma}{3a^3}\frac{\left(\dfrac{1}{4} + \dfrac{3}{2}\dfrac{\gamma}{a} + \dfrac{5}{4}\dfrac{\gamma^2}{a^2}\right)}{\left(1+\dfrac{\gamma}{a}\right)^2}\right]$$

$$= 1 - \frac{\pi^2\gamma}{3a^3}\frac{\left(\dfrac{1}{4} + \dfrac{1}{2}\dfrac{\gamma}{a} + \dfrac{1}{4}\dfrac{\gamma^2}{a^2}\right)}{\left(1+\dfrac{\gamma}{a}\right)^3}.$$

Es gilt somit:

$$\frac{\Delta\varrho}{\varrho} = -\frac{\Delta\sigma}{\sigma} = \frac{\pi^2\gamma}{12a^3\left(1+\dfrac{\gamma}{a}\right)} = \frac{BH^2}{1+CH^2}. \tag{126}$$

Indem man a und γ durch die entsprechenden Ausdrücke ersetzt, erhält man:

$$\left.\begin{aligned} B &= \frac{\pi^2}{3}\frac{(emlkT)^2}{h^6}\left(\frac{8\pi V}{3N}\right)^2, \\ C &= \frac{(el)^2}{h^2}\left(\frac{8\pi V}{3N}\right)^{\frac{2}{3}} = \sigma_0^2 R_i^2 \text{ (vgl. 124).} \end{aligned}\right\} \tag{127}$$

SOMMERFELD leitete das erste Glied ab, das die Variation des Widerstandes in schwachen Feldern widergibt. FRANK vervollständigte die Ableitung und gab die Formel (126) an, die für alle Feldstärken ausreicht[1]. In sehr hohen Feldern muß eine „Sättigung" auftreten, indem $\Delta\varrho/\varrho$ dem Endwert:

$$\frac{\Delta\varrho}{\varrho} = \frac{B}{C}$$

[1] SOMMERFELD, A., Z. Physik **47**, 43 (1928). — FRANK, N. H., Naturwiss. **18**, 751 (1930) — Z. Physik **64**, 650 (1930).

zustrebt. Man erkennt aus (127), daß das Erscheinen des Gliedes in C mit einer bedeutenden Krümmung der Elektronenbahn verknüpft ist.

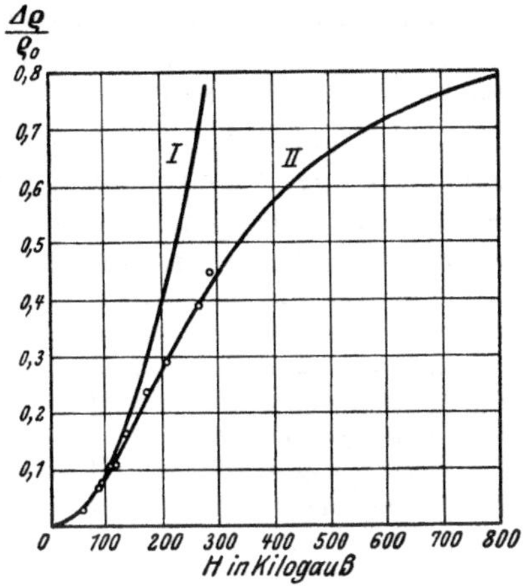

Abb. 22. Widerstandsänderung von Kupfer.

Welche experimentelle Bedeutung haben die abgeleiteten Formeln? Der berechnete Koeffizient B erweist sich als viel zu klein. Man berechnet z. B. für Silber, nach (127), einen B-Wert von $1{,}2 \cdot 10^{-17}$, was um etwa 4 Zehnerpotenzen zu wenig ist. Hier liegt offenbar eine prinzipielle Schwierigkeit vor. Es scheint[1], daß man sie durch Anwendung der Wellenmechanik und Berücksichtigung des elektrischen Feldes des Ionengitters wird überwinden können. Auch die Tatsache muß beachtet werden, daß die Energiekurve in Wirklichkeit stark von der klassischen Parabel abweicht.

Vom Absolutwert von B abgesehen, scheint aber die Formel (126) die experimentellen Ergebnisse von KAPITZA, der den magnetischen Einfluß bis zu sehr hohen Feldstärken verfolgte, gut wiederzugeben. Die beiden Abb. 22 u. 23, die aus der Arbeit von FRANK entnommen sind, zeigen die gute Übereinstimmung. Abb. 22 bezieht sich auf Kupfer ($T = 88°$ abs), Abb. 23 auf Gold (Kurve I) und Tellur (Kurve II). Auf der letzten Kurve sieht man bereits die Annäherung an den Sättigungszustand.

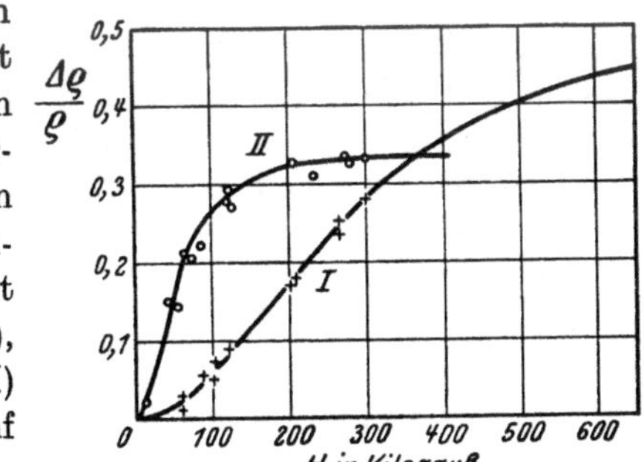

Abb. 23. Widerstandsänderung von Gold (I) und Tellur (II).

Des weiteren soll nach (127) $\sqrt{C} = \sigma_0 R$ sein. In folgender Tabelle sind die aus der Widerstandsänderung auf diese Weise

[1] PEIERLS, R., in „Leipziger Vorträge 1930“. Leipzig: S. Hirzel 1930.

bestimmten R-Werte für die normalen Metalle Cu, Ag und Au zusammengestellt. Die Leitfähigkeit σ ist für die Temperatur, bei der die magnetischen Versuche ausgeführt wurden, aus der Leitfähigkeit bei Zimmertemperatur und dem Verhältnis der Leitfähigkeiten bei beiden Temperaturen berechnet worden. Die zweite Spalte der Tabelle enthält Mittelwerte von R, die aus direkten Messungen bei Zimmertemperatur entnommen sind[1], in der dritten stehen die nach SOMMERFELD berechneten Werte. Die angegebenen Temperaturen sind die, bei denen die Widerstandsänderungen bestimmt wurden.

Metall	$R \cdot 10^4$ aus $\Delta\varrho/\varrho$	$R \cdot 10^4$ gemessen	$R \cdot 10^4$ theoret.	T ° abs
Cu_I (getempert)	7,5	5,5	7,4	88
Cu_{II} (halb getempert). . . .	6,8	5,5	7,4	88
Cu_I (hart gezogen)	5,0	5,5	7,4	88
Ag (getempert)	12,5	8,4	10,4	88
Ag (gezogen)	7,8	8,4	10,4	$\sim$90
Au_I (getempert)	17,5	6,5	10,5	88
Au_{II} (gezogen)	12,8	6,5	10,5	$\sim$90
Au_{11}[2]	19,7	6,5	10,5	20,4

Man darf die Übereinstimmung als befriedigend ansehen. Es ist zu bedenken, daß R für diese Metalle erfahrungsgemäß[3] mit abnehmender Temperatur steigt. Ferner sind die benutzten Werte von σ nach FRANK wahrscheinlich zu klein (also die aus $\Delta\sigma/\sigma$ berechneten R-Werte zu groß), weil die verwendeten Metalle — insbesondere das Gold von MEISSNER und SCHEFFERS — außerordentlich rein waren. Schließlich muß berücksichtigt werden, daß die R-Werte bei verschiedenen Proben desselben Metalls schwanken, so daß man nicht erwarten darf, mehr als die Größenordnung von R theoretisch richtig zu erhalten.

In der folgenden Tabelle sind die Ergebnisse an einer Reihe anderer Metalle zusammengestellt:

Metall	Zn	Zn	Zn	Cd	Cd	Al	Al	Al	Sb	Sb	Sb	Bi
$R \cdot 10^3$ (aus $\Delta\varrho/\varrho$)	3,7	4,2	2,8	8,1	12,5	1,6	1,2	1,3	178	105	36	800
$R \cdot 10^3$ (gemessen)	0,76	0,76	0,76	0,88	0,88	0,40	0,40	0,40	219	219	219	6330

[1] Vgl. BRIDGMAN, P., Physic. Rev. **24**, 644 (1924).

[2] Messungen von MEISSNER, W., und SCHEFFERS, H., Physik. Z. **30**, 827 (1929).

[3] Vgl. GERLACH, W., in „Handb. d. Phys. von GEIGER u. SCHEEL", **13**, 228ff. Berlin: Julius Springer 1928.

Auch bei diesen mehr oder minder anomalen Metallen ergibt sich aus C die richtige Größenordnung von R. Eine Ausnahme bilden Cd und Bi. Bekanntlich zeigt aber Cd einen abnorm großen Anstieg des HALL-Effektes mit abnehmender Temperatur. Im Falle von Wismut ist eine bessere Übereinstimmung nicht zu erwarten, u. a. weil das Gesetz $S = \sigma R$ hier nicht mehr gilt ($S = 20 \cdot 10^{-7}$)[1].

Zusammenfassend kann man sagen, daß durch die FRANKsche Theorie die Notwendigkeit der Annahme eines besonderen Mechanismus für die Erklärung der Widerstandsänderung im Magnetfeld beseitigt wird.

Die Bedingung der Isothermität, die wir in diesem Abschnitt als erfüllt voraussetzten, ist in aller Strenge praktisch schwer zu erfüllen, da gleichzeitig ein transversaler Wärmestrom C_y entsteht:

$$C_y = \frac{2\pi e G}{3} \mu \left(\frac{m}{h}\right)^3 \frac{K_{14} K_{21} - K_{12} K_{23}}{K_{12}} E_x . \tag{128}$$

Man müßte also, um Temperaturgleichheit zu sichern, in einem Thermostaten mit sehr gutem Wärmeaustausch experimentieren oder den Versuch sehr schnell durchführen, wie dies KAPITZA machte. Der Strom C_y hat dann zu wenig Zeit, um das Wärmegleichgewicht empfindlich zu stören.

12. Die Effekte von HALL und ETTINGSHAUSEN; adiabatische Versuche. In den üblichen Versuchen über den HALL-Effekt benutzt man eine metallische Platte, die von einem Strom J_x durchflossen wird, und man beobachtet die Potentialdifferenz senkrecht zur Stromrichtung. Da die Platte von der Luft — also von einem schlechten Wärmeleiter — umgeben ist, entsteht durch den primären transversalen Wärmestrom C_y auch ein Temperaturgradient senkrecht zur Stromrichtung (ETTINGSHAUSEN-Effekt). Im stationären Zustand führt dieser Temperaturgradient zur völligen Kompensation des Wärmestromes C_y. Die Bedingungen für den stationären Zustand sind also:

$$J_x \neq 0, \quad J_y = 0, \quad C_x \neq 0, \quad C_y = 0,$$
$$E_x, \quad E_y, \quad \frac{\partial T}{\partial x} = 0, \quad \frac{\partial T}{\partial y} \neq 0.$$

[1] S ist die weiter unten in Gleichung (135) definierte Größe.

Versuche unter solchen Bedingungen nennen wir im folgenden „adiabatisch“. Für die Konstanten R_a und P_a des HALL- und ETTINGSHAUSEN-Effektes, wie sie sich durch adiabatische Versuche bestimmen, finden wir die Ausdrücke:

$$\left.\begin{aligned} R_a &= \frac{E_y}{H J_x} = \frac{e}{m \sigma_{H,a}} \frac{K_{21} K'_{15} - K_{23} K'_{13}}{K_{12} K'_{15} - K_{14} K'_{13}} \\ &= \frac{e}{m \sigma_{H,a}} \left[\frac{K_{21}}{K_{12}} + \frac{K'_{13}}{K_{12}} \left(\frac{K_{21} K_{14} - K_{12} K_{23}}{K_{12} K'_{15} - K_{14} K'_{13}}\right)\right], \\ P_a &= \frac{\frac{\partial T}{\partial y}}{H J_x} = \frac{e^2}{m^2 \sigma_{H,a}} \left[\frac{K_{21} K_{14} - K_{12} K_{23}}{K_{12} K'_{15} - K_{14} K'_{13}}\right]. \end{aligned}\right\} \tag{129}$$

Diese Formeln lassen sich direkt durch Auflösung der zweiten und vierten Gleichung (120) ableiten. $\sigma_{H,a}$ ist die Leitfähigkeit im magnetischen Feld unter adiabatischen Bedingungen. Man bestimmt sie durch Eintragen der Werte (129) in die erste Gleichung (120):

$$\left.\begin{aligned} \sigma_{H,a} &= \sigma_0 \frac{K_{12}}{K_{12(0)}} \left[1 + \mu^2 \left(\frac{K_{21}}{K_{12}} \frac{m R_a \sigma_{H,a}}{e} - \frac{K'_{22}}{K_{12}} \frac{m^2 P \sigma_{H,a}}{e^2}\right)\right] \\ &= \sigma_0 \frac{K_{12}}{K_{12(0)}} \left[1 + \mu^2 \left(\frac{K_{21}}{K_{12}}\right)^2 + \mu^2 \frac{(K_{21} K'_{13} - K_{12} K'_{22})(K_{21} K_{14} - K_{12} K_{23})}{K_{12}^2 (K_{12} K'_{15} - K_{14} K'_{13})}\right]. \end{aligned}\right\} \tag{130}$$

$K_{12}(_0)$ bedeutet den Wert von K_{12} für $H = 0$ ($\gamma = \mu = 0$).

Wir müssen jetzt folgende Ausdrücke berechnen:

$$\left.\begin{aligned} K_{21} K_{14} - {}_{12}K K_{23} &= \left(\frac{2 a k T}{m}\right)^{\frac{5}{2}} \frac{\pi^2 l^3}{6 a^2 \left(1 + \frac{\gamma}{a}\right)^2} \\ &\quad \cdot \left[1 - \frac{\pi^2}{12 a^2} \frac{\left(1 + 9 \frac{\gamma}{a} + 21 \frac{\gamma^2}{a^2} + 19 \frac{\gamma^3}{a^3} + 6 \frac{\gamma^4}{a^4}\right)}{\left(1 + \frac{\gamma}{a}\right)^4}\right], \\ K_{12} K'_{15} - K_{14} K'_{13} &= \left(\frac{2 a k T}{m}\right)^3 \frac{\pi^2 l^2 k}{3 a m \left(1 + \frac{\gamma}{a}\right)^2} \left[1 + \frac{\pi^2}{6 a^2} (\cdots)\right]. \end{aligned}\right\} \tag{131}$$

Wir können bei der Berechnung von R_a und P_a die Korrektionsglieder in π^2/a^2 in den Klammerausdrücken vernachlässigen, da sie bei gewöhnlichen Temperaturen mit $(2 \pi k T / m v'^2)^2$ verschwinden.

Man erhält dann:

$$\left.\begin{aligned} P_a &= \frac{e^2}{m^2}\frac{lT}{\sigma_{H,a}}\left(\frac{2akT}{m}\right)^{-\frac{3}{2}},\\ R_a &= \frac{e}{m\sigma_{H,a}}\frac{K_{21}}{K_{12}} + \frac{m}{e}\frac{K'_{13}}{K_{12}}P_a\\ &= \frac{el}{m\sigma_{H,a}}\left(\frac{2akT}{m}\right)^{-\frac{1}{2}}\left[1+\frac{\pi^2}{12a^2}\frac{\left(1+4\frac{\gamma}{a}+3\frac{\gamma^2}{a^2}+\cdots\right)}{\left(1+\frac{\gamma}{a}\right)^2}\right]. \end{aligned}\right\} \quad (132)$$

Das zweite Glied im Ausdruck für R_a kann vernachlässigt werden[1]. Andererseits ist in der benutzten Näherung $\sigma_{H,a}$ kaum von σ_0 verschieden, denn die Widerstandsänderung ist nur ein Effekt zweiter Ordnung. Es ist also nach (123) und (124):

$$R_a = R_i = \frac{V}{eN}. \quad (133)$$

Ersetzen wir σ_0 und a durch ihre Werte. Es folgt dann:

$$P_a = \frac{mT}{h^2}\frac{V}{N}\left(\frac{8\pi V}{3N}\right)^{\frac{2}{3}}. \quad (134)$$

Als Beispiel nehmen wir Silber bei Zimmertemperatur. Wir finden für den HALL-Effekt:

$$R_a = R_i = 10{,}4 \cdot 10^{-4}$$

gegen R_a (gemessen) $= 8{,}4 \cdot 10^{-4}$ und für den ETTINGSHAUSEN-Effekt:

$$P_a = 0{,}3 \cdot 10^{-9}$$

gegen P_a (gemessen) $= 1{,}6 \cdot 10^{-9}$.

Der Größenordnung nach stimmen also die theoretischen Werte mit den beobachteten überein.

---

[1] Die Gleichung (132) hat übrigens einen klaren physikalischen Sinn: Der adiabatische HALL-Effekt R_a ist gleich dem isothermen Effekt R_i, vermehrt um die Potentialdifferenz, die von dem transversalen Temperaturgradienten $\partial T/\partial y$ stammt. Diese Potentialdifferenz wurde schon in Gleichung (71a) als „THOMSON-Effekt μ_P" bestimmt. Es gilt danach:

$$R_a = R_i + \mu_P P_a = R_i + \frac{\pi^2}{6a}\frac{k}{e}P_a,$$

$$R_a = R_i + \frac{el}{m\sigma}\frac{\pi^2}{12a^2}\left(\frac{2akT}{m}\right)^{-\frac{1}{2}},$$

wobei das zweite Glied mit π^2/a^2 verschwindet.

13. Thermomagnetische Erscheinungen (Effekte von NERNST und RIGHI-LEDUC); Beziehungen der einzelnen Effekte zueinander. Die thermomagnetischen Effekte treten auf, wenn ein Leiter im Magnetfeld von einem Wärmestrom durchflossen wird. Wir setzen angenähert adiabatische Bedingungen voraus:

$$J_x = 0, \quad J_y = 0, \quad C_x \neq 0, \quad C_y = 0,$$

$$E_x, \quad E_y, \quad \frac{\partial T}{\partial x}, \quad \frac{\partial T}{\partial y}.$$

Man beobachtet unter diesen Umständen nach NERNST ein transversales elektrisches Feld E_y und nach RIGHI und LEDUC einen transversalen Temperaturgradienten $\partial T/\partial y$. Die charakteristischen Konstanten sind:

$$Q_a = \frac{E_y}{H \frac{\partial T}{\partial x}} \quad \text{und} \quad S_a = \frac{\frac{\partial T}{\partial y}}{H \frac{\partial T}{\partial x}}. \tag{135}$$

Der NERNST-Effekt kann auch für isotherme Bedingungen berechnet werden, die aber experimentell schwer zu realisieren sind:

$$J_x = 0, \quad J_y = 0, \quad C_x \neq 0, \quad C_y \neq 0,$$

$$E_x, \quad E_y, \quad \frac{\partial T}{\partial x}, \quad \frac{\partial T}{\partial y} = 0.$$

Unter solchen Bedingungen wäre:

$$Q_i = \frac{E_y}{H \frac{\partial T}{\partial x}} \tag{136}$$

die charakteristische Konstante des Effektes.

Indem man die entsprechenden Bedingungsgleichungen in (120) einträgt und das erhaltene System von linearen Gleichungen auflöst, erhält man leicht:

$$\left.\begin{aligned} Q_i &= -\frac{K_{12} K'_{22} - K_{21} K'_{13}}{K_{12}^2 + \mu^2 K_{21}^2}, \\ Q_a &= Q_i + \frac{m}{e} S \frac{K_{12} K'_{13} + \mu^2 K'_{22} K_{21}}{K_{12}^2 + \mu^2 K_{21}^2}, \\ S &= \frac{e}{m} \frac{(K_{12} K'_{22} - K_{21} K'_{13})(K_{21} K_{14} - K_{12} K_{23}) - (K_{12}^2 + \mu^2 K_{21}^2)(K_{21} K'_{24} - K_{23} K'_{22})}{(K_{12} K'_{13} + \mu^2 K'_{22} K_{21})(K_{21} K_{14} - K_{12} K_{23}) - (K_{12}^2 + \mu^2 K_{21}^2)(K_{21} K'_{15} - K_{23} K'_{13})}. \end{aligned}\right\} \tag{137}$$

Wir müssen also — in Ergänzung zu (131) — noch folgende Ausdrücke berechnen:

$$\left.\begin{aligned}
\mu^2 K_{21}^2 + K_{12}^2 &= \left(\frac{2akT}{m}\right)^2 \frac{l^2}{1+\frac{\gamma}{a}}[1+\cdots],\\
K_{21}K_{15}' - K_{23}K_{13}' &= \frac{\pi^2 k}{3am}\left(\frac{2akT}{m}\right)^{\frac{5}{2}} \frac{l^3}{\left(1+\frac{\gamma}{a}\right)^2}[1+\cdots],\\
\mu^2 K_{22}' K_{21} + K_{12}K_{13}' &= \frac{\pi^2 k}{6am}\left(\frac{2akT}{m}\right)^2 \frac{l^2}{1+\frac{\gamma}{a}} \frac{\left(1+4\frac{\gamma}{a}+5\frac{\gamma^2}{a^2}+2\frac{\gamma^3}{a^3}\right)}{\left(1+\frac{\gamma}{a}\right)^3}\cdots,\\
K_{12}K_{22}' - K_{21}K_{13}' &= -\frac{\pi^2 k}{6am}\left(\frac{2akT}{m}\right)^{\frac{3}{2}} \frac{l^3}{\left(1+\frac{\gamma}{a}\right)^2}[1+\cdots].\\
K_{21}K_{24}' - K_{23}K_{22}' &= \frac{\pi^2 k}{3am}\left(\frac{2akT}{m}\right)^2 \frac{l^4}{\left(1+\frac{\gamma}{a}\right)^2}[1+\cdots].
\end{aligned}\right\} \quad (138)$$

Die vernachlässigten Glieder sind in π^2/a^2. Sie haben für die Berechnung von Q und S keine Bedeutung. Zur Berechnung der Änderung der thermischen Leitfähigkeit im magnetischen Felde wären sie aber notwendig.

Man findet mit den Werten (138):

$$\left.\begin{aligned}
Q_i &= \frac{\pi^2 k}{6am}\left(\frac{2akT}{m}\right)^{-\frac{1}{2}} \frac{l}{1+\frac{\gamma}{a}} = \frac{\pi^2}{3}\frac{k^2 m l T}{h^3}\frac{1}{1+\frac{\gamma}{a}}\frac{8\pi V}{3N},\\
Q_a &= Q_i + \frac{m}{e} S \frac{\pi^2 k}{6am} \frac{\left(1+4\frac{\gamma}{a}+5\frac{\gamma^2}{a^2}+2\frac{\gamma^3}{a^3}\right)}{\left(1+\frac{\gamma}{a}\right)^3},\\
S &= \frac{el}{m}\left(\frac{2akT}{m}\right)^{-\frac{1}{2}} = \frac{el}{h}\left(\frac{8\pi V}{3N}\right)^{\frac{1}{3}}.
\end{aligned}\right\} \quad (139)$$

Bei der Berechnung von S stellt man bald fest, daß die ersten Gliedergruppen im Zähler wie auch im Nenner mit π^2/a^2 verschwinden und vernachlässigt werden können. Die Berechnung wird dadurch vereinfacht.

Uns interessieren zunächst die Werte von Q und S in schwachen Feldern. Wir vernachlässigen daher die Glieder in γ/a und erhalten:

$$\left.\begin{aligned} Q_i &= \frac{\pi^2}{3}\,\frac{k^2 m T l}{h^3}\,\frac{8\pi V}{3N}\,, \\ Q_a &= Q_i + \frac{\pi^2 k}{6ae}\,S = 2Q_i\,. \end{aligned}\right\} \tag{140}$$

Die letzte Beziehung hat wieder einen einfachen physikalischen Sinn, genau wie die Gleichung (132) des adiabatischen HALL-Effektes. Das transversale elektrische Feld Q_a ist gleich dem isothermen Feld Q_i, vermehrt um das Feld, das der Temperaturdifferenz S entspricht. Dieses letzte Feld wird durch den Koeffizienten μ_P des THOMSON-Effektes [Gleichung (71a)] bestimmt:

$$Q_a = Q_i + \mu_P S = Q_i + \frac{\pi^2 k}{6ae}\,S\,. \tag{141}$$

Es wurde aber in (140) gezeigt, daß Q_a doppelt so groß ist wie Q_i. Es folgt daraus:

$$Q_i = \mu_P S\,. \tag{142}$$

Andererseits findet man leicht durch Vergleich von (124) mit (139):

$$S = R\sigma\,. \tag{143}$$

Diese letzte Beziehung wird durch die Versuche gut bestätigt. Die Formel (142) ähnelt sehr einer von MOREAU[1] angegebenen empirischen Beziehung:

$$Q = \mu S\,, \tag{144}$$

in der aber der genaue Sinn von Q und μ etwas unklar ist. Aus dem Abschnitt 6 [Gleichungen (59), (67) und (71a)] wissen wir übrigens, daß der energetische THOMSON-Koeffizient μ_E, wie er gewöhnlich gemessen wird, etwa gleich dem doppelten Koeffizienten μ_P ist — wenigstens in der hier benutzten Näherung. Aus (142) kann man also ableiten:

$$\mu_E S = 2Q_i = Q_a\,. \tag{145}$$

In Ermangelung genauer Angaben über die Versuchsbedingungen (isotherm oder adiabatisch?) bei der Untersuchung des NERNST-Effektes dürfen wir vorläufig annehmen, daß das

[1] MOREAU, C. r. Acad. Sci. Paris **130**, 412, 562 (1900). — GERLACH, W., Handb. d. Phys. von GEIGER und SCHEEL, **13**, 228ff., Tab. 24 u. 26.

MOREAUsche Gesetz in Wirklichkeit irgendeiner von den beiden theoretischen Gleichungen (142) oder (145) entspricht.

Außer den obigen Beziehungen bestätigt man noch folgende, von LORENTZ und BRIDGMAN[1] aufgestellte Formel:

$$Q_i = \frac{1}{T} \varkappa P, \tag{146}$$

worin $\varkappa$ die Wärmeleitfähigkeit [Abschnitt 5, Gleichung (52)] bedeutet. Dividieren wir (146) durch (143). Dies gibt:

$$\frac{R Q_i}{P S} = \frac{\varkappa}{\sigma T} = \frac{\pi^2}{3} \left(\frac{k}{e}\right)^2. \tag{147}$$

In (147) erscheint das WIEDEMANN-FRANZsche Verhältnis $\varkappa/\sigma T$.

Die Formel (146) wurde von BRIDGMAN aus folgender Überlegung gewonnen, die auf der einzigen Annahme beruht, daß alle in diesem Abschnitt behandelten Effekte reversibel seien: Ein Wärmestrom C_x, der eine dünne Metallplatte durchfließt (wobei $\partial T/\partial y = 0$ ist), erzeugt zwischen den beiden Rändern der Platte eine Potentialdifferenz (136):

$$\varDelta V = Q_i \frac{C_x H}{\varkappa}.$$

Vereinigen wir die beiden Ränder durch einen Draht. Dieser wird von einem Strom i_y durchflossen, der in der Zeiteinheit die Arbeit $\varDelta A$ leistet:

$$\varDelta A = i_y \varDelta V = \frac{1}{\varkappa} Q_i C_x H i_y.$$

Der Strom i_y ruft im Feld H eine Temperaturdifferenz entlang Ox hervor (ETTINGSHAUSEN-Effekt):

$$\delta T = P H i_y.$$

Wenn der Wärmestrom C_x diese Temperaturdifferenz überwindet, leistet er pro Zeiteinheit die Arbeit:

$$\varDelta A = C_x \frac{\delta T}{T} = \frac{C_x P H i_y}{T}.$$

Die beiden $\varDelta A$-Beträge müssen gleich sein. Ihr Gleichsetzen führt zu der BRIDGMANschen Beziehung (146).

[1] BRIDGMAN, P., Physic. Rev. **24**, 644 (1924) — Proc. Nat. Acad. Sci. U.S.A. **15**, 768 (1929). Diskussion BRIDGMAN-LORENTZ-HALL beim vierten Solvaykongreß, Bruxelles 1924. — Paris: Gauthiers-Villars 1927, S. 350 bis 360.

Wir geben jetzt einige Zahlenwerte wieder, die die Bestätigung der abgeleiteten Formeln durch die Erfahrung veranschaulichen: Statt des theoretischen Wertes $2{,}45 \cdot 10^8$ für das Verhältnis RQ/PS erhält man experimentell (nach FRANK) folgende Werte:

Metall	Ag	Al	Cd	Cu	Fe	Ni	Co	Zn	Au	Sb	Bi
$\frac{RQ}{PS} 10^{-8}$	3,4	2,6	4,1	3,1	3,7	3,8	8,0	1,9	4,6	9,9	155

Im Hinblick auf die Schwierigkeiten der genauen Messung kann man die Übereinstimmung als gut bezeichnen. Eine Ausnahme bildet Wismut, vielleicht auch Antimon und Kobalt. Die klassische Theorie von LORENTZ und GANS ergab für das Verhältnis RQ/PS einen offenbar etwas zu kleinen Wert $1{,}7 \cdot 10^8$.

Die SOMMERFELDsche Theorie stellt sicherlich einen großen Fortschritt im Vergleich zu der klassischen Theorie von LORENTZ dar. Die Einführung der FERMI-Statistik löst sofort eine Reihe von grundlegenden Schwierigkeiten, die bei der Anwendung der klassischen Statistik auf freie Elektronen auftraten. Um weiterzukommen und die noch verbleibenden Unstimmigkeiten zu überwinden, muß man das physikalische Bild des Elektronengases im Metall präzisieren. Es muß berücksichtigt werden, daß sich die Elektronen im periodischen Felde des positiven Ionengitters bewegen und nicht, wie in den obigen Ableitungen einfachheitshalber angenommen wurde, in einem Raum mit der Feldstärke Null. Die Durchführung dieser Verbesserungen ist nur durch Anwendung wellenmechanischer Methoden möglich geworden.

In der SOMMERFELDschen Theorie spielt der Begriff der *freien Weglänge* eine Rolle. Diese soll durch *elastische Stöße* zwischen Elektronen und Ionen bestimmt sein. Mit anderen Worten: man nimmt an, daß die Elektronen durch Zusammenstöße abgelenkt werden, aber in keinen Energieaustausch mit den Ionen treten. Eine solche Vorstellung ist sicher unrichtig. Die Wellenmechanik führt zur Annahme, daß zwischen Ionengitter und Elektronengas tatsächlich ein Energieaustausch stattfindet. Wir werden weiter unten sehen, daß dieser Umstand den Gültigkeitsbereich des WIEDEMANN-FRANZschen Gesetzes beschränkt. Bei *Zimmertemperatur* können allerdings die Energieänderungen, die die Elektronen bei Zusammenstößen erleiden, praktisch vernachlässigt werden. Die Hypothese der elastischen Stöße ist also zwar nicht genau korrekt, führt aber unter gewöhnlichen Bedingungen zu annehmbaren Folgerungen. Alles in allem ist die SOMMERFELDsche Theorie für gewöhnliche Temperaturen als eine sehr gute erste Näherung zu betrachten.

Achtes Kapitel.

Bestimmung der mittleren freien Weglänge der Elektronen.

1. Freie Weglänge der Elektronen; Problemstellung in der Wellenmechanik. In den letzten Jahren hat sich eine Reihe von Forschern mit dem etwas heiklen Problem der freien Weglänge von Elektronen in Metallen befaßt[1]. In allen diesen Arbeiten wird, wie es auch zweckmäßig zu sein scheint, das Problem mit den wellenmechanischen Methoden angefaßt. In der Korpuskulartheorie haben wir eine Anzahl N von Elektronen zu betrachten, die sich in der Richtung Ox bewegen und zu fragen, wieviele davon eine gewisse Strecke x ohne Ablenkung zurücklegen. Wir finden dafür eine exponentielle Funktion vom Typus $e^{-\mu x}$, worin μ das Reziproke der mittleren freien Weglänge darstellt:

$$\mu = \frac{1}{l}. \tag{1}$$

Anders ist das Bild in der Wellenmechanik. Der Elektronenstrom wird durch eine DE BROGLIEsche ψ-Welle ersetzt, nach den im dritten Kapitel dargestellten Methoden. Die Intensität der Welle A^2 ist ein Maß für die Elektronendichte. Beim Durchgang durch ein Kristallgitter wird die Welle zerstreut; ihre Intensität wird immer kleiner. Jede elementare Streuwelle ergibt durch ihre Intensität die Wahrscheinlichkeit für eine bestimmte Ablenkung der Elektronen aus der Richtung Ox. Die Intensität A^2 nimmt mit dem Abstand x exponentiell ab. Aus ihrer Abnahme bestimmt sich die Größe μ im Ausdruck $e^{-\mu x}$ für die Elektronendichte und somit auch die „freie Weglänge".

[1] HOUSTON, W. V., Z. Physik **48**, 449 (1928). — FRENKEL, J., Z. Physik **47**, 819 (1928). — FRENKEL, J., u. MIROLUBOW, N., Z. Physik **49**, 885 (1928). — BLOCH, F., Z. Physik **52**, 555 (1928); **59**, 208 (1930). — PEIERLS, R., Ann. Physik **4**, 121 (1930); **5**, 244 (1930).

Wir versuchen zunächst, eine qualitative Beschreibung der Streuung einer ψ-Welle durch ein Kristallgitter zu geben. Beim absoluten Nullpunkt, wenn alle Ionen in den Gitterpunkten sitzen, muß die Ausbreitung der Welle ganz regelmäßig erfolgen. Es findet keine Streuung statt, die Welle pflanzt sich ungestört mit einer bestimmten mittleren Geschwindigkeit U durch das Gitter hindurch fort: genau so, wie eine Lichtwelle einen Kristall ohne Zerstreuung und mit einer bestimmten Geschwindigkeit durchdringt. Wenn die Temperatur höher wird und die thermische Bewegung die Regelmäßigkeit des Gitters zu stören beginnt, wird auch die Fortpflanzung der Welle durch die Schwingungen der Ionen beeinflußt und gestört. Die dadurch bedingte Streuung ist um so größer, je höher die Temperatur. Unter gewöhnlichen Bedingungen ist die Schwingungsenergie des Gitters etwa proportional der absoluten Temperatur. In gleicher Weise muß sich auch der Streuungskoeffizient μ ändern. Die mittlere freie Weglänge müßte demnach umgekehrt proportional der absoluten Temperatur sein.

Im siebenten Kapitel [Abschnitt 4, Gleichung (47)] fanden wir, daß die elektrische Leitfähigkeit σ proportional der freien Weglänge l der Elektronen ist. Auch σ muß sich also bei gewöhnlichen Temperaturen mit T^{-1} ändern. Um ein allgemeineres Gesetz abzuleiten, das für alle Temperaturen gültig wäre, muß man den Mechanismus der Streuung der Elektronenwellen etwas näher untersuchen.

Das Problem hat eine große Ähnlichkeit mit dem der Streuung von elektromagnetischen Wellen durch ein Gitter. Die ersten in dieser Richtung angestellten Rechnungen von Houston waren fast genaue Wiederholungen der für Röntgenstrahlen durchgeführten Rechnungen von Debye und Waller. In analoger Weise versuchte Frenkel, die Brillouinschen Rechnungen, die sich auf die Streuung von Licht bezogen, auf Elektronenwellen zu übertragen. Diese Versuche ignorierten aber noch die charakteristischen Eigenschaften der ψ-Wellen, die sie von den elektromagnetischen Wellen unterscheiden und ihre Streuung wesentlich beeinflussen. Wir sehen daher von der Wiedergabe dieser ersten Arbeiten ab und folgen den späteren, viel genauer durchgeführten Untersuchungen von F. Bloch und Peierls.

2. Streuung der ψ-Wellen; Vorbemerkungen. Wir beginnen mit dem einfachen Fall, in dem eine ψ-Welle in ihrer Ausbreitung auf ein isoliertes Hindernis — etwa ein einzelnes Ion — stößt, und wir suchen den Streuungskoeffizienten für diesen Fall zu bestimmen. Das Ion mag sich im Koordinatenanfangspunkt befinden. Wir stellen einen wesentlichen Unterschied zwischen den ψ-Wellen und den Lichtwellen fest: Für Lichtwellen ist die Intensität der Streuung bekanntlich proportional λ^{-4} (RAYLEIGHsches Gesetz); für die ψ-Welle findet man dagegen in erster Näherung eine von λ unabhängige Streuung. Man kann diese Gesetze ohne weiteres aus den Wellengleichungen entnehmen:

Betrachten wir eine Lichtwelle, deren Ausbreitung durch eine Gleichung vom Typus:

$$\Delta\psi - \frac{1}{U^2}\frac{\partial^2\psi}{\partial t^2} = 0$$

bestimmt wird. In dem kleinen Raum, der von dem streuenden Ion eingenommen ist, wird die Fortpflanzungsgeschwindigkeit U von der normalen Geschwindigkeit U_0 etwas verschieden sein. Setzen wir:

$$\frac{1}{U^2} = \frac{1}{U_0^2}(1+\varepsilon)\,.$$

Die Wellengleichung erhält dann die Form:

$$\Delta f - \frac{1}{U_0^2}\frac{\partial^2 f}{\partial t^2} = \begin{cases} 0 & \text{(außerhalb des Ions)} \\ \dfrac{\varepsilon}{U_0^2}\dfrac{\partial^2 f}{\partial t^2} & \text{(in dem vom Ion eingenommenen Gebiet).} \end{cases} \tag{2}$$

Diese Gleichung kann durch Näherungen gelöst werden. Wir nehmen an, daß die einfallende Welle eben ist:

$$f_1 = A_1 \cos\omega\left(t - \frac{x}{U_0}\right).$$

Wenn wir den Einfluß des Ions berücksichtigen, so erhalten wir eine sekundäre Welle, deren Quelle im Ion lokalisiert ist und durch den Ausdruck:

$$\frac{\varepsilon}{U_0^2}\frac{\partial^2 f_1}{\partial t^2} = -\varepsilon\frac{\omega^2}{U_0^2}A_1\cos\omega t$$

beschrieben wird. Von dieser Quelle breitet sich also eine sphärische Welle aus, deren Amplitude proportional $\varepsilon\frac{\omega^2}{U_0^2}A_1$ ist — wenigstens solange das vom Ion eingenommene Volumen klein ist im Vergleich mit der Wellenlänge. Die gestreute Intensität ist somit proportional zu:

$$\varepsilon^2 A_1^2\frac{\omega^4}{U_0^4} = 16\,\pi^4\varepsilon^2 A_1^2\cdot\frac{1}{\lambda^4}\,. \tag{3}$$

Der Koeffizient $1/\lambda^4$ folgt also direkt aus der Existenz eines Gliedes in $\partial^2 f/\partial t^2$ in der Wellengleichung.

Die Gleichung der DE BROGLIE-Wellen enthält aber kein solches Glied. Betrachten wir die Gleichung (32) im dritten Kapitel. In dem vom Ion eingenommenen Gebiet ist die potentielle Energie P von dem Normalwert P_0 verschieden:

$$P = P_0 + P_1 .$$

Wie oben nehmen wir an, daß die Welle ψ aus einer ebenen einfallenden Welle ψ_1 und einer gestreuten Welle ψ_2 besteht. Die Wellengleichung hat dann die Form:

$$\Delta\psi_2 - \frac{4\pi m}{hi}\frac{\partial\psi_2}{\partial t} - \frac{8\pi^2 m}{h^2}(P_0 + mc^2)\psi_2 = \begin{cases} 0 \text{ (außerhalb des Ions)} \\ \frac{8\pi^2 m}{h^2} P_1\psi_1 \text{ (im Ion)}. \end{cases} \tag{4}$$

Wir nehmen wieder an, daß die Abmessungen des Ions klein sind im Vergleich zu der Wellenlänge. Wir erhalten dann eine sphärische Streuwelle:

$$\psi_2 = K\frac{8\pi^2 m}{h^2} P_1 A_1 \frac{1}{r} e^{-i\omega\left(t-\frac{r}{v_0}\right)} \tag{5}$$

mit einer Energie, die proportional $P_1^2 A_1^2$ und somit unabhängig von der Wellenlänge ist. Dieses Verhalten folgt somit direkt aus der Existenz eines Gliedes mit $P\psi$ in der Wellengleichung, dem eine sekundäre Streuwelle $P_1\psi_1$ mit einer frequenzunabhängigen Intensität entspricht. Wir wundern uns also nicht, daß der klassische Faktor $1/\lambda^4$ in dem Streuungsgesetz für Elektronenwellen nicht auftritt.

Betrachten wir jetzt die Ausbreitung einer ψ-Welle in einem Kristallgitter. Wir nehmen zunächst an, daß die Ionen unbeweglich in den Gitterpunkten sitzen wie beim absoluten Nullpunkt, daß also alle thermische Bewegung aufgehört hat. F. BLOCH einerseits, ROSENFELD und WITMER[1] andererseits haben das Problem unter diesen Bedingungen verfolgt und gefunden, daß sich die Welle ψ durch den Ausdruck:

$$\psi_1(x, y, z, t) = A_1(x, y, z)\, e^{-2\pi i[\nu_1 t - (a_1 x + b_1 y + c_1 z)]} \tag{6}$$

darstellen läßt, d. h. ψ ist eine ebene Welle mit einer von Punkt zu Punkt veränderlichen Amplitude A_1. Die Art der Funktion

[1] BLOCH, F., Z. Physik **52**, 555 (1928). — WITMER, E. E., u. ROSENFELD, L., Z. Physik **48**, 530 (1928).

A_1 hängt wesentlich von der Frequenz ν sowie von der Ausbreitungsrichtung der Welle im Kristall und der Potentialverteilung $P(x, y, z)$, d. h. der Ionenanordnung im Gitter, ab. Nach den allgemeinen Definitionen [Gleichung (34) im dritten Kapitel] entspricht die Welle (6) einem geradlinigen Elektronenstrahl. Die Elektronen werden also durch das Gitter nicht gestreut. Die SOMMERFELDsche Theorie der vollkommen freien Elektronen entspricht dem Grenzfall, in dem das Potential P von seinem Mittelwert P_0 nur unmerklich verschieden ist, so daß die örtlichen Schwankungen der Amplitude A_1 in Formel (6) sehr gering bleiben. Die Welle (6) stellt bei konstantem A_1 einen Strom von Elektronen dar, der sich mit einer konstanten Geschwindigkeit:

$$v_{1x} = \frac{h}{m} a_1, \quad v_{1y} = \frac{h}{m} b_1, \quad v_{1z} = \frac{h}{m} c_1 \tag{7}$$

bewegt.

Jetzt stellen wir uns vor, daß das Gitter durch Wärmebewegung gestört wird. Infolge von lokalen Schwankungen in der Ionendichte tritt nunmehr eine Streuung der Elektronenwelle auf. Wie soll man den Zustand des Gitters in diesem Fall analytisch darstellen? Die geeignete Methode wurde von BORN und KÁRMÁN und von DEBYE[1] angegeben. Sie besteht in der Zerlegung der thermischen Schwankungen in ein System von harmonischen elastischen Wellen, die in allen Richtungen durch den Kristall hindurchwandern. Einer elastischen Welle mit der Frequenz ν schreiben wir pro Freiheitsgrad die Energie $h\nu(e^{h\nu/kT} - 1)^{-1}$ zu. Die Gesamtenergie dieser Wellen bestimmt die innere Energie des festen Körpers bei der gegebenen Temperatur T, und ihre Ableitung nach der Temperatur die spezifische Wärme.

Es ist bekannt, daß man durch eine solche harmonische Analyse der Wärmebewegung in Kristallen zu einer sehr befriedigenden Darstellung des Verlaufes der spezifischen Wärme gelangen kann. Sie wurde von DEBYE auch dazu benutzt, um den Einfluß der Temperatur auf die Streuung von Röntgenstrahlen zu untersuchen und BRILLOUIN[2] verwandte dieselbe Methode auch bei der Berechnung der Streuung von Licht in einem homogenen durchsichtigen Körper.

[1] BORN, M., u. v. KÁRMÁN, T., Physik. Z. **13**, 297 (1912). — DEBYE, P., Ann. Physik **39**, 789 (1912).

[2] BRILLOUIN, L., C. r. Acad. Sci. Paris **158**, 1331 (1914) — Ann. Physique **17**, 88 (1922).

3. Eigenfrequenzen der elastischen Wellen in einem Volumen V. Wir beginnen mit der näheren Beschreibung der Zerlegung der Wärmebewegung in einem festen Körper in elastische Wellen. Unter folgenden physikalischen Bedingungen ist eine genaue Berechnung möglich: Man stelle sich das Volumen V von spiegelnden Wänden umgeben vor, die alle in Betracht kommenden Wellen unverändert reflektieren. Dieses ist allerdings praktisch nur in wenigen einfachen Fällen möglich. Im allgemeinen tritt folgende Erscheinung auf: wenn eine beliebige (z. B. longitudinale) elastische Welle auf eine Oberfläche trifft, so entstehen außer der reflektierten Welle von gleicher Beschaffenheit, noch andere, transversale elastische Wellen. Es wird daher unmöglich, die einzelnen Wellenarten gesondert zu behandeln. Diese erste Schwierigkeit kann in der Rechnung dadurch überwunden werden, daß man die Wände, die das Volumen V umgeben, als absolut starr behandelt. Eine solche Wand ist tatsächlich imstande, alle Wellen einzeln ohne Strukturänderung zu reflektieren, allerdings nur, wenn das Volumen V isotrop oder kubisch kristallisiert ist. Bei der Behandlung von Kristallgittern mit schiefen Achsen entsteht aber wiederum eine Schwierigkeit, da in solchen Fällen die Ausbreitungsgesetze (z. B. die Geschwindigkeiten) der reflektierten Wellen im allgemeinen von denen der auffallenden Wellen verschieden sind. Aus allen diesen Gründen ist es wohl das einfachste, die Rechnung für ein unendlich ausgedehntes Gitter durchzuführen, an das man nur die Forderung stellt, daß sich sein Zustand in allen drei Richtungen periodisch wiederholen muß. Es genügt also, die Wellenverteilung in einem begrenzten Volumen V zu kennen, um den Zustand des ganzen Gitters zu beherrschen. Das Gitter soll also Eigenschaften haben, die wir in Abschnitt 18 des dritten Kapitels als *zyklisch* bezeichnet haben. Das Problem des zyklischen Gitters enthält genau so viel Freiheitsgrade und hat dieselben Eigentümlichkeiten wie das Problem des beschränkten Gittervolumens V. Wir wollen uns im folgenden wiederholt der Methode des zyklischen Gitters bedienen.

Betrachten wir einen einfachen kubischen Kristall mit der Gitterkonstante d und dem Gesamtvolumen V, das N Atome enthält. Wenn das Volumen V die Form eines Kubus hat und seine Kantenlänge gleich Gd ist, so gilt:

$$V = G^3 d^3 , \qquad N = G^3 .$$

Es sei u die Verschiebung, die irgendein Atom im Gitter durch eine elastische Welle erleidet. Die Gleichung der ebenen Welle ist:

$$\vec{u}_{a,b,c,j} = \vec{l}_{a,b,c,j}\, e^{-2\pi i(\nu t - ax - by - cz)}. \tag{8}$$

Dieser Ausdruck stellt eine Welle dar, die den ganzen Kristall durchdringt und sich in der Richtung (a, b, c) fortpflanzt. Der Vektor $\vec{l}$ hat bei einer longitudinalen Welle ebenfalls die Richtung (a, b, c), bei einer transversalen Welle steht er senkrecht dazu. Wenn man einen Ausdruck der Form (8) in die Wellengleichung einträgt, erhält man stets drei verschiedene Lösungen, die den Indizes $j = 1, 2, 3$ entsprechen. In einem isotropen Medium oder einem Kristall des kubischen Systems bedeuten die drei Lösungen zwei transversale und eine longitudinale Welle.

Es muß nun berücksichtigt werden, daß sich die Verschiebung $\vec{u}$ nicht überall beobachten läßt, sondern nur in den Punkten, in denen die Gitteratome sitzen, d. h. unter Voraussetzung eines kubischen Gitters in den Punkten:

$$x = m_1 d, \qquad y = m_2 d, \qquad z = m_3 d$$
$$(m_1, m_2, m_3 = \text{ganze Zahlen}).$$

Daraus folgt eine gewisse Unbestimmtheit der Koeffizienten a, b, c, denn eine Welle (8) kann von einer Welle mit den Koeffizienten:

$$a' = a + \frac{n_1}{d}, \qquad b' = b + \frac{n_2}{d}, \qquad c' = c + \frac{n_3}{d} \tag{9}$$

$(n_1, n_2, n_3 = \text{ganze Zahlen})$ praktisch nicht unterschieden werden. In allen Gitterpunkten (m_1, m_2, m_3) geben beide Wellen zu gleichen Verschiebungen:

$$\vec{u} = \vec{l}\, e^{-2\pi i[\nu t - d(a m_1 + b m_2 + c m_3)]}$$

Anlaß.

Man wählt in diesem Fall für die Koeffizienten a, b, c die *kleinsten möglichen Absolutwerte*, so daß alle a-, b- und c-Werte zwischen den Grenzen $-\frac{1}{2d}$ und $+\frac{1}{2d}$ liegen. Unter diesen Bedingungen gibt es für jede Kombination (abc) drei charakteristische Lösungen, die eine longitudinale Welle mit der Ausbreitungsgeschwindigkeit W_l und zwei transversale Wellen mit der Geschwindigkeit W_t darstellen.

Es ist dabei:

$$\frac{1}{\lambda^2} = \frac{\nu^2}{W^2} = a^2 + b^2 + c^2. \tag{10}$$

Die angenommene Definition führt für sehr lange Wellen (a, b, c sehr klein) zu der üblichen Beschreibung der elastischen Wellen im festen Körper. Die Geschwindigkeit W kann bei einer Näherungsrechnung als konstant angesehen werden.

Was folgt nun aus der Bedingung, daß das Gitter zyklisch sein soll? Aus der Gesamtheit der Wellen (8) müssen wir offenbar solche auswählen, die die gleiche Verschiebung $\vec{u}$ für alle Atome geben, deren Koordinaten den Beziehungen:

$$x = x_0 + N_1 G d, \qquad y = y_0 + N_2 G d, \qquad z = z_0 + N_3 G d$$

(N_1, N_2, N_3 = ganze Zahlen) genügen. Dieser Bedingung entsprechen die Wellen:

$$a = \frac{f_1}{Gd}, \qquad b = \frac{f_2}{Gd}, \qquad c = \frac{f_3}{Gd} \tag{11}$$

(f_1, f_2, f_3 = ganze Zahlen). Um die oben getroffene Wahl der Absolutwerte von a, b, c aufrechtzuerhalten, müssen f_1, f_2, f_3 den Bedingungen:

$$\left.\begin{aligned} -\frac{G}{2} \leq f_1 \leq \frac{G}{2}, \\ -\frac{G}{2} \leq f_2 \leq \frac{G}{2}, \\ -\frac{G}{2} \leq f_3 \leq \frac{G}{2} \end{aligned}\right\} \tag{11a}$$

entsprechend gewählt werden. Betrachten wir einen Raum der Koordinaten a, b, c. Die Punkte (11) bilden darin ein Raumgitter. Die Dichte der Bildpunkte im (abc)-Raum ist $G^3 d^3$. Sie füllen ein Volumen $(1/d)^3$ aus. Ihre Gesamtzahl ist also:

$$G^3 = N.$$

Jedem Punkt a, b, c entsprechen, wie oben erwähnt, drei Lösungen. Die Gesamtzahl der verschiedenen elastischen Wellen, die in dem betrachteten Kristall möglich sind, ist also $3N$. Diese Zahl ergibt sich übrigens auch aus der Überlegung, daß ein kubischer Kristall aus N Atomen gerade $3N$ Freiheitsgrade besitzt.

Die Bedingungen (11) und (11a) bestimmen für die Bildpunkte a, b, c eine äußere Begrenzungsfläche von kubischer Form. Dieses ist nicht immer bequem, denn die kürzeste Wellenlänge, die das elastische Spektrum enthält, wird in diesem Fall nach (10) von der Richtung des Vektors $1/\lambda$ mit den Komponenten a, b, c abhängen. Es ist daher in den praktischen Anwendungen bequemer, die kubische Begrenzungsfläche durch eine *sphärische* von gleichem Inhalt zu ersetzen. Die Bedingung des gleichen inneren Volumens muß befriedigt sein, damit die Anzahl der Elementarwellen gleich $3N$ und somit gleich der Zahl der Freiheitsgrade bleibt. Man erhält beim Übergang zum sphärischen (abc)-Volumen eine für alle Richtungen gleiche minimale Wellenlänge λ_D, die durch die Beziehung:

$$\frac{1}{\lambda_D} = \left(\frac{3}{4\pi}\right)^{\frac{1}{3}} \cdot \frac{1}{d} = \left(\frac{3N}{4\pi V}\right)^{\frac{1}{3}} \tag{12}$$

definiert ist. Für die longitudinalen bzw. transversalen Wellen folgen daraus die Höchstfrequenzen:

$$\left.\begin{aligned} \nu_{D(l)} &= \frac{W_l}{\lambda_D} = W_l\left(\frac{3N}{4\pi V}\right)^{\frac{1}{3}} \quad \text{(longit.)}, \\ \nu_{D(t)} &= \frac{W_t}{\lambda_D} = W_t\left(\frac{3N}{4\pi V}\right)^{\frac{1}{3}} \quad \text{(transv.)}. \end{aligned}\right\} \tag{12a}$$

Diese Definitionen sind von Debye[1] abgeleitet worden und sind sehr bequem für praktische Anwendungen. Debye nahm allerdings die gleiche Grenzfrequenz für longitudinale und transversale Wellen an. Dieses ist nicht ganz korrekt; es ist also besser, statt der Debyeschen Definitionen die Formeln (12a) zu benutzen. Von den Grenzfrequenzen ν_D kann man zu den „charakteristischen Temperaturen" Θ übergehen, die durch die Gleichungen:

$$h\nu_l = k\Theta_l, \qquad h\nu_t = k\Theta_t$$

definiert sind. Wie im Falle der Lichtwellen, kann man auch für die elastischen Wellen die Anzahl von Oszillatoren bestimmen, deren Frequenz zwischen zwei Werten ν und $\nu + d\nu$ liegt:

$$dN_l = \frac{4\pi\nu^2}{W_l^3} V d\nu, \qquad dN_t = \frac{8\pi\nu^2}{W_t^3} V d\nu.$$

Um ganz korrekt vorzugehen, müßte man allerdings statt W^3 den Ausdruck UW^2 einführen, worin U die Gruppengeschwindigkeit bedeutet[2]. Einfachheitshalber nehmen wir aber an, daß W von der Frequenz ν unabhängig ist und daß daher die beiden Geschwindigkeiten U und W identisch sind.

4. Stationäre ψ-Wellen im Volumen V. Untersuchen wir jetzt die Gestalt der ψ-Wellen in dem betrachteten Gitter etwas näher.

[1] Debye, P., Ann. Phys. **39**, 789 (1912).

[2] Vgl. erstes Kapitel.

Wir setzen voraus, daß die potentielle Energie P eine Periode d nach allen drei Richtungen x, y, z besitzt. Wir suchen nach einer Lösung, die sich nach x, y, z mit der Periodizität Gd (die vom Volumen V bestimmt ist) identisch reproduziert. Betrachten wir die verschiedenen Wellen $\psi_1(x, y, z), \psi_2(x, y, z), \ldots, \psi_k(x, y, z)$, die dem gleichen Energiewert E entsprechen. Wir nehmen an, daß diese Funktionen ψ_k ein vollständiges Lösungssystem darstellen, so daß jede Welle mit der Energie E in dieses System von Elementarwellen zerlegt werden kann. Betrachten wir eine davon, ψ_λ, und bilden den Ausdruck $\psi_\lambda(x + d, y, z)$. Infolge der Periodizitätskonstante d des Gitters bildet auch diese Funktion eine Lösung und stellt eine Welle von derselben Energie E dar. Auch sie kann also in eine Linearkombination von Wellen ψ_k zerlegt werden:

$$\psi_\lambda(x + d, y, z) = \sum_\mu a_{\lambda\mu}\, \psi_\mu(x, y, z). \tag{13}$$

Die Koeffizienten $a_{\lambda\mu}$ bilden eine Matrix mit k Zeilen und k Spalten. Eine analoge Überlegung gilt auch für die Richtungen y und z. Sie ergibt:

$$\left.\begin{aligned} \psi_\lambda(x, y + d, z) &= \sum_\mu b_{\lambda\mu}\, \psi_\mu(x, y, z), \\ \psi_\lambda(x, y, z + d) &= \sum_\mu c_{\lambda\mu}\, \psi_\mu(x, y, z). \end{aligned}\right\} \tag{14}$$

Die Beziehungen (13) und (14) können durch geeignete Wahl von Ausgangsfunktionen $\psi_1, \psi_2, \ldots, \psi_k$ vereinfacht werden. Das System aus k Funktionen ψ kann durch ein System aus k voneinander unabhängigen Linearkombinationen:

$$\begin{aligned} \psi_1' &= \sum \alpha_{1\mu}\, \psi_\mu \\ &\cdots\cdots \\ \psi_k' &= \sum \alpha_{k\mu}\, \psi_\mu \end{aligned}$$

ersetzt werden. Man kann diese Kombinationen so bilden, daß die Tabellen der Koeffizienten $a_{\lambda\mu}$, $b_{\lambda\mu}$ und $c_{\lambda\mu}$ in (13) und (14) zu Diagonalmatrizen werden, d. h. daß alle Koeffizienten mit $\lambda \neq \mu$ verschwinden[1]. Die Bedingung (13) erhält für diesen Fall die einfache Form:

$$\psi_\lambda(x + d, y, z) = a_{\lambda\lambda}\, \psi_\lambda(x, y, z). \tag{15}$$

---

[1] Die Matrizen α, a, b, c müssen dann die Bedingungen:

$$\alpha^{-1} a \alpha = a', \qquad \alpha^{-1} b \alpha = b', \qquad \alpha^{-1} c \alpha = c'$$

erfüllen, wo a', b' und c' Diagonalmatrizen sind. Eine Lösung ist möglich, weil die Matrizen a, b, c kommutativ sind.

Durch Wiederholung derselben Transformation erhält man:

$$\psi_\lambda(x + 2d, y, z) = a_{\lambda\lambda}\psi_\lambda(x + d, y, z) = a_{\lambda\lambda}^2\psi_\lambda(x, y, z),$$

$$\cdots\cdots\cdots\cdots\cdots\cdots\cdots\cdots$$

$$\psi_\lambda(x + Gd, y, z) = a_{\lambda\lambda}^G\psi_\lambda(x, y, z).$$

Gd ist aber die Kante des Volumens V. Nach einer Verschiebung um Gd muß die Funktion ψ wieder die ursprüngliche Gestalt annehmen; — das folgt aus der angenommenen zyklischen Natur des Gitters. Wir erhalten somit die Bedingung:

$$a_{\lambda\lambda}^G = 1, \qquad a_{\lambda\lambda} = e^{\frac{2\pi i}{G} f_1} \tag{16}$$

(f_1 = ganze Zahl). $a_{\lambda\lambda}$ muß also eine von den G-ten Einheitswurzeln sein.

Gleiche Überlegungen führen für die Achsen y und z zu Bedingungen:

$$\left.\begin{aligned} b_{\lambda\lambda}^G &= 1, \qquad b_{\lambda\lambda} = e^{\frac{2\pi i}{G} g_1} \\ c_{\lambda\lambda}^G &= 1, \qquad c_{\lambda\lambda} = e^{\frac{2\pi i}{G} h_1} \end{aligned}\right\} \tag{17}$$

(g_1 und h_1 = ganze Zahlen).

Jede ganze Zahl f_1 gibt in bezug auf das uns interessierende Problem dasselbe Resultat wie die Zahlen $f_1 \pm G$, $f_1 \pm 2G$, ... Es kann also höchstens G verschiedene Lösungen geben, die einem bestimmten Energiewert E entsprechen. Das gleiche bezieht sich auf die Zahlen g_1 und h_1. Für einen gegebenen Energiewert E gibt es also höchstens G^3 Lösungen. Dies ist der maximale mögliche Entartungsgrad des Problems.

Wenn die Energie von den Zahlen f_1, g_1, h_1 abhängt, dann können wir nicht mehr behaupten, daß die Lösungen f_1 und $f_1 + G$ äquivalent sind. Die Anzahl der verschiedenen Lösungen wird in diesem Fall unendlich.

Unsere Funktion ψ muß bei allen x-Werten den Bedingungen (15) und (16) genügen. Dazu ist es notwendig, daß:

$$\psi = A(x)\, e^{\frac{2\pi i}{d}\frac{f_1 x}{G}}$$

gilt, wo A eine in x periodische Funktion mit der Periode d ist. Für alle drei Koordinaten zusammen findet man:

$$\psi = A(x, y, z)\, e^{\frac{2\pi i}{d}\left(\frac{f_1 x}{G} + \frac{g_1 y}{G} + \frac{h_1 z}{G}\right)}, \tag{18}$$

wobei A in x, y, z die Periode d besitzen muß. Wenn wir noch die Periodizität in der Zeit berücksichtigen, finden wir unsere allgemeine Gleichung (6) wieder. Die im zyklischen Gitter möglichen ψ-Wellen sind durch (6) mit den Koeffizienten:

$$a_1 = \frac{f_1}{Gd}, \qquad b_1 = \frac{g_1}{Gd}, \qquad c_1 = \frac{h_1}{Gd} \tag{19}$$

(f_1, g_1, h_1 = ganze Zahlen) bestimmt. Wir nehmen an, daß die ψ-Funktionen orthogonalisiert und so normalisiert sind, daß die Beziehung:

$$\int_V |A|^2 dx\,dy\,dz = \int_V A\bar{A}\,dx\,dy\,dz = 1 \tag{20}$$

gilt.

Man kann die Form der ψ-Wellen genauer feststellen. Man geht dabei von der allgemeinen SCHRÖDINGERschen Gleichung:

$$\Delta\psi + \frac{8\pi^2 m}{h^2}(E - P)\psi = 0 \tag{21}$$

aus. Wir zerlegen die potentielle Energie P in einen konstanten und einen veränderlichen Bestandteil:

$$P = P_0 + P'(x, y, z). \tag{22}$$

Auch die Energieeigenwerte wollen wir als Summen betrachten:

$$E = E_0 + E'. \tag{23}$$

Wir suchen (21) durch eine Lösung vom Typus (6) zu befriedigen:

$$\psi_1 = A_1(xyz)\,e^{-2\pi i(\nu_1 t - a_1 x - b_1 y - c_1 z)},$$

mit:

$$h\nu_1 - mc^2 = E = E_0 + E'.$$

Wir erhalten:

$$\frac{\partial^2\psi_1}{\partial x^2} = \left(\frac{\partial^2 A_1}{\partial x^2} + 4\pi i a_1 \frac{\partial A_1}{\partial x} - 4\pi^2 a_1^2 A_1\right) e^{-2\pi i(\nu_1 t - a_1 x - b_1 y - c_1 z)}.$$

Die Werte a_1, b_1, c_1 und E_0 sollen so gewählt werden, daß sie die SCHRÖDINGERsche Gleichung (21) mit konstantem P-Wert ($P = P_0$) erfüllen. Dies bedeutet die Beziehung:

$$-4\pi^2(a_1^2 + b_1^2 + c_1^2) + \frac{8\pi^2 m}{h^2}(E_0 - P_0) = 0. \tag{24}$$

Für A_1 bleibt somit die Formel:

$$\left.\begin{aligned} &\Delta A_1 + 4\pi i\left(a_1 \frac{\partial A_1}{\partial x} + b_1 \frac{\partial A_1}{\partial y} + c_1 \frac{\partial A_1}{\partial z}\right) \\ &\quad + \frac{8\pi^2 m}{h^2}\left(E' - P'\right)A_1 = 0 \end{aligned}\right\} \tag{25}$$

übrig.

Wir werden diese Formeln im folgenden noch gebrauchen müssen. An dieser Stelle kann zunächst folgendes allgemeine Ergebnis formuliert werden: Nehmen wir für P_0 den Mittelwert von P, so daß P' eine oszillierende Größe mit dem Mittelwert 0 wird. Integrieren wir alle Glieder (25) über das ganze Volumen V. Die ersten beiden Glieder sind oszillierend und geben daher bei der Integration 0. Die beiden letzten ergeben:

$$E' \int_V A_1 \, dv = \int_V A_1 \, P' \, dv ,$$

oder:

$$E' A_{1,0} = \overline{A_1 P'} . \tag{26}$$

Darin bedeutet $A_{1,0}$ den Mittelwert der Amplitude $A_1(x, y, z)$ (die, wie wir wissen, eine periodische Funktion mit der Periode d in x, y und z ist).

5. Eindimensionales Problem; Gleichung von MATHIEU. Um die Lösungen der Wellengleichung zu gewinnen, ist es nützlich, zunächst ein vereinfachtes Problem zu betrachten und die potentielle Energie P als eine Sinusfunktion einer einzigen Variablen x anzusehen:

$$P = P_0 - A \cos \frac{2\pi x}{d} . \tag{27}$$

In der Wellengleichung:

$$\Delta \psi + \frac{8\pi^2 m}{h^2} \Big(E - P \Big) \psi = 0$$

setzen wir:

$$\psi = u(x) \, e^{2\pi i (b_1 y + c_1 z)} .$$

Daraus folgt:

$$\frac{\partial^2 u}{\partial x^2} + \frac{8\pi^2 m}{h^2} \left(E_1 + A \cos \frac{2\pi x}{d} \right) u = 0 , \tag{28}$$

mit:

$$E_1 = E - P_0 - \frac{h^2}{2m} (b_1^2 + c_1^2) . \tag{29}$$

Die Gleichung (28) gehört dem unter dem Namen der MATHIEUschen Gleichung bekannten Typus an[1].

[1] MATHIEU, Cours de Mathématique physique, S. 122 (1873). — HUMBERT, Fonctions de Lamé et de Mathieu. Paris: Gauthier-Villars 1926. — TISSERAND, Mécanique céleste **3**, 1 (1894). — POINCARÉ, Méthodes nouvelles de la mécanique céleste **2**, 228. — SIEGER, Diss. Würzburg 1908. — POOLE, Proc. Math. Soc. Lond. **20**, 374 (1922). — INCE, Proc. Roy. Soc. Edinburgh **46**, 316 (1926). — WHITTAKER u. WATSON, „Modern Analysis" S. 404 (1920). — STRUTT, M. J. O., Ann. Physik **84**, 485 (1927); **85**, 129 (1928); **86**, 319 (1928). Dieser Verfasser bemerkte die Anwendungsmöglichkeiten der MATHIEUschen Gleichung auf die Probleme, die uns hier beschäftigen, machte aber einige Fehler bei der physikalischen Interpretation der Ergebnisse. — LIAPOUNOFF, Ann. Faculté Sci. Toulouse (2), **9**, 406.

Führen wir eine neue Variable:

$$\xi = \frac{\pi x}{d}$$

ein. Unsere Gleichung nimmt dann die Form an:

$$\frac{\partial^2 u}{\partial \xi^2} + (\eta + \gamma \cos 2\xi)\, u = 0\,, \tag{30}$$

mit:

$$\eta = 8\frac{d^2}{h^2}\, m E_1\,, \qquad \gamma = 8\frac{d^2}{h^2}\, m A\,. \tag{31}$$

Floquet hat gezeigt, daß die allgemeine Lösung folgendermaßen aussieht:

$$u = \alpha e^{\mu\xi}\, \Phi(\xi) + \beta e^{-\mu\xi}\, \Phi(-\xi)\,, \tag{32}$$

wo Φ eine in ξ periodische Funktion mit der Periode π bedeutet, während μ einen konstanten, von η und γ (also von E_1 und A)

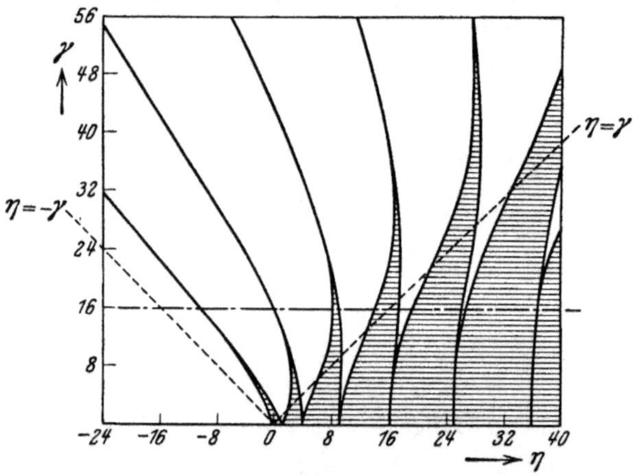

Abb. 24.

abhängigen Koeffizienten darstellt. Diese Zerlegung entspricht genau dem Ergebnis, das wir in den vorigen Abschnitten auf Grund der Arbeiten von F. Bloch angedeutet hatten. Wir interessieren uns für die Integrale von u, die niemals unendlich werden, also für solche, für die μ eine *rein imaginäre Zahl ist.*

Die Abb. 24 stellt in der Ebene η, γ die Gebiete dar, in denen μ reell oder rein imaginär ist (letztere schraffiert). Wenn γ gleich Null ist (räumlich konstantes Potential), so ist μ, wie wir sehen, imaginär für alle positiven η-Werte (also für alle positive Energien E_1). Dieses Ergebnis ist, wie man leicht erkennen kann, trivial. Wenn γ positiv ist, so daß das Potential durch eine Wellenkurve dargestellt wird, ist für $\eta < -\gamma$ gar keine befriedigende Lösung möglich. Denn μ bleibt in diesem Gebiet reell. Zwischen $\eta = -\gamma$ und $\eta = +\gamma$ existieren schmale Streifen, in denen μ imaginär wird. Wenn η größer als $+\gamma$ wird, werden diese Streifen breiter und fließen schließlich zu einem breiten Gebiet zusammen. Wir wollen uns nun den physikalischen Sinn dieser Ergebnisse veranschaulichen.

1. $\eta < -\gamma$ bedeutet $E_1 < -A$. Es gibt somit keine Lösungen für Elektronenenergien, die kleiner sind als das Minimum der potentiellen Energie.

2. $-\gamma < \eta < +\gamma$ bedeutet $-A < E_1 < +A$. Die Elektronen besitzen in diesem Fall Energien, die ihnen Oszillationen innerhalb bestimmter Potentialmulden erlauben, ohne daß sie die Kraft finden, aus diesen Mulden zu entweichen. Nach den früheren Ableitungen muß man für diesen Fall eine diskrete Reihe von Energiewerten bekommen. Man bestätigt leicht, daß die ersten davon ($E_1, E_2, \ldots$) näherungsweise durch die Ausdrücke $\frac{1}{2} h\nu$, $\frac{3}{2} h\nu, \ldots$ bestimmt sind, worin ν die Frequenz bedeutet, mit der das Elektron in dem tiefsten Punkt der Mulde unendlich kleine Schwingungen ausführt. In der Tat erhält der Potentialausdruck am Boden der Mulde die Form

$$-\gamma \cos 2\xi \simeq -\gamma(1 - 2\xi^2).$$

Kleine Schwingungen um diese Gleichgewichtslage erfolgen mit der Frequenz:

$$h\nu_0 = 2\sqrt{2\gamma}$$

[in der Wellengleichung (30) ist der Faktor $\frac{8\pi^2 m}{h^2} = 1$. Die Einheiten sind also so gewählt, daß die Masse gleich $h^2/8\pi^2$ ist]. Die Energieniveaus des Oszillators können für kleine Schwingungen ohne Schwierigkeit bestimmt werden. In diesem Fall (η nur wenig größer als $-\gamma$, Energie wenig größer als die Potentialenergie am Boden der Mulde) erhält man in erster Näherung:

$$E_1 = -\gamma + \tfrac{1}{2} h\nu_0, \quad E_2 = -\gamma + \tfrac{3}{2} h\nu_0, \quad E_3 = -\gamma + \tfrac{5}{2} h\nu_0, \ \ldots$$

d. h.:

$$\eta_1 = -\gamma + \sqrt{2\gamma}, \quad \eta_2 = -\gamma + 3\sqrt{2\gamma}, \quad \eta_3 = -\gamma + 5\sqrt{2\gamma}. \ \ldots \quad (33)$$

Die verschiedenen Kurven der Abb. 24 streben mit wachsendem γ (bei η wenig oberhalb $-\gamma$) diesen Werten zu. In der alten Korpuskularmechanik würden wir sagen, daß die Schwingungen eines Elektrons in einer Mulde vollkommen unabhängig seien von den Schwingungen seiner Nachbarn, die in anderen Mulden eingeschlossen sind. In der Wellenmechanik gibt es keine solche Unabhängigkeit. Die Wellen $\psi(\xi)$ in den einzelnen Mulden sind alle miteinander gekoppelt — wie dies aus der Existenz des Faktors $e^{\mu\xi}$ (mit einem imaginären μ-Wert) folgt. Wir erhalten daher ein Phänomen der *Ausbreitung*, auch für *gebundene Elektronen*, die in Mulden eingeschlossen sind. Die Kopplung hat noch eine zweite Folge: Während die ersten Niveaus E_1, E_2 noch scharf

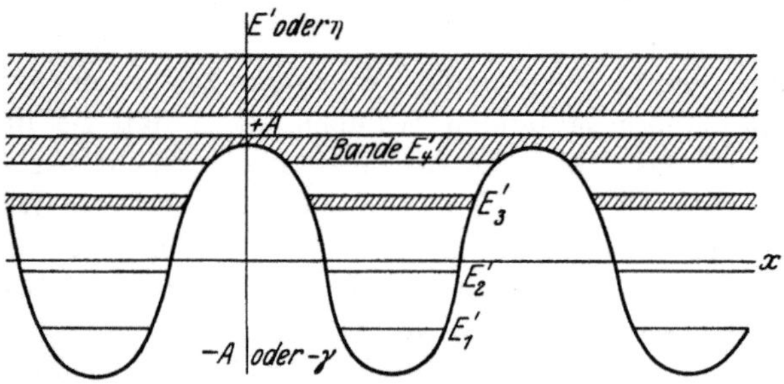

Abb. 25.

sind, werden sie mit Annäherung von η an $+\gamma$ (von E' an A) immer breiter und bilden ganze Banden, wie dies schematisch in Abb. 25 dargestellt ist.

3. Für $\eta > \gamma$, d. h. für $E_1 > A$, werden in der Korpuskularmechanik alle Energiewerte zulässig, die kinetische Energie der Elektronen erlaubt ihnen, alle Potentialhöhen zu erreichen. In der Wellenmechanik ist die Lage komplizierter.

Die Banden, die man für $E_1 < A$ bekommt, werden zwar immer breiter, bleiben aber immer getrennt. Ihre Abstände werden immer geringer, aber sie verschwinden nicht ganz. Bestimmte Energiewerte bleiben also ausgeschlossen. Sie bilden mit wachsendem E_1 immer schmalere Banden, bis man schließlich bei $E_1 \gg A$ ein praktisch kontinuierliches Spektrum von erlaubten Energiewerten erhält.

Diese Kontinuität des Spektrums kommt in folgender Weise zustande:

Die Kurvenäste in Abb. 24, die die Gebiete mit imaginären μ-Werten begrenzen, vereinigen sich auf der η-Achse in den Punkten $\eta = 1, 4, 9, \ldots, n^2$. Ihnen entsprechen die Fälle, in denen unsere Gleichung (30) (mit $\gamma = 0$) die periodischen Lösungen:

$$\cos\xi \text{ und } \sin\xi, \quad \cos 2\xi \text{ und } \sin 2\xi, \quad \cos n\xi \text{ und } \sin n\xi$$

besitzt. Im n-ten dieser Punkte ($\eta = n^2$) besitzen die Kurven eine Berührung $(n-1)$-ten Grades. Letztere wird mit wachsendem η immer inniger, und die schraffierte Zone (Gebiet imaginärer μ-Werte) wird praktisch zusammenhängend.

Für $\gamma = 0$, also entlang der η-Achse, hat (30) allgemein die Lösungen:

$$\cos k\xi, \quad \sin k\xi, \quad \text{mit } k = \sqrt{\eta}.$$

Wir bezeichnen als allgemeine MATHIEUsche Funktionen solche Lösungen der Gleichung (30), die sich für $\gamma = 0$ auf die beiden obigen Ausdrücke reduzieren und sich für alle anderen γ-Werte als Entwicklungen nach Potenzen von γ darstellen lassen. Wir führen für diese Funktionen die Symbole:

$$Ce_k(\gamma, \xi) \quad \text{und} \quad Se_k(\gamma, \xi) \tag{34}$$

ein. In den klassischen Lehrbüchern findet man Entwicklungen der MATHIEUschen Funktionen, die den *ganzen Werten* des Index k entsprechen. Wenn k keine ganze Zahl ist, gehören die Funktionen dem von FLOQUET angegebenen allgemeinen Typus (32) an, und es gilt:

$$ik = \mu = \text{Funktion von } \eta \text{ und } \gamma. \tag{35}$$

Im stabilen Gebiet (schraffierte Zone der Abb. 24) entspricht jedem Wert von k (oder μ) eine Kurve in der Ebene (η, γ), die durch die Gleichung (35) bestimmt ist. In jedem Punkt dieser Kurve gibt es zwei Lösungen Ce_k und Se_k mit dem gleichen Wert des Index k.

Die Punkte $\eta = n^2$, die auf der η-Achse liegen, bilden eine Ausnahme: von jedem dieser Punkte gehen zwei Kurven aus. Auf der linken finden wir eine Lösung Se_k ($k = n$ = ganze Zahl), und eine zweite Lösung, die aperiodisch ist. Auf der rechten Kurve gibt es außer der periodischen Lösung Ce_k ($k = n$) ebenfalls noch eine aperiodische. Die Kurven sind die in Abb. 24 dargestellten Begrenzungslinien der Gebiete mit imaginären μ-Werten. Auf die Art ihrer Berührung in den Schnittpunkten mit der η-Achse wurde schon einmal hingewiesen[1].

Es folgt aus diesen Überlegungen, daß für einen gegebenen Wert γ_0 von γ, d. h. für eine bestimmte Sinuskurve des Potentials der Index k kontinuierlich alle Werte zwischen 0 und $+\infty$ durchläuft; dem entspricht aber eine diskontinuierliche Änderung der η-Werte (d. h. der Energien E_1); auf kontinuierliche Energiegebiete folgen plötzliche Sprünge. Um physikalische Folgerungen aus diesen Tatsachen zu ziehen, müßte man die Beziehungen untersuchen, die zwischen dem Index k (der die Periodizität der Funktion in bezug auf x bestimmt) und der Energie E existieren.

Man kann versuchen, eine Vorstellung über die Beziehungen zwischen k und η auf graphischem Wege zu gewinnen. Tragen wir in Abb. 24 eine Gerade $\gamma = \gamma_0$ ein und untersuchen, bei welchen η-Werten diese Gerade die Kurven $k =$ konst. schneidet. Wir betrachten zunächst den Fall $\gamma = 16$, dem die erste Kurve der Abb. 26 entspricht. Betrachten wir die k-Werte zwischen 0 und 1. Sie geben, wie auf Abb. 24 ersichtlich, ein Kurvenbündel, das die η-Achse zwischen $\eta = 0$ und $\eta = 1$ schneidet. Später fließen die Kurven fast vollständig ineinander und bilden eine einzige Kurve, die die Gerade $\gamma = \gamma_0$ in einem bestimmten Punkt (Abszisse η_1) schneidet. In analoger Weise verhalten sich die Kurven $1 < k < 2$, die die η-Achse zwischen $\eta = k^2 = 1$ und $\eta = k^2 = 4$ verlassen und sich zu einem engen Bündel vereinigen. Die Abszisse des Punktes, in dem dieses vereinigte Bündel die Gerade $\gamma = \gamma_0$ schneidet, bezeichnen wir mit η_2. Die nachfolgenden Bündel werden immer breiter, die Zwischenräume zwischen ihnen immer enger. Für jeden ganzzahligen Wert von k tritt aber stets eine Diskontinuität auf. Die Abszissen, bei denen sich diese Sprünge ereignen, entsprechen mit wachsendem k immer genauer den Werten:

$$\eta = k^2 \quad (k = \text{ganze Zahl}). \tag{36}$$

Diese Ergebnisse sind in Abb. 26 (linke Kurve) veranschaulicht. Die Kurve $k = f(\eta)$ besteht aus einer Folge von Abschnitten, die sich allmählich immer näher an die Parabel (36) anschmiegen.

[1] Die Gleichungen dieser Kurven wurden von MATHIEU abgeleitet [siehe z. B. WHITTAKER u. WATSON, Modern Analysis. 2. Aufl. S. 404, Gl. (2). Cambridge 1915]. Unserem η entspricht dort a, unserem γ der Ausdruck $16q$.

Betrachten wir nochmals (29) und (30). Wir sehen, daß das Grenzgesetz (36) dem Fall:

$$E = P_0 + \frac{h^2}{2m}\left(b_1^2 + c_1^2 + \frac{\eta}{4d^2}\right) \simeq P_0 + \frac{h^2}{2m}\left[b_1^2 + c_1^2 + \left(\frac{k}{2d}\right)^2\right] \qquad (37)$$

entspricht. Die Beziehung (37) ist für ganz freie Elektronen streng gültig [vgl. z. B. das Verhalten von (24), wenn E' gegen Null konvergiert]. Der Ausdruck $k/2d$ hat die Bedeutung des Koeffizienten a_1 in den Ableitungen der vorangehenden Abschnitte.

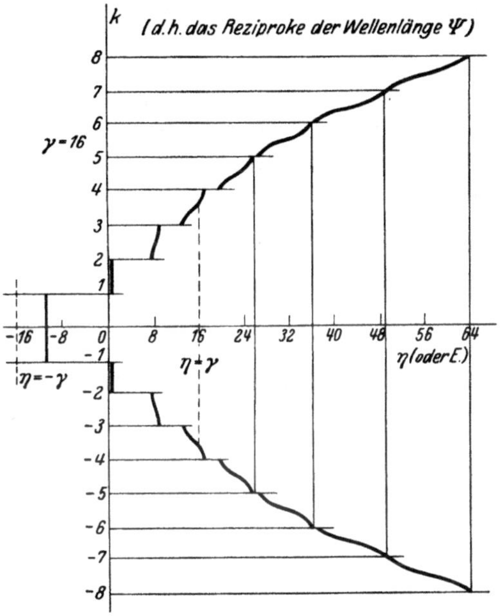

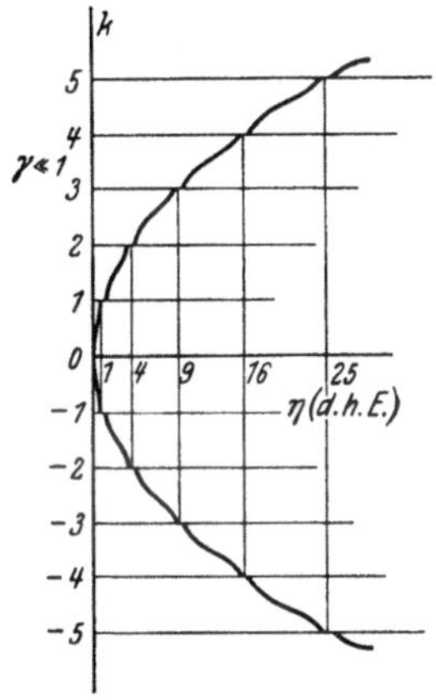

Abb. 26.

Was bedeuten die ausfallenden Energiewerte? In den nichtschraffierten Gebieten der Abb. 24 hat die Gleichung von MATHIEU eine Lösung, die einen positiven Exponenten μ aufweist. An die Stelle einer sich ausbreitenden tritt somit eine „verschwindende" Welle, die exponentiell abfällt.

Stellen wir uns vor, daß auf den betrachteten Kristall eine Welle mit der Energie E (Frequenz $\nu = E/h$) einfällt. Es sind dann zwei Fälle zu unterscheiden:

1. Die Frequenz ν und der Einfallswinkel sind so beschaffen, daß μ imaginär ist. Die Kurve der Abb. 26 bestimmt einen reellen k-Wert. Man erhält eine gebrochene Welle, die in den Kristall eindringt (daneben auch eine reflektierte Welle). Die relative

Intensität der beiden Wellen wird durch die Oberflächenbedingungen bestimmt. Die reflektierte Welle wird gewöhnlich schwach sein. Ihre Intensität wird aber zunehmen, wenn sich die Frequenz ν einer Zone mit reellem μ nähert.

2. Die Frequenz ν und der Einfallswinkel bestimmen einen reellen μ-Wert. Es gibt unter diesen Umständen keine gebrochene Welle, die gesamte Energie wird reflektiert. Dies entspricht den Verhältnissen bei der totalen Reflexion in der Optik. Im Innern des Kristalles entsteht nur eine exponentiell abfallende Welle, deren Intensität gleich hinter der Oberfläche rasch auf Null abnimmt.

Den Unterbrechungen in der Reihe der möglichen Energiewerte entsprechen also Wellen, die vom Kristall total reflektiert werden. Der Kristall besitzt Streifen selektiver Reflexion. Es läßt sich leicht nachweisen, daß für schnelle Elektronen die selektiven Reflexionen dem BRAGGschen Gesetz gehorchen. Betrachten wir in der Tat einen Elektronenstrom, dessen ψ-Welle die Koeffizienten $a_1 b_1 c_1$ haben mag. Es bedeutet:

$$a_1 = \frac{\cos\vartheta_1}{\lambda}, \qquad b_1 = \frac{\cos\vartheta_2}{\lambda}, \qquad c_1 = \frac{\cos\vartheta_3}{\lambda}$$

(λ = Wellenlänge, $\vartheta_1 \vartheta_2 \vartheta_3$ = Winkel, die die Wellennormale mit den Achsen xyz bildet). Für hohe Energien gibt die Bedingung (36) folgende Formeln für die selektive Reflexion:

$$\eta = k^2, \qquad a_1 = \frac{k}{2d} = \frac{\cos\vartheta_1}{\lambda}, \qquad \text{also} \qquad k\lambda = 2d\cos\vartheta_1,$$

also genau das BRAGGsche Gesetz für die selektive Reflexion von Röntgenstrahlen an einer Folge von parallelen Netzebenen mit dem Abstand d.

Für langsamere Elektronen werden die Gesetze komplizierter, denn der Brechungsindex wird von 1 verschieden. Die selektiven Reflexionen treten auch jetzt noch bei ganzen k-Werten auf; doch wird die Beziehung zwischen k einerseits und der Frequenz (bzw. Energie) und dem Einfallswinkel andererseits komplizierter. Man erhält (vgl. Abb. 25) mehr oder weniger breite Spektralbanden, in denen sich selektive Reflexion zeigt.

Die rechte Kurve der Abb. 26 entspricht dem Fall, in dem die Potentialschwankungen sehr klein sind ($\gamma \ll 1$). Die Kurve unterscheidet sich nur wenig von einer Parabel, die in den Punkten $k = 1, 2, 3, \ldots$ in einzelne Äste zerschnitten ist. Diesen Punkten entsprechen BRAGGsche Reflexionen.

Bei der Zeichnung der Kurven in Abb. 26 wurden Ergebnisse verwandt, die erst in nachfolgenden Abschnitten begründet werden können. Die Kurven sind symmetrisch in bezug auf die η-Achse, denn das Vorzeichen von k ist unbestimmt.

6. Gleichung von HILL; allgemeine Sätze. Bis jetzt haben wir nur den Fall des sinusförmigen Potentialverlaufes besprochen. Wir können aber die Rechnungen auch für eine beliebige periodische Potentialfunktion durchführen. Wir erhalten dann eine sog. HILL-*sche Gleichung*[1]:

$$\frac{\partial^2 u}{\partial \xi^2} + [\eta + \gamma F(\xi)] u = 0, \tag{38}$$

wo die Funktion F (Potential mit entgegengesetztem Vorzeichen) periodisch mit der Periode 2π ist. F ist reell, gerade, endlich und zweimal differenzierbar. Wir nehmen des weiteren an, daß auch η und γ reell sind, und daß:

$$\int_0^{2\pi} F\,d\xi = 0 \tag{39}$$

ist. Auch auf Gleichung (38) findet der Satz von FLOQUET Anwendung. Die allgemeine Lösung ist auch hier vom Typus (32), genau wie für die Gleichung von MATHIEU.

Bezeichnen wir mit F_M den größten Wert von F, und mit F_m den *Absolutbetrag* des kleinsten (negativen) Wertes dieser Funktion. Wir können dann leicht die Ergebnisse der früheren Diskussion wiedergewinnen. In der Ebene (η, γ) betrachten wir nur die positiven γ-Werte. Wir zeichnen die Geraden:

$$\eta = -\gamma F_M \quad \text{und} \quad \eta = \gamma F_m \tag{40}$$

auf (Abb. 27). Die Zone links von der ersten davon bezeichnen wir mit I; in ihr ist μ reell. Hier gibt es also keine Lösung, die für unsere Zwecke verwendbar wäre.

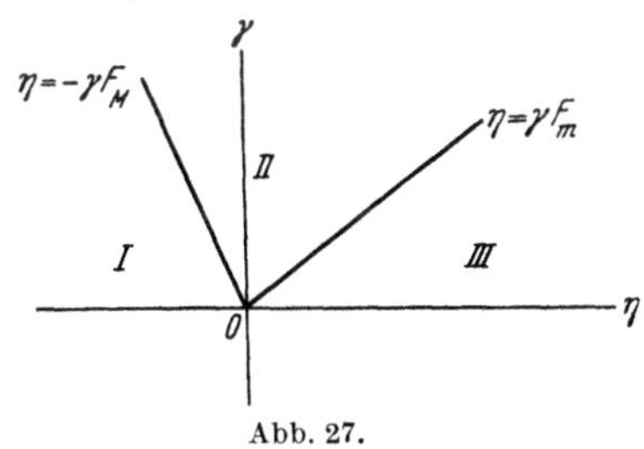

Abb. 27.

In der Zone II, zwischen den beiden Geraden (40), ist μ im allgemeinen auch reell. Doch gibt es einzelne schmale Streifen, in denen μ imaginär wird. Diesen Banden entsprechen wie oben

[1] HILL, Acta Math. **8**, 1 (1886). — FLOQUET, Ann. Ecole Norm. Supér. **12**, 47 (1883). — STRUTT, M. J. O., Math. Ann. **101**, 559 (1929). — MORSE, P. M., Physic. Rev. **35**, 1310 (1930).

Elektronen, die an gewisse Potentialmulden gebunden sind. Sie führen Schwingungen in diesen Mulden aus — allerdings mit der durch die Wellenmechanik geforderten gegenseitigen Kopplung und der dadurch bedingten Möglichkeit eines Entweichens. Schließlich ist in der Zone III, rechts von der Kurve $\eta = \gamma F_m$, der Wert von μ fast überall imaginär und nur in engen Streifen reell. Diesem Gebiet entspricht die Existenz von „freien" Elektronen.

Die Grenzen zwischen den Gebieten I, II und III sind nur in genügender Entfernung vom Koordinatenanfangspunkt scharf, d. h. nur, wenn die Summe $|\eta| + |\gamma|$ groß ist. Bei kleinen Werten von η und γ können einige Schwierigkeiten entstehen.

Die nähere Diskussion führt — wenn sie auch etwas schwieriger ist, als in dem zunächst behandelten Falle der MATHIEUschen Gleichung — zu durchaus analogen Ergebnissen. Als Beispiel sei die Abb. 28 wiedergegeben. Sie veranschaulicht den gesamten Verlauf der Kurven in der $(\eta\gamma)$-Ebene, für den Fall, daß die Potentialkurve sich aus einzelnen horizontalen Abschnitten zusammensetzt, in der in der linken oberen Ecke der Abbildung angedeuteten Weise: das Potential springt plötzlich von $-A$ auf $+A$ und dann, nach einem Abstand $d/2$, wieder auf $-A$ zurück. Um die Lösung zu finden, muß man sich eine Überlagerung von zwei ebenen Wellen vorstellen, die sich in entgegengesetzter Richtung fortpflanzen (wie eine senkrecht einfallende und eine reflektierte Welle). Man stellt die Forderung der Kontinuität für die Ebenen: $x = 0, \pm\frac{d}{2}, \pm d, \pm 3\frac{d}{2} \cdots$ auf, in denen das Vorzeichen des Potentials umspringt[1]. Die Abb. 28 veranschau-

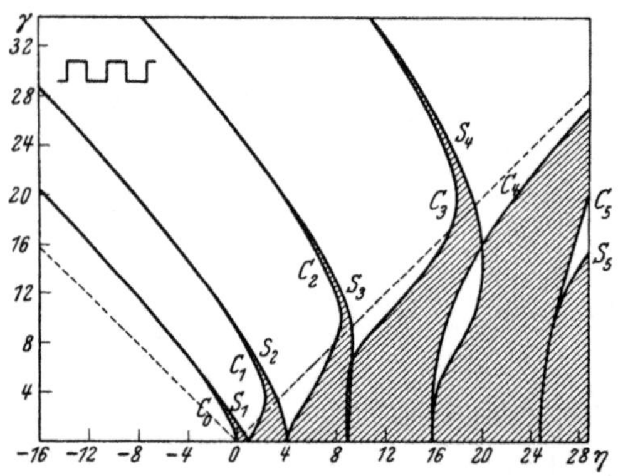

Abb. 28.

[1] VAN DER POL u. STRUTT, M. J. O., Philosophic. Mag. **5**, 18 (1928). Man s. auch KRONIG, R. DE L., u. PENNEY, Proc. Roy. Soc. Lond. **130**, 499 (1931).

licht die von VAN DER POL und STRUTT auf diesem Wege erhaltenen Ergebnisse und gibt eine Erweiterung der durch Diskussion der MATHIEUschen Gleichung gewonnenen und in Abb. 24 dargestellten Vorstellungen von dem Verhalten der Elektronen im Gitter.

Die dargestellten Ergebnisse wurden von MORSE in dem am Anfang dieses Abschnittes zitierten Artikel dazu gebraucht, um die Verteilung und Intensität der Streumaxima zu berechnen, die bei der Reflexion von Elektronen an Kristallen (Versuche von DAVISSON und GERMER!) entstehen.

7. Das Raumgitter und die DE BROGLIE-Wellen der Metallelektronen. Das dreidimensionale Problem ist bedeutend schwerer zu behandeln als das bis jetzt besprochene. Doch kann man auch für diesen Fall dieselben allgemeinen Ergebnisse wiederfinden[1]. Das Theorem von FLOQUET wird durch unsere Formeln (6) bzw. (18) verallgemeinert; die Ableitung im Abschnitt 4 ist fast identisch mit der von FLOQUET.

Wir betrachten jetzt einfachheitshalber den Fall von fast freien Elektronen, d. h., wir nehmen an, daß die Potentialschwankungen im Kristall klein sind im Vergleich mit den Energien der Elektronen. Diese Annahme erlaubt, das Problem durch schrittweise Näherung zu behandeln[2].

Wir gehen von der Wellengleichung:

$$\Delta\psi + \frac{8\pi^2 m}{h^2}(E - P)\psi = 0 \tag{41}$$

aus. Wir teilen, wie in (22), P in ein mittleres Potential P_0 und ein variables Zusatzpotential P' ein, das wir als klein voraussetzen:

$$P = P_0 + P'(xyz).$$

Betrachten wir zunächst einen kubischen Kristall mit der Gitterkonstante d. P' soll in x, y und z die Periode d besitzen. Man kann P' in eine dreifache FOURIERsche Reihe zerlegen, mit verschwindendem konstanten Glied:

$$P'(xyz) = \sum_{\alpha\beta\gamma}{}' P_{\alpha\beta\gamma}\, e^{-\frac{2\pi i}{d}(\alpha x + \beta y + \gamma z)} \quad (\alpha, \beta, \gamma = \text{ganze Zahlen}). \tag{42}$$

[1] BRILLOUIN, L., C. r. Acad. Sci. Paris **191**, 198, 292 (1930) — J. Physique et Radium (VII) **1**, 377 (1930).

[2] Im folgenden wird ein kurzer Überblick über die allgemeine Methode von SCHRÖDINGER gegeben. Ihre Anwendung auf die uns interessierenden Probleme wurde von PEIERLS, R., Ann. Physik **4**, 121 (1930), angegeben.

Wir bilden zunächst die Eigenfunktionen für $P = P_0$. Es sind dies ebene Wellen:

$$\psi^0_{abc} = A_0 e^{2\pi i(ax+by+cz)}. \tag{43}$$

Dieser Amplitudengleichung (in der also der zeitabhängige Koeffizient noch fortgelassen ist) entsprechen die Energie-Eigenwerte:

$$E^0_{abc} = P_0 + \frac{h^2}{2m}(a^2 + b^2 + c^2), \tag{43a}$$

worin a, b und c durch die Bedingungen (19) bestimmt sind. Die Normalisierung (20) gibt für A_0 den Wert $A_0 = 1/\sqrt{V}$.

In unserem Fall betrachten wir P' als eine kleine Störung. Wir setzen daher die Lösung in der Form:

$$\psi_{abc} = \psi^0_{abc} + \psi'_{abc} + \cdots, \quad E_{abc} = E^0_{abc} + E'_{abc} + \cdots \tag{44}$$

an. Tragen wir diese Entwicklung in (41) ein und lassen wir die Glieder zweiter und höherer Ordnung fort. Wir erhalten:

$$\Delta\psi'_{abc} + \frac{8\pi^2 m}{h^2}(E_0 - P_0)\psi'_{abc} = -\frac{8\pi^2 m}{h^2}(E' - P')\psi^0_{abc}. \tag{45}$$

Nach einem bekannten allgemeinen Satz kann (45) nur dann eine endliche Lösung haben, wenn das rechte Glied orthogonal ist zu allen Lösungen der entsprechenden homogenen Gleichung. Dies sind nach obigem die Funktionen ψ^0_{abc}, an die wir noch alle Funktionen $\psi^0_{a'b'c'}$ anschließen können, die der Bedingung:

$$a'^2 + b'^2 + c'^2 = a^2 + b^2 + c^2 + \varepsilon \tag{46}$$

genügen. Diese Funktionen sind Lösungen von etwas verschiedenen Gleichungen mit etwas abweichenden Energieeigenwerten $E_0 + \frac{h^2}{2m}\varepsilon$ und können mit ψ^0_{abc} durch Vermittlung der Störung P' gekoppelt werden. Die Orthogonalitätsbedingungen lauten dann:

$$\int_V (E' - P')\psi^0_{abc}\overline{\psi}^0_{abc}\,dx\,dy\,dz = E' = 0 \tag{47}$$

und[1]:

$$\int_V (E' - P')\psi^0_{abc}\overline{\psi}^0_{a'b'c'}\,dx\,dy\,dz = -\frac{1}{V}\int_V P' e^{2\pi i(a-a')r}\,dx\,dy\,dz = 0. \tag{48}$$

[1] Durch $a \cdot r$ wird auch hier wieder der Ausdruck $ax + by + cz$ bezeichnet.

Es sind zwei Fälle zu unterscheiden:

1. Entweder sind die Bedingungen (48) automatisch erfüllt. Dann gibt (47) $E' = 0$. Das Störungspotential P' hat in erster Näherung keinen Einfluß auf die Energie der ebenen Welle und bewirkt nur eine geringe Änderung ihrer *Form*.

2. Oder es bleiben bestimmte von den Forderungen (48) unerfüllt. Das Problem war also in Abwesenheit der Störung entartet. Es bedarf dann einer besonderen Diskussion.

Die Integrale (48) sind Elemente der Matrix, die P' im System der Funktionen ψ^0_{abc} darstellt. Benutzt man (42), so erhält man:

$$\left.\begin{aligned} P'(abc, a'b'c') &= \frac{1}{V}\int\limits_V P' e^{2\pi i(a-a')r}\,dx\,dy\,dz \\ &= \frac{1}{V}\sum_{\alpha\beta\gamma} P_{\alpha\beta\gamma}\int\limits_V e^{2\pi i\left(a-a'+\frac{\alpha}{d}\right)r}\,dx\,dy\,dz. \end{aligned}\right\} \tag{49}$$

Das Integrationsvolumen V ist ein Kubus mit der Kante Gd (G = ganze Zahl). Daher sind fast alle Elemente der Matrix gleich Null. Eine Ausnahme bilden nur diejenigen, für die:

$$a' - a + \frac{\alpha}{d} = 0, \qquad b' - b + \frac{\beta}{d} = 0 \text{ und } c' - c + \frac{\gamma}{d} = 0 \tag{50}$$

zutrifft, worin α, β, γ ganze Zahlen sind.

Die Bedingungen (50) sind es, die auf Entartung hinweisen[1]. Suchen wir zunächst den physikalischen Sinn der beiden Formeln (46) und (50), die gleichzeitig erfüllt sein müssen, zu deuten. Die drei ganzen Zahlen $\alpha\beta\gamma$, die positiv oder negativ sein dürfen, bestimmen ein System von Netzebenen im Kristall. Der konstante Ebenenabstand ist:

$$\delta = \frac{d}{\sqrt{\alpha^2+\beta^2+\gamma^2}}. \tag{51}$$

Nehmen wir die Werte (50) für a', b' und c' und tragen sie in (46) ein. Wir erhalten:

$$\frac{\alpha^2+\beta^2+\gamma^2}{d^2} - 2\,\frac{a\alpha+b\beta+c\gamma}{d} = \varepsilon. \tag{52}$$

---

[1] Es scheint, daß PEIERLS in der eingangs zitierten Arbeit sie weder klar formuliert noch ihren physikalischen Sinn erkannt hat.

Die Koeffizienten $\alpha\beta\gamma$ sind Komponenten der Normalen zu unseren Netzebenen; abc dagegen die der Normalen der ebenen Welle ψ^0_{abc} (mit der Wellenlänge λ):

$$\frac{1}{\lambda^2} = a^2 + b^2 + c^2 . \tag{53}$$

Nennen wir ϑ den Winkel zwischen den Vektoren $\vec{a}$ und $\vec{\alpha}$. Die obige Bedingung schreibt sich dann:

$$\lambda - 2\delta\cos\vartheta = \varepsilon\lambda\delta^2 = \text{sehr kleine Größe.} \tag{54}$$

Dies sind die Bedingungen für die *selektiven* BRAGG*schen Reflexionen* (strenge Bedingung ist $\varepsilon = 0$). In der Formel erscheint nur die Reflexion erster Ordnung. Die Reflexionen höherer Ordnung findet man durch Betrachtung der Ebenen $n\alpha$, $n\beta$, $n\gamma$ (n = ganze Zahl).

Wenn die BRAGGsche Bedingung annähernd erfüllt ist, haben wir eine Entartung vor uns. Bekanntlich muß man in einem solchen Falle, um weiter zu kommen, eine andere Auswahl der Eigenfunktionen erster Ordnung treffen. Wir haben zwei Wellen ψ^0_{abc} und $\psi^0_{a'b'c'}$, die beide der gleichen, nichtgestörten Gleichung:

$$\Delta\psi + \frac{8\pi^2 m}{h^2}(E - P_0)\psi = 0, \qquad E = \frac{E^0_{abc} + E^0_{a'b'c'}}{2} - \eta \tag{55}$$

annähernd genügen. Der Eigenwert E von (55) liegt zwischen den nach (43), (44) und (46) streng definierten Werten E^0_{abc} und $E^0_{a'b'c'}$.

In erster Näherung müssen wir von einer linearen Kombination der beiden ψ-Funktionen ausgehen und diese so wählen, daß der Weg zu einer zweiten Näherung geöffnet wird. Wir betrachten η und die Differenz $E^0_{a'b'c'} - E^0_{abc} = \frac{h^2}{2m}\varepsilon$ als unendlich klein von erster Ordnung. Wir suchen nach einer Lösung:

$$\psi = B\psi^0_{abc} + B'\psi^0_{a'b'c'} + \psi' + \cdots, \tag{56}$$

die der SCHRÖDINGERschen Gleichung genügt und dem Eigenwert E entspricht.

Die zweite Näherung lautet nunmehr:

$$\left.\begin{aligned} \Delta\psi' + \frac{8\pi^2 m}{h^2}(E - P_0)\psi' &= B\psi^0_{abc}\left[\frac{8\pi^2 m}{h^2}(\eta + P') - 2\pi^2\varepsilon\right] \\ &+ B'\psi^0_{a'b'c'}\left[\frac{8\pi^2 m}{h^2}(\eta + P') + 2\pi^2\varepsilon\right]. \end{aligned}\right\} \tag{57}$$

Wir benutzen in (57) die Tatsache, daß ψ^0_{abc} und $\psi^0_{a'b'c'}$ an sich zwar nicht die Gleichung mit den Eigenwerten E, wohl aber die mit den Eigenwerten $E + \eta \pm \frac{h^2}{4m}\varepsilon$ streng erfüllen.

Die obige Näherung ist annehmbar, wenn ψ' klein von der ersten Ordnung ist. Damit eine nichthomogene Gleichung vom Typus (57) eine solche Lösung besitzt, muß die rechte Seite orthogonal zu ψ^0_{abc} und $\psi^0_{a'b'c'}$ sein. Andernfalls finden wir eine sehr große Lösung ψ'. Sie wird zwar nicht unendlich sein — aus dem Grunde, weil ψ^0_{abc} und $\psi^0_{a'b'c'}$ die homogene Gleichung nur annähernd und nicht genau erfüllen —, sie wird aber schon von derselben Größenordnung sein, wie ψ_0, und eine solche Lösung können wir nicht gebrauchen.

Die erwähnten Orthogonalitätsbedingungen lauten:

$$\left.\begin{aligned} B\left(\eta - \frac{h^2}{4m}\varepsilon\right) + B' P'(abc, a'b'c') &= 0\,, \\ B P'(abc, a'b'c') + B'\left(\eta + \frac{h^2}{4m}\varepsilon\right) &= 0\,. \end{aligned}\right\} \qquad (58)$$

Diese homogenen Gleichungen sind nur dann lösbar, wenn ihre Determinante gleich Null ist. Diese Bedingung gibt für η die Gleichung:

$$\eta = \pm\sqrt{P'^2(abc, a'b'c') + \frac{h^4\varepsilon^2}{16m^2}}\,. \qquad (59)$$

P' ist ein Element der in (49) definierten Matrix. Die $a'b'c'$ sind, wie wir annehmen, durch (50) bestimmt. Wir erhalten somit:

$$P'(abc, a'b'c') = P_{\alpha\beta\gamma}\,. \qquad (59\text{a})$$

Man erhält gleichzeitig für die Koeffizienten B und B':

$$\frac{B}{B'} = \frac{-1}{P'(abc, a'b'c')}\left[\frac{h^2\varepsilon}{4m} \pm \sqrt{P'^2 + \frac{h^4\varepsilon^2}{16m^2}}\right]. \qquad (60)$$

Die ψ^0_{abc} wurden als normalisiert vorausgesetzt. Wenn wir dasselbe für die beiden neuen Funktionen ψ in (56) erreichen wollen, so müssen wir offenbar: $B^2 + B'^2 = 1$ fordern, wodurch in Verbindung mit (60) die Koeffizienten B endgültig bestimmt werden.

Die Formel (59) zeigt, daß in der Umgebung eines kritischen Punktes (50) die Energie eine ganz eigentümliche Änderung erfährt. Nehmen wir z. B. die Netzebenen: $\alpha = \pm 1$, $\beta = 0$, $\gamma = 0$ und bestimmen die Energie E als Funktion von a (während die Parameter b und c gleich Null sind). Wir erhalten eine Kurve, wie sie in Abb. 29 wiedergegeben ist. Infolge des Gliedes η ist die Kurve von einer Parabel (43a) verschieden. Doch ist die Abweichung nur in der Nähe von $a = \pm 1/2d$ (sowie bestimmter anderer, höherer a-Werte) bedeutend. Die Kurve zeigt an diesen

Stellen Diskontinuitäten. Es tritt ein Energiesprung um $2\,P_{\pm 1,0,0}$ auf, wie aus (59) zu ersehen ist. An den beiden freien Endpunkten hat die Kurve senkrechte Tangenten.

Die Kurve der Abb. 29 ist sehr ähnlich derjenigen, die wir durch Diskussion der Gleichung von MATHIEU gewonnen haben (Abb. 26). Tatsächlich haben wir ja wieder ein ebenes Beispiel behandelt. Der allgemeine Fall läßt sich aber schwer graphisch veranschaulichen.

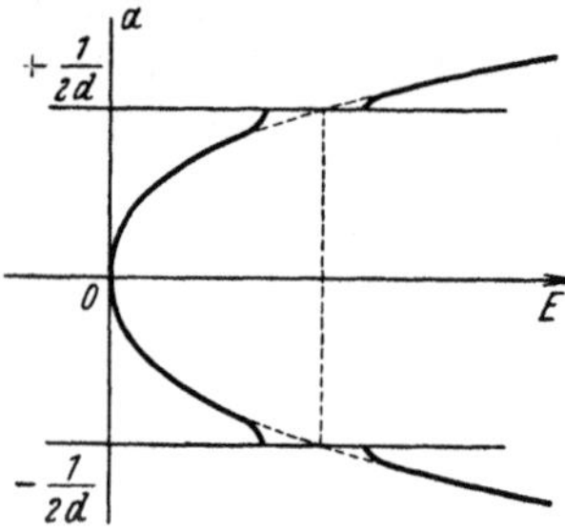

Abb. 29.

Es ist interessant, festzustellen, welche Wellen durch diese Anomalien — die auf selektiven BRAGGschen Reflexionen beruhen — besonders beeinflußt werden. Bilden wir das reziproke Gitter des Kristalls[1]. Seine Gitterpunkte besitzen die Koordinaten α/d, β/d, γ/d; es hat kubische Symmetrie. Jeder Vektor, der vom Koordinatenanfangspunkt nach einem der Gitterpunkte zeigt, entspricht einer Netzebenennormale im eigentlichen Kristallgitter, und seine Länge ist gleich dem Reziproken des entsprechenden Netzebenenabstandes δ [Gleichung (51)]. In Abb. 30 ist ein Teil des reziproken Gitters dargestellt. In demselben Koordinatensystem soll der Vektor $\overrightarrow{OP}$ mit den Komponenten a, b, c die Normale zu einer ebenen DE BROGLIE-Welle ψ^0_{abc} darstellen. Die Länge OP ist gleich dem Reziproken der Wellenlänge, bestimmt also den *Impuls* p der betreffenden Elektronen (in Einheiten h). Es ist $a = \frac{p_x}{h}$, $b = \frac{p_y}{h}$, $c = \frac{p_z}{h}$. Eine bestimmte ψ-Welle wird, nach (52), dann BRAGGsche Reflexionen zeigen, wenn der Endpunkt P des entsprechenden Vektors sich auf einer zum Vektor $(\alpha/d, \beta/d, \gamma/d)$ senkrechten, durch seine Mitte gelegten Ebene befindet[2]. In Abb. 30 sind die Schnittlinien einer Reihe solcher

[1] Man vgl. z. B. EWALD, P. P., im Handb. d. Physik von GEIGER u. SCHEEL, **24**, 240, oder EWALD, P. P., „Kristalle und Röntgenstrahlen". Berlin: Julius Springer 1923.

[2] In seiner Diskussion dieses Problems hat sich PEIERLS (l. c.) auf die Ebenen beschränkt, die den drei Koordinatenebenen parallel sind. Die Allgemeinheit der Ergebnisse scheint ihm entgangen zu sein. In Abb. 30 sind die schrägen Ebenen für den Fall eines zweidimensionalen Gitters angedeutet. Der dreidimensionale Fall ist sehr schwer zu zeichnen, man siehe Abb. 34.

Ebenen mit der Zeichenebene angedeutet. Die Bedingungen (54) für das Auftreten von Anomalitäten sind in der Tat:

$$\frac{2\cos\vartheta}{\lambda} - \frac{1}{\delta} = -\varepsilon\,\delta, \tag{61}$$

und ihnen entsprechen gerade die Umgebungen der eben definierten Ebenen. Man sieht, daß für lange Wellen (kurze Vektoren $\overrightarrow{OP}$)

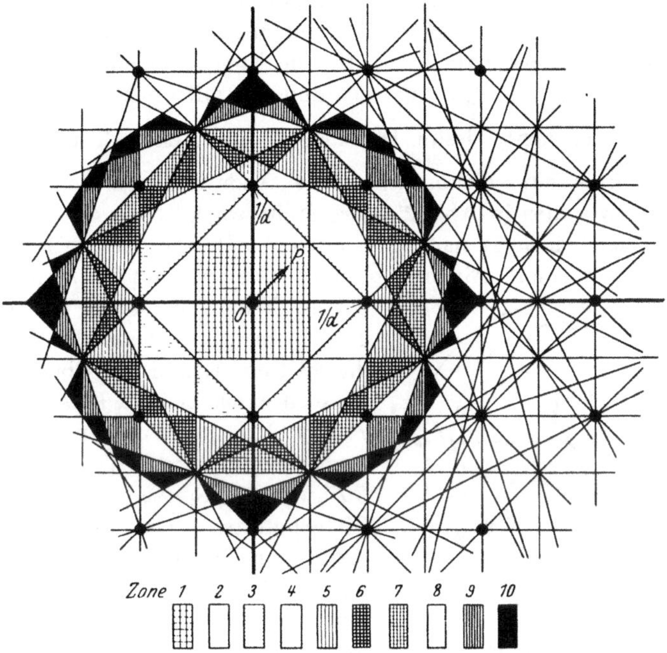

Abb. 30.

keine merklichen Anomalien auftreten, daß aber mit abnehmender Wellenlänge (wachsender OP-Länge) die Zahl der abnormen

---

Die Schraffierungen beziehen sich auf eine später zu diskutierende Frage (s. Abschnitt 11). Die durch unsere Bedingung (61) definierten Ebenen sind senkrecht zu den Vektoren $\alpha\beta\gamma$ und gehen durch ihre Mittelpunkte hindurch. Sie sind also parallel den Netzebenen. Ein System von Netzebenen in einem einfachen kubischen Gitter enthält aber stets eine Ebene, die durch den Nullpunkt durchgeht [Gleichung (51)]. Das Ebenensystem (61) hat den konstanten Abstand $1/\delta$. Der eben erwähnte Nullpunkt befindet sich halbwegs zwischen zwei Ebenen dieses neuen Systems.

Reflexionen bedeutend zunimmt und die Anzahl der Wellen, die sich ohne Störung durch den Kristall fortpflanzen, sich entsprechend stark vermindert.

Auch für Gitter mit einer komplizierteren Symmetrie als die kubische kann man das reziproke Gitter konstruieren und die Spuren der Ebenen einzeichnen, die die Gittervektoren in der Mitte unter geraden Winkeln schneiden. Es kann also nicht schwer sein, die erhaltenen Ergebnisse zu verallgemeinern.

Die Formel (59) zeigt, daß, wenn man sich einer von diesen Ebenen senkrecht nähert ($\varepsilon \to 0$), die Energie einem bestimmten Grenzwert $E_{abc} \pm P_{\alpha\beta\gamma}$ zustrebt und ihn mit einer Neigung Null $\left(\frac{\partial E}{\partial \varepsilon} = 0\right)$ erreicht. Beim Durchgang durch eine Ebene erfährt die Energie eine diskontinuierliche Änderung um den Betrag $2\,P_{\alpha\beta\gamma}$ (wie dies in Abb. 29 dargestellt war).

Fragen wir jetzt nach der mittleren Dichte der „kritischen" Flächen in einem Abstand ϱ vom Anfangspunkt im reziproken Gitter. Wir wählen einen Abschnitt PP' (ϱ bis $\varrho + d\varrho$) und bestimmen die mittlere Anzahl von Ebenen, die diesen durchschneiden. Diese Ebenen PR, $P'R'$ (Abb. 31) liegen senkrecht zu irgendeinem der Vektoren OT, OT', deren Spitzen sich in den Gitterpunkten (α/d, β/d, γ/d) des reziproken Gitters befinden müssen. Es ist also die Anzahl der Gitterpunkte zu bestimmen, die zwischen zwei Kugeln mit den Mittelpunkten P, P' und den Radien ϱ und $\varrho + d\varrho$ liegen. Das von den beiden Kugeln begrenzte Volumen ist $4\pi\varrho^2 d\varrho$, und die mittlere Anzahl von Punkten darin:

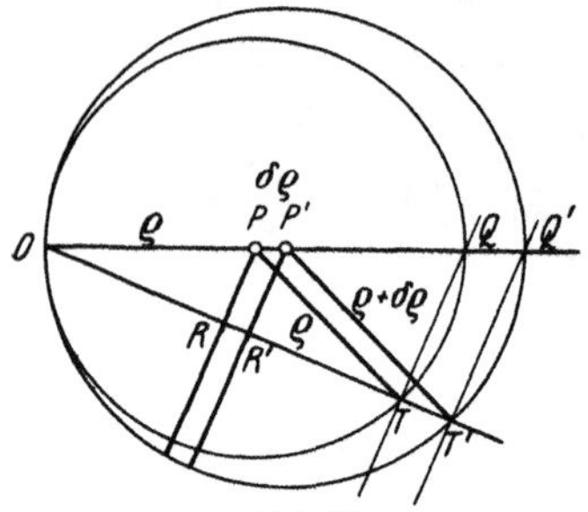

Abb. 31.

$$\delta n = d^3\, 4\pi\varrho^2\, d\varrho\,,$$

da es ja d^3 Punkte pro Volumeinheit gibt. Die Größe δn stellt die gesuchte Anzahl von „Anomalitätsebenen", die den Abschnitt PP' durchschneiden, dar. Mit wachsendem ϱ nimmt δn rasch zu.

Von Bedeutung ist aber nicht nur die Ebene selbst, in der die Braggsche Bedingung streng erfüllt ist, sondern eine ganze, mehr oder weniger breite Zone in der Umgebung dieser Ebene, die genügend kleinen Werten von ε in den Formeln (46), (52), (54) entspricht.

Die Formel (52) zeigt, daß einer Abweichung ε ein Abstand von der Anomalitätsebene im reziproken Gitter entspricht, der durch den Ausdruck:

$$\frac{\varepsilon d}{2\sqrt{\alpha^2+\beta^2+\gamma^2}}$$

bestimmt ist[1].

Für die Gesamtheit der zwischen zwei Kugeln mit den Mittelpunkten P, P' gelegenen Gitterpunkte ist der Ausdruck:

$$\frac{d}{\sqrt{\alpha^2+\beta^2+\gamma^2}}$$

(reziprok dem Abstand von O) proportional ϱ^{-1}. Wenn wir also statt der Anzahl δn von Ebenen, die den Abschnitt PP' durchschneiden, die Länge δl desjenigen Teils dieses Abschnitts zu bestimmen versuchen, auf der infolge der Nachbarschaft eines Schnittpunktes Anomalitäten zu erwarten sind, so finden wir, daß diese Länge proportional $\varepsilon\varrho^{-1}\delta n$ sein muß:

$$\delta l = \text{const.}\, \varepsilon d^3\, 4\pi\varrho\, d\varrho\,. \tag{62}$$

Das Verhältnis $\delta l/\delta\varrho$ der Anzahl von selektiv reflektierten Wellen zu ihrer Gesamtzahl wächst also mit $d^3\varrho$.

8. Die Wellen im Gitter und die Anomalien, die den BRAGGschen Reflexionsbedingungen entsprechen. Wir sind jetzt an einen Punkt angelangt, wo wir eine zweite Näherung für die Lösung der Wellengleichung gewinnen [d. h. ψ' in Gleichung (44) abschätzen] müssen. Betrachten wir zunächst eine normale Welle, die keine BRAGGsche Reflexionen geben kann. Die Funktion ψ' ist bestimmt durch die Gleichung (45). Wir suchen diese durch eine Entwicklung nach Funktionen ψ^0_{abc} zu befriedigen:

$$\psi'_{abc} = \sum_{a'b'c'} A_{a'b'c'}\, \psi^0_{a'b'c'}\,. \tag{63}$$

Die Gleichung (45) ergibt:

$$\sum A_{a'b'c'}\, \psi^0_{a'b'c'} (E^0_{abc} - E^0_{a'b'c'}) = -\,[E' - P'(xyz)]\, \psi^0_{abc}\,.$$

---

[1] Die Koordinaten in dem betrachteten Raum sind a, b, c. Der Abstand eines Punktes (a_1, b_1, c_1) von einer Ebene $Aa + Bb + Cc + D = 0$ ist bekanntlich:

$$\Delta = \frac{Aa_1 + Bb_1 + Cc_1 + D}{\sqrt{A^2+B^2+C^2}}\,.$$

Multiplizieren wir beide Seiten mit $\overline{\psi}^0_{abc}$ und integrieren wir unter Berücksichtigung der Orthogonalität der ψ^0-Funktionen zueinander. Wir erhalten dann:

$$A_{a'b'c'} = \frac{P'(abc,\, a'b'c')}{E^0_{abc} - E^0_{a'b'c'}}, \tag{64}$$

wo P' ein Element der durch (49) definierten Matrix darstellt. Diese Formel macht es deutlich, warum das zweite Glied in (45) der Orthogonalitätsbedingung (47), (48) genügen muß. Wenn diese Bedingung nicht erfüllt wäre, hätte man unendlich große Koeffizienten A erhalten oder mindestens solche von der Größenordnung $1/(E^0 - E'^0)$, was mit der angenommenen Entwicklung (44) unvereinbar wäre.

Die Elemente der Matrix $P'(abc;\, a'b'c')$ sind, wie wir gesehen haben, alle gleich Null, bis auf diejenigen, bei denen a und a' den Beziehungen (50) genügen. Unter diesen Umständen erhält man:

$$P'(abc,\, a'b'c') = P_{\alpha\beta\gamma}, \tag{65}$$

indem man die Entwicklung (42) in die Formel (49) einführt. Es ergibt sich alles in allem, nach (63), (64) und (65) folgende Gleichung für die zweite Näherung ψ':

$$\left.\begin{aligned} \psi'_{abc} &= \sum_{\alpha\beta\gamma} \frac{P_{\alpha\beta\gamma}\, \psi^0_{a-\frac{\alpha}{d},\, b-\frac{\beta}{d},\, c-\frac{\gamma}{d}}}{E^0_{abc} - E^0_{a-\frac{\alpha}{d},\, b-\frac{\beta}{d},\, c-\frac{\gamma}{d}}} \\ &= \frac{1}{\sqrt{V}} \frac{2md^2}{h^2} e^{+2\pi i(ax+by+cz)} \sum_{\alpha\beta\gamma} \frac{P_{\alpha\beta\gamma}\, e^{-\frac{2\pi i}{d}(\alpha x+\beta y+\gamma z)}}{2d(a\alpha+b\beta+c\gamma)-(\alpha^2+\beta^2+\gamma^2)}. \end{aligned}\right\} \tag{66}$$

Wenn die Reihe (42) konvergiert, so konvergiert die Reihe für ψ' noch schneller wegen des Ausdruckes $(\alpha^2 + \beta^2 + \gamma^2)$ im Nenner.

Im allgemeinen ist ψ' klein, mit Ausnahme von Fällen, in denen der Nenner in (66) klein wird. Diesen letzten Verhältnissen entspricht aber (52) und die selektiven Spiegelungen nach Bragg.

Die vollständige Funktion ψ_{abc} nach (44) hat also, wie wir in Abschnitt 4 [Gleichung (18)] vorausgesehen haben, die Form eines Produktes aus einer Exponentialfunktion $e^{2\pi i(ax+by+cz)}$ und einer periodischen Funktion mit der Periode d in x, y und z:

$$A(xyz) = A_0 + \frac{1}{\sqrt{V}} \frac{2md^2}{h^2} \sum_{\alpha\beta\gamma} \frac{P_{\alpha\beta\gamma}\, e^{-\frac{2\pi i}{d}(\alpha x+\beta y+\gamma z)}}{2d(a\cdot\alpha) - |\alpha|^2}, \tag{67}$$

wo übrigens A_0 gleich $1/\sqrt{V}$ ist.

Was geschieht, wenn wir den Fall einer Entartung vor uns haben, die zu den BRAGGschen Reflexionen Anlaß gibt? Schon die *erste Näherung* ist dann nicht mehr durch eine ebene Welle ψ^0_{abc} darstellbar, sondern nur durch ψ aus Gleichung (56). Nach (59) und (60) erhalten wir für diesen Fall:

$$\psi = \frac{B}{\sqrt{V}} e^{+2\pi i(ax+by+cz)} \left[1 - \frac{P_{\alpha\beta\gamma}\, e^{-\frac{2\pi i}{d}(\alpha x+\beta y+\gamma z)}}{\pm\sqrt{P^2_{\alpha\beta\gamma} + \frac{h^4\varepsilon^2}{16m^2}} + \frac{h^2\varepsilon}{4m}}\right]. \tag{68}$$

Die Berechnung der zweiten Näherung kann ebenso wie oben geschehen. Die Lösung wird wieder vom Typus (18) (vgl. Abschnitt 4) sein.

Worin bestehen die Anomalien? Um es deutlich zu sehen und ihren physikalischen Sinn zu verstehen, müssen wir den *elektrischen Strom* berechnen, den die von der betreffenden Welle mitgeführten Elektronen transportieren. Dazu genügt es, die mittlere *Geschwindigkeit* dieser Elektronen zu berechnen, die sich aus den im dritten Kapitel besprochenen Formeln von DE BROGLIE bestimmen läßt. Diese Formeln sind den von GORDON für die elektrische Stromstärke angegebenen Formeln vollkommen äquivalent.

Nehmen wir eine Welle, deren Gleichung nach DE BROGLIE die Form:

$$\psi = A e^{\frac{2\pi i}{h}\varphi}$$

hat. A und φ seien beide *reell*. Die Elektronengeschwindigkeit v und die ihr entsprechende Stromstärke j haben dann die x-Komponenten:

$$v_x = \frac{1}{m}\frac{\partial\varphi}{\partial x}, \qquad j_x = eA^2 v_x = \frac{e}{m} A^2 \frac{\partial\varphi}{\partial x}. \tag{69}$$

Dieses Ergebnis entspricht der GORDONschen Formel:

$$j_x = \frac{eh}{4\pi m i}\left[\overline{\psi}\frac{\partial\psi}{\partial x} - \psi\frac{\partial\overline{\psi}}{\partial x}\right], \tag{70}$$

wo $\overline{\psi}$ die zu ψ konjugierte komplexe Größe bedeutet[1]. Wenden wir Formel (70) auf eine Welle:

$$\psi = (A + i A') e^{\frac{2\pi i}{h}\varphi}$$

an, deren Amplitude eine komplexe Größe ist. (Von dieser Natur sind die Wellen, mit denen wir augenblicklich zu tun haben.) Die Funktionen A, A' und φ mögen reell sein. Wir erhalten:

$$j_x = \frac{e}{m}(A^2 + A'^2)\frac{\partial \varphi}{\partial x} + \frac{eh}{2\pi m}\left(A\frac{\partial A'}{\partial x} - A'\frac{\partial A}{\partial x}\right). \tag{71}$$

Das erste Glied ergibt sich ohne weitere Rechnungen. Es entspricht der DE BROGLIEschen Formel (69). Doch enthält das Ergebnis (71) noch ein zweites Glied, das die physikalische Lage vollkommen verändert. Die mittlere Elektronengeschwindigkeit ist nunmehr:

$$v_x = \frac{1}{m}\frac{\partial \varphi}{\partial x} + \frac{h}{2\pi m}\,\frac{\left(A\frac{\partial A'}{\partial x} - A'\frac{\partial A}{\partial x}\right)}{A^2 + A'^2}. \tag{72}$$

Bei Wellen, deren Verhalten wir vorher als „normal" bezeichneten, enthielt die Wellenfunktion eine durch (67) dargestellte Amplitude $A(x, y, z)$ mit sehr kleinen imaginären Bestandteilen, die erst in zweiter Näherung zum Vorschein kamen. In der ersten Näherung erhält man daher in diesem Fall für die Stromdichte die einfache Formel (69). In Anwendung an eine Welle ψ^0_{abc} aus (43) gibt diese Formel:

$$v_x = \frac{h}{m}a, \qquad j_x = \frac{eh}{m}A^2 a = \frac{eh}{mV}a. \tag{73}$$

Bei „anomalen" Wellen, deren Ausbreitung durch selektive Reflexionen gestört wird, finden wir — nach (68) — schon in erster Näherung ein bedeutendes imaginäres Glied im Amplitudenausdruck. Nehmen wir den ψ-Ausdruck aus (68), so erhalten wir für A und A' Ausdrücke von der Form:

$$A = K\left[\pm\sqrt{P^2_{\alpha\beta\gamma} + \frac{h^4\varepsilon^2}{16m^2}} + \frac{h^2\varepsilon}{4m} - P_{\alpha\beta\gamma}\cos\frac{2\pi}{d}(\alpha x + \beta y + \gamma z)\right],$$

$$A' = K P_{\alpha\beta\gamma}\sin\frac{2\pi}{d}(\alpha x + \beta y + \gamma z).$$

[1] Hier wurden nur die Diagonalglieder der Strommatrix j berechnet. Die übrigen Glieder sind im allgemeinen klein; für BRAGGsche anomale Wellen dürfen sie aber nicht mehr vernachlässigt werden. Ihre Bedeutung hätte eine besondere Untersuchung verdient.

Die Wurzeln erscheinen immer mit doppeltem Vorzeichen. Weiter unten werden wir die Bedeutung dieses Vorzeichens erklären. K ist eine Konstante, die durch Normalisierung festgelegt wird:

$$\int_V (A^2 + A'^2)\, dx\, dy\, dz = 2K^2 V \left[P^2 + \frac{h^4 \varepsilon^2}{16 m^2} \pm \frac{h^2 \varepsilon}{4m} \sqrt{P^2 + \frac{h^4 \varepsilon^2}{16 m^2}} \right] = 1. \quad (74)$$

Der Ausdruck für die Geschwindigkeit v_x wird in diesem Fall ziemlich verwickelt. Die Formel für die elektrische Stromdichte j_x lautet:

$$j_x = \frac{eh}{m} \Bigg[(A^2 + A'^2)\, a - K^2 \frac{\alpha}{d} \left\{ P^2 + \left(\pm \sqrt{P^2 + \frac{h^4 \varepsilon^2}{16 m^2}} + \frac{h^2 \varepsilon}{4m} \right) P \cos \frac{2\pi}{d} (\alpha x + \beta y + \gamma z) \right\} \Bigg].$$

Uns interessiert der Mittelwert der Stromdichte:

$$\bar{j}_x = \frac{eh}{mV} \left[a - \frac{\alpha}{2d} \frac{P^2}{\left(P^2 + \frac{h^4 \varepsilon^2}{16 m^2} \pm \frac{h^2 \varepsilon}{4m} \sqrt{P^2 + \frac{h^4 \varepsilon^2}{16 m^2}} \right)} \right]. \quad (75)$$

Erinnern wir uns daran, daß, wenn die BRAGGsche Bedingung erfüllt ist, ε gleich Null wird. Der Ausdruck (75) wird bei kleinen ε-Werten von dem Normalwert (73) bedeutend verschieden. Wir wollen dieses Ergebnis etwas näher diskutieren:

Wenn ε groß und positiv ist, ergibt sich:

1. mit positivem Vorzeichen vor der Wurzel:

$$\bar{j}_x = \frac{eh}{mV} a \qquad \text{(Welle } abc\text{)},$$

2. mit negativem Vorzeichen:

$$\bar{j}_x = \frac{eh}{mV} \left(a - \frac{\alpha}{d} \right) \qquad \text{(Welle } a'\,b'\,c'\text{)}.$$

Wenn ε abnimmt verändern sich die elektrischen Ströme, die den beiden Vorzeichen der Wurzel entsprechen, nach Maßgabe von (75), und *bei* $\varepsilon = 0$ wird:

$$\bar{j}_x = \frac{eh}{mV} \left(a - \frac{\alpha}{2d} \right) = \frac{eh}{mV} \frac{a + a'}{2} \quad (76)$$

(für beide Vorzeichen der Wurzel).

Wenn ε negativ wird und sein Absolutwert größere Werte erreicht, so findet man wieder die beiden ursprünglichen Wellen, die sich jedoch ausgetauscht haben:

Welle $a'b'c'$ beim positiven Vorzeichen der Wurzel;

Welle $a\,b\,c$ beim negativen Vorzeichen.

Diese Ergebnisse können graphisch veranschaulicht werden. Stellen wir uns eine bestimmte abc-Welle vor, die sich in der Richtung Ox fortpflanzt ($b = c = 0$). Eine zweite Welle gleicher Frequenz soll sich unter einem Winkel ϑ zu Ox ausbreiten:

$$a' = a\cos\vartheta, \qquad b' = a\sin\vartheta, \qquad c' = 0.$$

Für jeden ϑ-Wert können wir die entsprechenden Stromdichten j_x (und j_y) berechnen und ihre Abhängigkeit von ϑ graphisch darstellen. Wenn bei keinem ϑ-Wert selektive Reflexion auftritt, so erhalten wir für j_x und für j_y je ein Kurvenpaar: eine Kurve ist eine gerade Linie, die andere eine Sinuskurve. Stellen wir uns da-

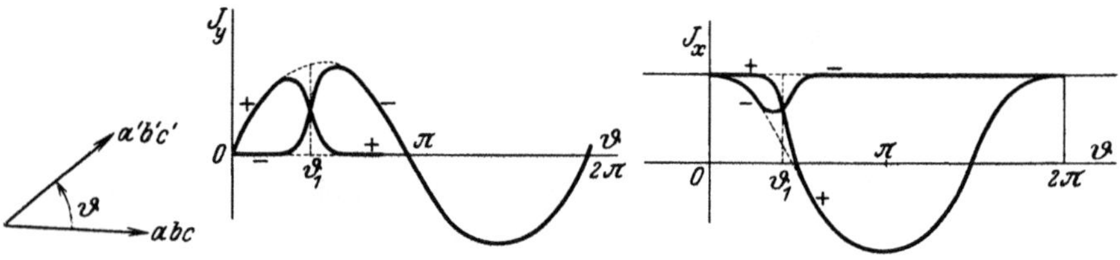

Abb. 32.

gegen vor, daß etwa bei $\vartheta = \vartheta_1$ eine BRAGGsche Reflexion an irgendeinem System von Netzebenen stattfindet und eine Wechselwirkung zwischen den beiden Bündeln bedingt. Die Kurven erhalten dann den in Abb. 32 veranschaulichten Verlauf. Die Äste, die den beiden Vorzeichen der Wurzel entsprechen, zeigen nunmehr eine Überkreuzung.

Es ist nicht uninteressant, zu zeigen, daß die zuletzt erwähnte Wechselwirkung die *Gesamtstromstärke der beiden Wellen unverändert läßt*. Man leitet nämlich aus (75) ohne Schwierigkeiten die Beziehung:

$$\overline{j_{x+}} + \overline{j_{x-}} = \frac{e\,h}{m\,V}\left(2a - \frac{\alpha}{d}\right) = \frac{e\,h}{m\,V}(a + a') \tag{77}$$

ab. Die Wechselwirkung ändert auch die Gesamtenergie nicht, denn die Gleichungen (55) und (59) geben:

$$E_+ + E_- = E^0_{abc} + E^0_{a'b'c'}. \tag{77a}$$

Wenn somit die beiden Wellen (die den Zeichen + und — vor der Wurzel zugeordnet sind) in einem Metall immer gleich stark angeregt wären, so würde ihre Wechselwirkung weder auf die Stromstärke, noch auf die Gesamtenergie einen nachweisbaren Einfluß haben.

In Wirklichkeit liegen aber die Verhältnisse anders. Bei einer bestimmten Temperatur T (und in Anwesenheit eines elektrischen und magnetischen Feldes) wird jede Welle (abc) mit einer eigenen Intensität angeregt, die sich aus der mittleren Anzahl der Elektronen bestimmt, welche dieser Welle zugeordnet sind. Die Intensität hängt somit von der Energie E und den Werten $j_x j_y j_z$ der Stromkomponenten ab. Die Anregung der „positiven" und der „negativen" Welle wird im allgemeinen verschieden stark sein, denn diesen Wellen entsprechen verschiedene Energien und Stromdichten. Wir können somit a priori noch nichts darüber aussagen, welchen äußeren Effekt die vorher abgeleiteten gegenseitigen Störungen der beiden Wellen praktisch ergeben werden.

9. Strenge Behandlung der Wellen im Raumgitter. In allen vorangehenden Ableitungen wurde eine Methode der sukzessiven Näherungen benutzt und die Funktion ψ mittels einer Reihenentwicklung (44) gesucht. Es gibt aber noch einen anderen Weg zur Behandlung des Problems. Nach der BLOCHschen Verallgemeinerung des Theorems von FLOQUET muß die ψ-Welle die Form (18):

$$\psi = A(xyz)\, e^{+2\pi i(ax+by+cz)}$$

besitzen, wo A eine Funktion mit der Periode d in x, y und z ist. Wir entwickeln A in eine dreifache FOURIER-Reihe:

$$A(xyz) = \sum_{\alpha_1\beta_1\gamma_1} A_{\alpha_1\beta_1\gamma_1}\, e^{-\frac{2\pi i}{d}(\alpha_1 x+\beta_1 y+\gamma_1 z)}, \tag{78}$$

worin $\alpha_1\beta_1\gamma_1$ negative oder positive ganze Zahlen sein können. Nachdem das Potential P [s. (22) und (42)] in gleicher Weise entwickelt worden ist, spaltet sich die Wellengleichung (41) in eine dreifach unendliche Schar von Gleichungen. So erhält man z. B. durch Nullsetzen des Koeffizienten von $e^{+2\pi i\left(ax+\cdots-\frac{\alpha_1}{d}x+\cdots\right)}$ die Bedingung:

$$\left.\begin{aligned} &\left[\left(a-\frac{\alpha_1}{d}\right)^2+\left(b-\frac{\beta_1}{d}\right)^2+\left(c-\frac{\gamma_1}{d}\right)^2-\frac{2m}{h^2}E\right]A_{\alpha_1\beta_1\gamma_1} \\ &\qquad+\frac{2m}{h^2}\sum_{\alpha\beta\gamma} A_{(\alpha_1-\alpha),(\beta_1-\beta),(\gamma_1-\gamma)}\,P_{\alpha\beta\gamma}=0\,. \end{aligned}\right\} \tag{79}$$

Unter diesen Gleichungen finden wir — für $\alpha_1 = \beta_1 = \gamma_1 = 0$ — auch die von uns früher abgeleitete Gleichung (26) wieder.

Betrachten wir zunächst den ungestörten Fall, in dem alle $P_{\alpha\beta\gamma}$ außer P_{000} verschwinden. Alle A-Werte müssen ebenfalls gleich Null werden, mit Ausnahme von einem, $A_{\alpha_1\beta_1\gamma_1}$. Dadurch wird die Energie E bestimmt, denn zur Befriedigung der Gleichung mit $\alpha_1\beta_1\gamma_1$ muß die Bedingung:

$$\left(a - \frac{\alpha_1}{d}\right)^2 + \left(b - \frac{\beta_1}{d}\right)^2 + \left(c - \frac{\gamma_1}{d}\right)^2 - \frac{2m}{h^2}\left(E - P_0\right) = 0 \qquad (80)$$

erfüllt sein. Dieser Bedingung entspricht eine ebene Welle mit den Koeffizienten:

$$a' = a - \frac{\alpha_1}{d}, \qquad b' = b - \frac{\beta_1}{d}, \qquad c' = c - \frac{\gamma_1}{d}.$$

Uns interessiert speziell der Fall, in dem die Welle $a'b'c'$ identisch ist mit der Welle abc selbst, d. h. die Energie E den Wert (43a):

$$E_0 = P_0 + \frac{h^2}{2m}(a^2 + b^2 + c^2).$$

hat.

Eine Anomalie muß entstehen, wenn durch diesen Wert E_0 Gleichung (80) auch mit andern, nichtverschwindenden Wellen $\alpha_1\beta_1\gamma_1$ zum Verschwinden gebracht wird. Wir finden in dieser Weise die BRAGGsche Bedingung (46) oder (52) für anomale Reflexion wieder.

Nehmen wir zunächst solche Anomalitäten als ausgeschlossen an und untersuchen wir, was eintritt, wenn die $P_{\alpha\beta\gamma}$ aufhören gleich Null zu sein. Wir suchen nach einer Lösung, die einem zu E_0 benachbarten Energiewert $E_0 + E'$ entspricht. Unter solchen Umständen müssen alle $A_{\alpha_1\beta_1\gamma_1}$ klein sein außer A_{000}. Wir erhalten daher eine erste Näherung dadurch, daß wir in (79) im Ausdruck $\sum\limits_{\alpha\beta\gamma}$ alle Glieder außer denen mit A_{000} vernachlässigen. Auf diese Weise werden die Gleichungen (64) und (67) wiedergefunden. Denn in der Tat zeigt die zu $\alpha_1 = \beta_1 = \gamma_1 = 0$ zugehörige Gleichung (79), daß in der betrachteten zweiten Näherung die Energie unverändert bleibt. Die übrigen Relationen (79) reduzieren sich dann auf (64), (67). Man erkennt ohne weiteres den Weg, auf dem die Näherung weitergeführt werden kann.

Es gibt Ausnahmefälle, die dadurch gekennzeichnet sind, daß E_0 noch einen anderen Ausdruck (80) sehr klein macht, d. h. daß die Bedingungen (46) oder (52) für selektive Reflexion erfüllt sind. In diesem Fall enthält die erste Näherung (bei verschwindender Störung P) zwei Koeffizienten A_{000} und $A_{\alpha_1 \beta_1 \gamma_1}$ von gleicher Größenordnung. Das Gleichungssystem (79) reduziert sich auf zwei gleichzeitig zu erfüllende Gleichungen, die keine anderen sind als die von uns in (56), (57) und (58) aufgestellten. Die weitere Annäherung wird ebenso durchgeführt wie in dem vorangehenden normalen Fall.

Wir erkennen also, daß das System von strenggültigen Gleichungen (79) zu genau der gleichen Problemstellung führt, wie das früher besprochene Näherungsverfahren. Um die Frage ganz allgemein zu behandeln, müßte man die Forderung aufstellen, daß die (dreifach unendliche) Determinante des Gleichungssystems (79) verschwinden muß und die Wurzel E der so gebildeten Gleichung untersuchen. Sie reduziert sich auf E_0, wenn alle P gleich Null werden. Dieses Problem erscheint verwickelt. Es muß aber durch eine Verallgemeinerung der Methoden von Hill[1] lösbar sein. In der Tat hat Hill für den Fall eines eindimensionalen Gitters (Hillsche Gleichung in Abschnitt 6) die Rechnung vollständig durchzuführen und den genauen Wert der Determinante zu bestimmen vermocht.

10. Gebundene Elektronen und die Kopplung ihrer Wellen. In den vorangehenden Abschnitten haben wir das Verhalten von fast freien Elektronen untersucht, die sich in einem Raum mit schwach wellenförmigem Potential bewegen. Im eindimensionalen Fall (Abschnitt 5, Gleichung von Mathieu) ergaben sich solche Bedingungen durch Annahme einer genügend hohen kinetischen Energie der Elektronen. In derselben Gleichung von Mathieu haben wir aber auch einen zweiten einfachen Grenzfall erkennen können, nämlich den Fall von sehr langsamen Elektronen [Gleichung (33)]. Wir wollen jetzt denselben Grenzfall auch für das dreidimensionale Problem untersuchen.

Wir werden dabei dem Verfahren von F. Bloch[2] folgen und das Gitter (einfachheitshalber von kubischer Symmetrie!) aus einer Reihe von relativ weit voneinander entfernten positiven Ionen aufbauen. Das Potential in der nächsten Nähe eines Ions wird dann in erster Näherung nur von diesem Ion selbst stammen. Die Koordinaten eines Ions bezeichnen wir mit $g_1 d$, $g_2 d$, $g_3 d$

[1] Vgl. z. B. Whittaker u. Watson, „Modern Analysis". 2. Aufl. S. 408.

[2] Bloch, F., Z. Physik **52**, 555 (1929).

(g_1, g_2, g_3 = ganze Zahlen). $U(xyz)$ mag das Potential eines einzelnen, im Anfangspunkt des Koordinatensystems gelegenen Ions bedeuten. Die Funktion U ist im Mittelpunkt des Ions negativ unendlich, im Unendlichen wird sie gleich Null. Wir nehmen an, daß U im Abstand d vom Ion schon sehr klein ist. Das Potential eines anderen Ions, $(g_1 g_2 g_3)$, beträgt im Punkt (xyz):

$$U_{g_1 g_2 g_3}(xyz) = U(x - g_1 d,\; y - g_2 d,\; z - g_3 d), \tag{81}$$

und das Gesamtpotential aller Ionen:

$$P(xyz) = \sum_{g_1 g_2 g_3} U_{g_1 g_2 g_3}(xyz). \tag{82}$$

Wir gehen in erster Näherung von der auf ein Ion bezogenen Wellengleichung aus:

$$\Delta \varphi_{g_1 g_2 g_3} + \frac{8\pi^2 m}{h^2}(E - U_{g_1 g_2 g_3})\,\varphi_{g_1 g_2 g_3} = 0. \tag{83}$$

Wir wählen eine (im Unendlichen verschwindende) Eigenfunktion:

$$\varphi_{g_1 g_2 g_3}(xyz) = \varphi(x - g_1 d,\; y - g_2 d,\; z - g_3 d)$$

aus, die etwa dem niedrigsten Energiewert E_0 entsprechen mag. Von der Funktion φ nehmen wir an, daß sie im Abstand d von dem betrachteten Ion bereits sehr klein wird.

Betrachten wir jetzt einen Gitterkubus mit der Kante Gd, der G^3 Ionen vom betrachteten Typus enthält. Das System ist G^3-fach entartet. Wir müssen daher in erster Näherung nicht die Wellenfunktionen $\varphi_{g_1 g_2 g_3}$, sondern ihre Linearkombinationen benutzen[1]. Wir setzen:

$$E = E_0 + \varepsilon, \qquad \psi = \sum_{g_1 g_2 g_3} a_{g_1 g_2 g_3} \varphi_{g_1 g_2 g_3} + v(xyz), \tag{84}$$

worin ε und v unendlich klein von der ersten Ordnung sind. Tragen wir diese Ausdrücke in die vollständige Wellengleichung (41) ein und vernachlässigen wir die Größen, die unendlich klein von höherer Ordnung sind. Wir erhalten dann:

$$\left.\begin{aligned} &\Delta v + \frac{8\pi^2 m}{h^2}(E_0 - P)\,v \\ &\quad = -\frac{8\pi^2 m}{h^2} \sum_{g_1 g_2 g_3} a_{g_1 g_2 g_3} \varphi_{g_1 g_2 g_3}(\varepsilon - P + U_{g_1 g_2 g_3}). \end{aligned}\right\} \tag{85}$$

---

[1] Methode von SCHRÖDINGER, Ann. Physik **80**, 437 (1926), die wir schon im Abschnitt 7 [Gleichung (55) bis (60)] angewandt haben.

Diese inhomogene Gleichung für v besitzt nur dann eine endliche Lösung, wenn die rechte Seite orthogonal ist zu allen Lösungen der entsprechenden homogenen Gleichung. Diese Lösungen unterscheiden sich nach den Hypothesen (81) und (82) nur wenig von den Funktionen $\varphi_{g_1 g_2 g_3}$.

Da wir die genauen Lösungen der homogenen Gleichung nicht kennen, beziehen wir die Orthogonalitätsbedingungen auf die Funktionen φ:

$$\sum_{g_1 g_2 g_3} a_{g_1 g_2 g_3} \int_{h_1 h_2 h_3} (\varepsilon - U'_{g_1 g_2 g_3}) \varphi_{g_1 g_2 g_3} \overline{\varphi}_{h_1 h_2 h_3} \, dx\, dy\, dz = 0\,, \tag{86}$$

mit:

$$U'_{g_1 g_2 g_3} = P - U_{g_1 g_2 g_3}\,.$$

U' ist das (sehr kleine) Potential der dem Ion $(g_1 g_2 g_3)$ benachbarten Ionen. Durch die Annahme eines schnellen Abfallens der Funktionen U und φ sind wir imstande, die Gleichung (86) stark zu vereinfachen. Die Normalisierungsvorschrift lautet:

$$\int \varphi_{g_1 g_2 g_3} \overline{\varphi}_{h_1 h_2 h_3} \, dx\, dy\, dz = 1\,,$$

wenn $g_1 = h_1$, $g_2 = h_2$, $g_3 = h_3$ ist.

Wir nehmen an, daß dieses Integral in allen anderen Fällen — $(g_i \neq h_i)$ — zu vernachlässigen sei. Wir müssen jetzt noch den Ausdruck:

$$\int U'_{g_1 g_2 g_3} \varphi_{g_1 g_2 g_3} \overline{\varphi}_{h_1 h_2 h_3} \, dx\, dy\, dz$$

abschätzen. Bei der Bildung von U' brauchen nur die unmittelbar benachbarten Ionen Berücksichtigung zu finden, da das Potential der weiter entfernten Ionen vollständig zu vernachlässigen ist. Wir führen folgende Bezeichnungen für dieses Integral ein:

$$\begin{array}{llll}
\alpha \text{ bei} & g_1 = h_1 & g_2 = h_2 & g_3 = h_3 \\[1ex]
\beta \text{ bei} & \left\{\begin{array}{l} g_1 = h_1 \pm 1 \\ g_1 = h_1 \\ g_1 = h_1 \end{array}\right. & \begin{array}{l} g_2 = h_2 \\ g_2 = h_2 \pm 1 \\ g_2 = h_2 \end{array} & \left.\begin{array}{l} g_3 = h_3 \\ g_3 = h_3 \\ g_3 = h_3 \pm 1 \end{array}\right\} \text{6 Ionen} \\[1ex]
\gamma \text{ bei} & \left\{\begin{array}{l} g_1 = h_1 \pm 1 \\ g_1 = h_1 \pm 1 \\ g_1 = h_1 \end{array}\right. & \begin{array}{l} g_2 = h_2 \pm 1 \\ g_2 = h_2 \\ g_2 = h_2 \pm 1 \end{array} & \left.\begin{array}{l} g_3 = h_3 \\ g_3 = h_3 \pm 1 \\ g_3 = h_2 \pm 1 \end{array}\right\} \text{12 Ionen} \\[1ex]
\delta \text{ bei} & g_1 = h_1 \pm 1 & g_2 = h_2 \pm 1 & g_3 = h_3 \pm 1 \quad \text{8 Ionen.}
\end{array} \tag{87}$$

Man kann die Näherung auch weiter führen, ohne daß die Resultate prinzipiell beeinflußt werden. Die Gleichung (86) hat jetzt die Form:

$$\left.\begin{aligned}(\varepsilon-\alpha)\,a_{g_1 g_2 g_3}-\beta\,(a_{g_1+1,g_2 g_3}+a_{g_1-1,g_2 g_3}+a_{g_1,g_2+1,g_3}+\cdots)\\ -\gamma\,(a_{g_1+1,g_2+1,g_3}+a_{g_1+1,g_2-1,g_3}+a_{g_1-1,g_2+1,g_3}+\cdots)\\ -\delta\,(a_{g_1+1,g_2+1,g_3+1}+a_{g_1-1,g_2+1,g_3+1}+\cdots)=0\,.\end{aligned}\right\}\tag{88}$$

Wir haben somit G^3 Gleichungen zur Darstellung unseres Säkularproblems. Um keine speziellen Randbedingungen einzuführen, benutzen wir — wie in Abschnitt 4 — die Hypothese eines unendlich ausgedehnten zyklischen Gitters.

Es handelt sich jetzt um die Bestimmung der Werte von ε und der Koeffizienten $a_{g_1 g_2 g_3}$. Aus dem Abschnitt 4 [Gleichungen (18) und (19)] wissen wir aber, daß diese Koeffizienten die Form:

$$a_{g_1 g_2 g_3}=e^{\frac{2\pi i}{G}(f_1 g_1+f_2 g_2+f_3 g_3)}\tag{89}$$

haben müssen, wobei für f_1, f_2, f_3 insgesamt G^3 verschiedene Kombinationen von ganzzahligen Werten möglich sind, etwa:

$$-\frac{G}{2}\leq f_1,\ f_2,\ f_3\leq\frac{G}{2},$$

— oder auch ein anderes System von Werten, das die G^3 möglichen Fälle in sich enthält (vgl. S. 269). Wir werden uns später mit der Auswahl eines geeigneten Systems von f-Werten beschäftigen.

Wir können leicht bestätigen, daß die Ausdrücke (89) tatsächlich eine Erfüllung von (88) erlauben. Wir erhalten mit ihrer Hilfe:

$$\left.\begin{aligned}\varepsilon(f_1 f_2 f_3)=\alpha+2\beta\left(\cos\frac{2\pi f_1}{G}+\cos\frac{2\pi f_2}{G}+\cos\frac{2\pi f_3}{G}\right)\\ +4\gamma\left(\cos\frac{2\pi f_1}{G}\cos\frac{2\pi f_2}{G}+\cos\frac{2\pi f_2}{G}\cos\frac{2\pi f_3}{G}+\cos\frac{2\pi f_1}{G}\cos\frac{2\pi f_3}{G}\right)\\ +8\delta\cos\frac{2\pi f_1}{G}\cos\frac{2\pi f_2}{G}\cos\frac{2\pi f_3}{G}+\cdots.\end{aligned}\right\}\tag{90}$$

Der Verlauf der Funktion ε ist in Abb. 33 dargestellt in der Annahme, daß f zwischen $-\frac{G}{2}$ und $+\frac{G}{2}$ schwankt und daß β negativ ist.

Wir haben somit die geeigneten Wellenfunktionen erster Näherung, für die sich nach (90) die Entartung aufhebt, gefunden:

$$\psi = \sum_{g_1 g_2 g_3} \varphi_{g_1 g_2 g_3}\, e^{\frac{2\pi i}{G}(f_1 g_1 + f_2 g_2 + f_3 g_3)} \tag{91}$$

Diese Lösungen haben tatsächlich die typische Form (6), die wir vorausgesehen haben. Welchen elektrischen Strom transportieren diese Wellen? Wir finden die Antwort durch Anwendung der Formel (70) unter der Annahme, daß die φ-Funktionen (SCHRÖDINGER-Wellen für den Fall eines isolierten Ions) reell sind. Die Stromdichte ergibt sich zu:

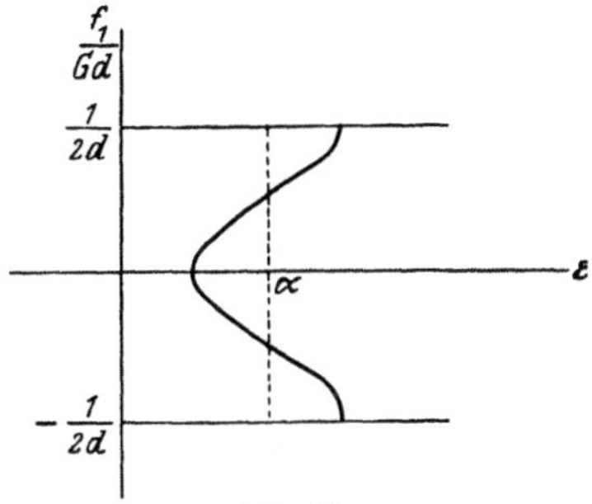

Abb. 33.

$$j_x = \frac{eh}{4\pi m i}\left(\bar{\psi}\,\frac{\partial \psi}{\partial x} - \psi\,\frac{\partial \bar{\psi}}{\partial x}\right) = -\frac{eh}{2\pi m}\sum_{g_1 g_2 g_3}\sum_{h_1 h_2 h_3} \varphi_{g_1 g_2 g_3}\,\frac{\partial \varphi_{h_1 h_2 h_3}}{\partial x}\,\sin\frac{2\pi}{G}$$
$$\cdot\,[f_1(g_1 - h_1) + f_2(g_2 - h_2) + f_3(g_3 - h_3)]\,.$$

Uns interessiert der Mittelwert der Stromdichte. Wir erhalten dafür:

$$\left.\begin{aligned} \bar{j}_x = \frac{1}{V}\int j_x\,dx\,dy\,dz &= -\frac{eh}{2\pi m V}\sum_{g_1 g_2 g_3}\sum_{h_1 h_2 h_3}\sin\frac{2\pi}{G} \\ &\cdot\,[f_1(g_1 - h_1) + f_2(g_2 - h_2) + f_3(g_3 - h_3)] \\ &\cdot \int_V \varphi_{g_1 g_2 g_3}\,\frac{\partial \varphi_{h_1 h_2 h_3}}{\partial x}\,dx\,dy\,dz\,. \end{aligned}\right\} \tag{92}$$

Die Funktionen φ haben sphärische Symmetrie um das Ion herum. Außerdem haben wir angenommen, daß sie bei der Entfernung vom Ion rasch auf Null abfallen. Unter den Integralen, die im Ausdruck für $\bar{j}_x$ enthalten sind, werden nur wenige nennenswerte Beiträge liefern, nämlich nur diejenigen, die sich auf die beiden benachbarten Ionen auf der Achse Ox beziehen:

$$h_1 = g_1 \pm 1\,, \qquad h_2 = g_2\,, \qquad h_3 = g_3\,.$$

Setzen wir also:

$$\left.\begin{aligned} K_x &= \frac{1}{V}\int_V \varphi_{g_1 g_2 g_3}\,\frac{\partial}{\partial x}\,\varphi_{g_1+1,\,g_2 g_3}\,dx\,dy\,dz \\ &= -\frac{1}{V}\int_V \varphi_{g_1 g_2 g_3}\,\frac{\partial}{\partial x}\,\varphi_{g_1-1,\,g_2 g_3}\,dx\,dy\,dz\,. \end{aligned}\right\} \tag{93}$$

Wir erhalten dann:

$$\bar{j}_x = -\frac{eh}{\pi m} G^3 K_x \sin\frac{2\pi f_1}{G}. \tag{94}$$

Der Koeffizient G^3 stammt von der Summe $\sum_{g_1 g_2 g_3}$, die über alle Ionen im Volumen V zu erstrecken war.

Infolge der Kleinheit von $\varphi_{g_1 g_2 g_3}$ in Abständen von der Größenordnung der Gitterkonstante d wird das Integral und somit auch die Stromdichte j_x sehr klein ausfallen.

Elektrizitätstransport findet dabei nur durch Elektronenaustausch zwischen benachbarten Ionen statt. Auch bei einer kleinen kinetischen Energie haben die Elektronen in der Wellenmechanik die Fähigkeit, die Potentialwälle, die die Ionen voneinander trennen, zu durchdringen.

11. Numerierung der Elektronenwellen. In Abschnitt 4 haben wir die Wellenfunktion in der Form (6):

$$\psi = A(xyz)\, e^{2\pi i(ax+by+cz)}$$

angesetzt, wobei die Amplitude A eine Funktion mit der Periode d in x, y und z sein sollte. Dieser Voraussetzung entspricht nur ein kubisches Gitter. Wir wollen auch im folgenden zur Vereinfachung an diesen einfachen Symmetrieverhältnissen festhalten.

Wie soll man die Koeffizienten a, b und c wählen? Es gibt hier eine Unsicherheit, die betont werden muß. In der Tat kann die Welle ψ ebensogut auch auf die Form:

$$\psi = A'(xyz)\, e^{2\pi i(a'x+b'y+c'z)}, \tag{95}$$

mit:

$$a' = a + \frac{l}{d}, \qquad b' = b + \frac{m}{d}, \qquad c' = c + \frac{n}{d}$$

(lmn = beliebige ganze Zahlen) und

$$A'(xyz) = A(xyz)\, e^{-\frac{2\pi i}{d}(lx+my+nz)}$$

gebracht werden. Die Amplitude A' ist immer noch eine periodische Funktion von xyz, genau wie A. Wir haben also unendlich viel verschiedene Möglichkeiten zur Formulierung einer und derselben Welle ψ, und wir müssen eine davon auswählen.

Um eine bestimmtere Vorstellung von der Bedeutung der folgenden Überlegungen zu haben, kehren wir zum eindimensionalen Problem, also zu der Gleichung von Mathieu (Abschnitt 5), zurück. In diesem Fall sind wir zu einer eindeutigen Definition gelangt, die aus den Abb. 24 und 26 folgt. Wir schrieben dort die Wellengleichung nach (32):

$$u = e^{\mu \xi}\, \Phi(\xi) = e^{i k \xi}\, \Phi(\xi) = \Phi\left(\frac{\pi x}{d}\right) e^{i k \frac{\pi x}{d}},$$

wo Φ in ξ eine Periode π, in x also eine Periode d besaß und $k/2d$ dem Koeffizienten a der Formel (6) entsprach. In der Abb. 26 haben wir den verschiedenen Wellentypen die Koeffizienten von $k = -1$ bis $k = +1$, oder von $k = 1$ bis $k = 2$ und von $k = -1$ bis $k = -2$ zugeordnet. Diese Numerierung war, wie man sich bei näherer Betrachtung überzeugt, nicht willkürlich, sondern durch die Forderung, daß sich die Welle beim allmählichen Verschwinden aller Potentialschwankungen auf den normalen Typus:

$$A_0\, e^{+2\pi i a x} \qquad (A_0 = \text{konst.})$$

reduziert, notwendig geworden.

Die Überlegungen des Abschnittes 5 wurden für ein unendlich ausgedehntes Gitter durchgeführt; k konnte daher eine kontinuierliche Reihe von Werten durchlaufen. Wenn wir statt dessen ein begrenztes Gitter betrachten, das G Potentialmulden enthält (oder ein zyklisches Gitter mit der Elementarzelle G), so sind für k nur die Werte der diskontinuierlichen Reihe:

$$k = \frac{2f}{G}, \qquad a = \frac{f}{G d} \qquad (f = \text{ganze Zahl}) \tag{96}$$

möglich, wie wir dies schon in Abschnitt 4 festgestellt haben.

Die tiefsten Energieniveaus erhält man (nach dem im vorigen Abschnitt beschriebenen Verfahren), indem man die einquantigen Zustände der isolierten Oszillatoren miteinander koppelt. Den G Kopplungswellen ordnen wir die G verschiedenen a-Werte zu, die den Ungleichungen:

$$-1 < k < +1, \qquad -\frac{1}{2d} < a < +\frac{1}{2d}$$

entsprechen.

Die Kopplung der zweiquantigen Oszillationszustände ergibt ebenfalls G neue Wellen mit:

$$\left.\begin{array}{lcl} -2 < k < -1 & \text{und} & 1 < k < 2 \\ -\frac{1}{d} < a < -\frac{1}{2d} & \text{und} & \frac{1}{2d} < a < \frac{1}{d}. \end{array}\right\} \tag{96a}$$

In dieser Weise kann man die Numerierung von Schritt zu Schritt fortsetzen. Erinnern wir uns daran, daß jeder stehenden Welle

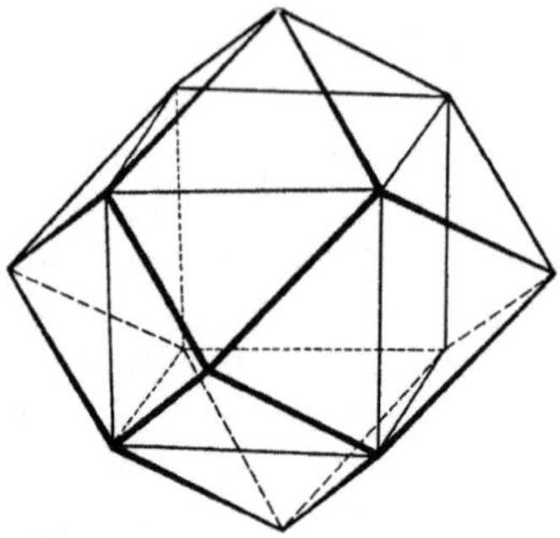

Zone 1. Zentralkubus. Zone 2. Zwischen dem Zentralkubus und dem regulären Dodekaeder.

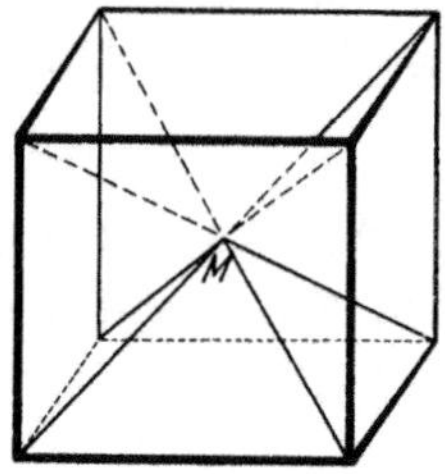

Reduktion der Zone 2.

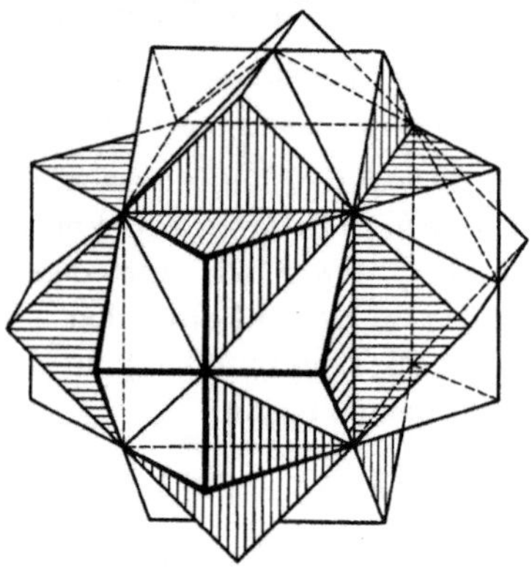

Zone 3. Zwischen dem Dodekaeder und der gezeichneten Oberfläche (einem Doppeldach über jeder Kubusfläche).

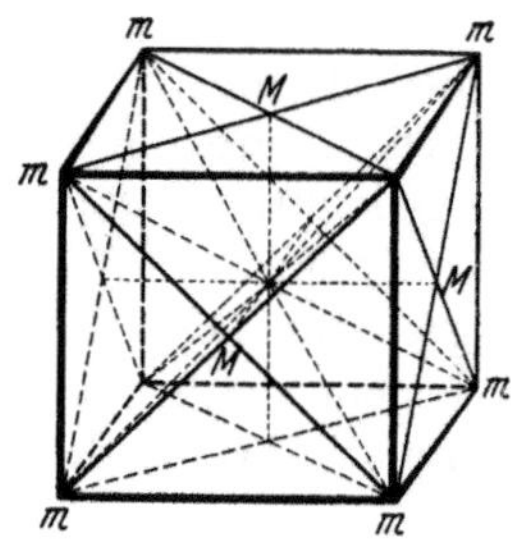

Reduktion der Zone 3.

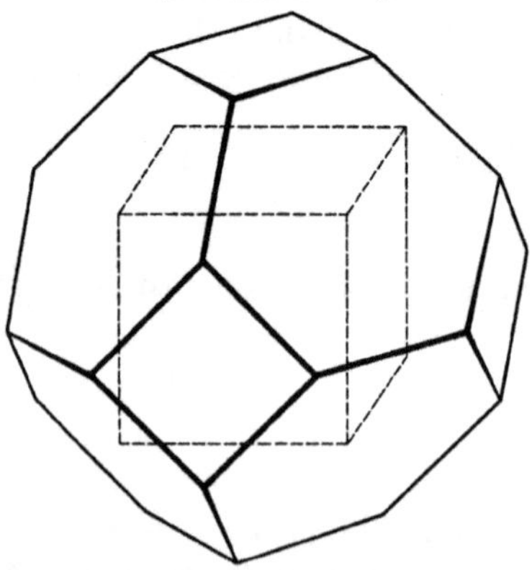

Zone 4. Zwischen der äußeren Fläche der Zone 3 und der gezeichneten Fläche.

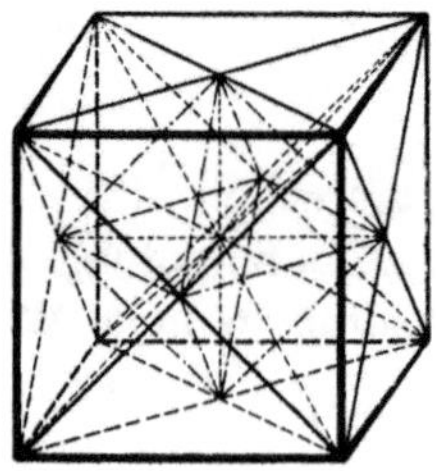

Reduktion der Zone 4.

Abb. 34.

einem bestimmten Koeffizienten (96) in der Sprache der Korpuskulartheorie eine eigene „Phasenraumzelle" entspricht. Womit wir uns hier beschäftigen, ist im wesentlichen eine *Gruppierung der Phasenraumzellen in Zonen* mit G Zellen in jeder Zone. Infolge von Diskontinuitäten in der Energiekurve (Abb. 26) sind die Energien der einzelnen Zonen voneinander getrennt.

Diese Bemerkungen geben uns die Möglichkeit, auch die viel komplizierteren Fälle des zwei- und dreidimensionalen Gitters richtig zu verstehen. Die korrekte Numerierung ergibt sich, genau wie im eindimensionalen Problem, aus der Forderung, daß man beim allmählichen Verschwinden der Potentialunebenheiten des Gitters schließlich die einfache ebene Welle:

$$A_0 \, e^{+2\pi i(ax+by+cz)} \qquad (A_0 = \text{konst.})$$

wiederfinden muß. Die Rolle des Gitters besteht darin, daß, sobald die dafür charakteristischen Potentialmulden in Erscheinung treten, sich eine Reihe von Zonen bildet. Die Zonen sind voneinander durch Ebenen getrennt, die den BRAGGschen Bedingungen (Abschnitt 7—9) genügen.

In Abb. 30 hatten wir den zweidimensionalen Fall veranschaulicht. Die Linien entsprachen Gebieten, in denen Energiesprünge stattfinden, also die BRAGGschen Bedingungen erfüllt werden. Diese Geraden begrenzen eine Folge von *konzentrischen* Zonen mit der Oberfläche $1/d^2$, deren jede G^2 Zellen im Phasenraum oder G^2 Wellen im zyklischen Gitter enthält:

$$a = \frac{f_1}{Gd}, \qquad b = \frac{f_2}{Gd} \qquad (f_1 f_2 = \text{ganze Zahlen}).$$

Die Form der Zonen ist in diesem Fall ziemlich kompliziert. Die verschiedenen Schraffierungen in Abb. 30 sollen zu ihrer Erkennung dienen. Auch für ein dreidimensionales Gitter findet man eine Folge von konzentrischen Zonen, deren Trennungsebenen den Gebieten BRAGGscher Reflexion entsprechen. Das Volumen jeder Zone ist $1/d^3$, sie enthält G^3 Zellen im Phasenraum oder die gleiche Anzahl von Wellen im zyklischen Gitter:

$$a = \frac{f_1}{Gd}, \qquad b = \frac{f_2}{Gd}, \qquad c = \frac{f_3}{Gd} \qquad (f_1 f_2 f_3 = \text{ganze Zahlen}).$$

Die Begrenzungsflächen der Zonen sind Polyeder, die durch Überschneidung von Ebenen BRAGGscher Reflexion entstehen.

Die Abb. 34 zeigt die ersten Polyeder dieser Art. Der erste ist ein Kubus mit der Kante $1/d$, der zweite ein reguläres

Dodekaeder usw. Der Raum, der zwischen zwei aufeinanderfolgenden Polyederflächen eingeschlossen ist, bildet jeweils eine Zone.

Die Form der einzelnen Zonen ist somit ziemlich kompliziert. Da aber die nachfolgende immer die vorangehende vollständig in sich enthält, so ist das gesamte von der äußeren Begrenzungsfläche der p-ten Zone eingeschlossene Volumen einfach gleich $p \cdot \frac{1}{d^3}$. Diese Beziehung erlaubt uns, die Wellenlängen der Wellen in der p-ten Zone abzuschätzen. Ersetzen wir in erster, grober Näherung die p-te Zone durch eine sphärische Schicht vom Radius ϱ und einer genügend kleinen Dicke $\delta\varrho$:

$$\varrho^2 = a^2 + b^2 + c^2 = \frac{1}{\lambda^2},$$

ϱ ist proportional der reziproken Wellenlänge $1/\lambda$. Das Volumen der Kugel ist:

$$\frac{4}{3}\pi\varrho^3 = \frac{p}{d^3}, \qquad \text{somit } \varrho = \frac{1}{\lambda} = \frac{1}{d}\left(\frac{3p}{4\pi}\right)^{\frac{1}{3}}.$$

Die p-te Zone enthält also Wellenlängen von der ungefähren Größe:

$$\bar{\lambda}_p = d\left(\frac{4\pi}{3p}\right)^{\frac{1}{3}}. \tag{97}$$

In dem eindimensionalen Gitter enthielt nach (96) die p-te Zone Wellen mit der Länge $\lambda_p \left(= \frac{1}{a}\right)$ zwischen $\frac{2d}{p-1}$ und $\frac{2d}{p}$.

Betrachten wir jetzt ein Gitter aus einwertigen Ionen mit der Kernladung Z. Wir nehmen für Z einen ungeraden Wert an:

$$Z = 2k + 1.$$

Das Gitter soll $2k$ gebundene und 1 freies Elektron pro Kern enthalten. Es sei angenommen, daß sich das eine „Valenzelektron" im isolierten Atom vor der Gitterbildung auf einer n_l-Bahn befindet. Auch im Gitter soll die Bewegung der Valenzelektronen durch Wellen bestimmt werden, die den Quantenzahlen n_l entsprechen. Es muß jetzt untersucht werden, welche von den oben beschriebenen Zonen die Wellen enthalten, die durch Kopplung der n_l-Bahnen [der Energieniveaus $E(n_l)$] entstehen.

Die Folge von Energieniveaus mit Quantenzahlen kleiner als n gibt eine Reihe von SCHRÖDINGER-Wellen, die aus:

$$1 + 4 + \cdots (n-1)^2 = \frac{(n-1)\,n\,(2n-1)}{6}$$

Einzelwellen besteht. Die Reihe von Niveaus $n_{l'}\,(l' < l)$ gibt noch:

$$1 + 3 + 5 + \cdots + (2l - 1) = l^2$$

Einzelwellen. Wir nehmen an — was plausibel zu sein scheint[1] —, daß jeder Eigenwelle aus den angeführten Reihen eine, durch Kopplung der G^3 Atome der Elementarzelle entstandene eigene Zone entspricht und daß alle diese Wellen sich innerhalb der Zone n_l befinden. Die Nummer der Zone n_l ist dann:

$$p = \frac{(n-1)\,n\,(2n-1)}{6} + l^2 + 1 . \tag{98}$$

Diese p-te Zone enthält, wie oben abgeleitet, Wellen von der Größenordnung:

$$\overline{\lambda_p} = d\left(\frac{4\pi}{3p}\right)^{\frac{1}{3}} = d\left(\frac{8\pi}{(n-1)\,n\,(2n-1) + 6l^2 + 6}\right)^{\frac{1}{3}} \simeq \frac{2d}{n}\left(\frac{\pi}{2}\right)^{\frac{1}{3}} . \tag{99}$$

Wir kommen somit zur Folgerung, daß bei der Bildung eines Gitters aus Atomen mit Valenzelektronen auf der n_l-ten Bahn die *wahren Wellenlängen* der SCHRÖDINGER-Wellen, die den „freigewordenen" Leitungselektronen im Gitter entsprechen, etwa $2d/n$ betragen (worin d den Abstand der positiven Ionen voneinander bedeutet).

Die Zone, die die Leitungselektronen ausfüllen, enthält G^3 Zellen, könnte also nach dem PAULI-Prinzip $2G^3$ Elektronen aufnehmen, während wir nur G^3 Elektronen zur Verfügung stellen, wenigstens solange wir die Gitterionen als einwertig annehmen.

Es ist leicht zu verstehen, warum die Wellenlängen $\overline{\lambda_p}$ nach (99) so klein sind. In der Nähe und im Innern der Ionen muß die ψ-Welle eine Reihe von eng benachbarten Knotenflächen besitzen. Im weiteren Abstand von den Ionen sind die Knotenflächen seltener. Wenn man sich nur für die Form der Welle zwischen den Ionen interessiert, so findet man eine *scheinbare Wellenlänge*, die viel größer als $\overline{\lambda_p}$ ist. Diese größere Wellenlänge ist es, die man für die ganze Elektronenwelle finden müßte, wenn die Ionen keine Ausdehnung hätten, sondern einwertige punktförmige Ladungen wären.

---

[1] Nicht alle inneren Niveaus sind immer als besetzt vorauszusetzen. Aus der Elektronenverteilung in freien Atomen wissen wir, daß manche übersprungen werden. Es werden also auch nicht alle Zonen unterhalb der p-ten ($k < p - 1$) mit Wellen ausgefüllt sein. Diejenigen, die zu hohe Energiewerte ergeben, bleiben leer.

Das Problem ist durchaus analog demjenigen, dem man bei der Zuordnung von Quantenzahlen zu den Elektronenbahnen der äußeren Elektronen in komplizierten Atomen begegnet. Wenn man den ganzen Rumpf als punktförmige einwertige Ladung ansieht, wird die Bahn des Leuchtelektrons eine Ellipse, wie im Wasserstoff, und seine „effektive" Quantenzahl n^* wird fast gleich 1. Wenn man aber die Ausdehnung und Struktur des Rumpfes berücksichtigt, findet man die „wahren" Quantenzahlen der äußeren Elektronen, die je nach der Periode, der das Element im MENDELEJEWschen System angehört, 2, 3, 4, ... betragen. Für die mittlere Energie des Elektrons auf der n-ten Bahn bleibt aber nach der RYDBERGschen Gleichung:

$$E = -\frac{Rh}{n^{*2}}$$

die kleinere „effektive" Quantenzahl n^* maßgebend.

12. Hypothese der freien Elektronen. Durch ein dem oben angewandten analoges Verfahren können wir auch den Übergang zu der Hypothese von *vollständig freien Elektronen* vollziehen. Mit Hilfe von Transformationen vom Typus (95) können alle Wellen aus der oben [Gleichung (97) bis (99)] betrachteten p-ten Zone in das Innere der ersten kubischen Zone:

$$-\frac{1}{2d} < a' < \frac{1}{2d}, \qquad -\frac{1}{2d} < b' < \frac{1}{2d}, \qquad -\frac{1}{2d} < c' < \frac{1}{2d} \tag{100}$$

überführt werden. Um diese Überführung zu erreichen, wird man so viel verschiedene Transformationen vornehmen müssen, wie die Zone p Unterabteilungen enthält. Erinnern wir uns an die Abb. 30, die sich auf ein zweidimensionales Gitter bezieht. Wir sehen dort, daß die einzelnen Zonen aus folgender Anzahl von Abteilungen bestehen:

Zone	1	2	3	4	5	6	7	8	9	10
Zahl der Abteilungen .	1	4	8	12	20	20	12	12	20	28

Diese Tabelle bestimmt auch die Anzahl der im zweidimensionalen Fall zur Erreichung unseres Zieles erforderlichen verschiedenartigen Transformationen.

Im einfacheren Fall des eindimensionalen Gitters (MATHIEUsche Gleichung) besteht die Transformation in der Addition (oder

Subtraktion) eines ganzen Vielfachen von $1/d$ zu der Größe a. Die Addition von l/d zu a bedeutet aber eine Vergrößerung von k um $2\,l$. Die Abb. 26 erhält dann das in Abb. 35 dargestellte Aussehen. Die Kontinuierlichkeit der einzelnen Kurvenäste ist durch die Tatsache gesichert, daß die Tangente in allen freien Endpunkten der Kurve in Abb. 26 senkrecht zur x-Achse steht (dies folgt aus den genaueren Diskussionen in Abschnitt 7 und 10, Abb. 29 und 33). Die Kurven, die in Abb. 35 dargestellt sind, zeigen für $a' = 0$ abwechselnd ein Minimum oder ein Maximum. Wenn man diese Ergebnisse auf die mehrdimensionalen Gitter auszudehnen versucht, so überzeugt man sich leicht, daß die Funktion E (Energie) in bezug auf die reduzierten Koeffizienten $a'\,b'\,c'$ [Gleichung (100)] immer kontinuierlich bleibt. Doch besitzt sie eine ziemlich komplizierte Form mit einem Maximum, Minimum

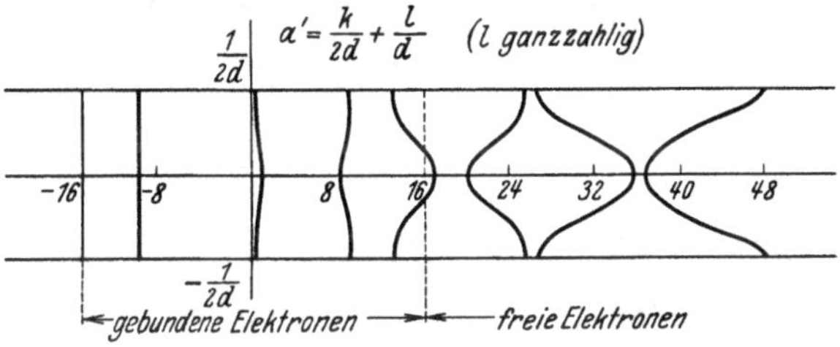

Abb. 35.

oder Sattelpunkt bei $a' = b' = c' = 0$. Man erkennt dieses Resultat deutlich an den Formeln (90), die sich auf gebundene Elektronen beziehen.

Die Transformationen (95), die die Überführung aller Teile einer äußeren Zone in die innere kubische Zone erlauben, tragen den Charakter von Translationen um ein ganzes Vielfaches von $1/d$ (d = Kantenlänge des Zentralkubus), die entlang den Achsen erfolgen.

Die Abb. 36 zeigt, wie in einem zweidimensionalen Gitter die Reduktionen (95) die Zonen $p = 2, 3, 4, \ldots$ in das Innere der Zone 1 überführen. Die einzelnen Zonen fügen sich nach der Transformation zu einem lückenlosen Quadrat zusammen wie in einem Kinderspiel. Durch angenäherte Abschätzung der Energie (aus dem Abstand vom Zentrum in Abb. 30) wurden die in Abb. 36 vermerkten wahrscheinlichen Lagen der Maxima (M) und Minima (m) der Energie bestimmt. Auch die Bedeutung des Anfangspunktes (Maximum, Minimum oder Sattelpunkt) ist angegeben. Wichtig ist, daß in der reduzierten Zone $(a'\,b'\,c')$ scheinbar keine Diskontinuitäten der Energie auftreten können.

Für ein dreidimensionales Gitter erhält man ähnliche Ergebnisse. Die Abb. 34 zeigt, wie sich die einzelnen Zonen bei der Reduktion zusammenfügen.

Diese erste Diskussion zeigt die Möglichkeit, eine eineindeutige Korrespondenz vom Typus (100) zwischen jeder äußeren und der inneren Zone $(a'\,b'\,c')$ aufzustellen. Wir haben bis jetzt angenommen, daß das Potential im Kristallgitter vorgegeben und unveränderlich ist, während das Elektron jeder beliebigen möglichen

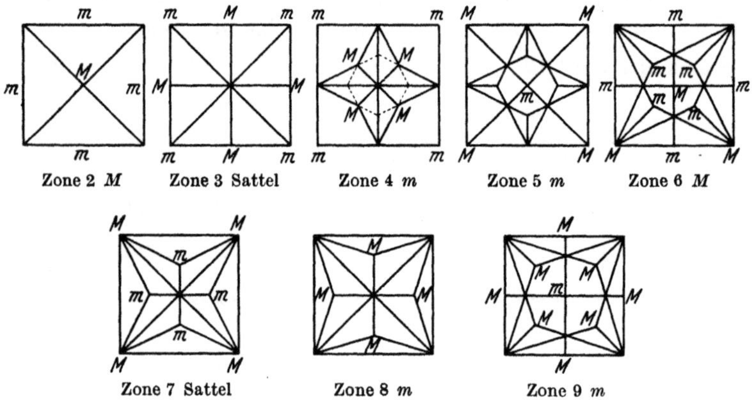

Abb. 36.

Welle zugeordnet werden kann. In Wirklichkeit ist die Sachlage eine andere. Wenn man die Elektronen in das Ionengitter einbringt, füllen sie zunächst alle Wellen mit kleinsten Energien aus, wobei nach der Pauli-Regel auf jede Einzelwelle zwei Elektronen kommen. In dieser Weise wird also zuerst die erste Zone vollbesetzt. Wenn sie voll ist, hat man zwei gebundene Elektronen um jeden Kern. Das elektrische Feld wird dadurch bedeutend geändert. Die nächsten Elektronen werden ein ganz anderes Potential im Gitter vorfinden als die bis jetzt eingebrachten. Die *Hypothese der freien Elektronen* behauptet, daß bei der Verteilung der letzten Elektronen (der Valenzelektronen) das Feld nicht sehr stark von dem Feld eines Systemes von einwertigen punktförmigen positiven Ladungen verschieden ist. Wenn man unter dieser

Voraussetzung [nach (95) und (100)] die Transformation der p-ten Zone in die Zentralzone $a'b'c'$ durchführt, so erhält man eine Energie, die sich annähernd durch:

$$E = E_0 + \frac{h^2}{2m^*}\left(a'^2 + b'^2 + c'^2\right) \tag{101}$$

darstellen läßt, wie wenn wir es mit Elektronen zu tun hätten, die sich mit einer Geschwindigkeit $(ha'/m^*,\ hb'/m^*,\ hc'/m^*)$ in einem Raum von konstantem mittleren Potential E^0 bewegten. Diese Näherung kann für das Innere der Zone $a'b'c'$ Verwendung finden, in der Nähe der (kubischen) Begrenzungsfläche müssen aber Abweichungen auftreten, die mit den BRAGGschen selektiven Reflexionen verknüpft sind.

In der Formel (101) spielt E_0 zwar die Rolle des mittleren Potentials, doch gibt es keinen Beweis dafür, daß es auch in Wirklichkeit diese einfache Bedeutung besitzt. Der Koeffizient m^* in (101) spielt die Rolle der Masse. Es ist aber keinesfalls sicher, daß m^* mit der wahren Masse m_0 der Elektronen übereinstimmt. Im Falle von gebundenen Elektronen, den wir in Abschnitt 10 (im Anschluß an F. BLOCH) behandelt hatten, ist es klar, daß man von (90) ausgehend, durch Entwicklung der Kosinusfunktionen in TAYLORsche Reihen ebenfalls eine Formel vom Typus (101) gewinnen kann. Behalten wir in der Reihenentwicklung nur die Glieder mit β, so erhalten wir:

$$\begin{aligned}\varepsilon &= \alpha + 2\beta(\cos 2\pi a d + \cos 2\pi b d + \cos 2\pi c d) + \cdots \\ &= \alpha + 6\beta - 4\pi^2\beta d^2(a^2 + b^2 + c^2) + \cdots,\end{aligned}$$

denn es gilt ja $a = \frac{f_1}{Gd}$. Der Koeffizient $-4\pi^2\beta d^2$ entspricht unserem $h^2/2m^*$ in (101) und zeigt, daß es keine einfache Beziehung zwischen m^* und m_0 gibt. Der Koeffizient m^* kann unter gewissen Umständen sogar negativ werden, da die Energiefunktion im Mittelpunkt der reduzierten Zone $a'b'c'$, wie oben festgestellt wurde, ein Maximum besitzen kann.

Es ist also wichtig, in jedem Fall die Formel (101) und die analoge Formel (43a) auseinanderzuhalten. Die Formel (43a) stellt die Änderung der Energie für Elektronen, die sich in einem Gitter mit sehr schwachen Unebenheiten des Potentials bewegen, dar. Sie findet vor allem auf hohe *wahre*, nicht reduzierte (abc)-Werte Anwendung, und zwar durch alle Zonen hindurch (solange man die Diskontinuitäten, die an den Zonengrenzen durch selektive Reflexionen verursacht werden, vernachlässigen darf). Die in Formel (43a) enthaltene Masse m_0 ist die wahre Masse der Elektronen.

Wir haben uns bei der ganzen Darstellung einer geometrischen Sprachweise und zahlreicher Bilder bedient, um den Sinn der Formeln zu veranschaulichen. Die Möglichkeit, den *Impulsraum* abc (p_x/h, p_y/h, p_z/h) in *Zonen* vom Volumen $1/d^3$ zu zerlegen, deren jede G^3 Zellen (oder Resonatoren ψ) enthält, ergibt sich ganz allgemein aus den Überlegungen des Abschnittes 4. [Man vgl. die Bemerkungen, die sich an Gleichung (17) anschließen.] Die Möglichkeit, jede dieser Zonen durch Transformationen (95) in die Zentralzone abzubilden, ist eine Folge der Forderung, daß die Exponentialfunktionen (16) und (17) Einheitswurzeln G^3-ter Ordnung sein müssen.

Die Überlegungen des Abschnittes 4 zeigen uns auch, daß jeder Zone ein bestimmtes Energieniveau der isolierten Atome entspricht. Die Kopplung der G^3 Ionen des Gitters ergibt G^3 einzelne ψ-Wellen oder ebensoviel Zellen im Phasenraum.

13. Über die Rolle der Diskontinuitäten (der Braggschen Reflexionen) bei wirklichen Metallen. Betrachten wir freie Elektronen in einem Metall. Nach der oben geschilderten Hypothese müssen wir diese Elektronen auf die ψ-Wellen verteilen, die der reduzierten Zone $(a'b'c')$ um den Koordinatenanfangspunkt entsprechen. Wenn diese erste Zone nicht ausreicht (was durch eine größere Anzahl von freien Elektronen pro Metallatom bedingt werden kann), müssen die Nachbarzonen zur Hilfe genommen werden.

Die früheren Ableitungen gelten für kubische Gittersymmetrie. Sie lassen sich aber leicht verallgemeinern. Da die Metalle niemals einfache kubische Gitter bilden, müssen wir hier etwas näher auf die wirklichen Metallgitter eingehen. Nehmen wir an, daß jedes Ion im Gitter das Volumen v beansprucht, und daß es γ freie Elektronen pro Atom gibt. Die Gitterionen müssen also γ-fach geladen sein.

Wenn die freien Elektronen vollkommen entartet sind, müssen sie alle Geschwindigkeiten zwischen 0 und einem Grenzwert v' [siebentes Kapitel, Abschnitt 2, Gleichung (23)] besitzen.

Die Wellenlängen der entsprechenden DE BROGLIE-Wellen liegen zwischen ∞ und einem *Minimalwert* $\lambda_{\min}$:

$$\lambda_{\min} = \frac{h}{m v'} = \left(\frac{3N}{8\pi V}\right)^{-\frac{1}{3}} = \left(\frac{3\gamma}{8\pi v}\right)^{-\frac{1}{3}} \tag{102}$$

Bezeichnen wir mit b den *maximalen Netzebenenabstand* in einem Kristallgitter. BRAGGsche Reflexionen (bzw. die ihnen entsprechenden Anomalien in der Wellenausbreitung) können nur auftreten, solange:

$$\lambda_{\min} < 2b$$

ist.

Wir wollen daher den Ausdruck:

$$\left(\frac{\lambda_{\min}}{2b}\right)^3 = \frac{\pi v}{3\gamma b^3} \tag{103}$$

abschätzen. Wenn er größer als 1 ist, gibt es keine Anomalien. Wenn er unter 1 liegt, ist mit solchen Anomalien zu rechnen.

Betrachten wir jetzt einzeln die Verhältnisse bei den verschiedenen experimentell festgestellten Typen von Metallgittern:

1. Flächenzentrierter Kubus. Es sei a die Kante des Kubus. Die Elementarzelle enthält 4 Ionen, es ist also:

$$v = \tfrac{1}{4} a^3 .$$

Der größte Netzebenenabstand ist der zwischen den Ebenen (111); er beträgt:

$$b = \frac{1}{\sqrt{3}} a .$$

Der Ausdruck (103) erhält somit den Wert:

$$\left(\frac{\lambda_{\min}}{2b}\right)^3 = \frac{3^{\frac{3}{2}}\pi}{12\gamma} = \frac{1{,}36}{\gamma} . \tag{104}$$

Die einwertigen Metalle ($\gamma = 1$) sollten demnach keine selektiven Reflexionen zeigen, wohl aber sind solche Anomalien bei mehrwertigen Metallen ($\gamma = 2, 3, \ldots$) zu erwarten. Folgende Tabelle[1] zeigt die experimentellen Ergebnisse für Metalle mit dem betrachteten Kristalltypus:

Metall	Cu	Ag	Au	Ca	Ba	Al	Ce_β	Th	Pb
Zahl der Valenzelektronen γ . . .	2 1	1 —	3 1	2 —	2 —	3 1 (?)	3 —	4 —	2 —
Leitfähigkeit bei 0° ($\varkappa_0 \cdot 10^{-4}$ cgs) . .	64	68	45	10	?	38	?	?	5

[1] Vgl. MAUGUIN, „La structure des cristaux". Paris: Presses Universitaires.

Metall	Fe_γ	Co_β	Ni_α	Rh	Pd	Ir	Pt	In
Zahl der Valenzelektronen γ. . .	3 2 —	3 2 —	2 — —	3 — —	4 2 —	4 3 2	4 2 —	3 1 —
Leitfähigkeit bei 0° ($\varkappa_0 \cdot 10^{-4}$ cgs) . .	11,3	10	14,4	21	9,5	16	9	12

Außer den Metallen, die wirklich kubisch-flächenzentriert kristallisieren, enthält die Tabelle noch das Indium, dessen Gitter nur wenig von dieser Symmetrie abweicht. Man erkennt in der Tabelle ganz deutlich das überragende Leitvermögen der einwertigen Metalle. Man ist versucht, auch Aluminium zu einwertigen Metallen zu rechnen, indem man annimmt, daß von seinen drei Valenzelektronen nur das eine $3p$-Elektron im Gitter frei wird, während die beiden $3s$-Elektronen gebunden bleiben.

2. *Raumzentrierter Kubus.* Die Kante des Kubus sei wieder mit a bezeichnet. Der Elementarkörper enthält zwei Atome; es ist somit:

$$v = \tfrac{1}{2} a^3 .$$

Die am weitesten entfernten Netzebenen sind (110), ihr Abstand beträgt:

$$b = \frac{\sqrt{2}}{2} a .$$

Der Ausdruck (103) erhält die Form:

$$\left(\frac{\lambda_{\min}}{2b}\right)^3 = \frac{2^{\frac{3}{2}} \pi}{6\gamma} = \frac{1,48}{\gamma} . \tag{105}$$

Auch in diesem Fall sind Störungen nur bei mehrwertigen Metallen möglich. Die einwertigen Metalle mit diesem Kristalltypus sind gute Leiter, doch stehen ihnen die mehrwertigen nicht um vieles nach:

Metall	Li	Na	K	V	Ta	Cr	Mo	W	$Fe_{(\alpha,\beta)}$
Zahl der Valenzelektronen γ. . .	1 — —	1 — —	1 — —	4 3 2	5 — —	3 2 —	4 2 —	6 4 —	3 2 —
Leitfähigkeit $\varkappa_0 \cdot 10^{-4}$ cgs. . .	11,7	23	14	?	6,85	38	?	?	11,3

3. Hexagonale dichteste Kugelpackung. Wenn a die Kante des Grundsechseckes und c die Prismenhöhe bedeutet, so ist das Volumen, das einem Atom zukommt, gleich:

$$v = a^2 c \frac{\sqrt{3}}{4}.$$

Bekanntlich ist bei der dichtesten Kugelpackung:

$$\frac{c}{a} = 2\sqrt{\frac{2}{3}} = 1{,}633.$$

Die Netzebenen mit maximalen Abständen sind die der Basis parallelen Ebenen. Für sie gilt:

$$b = \tfrac{1}{2} c.$$

Man erhält somit:

$$\left(\frac{\lambda_{\min}}{2b}\right)^3 = \frac{2\pi}{\gamma\sqrt{3}} \frac{a^2}{c^2}. \qquad (106)$$

Das Verhältnis (106) kann nur dann größer als 1 werden, wenn $\gamma = 1$ und $c/a < 1{,}9$ ist.

Folgende Tabelle enthält die empirischen Daten:

Metall	Be	Mg	Zn	Cd	Tl	Ti
Zahl der Valenzelektronen γ	2	2	4	2	3	4
	—	—	2	—	1	3
	—	—	—	—	—	2
Verhältnis c/a	1,58	1,624	1,86	1,89	1,62	1,59
Leitfähigkeit $\varkappa_0 \cdot 10^{-4}$ cgs	?	23	18	14	5,6	31

Metall	Zr	Hf	Ce_α	Co_α	Ru	Os
Zahl der Valenzelektronen γ	4	4	3	3	3	4
	3	—	—	2	—	2
Verhältnis c/a	1,59	1,64	1,63	1,633	1,59	1,59
Leitfähigkeit $\varkappa_0 \cdot 10^{-4}$ cgs	?	?	?	10(?)	?	10(?)

Außer den bis jetzt zusammengestellten Gittern gibt es noch solche vom Diamanttypus (C, Si, Ge, graues Sn). Die dazu gehörigen Metalle sind vierwertig, so daß man für sie von vornherein mit der Möglichkeit von Störungen rechnen darf.

Weißes Zinn, Antimon und Selen, die eigene Gittertypen besitzen, können infolge ihrer Vielwertigkeit ebenfalls zu Stoffen gezählt werden, bei denen selektive Reflexionen möglich sind. Es bleiben nur noch Quecksilber (unbekanntes Gitter, Valenz 1) und der Graphit übrig.

Zusammenfassend darf man sagen, daß einwertige Metalle in keiner (oder fast keiner) Kristallform anomale Reflexionen von freien Elektronen geben können. Tatsächlich findet man unter den einwertigen Metallen die besten bekannten Leiter. Es scheint also, daß die durch selektive Reflexionen bedingten Störungen in der Fortpflanzung von DE BROGLIE-Wellen tatsächlich eine bedeutende Rolle bei der Entstehung des metallischen Widerstandes spielen.

Es sei zum Schluß bemerkt, daß die ganze in diesem Abschnitt durchgeführte Diskussion auf der Benutzung der *scheinbaren* und nicht der wahren Wellenlänge der ψ-Wellen beruht.

14. Wechselwirkung zwischen den ψ-Wellen und den thermischen Schwingungen; allgemeine Überlegungen; Fall des kontinuierlich ausgedehnten Mediums. Wir gelangen jetzt zu dem wesentlichen Punkt bei der Erklärung der elektrischen Leitfähigkeit: zur Bestimmung der „freien Weglänge" von Elektronen. In einem ungestörten, vollkommen regelmäßigen Gitter pflanzen sich die ψ-Wellen ohne Energieverlust fort (wenn man von den Störungen durch BRAGGsche Interferenzen absieht). Anders, wenn das Gitter durch die mechanischen Wellen der thermischen Bewegung gestört ist. Wir beschäftigen uns zunächst mit einem vereinfachten Modell, an dem wir uns die Wechselwirkung von Elektronenwellen mit den elastischen Wellen veranschaulichen können. Dieses Modell reicht aus, um die wesentlichen Ergebnisse der Theorie von F. BLOCH zu gewinnen. Im Anschluß daran werden wir später die Einzelheiten dieser Theorie genauer schildern.

Betrachten wir ein Kristallgitter, in dem das Potential $P(xyz)$ nur wenig um einen Mittelwert P_0 schwankt. Die Elektronen können dann in erster Näherung als frei angesehen werden. Dieses Gitter soll durch longitudinale und transversale elastische Wellen gestört sein. Letztere deformieren das Gitter, ohne seine mittlere Dichte zu beeinflussen. Sie werden daher auch den Mittelwert von P an einer bestimmten Stelle im Gitter nicht verändern. Dagegen rufen longitudinale Wellen Dilatationen und Kompressionen hervor, die Schwankungen der örtlichen P-Werte bedingen müssen; denn die Abstände der Ionen werden dabei vergrößert oder verkleinert. Die longitudinalen elastischen Wellen müssen also Störungen in der Ausbreitung von ψ-Wellen verursachen.

Wir nehmen vorläufig an, daß P nur von der Dichte abhängt. Wir dürfen dann ansetzen:

$$P = P_0 + B\delta, \tag{110}$$

worin δ die Abweichung der Dichte vom Mittelwert δ_0 bedeutet. Eine longitudinale elastische Welle mit der Wellenlänge Λ, Frequenz ν und Ausbreitungsgeschwindigkeit W ruft Dichteschwankungen hervor, die durch folgende Formel bestimmt werden:

$$\delta = D\cos 2\pi\,[\nu t - (ax + by + cz)], \tag{111}$$

mit

$$a = \frac{\alpha}{\Lambda} = \frac{\alpha\nu}{W}, \qquad b = \frac{\beta\nu}{W}, \qquad c = \frac{\gamma\nu}{W},$$

und

$$a^2 + b^2 + c^2 = \frac{\nu^2}{W^2} = \frac{1}{\Lambda^2}.$$

α, β und γ sind die Richtungskosinusse der Wellennormalen. Der Energieinhalt der betrachteten elastischen Welle beträgt:

$$\varepsilon = \frac{\varkappa D^2}{2\delta_0^2}$$

pro Kubikzentimeter, wenn $\varkappa$ der Kompressibilitätskoeffizient des betrachteten Körpers ist. Wir stellen uns vor, daß die elastische Welle sich in einem Volumen V mit einer Elektronenwelle ψ trifft. Entsprechend der einfachen Hypothese (110), nach der das Potential des undeformierten Gitters konstant ($P = P_0$) sein soll, setzen wir an:

$$\left.\begin{aligned} \psi_1 &= A_1\, e^{-2\pi i(\nu_1 t - a_1 x - b_1 y - c_1 z)}, \\ h\nu_1 &= m_0 c^2 + P_0 + \frac{h^2}{2m}(a_1^2 + b_1^2 + c_1^2), \end{aligned}\right\} \tag{112}$$

mit einer konstanten Amplitude A_1.

Wir müssen jetzt die durch die Welle (111) hervorgerufene Störung bestimmen.

Im ganzen Volumen V, das die elastische Welle durchdringt, gilt für die ψ-Wellen eine Gleichung vom Typus (4):

$$\Delta\psi - \frac{4\pi m}{hi}\frac{\partial\psi}{\partial t} - \frac{8\pi^2 m}{h^2}(P_0 + mc^2)\,\psi = \frac{8\pi^2 m}{h^2} B\delta\psi. \tag{113}$$

Wenn wir B als klein voraussetzen, können wir eine Lösung durch schrittweise Näherung versuchen. Die erste Näherung bildet die Welle ψ_1, die der entsprechenden homogenen Gleichung genügt. Die zweite Näherung $\psi_1 + \psi_2$ wird einer Gleichung genügen, die man aus (113) dadurch erhält, daß man $\psi_1 + \psi_2$ im linken und ψ_1 im rechten Glied einsetzt. Man kann dieses Verfahren fortsetzen und erhält eine Reihe von Funktionen $\psi_1, \psi_2, \psi_3, \ldots$, deren Summe die Lösung von (113) darstellt:

$$\psi = \psi_1 + \psi_2 + \psi_3 + \cdots .$$

Wenn B klein ist, konvergiert diese Reihe. Bestimmen wir genauer die rechte Seite der Gleichung, die uns zur Berechnung von ψ_2 dienen soll:

$$\left.\begin{aligned} \frac{8\pi^2 m}{h^2} B\,\delta\psi_1 &= \frac{8\pi^2 m}{h^2} B A_1 D \cos 2\pi\left(\nu t - \vec{a}\cdot\vec{r}\right) e^{-2\pi i\left(\nu_1 t - \vec{a}_1\cdot\vec{r}\right)} \\ &= \frac{4\pi^2 m}{h^2} B A_1 D \left\{e^{-2\pi i\left[(\nu_1+\nu)t - \overrightarrow{(a_1+a)}\cdot\vec{r}\right]} + e^{-2\pi i\left[(\nu_1-\nu)t - \overrightarrow{(a_1-a)}\cdot\vec{r}\right]}\right\} \end{aligned}\right\} \quad (114)$$

Mit $\vec{a}\cdot\vec{r}$ usw. ist in (114) das skalare Produkt der Vektoren $\vec{a}\,(a, b, c)$ und $\vec{r}\,(x, y, z)$ bezeichnet. Jedes Glied in (114) ist eine Sinusfunktion im Raume V. Das erste hat die Frequenz $\nu + \nu_1$, das zweite $\nu - \nu_1$.

Diese *Frequenzänderung* ist das charakteristische Ergebnis der Wechselwirkung der beiden Wellen. Wir müssen bei diesem wichtigen Ergebnis etwas verweilen[1].

Bilden wir die Funktion ψ_2 unter der Annahme, daß die elastische Welle plötzlich im Augenblick $t = 0$ im Volumen V entsteht. Für $t \leq 0$ muß also $\psi_2 = 0$ sein. Die Funktion ψ_2 können wir als eine Summe darstellen aus einer Wellenfunktion, die die homogene Gleichung erfüllt und einer erzwungenen Welle, die die nichthomogene Gleichung (mit ψ_1 auf der rechten Seite) befriedigt. Diese beiden Summanden müssen sich für $t = 0$ im ganzen Volumen V vollständig kompensieren. Ihre Abhängigkeit von x, y, z muß daher die

[1] Diese Bemerkung fand sich schon in meiner älteren Arbeit über die Streuung von Lichtwellen (l. c.). In diesem Fall war aber die Bedeutung der Frequenzänderung praktisch zu vernachlässigen. Frenkel u. Mirolubow wandten die von mir angegebene Methode auf die Streuung der ψ-Wellen an, wobei sie aber auch hier die Frequenzänderung unberücksichtigt ließen. Diese Vernachlässigung sowie die Benutzung zu grober Annäherungen macht ihre Rechnungen praktisch wertlos. F. Bloch wies sehr nachdrücklich auf die Bedeutung der Frequenzänderung hin. Houston, Physic. Rev. **34**, 279 (1929) hat diese Bedeutung ebenfalls erkannt. Seine Anwendung dieses Prinzipes ist aber unkorrekt, da er die Eigentümlichkeiten, die wir im Abschnitt 15 kennenlernen werden, vollkommen außer acht läßt.

gleiche sein, und auch die Amplituden A_2 müssen miteinander übereinstimmen. Wir suchen nach einer Lösung mit folgender Abhängigkeit von x, y, z:

$$A_2 e^{2\pi i(a_2 x + b_2 y + c_2 z)}.$$

Wir bilden zunächst eine Lösung für das Glied in $\nu_1 + \nu$, $a_1 + a$ usw. Die Lösung für das Glied mit $\nu_1 - \nu$, $a_1 - a, \ldots,$ wird sich daraus leicht ergeben.

Das erste Glied von ψ_2, das die homogene Gleichung befriedigt, wird eine Frequenz ν_2 aufweisen, die durch die zu (112) analoge Bedingung:

$$\frac{h^2}{2m}(a_2^2 + b_2^2 + c_2^2) = h\nu_2 - m_0 c^2 - P_0 \tag{115}$$

bestimmt wird. Die Frequenz des zweiten Bestandteiles von ψ_2, der erzwungenen Schwingung, wird gleich der Frequenz $\nu_1 + \nu$ des rechten Gliedes der Wellengleichung sein.

Die Funktion ψ_2 wird also die Form:

$$\psi_2 = A_2[-e^{-2\pi i \nu_2 t} + e^{-2\pi i(\nu_1+\nu)t}]e^{2\pi i(\vec{a}_2 \cdot \vec{r})} \tag{116}$$

besitzen, wo $\vec{a}_2 \cdot \vec{r}$ das skalare Produkt der Vektoren $\vec{a}_2\,(a_2, b_2, c_2)$ und $\vec{r}\,(x, y, z)$ bedeutet. Diese Funktion erfüllt die oben gestellte Forderung, indem sie bei $t = 0$ für das ganze Volumen V verschwindet.

Tragen wir diesen Ausdruck in die Gleichung (113), (114) ein. Wir erhalten dann:

$$\frac{8\pi^2 m}{h}(-\nu_2 + \nu_1 + \nu)A_2 e^{2\pi i(\vec{a}_2 \cdot \vec{r})} = \frac{4\pi^2 m}{h^2} B A_1 D e^{2\pi i \overrightarrow{(a_1+a)} \cdot \vec{r}}.$$

Diese Bedingung kann im ganzen Volumen V nur erfüllt werden, wenn:

$$\left.\begin{aligned} a_2 &= a_1 + a, \\ b_2 &= b_1 + b, \\ c_2 &= c_1 + c \end{aligned}\right\} \tag{117}$$

gilt, so daß sich die beiden Exponentialfunktionen gerade aufheben.

Der Koeffizient A_2 erhält dann den Wert:

$$A_2 = \frac{1}{2}\,\frac{B A_1 D}{h(\nu_1 + \nu - \nu_2)}, \tag{118}$$

woraus:

$$\psi_2 = \frac{B A_1 D}{2}\left(\frac{1 - e^{2\pi i(\nu_1+\nu-\nu_2)t}}{h(\nu_1 + \nu - \nu_2)}\right) e^{-2\pi i[(\nu_1+\nu)t - \overrightarrow{(a_1+a)} \cdot \vec{r}]}$$

folgt.

Was uns interessiert, ist vor allem die Intensität dieser Welle:

$$|\psi_2|^2 = \psi_2 \overline{\psi_2} = \frac{1}{2} B^2 A_1^2 D^2 \frac{1 - \cos 2\pi(\nu_1 + \nu - \nu_2)t}{h^2(\nu_1 + \nu - \nu_2)^2}. \tag{119}$$

Wir erkennen in dieser Formel das Auftreten von Schwebungen: die Intensität der sekundären Welle ψ_2 schwankt periodisch zwischen 0 und $\frac{B^2 A_1^2 D^2}{h^2(\nu_1 + \nu - \nu_2)^2}$. Aus dem Ausdruck im Nenner ersieht man, daß die sekundäre Welle nur dann merkliche Intensität hat, wenn $\nu_1 + \nu - \nu_2$ genügend klein ist.

Indem wir uns auf die Formeln (112), (115) und (117) beziehen, erhalten wir:

$$\left.\begin{aligned} h(\nu_1+\nu-\nu_2) &= \frac{h^2}{2m}(a_1^2 + b_1^2 + c_1^2 - a_2^2 - b_2^2 - c_2^2) + h\nu \\ &= -\frac{h^2}{2m}(a^2+b^2+c^2+2aa_1+2bb_1+2cc_1)+h\nu. \end{aligned}\right\} \tag{120}$$

Zu dieser Lösung ψ_2 müssen wir eine zweite, ganz ähnliche hinzufügen, in der — entsprechend der Formel (114) — vor ν, a, b und c Minuszeichen stehen.

15. Geometrische Darstellung der Ergebnisse. Die Welle ψ_2 hat nur dann merkliche Intensität, wenn der Ausdruck (120) sehr klein ist. Betrachten wir den optimalen Fall, also $\nu_1 + \nu - \nu_2 = 0$. Welchen praktischen Bedingungen entspricht dieser Fall? Die rechte Seite von (120) muß verschwinden. Die elastische Welle (ν, a, b, c) muß zu diesem Zwecke einer speziellen Beziehung genügen. Bezeichnen wir mit $\alpha\beta\gamma$ die Richtungskosinusse der Normalen der elastischen Welle und mit $\alpha_1\beta_1\gamma_1$ die der Normalen der einfallenden Elektronenwelle ψ_1. Diese letzteren sind durch die Gleichungen:

$$a_1 = \frac{m v_1}{h}\alpha_1, \qquad b_1 = \frac{m v_1}{h}\beta_1, \qquad c_1 = \frac{m v_1}{h}\gamma_1$$

mit den Wellenkonstanten $a_1 b_1 c_1$ und v_1 (Geschwindigkeit der von der Welle ψ_1 mitgeführten Elektronen) verknüpft. Die Bedingung (120) erhält bei Berücksichtigung von (111) die Form:

$$-\frac{h^2\nu^2}{2mW^2} - \frac{h\nu}{W} v_1(\alpha\alpha_1 + \beta\beta_1 + \gamma\gamma_1) + h\nu = 0,$$

oder:

$$2mv_1 \cos i_1 + \frac{h\nu}{W} = 2mW.$$

Wenn man mit i_1 den Winkel zwischen den beiden Wellennormalen bezeichnet, so ist:

$$h\nu = 2mW(W - v_1 \cos i_1) \tag{121}$$

Dieses Ergebnis bezieht sich auf den Fall (120) und setzt ν als positiv voraus; mit anderen Worten: $W - v_1 \cos i_1$ ist positiv. Die Anwendung der gleichen Rechnung auf die zweite Lösung (114) — d. h. auf diejenige mit den Minuszeichen vor ν, a, b und c — hätte die Beziehung:

$$h\nu = -2mW(W - v_1 \cos i_1)$$

ergeben, die nur für den Fall $(W - v_1 \cos i_1) < 0$ gilt. Wir sehen also, daß sich die beiden Lösungen ergänzen und daß die Formel (121) alle möglichen Fälle in sich enthält, wenn man darin für ν nicht nur positive, sondern auch negative Werte zuläßt.

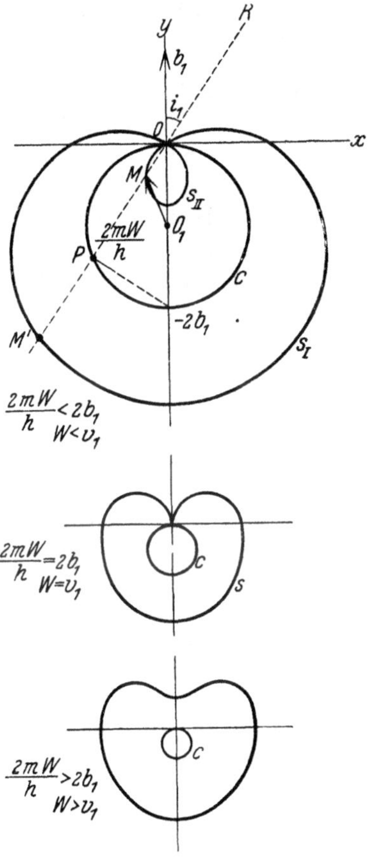

Abb. 37.

Nehmen wir an, daß die ursprüngliche Welle ψ_1 gegeben sei. Sie soll sich in der Richtung Oy fortpflanzen $(a_1 = 0, \quad c_1 = 0)$. Suchen wir eine Fläche S so zu bestimmen, daß die darauf liegenden Punkte abc denjenigen elastischen Wellen entsprechen, die die stärkste Einwirkung auf die Welle ψ_1 haben können. Aus (121) sehen wir, daß diese Fläche S Rotationssymmetrie um die Fortpflanzungsrichtung Oy der Welle ψ_1 besitzt. Die Abb. 37 zeigt einen Schnitt durch S.

Betrachten wir eine Richtung OR, die den Winkel i_1 mit Oy bildet und versuchen wir, den entsprechenden Vektor (a, b, c) zu bestimmen. Seine Länge ist nach (111) gleich ν/W, und die Gleichung (121) gibt:

$$\frac{\nu}{W} = -2b_1 \cos i_1 + \frac{2mW}{h}, \qquad b_1 = \frac{mv_1}{h}.$$

Wir tragen also von dem Schnittpunkt P mit dem Kreise O (Durchmesser $2\,b_1$) aus die Länge $2\,mW/h$ ab. Den erhaltenen Punkt bezeichnen wir mit M. In dem in Abb. 37 dargestellten Fall ist OM negativ, ν also ebenfalls negativ, was der zweiten von den beiden oben geschilderten Möglichkeiten entspricht. Dieser Fall tritt nur ein, wenn $2\,m\,W/h$ kleiner als $2\,b_1$, d. h. wenn

$$W < v_1$$

ist. Dem Winkel $i_1 + \pi$ entspricht der Punkt M'.

Für $W \geqq v_1$ liegt die ganze Kurve S außerhalb des Kreises C. Allgemein entspricht der äußere Zweig S_I der Bildung der Welle mit der höheren Frequenz $\nu_1 + \nu$, der innere Zweig S_{II} dagegen einer gestreuten Welle mit einer verminderten Frequenz. Der Vektor (a_2, b_2, c_2), der die sekundäre Welle ψ_2 veranschaulicht, stellt die Summe der Vektoren $(0, b_1, 0)$ und OM (a, b, c) dar. Er wird also durch den Abschnitt O_1M bestimmt. Seine Länge muß gleich mv_2/h sein, worin v_2 die Geschwindigkeit der Elektronen in der Welle ψ_2 bedeutet.

Besinnen wir uns, daß der Radius von C gleich mv_1/h ist. Wir erkennen dann, daß der Ast S_{II} der Bedingung:

$$|v_2| < |v_1|,$$

der Ast S_I dagegen der Bedingung:

$$|v_2| > |v_1|$$

entspricht, wodurch unsere Aussagen über die Bedeutung dieser beiden Äste, genauer gesagt der beiden Flächen, deren Schnittkurven mit der Zeichenebene diese Äste darstellen, bestätigt werden.

16. Eine Hypothese über die Natur der Wechselwirkung zwischen den elastischen Wellen und Elektronenwellen im Kristallgitter. In Abschnitt 14 untersuchten wir die Wechselwirkung von ψ-Wellen und elastischen Wellen mit Hilfe eines Modells, das zu einfach erscheinen kann. Ganz ähnliche Ergebnisse haben aber F. Bloch und Peierls auch bei einer genaueren Durchführung der Theorie gewonnen. Wir wollen jetzt die Überlegungen dieser Autoren kurz zusammenfassen.

Es sei $U(r)$ die potentielle Energie eines Elektrons im Abstand r von einem Gitterion. Stellen wir uns — wiederum nur zur Vereinfachung der Formeln — vor, daß das Gitter einfache kubische Symmetrie besitzt. Die gesamte potentielle Energie des Elektrons als Funktion von xyz wird im undeformierten Gitter durch die Summe der U-Werte für alle Einzelionen bestimmt:

$$P(xyz) = \sum_{n_1 n_2 n_3} U(x - dn_1, y - dn_2, z - dn_3) \tag{122}$$

($n_1 n_2 n_3$ = ganze Zahlen zwischen $-\infty$ und $+\infty$); d bedeutet die Gitterkonstante; $n_1 d$, $n_2 d$, $n_3 d$ sind die Koordinaten des Ions mit den Indizes $n_1 n_2 n_3$.

Wenn das betrachtete Gitter durch eine elastische Welle deformiert wird, so erleiden die Ionen eine Verschiebung aus ihrer Gleichgewichtslage. Wir nehmen die Ionen als deformierbar an[1]: Wenn man mit $u_x u_y u_z$ die Verschiebungskomponenten bezeichnet, so wird die potentielle Energie P durch den Ausdruck:

$$P^*(xyz) = \sum_{n_1 n_2 n_3} U(x - dn_1 - u_x, y - dn_2 - u_y, z - dn_3 - u_z)$$

bestimmt. In der Wellengleichung erscheint gleichzeitig ein Störungsglied:

$$W(xyz) = P^* - P = \sum_{n_1 n_2 n_3} \left[U(\vec{r} - \vec{dn} - \vec{u}) - U(\vec{r} - \vec{dn})\right] \tag{123}$$

(wobei die Differenzen in den Klammern vektoriell zu bilden sind).

Die elastische Welle soll den Typus [(8), Abschnitt 3] besitzen:

$$\vec{u}_{abc,j} = \vec{l}_{abc,j}\, e^{-2\pi i(\nu t - ax - by - cz)}.$$

Die ungestörte Wellengleichung, in der das Potential $P(xyz)$ erscheint, ergibt als Lösung eine Welle ψ_1 vom Typus [(6), Abschnitt 2]:

$$\psi_1 = A_1(xyz)\, e^{-2\pi i(\nu_1 t - a_1 x - b_1 y - c_1 z)},$$

mit:

$$a_1 = \frac{f_1}{Gd}, \quad b_1 = \frac{g_1}{Gd}, \quad c_1 = \frac{h_1}{Gd}.$$

Wir haben es eigentlich mit einem begrenzten Gitter von der Ausdehnung $V = G^3 d^3$ zu tun. Wir benutzen aber denselben Kunstgriff wie in Abschnitt 3 und 4 und ersetzen es durch ein unendlich ausgedehntes zyklisches Gitter. ψ_1 ist eine Eigenfunktion, wenn f_1, g_1, h_1 ganze Zahlen sind. Wenn die Störung W einsetzt, erscheinen neben ψ_1 sekundäre gestreute Wellen ψ_2.

---

[1] Im Zusatz III wird diese Hypothese näher diskutiert; in einer neueren Arbeit hat NORDHEIM die Hypothese starrer Ionen benutzt.

Wir suchen die Lösung des gestörten Problems als eine Summe:

$$\psi = \psi_1 + \psi_2 + \cdots,$$

darzustellen, wobei wir ψ_2 (und die zugehörige Störungsenergie W) als ein kleines Korrektionsglied ansehen. Wir erhalten dann als Gleichung für die zweite Näherung:

$$\Delta\psi_2 - \frac{4\pi m}{hi}\frac{\partial\psi_2}{\partial t} - \frac{8\pi^2 m}{h^2}(P + mc^2)\psi_2 = \frac{8\pi^2 m}{h^2} W\psi_1 . \quad (124)$$

Wir bemerken sofort, daß nach (8) und (6) das Glied auf der rechten Seite von (124) einen zeitabhängigen Faktor von der Form $e^{-2\pi i(\nu_1+\nu)t}$ enthält. Wir erhalten in diesem Fall nur die Frequenz $\nu_1 + \nu$ [und nicht auch $\nu_1 - \nu$, wie in (114)]. Dies wird dadurch bedingt, daß wir die elastische Welle (8) durch einen imaginären Exponentialausdruck dargestellt haben anstatt durch einen reellen, wie in Abschnitt 14. Wir versuchen eine Lösung nach der Dirac-schen Methode der Konstantenvariation zu gewinnen, d. h. durch Entwicklung von ψ_2 in bezug auf die Eigenfunktionen der homogenen Gleichung mit zeitabhängigen Koeffizienten vor den einzelnen Gliedern.

Wir nehmen an, daß die Eigenfunktionen des zyklischen Gitters sich in einer zu (6) analogen Form darstellen lassen, wobei aber alle Indizes 2 statt 1 lauten. Wir suchen eine Lösung in Form einer Reihenentwicklung in bezug auf solche Funktionen:

$$\psi_2 = \sum_{a_2 b_2 c_2} C_2 f(t) A_2(xyz) e^{2\pi i(a_2 x + b_2 y + c_2 z)} . \quad (125)$$

Um das Problem zu präzisieren, nehmen wir wie in Abschnitt 14 an, daß die elastische Welle zur Zeit $t = 0$ entstanden ist, so daß die Welle ψ_2 bei $t = 0$ in allen Punkten gleich Null ist und sich später allmählich ausbildet. Wir erhalten einen Ausdruck für ψ_2, der diesen Forderungen entspricht, indem wir wie in Abschnitt 14, Gleichung (116), einer Eigenfunktion eine erzwungene Schwingung überlagern:

$$\psi_2 = \sum_{a_2 b_2 c_2} C_2 [e^{-2\pi i(\nu_1+\nu)t} - e^{-2\pi i\nu_2 t}] A_2(xyz) e^{2\pi i(a_2 x + b_2 y + c_2 z)} . \quad (126)$$

Tragen wir diesen Ausdruck in Gleichung (124) ein, und erinnern wir uns, daß der Ausdruck:

$$A_2 e^{-2\pi i(\nu_2 t - a_2 x - b_2 y - c_2 z)}$$

eine Lösung der homogenen Gleichung darstellt. Wir erhalten dann:

$$\sum_{a_2 b_2 c_2} h(\nu_1 + \nu - \nu_2) C_2 A_2 e^{-2\pi i\left[(\nu_1+\nu)t - (\vec{a}_2 \cdot \vec{r})\right]} = -W\psi_1 . \quad (127)$$

worin $(\vec{a}_2 \cdot \vec{r})$ das skalare Produkt bedeutet, also eine Abkürzung für $a_2 x + b_2 y + c_2 z$ darstellt.

Die beiden Glieder in (127) haben gleiche Zeitabhängigkeit, so daß wir die Exponentialfunktion $e^{-2\pi i(\nu_1+\nu)t}$ fortlassen können. Um den Koeffizienten C_2 zu bestimmen, multiplizieren wir die beiden Seiten mit:

$$\bar{A}_2(xyz)\, e^{-2\pi i(\vec{a}_2 \cdot \vec{r})}$$

und integrieren über das ganze Volumen V. Infolge der Orthogonalitäts- und Normalisierungsbedingungen, denen die Eigenfunktionen $A_2 e^{2\pi i(\vec{a}_2 \cdot \vec{r})}$ genügen, erhalten wir:

$$h(\nu_1 + \nu - \nu_2)\, C_2 = -W(a_1, a_2, a), \tag{128}$$

worin auf der rechten Seite eines von den Elementen der Matrix W steht, nämlich:

$$W(a_1, a_2, a) = \int_V W_{(t=0)} A_1(xyz) \bar{A}_2(xyz)\, e^{-2\pi i\left[\overrightarrow{(a_2 - a_1)} \cdot \vec{r}\right]} dx\, dy\, dz. \tag{129}$$

Wir haben im W-Ausdruck die Zeitabhängigkeit unberücksichtigt gelassen. Entsprechend der Hypothese des zyklischen Gitters müssen wir in allen Volumelementen, die durch Verschiebung des zunächst betrachteten Volumens $V = G^3 d^3$ um $m_1 G d$, $m_2 G d$, $m_3 G d$ ($m_1 m_2 m_3$ = ganze Zahlen) entstehen, stets dieselben Verhältnisse antreffen wie im Volumen V selbst. Dieser Forderung entspricht der Wellentypus:

$$a_1 = \frac{f_1}{Gd}, \quad a_2 = \frac{f_2}{Gd}, \quad a = \frac{f}{Gd}$$

(f_1, f_2 und f = ganze Zahlen).

Wir dürfen daher ansetzen:

$$W(a_1 a_2, a) = \lim_{M=\infty} \frac{1}{M^3} \int_{M^3 G^3 d^3} W_{(t=0)} A_1 \bar{A}_2\, e^{-2\pi i \overrightarrow{(a_2 - a_1)} \cdot \vec{r}} dx\, dy\, dz. \tag{130}$$

Entnehmen wir W aus der Formel (123):

$$\int_\infty \sum_n [U(r - dn - u) - U(r - dn)] A_1(r) \bar{A}_2(r)\, e^{-2\pi i \overrightarrow{(a_2 - a_1)} \cdot \vec{r}} dx\, dy\, dz$$

$$= \int_\infty \sum_n U(r - dn) \left[\begin{array}{l} [A_1(r+u) \bar{A}_2(r+u)\, e^{-2\pi i \overrightarrow{(a_2 - a_1)} \cdot \overrightarrow{(r+u)}} \\ - A_1(r) \bar{A}_2(r)\, e^{-2\pi i \overrightarrow{(a_2 - a_1)} \cdot \vec{r}} \end{array} \right] dx\, dy\, dz.$$

Die Wellenfunktionen sind überall stetig und differenzierbar. Somit erhält der obige Ausdruck die Form:

$$\int_\infty \sum_n U(r - dn)\left[u \cdot \operatorname{grad}\left(A_1 \overline{A}_2 \, e^{-2\pi i \overrightarrow{(a_2 - a_1)} \cdot \vec{r}}\right)\right] dx\, dy\, dz$$

$$= \int_\infty \sum_n U(r-dn)\{u[-2\pi i(a_2 - a_1) A_1 \overline{A}_2 + \operatorname{grad}(A_1 \overline{A}_2)]\} e^{-2\pi i \overrightarrow{(a_2 - a_1)} \cdot \vec{r}} dx\, dy\, dz$$

$$= \int_\infty \sum_n U(r - dn) \begin{bmatrix} -2\pi i A_1 \overline{A}_2 \, l \cdot (a_2 - a_1) \\ + l \cdot \operatorname{grad}\left(A_1 \overline{A}_2\right) \end{bmatrix} e^{-2\pi i \overrightarrow{(a_2 - a_1 - a)} \cdot \vec{r}} dx\, dy\, dz,$$

denn u ist durch (8) gegeben. Die Größen A_1 und $\overline{A}_2$ sind periodisch in xyz (mit der Periode d). Durch die Translation nd bringen wir das Integral auf die Form:

$$\sum_n e^{-2\pi i \overrightarrow{(a_2 - a_1 - a)} \cdot \overrightarrow{nd}} \int_\infty U(r)\left[-2\pi i\, A_1 \overline{A}_2 \, l \cdot (a_2 - a_1) + l \cdot \operatorname{grad}\left(A_1 A_2\right)\right]$$
$$e^{-2\pi i \overrightarrow{(a_2 - a_1 - a)} \cdot \vec{r}} dx\, dy\, dz.$$

Bis jetzt wurde angenommen, daß sich die drei Indizes n zwischen $-\infty$ und $+\infty$ ändern können.

Wir erhalten das Matrixelement W (129, 130), indem wir uns daran erinnern, daß im Volumen V im ganzen G^3 Ionen $(n_1 n_2 n_3)$ enthalten sind.

$$\left.\begin{aligned} W(a_1, a_2, a) = \sum_{n_1, n_2, n_3 = 0 \ldots G} e^{-2\pi i \overrightarrow{(a_2 - a_1 - a)} \cdot \overrightarrow{nd}} \int_\infty U(r)[-2\pi i\, A_1 \overline{A}_2 \, l \cdot (a_2 - a_1) \\ + l \cdot \operatorname{grad}\left(A_1 A_2\right)] \, e^{-2\pi i \overrightarrow{(a_2 - a_1 - a)} \cdot \vec{r}} dx\, dy\, dz. \end{aligned}\right\} \quad (131)$$

Wie schon einmal bemerkt, sind die Koeffizienten bei den ganzen Zahlen n:

$$(a_2 - a_1 - a) \cdot d = \frac{f_2 - f_1 - f}{G}$$

rationale Funktionen. Die Summierung über $n_1 n_2 n_3$ wird daher Null ergeben, außer wenn:

$$\left.\begin{aligned} (a_2 - a_1 - a)\, d &= 0, \pm 1, \pm 2 \cdots = m_1, \\ (b_2 - b_1 - b)\, d &= m_2, \\ (c_2 - c_1 - c)\, d &= m_3 \end{aligned}\right\} \quad (132)$$

gilt. Die Bedingungen (132) scheinen von denen (117), die wir in den vorigen Abschnitten 14 und 15 abgeleitet hatten, verschieden zu sein. Denn dort war von allen ganzzahligen Werten nur 0 erlaubt. Wenn wir uns aber an die Diskussion in Abschnitt 11 und 12 erinnern, so finden wir, daß a_2 und a_1 dort nur bis auf einen Modul $1/d$ definiert wurden. Dasselbe trifft auch für a zu. Daher sind die Bedingungen (132) nur allgemeine Formulierungen von (117).

Gleich hinter der Gleichung (124) haben wir die Bemerkung gemacht, daß auch ein zweiter Fall, mit $\nu_1 - \nu$ im Exponenten, von Bedeutung sei. In diesem Fall erhält man die Bedingungen (132) mit $+$- statt der $-$-Zeichen bei a, b und c. Dieser Fall ist im übrigen dem hier behandelten vollkommen ähnlich.

Wir müssen jetzt $W\ (a_1, a_2, a)$ zu bestimmen suchen. Bemerken wir zunächst, daß $U(r)$, das Potential eines isolierten Ions, bei $r \simeq d$ schon sehr klein wird. Die Amplituden A_1 und $\bar{A}_2$ genügen, wie wir gesehen haben, folgenden Beziehungen von der Art, wie wir sie z. B. in Gleichung (25), Abschnitt 4, aufgestellt haben[1]:

$$\left.\begin{aligned} \Delta A_1 + 4\pi i \sum_\beta a_{1\beta} \frac{\partial A_1}{\partial \beta} + \frac{8\pi^2 m}{h^2}(E_1' - P')A_1 = 0\,, \\ \Delta \overline{A_2} - 4\pi i \sum_\beta a_{2\beta} \frac{\partial \overline{A_2}}{\partial \beta} + \frac{8\pi^2 m}{h^2}(E_2' - P')\overline{A_2} = 0\,. \end{aligned}\right\} \quad (133)$$

β bedeutet in (133) einen von den Indizes x, y, z. Des weiteren ist $a_{1x} = a_1$, $a_{1y} = b_1$, $a_{1z} = c_1$. Multiplizieren wir die erste Gleichung (133) mit $\sum_\alpha l_\alpha \frac{\partial \overline{A_2}}{\partial \alpha}$ und die zweite mit $\sum_\alpha l_\alpha \frac{\partial A_1}{\partial \alpha}$, addieren sie und integrieren. Wir erhalten dann:

$$\begin{aligned} &\frac{8\pi^2 m}{h^2} \sum_\alpha l_\alpha \int_V P' \frac{\partial}{\partial \alpha}\left(A_1 \overline{A_2}\right) dx\,dy\,dz \\ &= \sum_\alpha l_\alpha \int_V \Bigg[\Delta A_1 \frac{\partial \overline{A_2}}{\partial \alpha} + \Delta \overline{A_2} \frac{\partial A_1}{\partial \alpha} \\ &+ 4\pi i \sum_\beta \left(a_{1\beta} \frac{\partial A_1}{\partial \beta} \frac{\partial \overline{A_2}}{\partial \alpha} - a_{2\beta} \frac{\partial \overline{A_2}}{\partial \beta} \frac{\partial A_1}{\partial \alpha}\right)\Bigg] dx\,dy\,dz \\ &+ \sum_\alpha l_\alpha \frac{8\pi^2 m}{h^2} \int_V \left(E_1' A_1 \frac{\partial \overline{A_2}}{\partial \alpha} + E_2' \overline{A_2} \frac{\partial A_1}{\partial \alpha}\right) dx\,dy\,dz\,. \end{aligned}$$

Man kann diese Beziehung auch folgendermaßen formulieren:

$$\left.\begin{aligned} &\int P' l \cdot \operatorname{grad}\left(A_1 \overline{A_2}\right) dx\,dy\,dz \\ &= \frac{h^2 i}{2\pi m} \sum_{\alpha,\beta} l_\alpha (a_{1\beta} - a_{2\beta}) \int \frac{\partial A_1}{\partial \beta} \frac{\partial \overline{A_2}}{\partial \alpha}\, dx\,dy\,dz \\ &+ (E_1' - E_2') \sum_\alpha l_\alpha \int A_1 \frac{\partial \overline{A_2}}{\partial \alpha}\, dx\,dy\,dz\,. \end{aligned}\right\} \quad (134)$$

[1] Bloch schreibt diese Gleichungen irrtümlich mit $2\pi i$ statt $4\pi i$ als Koeffizienten.

Es sind dabei folgende Umformungen vorgenommen worden: Drei partielle Integrationen reduzieren $\Delta A_2 \frac{\partial A_1}{\partial \alpha}$ auf $-\frac{\partial \overline{A}_2}{\partial \alpha} \Delta A_1$. Dadurch hebt sich das erste Glied auf. Die integrierten Glieder heben einander an den Integrationsgrenzen auf, infolge der Periodizität von A_1 und $\overline{A}_2$. Die beiden letzten Integrale vereinfachen sich ebenfalls, wenn man ein- oder zweimal partiell integriert.

Das Integral des ersten Gliedes hat große Ähnlichkeit mit dem von (131). Wir präzisieren diese Analogie, indem wir annehmen, daß P_0 das mittlere (von den Nachbarionen stammende) Potential im Mittelpunkt eines Ions bedeutet. Das Potential $P'(xyz)$ unterscheidet sich dann nur wenig von $U(r)$, d. h. von dem Potential, das das betreffende Ion in Abwesenheit aller anderen hervorgerufen hätte. Die Formeln (131) und (134) ergeben unter diesen Umständen[1]:

$$\left.\begin{aligned} W(a_1, a_2, a) = & -2\pi i \sum_\alpha l_\alpha (a_2 - a_1)_\alpha \int U(r)\, A_1 \overline{A}_2 \,dx\,dy\,dz \\ & + (E_1' - E_2') \sum_\alpha l_\alpha \int A_1 \frac{\partial \overline{A}_2}{\partial \alpha}\,dx\,dy\,dz \\ & - \frac{h^2 i}{2\pi m} \sum_{\alpha,\beta} C_{\alpha\beta} l_\alpha (a_2 - a_1)_\beta , \end{aligned}\right\} \quad (135)$$

mit

$$C_{\alpha\beta} = \int \frac{\partial A_1}{\partial \beta} \frac{\partial \overline{A}_2}{\partial \alpha}\,dx\,dy\,dz .$$

Das zweite Glied wird im allgemeinen klein sein, da die Energiedifferenz zwischen den beiden Elektronenwellen gleich dem Energiequant $h\nu$ der elastischen Welle und daher sehr klein ist. Wenn wir des weiteren annehmen dürfen, daß die Amplituden A_1 und $\overline{A}_2$ um ein Ion sphärische Symmetrie haben, so reduziert sich

[1] Es bleibt in (131) noch eine Exponential-Funktion:

$$e^{-2\pi i (a_2 - a_1 - a)\cdot r} = e^{-\frac{2\pi i}{d}(m_1 x + m_2 y + m_3 z)}$$

nach (132) übrig; im folgenden Abschnitt werden wir sehen, daß m_1, m_2, m_3 nur die Werte 0, ± 1 annehmen können. Das Potential $U(r)$ in (131) verschwindet aber sehr schnell, wenn x, y, z von 0 bis d wachsen; daher können wir in (131) die Exponential-Funktion praktisch einfach gleich 1 setzen.

der Tensor $C_{\alpha\beta}$ auf die Diagonalglieder $C_{\alpha\alpha}$, die alle einander gleich sind. Setzen wir:

$$C = C_{\alpha\alpha} + \frac{4\pi^2 m}{h^2} \int U(r)\, A_1 \overline{A_2}\, dx\, dy\, dz.$$

Wir erhalten dann:

$$\left.\begin{aligned} W(a_1, a_2, a) &= -\frac{h^2 i}{2\pi m} C \sum_\alpha l_\alpha (a_2 - a_1)_\alpha \\ &= -\frac{h^2 i}{2\pi m} C \sum l_\alpha \left(a_\alpha + \frac{m_\alpha}{d}\right) \end{aligned}\right\} \tag{136}$$

[unter Benutzung der Beziehungen (132)].

Wenn wir auf der rechten Seite von (132) nur die ganze Zahl *Null* als erlaubt ansehen, wie dies in (117) geschehen war, so finden wir:

$$W(a_1, a_2, a) = \left\{\begin{array}{l} 0 \text{ für transversale elastische Wellen,} \\ \dfrac{h^2 i}{2\pi m} C\,|l| \cdot |a| \text{ für longitudinale Wellen;} \end{array}\right\} \tag{137}$$

denn der Verschiebungsvektor $\vec{l}$ ist im Falle einer transversalen Welle senkrecht zum Vektor $\vec{a}$ (der Wellennormalen), während im Falle der longitudinalen Welle beide Vektoren gleichgerichtet sind.

Indem F. Bloch, dessen Ableitungen auf die eben beschriebene Art aufgebaut wurden, zu der Gleichung (137) gelangte, bestätigte er eine Beziehung, die wir in unserer vereinfachten Hypothese (Abschnitt 14) zum Ausgangspunkt der Beweisführung gewählt hatten: die longitudinalen Wellen spielen tatsächlich eine viel wichtigere Rolle als die transversalen.

Die allgemeinen Ergebnisse der Blochschen Theorie sind, wie aus Formel (136) ersichtlich ist, etwas komplizierter. Sie können nach (128) folgendermaßen dargestellt werden:

$$C_2 = C \frac{hi}{2\pi m(\nu_1 + \nu - \nu_2)} \cdot \left\{\begin{array}{l} \dfrac{1}{d} \displaystyle\sum_\alpha l_\alpha m_\alpha \text{ für transversale elastische Wellen} \\ \left[|l| \cdot |a| + \dfrac{1}{d} \displaystyle\sum_\alpha l_\alpha m_\alpha\right] \text{ für longitudinale elastische Wellen.} \end{array}\right\} \tag{138}$$

Wenn man alle drei Zahlen m_α gleich Null setzt, so werden die longitudinalen Wellen die einzig wirksamen, und (138) wird unserer früheren Gleichung (118) äquivalent.

PEIERLS[1] hat in den obigen Formeln eine Umformung gemacht; er schreibt $|a| \cdot |l|$ auch für den Fall, wenn die Indizes m von Null verschieden sind. Daher werden auch alle seine weiteren Ableitungen von den unsrigen verschieden. Die Hypothese von PEIERLS wird im Zusatz 3 am Schlusse des Buches näher diskutiert.

Wir müssen uns jetzt darauf besinnen, daß es noch eine zweite Art von Wechselwirkung gibt, mit dem Minuszeichen vor ν, a, b und c:

$$\nu_2 \simeq \nu_1 - \nu, \qquad a_2 = a_1 - a + \frac{m_1}{d}, \qquad b_2 = b_1 - b + \frac{m_2}{d},$$
$$c_2 = c_1 - c + \frac{m_3}{d}.$$

In diesem Fall wird die Beziehung (136) entsprechend dem umgekehrten Vorzeichen von a abgeändert, und man erhält statt (138):

$$C_2 = C \frac{h i}{2\pi m(\nu_1 - \nu - \nu_2)} \cdot \begin{Bmatrix} \frac{1}{d} \sum l_\alpha m_\alpha \text{ — für transversale Wellen} \\ \left[-|a| \cdot |l| + \frac{1}{d} \sum l_\alpha m_\alpha\right] \text{— für longitudinale Wellen.} \end{Bmatrix} \qquad (139)$$

17. Diskussion der Wechselwirkung zwischen elastischen Wellen und Elektronenwellen im Kristallgitter. Als wir vom kontinuierlichen Medium (Abschnitt 14) zum Kristallgitter (Abschnitt 16) übergingen, mußten wir eine wesentliche Neuerung einführen, indem wir an die Stelle der Beziehungen (117) die Beziehungen (132) setzten.

Dieser Übergang verdient eine nähere Betrachtung. Vor allem sei bemerkt, daß die Diskussion des Abschnittes 15 auch unter den neuen Bedingungen ihre Bedeutung vollkommen behält, soweit es sich um Wechselwirkung zwischen Wellen unter Erhaltung der Totalimpulse a, b, c handelt. Da in diesem Fall die rechte Seite der Gleichung (132) gleich Null ist, wird (132) gleichlautend mit (117).

Was passiert aber, wenn die rechte Seite von (132) nicht überall gleich Null ist. Wir müssen dann nach Wellen suchen, die der Gleichung (132) und gleichzeitig dem Energieerhaltungssatz:

$$h(\nu_1 + \nu - \nu_2) = 0$$

genügen. Nur in diesem Fall erhält der Streuungskoeffizient C_2 [Gleichung (138)] einen merklich von Null verschiedenen Wert.

[1] PEIERLS, R., Ann. Physik **4**, 121 (1930), Gleichung (11).

Wie bereits in (120) schreiben wir den Energieausdruck aus:

$$h(\nu_1 + \nu - \nu_2) = \frac{h^2}{2m}(a_1^2 + b_1^2 + c_1^2 - a_2^2 - b_2^2 - c_2^2) + h\nu = 0\,. \qquad (140)$$

Da es sich hier um Elektronenwellen im Kristallgitter handelt, müssen wir unter m in (140) die wahre Masse m_0 des Elektrons verstehen, wenn die Indizes $a_1 b_1 c_1$, $a_2 b_2 c_2$ der „wahren" Numerierung der ψ-Wellen entsprechen. Wenn wir statt dessen die „reduzierte" Numerierung nach Abschnitt 12 verwenden, muß man für m statt m_0 die *scheinbare Masse* m^* in (140) einsetzen.

Erinnern wir uns zunächst daran, daß die Energie $h\nu$ der elastischen Wellen stets klein ist im Vergleich zu der Energie der Elektronen. Das Quantum $h\nu$ hat maximal den Wert $k\Theta$, wo Θ die Debyesche charakteristische Temperatur bedeutet. Θ ist von der Größenordnung 100° abs. Dagegen haben die Elektronen Geschwindigkeiten, die Temperaturen bis etwa 40000° entsprechen. Wir erkennen also aus (140), daß $|a_2|^2$ nicht sehr verschieden von $|a_1|^2$ sein kann. Andererseits ist der Vektor $\vec{a}$ in seiner Variation durch die Bedingungen (11a) in Abschnitt 3 beschränkt:

$$-\frac{1}{2d} \leq a \leq \frac{1}{2d}, \qquad -\frac{1}{2d} \leq b \leq \frac{1}{2d}, \qquad -\frac{1}{2d} \leq c \leq \frac{1}{2d}. \qquad (141)$$

Die Vektoren $\vec{a_1}$ und $\vec{a_2}$ müssen ebenfalls von gleicher Größenordnung sein, denn der Grenzgeschwindigkeit v' entspricht in der Fermi-Statistik folgender a'-Wert:

$$|a'| = \frac{m v'}{h} = \left(\frac{3N}{8\pi V}\right)^{\frac{1}{3}} = \frac{1}{2d}\left(\frac{3\gamma}{\pi}\right)^{\frac{1}{3}}, \qquad (142)$$

wenn mit γ, wie früher [vgl. (102)], die Anzahl der freien Elektronen pro Atom bezeichnet wird.

Betrachten wir jetzt einen Vektor $\vec{a_1}$ (Abb. 38). Die Spitze des Vektors $\vec{a_2}$ muß sich irgendwo in der Nähe der Sphäre befinden, die von O aus mit dem Radius a_1 beschrieben worden ist. Andererseits gilt (132)[1]:

$$\vec{a_2} = \vec{a_1} + \vec{a} + \frac{\vec{n}}{d} \text{ (vektoriell)}.$$

---

[1] Von hier ab sollen die in (132) auftretenden ganzen Zahlen mit $n_1 n_2 n_3$ bezeichnet werden, statt mit $m_1 m_2 m_3$, wie dies bis jetzt durchgeführt wurde. Diese Änderung ist notwendig, um eine Verwechslung mit der Masse m zu vermeiden (während früher eine Verwechslung mit den Koordinaten n der Ionen im Gitter vermieden werden mußte).

Indem wir zu $\vec{a}_1$ vektoriell $\vec{a}$ hinzufügen, können wir alle Punkte erreichen, die in einem Kubus mit der Kante $1/d$ und dem Zentrum im Endpunkt E von $|\vec{a}_1|$ enthalten sind. Diesem Kubus entspricht der Fall $n_1 = n_2 = n_3 = 0$. Durch vektorielle Addition von zwei Vektoren $\vec{a}$ und $\vec{n}/d$ an den Vektor $\vec{a}_1$ kann man alle

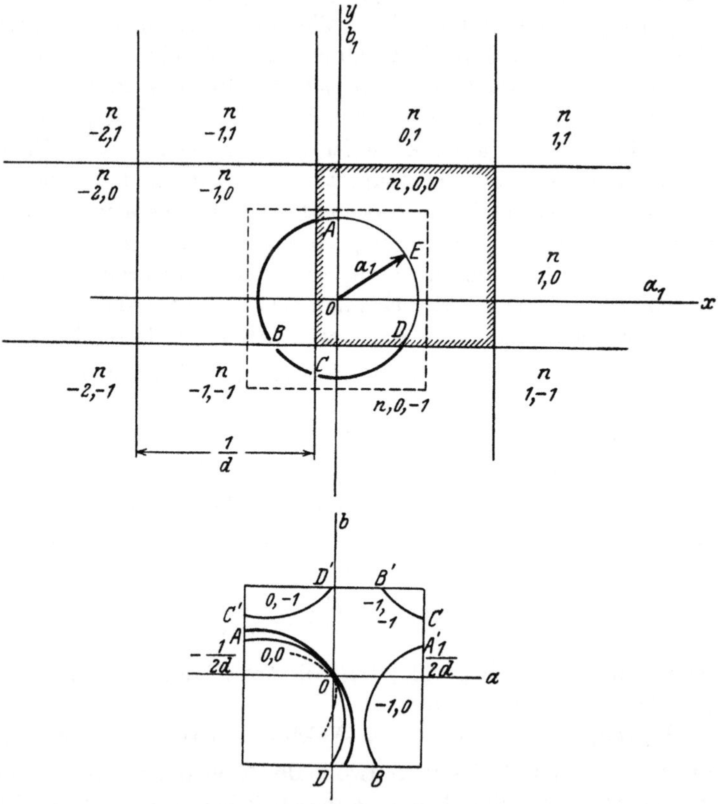

Abb. 38.

Punkte eines benachbarten Kubus erreichen. Die Mittelpunkte aller solcher Kuben sind durch ganzzahlige Vektoren wie $(0, 0, 1)$, $(1, 0, 1)$ . . . gekennzeichnet. Die Fläche, auf der sich die Spitze von $\vec{a}_2$ befindet, wird innerhalb der Kuben:

$$n_1 = 0, \pm 1, \quad n_2 = 0, \pm 1, \quad n_3 = 0, \pm 1 \tag{143}$$

bleiben.

Die Abb. 38 veranschaulicht den Fall von zwei Dimensionen. Der Kreis $EABCD$ mit dem Mittelpunkt O und dem Radius $|a_1|$ durchläuft die Quadrate $-1,0$ (Ast AB), $-1, -1$ (BC) und $0, -1$ (CD). Auf der unteren Abbildung sind die Kreissegmente aufgezeichnet, in deren Nähe sich die Spitze des Vektors $\vec{a}$ befinden muß, wenn a eine elastische Welle bedeutet, die mit den Elektronen der Welle $\vec{a}_1$ reagieren kann. An jedem Kurvenast sind die beiden ganzen Zahlen verzeichnet, die im entsprechenden Fall in der Gleichung (132) auftreten müssen.

In Wirklichkeit ist der Vektor $\vec{a}_2$ immer etwas größer als $\vec{a}_1$ (nach 138), und seine Spitze befindet sich außerhalb des Kreises. Auch die Spitze des Vektors $\vec{a}$ befindet sich nicht genau auf dem Kreise, sondern nebenan. Wir haben diese Frage schon einmal besprochen, nämlich für den Fall des normalen Astes ($n_1 = 0$, $n_2 = 0$). Wir haben neben dem Kreisbogen (0, 0) die wirkliche, ihm ziemlich eng benachbarte Kurve aufgetragen, wie sie sich aus den Überlegungen des Abschnittes 15 ergibt.

Außer diesem Problem, in dem ein elastisches Quantum $h\nu$ von der ψ-Welle absorbiert und die thermische Energie auf die Elektronen übertragen wird, müssen wir noch das umgekehrte Problem betrachten:

$$\vec{a}_2 = \vec{a}_1 - \vec{a} + \frac{\vec{n}}{d} \qquad \nu_2 \cong \nu_1 - \nu, \tag{144}$$

(vektoriell)

also die Entstehung eines elastischen Quants $h\nu$ auf Kosten der Elektronenenergie. Die Diskussion dieses Falles verläuft in genau der gleichen Weise. Die ganzen Zahlen n nehmen die Werte 0 oder ± 1, niemals aber solche über $+1$ oder unter -1 an.

Langsame Elektronen, für die $|a_1|$ den Wert $1/4d$ nicht erreicht, können keine anomalen Reflexionen ergeben; nur schnelle sind dazu befähigt. In den „anomalen" Zusammenstößen zeigen die Vektoren $\vec{a}$ und $\vec{n}/d$, wie wir sehen, die Neigung, sich entgegengesetzt zu richten, so daß $\vec{a}_2$ eine von $\vec{a}_1$ sehr abweichende Richtung erhält, die Richtung von $\vec{a}_2$ kann sogar der von $\vec{a}_1$ entgegengesetzt werden. Dabei gibt es eine große Änderung der Bewegungsgröße der Elektronen, manchmal eine völlige Umkehrung der

Bewegungsrichtung. PEIERLS bezeichnet solche Vorgänge als „Umklappprozesse“.

Umklappvorgänge sind übrigens viel seltener als normale Zusammenstöße. Ihre Wahrscheinlichkeit wird durch das Quadrat des Koeffizienten C_2 in (138) oder (139) bestimmt. Da aber die Vektoren $\vec{a}$ und $\vec{n}/d$ eine Neigung zur Opposition haben, wird der Koeffizient C_2 für Umklappvorgänge viel kleiner als für normale Zusammenstöße.

Unsere Diskussion hat nur einen ziemlich groben Charakter, da wir von der gewöhnlichen Formel (140) für die Energie des Elektrons ausgegangen sind, während in Wirklichkeit diese Energie im Gitter einen komplizierteren, diskontinuierlichen Charakter trägt, wie dies in den Abschnitten 5—12 ausführlich auseinandergesetzt wurde. Es wäre aber schwierig, das uns interessierende Problem genauer zu verfolgen. Wir sind genötigt, uns im folgenden mit der erreichten Näherung zu begnügen; mit anderen Worten, unsere Ableitungen auf den Fall von praktisch freien Elektronen (Abschnitt 12) zu beschränken.

PEIERLS hat eine wichtige Bemerkung gemacht, die sich auf die Gleichungen (132) und (117) bezieht. Wenn man für die ganzen Zahlen n nur den Wert Null zuläßt [wie in (117)], so müssen die Wechselwirkungen der elastischen Wellen mit den ψ-Wellen außer dem Energieerhaltungssatz noch *dem Gesetz der Erhaltung der* (xyz)-*Komponenten der Wellenzahlen* gehorchen. Die Komponenten der Wellenzahlen $1/\lambda$ nach den drei Koordinaten sind mit den Koeffizienten $a, b, c; a_1, b_1, c_1$ usw. identisch. Nach (117) bleibt jede dieser Komponenten für die Gesamtheit der ψ-Welle und der Elektronenwelle auch nach der Streuung unverändert. In der Tat haben wir für die beiden behandelten Fälle:

$$\nu_2 = \nu_1 + \nu \quad \text{(Absorption eines elastischen Quantums)}: \; a_2 = a_1 + a,$$

$$\nu_2 = \nu_1 - \nu \quad \text{(Emission eines elastischen Quantums)}: \; a_2 + a = a_1,$$

und die Summe der Komponenten a bleibt bei dem Stoß konstant.

Dieses Erhaltungsgesetz bildet offenbar eine Analogie zu den Impulserhaltungssätzen, denn ha_1, ha_2, ... sind die Bewegungsgrößen der Elektronen vor und nach dem Stoß, während für a die Gleichung:

$$ha = \frac{h\nu}{W} \cos(\angle\, a x)$$

gilt. a steht also mit der Bewegungsgröße, die durch ein Quant der elastischen Welle transportiert wird (und sich im Strahlungsdruck dieser Welle offenbart), in enger Beziehung.

Das Erhaltungsgesetz der Wellenzahlkomponenten hätte an sich automatisch zu einer *unendlichen elektrischen Leitfähigkeit* führen müssen, denn ein elektrisches Feld beschleunigt die Elektronen, und die Stöße nach (117) sind nicht imstande, die von den Elektronen erworbene Bewegungsgröße zu dissipieren; sie vermögen nur einen Teil davon auf die elastischen Wellen zu übertragen. Zwei Prozesse treten aber hinzu, die das Unendlichwerden der Leitfähigkeit verhindern.

1. Wechselwirkungen zwischen den elastischen Wellen, die z. B. für die Wärmeleitfähigkeit von nichtleitenden Kristallen maßgebend sein müssen;

2. Nichtkonservative Zusammenstöße, die wir am Anfang dieses Abschnittes untersucht haben und bei denen die ganzen Zahlen $n_1 n_2 n_3$ nicht gleich Null sind.

Über die Größenordnung der beiden zuletzt genannten Effekte läßt sich schwer etwas aussagen. F. Bloch hat in seiner ursprünglichen Theorie den zweiten Effekt überhaupt vernachlässigt und angenommen, daß die Wechselwirkungen der elastischen Wellen so intensiv sind, daß die Energieverteilung in diesen Wellen stets dem thermischen Gleichgewicht entspricht, auch wenn die Elektronen durch ein äußeres Feld beschleunigt werden, so daß alle Zusammenstöße (117) zur Impulsübertragung auf die elastischen Wellen führen. Dies bedeutet die Annahme, daß sich das thermische Gleichgewicht der elastischen Wellen sehr schnell einstellt, so daß die resultierende Bewegungsgröße dauernd gleich Null bleibt.

Diese Hypothese ist für hohe Temperaturen sicher annehmbar, für tiefe zumindest diskutabel.

Peierls meint dagegen, daß der zweite Effekt der wichtigere sei. Seine Annahme ist also, daß die elastischen Wellen ihre Bewegungsgrößen nur sehr langsam austauschen, sozusagen große „freie Weglängen" besitzen. Dem würde eine hohe thermische Leitfähigkeit entsprechen. Die entscheidende Rolle bei der elektrischen Leitfähigkeit spielen nach Peierls die Zusammenstöße „Welle—Elektron" vom anomalen Typus (132) mit $n \neq 0$.

Diese zwei Standpunkte haben wir zu diskutieren, und wir werden gegen die Peierlsschen Umklappprozesse einige

Einwände finden. Bemerken wir zunächst, daß nach Abb. 38 (untere Zeichnung) die „Umklappvorgänge" immer dann eintreten können, wenn die Vektoren (a, b, c) relativ lang sind und in die Nähe der Oberfläche des Kubus gelangen. Die Kreisabschnitte (bzw. Kugelabschnitte im dreidimensionalen Fall), in deren Nähe sich der Vektor (abc) befinden muß, sind ganz nahe bei der begrenzenden Kubusfläche gelegen und entsprechen somit hohen Frequenzen (die Länge $|a|$ ist gleich ν/W). Bei tiefen Temperaturen $(T \ll \Theta)$ sind die hohen ν-Werte kaum vorhanden, die anomalen Zusammenstöße daher sehr selten. Nur der Kreisteil, der den normalen Stößen entspricht $(n = 0, 0)$ geht durch den Mittelpunkt O hindurch und enthält die kleinen Werte des Vektors a, d. h. die niedrigen Frequenzen ν, die auch noch bei tiefen Temperaturen genügend stark angeregt bleiben.

18. Bedeutung der normalen Stöße in der Quantenmechanik. Wir haben schon hervorgehoben, daß die anomalen Zusammenstöße relativ selten sind; auch wenn sie eine Rolle für die schließlich eintretende Dissipation der Bewegungsgröße spielen sollten, ist es doch wahrscheinlich, daß der Energie- und Impulsaustausch zwischen elastischen Wellen und ψ-Wellen hauptsächlich durch normale Zusammenstöße vermittelt wird, die der Beziehung (117) genügen. Folglich müssen wir als Gesetz für die Zerstreuung von Elektronenwellen im Gitter die Formel (138b) annehmen, nach der allein die longitudinalen Wellen eine wichtige Rolle bei diesem Vorgang spielen. Wir finden somit genau die Resultate der in Abschnitt 14 entwickelten vereinfachten Theorie wieder. Nach (125), (138b) und (137) gilt:

$$\left.\begin{aligned} \psi_2\overline{\psi}_2 &= |\psi_2|^2 = 2\,|C_2|^2\,|A_2|^2[1 - \cos 2\pi(\nu_1 + \nu - \nu_2)t] \\ &= \frac{C^2 h^2 |l|^2 |a|^2 |A_2|^2 [1 - \cos 2\pi(\nu_1 + \nu - \nu_2)t]}{2\pi^2 m^2 (\nu_1 + \nu - \nu_2)^2}. \end{aligned}\right\} \quad (146)$$

Diese Formel ist der Formel (119) des Abschnittes 14 vollkommen analog. Wir haben die Summierung, die in (126) auftrat, ausgelassen, da die Zahlen $a_2 b_2 c_2$ nur einen einzigen Wert annehmen können, nämlich $a_1 + a$, $b_1 + b$, $c_1 + c$, nach (117). Wenn man den Gesamtwert von (146) für das ganze Volumen $V = G^3 d^3$ bestimmen will, so genügt es, $|A_2|^2$ durch 1 zu ersetzen, da dieses die richtige Normalisierung der ψ-Wellen ergibt:

$$\int_V \psi\overline{\psi}\,dx\,dy\,dz = \int_V A_2 \overline{A}_2\,dx\,dy\,dz = 1\,.$$

In der Formel (146) erscheint, wie wir sehen, das Quadrat $|l|^2$ der Amplitude von elastischen Schwingungen. Wir müssen jetzt diese Größe quantenmäßig ausdrücken.

Es handelt sich um genau dasselbe Problem wie in Abschnitt 16 des dritten Kapitels. Dort untersuchten wir die Wechselwirkung eines elastischen Resonators mit einem ψ-Resonator. Bis jetzt wurde die Rechnung so geführt, als ob l ein einfacher variabler Parameter der Wellengleichung wäre. [Dieser Vorstellung entsprechen die Formeln (79) bis (84) im dritten Kapitel, Abschnitt 16, S. 64]. In Wirklichkeit ist aber l gequantelt, genau wie die Amplitude A, die wir im dritten Kapitel, Abschnitt 16, in den Gleichungen (85) bis (90) einführten. Wir müssen daher, genau wie in (90), $|l|^2$ durch die quantentheoretischen Werte:

$$|l|^2 = \frac{h\nu}{2k} \cdot \begin{Bmatrix} (N+1) - \text{für den Übergang } N \to N+1\,, \\ N - \text{für den Übergang } N \to N-1 \end{Bmatrix} \tag{147}$$

ersetzen.

N ist die Quantenzahl der elastischen Schwingung. Die Energieniveaus der Schwingung sind:

$$E = (N + \tfrac{1}{2})h\nu\,, \qquad \nu^2 = W^2(a^2 + b^2 + c^2)\,. \tag{148}$$

Der Koeffizient k, der in den Formeln des Abschnittes 16 (drittes Kapitel) auftrat und in (147) wiederkehrt, bedeutet die Konstante der elastischen Kraft, die die Schwingung hervorruft. Wir setzen also voraus, daß die potentielle Energie die Form $\frac{1}{2}kl^2$ hat. Nun beträgt aber die kinetische Energie der im Volumen V des Metalles enthaltenen Atome (mit der Gesamtmasse M):

$$\tfrac{1}{2} M |\dot{\vec{u}}|^2 = 2\pi^2\nu^2 M l^2\,,$$

denn von der Verschiebung $\vec{u}$ nehmen wir an, daß sie durch den exponentiellen Ausdruck (8) darstellbar ist. Wir erhalten k aus [(48) (drittes Kapitel)]:

$$k = 4\pi^2\nu^2 M\,. \tag{149}$$

(Bloch benutzt hier aus Versehen einen doppelten Wert, indem er zwei Schwingungen an Stelle einer einzigen annimmt.)

Dies bedeutet, daß für die Schwingung ν die kinetische Energie im Mittel gleich der potentiellen ist.

Vergleichen wir unsere Formeln (146) und (147). Der Ausdruck (146) zeigt uns, daß die gestreute Welle ψ_2 ein Maximum hat, wenn:

$$\nu_1 + \nu - \nu_2 = 0\,, \qquad \text{also} \qquad \nu_2 = \nu_1 + \nu$$

gilt. Er entspricht also einer Streuung mit Frequenzvergrößerung, also dem Verlust eines Quants der elastischen Schwingung. Im Fall:

$$a_2 = a_1 + a\,, \qquad b_2 = b_1 + b\,,$$
$$c_2 = c_1 + c\,, \qquad \nu_2 \simeq \nu_1 + \nu$$

führt der elastische Oszillator den Quantensprung $N \to N - 1$ aus. In Abschnitt 14 erkannten wir, daß auch ein zweiter Fall:

$$a_2 = a_1 - a\,, \qquad b_2 = b_1 - b\,,$$
$$c_2 = c_1 - c\,, \qquad \nu_2 \simeq \nu_1 - \nu$$

vorkommt. Dieser entspricht dem Übergang $N \to N + 1$, bei dem der elastische Oszillator einen Quant $h\nu$ gewinnt und die gestreute ψ-Welle eine entsprechende Energie verliert.

Wir haben also bei der Anwendung der Formeln (146) und (147) folgende zwei Fälle zu unterscheiden:

$$\left.\begin{aligned} &\int\limits_V |\psi_2|^2\,d\tau = \frac{C^2 h^3\,|a|^2}{16\pi^4 \nu M m^2} \\ &\frac{[1 - \cos 2\pi(\nu_1 \mp \nu - \nu_2)t]}{(\nu_1 \mp \nu - \nu_2)^2} \cdot \begin{cases} (N+1) & \text{für } -\nu, \text{ Übergang } N \to N+1. \\ N & \text{für } +\nu, \text{ Übergang } N \to N-1. \end{cases} \end{aligned}\right\} \tag{150}$$

Der Ausdruck (150) stellt die mittlere Anzahl von Elektronen dar, die zur Zeit t der Welle ψ_2, mit den Konstanten $a_2 = a_1 \pm a \ldots$ zugeordnet sind. Die Differentiation dieses Ausdruckes nach der Zeit gibt uns die Wahrscheinlichkeit dafür, daß ein Elektron in der Zeit dt von der Welle ψ_1 auf die Welle ψ_2 überspringt und auf diese Weise die Anzahl der ψ_2-Elektronen vermehrt:

$$\left.\begin{aligned} B(a_1, a_2, N) &= \frac{\partial}{\partial t}\int\limits_V |\psi_2|^2\,d\tau \\ &= \frac{C^2 h^3\,|a|^2}{8\pi^3 \nu M m^2} \cdot \frac{\sin 2\pi(\nu_1 \mp \nu - \nu_2)t}{\nu_1 \mp \nu - \nu_2} \cdot \begin{cases} (N+1). \\ N. \end{cases} \end{aligned}\right\} \tag{151}$$

Die doppelten Zeichen entsprechen folgenden beiden Fällen:

$\vec{a}_2 = \vec{a}_1 - \vec{a}\,; \quad \nu_1 - \nu - \nu_2; \quad N + 1$ — Übergang $N \to N + 1$,

$\vec{a}_2 = \vec{a}_1 + \vec{a}\,; \quad \nu_1 + \nu - \nu_2; \quad N$ — Übergang $N \to N - 1$.

(vektoriell!)

Im ersten Fall gewinnt der elastische Oszillator ein Quant $h\nu$, in zweiter verliert er ein solches.

Unter diesen Bedingungen erscheint, wie wir sehen, als Proportionalitätsfaktor entweder die Quantenzahl im *End*zustand $(N + 1)$ oder die im *Ausgangs*zustand (N). Diese Regel steht in Übereinstimmung mit der Anwendbarkeit der BOSE-EINSTEINschen Statistik auf die Quanten $h\nu$ (sechstes Kapitel, Abschnitt 3 und ff.): die Wahrscheinlichkeit dafür, daß in eine Phasenraumzelle, die schon N Quanten enthält, noch ein Quant eintritt, ist proportional $(1 - bN)$, mit $b = -1$. Die Wahrscheinlichkeit für den Verlust eines Quants seitens einer Phasenraumzelle mit der Besetzungszahl N ist dagegen proportional N.

Alle diese Ergebnisse stehen in Übereinstimmung mit dem Satz, nach dem die stabile Energieverteilung auf die elastischen Oszillatoren im thermischen Gleichgewicht durch die PLANCKsche Formel:

$$\overline{N} = \frac{1}{e^{\frac{h\nu}{kT}} - 1} \tag{152}$$

bestimmt wird.

19. Elektronenverteilung auf die verschiedenen ψ-Resonatoren oder Phasenraumzellen. Alle bisherigen Diskussionen bezogen sich nur auf den in den Abschnitten 14 und 16 behandelten Fall; d. h. wir nahmen an, daß die Elektronen ursprünglich alle der gleichen ψ_1-Welle (derselben Zelle $a_1 b_1 c_1 \nu_1$) angehörten. Jetzt ist es Zeit, diese Beschränkung fallen zu lassen und zu untersuchen, wie sich die Formeln ändern, wenn die Anfangsverhältnisse komplizierter sind und die Elektronen sich von vornherein auf verschiedene Wellen verteilen, etwa nach dem Gesetz:

$$F\,(a_i b_i c_i)\,.$$

Im Falle des thermischen Gleichgewichtes muß F die FERMIsche Verteilungsfunktion bedeuten:

$$F_0\,(a_i b_i c_i) = \frac{1}{e^{\alpha + \frac{E_i}{kT}} + 1}\,, \tag{153}$$

mit:

$$E_i = \frac{p_i}{2m} = \frac{h^2}{2m}\,(a_i^2 + b_i^2 + c_i^2)\,.$$

Um die Formeln zu vereinfachen, nehmen wir im folgenden an, daß die Energie des Elektrons mit genügender Genauigkeit durch den klassischen Ausdruck (101) dargestellt wird. Die

Diskussion in Abschnitt 12 rechtfertigt diese Annahme. Unter m müssen wir die in Abschnitt 12 definierte scheinbare Masse m^* verstehen.

In diesem Fall enthält die Wahrscheinlichkeit für das Auftreten eines Elektronensprunges aus der Zelle $(a_1 b_1 c_1)$ in die Zelle $(a_2 b_2 c_2)$ einen Proportionalitätsfaktor:

$$F(a_1 b_1 c_1)[1 - F(a_2 b_2 c_2)], \tag{154}$$

wie dies von der FERMI-Statistik gefordert wird (vgl. sechstes Kapitel). Wenn die zweite Zelle dauernd von einem Elektron besetzt ist $[F(a_2 b_2 c_2) = 1]$, so wird nach (154) tatsächlich ein Sprung in diese Zelle überhaupt unmöglich. Wir kommen in dieser Weise zu folgendem Ergebnis: die Wahrscheinlichkeit $P(a_1 b_1 c_1, a_2 b_2 c_2, N)\,dt$ dafür, daß ein Elektron in der Zeit dt aus der Zelle $a_1 b_1 c_1$ in die Zelle $a_2 b_2 c_2$ springt, ist durch folgenden Ausdruck gegeben:

$$\left.\begin{aligned} P(a_1 b_1 c_1, a_2 b_2 c_2, N) &= BF(a_1 b_1 c_1)[1 - F(a_2 b_2 c_2)] \\ = \frac{C^2 h^3 \nu}{4\pi^2 M m^2 W^2} \cdot F(a_1 b_1 c_1)[1 - F(a_2 b_2 c_2)] \cdot &\left\{\begin{aligned} &\frac{\sin 2\pi(\nu_1 + \nu - \nu_2)t}{2\pi(\nu_1 + \nu - \nu_2)} N_{abc} \\ &\frac{\sin 2\pi(\nu_1 - \nu - \nu_2)t}{2\pi(\nu_1 - \nu - \nu_2)} (N_{abc} + 1). \end{aligned}\right. \end{aligned}\right\} \tag{155}$$

Wir haben in (155) die Beziehung [(10), Abschnitt 3] verwandt:

$$|a|^2 = a^2 + b^2 + c^2 = \frac{\nu^2}{W^2}. \tag{156}$$

In diesen Formeln steht ν in direkter Beziehung zu den Zahlen $a_1 b_1 c_1$; $a_2 b_2 c_2$, denn in den beiden Fällen (151) haben wir folgende Beziehungen:

$$\left.\begin{aligned} &a = |a_1 - a_2|, \quad b = |b_1 - b_2|, \quad c = |c_1 - c_2|, \\ &\frac{\nu^2}{W^2} = a^2 + b^2 + c^2 = (a_2 - a_1)^2 + (b_2 - b_1)^2 + (c_2 - c_1)^2. \end{aligned}\right\} \tag{157}$$

Der Ausdruck (155) ist sehr klein infolge des Auftretens der Differenz $\nu_1 \mp \nu - \nu_2$ im Nenner. Nur wenn die Werte $a_1 b_1 c_1$, $a_2 b_2 c_2$ so beschaffen sind, daß der Nenner fast gleich Null wird, ändern sich die Verhältnisse. In Abschnitt 15 haben wir den geometrischen Sinn dieser optimalen Bedingungen kennengelernt. Dort wurde auch auf die Stetigkeit des Überganges der beiden Fälle $(\pm \nu)$ ineinander hingewiesen.

20. Allmähliche Änderung der Elektronenverteilung auf die Phasenraumzellen. Wenn wir uns auf die Auseinandersetzungen in Abschnitt 3 des siebenten Kapitels beziehen, so können wir behaupten, daß die Größe, die uns jetzt vor allem interessiert, die Differenz ist zwischen der Anzahl der Elektronen, die aus der Zelle $a_1 b_1 c_1$ in die Zelle $a_2 b_2 c_2$ hinüber wechseln, und der Anzahl der Elektronen, die in der gleichen Zeit den umgekehrten Übergang ausführen. Die Summe solcher Prozesse, genommen über alle Zellen $a_2 b_2 c_2$, ergab für eine Zelle $a_1 b_1 c_1$ den Ausdruck $b - a$, der in die Formeln (25) und (27) des siebenten Kapitels einging.

Wir müssen somit die Differenz der beiden Wahrscheinlichkeiten (155) für inverse Vorgänge bestimmen:

$$\left.\begin{aligned} P(\vec{a_1}, \vec{a_2}; N) - P(\vec{a_2}, \vec{a_1}; N) &= \frac{C^2 h^3 \nu}{4\pi^2 M m^2 W^2} \cdot \frac{\sin 2\pi(\nu_1 + \nu - \nu_2)t}{2\pi(\nu_1 + \nu - \nu_2)} \\ &\cdot [F_1(1 - F_2)N - F_2(1 - F_1)(N + 1)]. \end{aligned}\right\} \quad (158)$$

Bei der inversen Reaktion lautet der Frequenzausdruck $\nu_2 - \nu - \nu_1$. Dadurch wird aber der Bruch nicht geändert. ν_2 und ν_1 sind ausgetauscht, und es tritt Absorption statt einer Emission des Quantes $h\nu$ auf.

Wir nehmen an, daß die Anzahl N von Quanten, die dem Resonator a, b, c, ν zugeordnet sind, eine sich langsam ändernde Funktion ist. Bei der isothermen Verteilung ist N durch die Formel (152) bestimmt.

Der Ausdruck (158) muß jetzt über alle Werte $a_2 b_2 c_2$ integriert werden. Nach den Beziehungen (19) (Abschnitt 4) befinden sich in einem Intervall Δa_2 insgesamt $G d \Delta a_2$ verschiedene mögliche Werte des Parameters a_2. Wenn wir die Summierung durch Integration ersetzen wollen, müssen wir also als Differentialelement den Ausdruck $2 G^3 d^3 da_2 db_2 dc_2$ benutzen (der Faktor 2 wird durch den Elektronendrall bedingt, der die Anzahl von Resonatoren verdoppelt).

Von den Parametern $(a_2 b_2 c_2)$ können wir zu (abc) übergehen. Wir müssen aber die beiden Fälle, die den Vorzeichen $+$ und $-$ entsprechen, auseinanderhalten:

1. Zuerst betrachten wir das Glied, das dem Zeichen $+$ entspricht. Wir haben dann (151, 2):

$$a_2 = a_1 + a, \quad b_2 = b_1 + b, \quad c_2 = c_1 + c.$$

Da die $a_1 b_1 c_1$ konstant sind, können wir die Integration über abc statt über $a_2 b_2 c_2$ durchführen. Andererseits ist es möglich, statt der rechtwinkligen Koordinaten abc die Polarkoordinaten R, i_1, φ zu benutzen, wo i_1 den Winkel zwischen den Vektoren $(a_1 b_1 c_1)$ und (abc) bedeutet. Der Winkel φ wird um $(a_1 b_1 c_1)$ als Achse gedreht (vgl. Abb. 39). Für R gilt:

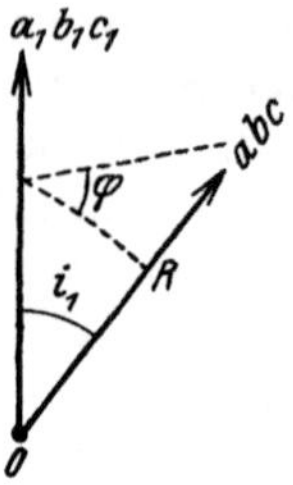

Abb. 39.

$$R^2 = a^2 + b^2 + c^2 = \frac{\nu^2}{W^2}. \tag{159}$$

Das Differentialement in den neuen Koordinaten lautet:

$$2G^3 d^3 da_2\, db_2\, dc_2 = 2G^3 d^3 da\, db\, dc = 2G^3 d^3 R^2 dR \sin i_1\, di_1\, d\varphi. \tag{160}$$

Der Ausdruck $\nu_1 + \nu - \nu_2$ nimmt folgende Form an [(120), Abschnitt 14]:

$$\begin{aligned}\nu_1 + \nu - \nu_2 &= -\frac{h}{2m}(a^2 + b^2 + c^2 + 2aa_1 + 2bb_1 + 2cc_1) + \nu \\ &= -\frac{h}{2m}(R^2 + 2|a_1|R\cos i_1) + \nu,\end{aligned}$$

worin $|a_1|$ den Absolutbetrag des Vektors $(a_1 b_1 c_1)$ bedeutet.

Wir müssen also folgenden Ausdruck berechnen:

$$\left.\begin{aligned}&\sum_{a_2}[P(\vec{a}_1, \vec{a}_2; N) - P(\vec{a}_2, \vec{a}_1; N)] \\ &= \frac{C^2 h^2 G^3 d^3}{2\pi^2 m^2 M W^2}\int h\nu[F_1(1 - F_2)N \\ &\quad - F_2(1 - F_1)(N + 1)]\, t\,\frac{\sin y}{y} R^2 dR \sin i_1\, di_1\, d\varphi,\end{aligned}\right\} \tag{161}$$

mit:

$$y = 2\pi(\nu_1 + \nu - \nu_2)t = -\frac{\pi h}{m} t\left(R^2 + 2|a_1|R\cos i_1 - \frac{2m}{h} R W\right), \tag{162}$$

denn ν hat ja den Wert RW. Einen merklichen Beitrag zum Integral (161) gibt nur die Umgebung von $y = 0$. Wir integrieren zunächst über i_1 und lassen R (und ν) konstant. Unter diesen Umständen ist ν_2 eine langsam sich ändernde Funktion von i_1. Wir dürfen die Glieder mit F_2 vor das Summenzeichen nehmen, indem wir in F_2 denjenigen ν_2-Wert einführen, der dem wichtigsten Punkt ($y = 0$, $\nu_2 = \nu_1 + \nu$) entspricht. Wenn i_1 sich ändert, erhalten wir für y eine äußerst schnelle Variation, da $\cos i_1$ mit $2\frac{\pi h}{m}|a_1|Rt$ zu multiplizieren ist. Dieser Faktor hat die Größenordnung von $2\pi\frac{|v_1|}{W}\nu t$, denn es gilt $|a_1| = \frac{m|v_1|}{h}$ und $R = \frac{\nu}{W}$. Das

Verhältnis der Geschwindigkeit $|v_1|$ der freien Elektronen zu der Geschwindigkeit W der elastischen Wellen beträgt an sich bereits ca. 10^3, und außerdem ist auch die Beobachtungszeit t groß im Vergleich zu der Schwingungszeit, die der Frequenz ν entspricht.

Wenn sich i_1 von 0 bis π ändert, durchläuft y in (162) eine Reihe von Werten, die zwischen einer sehr großen negativen und einer sehr großen positiven Zahl liegen. Praktisch können wir die Grenzen gleich $-\infty$ und $+\infty$ setzen. Andererseits ist:

$$t R \sin i_1 \, d i_1 = \frac{m}{2\pi h |a_1|} \, dy = \frac{1}{2\pi |v_1|} \, dy , \tag{163}$$

und:

$$\int\limits_{-\infty}^{+\infty} \frac{\sin y}{y} \, dy = \pi .$$

Für den „Plus-Fall" haben wir somit den Ausdruck:

$$\frac{C^2 h^2 V}{2\pi^2 m^2 M W^2} \frac{1}{2|v_1|} \int\limits_0^{2\pi} d\varphi \int h\nu [F_1(1-F_2)N_\nu - F_2(1-F_1)(N_\nu+1)] R \, dR . \tag{164}$$

2. Jetzt gehen wir zum „Minus-Fall" über. Die Beziehungen (151, 2) müssen durch (151,1) ersetzt werden:

$$a_2 = a_1 - a , \quad b_2 = b_1 - b , \quad c_2 = c_1 - c .$$

Dadurch wird das Vorzeichen des Gliedes mit $|a_1| \, R \cos i_1$ in (162) geändert. Zur gleichen Zeit ändern wir auch das Vorzeichen von ν. Aus (162) entsteht dann:

$$y' = 2\pi(\nu_1 - \nu - \nu_2) t = -\frac{\pi h}{m} \left(R^2 - 2|a_1| R \cos i_1 + \frac{2m}{h} R W \right) t .$$

Infolge des Vorzeichenwechsels sind die Grenzen $-\infty$ und $+\infty$ des Integrales über y' zu vertauschen. Das Vorzeichen von (163) ist aber auch verändert, so daß wir letzten Endes das gleiche Resultat erhalten wie im „Plus-Fall", mit dem einzigen Unterschied, daß die Ausdrücke N und $N + 1$ vertauscht werden.

Welches sind nun die Integrationsgrenzen in R (oder in ν)? Die Antwort läßt sich leicht aus den geometrischen Überlegungen des Abschnittes 15 entnehmen. Die Lage der Punkte $y = 0$ ist aus der Abb. 37 ersichtlich. Man erhält solche Punkte nur bei Erfüllung folgender Ungleichungen:

$$\left. \begin{aligned} 0 \leq h\nu \leq h\nu_M &= 2mW(W + |v_1|) \text{ — für den Plus-Fall,} \\ 0 \leq h\nu \leq h\nu_m &= 2mW(-W + |v_1|) \text{ — für den Minus-Fall.} \end{aligned} \right\} \tag{165}$$

Man erkennt die Richtigkeit dieser Beziehungen ohne weiteres auf Grund von (121), Abschnitt 15, oder von (162). Denn die Grenzwerte von $\cos i_1$ sind ± 1.

Durch Umformung gewinnen wir folgende gemeinsame Beziehung, die die beiden Fälle + und — umfaßt:

$$\left.\begin{aligned}\sum_{a_2}\,[P(\vec{a}_1, \vec{a}_2; N) - P(a_2, a_1; N)] &= \frac{C^2 h^2 V}{2\pi m^2 M W^4 |v_1|} \\ \cdot \int_0^{2\pi} \frac{d\varphi}{2\pi} \cdot &\left[\begin{aligned}&\int_0^{\nu_M} [F_1(1 - F_2) N - F_2(1 - F_1)(N + 1)]\, h\nu^2\, d\nu \\ &+ \int_0^{\nu_m} [F_1(1 - F_2')(N + 1) - F_2'(1 - F_1) N]\, h\nu^2\, d\nu.\end{aligned}\right]\end{aligned}\right\} \quad (166)$$

F_2 und F_2' sind die Werte der Verteilungsfunktion für diejenigen Kombinationen $a_2 b_2 c_2$, die den Werten $y = 0$ bzw. $y' = 0$ entsprechen, d. h.:

$$\cos i_1 = \frac{W}{2|a_1|}\left(\frac{2m}{h} \mp \frac{\nu}{W^2}\right) = \frac{W}{|v_1|} \mp \frac{h\nu}{2mW|v_1|}. \quad (167)$$

Die Funktionen F und N können im allgemeinen Fall von dem Winkel φ abhängen.

Man erkennt bei der Analyse von (166), daß die beiden Integrale im thermischen Gleichgewicht verschwinden, wenn F die Fermische Funktion (153) ist und N die Funktion (152) von Planck bedeutet. Um dieses einzusehen, genügt es, sich daran zu erinnern, daß $h\nu$ im ersten Integral gleich $E_2 - E_1$ und im zweiten gleich $E_1 - E_2'$ ist, wenn E_1 die Energie der primären und E_2 die der gestreuten Elektronenwelle bedeutet. Die Behauptung, daß (166) verschwindet, ist gleichbedeutend mit der Aussage, daß die Verteilung stationär ist. Denn die rechte Seite von (166) stellt die Differenz zwischen der Anzahl von Elektronen (vom Typus E_1), die durch die Zusammenstöße „erzeugt" werden, und der Anzahl der gleichzeitig „vernichteten" Elektronen dar.

21. Anwendung auf das Leitfähigkeitsproblem. Kehren wir zu dem Problem der metallischen Leitfähigkeit zurück. Die Problemstellung ist wieder genau dieselbe, wie im Abschnitt 3 des siebenten Kapitels. Wir stellen uns vor, daß im Metall längs der Ox-Achse ein Feld E besteht. Gleichzeitig mag ein Temperaturgradient $\partial T/\partial x$ bestehen. Unter solchen Bedingungen wird die Verteilung der

Elektronen auf die einzelnen Phasenraumzellen verändert sein. Die Anzahl der Elektronen hängt nicht nur von $a_1 b_1 c_1$, sondern auch von x ab. Die mittlere Elektronengeschwindigkeit ist durch $a_1 b_1 c_1$ bestimmt:

$$v_{1x} = \frac{h}{m} a_1 .$$

Wir nehmen an, daß bei nicht zu starkem Feld E und mäßigem Gradienten $\partial T/\partial x$ das Verteilungsgesetz sich als die Summe:

$$F(x, a_1 b_1 c_1) = F_0(x, a_1 b_1 c_1) + a_1 X(x, a_1 b_1 c_1) \tag{168}$$

darstellen läßt, eine Formel, die der Gleichung (25) (siebentes Kapitel) durchaus analog ist. Wie im siebenten Kapitel nehmen wir auch jetzt an, daß F_0 und X nur von der mittleren kinetischen Energie der Elektronen, d. h. vom Ausdruck $a_1^2 + b_1^2 + c_1^2$ abhängen. F_0 ist die normale Verteilung (153) in Abwesenheit der Störung.

Die Verteilung (168) wird stabil sein, wenn die Bedingung:

$$\left.\begin{aligned} -\frac{dF}{dt} &= \frac{\partial F}{\partial v_{1x}} \frac{eE}{m} + v_{1x} \frac{\partial F}{\partial x} \\ &= -\sum_{a_2} [P(\vec{a_1}, \vec{a_2}; N) - P(\vec{a_2}, \vec{a_1}; N)] \end{aligned}\right\} \tag{169}$$

erfüllt ist. Auf der rechten Seite steht der Ausdruck (166), der die früher (siebentes Kapitel) mit $(b - a)$ bezeichnete Größe darstellt. Unsere Formel (169) bildet eine genaue Wiederholung der entsprechenden Formeln (25) und (27) des siebenten Kapitels.

Um die Beziehung (169) zu gewinnen, haben wir folgende Umstände berücksichtigt:

1. Wenn man ein Elektron durch ein „Wellenpaket" darstellt, so ergibt die Wellenmechanik genau die gleichen Bewegungsgleichungen wie die klassische Korpuskulartheorie. Die Beschleunigung im Felde E bleibt auch in der Wellenmechanik gleich eE/m.

2. Man könnte sich fragen, ob unsere neuen statistischen Gesetze das letzte Ergebnis nicht modifizieren sollten. Ein Elektron zu beschleunigen, bedeutet, es aus einer Phasenraumzelle in eine andere zu überführen. Ist es sicher, daß wir keine Gefahr laufen, durch solche Übergänge das PAULI-Prinzip zu verletzen? Man kann diese Frage eindeutig beantworten: Wenn zur Zeit $t = 0$ sich nicht mehr als ein Elektron in jeder Zelle befand, dann wird auch später nie mehr als ein Elektron in jeder Zelle auftreten, solange

die Bewegung den klassischen Gesetzen gehorcht. In der Tat besteht in der klassischen Mechanik, nach dem Satz von LIOUVILLE, ein Erhaltungsprinzip für die Phasenraumelemente, d. h. für die Anzahl der von einem System „besetzten" h^3-Zellen. Da die „Wellenpakete" die klassischen Bewegungsgesetze befolgen, besteht keine Gefahr eines Verstoßes gegen das PAULI-Prinzip.

In die Formel (166) führen wir unseren Ausdruck (168) für die Funktion F ein. Wir nehmen an, daß auch die Verteilungsfunktion für die Schwingungsquanten N eine Abweichung von der PLANCKschen Funktion (152) zeigt:

$$N = \frac{1}{e^{\frac{h\nu}{kT}} - 1} + a\psi(\nu, T). \tag{170}$$

Hier soll ψ eine Funktion bedeuten, die nur von der Frequenz ν und nicht von der Fortpflanzungsrichtung abhängt. Wir müssen jetzt den Klammerausdruck in (166) bestimmen. Es sei dabei angenommen, daß ψ und X klein sind, so daß ihre Doppelprodukte vernachlässigt werden können. Für $N + 1$ müssen wir den Ausdruck:

$$N + 1 = \frac{e^{\frac{h\nu}{kT}}}{e^{\frac{h\nu}{kT}} - 1} + a\psi$$

einsetzen.

Wir benutzen die Abkürzungen:

$$\xi = \frac{h\nu}{kT}, \qquad \varepsilon = \alpha + \frac{E_1}{kT} = \frac{E_1 - E'}{kT}, \qquad \left(E' = \frac{1}{2} m v'^2\right). \tag{171}$$

E' bedeutet die maximale kinetische Energie der Elektronen beim absoluten Nullpunkt [Gleichung (23) im siebenten Kapitel]. Es ist dann:

$$F_{01} = \frac{1}{e^{\varepsilon} + 1}, \qquad F_{02} = \frac{1}{e^{\varepsilon+\xi} + 1}, \qquad F'_{02} = \frac{1}{e^{\varepsilon-\xi} + 1}.$$

Wir finden in dieser Weise:

$$\left.\begin{aligned} &F_1(1-F_2)N - F_2(1-F_1)(N+1) = F_1 N - F_2 N - F_2 + F_1 F_2 \\ &= \frac{1}{e^{\xi} - 1}\left(a_1 X_1 e^{\xi} \frac{F_{02}}{F_{01}} - a_2 X_2 \frac{F_{01}}{F_{02}}\right) + a\psi(F_{01} - F_{02}) \\ &= \frac{a_1 X_1 e^{-\varepsilon}(e^{\varepsilon} + 1)^2 - a_2 X_2 e^{-\varepsilon-\xi}(e^{\varepsilon+\xi} + 1)^2 + a\psi e^{-\xi}(e^{\xi} - 1)^2}{(e^{\xi} - 1)(e^{\varepsilon} + 1)(e^{-\varepsilon-\xi} + 1)}. \end{aligned}\right\} \tag{172}$$

In analoger Weise erhält man:

$$\left.\begin{aligned} &F_1(1-F_2')(N+1)-F_2'(1-F_1)N \\ &\quad=\frac{1}{e^{\xi}-1}\left(a_1X_1\frac{F_{02}'}{F_{01}}-e^{\xi}a_2'X_2'\frac{F_{01}}{F_{02}'}\right)+a\psi(F_{01}-F_{02}') \\ &\quad=\frac{a_1X_1e^{-\varepsilon}(e^{\varepsilon}+1)^2-a_2'X_2'e^{-\varepsilon+\xi}(e^{\varepsilon-\xi}+1)^2-a\psi e^{-\xi}(e^{\xi}-1)^2}{(e^{\xi}-1)(e^{-\varepsilon}+1)(e^{\varepsilon-\xi}+1)} \end{aligned}\right\}\quad(172\text{a})$$

Im ersten Glied von (169) können wir F durch F_0 ersetzen und die kleine Korrektion a_1X vernachlässigen. Nun hängt aber $F_0(a_1b_1c_1)$ nur von dem Absolutbetrag der Elektronengeschwindigkeit in der primären Welle ab, d. h. von:

$$|v_1|=\frac{h}{m}|a_1|.$$

Es ist also:

$$\frac{\partial F_0}{\partial v_{1x}}=\frac{\partial F_0}{\partial|v_1|}\cdot\frac{v_{1x}}{|v_1|}.$$

Wir haben:

$$\left.\begin{aligned} F_0&=\frac{1}{e^{\varepsilon}+1}, \\ -\frac{\partial F_0}{\partial|v_1|}&=\frac{m|v_1|}{kT}\,\frac{e^{\varepsilon}}{(e^{\varepsilon}+1)^2}, \\ -\frac{\partial F_0}{\partial x}&=\frac{\partial\varepsilon}{\partial x}\,\frac{e^{\varepsilon}}{(e^{\varepsilon}+1)^2}. \end{aligned}\right\}\quad(173)$$

Die Gleichung (169) erhält folgende endgültige Form:

$$\left.\begin{aligned} &v_{1x}\left(\frac{eE}{kT}+\frac{\partial\varepsilon}{\partial x}\right)\frac{e^{\varepsilon}}{(e^{\varepsilon}+1)^2} \\ &=\frac{C^2h^2V}{2\pi m^2MW^4|v_1|}\int_0^{2\pi}\frac{d\varphi}{2\pi}\cdot\left\{\begin{aligned} &\left[\int_0^{\nu_M}\left(a_1X_1\frac{F_{02}}{F_{01}}e^{\xi}-a_2X_2\frac{F_{01}}{F_{02}}\right)\frac{h\nu^2d\nu}{e^{\xi}-1}\right. \\ &\qquad\left.+\int_0^{\nu_M}a\psi(F_{01}-F_{02})h\nu^2d\nu\right] \\ &+\left[\int_0^{\nu_m}\left(a_1X_1\frac{F_{02}'}{F_{01}}-a_2'X_2'\frac{F_{01}}{F_{02}'}e^{\xi}\right)\frac{h\nu^2d\nu}{e^{\xi}-1}\right. \\ &\qquad\left.+\int_0^{\nu_m}a\psi(F_{01}-F_{02}')h\nu^2d\nu\right]. \end{aligned}\right. \end{aligned}\right\}\quad(174)$$

In dieser Formel können wir noch die Integration über φ ausführen. Wir haben angenommen, daß die Funktionen F_0, ψ und X sphärische Symmetrie besitzen. Die einzigen von dem Winkel φ abhängigen Größen sind also a_2, a_2' und a. Die nebenstehende Abb. 40 bringt die Bedeutung der Winkel i_1 und φ in Erinnerung. Nehmen wir die beiden ersten Integrale. In diesem Falle ist:

$$a_2 = a_1 + a\,.$$

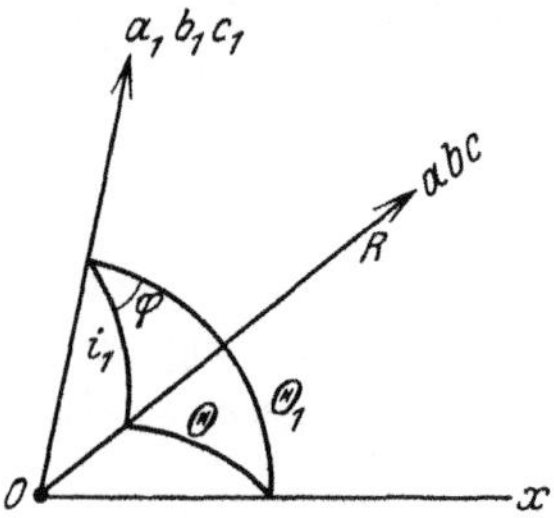

Abb. 40.

Es bleibt uns also letzten Endes nur übrig, folgenden Ausdruck zu berechnen:

$$\frac{1}{2\pi}\int a\,d\varphi = R\cos i_1\,\cos\vartheta_1 = \frac{a_1}{|a_1|}R\cos i_1 = a_1\frac{\nu}{2\,|a_1|^2}\left(\frac{2m}{h} - \frac{\nu}{W^2}\right).$$

Denn es ist:

$$a = R\cos\vartheta = R(\cos i_1\cos\vartheta_1 + \cos\varphi\sin i_1\sin\vartheta_1),$$

und $\cos i_1$ ist durch (167) gegeben.

Wir müssen somit in die beiden ersten Integrale, die von 0 bis ν_M zu nehmen sind, folgende Ausdrücke einführen:

$$\left.\begin{aligned}\int\frac{a_2\,d\varphi}{2\pi} &= a_1\left(1 + \frac{h\nu}{m v_1^2} - \frac{h^2\nu^2}{2m^2 v_1^2 W^2}\right),\\ \int\frac{a\,d\varphi}{2\pi} &= a_1\left(\frac{h\nu}{m v_1^2} - \frac{h^2\nu^2}{2m^2 v_1^2 W^2}\right),\end{aligned}\right\}\qquad(175)$$

denn $|a_1|$ ist dasselbe wie $m|v_1|/h$.

Für die beiden Integrale der zweiten Zeile, die von 0 bis ν_m zu erstrecken sind, geschieht die Rechnung in genau der gleichen Weise; nur ist jetzt $a_2' = a_1 - a$, und in der Formel für $\cos i_1$ (167) ist das $+$-Zeichen zu nehmen. Man erhält:

$$\left.\begin{aligned}\int\frac{a_2'\,d\varphi}{2\pi} &= a_1\left(1 - \frac{h\nu}{m v_1^2} - \frac{h^2\nu^2}{2m^2 v_1^2 W^2}\right),\\ \int\frac{a\,d\varphi}{2\pi} &= a_1\left(\frac{h\nu}{m v_1^2} + \frac{h^2\nu^2}{2m^2 v_1^2 W^2}\right).\end{aligned}\right\}\qquad(175a)$$

Überall steht $a_1 = \frac{m v_{1x}}{h}$ als Faktor. Dadurch wird der Faktor v_{1x} auf der linken Seite von (174) kompensiert. Wir gelangen zu folgender abschließender Gleichung:

$$\left.\begin{aligned}&\frac{|v_1|}{kT}\left(eE + kT\frac{\partial\varepsilon}{\partial x}\right)\frac{e^{\varepsilon}}{(e^{\varepsilon}+1)^2}\\ &= \frac{C^2h^2V}{2\pi m M W^4}\cdot\left[\begin{aligned}&\int\limits_0^{\nu_M}\frac{\nu^2 d\nu}{e^{\xi}-1}\left[X_1\frac{F_{02}}{F_{01}}e^{\xi} - \left(1+\frac{h\nu}{2E_1} - \frac{h^2\nu^2}{4E_1 m W^2}\right)X_2\frac{F_{01}}{F_{02}}\right]\\ &+\int\limits_0^{\nu_M}\left(\frac{h\nu}{2E_1} - \frac{h^2\nu^2}{4E_1 m W^2}\right)(F_{01}-F_{02})\psi\nu^2 d\nu\\ &+\int\limits_0^{\nu_m}\frac{\nu^2 d\nu}{e^{\xi}-1}\left[X_1\frac{F'_{02}}{F_{01}} - \left(1-\frac{h\nu}{2E_1} - \frac{h^2\nu^2}{4E_1 m W^2}\right)e^{\xi}X'_2\frac{F_{01}}{F'_{02}}\right]\\ &+\int\limits_0^{\nu_m}\left(\frac{h\nu}{2E_1} + \frac{h^2\nu^2}{4E_1 m W^2}\right)(F_{01}-F'_{02})\psi\nu^2 d\nu\,.\end{aligned}\right]\end{aligned}\right\} \quad (176)$$

Hier ist:

$$X_1 = X(E_1),\qquad F_{01} = F_0(E_1),\qquad X_2 = X(E_1 + h\nu),$$
$$X'_2 = X(E_1 - h\nu),\qquad F_{02} = F_0(E_1 + h\nu),\qquad F'_{02} = F_0(E_1 - h\nu).$$

Die ziemlich verwickelte Formel (176) ersetzt die viel einfachere Beziehung (32) (siebentes Kapitel), die die alte LORENTZsche Theorie ergab.

22. Die Integralgleichung von BLOCH und ihre Diskussion. F. BLOCH[1] macht die Annahme, daß die elastischen Wellen durch die Wechselwirkung mit den Elektronenwellen praktisch nicht verändert werden. Die Funktion ψ soll also verschwinden; somit werden auch zwei Integrale in (176) gleich Null. BLOCH beschränkte sich bei seinen Ableitungen auf das Problem der elektrischen Leitfähigkeit und führte daher keinen Temperaturgradienten ein. Daher trat das Glied mit $\partial\varepsilon/\partial x$ auf der linken Seite von (176) in den BLOCHschen Formeln nicht auf. Übrigens erhielt er einen etwas ungenauen Koeffizienten mit dem Zahlenfaktor 32 statt 2 im Nenner, und zwar infolge der schon oben erwähnten kleinen Rechenfehler [Abschnitt 16, Gleichung (133) und Abschnitt 18, Gleichung (149), (150)]. Schließlich ließ er die Beschränkungen (165) für die Frequenzen ν außer acht und integrierte daher über ν von 0 bis zu der DEBYEschen Grenzfrequenz ν_D, die nach (12):

$$\nu_D = \frac{W}{\Lambda_{\min}} = W\left(\frac{3N}{4\pi V}\right)^{\frac{1}{3}}$$

[1] l. c. S. 591, Gl. (76).

beträgt. In Wirklichkeit muß man aber nur bis zu der kleineren von den beiden Grenzen ν_M (bzw. ν_m) *oder* ν_D integrieren. Wir werden diese Frage später näher besprechen.

Wir führen die Hilfsvariable $\xi = \frac{h\nu}{kT}$ ein. Unsere Gleichung schreibt sich dann, wenn man die BLOCHschen Bedingungen voraussetzt, also $\psi = 0$ annimmt, folgendermaßen:

$$\left.\begin{aligned} &\int\limits_0^{\xi_M} \frac{\xi^2\,d\xi}{e^{\xi}-1}\left[\chi(\varepsilon)\frac{e^{\xi}}{e^{\varepsilon+\xi}+1} - (1+A\xi-B\xi^2)\frac{\chi(\varepsilon+\xi)}{e^{\varepsilon}+1}\right] \\ &+\int\limits_0^{\xi_m} \frac{\xi^2\,d\xi}{e^{\xi}-1}\left[\frac{\chi(\varepsilon)}{e^{\varepsilon-\xi}+1} - (1-A\xi-B\xi^2)\,e^{\xi}\frac{\chi(\varepsilon-\xi)}{e^{\varepsilon}+1}\right] \\ &= \frac{hMmW^4}{VC^2(kT)^3}\frac{e^{\varepsilon}}{(e^{\varepsilon}+1)^2}v_1\left(eE+kT\frac{\partial\varepsilon}{\partial x}\right), \end{aligned}\right\} \quad (177)$$

mit:

$$\chi(\varepsilon) = \frac{kT}{2\pi}\frac{X(E_1)}{F_0(E_1)},$$

$$A = \frac{kT}{2E_1} = \frac{kT}{2(E'+\varepsilon kT)},$$

$$B = \frac{k^2T^2}{4mW^2E_1} = \frac{k^2T^2}{4mW^2(E'+\varepsilon kT)}.$$

Die Integrationsgrenzen sind nach (165):

$$\xi_M = \frac{h\nu_M}{kT} = \frac{2mW}{kT}(v_1+W)$$

$$\xi_m = \frac{h\nu_m}{kT} = \frac{2mW}{kT}(v_1-W).$$

Wir können v_1 auf der rechten Seite von (177) als Funktion von ε darstellen [Gleichung (171)]:

$$\left.\begin{aligned} v_1 &= \sqrt{\frac{2E_1}{m}} = v'\sqrt{1+\varepsilon\frac{kT}{E'}}, \\ \frac{\partial\varepsilon}{\partial x} &= \frac{\partial\alpha}{\partial x} - \frac{E_1}{kT^2}\frac{\partial T}{\partial x} = -\frac{\varepsilon}{T}\frac{\partial T}{\partial x} - \frac{1}{kT}\frac{\partial E'}{\partial x}. \end{aligned}\right\} \quad (178)$$

Die Variable ε kann alle Werte oberhalb $-\frac{E'}{kT}$ annehmen. Diese untere Grenze ist, dem absoluten Wert nach, sehr groß. Sie entspricht dem Verhalten der Elektronen mit *der Geschwindig-*

keit Null ($v_1 = E_1 = 0$). Die Koeffizienten A und B werden in diesem Punkt unendlich. Er stellt einen *Pol* unserer Gleichung dar. Man muß übrigens bemerken, daß die in Abschnitt 20, Gleichung (162) bis (164), gemachte Näherung für die Elektronen mit $v_1 = 0$ nicht mehr zulässig ist, so daß man sich nicht darüber wundern soll, daß unsere Gleichung bei $v_1 = 0$ Anomalien zeigt.

BLOCH führt in (177) eine neue willkürliche Funktion ein:

$$c(\varepsilon) = \frac{kT}{2\pi}(e^{\varepsilon}+1)(e^{-\varepsilon}+1)X(\varepsilon) = \chi(\varepsilon)(e^{-\varepsilon}+1).$$

Dies ergibt:

$$\left.\begin{aligned} &\int_0^{\xi_M} \frac{\xi^2\,d\xi}{e^{\xi}-1}\cdot\frac{(e^{\varepsilon}+1)}{(e^{\varepsilon}+e^{-\xi})}[c(\varepsilon)-(1+A\xi-B\xi^2)\,c(\varepsilon+\xi)] \\ &+\int_0^{\xi_m} \frac{\xi^2\,d\xi}{e^{\xi}-1}\cdot\frac{(e^{-\varepsilon}+1)}{(e^{-\varepsilon}+e^{-\xi})}[c(\varepsilon)-(1-A\xi-B\xi^2)\,c(\varepsilon-\xi)] \\ &=\frac{hM}{V}\frac{mW^4}{C^2(kT)^3}\,v_1\left(eE+kT\frac{\partial\varepsilon}{\partial x}\right). \end{aligned}\right\} \quad (179)$$

In dieser Gleichung führte BLOCH eine Reihe von Vereinfachungen durch, die ihren Charakter erheblich änderten. Er nahm an, daß nur die schnellsten Elektronen, deren Geschwindigkeit nahe an v' reicht, eine wichtige Rolle spielen. Daher ersetzte er v_1 auf der rechten Seite durch v'. Weiter vernachlässigte er ursprünglich auch A, führte allerdings in seiner zweiten Arbeit diesen Koeffizienten wieder ein. In A und B ließ er aber auch später die Glieder mit ε im Nenner weg. Dadurch verschwand der oben beschriebene Pol. Schließlich ließ er, wie erwähnt, die Existenz von zwei verschiedenen Grenzen ξ_M und ξ_m außer acht und ersetzte beide durch die DEBYEsche Grenze:

$$\frac{h\nu_D}{kT} = \frac{\Theta}{T} \quad (180)$$

(Θ = charakteristische Temperatur des Metalles nach der DEBYEschen Theorie). Wir müssen jetzt zunächst die relative Lage dieser Grenzen diskutieren.

Die obigen Gleichungen gehören äußerlich keinem der gewöhnlichen Typen der Integralgleichungen an. Bekanntlich gibt es drei solche Typen: den FREDHOLMschen mit zwei festen Integrationsgrenzen a und b, den ersten VOLTERRAschen, in dem die Integration zwischen einer festen und einer variablen Grenze ausgeführt wird, und schließlich den zweiten VOLTERRAschen, in dem beide Grenzen variabel sind.

Unsere Gleichung läßt sich auf den zweiten Typus zurückführen[1].

Bezeichnen wir mit $\mathfrak{F}(\varepsilon)$ die Funktion, die auf der rechten Seite von (177) steht und mit $\mathfrak{G}(\varepsilon)$ das Integral, das auf der linken Seite als Koeffizient von $\chi(\varepsilon)$ auftritt:

$$\left.\begin{aligned}\mathfrak{G}(\varepsilon) &= \int\limits_0^{\xi_M} \frac{\xi^2 e^\xi}{(e^\xi - 1)(e^{\varepsilon+\xi}+1)} d\xi + \int\limits_0^{\xi_m} \frac{\xi^2 d\xi}{(e^\xi - 1)(e^{\varepsilon-\xi}+1)} \\ &= \int\limits_{-\xi_m}^{+\xi_M} \frac{\xi^2 d\xi}{|e^\xi - 1|(e^\varepsilon + e^{-\xi})}.\end{aligned}\right\} \quad (181)$$

Der zu integrierende Ausdruck ist bei $\xi = 0$ stetig, denn er verschwindet dort mit $|\xi|$. Die Abgeleitete davon hat aber bei $\xi = 0$ eine Diskontinuität. Unsere Integralgleichung erhält daher die Form:

$$\frac{1}{e^\varepsilon + 1} \int\limits_{-\xi_m}^{+\xi_M} \frac{\xi^2(1 + A\xi - B\xi^2)}{|e^\xi - 1|} \chi(\varepsilon + \xi) d\xi = \mathfrak{G}(\varepsilon)\chi(\varepsilon) - \mathfrak{F}(\varepsilon). \quad (182)$$

Wir haben das obige Integral auf dieselbe Weise umgeformt wie $\mathfrak{G}(\varepsilon)$. Dabei entstand ein Kern (stetig in der Umgebung von $\xi = 0$, da er dort wie $|\xi|$ verschwindet). Andererseits ist die Funktion $\mathfrak{G}(\varepsilon)$ immer positiv und kann nur dann verschwinden, wenn $-\xi_m = +\xi_M$ wird. Setzen wir eine neue unbekannte Funktion:

$$\varphi(\varepsilon) = (e^\varepsilon + 1)\,\mathfrak{G}(\varepsilon)\,\chi(\varepsilon)$$

an. Mit ihrer Hilfe können wir unsere Gleichung auf die VOLTERRAsche Form:

$$\int\limits_{\varepsilon-\xi_m}^{\varepsilon+\xi_M} K(\varepsilon, u)\,\varphi(u)\,du - \varphi(\varepsilon) = -(e^\varepsilon + 1)\,\mathfrak{F}(\varepsilon) \quad (183)$$

[1] Ich verdanke dieses Ergebnis den Diskussionen mit meinem Kollegen JULIA.

bringen, mit einem Kern:

$$K(\varepsilon, u) = \frac{(u-\varepsilon)^2\,[1 + A(u-\varepsilon) - B(u-\varepsilon)^2]}{\left|e^{u-\varepsilon} - 1\right|\,(e^u + 1)\,\mathfrak{G}(u)}\,.$$

Untersuchen wir zunächst die Integrationsgrenzen. Das Integral in (183) erstreckt sich von u_m bis u_M:

$$\left.\begin{aligned} u_m &= \varepsilon - \xi_m = \varepsilon - \frac{h\nu_m}{kT} \\ u_M &= \varepsilon + \xi_M = \varepsilon + \frac{h\nu_M}{kT} \end{aligned}\right\} = \varepsilon + \frac{2mW^2}{kT} \pm \frac{2mWv'}{kT}\sqrt{1 + \varepsilon\frac{kT}{E'}}\,. \tag{184}$$

Dies folgt aus (165), (177), (178) und (183). Die Integrationsgrenzen bilden eine von uns in Abb. 41 dargestellte Parabel. Ihre

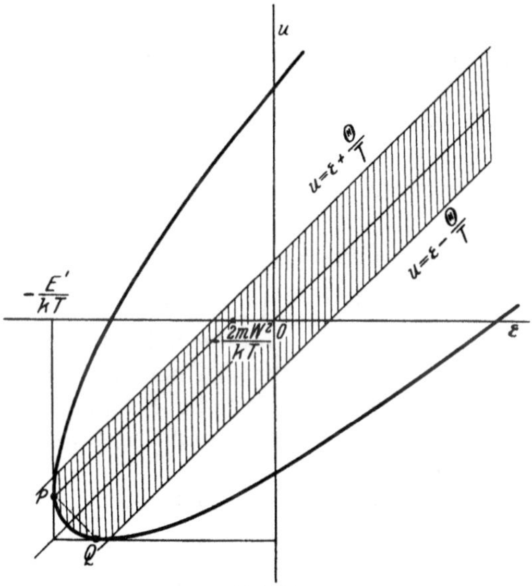

Abb. 41.

Achse ist die Diagonale $u = \varepsilon$. Wir erhalten eine engere Begrenzung, wenn wir die Debyesche Grenze (180) und (12) berücksichtigen:

$$u_D = \varepsilon \pm \frac{\Theta}{T} = \varepsilon \pm \frac{h\nu_D}{kT} = \varepsilon \pm \frac{hW}{kT}\left(\frac{3N_i}{4\pi V}\right)^{\frac{1}{3}},$$

wo N_i die Gesamtionenzahl im Volumen V bedeutet.

Um die Debyeschen Grenzen mit den oben benutzten zu vergleichen und zu bestätigen, daß die ersten tatsächlich viel enger sind, müssen wir beweisen, daß für alle schnellen Elektronen die Beziehungen: $h\nu_m \simeq h\nu_M = 2mWv_1 \qquad (v_1 \gg W)$

gelten. In der Tat sind die Geschwindigkeiten v_1 in der Nähe der Grenzgeschwindigkeit v' von der Größenordnung $5 \cdot 10^7$ bis $2 \cdot 10^8$; dagegen ist die Geschwindigkeit der elastischen Wellen von der Größenordnung 10^5. Andererseits gilt für die Elektronenzahl N die Beziehung $N = N_i\gamma$ (γ = Ionenvalenz). Wir erhalten daher:

$$h\nu_D = hW\left(\frac{3N_i}{4\pi V}\right)^{\frac{1}{3}} = \left(\frac{2}{\gamma}\right)^{\frac{1}{3}} hW\left(\frac{3N}{8\pi V}\right)^{\frac{1}{3}} = \left(\frac{2}{\gamma}\right)^{\frac{1}{3}} mWv'. \qquad (185)$$

Es ist also:

$$h\nu_D = \left(\frac{2}{\gamma}\right)^{\frac{1}{3}} mWv' < 2mWv',$$

oder:

$$\nu_D < \nu_m \quad \text{bzw.} \quad \nu_M.$$

Für Elektronen mit Geschwindigkeiten in der Nähe von v' (ε in der Nähe von Null) sind somit die Debyeschen Grenzen enger als die parabolischen Grenzen (184). Insgesamt bildet also das Integrationsgebiet unserer Gleichung einen engen Streifen parallel zu der Parabelachse, der durch einen Parabelbogen abgeschlossen wird (Abb. 41).

Welche singulären Punkte gibt es unter diesen Umständen?

1. Den schon erwähnten Pol $\left(\varepsilon = -\frac{E'}{kT}\right)$. Er befindet sich in P, an der Integrationsgrenze. In diesem Punkte sind die Koeffizienten A und B unendlich. Dieses Unendlichwerden kann nur dadurch kompensiert werden, daß die Integrationsgrenzen u_m und u_M einander gleich werden, so daß das ganze Integrationsgebiet verschwindet.

2. Ein zweiter Pol tritt auf, wenn die Funktion $\mathfrak{G}(u)$ verschwindet. Dieses kann vorkommen, wenn die Integrationsgrenzen von (181) gleich sind, d. h. für $u = -\frac{E'}{kT}$. Auch dieser Pol Q befindet sich an der Integrationsgrenze.

Die beiden Pole P und Q befinden sich im Innern des Streifens, der durch die Debyesche Bedingung definiert ist. Es gilt nämlich:

$$\frac{\Theta}{T} > \frac{2mW^2}{kT},$$

denn $k\Theta$ ist nach (185) von der Größenordnung des Ausdruckes mWv', und v' ist viel größer als W.

Zusammenfassend behaupten wir: als Integrationsgrenzen müssen für schnelle Elektronen ($\varepsilon \simeq 0$) die Debyeschen Grenzen genommen werden, dagegen bei langsamen $\left(\varepsilon \simeq -\frac{E'}{kT}\right)$ die parabolischen Grenzen u_m und u_M. In diesem letzten Gebiet erscheinen zwei Pole P und Q. Im folgenden werden wir die Eigentümlichkeiten, die bei kleinen Elektronengeschwindigkeiten auftreten, vernachlässigen und in (177) und (179) die DEBYEschen Grenzen Θ/T benutzen.

Für die Sicherheit der Ableitungen ist es aber unbedingt notwendig, eine vollständige Analyse unserer Gleichung in der VOLTERRAschen Form (183) durchzuführen. Man stellt leicht fest, daß die klassische Methode der Kerniteration, die im Falle der FREDHOLMschen Gleichung so bequem zum Ziel führt, auf unsere

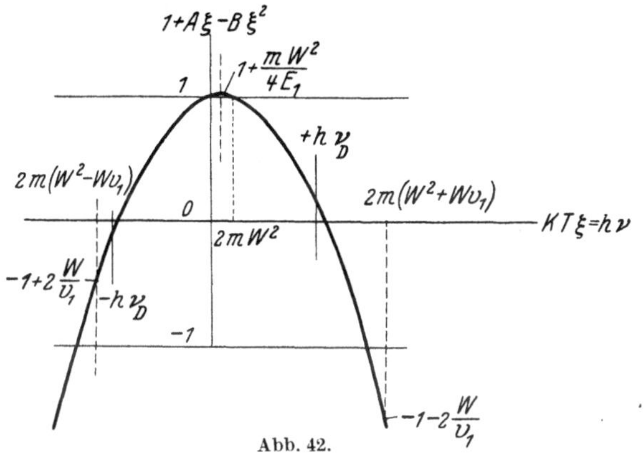

Abb. 42.

Gleichung schwer anwendbar ist, denn bei jeder Iteration dehnt sich das Integrationsgebiet weiter aus und wird schließlich unendlich. Es ist dann eine heikle Aufgabe, die Konvergenz zu beweisen und die Existenz eines die Gleichung lösenden Kernes festzustellen.

Um diese allgemeinen Hinweise zu erweitern, wollen wir die Kurven zeichnen, die die Änderung des Ausdruckes $1 + A\xi - B\xi^2$, der in (177), (179) und auch in (183) auftritt, darstellen. Dieser Ausdruck ist aus dem Glied mit a_2 in (174) durch Vermittlung von (175) entstanden. Er ist von Null verschieden, da $a_2 = \frac{m v_{2x}}{h}$ von a_1 verschieden ist. Die Elektronengeschwindigkeit nach dem Stoß v_{2x} ist eine andere als die Geschwindigkeit v_{1x} vor dem Stoß. Die beiden Fälle $\pm A\xi$ erhält man, wenn man ξ von $-\xi_m$ bis $+\xi_M$ variiert (184). Die Kurven der Abb. 42 zeigen schematisch den

Kurvenverlauf für Elektronen mit einer nicht zu kleinen Geschwindigkeit v_1 (Energie E_1). Die Grenzen $\pm\Theta/T$, die der DEBYEschen Frequenz $\pm h\nu_D$ (gemäß der Beziehung $kT\xi = h\nu$) entsprechen, sind enger als die Grenzen $-\xi_m$ und ξ_M [denen die Frequenzen $2m(W^2 \pm Wv_1)$ entsprechen]. Wenn v_1 zu klein wäre, würden die Größenverhältnisse die umgekehrten sein.

Es ist wesentlich, daß unsere Integralgleichung beim Verschwinden der rechten Seite $\left(\text{Feld } E = 0 \text{ und Gradient } \frac{\partial T}{\partial x} = 0\right)$ keine andere Lösung hat außer Null und daß unter diesen Umständen die Verteilung F_0 [Gleichung (173)] die einzige stabile ist. Diese Behauptung folgt als Spezialfall aus dem allgemeinen Theorem der Entropiezunahme (sechstes Kapitel, Abschnitt 11). Wir haben seinerzeit [sechstes Kapitel, Gleichung (64)] folgende allgemeine Formel für die Entropieänderung aufgestellt:

$$\frac{1}{k}\frac{dS}{dt} = \sum_i \log\frac{g_i - b_i n_i}{n_i}\frac{dn_i}{dt},$$

wo n_i die Anzahl der Teilchen von der i-ten Art (Elektronen, Photonen, Protonen usw.) bedeutet, die sich in den g_i Zellen, die einer bestimmten Bewegungsgröße entsprechen, befinden. Der Koeffizient b_i beträgt -1 für Photonen und Schwingungsquanten, $+1$ für die Elektronen.

An dem jetzt betrachteten Vorgang der Elektronenstreuung in Kristallen sind zwei Arten von Teilchen beteiligt: Elektronen und Schwingungsquanten (elastische Wellen) des Gitters.

Die Verteilung der Schwingungsquanten soll nach BLOCH dauernd dem thermischen Gleichgewicht entsprechen, also durch die PLANCKsche Formel (152) bestimmt sein. Man erhält daher für diese Schwingungen die Beziehungen:

$$b = -1, \qquad \log\frac{g - bn}{n}dn = \log\frac{g + n}{n}dn = \frac{h\nu}{kT}dn = -\frac{\delta Q}{kT},$$

wenn mit δQ die von den elastischen Wellen abgegebene Energie bezeichnet wird.

Betrachten wir jetzt die Elektronen ($b = +1$) und untersuchen wir die Bedeutung eines Stoßes, bei dem ein Elektron aus der Zelle $a_1 b_1 c_1$ in die Zelle $a_2 b_2 c_2$ oder zurück übergeführt wird, für die Entropieänderung. Wir haben in (158) den Wert von $-\frac{\partial F_1}{\partial t} = +\frac{\partial F_2}{\partial t}$ berechnet, worin F_1 und F_2 die Elektronenzahlen beider

Zellen bedeuten. Der Vorgang $a_1 \to a_2$ ist von der Emission des elastischen Quantes $h\nu = h(\nu_2 - \nu_1)$ begleitet, der inverse Prozeß führt zur Absorption eines solchen Quantes. Es ist also:

$$\delta Q_{1\to 2} = h(\nu_2 - \nu_1), \qquad \delta Q_{2\to 1} = -h(\nu_2 - \nu_1).$$

Tragen wir diese Werte in (64), sechstes Kapitel, ein. Wir erhalten nach (158):

$$\begin{aligned}\frac{1}{k}\frac{dS}{dt} &= -\left(\log\frac{1-F_1}{F_1} - \log\frac{1-F_2}{F_2} - \frac{\delta Q_{2\to 1}}{kT}\right)\frac{dF_1}{dt}\\ &= -\log\left[\frac{(1-F_1)F_2}{(1-F_2)F_1}e^{\frac{h(\nu_2-\nu_1)}{kT}}\right]\cdot\frac{C^2h^2}{4\pi^2m^2MW^2}\frac{h\nu}{\left(e^{\frac{h\nu}{kT}}-1\right)}\\ &\cdot\frac{\sin 2\pi(\nu_1+\nu-\nu_2)t}{2\pi(\nu_1+\nu-\nu_2)}\left[F_1(1-F_2) - F_2(1-F_1)e^{\frac{h\nu}{kT}}\right].\end{aligned}$$

Dieser Ausdruck kann in Analogie zu (66), sechstes Kapitel, umgeformt werden:

$$\left.\begin{aligned}&\frac{1}{k}\frac{dS}{dt} = K(X_1 - X_2)(\log X_1 - \log X_2)(1-F_1)(1-F_2)\,e^{-\frac{h\nu_1}{kT}},\\ &\text{mit}\\ &K = \frac{C^2h^2}{4\pi^2m^2MW^2}\frac{h\nu}{\left(e^{\frac{h\nu}{kT}}-1\right)}\frac{\sin 2\pi(\nu_1+\nu-\nu_2)t}{2\pi(\nu_1+\nu-\nu_2)};\end{aligned}\right\}\quad(186)$$

$$X_1 = \frac{F_1}{1-F_1}e^{\frac{h\nu_1}{kT}}, \qquad X_2 = \frac{F_2}{1-F_2}e^{\frac{h\nu_2}{kT}}.$$

Der Koeffizient K ist stets positiv, denn $\sin 0/0$ ist gleich 1. dS/dt ist daher stets positiv. Dieser Ausdruck kann höchstens gleich Null werden, und zwar nur, wenn F identisch mit der Fermischen Funktion F_0 (153), (173) ist. Die uns interessierende Integralgleichung hat also beim Verschwinden der rechten Seite nur die Lösung Null.

23. Fall der hohen Temperaturen; Lösung durch Reihenentwicklung nach Potenzen von ε. Es ist sehr bedauerlich, daß wir keine genaueren Angaben über die Eigenschaften der Lösungen unserer Integralgleichung zu machen imstande sind. Wir sind daher darauf angewiesen, auf einem mehr empirischen Wege nach Lösungen zu suchen.

Bei hohen Temperaturen sind die Integrationsgrenzen $\pm\Theta/T$ sehr eng. Wir dürfen dann versuchen, die Lösung durch eine Reihenentwicklung darzustellen.

Es sei also:

$$k\Theta \ll kT \ll E', \tag{187}$$

d. h. die Temperatur sei hoch, aber nicht so hoch, daß die Entartung des Elektronengases stark vermindert wäre. Wir benutzen die Gleichung in der Form (179), mit der unbekannten Funktion $c(\varepsilon)$ von BLOCH. Wir setzen voraus, daß nur Elektronengeschwindigkeiten v_1, die schon nahe an v' liegen, von Bedeutung sind[1]. Wir entwickeln alle Ausdrücke in Reihen nach Potenzen von ε, das wir als klein voraussetzen, und suchen $c(\varepsilon)$ als die Summe der Reihe:

$$c(\varepsilon) = c_0 + c_0'\varepsilon + \tfrac{1}{2}c_0''\varepsilon^2 + \cdots \tag{188}$$

zu bestimmen. Man überzeugt sich in der Tat leicht davon, daß für sehr große T eine erste Näherung mittels eines konstanten Wertes von $c(\varepsilon)$ gewonnen werden kann, was mit den anderen Funktionen X oder χ nicht möglich gewesen wäre.

Wir entwickeln die rechte Seite von (179) in eine Reihe:

$$D(\varepsilon) = D_0 + D_1\varepsilon + \frac{1}{2}D_2\varepsilon^2 + \cdots + \frac{1}{n!}D_n\varepsilon^n + \cdots \tag{189}$$

Durch Benutzung der Formeln (178) und Entwicklung der Quadratwurzel, die v_1 darstellt, erhalten wir:

$$D_0 = \frac{v'}{(kT)^3}\,\frac{hMmW^4}{VC^2}\left(eE - \frac{\partial E'}{\partial x}\right),$$

$$D_1 = \frac{v'}{(kT)^2E'}\,\frac{hMmW^4}{VC^2}\left[\frac{1}{2}\left(eE - \frac{\partial E'}{\partial x}\right) - \frac{E'}{T}\,\frac{\partial T}{\partial x}\right],$$

$$\cdots\cdots\cdots\cdots\cdots\cdots$$

$$D_n = \frac{v'}{E'^3}\left(\frac{kT}{E'}\right)^{n-3}\frac{hMmW^4}{VC^2}\,\frac{1}{2}\left(\frac{1}{2}-1\right)\cdots\left(\frac{1}{2}-n+1\right)$$
$$\cdot\left(eE - \frac{\partial E'}{\partial x} - \frac{n}{\frac{1}{2}-n+1}\,\frac{E'}{T}\,\frac{\partial T}{\partial x}\right).$$

---

[1] Der Pol $v_1 = 0$ kann eine Anomalie für *sehr langsame* Elektronen bedingen. Solche haben aber für die Leitfähigkeit wahrscheinlich keine merkliche Bedeutung.

In der gleichen Weise entwickeln wir auch die Funktionen A und B:

$$\left.\begin{aligned} A &= \frac{kT}{2E'}\left[1 - \frac{\varepsilon k T}{E'} + \left(\frac{\varepsilon k T}{E'}\right)^2 \cdots (-1)^n \left(\frac{\varepsilon k T}{E'}\right)^n \cdots\right], \\ B &= 2^{-\frac{1}{3}} \gamma^{-\frac{2}{3}} \left(\frac{T}{\Theta}\right)^2 \left[1 - \frac{\varepsilon k T}{E'} \cdots (-1)^n \left(\frac{\varepsilon k T}{E'}\right)^n \cdots\right]. \end{aligned}\right\} \qquad (190)$$

Die Transformation des konstanten Koeffizienten in B beruhte auf den Beziehungen (171) und (185):

$$E' = \frac{h^2}{2m} \gamma^{\frac{2}{3}} \left(\frac{3N_i}{8\pi V}\right)^{\frac{2}{3}}, \qquad k\Theta = 2^{\frac{1}{3}} W h \left(\frac{3N_i}{8\pi V}\right)^{\frac{1}{3}},$$

$$\frac{k^2 T^2}{4 m W^2 E'} = 2^{-\frac{1}{3}} \gamma^{-\frac{2}{3}} \left(\frac{T}{\Theta}\right)^2$$

(N_i = Zahl der Ionen im Volumen V; γ = Valenz). Die Ungleichungen (187) zeigen, daß A immer sehr klein gegen B ist.

Wir entwickeln noch folgende Ausdrücke nach Potenzen von ξ:

$$\left.\begin{aligned} \frac{e^\varepsilon + 1}{e^\varepsilon + e^{-\xi}} &= \frac{1}{1 + \dfrac{e^{-\xi} - 1}{e^\varepsilon + 1}} = \frac{1}{1 - \xi \dfrac{1 - \frac{\xi}{2} + \frac{\xi^2}{6} + \cdots}{e^\varepsilon + 1}} \\ &= 1 + \xi \frac{1 - \frac{\xi}{2} + \frac{\xi^2}{6} + \cdots}{e^\varepsilon + 1} + \frac{\xi^2}{(e^\varepsilon + 1)^2}\left(1 - \frac{\xi}{2} + \frac{\xi^2}{6}\right)^2 + \cdots \\ &= 1 + \frac{\xi}{e^\varepsilon + 1} - \frac{\xi^2}{2} \frac{e^\varepsilon - 1}{(e^\varepsilon + 1)^2} + \frac{\xi^3}{6} \frac{(e^{2\varepsilon} - 4e^\varepsilon + 1)}{(e^\varepsilon + 1)^3} + \cdots, \end{aligned}\right\} \qquad (191)$$

analog:

$$e^\xi \frac{e^\varepsilon + 1}{e^\varepsilon + e^\xi} = \frac{e^{-\varepsilon} + 1}{e^{-\varepsilon} + e^{-\xi}} = 1 + \xi \frac{e^\varepsilon}{e^\varepsilon + 1} + \frac{\xi^2}{2} \frac{e^{2\varepsilon} - e^\varepsilon}{(e^\varepsilon + 1)^2}$$
$$+ \frac{\xi^3}{6} \frac{(e^{3\varepsilon} - 4e^{2\varepsilon} + e^\varepsilon)}{(e^\varepsilon + 1)^3} + \cdots.$$

Der Klammerausdruck in (179), der die unbekannte Funktion $c(\varepsilon)$ enthält, kann folgendermaßen formuliert werden:

$$\left.\begin{aligned} & c(\varepsilon) - (1 + A\xi - B\xi^2)\, c(\varepsilon + \xi) \\ &\quad = -\xi \{c'(\varepsilon) + A c(\varepsilon) + \xi\, [\tfrac{1}{2} c''(\varepsilon) + A c'(\varepsilon) - B c(\varepsilon)] \\ &\quad + \xi^2 [\tfrac{1}{6} c'''(\varepsilon) + \tfrac{1}{2} A c''(\varepsilon) - B c'(\varepsilon)] + \cdots\}. \end{aligned}\right\} \qquad (192)$$

Wir tragen alle diese Ausdrücke in die Integrale (179) ein, die jetzt beide zwischen den Grenzen 0 und Θ/T zu nehmen sind. Denn wir betrachten nur den Fall der kleinen ε-Werte, also großer Geschwindigkeiten.

Durch Einsetzen und Umgruppieren erhält man:

$$\int_0^{\Theta/T} \frac{\xi^4\, d\xi}{e^\xi - 1} \cdot \left\{ \begin{aligned} & -c'' - 2Ac' + 2Bc + (c' + Ac)\frac{e^\varepsilon - 1}{e^\varepsilon + 1} \\ & + \frac{\xi}{2}\left[-c'' - 2Ac' + 2Bc + (c' + Ac)\frac{e^{2\varepsilon} - 1}{(e^\varepsilon + 1)^2} \right] \\ & + \xi^2 \left[\begin{aligned} & -\frac{c''''}{12} - \frac{Ac'''}{3} + Bc'' + \left(\frac{c'''}{6} + \frac{Ac''}{2} - Bc'\right)\frac{e^\varepsilon - 1}{e^\varepsilon + 1} \\ & + \left(-\frac{c''}{4} - \frac{Ac'}{2} + \frac{Bc}{2}\right)\left(\frac{e^\varepsilon - 1}{e^\varepsilon + 1}\right)^2 \\ & + \frac{c' + Ac}{6}\frac{(e^{3\varepsilon} - 5e^{2\varepsilon} + 5e^\varepsilon - 1)}{(e^\varepsilon + 1)^3} \end{aligned} \right] \end{aligned} \right\} + \cdots. \tag{193}$$

Dieses Integral, in dem die A, B, c, c', c'', ... *Funktionen von* ε sind, muß jetzt der Reihe (189) gleichgesetzt werden.

In (193) treten Integrale von folgendem Typus auf:

$$\left. \begin{aligned} F_n\left(\frac{\Theta}{T}\right) &= \int_0^{\Theta/T} \frac{\xi^n\, d\xi}{e^\xi - 1} = \int_0^{\Theta/T} \frac{\xi^{n-1}\, d\xi}{1 + \frac{\xi}{2} + \frac{\xi^2}{6} + \cdots} \\ &= \int_0^{\Theta/T} \xi^{n-1}\left(1 - \frac{\xi}{2} + \frac{\xi^2}{12} + \cdots\right) d\xi \\ &= \left(\frac{\Theta}{T}\right)^n \left[\frac{1}{n} - \frac{1}{(2n+2)}\frac{\Theta}{T} + \frac{1}{(12n+24)}\left(\frac{\Theta}{T}\right)^2 + \cdots\right]. \end{aligned} \right\} \tag{194}$$

Die Glieder mit ξ^3 (oder mit Θ^3/T^3) verschwinden.

Die Integralgleichung (179) erhält somit die Form:

$$\left. \begin{aligned} & \left(F_4 + \frac{1}{2}F_5\right)\left[-c'' - 2Ac' + 2Bc + (c' + Ac)\frac{e^\varepsilon - 1}{e^\varepsilon + 1}\right] \\ & \quad + F_6 \cdot \left[\begin{aligned} & -\frac{c''''}{12} - \frac{Ac'''}{3} + Bc'' + \left(\frac{c'''}{6} + \frac{Ac''}{2} - Bc'\right)\frac{e^\varepsilon - 1}{e^\varepsilon + 1} \\ & + \left(-\frac{c''}{4} - \frac{Ac'}{2} + \frac{Bc}{2}\right)\left(\frac{e^\varepsilon - 1}{e^\varepsilon + 1}\right)^2 \\ & + \frac{c' + Ac}{6}\frac{(e^\varepsilon - 1)}{(e^\varepsilon + 1)}\frac{(e^{2\varepsilon} - 4e^\varepsilon + 1)}{(e^\varepsilon + 1)^2} \end{aligned} \right] \\ & = D_0 + D_1\varepsilon + \tfrac{1}{2}D_2\varepsilon^2 + \cdots. \end{aligned} \right\} \tag{195}$$

Die A, B, c, c' und c'' auf der linken Seite sind Funktionen von ε, die wir nach (188) und (190) entwickeln können.

Andererseits ist:

$$F_4 + \frac{1}{2} F_5 = \frac{1}{4}\left(\frac{\Theta}{T}\right)^4\left[1 - \frac{1}{9}\left(\frac{\Theta}{T}\right)^2 + \frac{1}{42}\left(\frac{\Theta}{T}\right)^3 - \frac{1}{240}\left(\frac{\Theta}{T}\right)^4 + \cdots,\right.$$

$$F_6 = \left(\frac{\Theta}{T}\right)^6\left[\frac{1}{6} - \frac{1}{14}\frac{\Theta}{T} + \frac{1}{96}\left(\frac{\Theta}{T}\right)^2 + \cdots\right].$$

Die aufeinanderfolgenden Glieder der rechten Seite von (195) nehmen sehr schnell ab [vgl. [189)], denn D_n/D_0 ist von der Größenordnung von $(kT/E')^n$, also sehr klein. Wir nehmen an, daß auch die aufeinanderfolgenden Glieder der Entwicklung (188) für $c(\varepsilon)$ entsprechend schnell abnehmen, so daß man c_0' und c_0'' neben c_0 vernachlässigen kann. Später wird man feststellen können, ob diese Annahme berechtigt ist.

Sammeln wir in (195) zunächst die von ε unabhängigen Glieder. Wir erhalten dann:

$$\left.\begin{aligned}&\left(F_4 + \frac{1}{2} F_5\right)(-c_0'' - 2A_0 c_0' + 2B_0 c_0)\\ &\quad + F_6\left(-\frac{c_0''''}{12} - A_0\frac{c_0'''}{3} + B_0 c_0''\right) = D_0 .\end{aligned}\right\} \tag{196}$$

Darin kann c_0'' und (infolge der Kleinheit von A_0) auch $2A_0 c_0'$ gegen $2B_0 c_0$ vernachlässigt werden. Mit Hilfe von (189) und (190) finden wir:

$$\left.\begin{aligned}c_0 &= 2^{\frac{4}{3}}\gamma^{\frac{2}{3}}\frac{v'}{(k\Theta)^2 kT}\\ &\cdot\frac{MmW^4h}{VC^2}\left(eE - \frac{\partial E'}{\partial x}\right)\frac{1}{1 - \frac{1}{9}\left(\frac{\Theta}{T}\right)^2 + \frac{1}{42}\left(\frac{\Theta}{T}\right)^3 + \cdots}.\end{aligned}\right\} \tag{197}$$

Die Glieder in $A_0 c_0'$ und c_0'' sind fortgelassen worden. Wir werden später ihre Größenordnung nachprüfen. Die Vernachlässigung der Glieder in c_0'''' und c_0''' ist sicher berechtigt.

Jetzt gehen wir zu den in ε linearen Gliedern über[1]:

[1] Man hat nämlich folgende Entwicklungen, in denen die Glieder bis zu denen mit ε^3 berücksichtigt sind:

$$\frac{e^\varepsilon - 1}{e^\varepsilon + 1} = \frac{\varepsilon}{2} - \frac{\varepsilon^3}{12}; \qquad \frac{e^\varepsilon - 1}{e^\varepsilon + 1}\cdot\frac{e^{2\varepsilon} - 4e^\varepsilon + 1}{(e^\varepsilon + 1)^2} = -\frac{\varepsilon}{4} + \frac{5}{24}\varepsilon^3;$$

$$B_0' = -B_0\frac{kT}{E'}; \qquad B_0'' = +2B_0\left(\frac{kT}{E'}\right)^2;$$

$$A_0' = -A_0\frac{kT}{E'}; \qquad A_0'' = +2A_0\left(\frac{kT}{E'}\right)^2.$$

$$\left.\begin{aligned} &(F_4 + \tfrac{1}{2}F_5)\cdot\begin{bmatrix} -c_0''' - 2A_0'c_0' - 2A_0c_0'' + 2B_0c_0' \\ + 2B_0'c_0 + \tfrac{1}{2}(c_0' + A_0c_0) \end{bmatrix} \\ &+ F_6\cdot\begin{pmatrix} -\dfrac{c_0''''}{12} - \dfrac{A_0'c_0'''}{3} - \dfrac{A_0c_0''''}{3} + B_0'c_0'' + B_0c_0''' \\ + \dfrac{c_0'''}{12} + A_0\dfrac{c_0''}{4} - B_0\dfrac{c_0'}{2} - \dfrac{c_0' + A_0c_0}{24} \end{pmatrix} \\ &= D_1. \end{aligned}\right\} \tag{198}$$

Behalten wir in erster Näherung nur die Glieder in c_0 und c_0'. Man erhält dann:

$$\begin{aligned} 2B_0c_0'&\left[\left(F_4 + \frac{1}{2}F_5\right)\left(1 + \frac{1}{4B_0} + \frac{A_0}{B_0}\frac{kT}{E'}\right) - \frac{1}{4}F_6\left(1 + \frac{1}{12B_0}\right)\right] \\ &= D_1 + 2B_0c_0\frac{kT}{E'}\left[\left(F_4 + \frac{1}{2}F_5\right)\left(1 - \frac{A_0}{4B_0}\frac{E'}{kT}\right) + F_6\frac{A_0}{48B_0}\frac{E'}{kT}\right] \\ &\simeq D_1 + D_0\frac{kT}{E'}\left[1 - \frac{A_0E'}{4B_0kT}\left(1 - \frac{1}{12}\frac{F_6}{(F_4 + \frac{1}{2}F_5)}\right)\right]. \end{aligned}$$

Nun ist aber:

$$\left.\begin{aligned} &\frac{A_0}{B_0}\frac{kT}{E'} = \frac{2^{\frac{1}{3}}\gamma^{\frac{2}{3}}}{2}\left(\frac{k\Theta}{E'}\right)^2 \simeq 0, \\ &\frac{A_0}{4B_0}\frac{E'}{kT} = \frac{1}{8B_0} = \frac{2^{\frac{1}{3}}\gamma^{\frac{2}{3}}}{8}\left(\frac{\Theta}{T}\right)^2, \\ &1 - \frac{1}{12}\frac{F_6}{F_4 + \frac{1}{2}F_5} \simeq 1 - \frac{1}{18}\left(\frac{\Theta}{T}\right)^2. \end{aligned}\right\} \tag{199}$$

Einige elementare Rechnungen führen, wenn man nur die Glieder bis zu $(\Theta/T)^3$ behält, zu folgender Beziehung:

$$\left.\begin{aligned} c_0' &= 2^{\frac{4}{3}}\gamma^{\frac{2}{3}}\frac{v'}{(k\Theta)^2E'}\frac{hMmW^4}{VC^2} \\ &\cdot\left\{\frac{\dfrac{3}{2}\left(eE - \dfrac{\partial E'}{\partial x}\right)\left[1 - \dfrac{2^{\frac{1}{3}}\gamma^{\frac{2}{3}}}{12}\left(\dfrac{\Theta}{T}\right)^2\right] - \dfrac{E'}{T}\dfrac{\partial T}{\partial x} + \cdots}{1 + \left[\dfrac{1}{2}\left(\dfrac{\gamma}{2}\right)^{\frac{2}{3}} - \dfrac{5}{18}\right]\left(\dfrac{\Theta}{T}\right)^2 + \dfrac{2}{21}\left(\dfrac{\Theta}{T}\right)^3 + \cdots}\right\}. \end{aligned}\right\} \tag{200}$$

Wir sehen, daß c_0' von der Größenordnung von $c_0\dfrac{kT}{E'}$ ist, also viel kleiner als c_0. Dadurch werden die oben gemachten Vernachlässigungen gerechtfertigt.

Um c_0'' zu bestimmen, müssen wir in (195) die Glieder mit ε^2 sammeln. Indem wir die gemachten Erfahrungen verwenden, berücksichtigen wir von vornherein nur Ausdrücke in c_0, c_0' und c_0'' und vernachlässigen alle Ableitungen höherer Ordnung:

$$\left.\begin{aligned}&(F_4 + \tfrac{1}{2}F_5)\cdot\begin{bmatrix}- A_0'' c_0' - 2A_0' c_0'' + B_0'' c_0 + 2B_0' c_0' \\ + B_0 c_0'' + \tfrac{1}{2} c_0'' + \tfrac{1}{2} A_0' c_0 + \tfrac{1}{2} A_0 c_0'\end{bmatrix}\\ &+ F_6\cdot\begin{bmatrix}\tfrac{1}{4} A_0' c_0'' - \tfrac{1}{2} B_0' c_0' + \tfrac{1}{2} B_0'' c_0'' - \tfrac{1}{2} B_0 c_0'' \\ -\dfrac{1}{16} c_0'' - \dfrac{1}{8} A_0 c_0' + \dfrac{1}{8} B_0 c_0 - \dfrac{c_0''}{24} - \dfrac{A_0' c_0}{24} - \dfrac{A_0 c_0'}{24}\end{bmatrix}\\ &= \tfrac{1}{2} D_2 .\end{aligned}\right\} \tag{201}$$

Die weitere Rechnung ist ziemlich umständlich: man muß c_0 und c_0' durch ihre Werte (197) und (200) und D_1 durch (189) ersetzen. Die Näherungen (199) sind zu berücksichtigen. Wir brauchen für spätere Ableitungen nur das erste Glied von c_0''. Wir werden daher die Korrektionsglieder mit Potenzen höher als $(\Theta/T)^2$ außer acht lassen. Unter diesen Vereinfachungen lautet das Ergebnis:

$$\left.\begin{aligned}c_0'' &= 2^{\frac{4}{3}} \gamma^{\frac{2}{3}} \frac{v'}{k\Theta (E')^2} \frac{T}{\Theta} \frac{h M m W^4}{V C^2}\\ &\cdot\left\{\frac{\left(eE - \dfrac{\partial E'}{\partial x}\right)\left\{\dfrac{3}{4} - \dfrac{9}{4}\left(\dfrac{\gamma}{2}\right)^{\frac{2}{3}}\left(\dfrac{\Theta}{T}\right)^2 - \dfrac{1}{12}\left(\dfrac{E'\Theta}{kT^2}\right)^2\left[1 - \dfrac{3}{7}\dfrac{\Theta}{T} + \dfrac{25}{144}\left(\dfrac{\Theta}{T}\right)^2\right]\right\}}{1 - \left(\dfrac{\Theta}{T}\right)^2\left[\dfrac{4}{9} - \left(\dfrac{\gamma}{2}\right)^{\frac{2}{3}}\right]} - \frac{\dfrac{E'}{T}\dfrac{\partial T}{\partial x}\left[3 - \dfrac{3}{2}\left(\dfrac{\gamma}{2}\right)^{\frac{2}{3}}\left(\dfrac{\Theta}{T}\right)^2\right]}{1 - \left(\dfrac{\Theta}{T}\right)^2\left[\dfrac{4}{9} - \left(\dfrac{\gamma}{2}\right)^{\frac{2}{3}}\right]}\right\}.\end{aligned}\right\} \tag{202}$$

c_0'' ist demnach tatsächlich eine sehr kleine Größe, von der Größenordnung $c_0(kT/E')^2$. Man muß aber auf die Korrektionsglieder in $(E'\Theta/kT^2)^2$ achten, die die Größenordnung $c_0(\Theta/T)^2$ erreichen und von dem Ausdruck $F_6 B_0 c_0$ in der vorangehenden Gleichung stammen. Bei tiefen Temperaturen sind sie die wichtigsten im ganzen Ausdruck (202). Bei hohen Temperaturen sind sie dagegen zu vernachlässigen.

Es ist wesentlich, sich eine Vorstellung über die Genauigkeit der abgeleiteten Werte von c_0, c_0', c_0'' zu bilden. Entnehmen wir c_0' und c_0'' aus (200) und (202), tragen diese Ausdrücke in (196) ein, wo wir die Glieder $(F_4 + \frac{1}{2} F_5)(-c_0'' - 2A_0 c_0') + F_6 B_0 c_0''$

vernachlässigt haben und versuchen zu bestimmen, welche Korrektionen im Ausdruck (197) für c_0 durch diese vernachlässigten Glieder hervorgerufen werden. Man erkennt sofort, daß diese Glieder von der Größenordnung $c_0(k\Theta/E')^2$ und $c_0(\Theta/T)^4$ sind. Wir können also annehmen, daß die Formel (197) bis auf Glieder solcher Ordnung korrekt ist. Diese Genauigkeit reicht für unsere Zwecke vollkommen aus.

24. Leitfähigkeit bei hoher Temperatur. Nachdem wir die Funktion $c(\varepsilon)$ bestimmt haben, kennen wir die Elektronenverteilung:

$$F = F_0 + a_1 X = F_0 + \frac{m v_{1x}}{h} \frac{2\pi}{kT} \frac{c(\varepsilon)}{(e^\varepsilon + 1)(e^{-\varepsilon} + 1)}$$

nach (168) und (179). Unsere Funktion $c(\varepsilon)$ soll eine langsam sich ändernde Funktion sein. Die Korrektur X, die an der normalen Verteilung anzubringen ist, nimmt daher nur in der Nähe von $\varepsilon = 0$ merkliche Werte an. Denn der Koeffizient

$$\frac{1}{(e^\varepsilon + 1)(e^{-\varepsilon} + 1)} = \frac{1}{4\left(\mathfrak{Cof}\frac{\varepsilon}{2}\right)^2}$$

verschwindet exponentiell, sobald ε merklich von 0 verschieden wird.

Die Anzahl der Elektronen mit Geschwindigkeiten v_{1x} (bis $v_{1x} + dv_{1x}$), v_{1y}, v_{1z}, die sich im Volumen $dx\,dy\,dz$ befinden, beträgt:

$$2\left(\frac{m}{h}\right)^3 F\, dv_{1x}\, dv_{1y}\, dv_{1z}\, dx\, dy\, dz\,,$$

denn F ist die Anzahl der Elektronen in einer Phasenraumzelle. Der Koeffizient 2 ist durch den Drall bedingt.

Die elektrische Stromdichte ist demnach:

$$\left.\begin{aligned} J_x &= 2e\left(\frac{m}{h}\right)^3 \iiint v_{1x} F\, dv_{1x}\, dv_{1y}\, dv_{1z} \\ &= 2e\left(\frac{m}{h}\right)^4 \frac{2\pi}{kT} \iiint \frac{c}{(e^\varepsilon + 1)(e^{-\varepsilon} + 1)}\, v_{1x}^2\, dv_{1x}\, dv_{1y}\, dv_{1z} \\ &= \frac{4\pi e}{3kT}\left(\frac{m}{h}\right)^4 \int_0^\infty \frac{c\, v^2\, 4\pi v^2\, dv}{(e^\varepsilon + 1)(e^{-\varepsilon} + 1)}\,. \end{aligned}\right\} \quad (203)$$

Da $\overline{v_{1x}^2}$ gleich $\frac{1}{3} v^2$ ist, können wir vom dreifachen zu einem einfachen Integral in v übergehen.

Kehren wir zu der Variablen ε (171) zurück:

$$v^4\,dv = \frac{k\,T}{m}\left[\frac{2}{m}(E' + \varepsilon\,k\,T)\right]^{\frac{3}{2}} d\varepsilon\,.$$

Daraus folgt:

$$J_x = \frac{16\pi^2 e}{3h^4}(2mE')^{\frac{3}{2}} \int\limits_{-\infty}^{+\infty} \frac{c(\varepsilon)\left(1 + \varepsilon\frac{k\,T}{E'}\right)^{\frac{3}{2}}}{(e^{\varepsilon}+1)(e^{-\varepsilon}+1)}\,d\varepsilon\,. \tag{204}$$

Das Integral kann von $-\infty$ bis $+\infty$ genommen werden, denn nur die Umgebung von $\varepsilon = 0$ gibt einen merklichen Beitrag zu seinem Wert.

Für die Dichte des Wärmestromes erhält man in analoger Weise:

$$\left.\begin{aligned} C_x &= 2\left(\frac{m}{h}\right)^3 \iiint \frac{m\,v^2}{2} v_{1x} F\,dv_{1x}\,dv_{1y}\,dv_{1z} \\ &= \frac{2\pi m^5}{3h^4 k\,T}\int \frac{c\,v^4\,4\pi v^2\,dv}{(e^{\varepsilon}+1)\,(e^{-\varepsilon}+1)}\,. \end{aligned}\right\} \tag{205}$$

Bei der Bestimmung von (205) sind genau die gleichen Umformungen benutzt worden wie bei der Gewinnung von (203).

Wenn wir auch hier von der Variablen v zu ε zurückkehren, erhalten wir:

$$C_x = \frac{8\pi^2}{3mh^4}(2mE')^{\frac{5}{2}} \int\limits_{-\infty}^{+\infty} \frac{c(\varepsilon)\left(1 + \varepsilon\frac{k\,T}{E'}\right)^{\frac{5}{2}}}{(e^{\varepsilon}+1)\,(e^{-\varepsilon}+1)}\,d\varepsilon\,. \tag{206}$$

In den beiden Formeln (204) und (206) können wir $c(\varepsilon)$ durch den Ausdruck (188) ersetzen und den Zähler nach Potenzen von ε entwickeln:

$$\left.\begin{aligned} c\left(1 + \frac{\varepsilon\,k\,T}{E'}\right)^{\frac{3}{2}} &= c_0 + \left(c_0' + c_0\frac{3\,k\,T}{2\,E'}\right)\varepsilon \\ &\quad + \left[\frac{c_0''}{2} + c_0'\frac{3\,k\,T}{2\,E'} + c_0\frac{3}{8}\left(\frac{k\,T}{E'}\right)^2\right]\varepsilon^2 + \cdots \\ c\left(1 + \varepsilon\frac{k\,T}{E'}\right)^{\frac{5}{2}} &= c_0 + \left(c_0' + c_0\frac{5\,k\,T}{2\,E'}\right)\varepsilon \\ &\quad + \left[\frac{c_0''}{2} + c_0'\frac{5\,k\,T}{2\,E'} + c_0\frac{15}{8}\left(\frac{k\,T}{E'}\right)^2\right]\varepsilon^2 + \cdots \end{aligned}\right\} \tag{207}$$

In den Integralen (203) und (206) müssen jetzt noch folgende Ausdrücke berechnet werden:

$$\int_{-\infty}^{+\infty} \frac{d\varepsilon}{(e^{\varepsilon}+1)(e^{-\varepsilon}+1)} = \left| \frac{-1}{e^{\varepsilon}+1} \right|_{-\infty}^{+\infty} = 1\,,$$

$$\int_{-\infty}^{+\infty} \frac{\varepsilon\, d\varepsilon}{(e^{\varepsilon}+1)(e^{-\varepsilon}+1)} = 0$$

und

$$\int_{-\infty}^{+\infty} \frac{\varepsilon^2 d\varepsilon}{(e^{\varepsilon}+1)(e^{-\varepsilon}+1)} = 2\int_{0}^{\infty} \frac{\varepsilon^2 d\varepsilon}{(e^{\varepsilon}+1)(e^{-\varepsilon}+1)}$$

$$= \left| \frac{-2\varepsilon^2}{e^{\varepsilon}+1} \right|_0^{\infty} + 4\int_0^{\infty} \frac{\varepsilon\, d\varepsilon}{e^{\varepsilon}+1} = 4\,\frac{\pi^2}{12} = \frac{\pi^2}{3}\,.$$

Das letzte berechnete Integral tritt schon in der Theorie von SOMMERFELD auf.

Wir erhalten somit letzten Endes:

$$\left.\begin{aligned} J_x &= \frac{16\pi^2 e}{3h^4}(2mE')^{\frac{3}{2}}\left[c_0 + \frac{\pi^2}{6}\left(c_0'' + 3c_0'\frac{kT}{E'} + \frac{3}{4}c_0\frac{k^2T^2}{E'^2}\right) + \cdots\right],\\ C_x &= \frac{16\pi^2}{3h^4}E'(2mE')^{\frac{3}{2}}\left[c_0 + \frac{\pi^2}{6}\left(c_0'' + 5c_0'\frac{kT}{E'} + \frac{15}{4}c_0\frac{k^2T^2}{E'^2}\right) + \cdots\right]. \end{aligned}\right\} \quad (208)$$

Was haben wir vernachlässigt, indem wir die Reihenentwicklungen bei ε^2 abbrachen? Die Glieder mit ε^3 hätten bei der Integration Null gegeben; die mit ε^4 hätten eine Korrektion von der Größenordnung $c_0(kT/E')^4$ verursacht. Unser Hauptkoeffizient c_0 ist aber nur bis auf Glieder solcher Ordnung berechnet worden. Es ist also nur konsequent, daß wir uns mit den Gliedern in ε^2 begnügt haben.

Für die Koeffizienten c_0, c_0' und c_0'' besitzen wir die Ausdrücke (197), (200) und (202):

$$c_0 = P\left(eE - \frac{\partial E'}{\partial x}\right)\left[1 + \frac{1}{9}\left(\frac{\Theta}{T}\right)^2 - \frac{1}{42}\left(\frac{\Theta}{T}\right)^3 + \cdots\right],$$

$$c_0' = P\frac{kT}{E'}\left(eE - \frac{\partial E'}{\partial x}\right)\left[\frac{3}{2} - \left(\frac{\Theta}{T}\right)^2\left(\frac{\gamma^{\frac{2}{3}}}{2^{\frac{2}{3}}} - \frac{5}{12}\right) - \frac{3}{21}\left(\frac{\Theta}{T}\right)^3 + \cdots\right]$$

$$- Pk\frac{\partial T}{\partial x}\left[1 + \left(\frac{\Theta}{T}\right)^2\left(\frac{5}{18} - \frac{1}{2}\,\frac{\gamma^{\frac{2}{3}}}{2^{\frac{2}{3}}}\right) + \cdots\right],$$

$$c_0'' = P\left(\frac{kT}{E'}\right)^2\left(eE - \frac{\partial E'}{\partial x}\right)\left[\frac{3}{4} - \left(\frac{\Theta}{T}\right)^2\left(3\frac{\gamma^{\frac{2}{3}}}{2^{\frac{2}{3}}} - \frac{1}{3}\right) + \cdots\right]$$

$$-\frac{P}{12}\left(\frac{\Theta}{T}\right)^2\left(eE - \frac{\partial E'}{\partial x}\right)\left(1 - \frac{3}{7}\frac{\Theta}{T} + \cdots\right) - P\frac{k^2T}{E'}\frac{\partial T}{\partial x}\left[3 + \left(\frac{\Theta}{T}\right)^2\left(\frac{4}{3} - \frac{9}{2}\left(\frac{\gamma}{2}\right)^{\frac{2}{3}} + \cdots\right]\right.;$$

mit:

$$P = \frac{2^{\frac{4}{3}}\gamma^{\frac{2}{3}}v'}{(k\Theta)^2 kT}\,\frac{MmW^4h}{VC^2}.$$

Wir erhalten somit für J_x und C_x die Formeln:

$$\left.\begin{aligned}
J_x = {} & \frac{16\pi^2 eMW^4}{3h^3VC^2}(4\gamma)^{\frac{2}{3}}\frac{(2mE')^2}{(k\Theta)^2kT}\left\{\left(eE - \frac{\partial E'}{\partial x}\right)\left[1 - \frac{1}{9}\left(\frac{\pi^2}{8} - 1\right)\left(\frac{\Theta}{T}\right)^2\right.\right. \\
& \left. + \frac{1}{42}\left(\frac{\pi^2}{4} - 1\right)\left(\frac{\Theta}{T}\right)^3 + \cdots\right] + \left(\frac{\pi kT}{E'}\right)^2\left[1 + \left(\frac{\Theta}{T}\right)^2\left(\frac{5}{18} - \frac{\gamma^{\frac{2}{3}}}{2^{\frac{2}{3}}}\right)\right] \\
& \left. - \frac{\pi^2k^2T}{E'}\frac{\partial T}{\partial x}\left[1 + \left(\frac{\Theta}{T}\right)^2\left(\frac{13}{36} - \frac{\gamma^{\frac{2}{3}}}{2^{\frac{2}{3}}}\right) + \cdots\right]\right\}, \\
C_x = {} & \frac{16\pi^2 E'MW^4}{3h^3VC^2}(4\gamma)^{\frac{2}{3}}\frac{(2mE')^2}{(k\Theta)^2kT}\left\{\left(eE - \frac{\partial E'}{\partial x}\right)\left[1 - \frac{1}{9}\left(\frac{\pi^2}{8} - 1\right)\left(\frac{\Theta}{T}\right)^2\right.\right. \\
& \left. + \frac{1}{42}\left(\frac{\pi^2}{4} - 1\right)\left(\frac{\Theta}{T}\right)^3 + \cdots\right] + \left(\frac{\pi kT}{E'}\right)^2\left[2 + \left(\frac{\Theta}{T}\right)^2\left(\frac{17}{36} - \frac{4}{3}\frac{\gamma^{\frac{2}{3}}}{2^{\frac{2}{3}}}\right)\right] \\
& \left. - \frac{\pi^2k^2T}{E'}\frac{\partial T}{\partial x}\left[\frac{4}{3} + \left(\frac{\Theta}{T}\right)^2\left(\frac{49}{108} - \frac{7}{6}\frac{\gamma^{\frac{2}{3}}}{2^{\frac{2}{3}}}\right)\right]\right\}.
\end{aligned}\right\} \quad (209)$$

Die elektrische Leitfähigkeit σ erhält man daraus, wenn man das Metall als homogen und isotherm voraussetzt, so daß $\frac{\partial E'}{\partial x} = \frac{\partial T}{\partial x} = 0$ wird. Wir bekommen dann aus (209):

$$\left.\begin{aligned}
\sigma = \frac{J_x}{E} = {} & \frac{16\pi^2e^2M\gamma^2k\Theta}{3h^3VC^2}\left(\frac{\Theta}{T}\right)\left[1 - \frac{1}{9}\left(\frac{\pi^2}{8} - 1\right)\left(\frac{\Theta}{T}\right)^2\right. \\
& \left. + \frac{1}{42}\left(\frac{\pi^2}{4} - 1\right)\left(\frac{\Theta}{T}\right)^3 + \cdots + \left(\frac{\pi kT}{E'}\right)^2(\cdots)\right],
\end{aligned}\right\} \quad (210)$$

denn nach (185) ist:

$$2mE' = m^2v'^2 \qquad \text{und} \qquad mv'W = \left(\frac{\gamma}{2}\right)^{\frac{1}{3}}k\Theta.$$

Andererseits kann man schreiben:

$$C_x = \frac{E'}{e}J_x\left[1 + \left(\frac{\pi kT}{E'}\right)^2\cdots\right] - \varkappa\frac{\partial T}{\partial x}.$$

In dieser Formel erscheint der Koeffizient der Wärmeleitfähigkeit:

$$\varkappa = \frac{16\pi^2 M \gamma^2 (k\Theta)^2}{3h^3 V C^2} \cdot \frac{\pi^2 k}{3} \left\{1 + \left(\frac{\Theta}{T}\right)^2 \left[\frac{10}{36} - \frac{1}{2}\left(\frac{\gamma}{2}\right)^{\frac{2}{3}}\right] - 3\left(\frac{\pi k T}{E'}\right)^2 \ldots\right\} \quad (211)$$

[unter Vernachlässigung von Gliedern mit $(k\Theta/E')^2$].

Um den Wert dieser Ergebnisse zu beurteilen, wollen wir sie mit den Formeln der einfachen Sommerfeldschen Theorie vergleichen. Wir gehen also von den Formeln (44) des siebenten Kapitels aus. Wir setzen darin die freie Weglänge l als konstant voraus, d. h. wir nehmen an:

$$\frac{\partial l}{\partial a} = 0, \quad V_0 = a l, \quad V_1 = \frac{a^2 l}{2}\left(1 + \frac{\pi^2}{3a^2}\right), \quad V_2 = \frac{a^3 l}{6}\left(1 + \frac{\pi^2}{a^2}\right), \quad \Lambda = 1.$$

Dies ergibt:

$$\left.\begin{aligned} J_x &= \frac{16\pi e m}{3h^3} a l k T \left[e E - \left(a + \frac{\pi^2}{3a}\right) k \frac{\partial T}{\partial x} - k T \frac{\partial a}{\partial x}\right], \\ C_x &= \frac{16\pi m}{3h^3} l (a k T)^2 \left(1 + \frac{\pi^2}{3a^2}\right)\left[e E - \left(a + \frac{2\pi^2}{3a}\right) k \frac{\partial T}{\partial x} - k T \frac{\partial a}{\partial x}\right]. \end{aligned}\right\} \quad (212)$$

Unter Berücksichtigung der Beziehung:

$$a = \frac{E'}{k T}$$

ergibt sich aus den letzten Gleichungen:

$$C_x = \frac{E'}{e} J_x \left(1 + \frac{\pi^2}{3} \frac{k^2 T^2}{E'^2}\right) - \varkappa \frac{\partial T}{\partial x}, \quad (213)$$

mit

$$\varkappa_{\text{Sommerfeld}} = \frac{16\pi^3 m l}{9h^3} k^2 T E' \left(1 + \frac{\pi^2}{3} \frac{k^2 T^2}{E'^2}\right).$$

Unsere Formeln (209) und (211) haben mit (212) und (213) große Ähnlichkeit in dem Grenzfall, wenn die Glieder mit $(\Theta/T)^2$ vernachlässigt werden können. Der Vergleich unserer Formeln für die Stromdichte J_x und die Leitfähigkeit $\varkappa$ mit den Sommerfeldschen gibt für die mittlere freie Weglänge den Wert:

$$l = \frac{M W^2 \pi}{V C^2 k T} 2^{\frac{5}{3}} \gamma^{\frac{4}{3}}. \quad (214)$$

Die l-Werte, die man auf diese Weise aus der elektrischen und der thermischen Leitfähigkeit bekommt, stimmen überein, solange man die Glieder in $(kT/E')^2$ und $(\Theta/T)^2$ vernachlässigt. In diesem Grenzfall führt also die neue Theorie zu dem Wiedemann-Franzschen Gesetz mit demselben Wert des Proportionalitätsfaktors wie die Sommerfeldsche Theorie:

$$\frac{\varkappa}{\sigma T} \simeq \frac{k^2}{e^2} \cdot \frac{\pi^2}{3}. \quad (215)$$

Wenn man aber auch die Korrektionsglieder berücksichtigt, hört die Übereinstimmung auf. In der Tat lautet die Formel für die Stromdichte J_x nach SOMMERFELD:

$$J_x = \frac{\sigma}{e}\left(e\,E - \frac{\partial E'}{\partial x} - \frac{\pi^2 k^2 T}{3\,E'}\,\frac{\partial T}{\partial x}\right). \tag{216}$$

Die Glieder in $\partial T/\partial x$ sind also von den in (209) auftretenden verschieden. Die auf diesen Gliedern [sowie auf denen in $(\Theta/T)^2$ und $(k\,T/E')^2$ im $\varkappa$-Ausdruck] beruhenden thermoelektrischen Effekte müssen also in der neuen Theorie anders ausfallen als in der ursprünglichen. Wir glauben nicht, daß diese Differenzen nur auf den Vernachlässigungen beruhen, die im Laufe der oben gegebenen Ableitungen zugelassen wurden. Es scheint vielmehr, daß die BLOCHsche Theorie in diesen Fragen von der SOMMERFELDschen tatsächlich abweicht.

Wir finden nach der BLOCHschen Theorie für gewöhnliche Temperaturen eine umgekehrte Proportionalität der Leitfähigkeit mit der absoluten Temperatur. Für weitere Temperaturbereiche gilt aber eine kompliziertere Beziehung. Wenn man auch die Glieder in Θ/T und $k\,T/E'$ berücksichtigt, so erhält man:

$$\sigma = \frac{K}{T}\left[1 - \frac{1}{9}\left(\frac{\pi^2}{8} - 1\right)\left(\frac{\Theta}{T}\right)^2 + \frac{1}{42}\left(\frac{\pi^2}{4} - 1\right)\left(\frac{\Theta}{T}\right)^3 + \cdots + \pi^2\left(\frac{k\,T}{E'}\right)^2 + \cdots\right]. \tag{217}$$

Darin ist K ein charakteristischer, temperaturunabhängiger Koeffizient. Die von der Theorie geforderten Abweichungen vom WIEDEMANN-FRANZschen Gesetz sind aus folgender Formel zu ersehen:

$$\frac{\varkappa}{\sigma\,T} = \frac{\pi^2}{3}\left(\frac{k}{e}\right)^2\left\{1 - \left(\frac{\Theta}{T}\right)^2\left[\frac{1}{2}\left(\frac{\gamma}{2}\right)^{\frac{2}{3}} - \frac{1}{6} - \frac{\pi^2}{72}\right] - 4\left(\frac{\pi\,k\,T}{E'}\right)^2 + \cdots\right\}. \tag{218}$$

Es ist interessant, zu sehen, in welcher Weise sich die genauere Theorie bei gewöhnlicher Temperatur so weit vereinfacht, daß sie praktisch mit der SOMMERFELDschen Theorie übereinstimmt. Es wurde schon früher (Abschnitt 15) bemerkt, daß der Austausch von Energiequanten $h\nu$ zwischen dem Gitter und den Elektronen für letztere nur sehr kleine prozentuale Änderungen der Energie mit sich bringt. Die Stöße verlaufen also fast elastisch. Das Quant $h\nu$ kann nur bei tiefen Temperaturen eine größere Bedeutung haben, da es dann einen nicht zu vernachlässigenden Bruchteil der im Metall verfügbaren thermischen Energie darstellt.

Ein anderer wesentlicher Punkt in unseren Ableitungen war die Einführung eines Streuungsgesetzes, das in Übereinstimmung mit der FERMIschen Statistik stehen sollte. Dies war der wesentliche

Inhalt der Abschnitte 18 und 19. Es ist leicht zu sehen, daß bei den üblichen Temperaturen unsere Formeln sich auf die von SOMMERFELD abgeleiteten reduzieren. In allen Formeln (158) bis (166) setzten wir die Anzahl der Elektronen, die infolge von Streuung in der Zeiteinheit aus der Zelle a_1 in die Zelle a_2 gelangen, proportional:

$$F_1(1 - F_2),$$

während die Anzahl der Elektronen, die nach dem Stoß in die Zelle a_1 geraten, durch den Ausdruck:

$$F_2(1 - F_1)\, e^{\frac{h\nu}{kT}}$$

bestimmt war. In alle Formeln ging die Differenz der beiden letzten Ausdrücke ein. Bei gewöhnlichen Temperaturen ist aber Θ/T klein, $h\nu/kT$ daher auch klein; denn es gilt $k\Theta = h\nu_D$, wo ν_D den DEBYEschen Maximalwert von ν bedeutet.

Die obige Exponentialfunktion ist unter solchen Bedingungen fast gleich 1, und die Differenz der beiden Übergangswahrscheinlichkeiten ergibt sich näherungsweise zu:

$$F_1(1 - F_2) - F_2(1 - F_1)\, e^{\frac{h\nu}{kT}} \backsimeq F_1 - F_2\,.$$

Dieser letzte Ausdruck ist gerade der von SOMMERFELD benutzte: SOMMERFELD setzte die Anzahl der von a_1 nach a_2 übergeführten Elektronen proportional der Anzahl F_1 der Elektronen in a_1, und die Anzahl der von a_2 nach a_1 übergeführten proportional F_2 [vgl. siebentes Kapitel, Abschnitt 3, Gleichung (30b)].

Im siebenten Kapitel haben wir unterstrichen, daß die Theorie von SOMMERFELD wesentlich auf der Vorstellung von elastischen Stößen beruht, bei denen die Elektronen ganz ohne Energieverlust gestreut werden. Bei hohen Temperaturen sind die Energieänderungen um $\pm h\nu$, die die Elektronen nach der neuen Theorie tatsächlich erleiden, relativ so klein, daß man sie in der ersten Näherung vernachlässigen darf. Dies ist die Ursache, warum man in diesem Fall zu Formeln kommt, die denen der SOMMERFELDschen Theorie sehr ähnlich sind.

25. Niedrige Temperaturen; Integration durch fortschreitende Näherungen. Wir setzen wieder voraus, daß nur die schnellsten Elektronen eine Rolle spielen[1].

[1] Die Anomalie, die mit dem Auftreten der beiden Pole P und Q im Gebiet langsamer Elektronen verknüpft ist (Abschnitt 21), hätte eine eingehende Untersuchung verdient.

Die Lösungen, die wir im folgenden bilden werden, sollen sich auf das Verhalten von Elektronen beziehen, deren Geschwindigkeit v_1 nahe an die Grenzgeschwindigkeit v' heranreicht. Unter diesen Umständen sind in den Gleichungen (176) und (179) die Werte $\pm \frac{\Theta}{T}$ als Integrationsgrenzen zu benutzen.

„Hohe“ Temperaturen sind dadurch gekennzeichnet, daß die Schwingungen des festen Körpers voll angeregt sind, so daß auf jeden Freiheitsgrad eine Energie von etwa kT Kalorien entfällt. Der Bruch $\xi/e^{\xi} - 1$, der in unseren Integralen auftritt, entspricht dem Ausdruck:

$$\frac{h\nu}{e^{\frac{h\nu}{kT}} - 1} \simeq kT.$$

Die Integrationsgrenzen sind in diesem Fall sehr eng.

Im Gegensatz dazu sind bei „tiefen“ Temperaturen ($T \ll \Theta$) nur wenige Schwingungsquanten angeregt. Die Oszillatoren mit hohen Frequenzen enthalten praktisch überhaupt keine Energie. Die Grenze Θ/T ist groß, und der Bruch $\xi/(e^{\xi} - 1)$ verschwindet exponentiell schon lange bevor diese Grenze erreicht worden ist.

In diesem Fall muß zunächst die Größenordnung des Ausdruckes $1 \pm A\xi - B\xi^2$, der in (177) und (179) auftritt, untersucht werden. Die Variable ξ variiert zwischen 0 und Θ/T, und wir finden (vgl. Abb. 42, Abschnitt 22), daß sich der Ausdruck:

$$1 \pm A\xi - B\xi^2$$

von dem Wert:

$$1 + \frac{mW^2}{4E_1} \simeq 1$$

bis zu dem Wert:

$$\left.\begin{aligned} 1 \pm A\frac{\Theta}{T} - B\left(\frac{\Theta}{T}\right)^2 &= 1 \pm \frac{h\nu_D}{2E_1} - \frac{(h\nu_D)^2}{4mW^2E_1} \\ &= 1 \pm \left(\frac{2}{\gamma}\right)^{\frac{1}{3}} \frac{Wv'}{v_1^2} - \left(\frac{2}{\gamma}\right)^{\frac{2}{3}} \frac{v'^2}{2v_1^2} \end{aligned}\right\} \quad (219)$$

ändert. [Die Abkürzungen sind in (219) dieselben wie in (185).] Wenn wir uns mit den Elektronen beschäftigen, bei denen v_1 nahe an v' liegt, so ist der Minimalwert von $1 \pm A\xi - B\xi^2$ ungefähr gleich:

$$1 - \frac{1}{2}\left(\frac{2}{\gamma}\right)^{\frac{2}{3}} \simeq 0{,}2$$

(wenn $\gamma = 1$ ist, d. h. für einwertige Metalle).

Der Mittelwert des untersuchten Ausdruckes für das ganze in Frage kommende Gebiet beträgt etwa 0,8.

Bei *tiefen Temperaturen* verschwindet, wie wir gesehen haben, die zu integrierende Funktion schon lange vor der Erreichung der Grenze Θ/T. Unter solchen Umständen kann sich der Wert des Ausdruckes $1 \pm A\xi - B\xi^2$ niemals stark von 1 entfernen.

Was bedeutet dieser Ausdruck? Er stellt das Verhältnis v_{2x}/v_{1x} der x-Komponenten der Elektronengeschwindigkeiten vor und nach dem Stoß dar. Wenn dieses Verhältnis genau gleich 1 ist, so bleibt die Bewegungsgröße längs der Ox-Achse unverändert. Dies bedeutet unendliche elektrische Leitfähigkeit. Kein Zusammenstoß vermag die im elektrischen Felde beschleunigten Elektronen abzubremsen.

Dieser Punkt verlangt eine nähere Betrachtung. Wir werden diese Diskussion benutzen, um eine Methode der Lösung unserer Integralgleichung durch schrittweise Näherung zu begründen[1].

Schreiben wir die Gleichung (177) unter Übertragung der Glieder mit A und B auf die rechte Seite nochmals auf:

$$\left.\begin{aligned}
&\int_0^{\Theta/T} \frac{\xi^2 d\xi}{e^\xi - 1}\left[\frac{\chi(\varepsilon)}{e^\varepsilon + e^{-\xi}} + \frac{\chi(\varepsilon)}{e^{\varepsilon-\xi}+1} - \frac{\chi(\varepsilon+\xi) + e^\xi \chi(\varepsilon-\xi)}{e^\varepsilon + 1}\right] \\
&\quad = \frac{h M m W^4}{V C^2 (kT)^3}\,\frac{e^\varepsilon}{(e^\varepsilon+1)^2}\, v_1\left(eE + kT\frac{\partial\varepsilon}{\partial x}\right) \\
&\quad + \frac{1}{e^\varepsilon+1}\int_0^{\Theta/T}\frac{\xi^2 d\xi}{e^\xi-1}\left[\begin{array}{l}(A\xi - B\xi^2)\chi(\varepsilon+\xi)\cdots \\ -(A\xi + B\xi^2)e^\xi\chi(\varepsilon-\xi)\end{array}\right].
\end{aligned}\right\} \tag{220}$$

Wir betrachten zuerst die homogene Gleichung, setzen also die rechte Seite gleich Null. Es gibt dann eine Lösung:

$$\chi_1(\varepsilon) = \frac{K}{e^{-\varepsilon}+1}, \qquad c_1(\varepsilon) = K\,, \tag{221}$$

mit einem konstanten K-Wert. Wir gehen von dieser Lösung als von einer ersten Näherung aus und suchen nach einer geeigneten

[1] Bloch, F., Z. Physik **59**, 208 (1930). In seiner ersten Arbeit hatte Bloch die Anomalien nicht genau verfolgt und gelangte zu einem Ausdruck für den elektrischen Widerstand, der bei tiefen Temperaturen T^3 proportional war. In der französischen Auflage dieses Buches habe ich diesen Fehler wiederholt.

Ergänzung der Funktion χ. Folgende Überlegung ist dabei von großer Bedeutung:

Integrieren wir die linke Seite von (220) über alle Elektronen mit gegebener Geschwindigkeit v_x (bei beliebigen Werten von v_y und v_z). In bezug auf Energie muß dabei die Integration von $\frac{1}{2} m v_x^2$ bis ∞ ausgeführt werden. Wir integrieren daher von $\varepsilon = \frac{1}{kT}(-E' + \frac{1}{2} m v_x^2)$ an in den beiden ersten, und von $\varepsilon = \frac{1}{kT}(-E' + \frac{1}{2} m v_x^2) \mp \xi$ an in den beiden letzten Gliedern des Integralausdruckes. Das Ergebnis muß gleich Null sein, unabhängig von der Art der Funktion $\chi(\varepsilon)$. Dies bedeutet nur, daß die Zusammenstöße, die v_x nicht ändern, die Gesamtzahl der Elektronen mit der Geschwindigkeit v_x unverändert lassen müssen. Tatsächlich findet man durch Integration über ε:

$$\int\limits_0^{\Theta/T} \frac{\xi^2 d\xi}{e^\xi - 1} \left[\int\limits_{\frac{-E' + \frac{1}{2} m v_x^2}{kT}}^{\infty} \chi(\varepsilon)\, d\varepsilon \left(\frac{1}{e^\varepsilon + e^{-\xi}} + \frac{1}{e^{\varepsilon - \xi} + 1} - \frac{1}{e^{\varepsilon - \xi} + 1} - \frac{e^\xi}{e^{\varepsilon + \xi} + 1} \right) \right] = 0 .$$

(Durch Änderung der Variablen in den letzten beiden Gliedern haben wir eine Rückführung aller Integrationen auf gleiche Grenzen erreicht.)

Die untere Grenze der Integration ist negativ und ihr Absolutwert groß, während ξ nie sehr groß werden kann. Wir können daher behaupten, daß die rechte Seite in (220), integriert über ε von $(-E' + \frac{1}{2} m v_x^2)/kT$ bis ∞, Null ergeben muß. Daraus folgt die Bedingung:

$$\left.\begin{aligned} &\frac{h M m W^4}{V C^2 (kT)^3} \int\limits_{\frac{-E' + \frac{1}{2} m v_x^2}{kT}}^{\infty} \frac{e^\varepsilon d\varepsilon}{(e^\varepsilon + 1)^2}\, v_1 \left(eE + kT \frac{\partial \varepsilon}{\partial x} \right) \\ &+ \int\limits_{\frac{-E' + \frac{1}{2} m v_x^2}{kT}}^{\infty} \frac{d\varepsilon}{e^\varepsilon + 1} \int\limits_0^{\Theta/T} \frac{\xi^2 d\xi}{e^\xi - 1} [(A\xi - B\xi^2)\chi(\varepsilon + \xi) - (A\xi + B\xi^2) e^\xi \chi(\varepsilon - \xi)] \\ &= 0 . \end{aligned}\right\} \quad (222)$$

Wir werden jetzt folgendes Verfahren anwenden: Wir suchen χ als eine Summe:

$$\chi(\varepsilon) = \chi_1(\varepsilon) + \chi_2(\varepsilon) + \chi_3(\varepsilon) + \cdots \qquad (223)$$

zu bestimmen. Hier ist $\chi_1(\varepsilon)$ die Funktion (221) mit der zunächst willkürlichen Konstante K. Die Größe K wird aber durch (222) definiert, wenn man dort im zweiten Integral χ_1 statt χ einsetzt. Nach der somit erfolgten Festlegung von χ_1 können wir χ_2 aus (220) bestimmen, indem wir dort χ_1 in die rechte Seite einführen. Die so definierte Funktion χ_2 wird endlich sein. Eine inhomogene Integralgleichung hat bekanntlich nur dann eine endliche Lösung, wenn die rechte Seite orthogonal zu der (als existierend vorausgesetzten) Lösung der entsprechenden homogenen Gleichung ist. Diese Regel, die zunächst für Gleichungen von der Fredholmschen Form gilt, kann unter gewissen Kautelen auch auf die Volterrasche Gleichung von der in unserem Fall vorliegenden Form verallgemeinert werden. Unsere homogene Gleichung hat eine Lösung, und die Beziehung (222) stellt nichts anderes als die geforderte Orthogonalitätsbedingung dar.

Die Funktion χ_2 wird eine neue, frei wählbare Konstante enthalten. Man bestimmt sie durch die Forderung nach der Erfüllung von (222). Mit anderen Worten, man setzt:

$$\left.\begin{aligned}\int\limits_{-\infty}^{+\infty}\frac{d\varepsilon}{e^{\varepsilon}+1}\int\limits_{0}^{\Theta/T}\frac{\xi^2\,d\xi}{e^{\xi}-1}\,[(A\,\xi-B\,\xi^2)\,\chi_2(\varepsilon+\xi)&\\ -(A\,\xi+B\,\xi^2)\,e^{\xi}\,\chi_2(\varepsilon-\xi)]&=0\,.\end{aligned}\right\}\tag{224}$$

In ähnlicher Weise kann man im Bedarfsfalle auch die weiteren Korrektionsfunktionen $\chi_3, \chi_4, \ldots$ bestimmen.

Wir müssen also damit anfangen, daß wir die Beziehung (222) mit dem χ_1-Ausdruck aus (221) zu erfüllen suchen. A und B sind dabei als in der Gegend $\varepsilon = 0$ langsam veränderliche Funktionen von ε aufzufassen, die allerdings für $\varepsilon = -\frac{E'}{kT}$ unendlich werden. Wir vernachlässigen diese letzte Komplikation und gehen folgendermaßen vor:

Wir berechnen das Integral:

$$\int\limits_{-\frac{E'}{kT}}^{\infty} F(\varepsilon)\,\frac{d\varepsilon}{(e^{\varepsilon}+1)\,(e^{-\varepsilon+\xi}+1)}$$

zwischen einer unteren Grenze, die einen hohen Absolutwert hat, und der oberen Grenze ∞. Der Bruch verschwindet exponentiell, sobald ε sich wesentlich von dem Wert $+\frac{\xi}{2}$ entfernt. Für diesen

ε-Wert tritt ein sehr scharfes Maximum auf. Wenn F eine langsam veränderliche Funktion ist, so dürfen wir ansetzen:

$$\int \frac{F(\varepsilon)\,d\varepsilon}{(e^{\varepsilon}+1)(e^{-\varepsilon+\xi}+1)} = \frac{1}{e^{\xi}-1}\left[\int_0^{\xi} F\,d\varepsilon + \frac{\pi^2}{6}(F'(\xi)-F'(0)) + \dots\right]. \quad (225)$$

Einige elementare Rechnungen[1] führen das Integral auf eine bekannte Art zurück. Aus (222) erhalten wir:

$$F(\varepsilon) = A + B\xi = \frac{kT}{E'+\varepsilon kT}\left(\frac{1}{2}+\frac{kT\xi}{4mW^2}\right),$$

$$\int_0^{\xi} F\,d\varepsilon = \left(\frac{1}{2}+\frac{kT\xi}{4mW^2}\right)\log\frac{E'+\xi kT}{E'},$$

indem wir für A und B die in (177) berechneten Werte benutzen. Wir erhalten somit:

$$\left.\begin{aligned}
&\int \frac{(A+B\xi)\,d\varepsilon}{(e^{\varepsilon}+1)(e^{-\varepsilon+\xi}+1)} = \frac{\left(\frac{1}{2}+\xi\frac{kT}{4mW^2}\right)}{e^{\xi}-1}\left[\log\left(1+\xi\frac{kT}{E'}\right)\right.\\
&\left.+\frac{\pi^2k^2T^2}{6}\left(\frac{1}{E'^2}-\frac{1}{(E'+\xi kT)^2}\right)+\cdots\right]\\
&=\frac{kT}{E'}\frac{\xi}{e^{\xi}-1}\left(\frac{1}{2}+\xi\frac{kT}{4mW^2}\right)\left\{1+\frac{2\pi^2}{6}\left(\frac{kT}{E'}\right)^2\right.\\
&-\xi\frac{kT}{E'}\left[\frac{1}{2}+\frac{3\pi^2}{6}\left(\frac{kT}{E'}\right)^2\right]+\xi^2\left(\frac{kT}{E'}\right)^2\left[\frac{1}{3}+\frac{4\pi^2}{6}\left(\frac{kT}{E'}\right)^2\right]\\
&\left.-\xi^3\left(\frac{kT}{E'}\right)^3\left[\frac{1}{4}+\frac{5\pi^2}{6}\left(\frac{kT}{E'}\right)^2\right]+\cdots\right\}.
\end{aligned}\right\} \quad (225\text{a})$$

---

[1]
$$\int_{-\infty}^{+\infty}\frac{F(\varepsilon)\,e^{\varepsilon}\,d\varepsilon}{(e^{\varepsilon}+1)(e^{\varepsilon}+e^{\xi})} = \frac{1}{e^{\xi}-1}\int_{-\infty}^{+\infty}F(\varepsilon)\,e^{\varepsilon}\,d\varepsilon\left[\frac{1}{e^{\varepsilon}+1}-\frac{1}{e^{\varepsilon}+e^{+\xi}}\right]$$

$$=\frac{1}{e^{\xi}-1}\int_{-\infty}^{+\infty}\left[\frac{F(\varepsilon)\,e^{\varepsilon}\,d\varepsilon}{e^{\varepsilon}+1}-\frac{F(\varepsilon)\,e^{\varepsilon-\xi}\,d\varepsilon}{e^{\varepsilon-\xi}+1}\right]=\frac{1}{e^{\xi}-1}\int_{-\infty}^{+\infty}\frac{e^{\varepsilon}\,d\varepsilon}{e^{\varepsilon}+1}[F(\varepsilon)-F(\varepsilon+\xi)]$$

$$=\frac{-1}{e^{\xi}-1}\int_{-\infty}^{+\infty}\frac{d\varepsilon}{e^{-\varepsilon}+1}\frac{\partial\Phi}{\partial\varepsilon}=\frac{1}{e^{\xi}-1}\left[\Phi(0)+\frac{\pi^2}{6}\frac{\partial^2\Phi(0)}{\partial\varepsilon}+\cdots\right],$$

worin $\Phi(\varepsilon)=\int_{\varepsilon}^{\varepsilon+\xi}F(\eta)\,d\eta$ ist. Das letzte Integral ist von einem allgemeinen, von SOMMERFELD berechneten Typus [s. Zusatz 2, Abschnitt 10, Gleichung (41)]. Zur Zurückführung auf den letzteren genügt es, ε durch $-\varepsilon$ zu ersetzen (wodurch nur das Vorzeichen des Integrals geändert wird).

Die Entwicklung in (225a) ist nach Potenzen der — stets kleinen — Größe $\left(\xi \frac{kT}{E'}\right)$ ausgeführt worden.

Die Beziehung (222) erhält somit letzten Endes die Form:

$$\frac{hMmW^4}{VC^2(kT)^3}\int \frac{e^\varepsilon\, d\varepsilon}{(e^\varepsilon+1)^2}\, v_1\left(eE + kT\frac{\partial\varepsilon}{\partial x}\right)$$

$$= K\int_0^{\Theta/T} \frac{\xi^3 d\xi}{e^\xi - 1}\left[e^\xi \int \frac{(A+B\xi)\,d\varepsilon}{(e^\varepsilon+1)(e^{-\varepsilon+\xi}+1)} - \int \frac{(A-B\xi)\,d\varepsilon}{(e^\varepsilon+1)(e^{-\varepsilon-\xi}+1)}\right]$$

$$= K\frac{kT}{E'}\int_0^{\Theta/T} \frac{\xi^5 d\xi}{(e^\xi-1)(1-e^{-\xi})}\left\{\frac{kT}{2mW^2}\left[1+\frac{\pi^2}{3}\left(\frac{kT}{E'}\right)^2\right] - \frac{kT}{E'}\left[\frac{1}{2}+\frac{\pi^2}{2}\left(\frac{kT}{E'}\right)^2\right]\right.$$

$$\left. + \xi^2\left(\frac{kT}{E'}\right)^2\left[\frac{kT}{2mW^2}\left(\frac{1}{3}+\frac{2\pi^2}{3}\frac{k^2T^2}{E'^2}\right) - \frac{kT}{E'}\left(\frac{1}{4}+\frac{5\pi^2}{6}\frac{k^2T^2}{E'^2}\right)\right]\right\}.$$

In der Reihenentwicklung der rechten Seite behalten wir die Glieder bis $(kT/E')^2$ bei und vernachlässigen die höheren Potenzen sowie die sehr kleine Größe $2\,mW^2/E'$:

$$\left.\begin{aligned} &\frac{hMmW^4v'}{VC^2(kT)^3}\left[\left(eE - \frac{\partial E'}{\partial x}\right)\left(1 - \frac{\pi^2}{12}\frac{k^2T^2}{E'^2}\right) - \frac{\pi^2}{3}\frac{k^2T}{E'}\frac{\partial T}{\partial x}\right] \\ &\quad = K\frac{k^2T^2}{2mW^2E'}\int_\Theta^{\Theta/T} \frac{\xi^5 d\xi}{(e^\xi-1)(1-e^{-\xi})}\left[1+\frac{\pi^2}{3}\left(\frac{kT}{E'}\right)^2\right. \\ &\quad \left. + \frac{\xi^2}{3}\left(\frac{kT}{E'}\right)^2 + \cdots\right]. \end{aligned}\right\} \quad (226)$$

Auf der linken Seite haben wir die Integration mittels der an (178) anknüpfenden Entwicklung:

$$\left.\begin{aligned} v_1\left(eE + kT\frac{\partial\varepsilon}{\partial x}\right) &= v_1\left(eE - \frac{\partial E'}{\partial x} - \varepsilon k\frac{\partial T}{\partial x}\right) = v'\left(eE - \frac{\partial E'}{\partial x}\right) \\ &+ \varepsilon v'[\cdots] - \varepsilon^2 v'\frac{kT}{E'}\left[\frac{1}{4}\frac{kT}{E'}\left(eE - \frac{\partial E'}{\partial x}\right) + k\frac{\partial T}{\partial x}\right] + \cdots \end{aligned}\right\} \quad (227)$$

durchgeführt, die die Entwicklung (189) wiederholt. Das Integral des ersten Gliedes ist 1; das des Gliedes in ε gibt 0, das des Gliedes in ε^2 gibt $\pi^2/3$ [vgl. (207), (208)]. In dieser Weise erhalten wir den in (226) angeführten Ausdruck.

Diese Gleichung bestimmt den Wert der Konstanten K und legt somit die Funktion χ_1 fest:

$$K = \frac{2hMm^2W^6}{VC^2(kT)^5}E'v'\frac{\left(eE - \frac{\partial E'}{\partial x}\right)\left[1 - \frac{\pi^2}{12}\left(\frac{kT}{E'}\right)^2\right] - \frac{\pi^2}{3}\frac{k^2T}{E'}\frac{\partial T}{\partial x}}{J_5\left[1+\frac{\pi^2}{3}\left(\frac{kT}{E'}\right)^2\right] + \frac{1}{3}J_7\left(\frac{kT}{E'}\right)^2}, \quad (228)$$

mit:

$$J_n = \int_0^{\Theta/T} \frac{\xi^n\, d\xi}{(e^{\xi} - 1)(1 - e^{-\xi})}\,.$$

Wir versuchen nicht, auch die zweite Näherung χ_2 vollständig zu berechnen. Vielmehr fragen wir nur nach der Größenordnung der durch χ_2 bedingten Korrektion. Wir müssen, um χ_2 zu bestimmen, χ_1 in die rechte Seite von (220) einsetzen. Wir erinnern uns daran, daß die Glieder in $B\xi^2$ viel wichtiger sind als die Größen $\pm A\xi$. Entnehmen wir B aus (177). Wir können das Integral auf der rechten Seite von (220) auf folgende Form bringen:

$$\left.\begin{aligned} &-\frac{K}{e^{\varepsilon}+1}\,\frac{k^2T^2}{4mW^2(E'+\varepsilon kT)}\int_0^{\Theta/T}\frac{\xi^4\,d\xi}{e^{\xi}-1}\left(\frac{1}{e^{-\varepsilon-\xi}+1}+\frac{1}{e^{-\varepsilon}+e^{-\xi}}\right)\\ &=\frac{-K(kT)^2F(\varepsilon)}{(e^{\varepsilon}+1)(e^{-\varepsilon}+1)\cdot 2mW^2(E'+\varepsilon kT)}, \end{aligned}\right\}\qquad (229)$$

mit:

$$F(\varepsilon) = \frac{1}{2}\int_0^{\Theta/T} \frac{\xi^4(e^{-\xi}+1)\,d\xi}{(e^{\xi}-1)\left[e^{-\xi}+\dfrac{(e^{-\xi}-1)^2}{(e^{\varepsilon}+1)(e^{-\varepsilon}+1)}\right]}\,.$$

Die Gleichung (220) für χ_2 nimmt dann folgende Gestalt an:

$$\left.\begin{aligned} &\int_0^{\Theta/T}\frac{\xi^2\,d\xi}{e^{\xi}-1}\left[\frac{\chi_2(\varepsilon)}{e^{\varepsilon}+e^{-\xi}}+\frac{\chi_2(\varepsilon)}{e^{\varepsilon-\xi}+1}-\frac{\chi_2(\varepsilon+\xi)}{e^{\varepsilon}+1}-e^{\xi}\frac{\chi_2(\varepsilon-\xi)}{e^{\varepsilon}+1}\right]\\ &=\frac{hMmW^4}{VC^2(kT)^3}\,\frac{e^{\varepsilon}}{(e^{\varepsilon}+1)^2}\left\{v_1\left(eE-\frac{\partial E'}{\partial x}-\varepsilon k\frac{\partial T}{\partial x}\right)\right.\\ &\left.-\frac{v'F(\varepsilon)}{\left(1+\varepsilon\dfrac{kT}{E'}\right)}\cdot\frac{\left[\left(eE-\dfrac{\partial E'}{\partial x}\right)\left(1-\dfrac{\pi^2}{12}\dfrac{k^2T^2}{E'^2}\right)-\dfrac{\pi^2}{3}\dfrac{k^2T}{E'}\dfrac{\partial T}{\partial x}\right]}{\left[J_5\left(1+\dfrac{\pi^2}{3}\dfrac{k^2T^2}{E'^2}\right)+\dfrac{1}{3}J_7\left(\dfrac{kT}{E'}\right)^2\right]}\right\}. \end{aligned}\right\}\qquad (230)$$

Auf der rechten Seite können wir bei tiefen Temperaturen alle Korrektionsglieder mit kT/E' vernachlässigen. Dies erlaubt uns, gleichzeitig v_1 durch v' zu ersetzen, denn diese beiden Größen unterscheiden sich nur um einen Faktor:

$$\sqrt{1+\frac{\varepsilon kT}{E'}} \simeq 1\,.$$

26. Anwendbarkeitsgrenzen der entwickelten Methode; Diskussion der Ergebnisse. Bei tiefen Temperaturen darf man die obigen Integrationen ins Unendliche ausdehnen. Der Koeffizient K und die Funktion χ_1 wachsen dann wie T^{-5}, während χ_2 nach (230) nur mit T^{-3} wachsen kann. Wir können sicher sein, daß (230) eine endliche Lösung besitzt, da wir K so gewählt haben, daß die rechte Seite unserer Gleichung orthogonal ist zu allen Lösungen der entsprechenden transponierten homogenen Gleichung. Bei tiefen Temperaturen kann χ_2 neben χ_1 überhaupt vernachlässigt werden. Unter diesen Bedingungen bildet also χ_1 an sich schon eine gute Näherung.

Was geschieht bei höheren Temperaturen? Wenn Θ/T klein ist, ist das Integral J_5 von der Ordnung $(\Theta/T)^4$, wie man sich durch Entwicklung der Exponentialfunktion e^{ξ} überzeugt. Die Funktion $F(\varepsilon)$ enthält ebenfalls $(\Theta/T)^4$. Unsere Funktion χ_1 wird proportional T^{-1}. Was geschieht aber mit χ_2? Die rechte Seite von (230) enthält T^{-3} und ist ziemlich klein, denn $1 - \frac{F}{J_5}$ ist viel kleiner als 1. Andererseits zeigt die Entwicklung des Klammerausdruckes im linken Integral in bezug auf ξ eine doppelte Wurzel bei $\xi = 0$. Der Nenner verschwindet an dieser Stelle wie ξ selbst. Insgesamt ist das Integral proportional dem Ausdruck:

$$\left(\frac{\Theta}{T}\right)^4 \varphi(\varepsilon, \chi_2).$$

φ ist eine Funktion von ε und χ_2, die mit einem in χ_2 linearen Glied beginnt. Unter diesen Umständen muß χ_2 bei hohen Temperaturen — ebenso wie χ_1 — proportional T^{-1} werden. Da die rechte Seite von (230) klein ist, bleibt χ_2 klein gegen χ_1.

Diese Folgerungen genügen noch nicht, um eine Vernachlässigung von χ_2 bei hohen Temperaturen bei der Berechnung der elektrischen und thermischen Leitfähigkeit zu rechtfertigen. Doch dürfen wir die Beziehung (224) nicht vergessen, der χ_2, wie auch die höheren Korrektionsfunktionen $\chi_3, \chi_4, \ldots$ genügen müssen. Die Beziehung (224) enthält ein Integral in ε, das dem bei der Stromberechnung auftretenden sehr ähnlich ist. Daraus folgt, daß die Funktionen $\chi_2, \chi_3, \ldots$, die (224) erfüllen, nur einen sehr kleinen Beitrag zum elektrischen oder Wärmestrom liefern können. Wir wollen diese Folgerung begründen.

In (224) können wir $\pm A\xi$ gegen $B\xi^2$ vernachlässigen. Da die Grenze Θ/T als klein vorausgesetzt wurde, ist auch ξ klein. Aus (224) folgt dann:

$$-2\int_{-\infty}^{+\infty} \frac{B\,d\varepsilon}{e^{\varepsilon}+1}\,\chi_2(\varepsilon) \text{ sehr klein.} \tag{231}$$

Der Ausdruck $\frac{\chi_2}{e^{\varepsilon}+1}$ muß bei $\varepsilon = 0$ ein sehr ausgesprochenes Maximum besitzen, da die rechte Seite von (230) ein solches Maximum aufweist. In dem oben angeführten Integral dürfen wir daher für B den konstanten Wert B_0 ($\varepsilon = 0$) einsetzen. Die dadurch bedingten Fehler dürften nur von der Größenordnung kT/E' sein, also ungefähr gleich den späteren Gliedern in der Entwicklung von B. Bei der Berechnung der Ströme J_x und C_x treten die Integrale:

$$\int_{-\infty}^{+\infty} \frac{\left(1+\varepsilon\frac{kT}{E'}\right)^{n/2}\chi(\varepsilon)\,d\varepsilon}{e^{\varepsilon}+1}, \qquad n = 3 \text{ oder } 5$$

auf, wie man aus (204) oder (206) ersehen kann. Die dortige Funktion $c(\varepsilon)$ bedeutet $(e^{-\varepsilon}+1)\,\chi(\varepsilon)$. Das Hauptglied dieser Integrale kann man erhalten, wenn man in $\left(1+\varepsilon\frac{kT}{E'}\right)^{n/2}$ die Größe ε gleich 0 macht. Man erhält dabei das Integral (224) wieder. Die Funktionen $\chi_2, \chi_3, \ldots$, die (224) zum Verschwinden bringen, können daher tatsächlich nur sehr wenig zu den Strömen J_x und C_x beitragen. Die erste Näherung χ_1 muß also genügen, sogar bei hohen Temperaturen, um den Temperaturverlauf der metallischen Leitfähigkeit richtig zu deuten.

Der elektrische Strom J_x ist unter diesen Umständen durch die Formel (208) bestimmt. Denn die Konstante K spielt die gleiche Rolle wie c_0 in den Abschnitten 23 und 24:

$$\left.\begin{aligned} J_x &= \frac{16\pi^2 e}{3h^4}(2mE')^{\frac{3}{2}}K = \frac{16\pi^2 e M W^6 m v'(2mE')^{\frac{5}{2}}}{3h^3 V C^2 (kT)^5} \\ &\quad\cdot \frac{\left(eE-\frac{\partial E'}{\partial x}\right)\left(1-\frac{\pi^2}{12}\frac{k^2T^2}{E'^2}\right)-\frac{\pi^2}{3}\frac{k^2T}{E'}\frac{\partial T}{\partial x}}{J_5\left(1+\frac{\pi^2}{3}\frac{k^2T^2}{E'^2}\right)+\frac{1}{3}J_7\left(\frac{kT}{E'}\right)^2}. \end{aligned}\right\} \tag{232}$$

Wir vernachlässigen die Glieder, die $k T/E'$ enthalten, denn bei tiefer Temperatur sind sie sehr klein, und bei hoher haben wir sowieso die Funktionen $\chi_2, \chi_3, \ldots$ vernachlässigt, die von gleicher Größenordnung waren.

Betrachten wir ein homogenes, isotropes und isothermes Metall $\left(\frac{\partial E'}{\partial x} = \frac{\partial T}{\partial x} = 0\right)$. Wir finden dann für die elektrische Leitfähigkeit den Ausdruck:

$$\sigma = \frac{J}{E} = \frac{4\pi^2 e^2 M \gamma^2 k \Theta^6}{3 h^3 V C^2 T^5 J_5}. \tag{233}$$

Bei der Aufstellung dieser Formel wurde die schon in (210), (211) benutzte Beziehung (185) herangezogen:

$$m v' = \sqrt{2 m E'} \quad \text{und} \quad m v' W = \left(\frac{\gamma}{2}\right)^{\frac{1}{3}} k \Theta.$$

Prüfen wir, ob diese Formel tatsächlich für alle Temperaturen gültig ist und speziell für hohe Temperatur mit der früher für diesen Fall abgeleiteten Formel (210) übereinstimmt. Bei hohen Temperaturen gilt in der Tat:

$$J_5 = \int\limits_0^{\Theta/T} \frac{\xi^5 e^\xi d\xi}{(e^\xi - 1)^2} \simeq \int\limits_0^{\Theta/T} \xi^3 d\xi = \frac{1}{4}\left(\frac{\Theta}{T}\right)^4, \tag{234}$$

wodurch wir tatsächlich zu der Beziehung (210) wiedergelangen.

Bei sehr tiefen Temperaturen hat das Integral J_5 einen endlichen Wert, den wir im Zusatz 2 [Abschnitt 11, Gleichung (49)] berechnen. Es ist [vgl. Zusatz 2, Abschnitt 11]

$$J_5 = 5!\, s_5 = 124{,}43133.$$

Die elektrische Leitfähigkeit muß also bei sehr tiefen Temperaturen mit T^{-5} ins Unendliche wachsen.

Wir gelangen somit zu folgender Formel, die die beiden extremen Fälle der hohen und der tiefen Temperatur in Verbindung setzt:

$$\frac{\sigma_{T\,\text{groß}}}{\sigma_{T\,\text{klein}}} = \left(\frac{T}{\Theta}\right)^4 \cdot 497{,}72532. \tag{235}$$

Es scheint, daß sich diese Formel am *Gold* gut bestätigen läßt. Die allgemeine Formel (233) erscheint ebenfalls sehr plausibel. Wir werden etwas weiter unten die experimentellen Ergebnisse mitteilen.

Was kann über die *Wärmeleitfähigkeit* ausgesagt werden? Vergegenwärtigen wir uns die Meßbedingungen: Es besteht ein Temperaturgradient $\partial T/\partial x$, und der elektrische Strom J_x ist gleich Null. Wenn J_x verschwindet, wird auch K gleich Null. Die Wärmeleitfähigkeit $\varkappa$ wird also nur durch die höheren Glieder $\chi_2, \chi_3, \ldots$ der Entwicklung von χ bestimmt. Man kann dieses Ergebnis leicht an Hand von Formeln (208) bestätigen, die sich auf den Fall hoher Temperaturen beziehen. Die erste Näherung entspricht c_0, die weiteren Näherungen werden durch die Glieder $c_0', c_0'', \ldots$ eingeführt. Wenn man diese Glieder vernachlässigen würde, würde man ganz falsche Werte der Wärmeleitfähigkeit $\varkappa$ bekommen.

Für den Fall hoher Temperaturen haben wir $\varkappa$ bereits abgeschätzt. Fragen wir jetzt nach der Änderung von $\varkappa$ bei tiefen Temperaturen. Wir können alle Glieder mit $(kT/E')^2$ vernachlässigen. Die Bedingung $K = 0$ gibt uns dann nach (228):

$$e E = \frac{\partial E'}{\partial x} + \frac{\pi^2}{3} \frac{k^2 T}{E'} \frac{\partial T}{\partial x}. \tag{236}$$

Tragen wir dies in (230) ein. Die rechte Seite wird dann:

$$\frac{e^\varepsilon}{(e^\varepsilon + 1)^2} \frac{h M m W^4}{V C^2 (kT)^3} v' k \left(\frac{\pi^2}{3} \frac{kT}{E'} - \varepsilon\right) \frac{\partial T}{\partial x}.$$

Gehen wir wie in (221) oder (179) von der unbekannten Funktion χ_2 zu einer Funktion c_2 über. Wir erhalten dann:

$$\left.\begin{aligned} &\int_0^\infty \frac{\xi^2 d\xi}{e^\xi - 1} \left\{\frac{e^\varepsilon + 1}{e^\varepsilon + e^{-\xi}} [c_2(\varepsilon) - c_2(\varepsilon + \xi)] + \frac{e^{-\varepsilon} + 1}{e^{-\varepsilon} + e^{-\xi}} [c_2(\varepsilon) - c_2(\varepsilon - \xi)]\right\} \\ &\qquad = \frac{h M m W^4 k}{V C^2 (kT)^3} v' \left(\frac{\pi^2}{3} \frac{kT}{E'} - \varepsilon\right) \frac{\partial T}{\partial x}. \end{aligned}\right\} \tag{237}$$

Man überzeugt sich leicht, daß die Funktion $c_2(\varepsilon)$ gerade ist, wenn die rechte Seite gerade ist, und ungerade im umgekehrten Fall. Wir erhalten daher c_2 in der Form:

$$c_2 = \left[\frac{1}{(kT)^2} G(\varepsilon) + \frac{1}{(kT)^3} U(\varepsilon)\right] \frac{\partial T}{\partial x}, \tag{238}$$

worin G eine gerade und U eine ungerade Funktion von ε bedeutet.

Der Wärmestrom C_x ist durch das Integral (206) bestimmt:

$$C_x = \frac{8\pi^2}{3mh^4}(2mE')^{\frac{5}{2}} \int\limits_{-\infty}^{+\infty} \frac{c_2(\varepsilon)\left(1+\varepsilon\frac{kT}{E'}\right)^{\frac{5}{2}} d\varepsilon}{(e^{\varepsilon}+1)(e^{-\varepsilon}+1)}. \tag{239}$$

Der gerade Bestandteil $G/(kT)^2$ gibt einen zu $(kT)^{-2}$ proportionalen Wärmestrom. Der ungerade, $U/(kT)^3$, gibt in erster Näherung Null, in zweiter einen zu $(kT)^{-2}$ proportionalen Beitrag. Wir können also sicher sein, daß bei *tiefen Temperaturen*

$$\varkappa \backsim T^{-2}$$

gelten muß.

Alle diese Schlußfolgerungen beruhen auf den Hypothesen von Bloch:

1. Vernachlässigung der anomalen Stöße (der „Umklappvorgänge" von Peierls) und

2. Annahme einer kleinen freien Weglänge für die elastischen Wellen und der dadurch bedingten Erhaltung der Planckschen Verteilungsfunktion. Diese letztere Annahme bedeutet, daß man die durch elastische Wellen verursachte Wärmeleitung unter allen Umständen als verschwindend klein betrachtet.

27. Experimentelle Prüfungen. Der Vergleich mit der Erfahrung wurde sehr eingehend von Grüneisen[1] besprochen. Dieser Verfasser leitet übrigens die allgemeine Formel (233) auch aus einer alten Überlegung von Brillouin ab. Diese Überlegung enthält aber zu viel Hypothesen, so daß wir auf ihre Wiedergabe verzichten wollen.

Grüneisen rechnete die Funktion J_5, die in (233) enthalten ist, aus:

$$\frac{1}{\sigma} = D\frac{4}{x^5}\int\limits_0^x \frac{\xi^5\, d\xi}{(e^{\xi}-1)(1-e^{-\xi})} \tag{240}$$

mit:

$$D = \frac{3}{16}\frac{h^3 V C^2}{\pi^2 e^2 \gamma^2 M k \Theta} \quad \text{und} \quad x = \frac{\Theta}{T}.$$

Er benutzte dabei folgende Entwicklungen für den Ausdruck $\frac{1}{\sigma T} = \Sigma$:

$$\frac{\Sigma}{\Sigma_\infty} = 1 - 4\sum_{n=1}^{n=\infty}(-1)^{n-1}\frac{B_n}{(2n)!}\frac{2n-1}{2n+4}x^{2n} \tag{241}$$

($x < 2\pi$, hohe Temperaturen).

[1] Grüneisen, E., Leipziger Vorträge 1930, S. 46. Leipzig: S. Hirzel.

Die Koeffizienten B sind die BERNOULLIschen Zahlen:

$$\frac{1}{6}, \frac{1}{30}, \frac{1}{42}, \frac{1}{30}, \frac{5}{66} \ldots$$

Bei tiefen Temperaturen ($x \gg 1$) kann man partiell integrieren und entwickeln:

$$\left.\begin{aligned} \frac{\Sigma}{\Sigma_\infty} &= \frac{497{,}725}{x^4} - \frac{4x}{e^x - 1} \\ &- 20x \sum_{n=1}^{n=\infty} e^{-nx} \left[\frac{1}{nx} + \frac{4}{(nx)^2} + \frac{12}{(nx)^3} + \frac{24}{(nx)^4} + \frac{24}{(nx)^5}\right]. \end{aligned}\right\} \quad (242)$$

Folgende Tabelle 1 enthält die Ergebnisse. Neben den Werten von Σ/Σ_∞ sind die Verhältnisse C/C_∞ gesetzt. C ist die spezifische Wärme bei der Temperatur T, C_∞ bedeutet die spezifische Wärme bei hohen Temperaturen ($C_\infty = 3\,R$). Dieser Vergleich soll beweisen, daß die von GRÜNEISEN früher vorgeschlagene Formel:

$$\frac{1}{\sigma} \sim TC, \qquad \Sigma \sim C$$

für nicht zu tiefe Temperaturen eine gute Näherung darstellt.

Tabelle 1.

$x = \frac{\Theta}{T}$	$\frac{1}{x} = \frac{T}{\Theta}$	$\frac{\Sigma}{\Sigma_\infty}$	$\frac{C}{C_\infty}$	$x = \frac{\Theta}{T}$	$\frac{1}{x} = \frac{T}{\Theta}$	$\frac{\Sigma}{\Sigma_\infty}$	$\frac{C}{C_\infty}$
0,25	4,000	0,9965	0,997	5,5	0,1818	0,2658	
0,50	2,000	0,9862	0,988	6,0	$0{,}166_7$	0,2196	
0,80	1,250	0,9653		6,5	$0{,}153_8$	0,1796	
1,00	1,000	0,9465	0,952	7,0	$0{,}142_9$	0,1471	
1,18	$0{,}847_5$	0,9265		8,0	0,1250	0,09910	
1,50	$0{,}666_7$	0,8848		9,0	$0{,}111_1$	0,06740	
1,69	$0{,}591_7$	0,8569		10	0,1000	0,04654	0,0758
2,0	0,5000	0,8074	0,825	11	$0{,}0909_1$	0,03270	
2,5	0,4000	0,7205	0,745	12	$0{,}0833_3$	0,02353	
3,0	$0{,}333_3$	0,6309		13	$0{,}0769_2$	0,01725	
3,6	$0{,}277_8$	0,5258		14	$0{,}0714_3$	0,01289	
4,0	0,2500	0,4608	0,503	16	0,0625	0,007584	
5,0	0,2000	0,3208	0,369	20	0,0500	0,003111	0,00974

Bei der Beurteilung der Versuchsergebnisse muß man berücksichtigen, daß die benutzten Metalle niemals ganz rein sind. Beim absoluten Nullpunkt haben sie daher noch einen merklichen Widerstand („Restwiderstand“), der direkt als Maß der

Verunreinigung dienen kann. Dieser Restwiderstand muß von den bei höheren Temperaturen beobachteten Widerständen abgezogen werden. Erst die so erhaltenen Werte eignen sich zum Vergleich mit der Erfahrung. Nebenstehende Tabellen geben einen Vergleich zwischen berechneten und beobachteten Widerständen.

Tabelle 2. Kupfer; $\Theta = 330$.

T	$r_{\text{ber.}}$	$\frac{r_{\text{beob.}} - 0{,}0003}{1 - 0{,}0003}$
273,2	1	1
195,2	0,662	0,658
90,2	0,1847	0,1804
81,2	0,1451	0,141
20,4	0,00059	$0{,}0005_1$
4,2	0,00000	$0{,}0000_0$

Bei Gold ist die Übereinstimmung auffallend gut. Aus dem Widerstand findet man für die charakteristische Temperatur $\Theta = 175°$ abs., während

Tabelle 3. Gold; $\Theta = 175$.

T	$r_{\text{ber.}}$	$\frac{r - 0{,}00029}{1 - 0{,}00029}$ MEISSNER	$\frac{r - 0{,}00223}{1 - 0{,}00223}$ K. ONNES u. CLAY
273,2	1	1	1
87,43	$0{,}264_5$	0,2551	
78,86	$0{,}227_6$	0,2187	
57,8	0,1356		0,1314
20,4	0,00604	$0{,}0057_2$	0,0059
18,0	0,00346		0,0035
14,3	0,00117		0,00137
12,1	0,00051		0,00048
11,1	0,00033		0,00030
4,2	$0{,}000002_6$	$0{,}00000_3$	

CLUSIUS und HARTECK[1] aus dem Verlauf der spezifischen Wärme den Wert $\Theta = 163-186$ abgeleitet hatten.

Es soll daran erinnert werden, daß das theoretische Gesetz $\sigma \sim T^{-1}$ empirisch für hohe Temperaturen nicht streng bestätigt wird. Diese Diskrepanz beruht vielleicht darauf, daß wir in allen unseren Ableitungen das Volumen des Metalles als konstant vorausgesetzt haben. Man würde vielleicht eine noch bessere

Tabelle 4. Wolfram; $\Theta = 346$.

T	$r_{\text{ber.}}$	$\frac{r_{\text{beob.}} - 0{,}00058}{1 - 0{,}00058}$
273,2	1	1
90,2	0,176	0,168
87,4	0,163	0,156
77,6	0,122	0,115
20,4	0,00049	$0{,}0005_0$

[1] CLUSIUS, K., u. HARTECK, P., Z. physik. Chem. **134**, 243 (1928).

Übereinstimmung erzielen, wenn man die thermische Ausdehnung berücksichtigte. Für Blei und Platin haben wir die Zahlen nicht angeführt, denn die in Leiden untersuchten Proben sind offenbar nicht sehr rein gewesen.

Es ist zu betonen, daß alle unsere Formeln *keine Erklärung für Supraleitfähigkeit* bieten. Auch ist aus den Formeln in keiner Weise zu ersehen, welches Metall besser und welches schlechter leiten muß. (Man findet in Abschnitt 12 den Versuch einer Diskussion dieser Frage.)

Die Formel (240) hat die Form $V\Theta^{-1}F(\Theta/T)$. Man könnte daran denken, an Hand dieser Beziehung die Druckabhängigkeit zu untersuchen.

Die Meßdaten über die *thermische Leitfähigkeit* sind ziemlich unsicher. Die Experimentatoren haben versucht, die „Elektronenleitfähigkeit" von der durch elastische Wellen bedingten Leitfähigkeit zu unterscheiden. In der Tat zeigen ja auch isolierende Kristalle bei tiefen Temperaturen noch eine Wärmeleitfähigkeit von derselben Größenordnung wie die Metalle.

Die bis jetzt entwickelte Theorie schrieb die gesamte Wärmeleitung den Elektronen zu. Die elastischen Wellen sollten praktisch keine Rolle spielen. Weiter unten werden wir die Theorie von PEIERLS kennenlernen, in der die Dinge ganz anders liegen.

Die Messungen scheinen zu beweisen, daß die Wärmeleitfähigkeit bei tiefen Temperaturen proportional T^{-n} mit $2 < n < 3$ zunimmt. So erhält man z. B. für das Verhältnis der Leitfähigkeiten bei 21,2° abs. und 83,2° abs. folgende Zahlen:

	Cu	W	Rh	Al
$\frac{[\varkappa]_{21,2^\circ}}{[\varkappa]_{83,2^\circ}} =$	20	19	36	20,

während man aus einem T^{-2}-Gesetz für dieses Verhältnis die Zahl 15,4 erhalten müßte. Die angegebenen Zahlen sind nicht direkt gemessen, sondern mit Hilfe des sog. „Gesetzes der isothermen Geraden" berechnet worden. Darunter versteht man die empirische Beziehung:

$$\frac{1}{\varkappa} = \frac{1}{[\varkappa]} + \frac{\zeta}{Z\,T}, \tag{243}$$

worin ζ den elektrischen Restwiderstand und Z den WIEDEMANN-FRANZschen Koeffizienten ($= 2,2 \cdot 10^{-8}$) bedeutet. $\varkappa$ ist die an „unreinem" Material empirisch gemessene, $[\varkappa]$ die für reines Metall berechnete Wärmeleitfähigkeit.

Es scheint schwierig zu sein, aus den bisher vorhandenen empirischen Daten bestimmtere Folgerungen in bezug auf die Änderung der Wärmeleitfähigkeit mit der Temperatur zu ziehen.

28. Die Kritik von Peierls; die Veränderungen in der Verteilung der elastischen Wellen. Die gesamte bis jetzt dargestellte Theorie (Abschnitt 22—26) beruht auf der Blochschen Hypothese, d. h. auf der Annahme, daß die Verteilung der elastischen Wellen durch die Vorgänge der Stromleitung nicht merklich gestört wird. Die den elastischen Wellen entsprechende „freie Weglänge" wird also als sehr klein vorausgesetzt.

Wir müssen diese Hypothese genauer formulieren, um zu sehen, ob ihre Voraussetzungen in Wirklichkeit erfüllt werden können. Zunächst wollen wir untersuchen, wie die Zusammenstöße zwischen den elastischen Schwingungsquanten und Elektronen die Verteilung der Schwingungen beeinflussen. Wir werden dann imstande sein anzugeben, welcher Art die Wechselwirkungen der elastischen Wellen sein müssen und wie lang die entsprechende freie Weglänge sein darf, damit die durch Elektronenstöße verursachten Störungen der thermischen Gleichgewichtsverteilung genügend schnell aufgehoben werden können.

Wir kehren zu dem in den Abschnitten 20 und 21 behandelten Problem zurück und untersuchen die durch Elektronenstöße bedingte Änderung der Anzahl $N(a, b, c)$ von Quanten, die einer bestimmten elastischen Schwingungsfrequenz ν entsprechen. Wir setzen zunächst voraus, daß die *„normalen" Stöße allein von Bedeutung sind.*

Wir betrachten eine bestimmte Stoßart:

$$\vec{a_2} = \vec{a_1} + \vec{a}, \qquad \nu_2 \simeq \nu_1 + \nu .$$

Die Anzahl der durch solche Stöße neu gebildeten Quanten $h\nu$, abzüglich der Anzahl der durch inverse Vorgänge zerstörten Quanten, beträgt:

$$\left.\begin{aligned}\frac{dN}{dt} &= -P(\vec{a_1}, \vec{a_2}; N) + P(\vec{a_2}, \vec{a_1}; N) = -\frac{C^2 h^3 \nu}{4\pi^2 M m^2 W^2} \\ &\quad \cdot t\frac{\sin y}{y}[F_1(1-F_2)N - F_2(1-F_1)(N+1)],\end{aligned}\right\} \quad (244)$$

wie in (158) und (162). Wir müssen daneben auch die Zusammenstöße:

$$\vec{a_2'} = \vec{a_1} - \vec{a}, \qquad \nu_2' \simeq \nu_1 - \nu$$

berücksichtigen und über alle möglichen Elektronenwellen $(a_1 b_1 c_1)$ summieren. Dann erhalten wir die gesamte Änderung der Anzahl von Quanten $h\nu$:

$$\frac{dN(a,b,c)}{dt} = \frac{C^2 h^3 \nu V}{2\pi^2 M m^2 W^2}\left\{\begin{aligned}&\int\left[\begin{array}{l}-F_1(1-F_2)N\\+F_2(1-F_1)(N+1)\end{array}\right] t\,\frac{\sin y}{y}\,|a_1|^2 d|a_1|\sin i_1\, di_1\, d\varphi' \\ +&\int\left[\begin{array}{l}F_1(1-F_2')(N+1)\\-F_2'(1-F_1)N\end{array}\right] t\,\frac{\sin y'}{y'}\,|a_1|^2 d|a_1|\sin i_1\, di_1\, d\varphi'\end{aligned}\right\} \qquad (245)$$

Die Abkürzungen sind dieselben wie in (162) bis (167). Die Winkel i_1 und φ' sind in Abb. 43 verzeichnet. Die Summen über die verschiedenen Wellen $a_1 b_1 c_1$ haben wir in Integrale umgewandelt. Das Differentialelement ist analog zu (160):

$$2G^3 d^3\, da_1\, db_1\, dc_1 = 2V|a_1|^2 d|a_1|\sin i_1\, di_1\, d\varphi'.$$

Mit $|a_1|$ ist der absolute Betrag des Vektors $(a_1 b_1 c_1)$ bezeichnet. Der Koeffizient 2 stammt, wie immer, von dem Drall her.

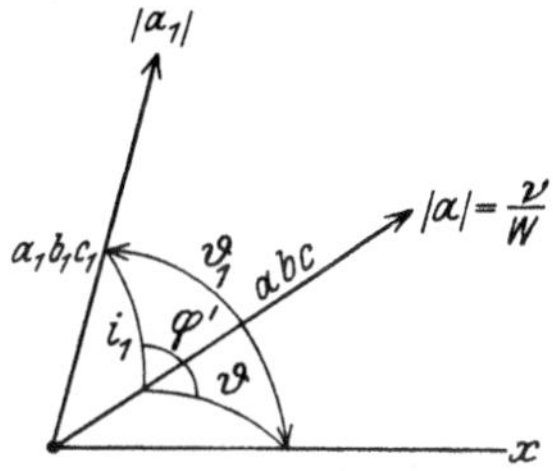

Abb. 43.

Schließlich ist wie in (162):

$$y = 2\pi(\nu_1 + \nu - \nu_2)t = -\frac{\pi h\nu t}{mW}\left(\frac{\nu}{W} + 2|a_1|\cos i_1 - \frac{2mW}{h}\right). \qquad (246)$$

Wir führen die Integration über i_1 genau wie in (163) durch:

$$\int \frac{\sin y}{y}\, t\,|a_1|\sin i_1\, di_1 = \int \frac{mW}{2\pi h\nu}\,\frac{\sin y}{y}\,dy = \frac{mW}{2h\nu}.$$

Analog behandeln wir das zweite Integral und erhalten:

$$\frac{dN}{dt} = \frac{C^2 h^2 V}{2\pi M m W}\int\frac{d\varphi'}{2\pi}\cdot\left\{\begin{aligned}&\int[-F_1(1-F_2)N + F_2(1-F_1)(N+1)]\,|a_1|\,d|a_1| \\ +&\int[F_1(1-F_2')(N+1) - F_2'(1-F_1)N]\,|a_1|\,d|a_1|.\end{aligned}\right\} \qquad (247)$$

F_2 und F_2' sind hier, wie in (166), (167), die Werte der Elektronenverteilungsfunktion für folgende Parameter:

F_2: für $a_2 = a_1 + a, \quad \nu_2 = \nu_1 + \nu, \quad \cos i_1 = \dfrac{W}{|v_1|} - \dfrac{h\nu}{2mW|v_1|}$

F_2': für $a_2' = a_1 - a, \quad \nu_2' = \nu_1 - \nu, \quad \cos i_1' = \dfrac{W}{|v_1'|} + \dfrac{h\nu}{2mW|v_1'|}.$

Wir nehmen an, daß die Verteilungsfunktionen F und N durch die Ausdrücke (168) und (170) gegeben sind. Unter Heranziehung von (172) erhalten wir:

$$\left.\begin{aligned}\frac{dN}{dt} &= \frac{C^2 k T V}{2\pi M W}\int\frac{d\varphi'}{2\pi}\\ &\cdot\left\{\begin{aligned}&-\int\frac{a_1 X_1 e^{-\varepsilon}(e^{\varepsilon}+1)^2 - a_2 X_2 e^{-\varepsilon-\xi}(e^{\varepsilon+\xi}+1)^2 + a\psi e^{-\xi}(e^{\xi}-1)^2}{(e^{\xi}-1)(e^{\varepsilon}+1)(e^{-\varepsilon-\xi}+1)}d\varepsilon\\ &+\int\frac{a_1 X_1 e^{-\varepsilon}(e^{\varepsilon}+1)^2 - a_2' X_2' e^{-\varepsilon+\xi}(e^{\varepsilon-\xi}+1)^2 - a\psi e^{-\xi}(e^{\xi}-1)^2}{(e^{\xi}-1)(e^{-\varepsilon}+1)(e^{\varepsilon-\xi}+1)}d\varepsilon\end{aligned}\right\}\end{aligned}\right\}\qquad(248)$$

In (248) haben wir $|a_1|$ und $d|a_1|$ durch ε und $d\varepsilon$ ersetzt mit Hilfe der Beziehung (171):

$$kT d\varepsilon = dE_1 = \frac{h^2}{m}|a_1|\, d\,|a_1|.$$

Vom Winkel φ' hängen nur die Funktionen a_1 und a_2 und a_2' ab:

$$a_2 = a_1 + a, \quad \text{mit} \quad \int a_1 \frac{d\varphi'}{2\pi} = a\,|a_1|\frac{W}{\nu}\cos i_1 = a\left(\frac{m W^2}{h\nu} - \frac{1}{2}\right),$$

$$a_2' = a_1 - a, \quad \text{mit} \quad \int a_1 \frac{d\varphi'}{2\pi} = a\,|a_1|\frac{W}{\nu}\cos i_1' = a\left(\frac{m W^2}{h\nu} + \frac{1}{2}\right).$$

Die Berechnung der Winkel erinnert vollständig an die Formeln (175), nur steht φ' an der Stelle von φ und die Rollen von a und a_1 sind vertauscht.

Wir erhalten nach allen diesen Rechnungen folgende Formel für die Beeinflussung der elastischen Wellen durch Elektronenstöße:

$$\left.\begin{aligned}\frac{dN}{dt} &= \frac{C^2 k T V}{2\pi M W}a\\ &\cdot\left\{\begin{aligned}&\int\frac{\left(-\frac{mW^2}{h\nu}+\frac{1}{2}\right)X_1 e^{-\varepsilon}(e^{\varepsilon}+1)^2 + \left(\frac{mW^2}{h\nu}+\frac{1}{2}\right)X_2 e^{-\varepsilon-\xi}(e^{\varepsilon+\xi}+1)^2 - \psi e^{-\xi}(e^{\xi}-1)^2}{(e^{\xi}-1)(e^{\varepsilon}+1)(e^{-\varepsilon-\xi}+1)}d\varepsilon\\ &+\int\frac{\left(\frac{mW^2}{h\nu}+\frac{1}{2}\right)X_1 e^{-\varepsilon}(e^{\varepsilon}+1)^2 + \left(-\frac{mW^2}{h\nu}+\frac{1}{2}\right)X_2' e^{-\varepsilon+\xi}(e^{\varepsilon-\xi}+1)^2 - \psi e^{-\xi}(e^{\xi}-1)^2}{(e^{\xi}-1)(e^{-\varepsilon}+1)(e^{\varepsilon-\xi}+1)}d\varepsilon\end{aligned}\right\}\end{aligned}\right\}\qquad(249)$$

Genau wie bei den Integralen (176) muß man auch hier die genauen Integrationsgrenzen diskutieren. Es scheint tatsächlich so zu sein, daß nur schnelle Elektronen ($\varepsilon \simeq 0$) eine bedeutende Rolle spielen und daß die zu integrierenden Funktionen bei einer

Entfernung von $\varepsilon = 0$ rasch verschwinden. Unter diesen Umständen ist es statthaft, die Integration von $\varepsilon = -\infty$ bis $\varepsilon = +\infty$ auszudehnen. Ein beträchtlicher Fehler kann dadurch nicht hervorgerufen werden.

Die obigen Ausdrücke lassen sich durch die Abkürzungen:

$$\left.\begin{aligned} X &= \frac{2\pi}{kT}\frac{e^{\varepsilon}}{(e^{\varepsilon}+1)^2}\,c(\varepsilon)\,, \\ \psi &= \frac{2\pi}{kT}\frac{e^{\xi}}{(e^{\xi}-1)^2}\,b(\xi) \end{aligned}\right\} \tag{250}$$

erheblich vereinfachen. Die Funktion $c(\varepsilon)$ ist die bereits von Bloch benutzte. Wir erhalten mit Hilfe von (250):

$$\left.\begin{aligned} \frac{dN}{dt} = \frac{C^2 V}{M W} a \Biggl\{ &\int \frac{\left(-\frac{mW^2}{h\nu}+\frac{1}{2}\right)c(\varepsilon)+\left(\frac{mW^2}{h\nu}+\frac{1}{2}\right)c(\varepsilon+\xi)-b(\xi)}{(e^{\xi}-1)(e^{\varepsilon}+1)(e^{-\varepsilon-\xi}+1)}\,d\varepsilon \\ &+ \int \frac{\left(\frac{mW^2}{h\nu}+\frac{1}{2}\right)c(\varepsilon)+\left(-\frac{mW^2}{h\nu}+\frac{1}{2}\right)c(\varepsilon-\xi)-b(\xi)}{(e^{\xi}-1)(e^{-\varepsilon}+1)(e^{\varepsilon-\xi}+1)}\,d\varepsilon \Biggr\}. \end{aligned}\right\} \tag{251}$$

Aus den Gleichungen (166) bis (177) erhalten wir — unter Benutzung der gleichen Abkürzungen — folgenden Ausdruck (252) für die durch Stöße verursachte Variation der Anzahl $F(a_1 b_1 c_1)$ von Elektronen bestimmter Art:

$$\left.\begin{aligned} -\frac{dF}{dt} &= \frac{C^2 V (kT)^2}{m M W^4 h}\frac{a_1}{|a_1|} \\ &\cdot \left\{ \int_0^{\xi_M} \frac{c(\varepsilon)-(1+A\xi-B\xi^2)c(\varepsilon+\xi)+(A\xi-B\xi^2)b(\xi)}{(e^{\xi}-1)(e^{\varepsilon}+1)(e^{-\varepsilon-\xi}+1)}\,\xi^2 d\xi \right. \\ &\left. + \int_0^{\xi_m} \frac{c(\varepsilon)-(1-A\xi-B\xi^2)c(\varepsilon-\xi)-(A\xi+B\xi^2)b(\xi)}{(e^{\xi}-1)(e^{-\varepsilon}+1)(e^{\varepsilon-\xi}+1)}\,\xi^2 d\xi\,. \right\} \end{aligned}\right\} \tag{252}$$

Man bestätigt leicht, daß diese Ausdrücke verschwinden, wenn

$$c = b = K = \text{konst}. \tag{253}$$

gesetzt wird. Dies bedeutet, daß folgende Beziehungen bestehen:

$$\left.\begin{aligned} F &= F_0 + a_1 X = F_0 - \frac{2\pi}{kT}K a_1 \frac{\partial F_0}{\partial \varepsilon} = \frac{1}{e^{\varepsilon - \frac{2\pi K a_1}{kT}}+1}\,, \\ N &= N_0 + a\psi = N_0 - \frac{2\pi}{kT}K a \frac{\partial N_0}{\partial \xi} = \frac{1}{e^{\xi - \frac{2\pi K a}{kT}}-1}\,. \end{aligned}\right\} \tag{254}$$

Wenn es nur normale Zusammenstöße zwischen elastischen Wellen und Elektronen gäbe, so wären die beiden Verteilungen (254) stabil und könnten sich unendlich lange erhalten. Dieses Ergebnis ist ohne weiteres einleuchtend, denn bei normalen Stößen bleiben außer der Energie und der Elektronenzahl nach Abschnitt 17 auch die Wellenzahlenkomponenten erhalten:

$$\left.\begin{aligned} E_{\text{gesamt}} &= \sum EF + \sum Nh\nu\,; \\ Q_x &= \sum a_1 F + \sum a N\,; \\ &\begin{pmatrix} Q_y \ldots \\ Q_z \ldots \end{pmatrix} \\ \sum F &= C^{te} = \text{Elektronenzahl.} \end{aligned}\right\} \tag{255}$$

Wenn wir ganz allgemein das Problem der wahrscheinlichsten Verteilung stellen (wie z. B. im fünften Kapitel, Abschnitt 3 und 4), so müssen wir ansetzen:

$$\delta \log P - \alpha \sum \partial F - \beta \delta E + \gamma_x \delta Q_x + \gamma_y \delta Q_y + \gamma_z \delta Q_z = 0\,,$$

da das Verteilungsgesetz für konstante Werte von E, Q_x, Q_y und Q_z gelten soll. In dem Spezialfall:

$$\gamma_x = 2\pi K \beta\,, \qquad \gamma_y = \gamma_z = 0$$

erhalten wir aus dieser allgemeinen Bedingung gerade die oben abgeleiteten stabilen Verteilungsfunktionen.

Wir müssen jetzt den Ausdruck Q_x bilden, dessen Kenntnis für uns von Bedeutung ist, da Q_x eine Konstante des betrachteten Systems darstellt. Setzen wir voraus, daß X und ψ durch (250) und (253) gegeben sind, mit zwei verschiedenen konstanten Koeffizienten $c = K$ für X und $b = K'$ für ψ. Der Beitrag der Elektronen zu Q_x ist:

$$Q_{x(\mathrm{El})} = \sum a_1 F = \sum a_1^2 X = \frac{2\pi K}{kT} 8\pi V \int \overline{a_1^2} \frac{e^\varepsilon}{(e^\varepsilon + 1)^2} |a_1|^2 d|a_1|\,; \tag{256}$$

es ist dabei:

$$\overline{a_1^2} = \frac{1}{3} |a_1|^2 = \frac{2m}{3h^2} E_1\,,$$

wenn E_1 die Elektronenenergie bedeutet. Die Mittelbildung erstreckt sich über alle Raumorientierungen des Vektors $(a_1 b_1 c_1)$ vom Absolutbetrag $|a_1|$.

Andererseits erhält man, wenn man zu dem ε-Wert von (171) zurückkehrt:

$$|a_1|^2 d|a_1| = \frac{1}{h^3}\sqrt{2mE_1}\, m\, dE_1 = \frac{1}{h^3}\sqrt{2mE_1}\, mkT\, d\varepsilon\,. \tag{256a}$$

Daraus folgt:

$$Q_{x(\mathrm{El})} = K\,\frac{32\sqrt{2}\,\pi^2\,V m^{\frac{5}{2}}}{3h^5}\int E_1^{\frac{3}{2}}\,\frac{e^\varepsilon}{(e^\varepsilon+1)^2}\,d\varepsilon. \tag{257}$$

Für elastische Schwingungen kann die Rechnung in genau analoger Form durchgeführt werden. Das Ergebnis lautet:

$$Q_{x(\mathrm{Schw})} = \sum a N = \sum a^2 \psi = \frac{2\pi K'}{kT}\,\frac{4\pi V}{W^3}\int \overline{a^2}\,\frac{e^\xi}{(e^\xi-1)^2}\,\nu^2\,d\nu \tag{258}$$

mit

$$\overline{a^2} = \frac{1}{3}\left(\frac{\nu}{W}\right)^2 = \frac{1}{3}\left(\frac{kT}{hW}\right)^2 \xi^2.$$

Durch Einsetzen von:

$$\xi = \frac{h\nu}{kT}$$

erhält man:

$$Q_{x(\mathrm{Schw})} = K'\,\frac{8\pi^2 V}{3h^5 W^5}\,(kT)^4 J_4, \tag{258a}$$

$$J_4 = \int\limits_0^{\Theta/T} \frac{e^\xi}{(e^\xi-1)^2}\,\xi^4\,d\xi.$$

Die Addition von (257) und (258a) ergibt:

$$Q_x = \frac{8\pi^2 V}{3h^5}\left[K'\,\frac{(kT)^4 J_4}{W^5} + K\cdot 4\sqrt{2}\,m^{\frac{5}{2}}\int E_1^{\frac{3}{2}}\,\frac{e^\varepsilon}{(e^\varepsilon+1)^2}\,d\varepsilon\right]. \tag{259}$$

Bei der wahrscheinlichsten Verteilung, die einem vorgegebenen Q_x-Wert entspricht, sind die beiden Koeffizienten K und K' gleich. Man erkennt, daß bei hohen Temperaturen ($T \gg \Theta$) der Beitrag der elastischen Wellen den der Elektronen bedeutend übertrifft. J_4 reduziert sich unter diesen Umständen auf $\frac{1}{3}(\Theta/T)^3$, während das Integral über ε etwa $E'^{\frac{3}{2}}$ ergibt. Das Verhältnis der beiden Beiträge ist also:

$$\frac{1}{3}\,\frac{(k\Theta)^3\,kT}{W^5\,2m\,(2mE')^{\frac{3}{2}}} \simeq \frac{T}{6\Theta}\left(\frac{2}{\gamma}\right)^{\frac{4}{3}}\frac{v'}{W} \simeq 10^3\,\frac{T}{6\Theta} \quad \text{(nach 185)}.$$

v' bedeutet die Grenzgeschwindigkeit, E' die Grenzenergie der Elektronen; v' ist von der Größenordnung $10^3\,W$, woraus sich die oben angegebene Größenordnung ergibt.

Bei tiefen Temperaturen sind dagegen die beiden Bestandteile von Q_x von ähnlicher Größenordnung.

Solange wir nur normale Stöße berücksichtigen, ist eine Verteilung mit verschiedenen Werten von K und K', wie wir es gesehen haben, unstabil. Normale Stöße streben danach, beide Konstanten auszugleichen. Man überzeugt sich aber leicht davon, daß die den Größen X und ψ durch (250) zugeschriebenen speziellen Formen durch Stöße nicht unbeeinflußt bleiben. Die Gleichverteilung zwischen $Q_{x(\mathrm{El})}$ und $Q_{x(\mathrm{Schw})}$ ist von einer Änderung der Funktionen X und ψ begleitet. Nehmen wir an, daß X und ψ in einem bestimmten Augenblick doch die Form (250) besitzen, und berechnen wir nach (251) und (252) die Variationen von $Q_{x(\mathrm{El})}$ und $Q_{x(\mathrm{Schw})}$.

Nach (252) gilt:

$$\frac{d\,Q_{x\,(\mathrm{El})}}{d\,t} = \sum a_1 \frac{d\,F}{d\,t}$$

$$= \sum \frac{a_1^2}{|a_1|} \frac{C^2 V (k\,T)^2}{m\,M\,W^4 h} (K' - K)$$

$$\cdot \left[\int_0^{\xi_M} \frac{(B\,\xi^2 - A\,\xi)\,\xi^2\,d\,\xi}{(e^{\xi} - 1)\,(e^{\varepsilon} + 1)\,(e^{-\varepsilon - \xi} + 1)} + \int_0^{\xi_m} \frac{(B\,\xi^2 + A\,\xi)\,\xi^2\,d\,\xi}{(e^{\xi} - 1)\,(e^{-\varepsilon} + 1)\,(e^{+\varepsilon - \xi} + 1)}\right].$$

Das Summenzeichen wollen wir durch ein Integralzeichen ersetzen, indem wir über alle Elektronengeschwindigkeiten nach einem bereits mehrmals benutzten Verfahren integrieren. Wir machen noch von den Beziehungen (256) und (256a) Gebrauch und erhalten:

$$\frac{d\,Q_{x(\mathrm{E\,l})}}{d\,t} = \frac{16\pi\,C^2 V^2 (k\,T)^3 m}{3\,h^5 M\,W^4} (K' - K) \int \frac{E_1\,d\,\varepsilon}{e^{\varepsilon} + 1}$$

$$\cdot \left\{\int \frac{(B\,\xi - A)\,\xi^3 d\,\xi}{(e^{-\varepsilon - \xi} + 1)(e^{\xi} - 1)} + \int \frac{(B\,\xi + A)\,\xi^3 d\,\xi}{(e^{-\varepsilon} + e^{-\xi})(e^{\xi} - 1)}\right\}.$$

Die Integrale über ε sind vom Typus (225), den wir bereits früher berechnet haben. Sie sind insofern einfacher, als $E_1 B$ und $E_1 A$ keine Funktionen von ε mehr sind.

Wir finden dafür:

$$E_1 B = \frac{(k\,T)^2}{4\,m\,W^2}; \quad E_1 A = \frac{k\,T}{2},$$

und somit:

$$\frac{d\,Q_{x\,(\mathrm{El})}}{d\,t} = \frac{8\pi\,C^2 V^2 (k\,T)^5}{3\,h^5 M\,W^6} J_5 (K' - K), \tag{260}$$

$$J_5 = \int \frac{\xi^5 e^{\xi}\,d\,\xi}{(e^{\xi} - 1)^2}.$$

Wenn die Elektronenströmung ursprünglich „zu stark" war ($K > K'$), so nimmt sie mit der Zeit ab. Analoge Ergebnisse erhält man für die Strömung der elastischen Schwingungen. Man geht von (251) aus und berechnet:

$$\frac{dQ_{x(\mathrm{Schw})}}{dt} = \sum a \frac{dN}{dt} = \sum a^2 \frac{C^2 V}{MW}(K-K')$$
$$\cdot \left[\int \frac{d\varepsilon}{(e^\xi-1)(e^\varepsilon+1)(e^{-\varepsilon-\xi}+1)} + \int \frac{d\varepsilon}{(e^\xi-1)(e^{-\varepsilon}+1)(e^{\varepsilon-\xi}+1)}\right].$$

Die Integration über ε ist direkt durchführbar, wenn man die in (225) benutzte Methode verwendet, und die Summation $\sum$ verwandelt sich in eine Integration über ν (also über ξ). Unter Heranziehung von (258a) erhält man abschließend:

$$\frac{dQ_{x(\mathrm{Schw})}}{dt} = \frac{8\pi C^2 V^2 (kT)^5}{3h^5 MW^6}(K-K')J_5 = -\frac{dQ_{x(\mathrm{El})}}{dt}, \qquad (261)$$

wie dies von vornherein auf Grund des Erhaltungsgesetzes für Q_x zu erwarten war. Dieses Ergebnis kam selbstverständlich nur dadurch zustande, daß wir ausschließlich normale Zusammenstöße berücksichtigten, die PEIERLSschen Umkehrvorgänge dagegen vernachlässigten und keine Wechselwirkungen der elastischen Wellen untereinander in Rechnung setzten.

29. Über die Verteilung der elastischen Wellen bei Anwesenheit einer Störung; Bedeutung der Wechselwirkungen zwischen den Wellen und ihrer freien Weglänge. Jetzt müssen wir dazu übergehen, die Wechselwirkungen zwischen den elastischen Wellen zu untersuchen, die mit der Nichtlinearität der entsprechenden Bewegungsgleichungen verknüpft sind. Ohne eine in die Einzelheiten gehende Betrachtung dieses Effektes zu unternehmen, können wir ihn als Ursache für eine begrenzte *„freie Weglänge" der elastischen Quanten in Kristall* ansehen. Wir nehmen an, daß die Absorptions- und Emissionsprozesse der elastischen Quanten durch die einfachsten denkbaren Gesetze geregelt werden, die wir folgendermaßen formulieren wollen:

Eine Welle von der Intensität J, die eine Schichtdicke dr durchquert, wird um:

$$dJ = -\alpha J dr, \qquad \alpha = \frac{1}{l} \qquad (262)$$

geschwächt. Der Koeffizient α ist der „Absorptionskoeffizient", die ihm reziproke Größe l die „freie Weglänge". Der Absorptionskoeffizient hängt von ν und T ab.

Ein Volumen $d\tau$, das von einer Welle mit der Energiedichte $\varrho\, d\nu \frac{d\Omega}{4\pi}$ durchquert wird, absorbiert in der Zeit dt die Energie:

$$dE = \alpha W \varrho\, d\tau\, d\nu \frac{d\Omega}{4\pi} dt\,.$$

Wir nehmen an, daß die Emission dieses Volumens durch den Ausdruck:

$$dE = \alpha W \varrho_0\, d\tau\, d\nu \frac{d\Omega}{4\pi} dt \tag{263}$$

beschrieben wird. Darin ist ϱ_0 gegeben durch:

$$\varrho_0 = \frac{4\pi h \nu^3}{W^3\left(e^{\frac{h\nu}{kT}} - 1\right)}$$

und bedeutet die Gleichgewichtsverteilung elastischer Wellen. Entsprechend unseren vereinfachten Hypothesen nehmen wir an, daß die Phasengeschwindigkeit W unabhängig von der Frequenz (und gleich der Gruppengeschwindigkeit) ist.

Infolge der Gesetze (262), (263) wird der Energiestrom $Q_{x\,(\text{Schw})}$ abklingen. Wenn wir für ψ die Form (250) mit $b = K'$ voraussetzen, so erhalten wir:

$$\left.\begin{aligned}\frac{dQ_{x\,(\text{Schw})}}{dt} &= -\alpha W \sum a^2 \psi = -\alpha W \frac{2\pi K'}{kT} \sum a^2 \frac{e^{\xi}}{(e^{\xi}-1)^2}\\ &= -\alpha W K' \frac{8\pi^2 V (kT)^4}{3h^5 W^5} J_4\,.\end{aligned}\right\} \tag{264}$$

Wir haben α einfachheitshalber als frequenzunabhängig angesehen. Die Verwandlung der Summe (264) in ein Integral wurde genau so ausgeführt wie in (258), (258a).

Wir können jetzt nach der Verteilung der elastischen Wellen fragen, die sich in Anwesenheit einer störenden Kraft — eines elektrischen Feldes E oder eines Gradienten $\partial T/\partial x$ — einstellen wird. Die Verteilung der Elektronen wird durch die Funktion X aus (250) beschrieben. Die Elektronenstöße trachten danach, die Störung ψ der elastischen Wellen zu vergrößern. Dagegen wirkt die Beschränkung der freien Weglänge l im Sinne der Verkleinerung von ψ. Wir setzen voraus, daß X und ψ die einfachste Form haben, mit den beiden Konstanten K und K'. Die Gleichgewichtsbedingung ist dann nach (261) und (264):

$$(K - K') \frac{8\pi C^2 V^2 (kT)^5}{3h^5 M W^6} J_5 = \alpha K' \frac{8\pi^2 V (kT)^4}{3h^5 W^4} J_4\,,$$

oder:

$$K = K'\left(1 + \frac{\pi M W^2}{C^2 V k T l} \frac{J_4}{J_5}\right). \tag{265}$$

Die Beziehung (265) erlaubt die Abschätzung der Größenordnung von K' und die Beurteilung der Zulässigkeit der Blochschen Hypothese ($K' \ll K$).

Wie können wir die freie Weglänge l abschätzen? Wir werden die Wärmeleitfähigkeit $\varkappa_{\text{Schw}}$ berechnen, die durch die elastischen Wellen allein bedingt ist. Genauer ausgedrückt: die Wärmeleitfähigkeit eines Isolators, dessen Wärmebewegung den Gesetzen (262), (263) gehorcht. Wenn in einem festen Körper Elektronen und elastische Wellen gleichzeitig an der Leitung teilnehmen, ist es kaum möglich, ihre Effekte voneinander abzugrenzen. Die beiden Vorgänge sind zu innig miteinander verknüpft.

Die Wärmeleitfähigkeit eines Isolators wurde von Debye[1] bestimmt. Ein Fehler in der Rechnung wurde von Brillouin verbessert.

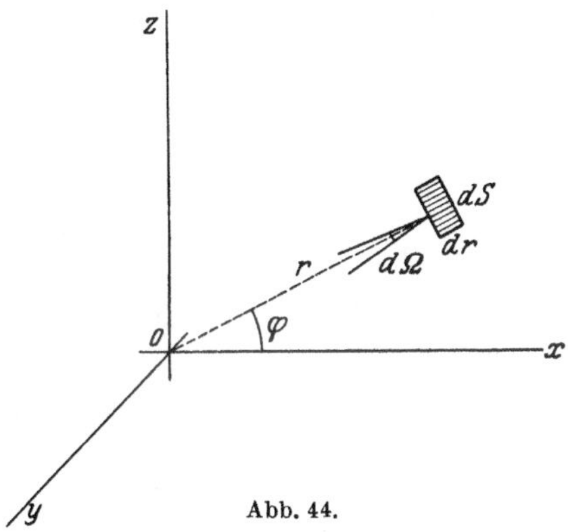

Abb. 44.

Stellen wir uns vor, daß im Metall ein Temperaturgradient $\partial T/\partial x$ besteht, und suchen wir nach der Wellenverteilungsfunktion bei $x = 0$. Betrachten wir Wellen, deren Normalen in einem Raumwinkelelement $d\Omega$ liegen und den Winkel φ mit der Ox-Achse bilden (Abb. 44). Ein Volumelement $d\tau$, an einer Stelle x gelegen, hat die Temperatur $T_0 + x\frac{\partial T}{\partial x}$ und sendet die Strahlung:

$$\left.\begin{aligned} dE &= \alpha(\nu, T) W \varrho_0(\nu, T)\, d\tau\, d\nu \frac{d\Omega}{4\pi} dt \\ &= \left[\alpha(\nu, T_0)\varrho_0(\nu, T_0) W + x\frac{\partial T}{\partial x}\frac{\partial}{\partial T}(\alpha W \varrho)\right] d\tau\, d\nu \frac{d\Omega}{4\pi} dt \end{aligned}\right\} \tag{266}$$

[1] Debye, P., Göttinger Vorträge. Leipzig: Teubner 1914. — Brillouin, L., C. r. Acad. Sci. Paris **159**, 27 (1914) — Ann. École Norm. Supér. **1920**, 445—455. — Peierls, R., Ann. d. Phys. **3**, 1055 (1929).

aus. Diese Strahlung wird durch Absorption geschwächt, bevor sie am Punkt $x = 0$ anlangt. Es sei J die Intensität nach der Zurücklegung eines Weges r. Dann ist:

$$\frac{dJ}{J} = -\alpha(\nu, T)\,dr = -\left[\alpha(\nu, T_0) + x\frac{\partial T}{\partial x}\frac{\partial \alpha}{\partial T}\right]dr$$
$$= -\left(\alpha_0 + r\cos\varphi\frac{\partial T}{\partial x}\frac{\partial \alpha}{\partial T}\right)dr.$$

Durch Integration erhält man:

$$\left.\begin{aligned} J &= J_0\, e^{-\alpha_0 r - \frac{r^2}{2}\cos\varphi\frac{\partial T}{\partial x}\cdot\frac{\partial\alpha}{\partial T}} \\ &\simeq J_0\, e^{-\alpha_0 r}\left(1 - \frac{r^2}{2}\cos\varphi\frac{\partial T}{\partial x}\frac{\partial\alpha}{\partial T}\right). \end{aligned}\right\} \tag{267}$$

Die benutzte Entwicklung des Integrals setzt voraus, daß $\partial T/\partial x$ sehr klein ist.

Die Strahlung (266), nach (267) geschwächt, ergibt in $x = 0$ die Energiedichte:

$$\varrho\, d\nu\frac{d\Omega}{4\pi} = \frac{J}{W} = \left[\alpha(\nu, T_0)\,\varrho_0(\nu, T_0)\right.$$
$$\left. + \frac{r\cos\varphi}{W}\frac{\partial T}{\partial x}\frac{\partial}{\partial T}(\alpha W\varrho)\right]e^{-\alpha_0 r}\left(1 - \frac{r^2}{2}\cos\varphi\frac{\partial\alpha}{\partial T}\frac{\partial T}{\partial x}\right)dr\,d\nu\frac{d\Omega}{4\pi}.$$

Als Volumelement $d\tau$ wurde ein Volumen mit der Fläche $dS = 1$ senkrecht zum Strahl und mit einer Dicke dr angenommen. Die Gesamtenergiedichte ϱ ergibt sich durch Integration über r. Wir behalten nur Glieder in $\partial T/\partial x$ und vernachlässigen die höheren Glieder:

$$\left.\begin{aligned} \varrho &= \varrho_0 + \cos\varphi\frac{\partial T}{\partial x}\left[\frac{1}{W}\frac{\partial}{\partial T}(\alpha W\varrho)\int_0^\infty r e^{-\alpha_0 r}dr - \frac{\alpha_0\varrho_0}{2}\frac{\partial\alpha}{\partial T}\int_0^\infty r^2 e^{-\alpha_0 r}dr\right] \\ &= \varrho_0 + \cos\varphi\frac{\partial T}{\partial x}\frac{1}{\alpha_0 W}\frac{\partial}{\partial T}(W\varrho). \end{aligned}\right\} \tag{268}$$

Kehren wir zu den im vorigen Abschnitte benutzten Bezeichnungen zurück. An Stelle der Energiedichte ϱ sprechen wir von der Anzahl N der elastischen Quanten $h\nu$ in der Volumeneinheit. Wir erhalten dafür:

$$N = N_0 + \cos\varphi\frac{\partial T}{\partial x}\frac{1}{\alpha_0 W}\frac{\partial}{\partial T}(WN_0).$$

Setzen wir W als temperaturunabhängig voraus. Unsere Formel erhält dann die Form (250):

$$\left.\begin{aligned} N &= N_0 + a\psi = N_0 + \frac{2\pi a}{kT}\frac{e^\xi}{(e^\xi - 1)^2} K' \\ \text{mit}\quad \xi &= \frac{h\nu}{kT}, \quad a = \frac{\nu}{W}\cos\varphi, \\ K' &= \frac{hW}{2\pi\alpha_0 T}\frac{\partial T}{\partial x}. \end{aligned}\right\} \quad (269)$$

Die Wärmeströmung pro Flächeneinheit bestimmt sich damit zu:

$$\begin{aligned} C_x &= -\sum N h\nu W \cos\varphi = -\sum a^2 \psi h W^2 \\ &= -K' \frac{8\pi^2 (kT)^4}{3h^4 W^3} J_4. \end{aligned}$$

Die Integration geschieht wie in (258) mit $V = 1$. Wir erhalten als Beitrag der longitudinalen elastischen Wellen zu der Wärmeleitung den Ausdruck:

$$\varkappa_{\mathrm{Schw}} = \frac{4\pi k}{3\alpha_0 W^2}\left(\frac{kT}{h}\right)^3 J_4 = \frac{4\pi k l}{3W^2}\left(\frac{kT}{h}\right)^3 J_4. \quad (270)$$

Wenn man außer den longitudinalen auch die transversalen Wellen berücksichtigen wollte, müßte man den Ausdruck (270) ungefähr verdreifachen. Nehmen wir (270) als zutreffend an und kombinieren wir diese Gleichung mit (265). Wir erhalten dann:

$$K = K'\left[1 + \frac{4\pi^2 M}{3C^2 V T \varkappa_{\mathrm{Schw}}}\left(\frac{kT}{h}\right)^3 \frac{J_4^2}{J_5}\right]. \quad (271)$$

Bei *hohen Temperaturen* ist die Wärmeleitfähigkeit eines Metalles bekanntlich viel größer als die eines Isolators. Wenn wir für die durch Elektronen verursachte Wärmeleitfähigkeit $\varkappa_{\mathrm{El}}$ den Wert (211) nehmen, der aus der in Abschnitt 24 geschilderten Theorie folgt, nämlich:

$$\varkappa_{\mathrm{El}} = \frac{6\pi^2 M \gamma^2 (k\Theta)^2}{3h^3 V C^2}\frac{\pi^2 k}{3} \;(\gg \varkappa_{\mathrm{Schw}}),$$

so erhalten wir:

$$\begin{aligned} K &= K'\left[1 + \frac{\varkappa_{\mathrm{El}}}{\varkappa_{\mathrm{Schw}}}\frac{3}{4\pi^2\gamma^2}\left(\frac{T}{\Theta}\right)^2 \frac{J_4^2}{J_5}\right], \quad (272) \\ &= K'\left[1 + \frac{\varkappa_{\mathrm{El}}}{\varkappa_{\mathrm{Schw}}}\frac{1}{3\pi^2\gamma^2}\right]. \end{aligned}$$

Bei hoher Temperatur ist J_4 gleich etwa $\frac{1}{3}(\Theta/T)^3$ und J_5 gleich etwa $\frac{1}{4}(\Theta/T)^4$. Es ist also sicher, daß unter diesen Umständen

$\varkappa_{\text{Schw}}$ sehr klein gegen $\varkappa_{\text{El}}$ sein muß. Es ist also auch K' sehr klein gegen K; *somit wird die* BLOCH*sche Näherung* (und alle Rechnungen der Abschnitte 23—24) *gerechtfertigt.*

Bei *tiefen Temperaturen* werden die Integrale J_4 und J_5 zu Konstanten. Damit dieselben Hypothesen verwendbar bleiben, muß man sicher sein, daß die freie Weglänge l der elastischen Wellen nicht schneller als mit T^{-1} zunimmt. Nur dann folgt aus (265) immer noch $K' \ll K$. Diese Frage muß sorgfältig untersucht werden. In isolierenden Körpern ist die Bedingung sicher nicht erfüllt. Aus eingehenden Studien von PEIERLS folgt, daß die „elastische Leitfähigkeit" $\varkappa_{\text{Schw}}$ bei tiefen Temperaturen exponentiell zunehmen muß, wenn der Körper vollkommen homogen ist. Bei der Anwesenheit von Verunreinigungen nimmt $\varkappa_{\text{Schw}}$ immer noch mit T^{-1}, also nach (271) für die BLOCHsche Theorie viel zu schnell zu. Man müßte also die Verhältnisse bei der Wärmeleitung durch Metalle bei tiefen Temperaturen noch näher untersuchen.

30. Bedeutung der anomalen Stöße (Umklappvorgänge). In Abschnitt 18 wurde erwähnt, daß außer den normalen Stößen, wenn auch viel seltener, solche Stöße vorkommen, bei denen die Komponenten der Wellenzahlen nicht erhalten bleiben. Für diese gilt nach (132) oder (144):

$$\left.\begin{aligned} \vec{a}_2 &= \vec{a}_1 + \vec{A} \\ \nu_2 &\simeq \nu_1 + \nu \end{aligned}\right\} \qquad \vec{A} = \vec{a} + \frac{\vec{n}}{d},$$

$$\left.\begin{aligned} \vec{a}_2 &= \vec{a}_1 - \vec{A}' \\ \nu_2 &\simeq \nu_1 - \nu \end{aligned}\right\} \qquad \vec{A}' = \vec{a} + \frac{\vec{n}}{d}$$

(alle Additionen vektoriell gedacht).

Der Vektor $\vec{n}$ hat positive oder negative, aber stets ganzzahlige Komponenten.

Wir haben festgestellt, daß anomale Stöße nur mit schnellen Elektronen passieren können. Auch sind bei solchen Stößen die ν-Werte (die Frequenzen der elastischen Wellen) gewöhnlich groß. Man erkennt auf Abb. 38, daß die Kurve (0, 0), die sich auf die normalen Stöße bezieht, immer durch den Koordinatenanfangspunkt hindurchgeht. Bei niedrigen elastischen Frequenzen, die bei genügend tiefen Temperaturen allein angeregt sind, gibt es also nur normale Zusammenstöße. Die Äste der Kurven

(0, — 1) oder (— 1, — 1) oder (— 1, 0), die sich auf anomale Stöße beziehen, gehen in ziemlicher Entfernung vom Nullpunkt vorbei. Solche Stöße treten daher erst bei höheren Schwingungsfrequenzen auf.

Dieser Punkt verdient eine nähere Betrachtung. Bei tiefen Temperaturen sind, wie erwähnt, allein die kleinen Frequenzen ν angeregt. Nach der FERMI-Funktion haben fast alle Elektronen Geschwindigkeiten unterhalb der Grenzgeschwindigkeit v'. Ihnen entsprechen $\vec{a}_1$-Vektoren mit Absolutwerten kleiner als a_1' (102):

$$a_1' = \left(\frac{3N}{8\pi V}\right)^{\frac{1}{3}} = \frac{1}{2d}\left(\frac{3\gamma}{\pi}\right)^{\frac{1}{3}},$$

wenn das (kubische) Gitter die Gitterkonstante d besitzt und die Gitterionen die Ladung γ tragen. Die Anzahl der Elektronen mit Geschwindigkeiten über v' ist sehr klein und nimmt nach (171) wie:

$$\frac{1}{e^{\varepsilon}+1}, \qquad \text{mit} \qquad \varepsilon = \frac{E_1 - E'}{kT} = \frac{h^2}{2mkT}(a_1^2 - a_1'^2),$$

exponentiell ab.

Damit einer von den Kurvenästen, die den anomalen Stößen entsprechen (z. B. $n = -1, 0, 0$), durch den Anfangspunkt hindurchgeht, muß $|a_1|$ mindestens gleich $1/2d$ sein, wie dies aus der Struktur der Abb. 38 anschaulich folgt. Denn die Kurve kann den Anfangspunkt nur erreichen, wenn der Kreis mit dem Zentrum in 0 (Abb. 38, oben) durch das Zentrum des Quadrates $(-1, 0)$ hindurchgeht. Der kleinste Vektor $\vec{a}_1$, bei dem dieses auftritt, ist:

$$a_1 = \frac{1}{2d}, \qquad (b_1 = c_1 = 0).$$

In einem mehrwertigen Metall ($\gamma = 2, 3, \ldots$) wird die Anzahl der Elektronen, die diesen Bedingungen entsprechen, bedeutend sein; in einem einwertigen ($\gamma = 1$) dagegen sehr klein, wie sich dies aus den Beziehungen (102) und (171) ergibt; denn die Grenze a_1' ist dann etwas kleiner als $1/2d$.

Wir setzen voraus, daß das Metallgitter einfache kubische Symmetrie hat. Die Bemerkungen, die in Abschnitt 13 gemacht wurden, beweisen, daß die Verhältnisse auch bei allen anderen Gitterarten ähnlich liegen. Bei mehrwertigen Metallen sind die Anomalitäten, die durch BRAGGsche Reflexionen bedingt sind, mit besonderer Intensität zu erwarten.

Wir wollen jetzt versuchen, den Einfluß solcher anomalen Stöße näher zu erkennen. Die Formeln (132) und (144), die S. 398 wiederholt wurden, zeigen, daß man für solche Stöße den Vektor $\vec{a}$ der elastischen Welle durch einen Vektor $\vec{A}$ ersetzen muß, der durch vektorielle Addition von $\vec{a}$ und $\overrightarrow{n/d}$ (n = System aus drei ganzen Zahlen) entsteht. In ähnlicher Weise erhalten die Formeln (138), (139) das folgende Aussehen:

$$C_2 = \frac{C h i (\vec{l} \cdot \vec{A})}{2 \pi m (\nu_1 \pm \nu - \nu_2)}. \tag{273}$$

Für alle Stöße, normale wie auch anomale, spielt also nur das skalare Produkt von $\vec{l}$ (der Verschiebung in der elastischen Welle) und $\vec{a}$ bzw. $\vec{A}$ eine Rolle[1]. Alle Rechnungen, die in den Abschnitten 18, 19 und 20 für die normalen Stöße ausgeführt worden sind, können daher nach bloßem Ersatz von $\vec{a}$ durch $\vec{A}$ auch auf anomale Stöße angewandt werden. Die Wahrscheinlichkeit eines Stoßes von bestimmter Art ist proportional dem zugehörigen Wert von C_2^2 [Gleichung (146)]. Bei einer longitudinalen Welle sind die Vektoren $\vec{l}$ und $\vec{a}$ einander parallel. Es gilt daher:

$$(\vec{l} \cdot \vec{A})^2 = |l|^2 \, |A|^2 \cos^2 (\sphericalangle A a) \tag{274}$$

(statt $|l|^2 \cdot |a|^2$ für normale Stöße).

In der Formel (151) muß also $|a|^2$ durch $|A|^2 \cos^2 (\sphericalangle A a)$ ersetzt werden. In (155) hatten wir $|a|^2/\nu$ durch ν/W^2 ersetzt. Bei anomalen Stößen müssen wir statt ν/W^2 den Ausdruck:

$$\frac{|A|^2}{\nu} \cos^2 (\sphericalangle A a)$$

[1] Die Formel (273) wurde von PEIERLS hypothetischerweise auch für anomale Stöße mit $|l|$ $|a|$ geschrieben. Wir betrachten im folgenden immer nur die longitudinalen Wellen. In eine vollständigen Behandlung müßten aber auch die transversalen Wellen mit berücksichtigt werden. Wie aus den Formeln (138) und (139) des Abschnittes 16 ersichtlich, könnten transversale Wellen für anomale Stöße von beträchtlicher Bedeutung sein.

einsetzen. Die Formel (158) erhält daher für anomale Stöße, die einem bestimmten System von ganzen Zahlen $n_1 n_2 n_3$ (einem Vektor $\vec{n}$) entsprechen, die Form:

$$\left.\begin{aligned} &P(\vec{a}_1, \vec{a}_2, N, \vec{n}) - P(\vec{a}_2, \vec{a}_1, N, \vec{n}) \\ &= \frac{C^2 h^3 |A|^2 \cos^2(\sphericalangle A a)}{4\pi^2 M m^2 \nu} \frac{\sin y}{y} t[F_1(1-F_2)N - F_2(1-F_1)(N+1)] \end{aligned}\right\} \tag{275}$$

mit

$$y = 2\pi t(\nu_1 + \nu - \nu_2) = -\frac{\pi h t}{m}[|A|^2 + 2|a_1|\,|A|\cos J_1] + 2\pi\nu t,$$

wo mit J_1 der Winkel bezeichnet ist, den die Vektoren $\vec{a}_1$ und $\vec{A}$ miteinander bilden. Der Ausdruck (275) bestimmt die Gesamtzahl der Elektronen vom Typus a_1, die durch die betrachtete Art von anomalen Zusammenstößen „zerstört" werden.

Für die Stöße vom Typus (144), an die wir ebenfalls am Beginn dieses Abschnittes erinnert haben und die sich von dem Typus (132) nur durch das Auftreten des Vorzeichens — unterscheiden, erhält man in analoger Weise:

$$\left.\begin{aligned} &P(\vec{a}_1, \vec{a}_2, N, \vec{n}) - P(\vec{a}_2, \vec{a}_1, N, \vec{n}) \\ &= \frac{C^2 h^3 |A'|^2 \cos^2(\sphericalangle A' a)}{4\pi^2 M m^2 \nu} \frac{\sin y'}{y'} t[F_1(1-F_2')(N+1) - F_2'(1-F_1)N], \end{aligned}\right\} \tag{276}$$

mit:

$$y' = 2\pi(\nu_1 - \nu - \nu_2)t = -\frac{\pi h t}{m}(|A'|^2 - 2|a_1|\,|A'|\cos J_1') - 2\pi\nu t.$$

Wir beginnen jetzt zu erkennen, wie die anomalen Stöße den Fluß $Q_{x(\mathrm{Schw})}$ beeinflussen können. Wir setzen wie in den Abschnitten 28 und 29 voraus, daß die Abweichungen der Elektronen und der elastischen Schwingungen von der normalen Verteilung durch die einfachen Gleichungen (250), (254) mit den beiden Koeffizienten K und K' dargestellt werden können:

$$\left.\begin{aligned} X &= \frac{2\pi}{kT} K \frac{e^\varepsilon}{(e^\varepsilon + 1)^2}, \\ \psi &= \frac{2\pi}{kT} K' \frac{e^\xi}{(e^\xi - 1)^2}. \end{aligned}\right\} \tag{277}$$

Unsere Rechnungen haben also nur die Bedeutung von Näherungen. Dafür erlaubt die Vereinfachung der Formeln eine einigermaßen vollständige Durchrechnung. Die Ausdrücke (172) reduzieren sich auf:

$$\left.\begin{aligned} & F_1(1-F_2)\,N - F_2(1-F_1)\,(N+1) \\ & \qquad = \frac{2\pi}{kT}\,\frac{[K(a_1-a_2)+a\,K']}{(e^{\xi}-1)\,(e^{\varepsilon}+1)\,(e^{-\varepsilon-\xi}+1)} \\ & \qquad = \frac{2\pi}{kT}\,\frac{(-A\,K+a\,K')}{(e^{\xi}-1)\,(e^{\varepsilon}+1)\,(e^{-\varepsilon-\xi}+1)}, \\ & F_1(1-F_2')\,(N+1) - F_2'(1-F_1)\,N \\ & \qquad = \frac{2\pi}{kT}\,\frac{[K(a_1-a_2')-a\,K']}{(e^{\xi}-1)\,(e^{-\varepsilon}+1)\,(e^{\varepsilon-\xi}+1)} \\ & \qquad = \frac{2\pi}{kT}\,\frac{(A'K-a\,K')}{(e^{\xi}-1)\,(e^{-\varepsilon}+1)\,(e^{\varepsilon-\xi}+1)}. \end{aligned}\right\} \tag{278}$$

Die beiden Formeln (278) entsprechen den beiden wiederholt erwähnten Fällen (132) und (144). Die Stöße erster Art verkleinern die Anzahl N der elastischen Quanten um 1, die Stöße zweiter Art vergrößern N um 1. Indem wir aus (275) und (276) die Gesamtzahl der Stöße beider Art entnehmen und ihre Differenz bilden, erhalten wir für dN den Ausdruck:

$$\left(\frac{dN}{dt}\right)_u = \frac{C^2 h^3 |A|^2 \cos^2(\sphericalangle A\,a)}{2\pi\,k\,T\,M\,m^2\nu}\left[\frac{(A\,K-a\,K')}{(e^{\xi}-1)\,(e^{\varepsilon}+1)\,(e^{-\varepsilon-\xi}+1)}\,\frac{\sin y}{y}\,t \right.$$
$$\left. + \frac{(A'K-a\,K')}{(e^{\xi}-1)\,(e^{-\varepsilon}+1)\,(e^{\varepsilon-\xi}+1)}\,\frac{\sin y'}{y'}\,t\right].$$

Der Index u soll bedeuten, daß es sich um „Umklappvorgänge" handelt.

Wir müssen jetzt über alle $\vec{a}_1$-Vektoren, d. h. über alle Elektronen, integrieren. Bezeichnen wir den Winkel $\sphericalangle A\,a_1$ wieder mit J_1 und den Flächenwinkel, der die räumliche Lage der Ebene $A\,a_1$ in bezug auf eine durch A durchgelegte feste Ebene bestimmt, mit Φ'. Genau wie in (245), erhalten wir für das Differentialelement den Ausdruck:

$$2\,V\,|a_1|^2\,d\,|a_1|\,\sin J_1\,d\,J_1\,d\,\Phi'.$$

Die Integration über J_1 führt zum Verschwinden der Resonanzglieder in $\sin y/y$. Die Rechnung ist der in (246) ausgeführten ähnlich. Die Integration über Φ' gibt 2π, denn keine der Funktionen hängt von Φ' ab. Wir erhalten somit:

$$\left.\begin{aligned}\left(\frac{dN}{dt}\right)_u = V\frac{C^2\,|A|\cos^2(\sphericalangle A a)}{MW\,|a|}\frac{(AK - aK')}{e^{\xi}-1}\left[\int\frac{d\varepsilon}{(e^{\varepsilon}+1)(e^{-\varepsilon-\xi}+1)}\right.\\ \left.+\int\frac{d\varepsilon}{(e^{-\varepsilon}+1)(e^{\varepsilon-\xi}+1)}\right].\end{aligned}\right\}\quad(279)$$

Zur Nachprüfung dieses Ergebnisses kann man leicht zeigen, daß sich (279) im Falle $\vec{A} = \vec{a}$ (d. h. $n_1 = n_2 = n_3 = 0$) auf die frühere Formel (251) reduziert. Es genügt daher, in (251), $b(\xi) = K'$ und $c(\varepsilon) = K$ zu setzen, wie dies der vereinfachten Annahme (277) entspricht. Die beiden auf ε bezüglichen Integrale, die in (279) auftreten, sind vom Typus (225); sie haben den Wert $\frac{\xi e^{\xi}}{e^{\xi}-1}$. Es ist somit:

$$\left(\frac{dN}{dt}\right)_u = 2\frac{VC^2}{MW}\frac{|A|\cos^2(\sphericalangle A a)}{|a|}(AK - aK')\frac{\xi e^{\xi}}{(e^{\xi}-1)^2}. \quad (280)$$

Was uns jetzt interessiert, ist die durch diese anomalen Stöße hervorgerufene Störung der von uns angenommenen Verteilung (der Koeffizienten K und K'). Um diese zu bestimmen, berechnen wir die entsprechende Variation des Flusses $Q_{x(\mathrm{Schw})}$ der elastischen Wellen:

$$\left.\begin{aligned}\left(\frac{dQ_{x(\mathrm{Schw})}}{dt}\right)_u &= \sum_n\sum_{abc} a\left(\frac{dN}{dt}\right)_u\\ &= \frac{2VC^2}{MW}\sum_n\int\frac{|A|\cos^2(\sphericalangle A a)}{|a|}(AaK - a^2K')\frac{\xi e^{\xi}}{(e^{\xi}-1)^2}\frac{4\pi V\nu^2}{W^3}d\nu.\end{aligned}\right\}\quad(281)$$

Wir suchen jetzt nach der Änderung des *gesamten* Flusses Q_x. Diese beträgt $-\frac{n_1}{d}$ für jeden Zusammenstoß, bei dem ein Quantum $h\nu$ neu entsteht, wobei die Definitionen und Vorzeichen gelten, die zuletzt am Beginn dieses Abschnittes wiederholt wurden. Die durch die Umklappvorgänge bedingte Variation des Gesamtflusses Q_x ist somit:

$$\left.\begin{aligned}\left(\frac{dQ_x}{dt}\right)_u &= -\sum_n\sum_{abc}\frac{n_1}{d}\left(\frac{dN}{dt}\right)_u\\ &= -\frac{2VC^2}{MW}\sum_n\frac{n_1}{d}\int\frac{|A|\cos^2(\sphericalangle A a)}{|a|}(AK - aK')\frac{\xi e^{\xi}}{(e^{\xi}-1)^2}\frac{4\pi V}{W^3}\nu^2 d\nu.\end{aligned}\right\}\quad(282)$$

In jedem der beiden Fälle (281) und (282) müssen wir eine Summierung über alle Frequenzen $\nu(a, b, c)$ durchführen. Die Summe verwandelt sich wie in (258) und (261) in ein Integral über alle ν-Werte, wenn man einen *Mittelwert* des zu integrierenden Ausdruckes für alle Orientierungen des Vektors $\vec{a}_1$, den sog. „sphärischen Mittelwert", bildet. Außerdem muß auch eine Summierung über alle Kombinationen von ganzen Zahlen $n_1 n_2 n_3$ ausgeführt werden. Die einzigen wichtigen Werte sind dabei:

$$\pm 1, 0, 0, \qquad 0 \pm 1, 0, \qquad 0, 0 \pm 1.$$

Das erste Wertesystem ändert Q_x, die beiden anderen lassen Q_x unverändert, beeinflussen aber Q_y oder Q_z. Doch interessieren uns auch die letzten beide Fälle, da die Wirkung der entsprechenden Stöße zu der der normalen Stöße, die ebenfalls Q_x unverändert lassen, hinzukommt.

31. Diskussion der Ergebnisse bei tiefen Temperaturen; elektrische Leitfähigkeit. Wir führen die Rechnung nur für tiefe Temperaturen aus, denn die Überlegungen des Abschnittes 29 haben uns gezeigt, daß für hohe Temperaturen die Hypothese von Bloch annehmbar erscheint und die anomalen Stöße nur eine ganz untergeordnete Rolle spielen können.

Bei tiefen Temperaturen wissen wir aber nicht, ob sich das Gleichgewicht der elastischen Wellen rasch genug wiederherstellt. Unter diesen Umständen könnten die anomalen Stöße von größerer Bedeutung sein. Die Diskussion der Integrale (281) oder (282) vereinfacht sich in diesem Falle dadurch, daß nur kleine ν-Werte auftreten. Die Intensität der elastischen Wellen mit höherer Frequenz ist verschwindend klein.

Betrachten wir zunächst die anomalen Stöße von der Art $n_1 = \pm 1$, $n_2 = n_3 = 0$.

Wir können sicher sein, daß die Vektoren $\vec{a}$ alle klein gegen $1/d$ sind, denn dies bedeutet nichts anderes, als daß T klein gegen Θ ist. Um die in (281) und (282) auftretenden Mittelwerte zu berechnen, werden wir die einzelnen Faktoren nach Potenzen von a entwickeln und *alle Glieder in* $a^2 d^2$ (*oder* $|a|^2 d^2$) *usw. vernachlässigen*. Indem wir die beiden Fälle $n_1 = \pm 1$ zusammen betrachten, erhalten wir folgende Ausdrücke:

$$\text{Vektor } \vec{a}\,(a, b, c), \qquad |a|^2 = a^2 + b^2 + c^2,$$

Vektor $\vec{A}\ (a + \frac{n}{d}, b, c)$, $\quad |A|^2 = |a|^2 + \frac{n^2}{d^2} + 2a\frac{n}{d} \backsimeq \frac{n^2}{d^2} + 2a\frac{n}{d}$,

$$\cos(\sphericalangle A a) = \frac{|a|^2 + a\frac{n}{d}}{|a|\,|A|},$$

$$\frac{|A|\cos^2(\sphericalangle A a)}{|a|}(AK - aK') = \frac{|a|^4 + 2|a|^2 a\frac{n}{d} + a^2\frac{n^2}{d^2}}{\frac{1}{d}|a|^3\left(1 + 2a\frac{d}{n}\right)^{\frac{1}{2}}}\left[a(K - K') + K\frac{n}{d}\right].$$

In dem Nenner tritt eine Quadratwurzel auf, die eigentlich $|A|$ darstellt. Wenn man den Faktor n/d vor die Klammer nimmt, darf man statt n/d auch $1/d$ schreiben, wenn man die Verabredung trifft, die Wurzel in beiden Fällen, $n = \pm 1$, positiv zu nehmen. Im Zähler steht u. a. ein Glied $|a|^4$, das neben $a^2\frac{n^2}{d^2}$ vernachlässigt werden kann. Man erhält somit:

$$\left.\begin{aligned} &\frac{2|a|^2 an + \frac{a^2 n^2}{d}}{|a|^3\left(1 + \frac{2ad}{n}\right)^{\frac{1}{2}}}\left[K\frac{n}{d} + a(K - K')\right] \\ &= \frac{aK}{|a|^3 d^2}(2|a|^2 d + an)\left(1 + \frac{ad}{n}\frac{(K - K')}{K}\right)\left(1 - \frac{ad}{n} + \cdots\right) \\ &= \frac{aK}{|a|^3 d^2}(2|a|^2 d + an)\left(1 - \frac{ad}{n}\frac{K'}{K} + \cdots\right) \\ &= \frac{aK}{|a|^3 d^2}\left(2|a|^2 d + an - a^2 d\frac{K'}{K} + \cdots\right). \end{aligned}\right\} \quad (283)$$

Im Integral (281) tritt dieser Ausdruck mit a multipliziert auf. Wir müssen die sphärischen Mittelwerte:

$$\overline{a} = 0, \quad \overline{a^2} = \tfrac{1}{3}|a|^2, \quad \overline{a^3} = 0, \quad \overline{a^4} = \tfrac{1}{5}|a^4|, \ldots$$

verwenden und erhalten damit:

$$\left.\begin{aligned} &\text{für (281)}: \quad \overline{a\frac{|A|\cos^2(\sphericalangle A a)}{|a|}(AK - aK')} = \frac{|a|}{d}\left(\frac{2}{3}K - \frac{1}{5}K'\right) \\ &\text{für (282)}: \quad \overline{-\frac{n}{d}\frac{|A|\cos^2(\sphericalangle A a)}{|a|}(AK - aK')} = -\frac{n^2 K}{3|a|d^3}. \end{aligned}\right\} (284)$$

Wir sehen jetzt leicht, daß für die beiden Integrale die Glieder, die $n = +1$ und $n = -1$ entsprechen, sich einfach addieren und daß es daher genügt, das Ergebnis zu verdoppeln:

$$\left(\frac{dQ_{x\,(\mathrm{Schw})}}{dt}\right)_{u_1} = \frac{16\pi V^2 C^2}{M\,dW}\left(\frac{kT}{hW}\right)^4\left(\frac{2}{3}K - \frac{1}{5}K'\right)J_4\,, \tag{285}$$

mit:

$$J_4 = \int_0^{\Theta/T} \frac{\xi^4 e^\xi\, d\xi}{(e^\xi - 1)^2}\,.$$

Wir gingen dabei von $|a|$ und ν zu ξ über mit Hilfe der Beziehung:

$$W|a| = \nu = \frac{kT}{h}\xi\,.$$

Für das zweite Integral (282) finden wir nunmehr:

$$\left(\frac{dQ_x}{dt}\right)_{u_1} = -\frac{16\pi V^2 C^2}{3M d^3 W}\left(\frac{kT}{hW}\right)^2 K J_2\,. \tag{286}$$

Betrachten wir jetzt die anomalen Stöße $n_1 = 0$, $n_2 = \pm 1$, $n_3 = 0$. Sie lassen den Gesamtstrom Q_x unverändert, beeinflussen aber $Q_{x\,(\mathrm{Schw})}$. Übrigens ist das Ergebnis für die Stöße $n_1 = n_2 = 0$, $n_3 = \pm 1$ genau gleich, so daß wir zu ihrer Berücksichtigung die Formeln einfach verdoppeln können.

Es gilt jetzt:

$$\text{Vektor } \vec{A}\left(a\,,\, b + \frac{n}{d}\,,\, c\right),$$

$$|A|^2 \simeq \frac{n^2}{d^2} + 2b\frac{n}{d}\,,$$

$$\cos(\sphericalangle A a) = \frac{|a|^2 + b\frac{n}{d}}{|a|\,|A|}\,,$$

$$a\frac{|A|\cos^2(\sphericalangle A a)}{|a|}(aK - aK')$$

$$= a^2(K - K')\frac{|a|^4 + 2|a|^2 b\frac{n}{d} + b^2\frac{n^2}{d^2}}{\frac{1}{d}|a|^3\left(1 + 2b\frac{d}{n}\right)^{\frac{1}{2}}}$$

$$\simeq \frac{a^2(K - K')}{|a|^3}\left(2|a|^2 bn + b^2\frac{n^2}{d}\right)\left(1 - b\frac{d}{n}\right).$$

Wir müssen folgende sphärische Mittelwerte[1] verwenden:

$$\overline{b^2} = \overline{a^2} = \frac{1}{3}|a|^2\,,\qquad \overline{a^2 b} = 0\,,\qquad \overline{a^2 b^2} = \frac{|a|^4}{15}\,.$$

[1] Der letzte Mittelwert bestimmt sich in folgender Weise:

$$\overline{a^2 b^2} = \overline{a^2 c^2} = \frac{1}{2}\overline{a^2(b^2 + c^2)} = \frac{1}{4\pi}\pi|a|^4\int_0^\pi \cos^2\vartheta \sin^3\vartheta\, d\vartheta = \frac{|a|^4}{15}\,.$$

Der in (281) enthaltene Mittelwert ist also:

$$(K - K')\, a^2 \overline{\frac{|A| \cos^2(\sphericalangle A a)}{|a|}} = (K - K') \frac{|a|}{15} \frac{n^2}{d}.$$

Mit:

$$W|a| = \nu = \frac{kT}{h}\xi$$

erhält man jetzt aus (281):

$$\left(\frac{d Q_{x(\mathrm{Schw})}}{dt}\right)_{u(2 \text{ und } 3)} = \frac{32\pi V^2 C^2}{15 M d W}\left(\frac{kT}{hW}\right)^4 (K - K') J_4. \tag{287}$$

Ein Faktor 2 stammt von den beiden Fällen $n_2 = \pm 1$, ein zweiter von den Fällen $n_3 = \pm 1$.

Wir wollen die Ergebnisse (285) und (287) mit der Formel (261), Abschnitt 28, vereinigen, die die normalen Stöße beschreibt. Dabei berücksichtigen wir die aus (102), Abschnitt 13, folgende Beziehung:

$$\frac{dkT}{hW} = \frac{T}{2\Theta}\left(\frac{3\gamma}{\pi}\right)^{\frac{1}{3}}, \qquad (\gamma = \text{Valenz}).$$

Wir erhalten:

$$\left.\begin{aligned}\left(\frac{dQ_{x\,(\mathrm{Schw})}}{dt}\right)_{\mathrm{gesamt}} = \frac{8\pi V^2 C^2}{M d W}\left(\frac{kT}{hW}\right)^4 \Big[\frac{T}{6\Theta}\left(\frac{3\gamma}{\pi}\right)^{\frac{1}{3}} (K - K') J_5 \\ + \frac{4}{15}(K - K') J_4 + 2\left(\frac{2}{3} K - \frac{1}{5} K'\right) J_4\Big].\end{aligned}\right\} \tag{288}$$

Das erste Glied in der eckigen Klammer stammt von den normalen Stößen, das zweite von den anomalen Stößen u_2 und u_3, das dritte von den Stößen u_1.

Bei tiefen Temperaturen verschwinden die normalen Stöße praktisch, denn ihre Anzahl nimmt mit T^5 ab, während die der anomalen Stöße einem T^4-Gesetz gehorcht. Ein in bezug auf die elastischen Wellen stationärer Zustand wird bei:

$$\frac{dQ_x}{dt} = 0\,; \qquad 2{,}4\,K = K' \tag{289}$$

erreicht. Man erhält also eine etwas größere Asymmetrie der elastischen Wellen in Vergleich zu der der Elektronen. Es ist aber möglich, daß die Wechselwirkung zwischen longitudinalen und transversalen elastischen Wellen K' erniedrigt, so daß sein Wert dem Wert von K näher wird.

Welche Schlußfolgerungen müssen wir aus diesen Ergebnissen in bezug auf die elektrische Leitfähigkeit ziehen? Die Formel (286) bestimmt die Änderung des gesamten Flusses. Sie hängt nur von K ab, d. h. von der Asymmetrie in der Elektronenbewegung in bezug auf die ausgezeichnete Richtung. Ein stationärer Zustand kann nur vorhanden sein, wenn die Änderung (286) der Flußstärke durch den Einfluß eines elektrischen Feldes kompensiert wird:

$$\sum F \frac{d a_1}{d t} = N \frac{e E}{h}.$$

Hier ist N die Gesamtzahl der Elektronen im Volumen $V = N_i d_3 = \frac{N d^3}{\gamma}$. Wir erhalten somit:

$$\left.\begin{aligned} K &= \frac{3 N M d^3 W}{16 \pi V^2 C^2} \left(\frac{h W}{k T}\right)^2 \frac{e E}{h J_2} = \frac{3 M W^3 h \gamma}{16 \pi V C^2 (k T)^2} \cdot \frac{e E}{J_2}, \\ J_2 &= 3{,}39 \cdots = \frac{\pi^2}{3}. \end{aligned}\right\} \qquad (290)$$

Indem man von K zu der elektrischen Leitfähigkeit σ übergeht [in ähnlicher Weise, wie dies in Abschnitt 24, Gleichungen (209), (217), oder Abschnitt 26, Gleichungen (232), (233), geschehen ist], erhält man dafür bei tiefen Temperaturen eine Proportionalität mit T^{-2}, was allen unseren früheren Ergebnissen widerspricht. Wie wir gesehen haben, wird das aus der BLOCHschen Theorie folgende Gesetz — Proportionalität mit T^{-5} — experimentell gut bestätigt.

Dieses Ergebnis ist recht enttäuschend. PEIERLS vermeidet es, indem er ein anderes Stoßgesetz benutzt. Wir haben schon in Abschnitt 16, Formeln (138)bis (139), auf diese Abweichung seiner Ableitungen von den unserigen hingewiesen. Auf diese Weise erhält er für σ bei tiefen Temperaturen eine Proportionalität mit T^{-4}, was zwar nicht so unmöglich erscheint wie eine Proportionalität mit T^{-2}, aber immer noch wenig glaubhaft ist. Im übrigen sind aber die PEIERLSschen Stoßansätze nicht genügend gerechtfertigt und widersprechen unseren Überlegungen in Abschnitt 16. Auch in der Ausrechnung verfährt PEIERLS etwas anders, als wir es getan haben. Wir wollen seine Rechenmethode kurz andeuten, um die Schwierigkeit zu zeigen, die uns zu ihrer Verwerfung geführt hat. Wir haben ein Gleichungssystem [vgl. (169)]:

$$\left.\begin{aligned} \left(\frac{d F(a_1 b_1 c_1)}{d t}\right)_N &= -\left(\frac{d F(a_1 b_1 c_1)}{d t}\right)_u + \frac{\partial F}{\partial a_1} \frac{e E}{h} \\ \left(\frac{d N}{d t}\right)_N &= -\left(\frac{d N}{d t}\right)_u. \end{aligned}\right\} \qquad (291)$$

Die Änderung der Anzahl F von Elektronen vom Typus $(a_1 b_1 c_1)$, die durch normale Stöße (N) und anomale Stöße (u) hervorgerufen wird, muß die Wirkung des elektrischen Feldes gerade kompensieren. Auch die resultierende Änderung der Anzahl von elastischen Quanten dN/dt muß gleich Null sein. PEIERLS nimmt an, daß die normalen Stöße viel wichtiger sind als die anomalen. Er setzt die Glieder mit dem Index u auf die rechte Seite der Gleichung (291 I) und sucht eine Lösung durch sukzessive Näherungen:

$$F = F_0 + F_1 + F_2 + \cdots, \qquad N = N_0 + N_1 + N_2 + \cdots.$$

F_0 und N_0 sind zwei Funktionen, die die homogenen Gleichungen (291) befriedigen, also der völligen Ausschaltung anomaler Stöße entsprechen. Diese Funktionen sind, wie wir bereits früher gezeigt haben, vom Typus (277), mit $K = K'$. Wir gehen mit den Funktionen F_0 und N_0 in die rechte Seite von (291) herein und suchen nach Funktionen F_1, N_1, die die so entstandenen Gleichungen befriedigen. Solche existieren nur, wenn die rechten Seiten der neuen Gleichungen orthogonal sind zu den Lösungen der entsprechenden homogenen Gleichungen. Diese Bedingung ist von uns schon früher formuliert worden. Die Bestimmung von F_1 und N_1 gibt die zweite Näherung. Diese Rechnung hat nur Sinn, wenn F_1 und N_1 klein gegen F_0 und N_0 sind. Wir haben aber gesehen, daß die Effekte, die von normalen Stößen stammen, bei tiefen Temperaturen mit T^{-5} verschwinden, während die Effekte der anomalen Stöße nur mit T^{-2} abnehmen. Die PEIERLSsche Näherung ist also unkorrekt. F_1 und N_1 sind viel größer als F_0 und N_0. In unserer früheren Rechnung offenbart sich dieses Verhalten darin, daß man [nach (288), (289)] kein Gleichgewicht der elastischen Wellen mit $K = K'$ erhält. Man muß daher auf die PEIERLSsche Methode verzichten. Aus diesem Grunde haben wir uns mit den oben gegebenen, offenbar groben Abschätzungen begnügt. Diese müssen grob sein, weil wir nicht bewiesen haben, daß unsere Verteilungen (277), (289) wirklich stationär sind, sondern nur, daß sie eine stationäre Strömung Q_x ergeben.

Es scheint uns unzweckmäßig zu sein, die Lösungsmethoden weiter in Einzelheiten zu verfolgen, da das oben erhaltene Ergebnis große Zweifel in bezug auf die Grundlagen der ganzen Theorie entstehen läßt.

Ist es überhaupt vernünftig, die PEIERLS*schen Umklappvorgänge in die Theorie einzuführen?* Es scheint uns, daß man bei einiger Überlegung an der Zweckmäßigkeit der PEIERLSschen Annahmen zu zweifeln beginnt, und zwar aus folgendem Grunde: Ein anomaler, durch drei ganze Zahlen $n_1 n_2 n_3$ gekennzeichneter Stoß kann als eine Überlagerung von zwei Prozessen betrachtet werden:

$$\left.\begin{array}{lll} 1. & \vec{a}_1' = \vec{a}_1 + \dfrac{\vec{n}}{d}, & \nu_1' = \nu_1; \\ 2. & \vec{a}_2 = \vec{a}_1' + \vec{a}, & \nu_2 \simeq \nu_1' + \nu. \end{array}\right\} \tag{292}$$

Der erste Vorgang ist eine BRAGGsche Reflexion an den Netzebenen $n_1 n_2 n_3$, der zweite ist ein normaler Stoß.

Jetzt kommt aber der wesentliche Punkt: *für die inneren Elektronen eines Metalls gibt es keine* BRAGG*schen Reflexionen.* Diese Frage wurde von uns in Abschnitt 7—12 dieses Kapitels sehr ausführlich besprochen. BRAGGsche Reflexionen können nur Elektronen erleiden, die von außen auf die Metalloberfläche antreffen. Für innere Elektronen gibt es nur Ausbreitungsanomalien, die wir ausführlich untersucht haben und die in keiner Weise an Stoßvorgänge erinnern.

Es scheint uns also, daß man, um eine korrekte Theorie zu erhalten, etwa folgendermaßen vorgehen müßte: für innere Elektronen muß man von den vollständigen Ausdrücken ausgehen, die die Energie und den elektrischen Strom als Funktion der Zahlen $a_1 b_1 c_1$ darstellen. Diese beiden Größen, Energie und Stromdichte, zeigen für Elektronen, die den BRAGGschen Bedingungen entsprechen, eine anomale, sprunghafte Änderung, wie sie von uns in den Abschnitten 7—12 beschrieben wurde.

An dieser Stelle müßte man das BLOCHsche Verfahren wieder aufnehmen in der von uns bereits geschilderten verallgemeinerten Form und dabei den erwähnten Anomalien Rechnung tragen. Man wird dabei keine Prozesse von der Art der „Umklappvorgänge" einzuführen brauchen, da alle Anomalien schon in den BRAGGschen Beziehungen enthalten sind. Man wird in dieser Weise, ohne besondere Komplikationen zu befürchten, das PEIERLSsche Paradoxon vermeiden können. Denn der Fluß Q_x, den wir in den vorangehenden Abschnitten untersucht haben, steht in keiner einfachen Beziehung zu dem elektrischen Strom. Letzterer zeigt in der Tat BRAGGsche Anomalien, während der Fluß Q_x nichts Ähnliches aufweist.

Eine auf dieser Grundlage entwickelte Theorie müßte zu Ergebnissen führen, die von denen der Blochschen Theorie nur sehr wenig verschieden sind und somit, wie wir gesehen haben, auch mit der Erfahrung in guter Übereinstimmung stehen.

Es bleibt noch übrig, zu untersuchen, unter welchen Bedingungen bei tiefen Temperaturen die Einstellung des Gleichgewichtes zwischen den elastischen Wellen erfolgt.

32. Ausbreitungsanomalien der Elektronenwellen (Braggsche Bedingungen) und die scheinbare Elektronenmasse; ihre Bedeutung für die elektromagnetischen Phänomene. Die verschiedenen Kurven, die wir in den Abschnitten 7—12 erhalten haben,

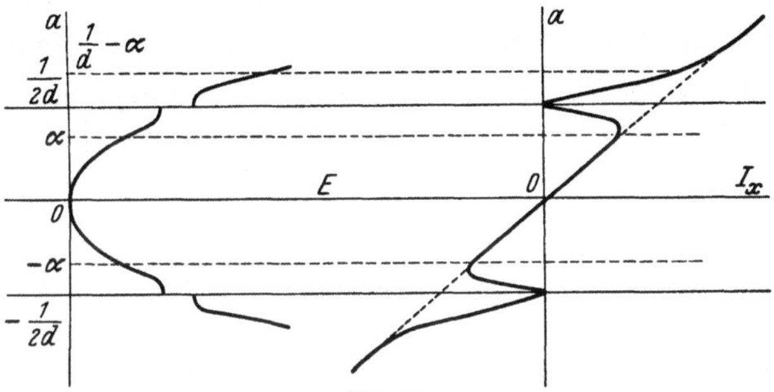

Abb. 45.

erlauben eine Reihe von bemerkenswerten Folgerungen, die eine nähere Diskussion verdienen. Betrachten wir wieder ein kubisches Gitter. Die Elektronen sollen sich in einer Richtung bewegen, die von der Ox-Richtung nur wenig abweicht. In Abb. 26 und 29 haben wir die Kurve gezeichnet, die die Änderung der Energie E als Funktion von a (d. h. der Komponente des Vektors $1/\lambda$ längs der Ox-Achse) darstellt. Für $a = \pm \frac{1}{2d}$ tritt eine Anomalie auf, die der Braggschen Reflexion an der Fläche (1, 0, 0) entspricht. An der Seite der E-Kurven haben wir in den Abb. 45 und 46 auch die Kurven wiedergegeben, die die elektrische Stromdichte J_x

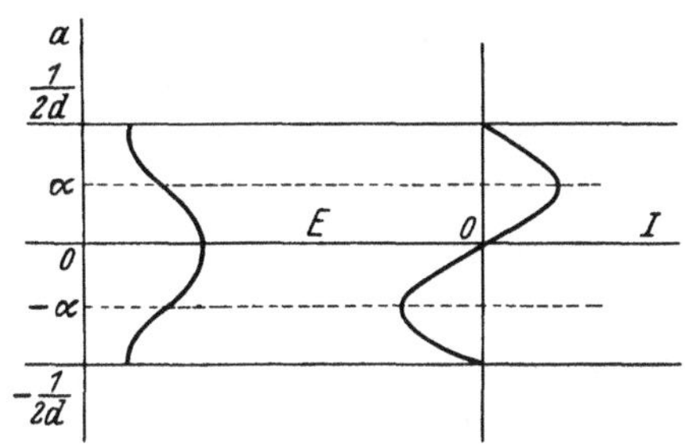

Abb. 46.

als Funktion von a darstellen. Diese letzten Kurven haben bei $a = \pm \frac{1}{2d}$ Nullstellen [vgl. Abschnitt 8, Gleichung (75) und (76), mit $\alpha = 0$]. In dem allgemeinen Fall (Abschnitt 8) gibt es eine Kopplung zwischen einer Welle abc und einer Welle $a - \frac{\alpha}{d}$, $b - \frac{\beta}{d}$, $c - \frac{\gamma}{d}$. In dem betrachteten Falle sind die Wellen a, b, c und $a - \frac{1}{d}, b, c$ am Vorgang beteiligt.

Betrachten wir die Abb. 45; zwischen $-\alpha$ und $+\alpha$ sind die Kurven normal, d. h. mit wachsendem Absolutbetrag von a wächst auch die Energie sowie der Absolutwert des elektrischen Stromes. Zwischen α und $\frac{1}{2d}$ $\left(\text{sowie } -\alpha \text{ und } -\frac{1}{2d}\right)$ ändert sich aber alles: einer Zunahme von a und von E entspricht eine Abnahme des elektrischen Stromes J_x. Wenn das Elektron der Wirkung eines elektrischen Feldes F ausgesetzt ist, verursacht eine Verschiebung um dx einen Energiezuwachs $dE = F dx$. Statt aber einer Beschleunigung des Elektrons und einer entsprechenden Erhöhung des elektrischen Stromes ruft das Feld eine Verkleinerung von J_x hervor.

Alles geschieht hier so, als ob das Elektron eine *negative Masse* hätte. Eine ähnliche Anomalie kann immer auftreten, wenn unsere Kurven die in der Abb. 35 gegebene Gestalt besitzen (Abb. 46). Dies wiederum kann vorkommen, wenn wir für a, b, c die „reduzierten" Werte verwenden (s. Abschnitt 12, Abb. 35). In diesem letzten Fall ist die scheinbare Masse zwischen $-\alpha$ und $+\alpha$ negativ und zwischen $-\frac{1}{2d}$ und $-\alpha$ $\left(\text{bzw. zwischen } \alpha \text{ und } \frac{1}{2d}\right)$ positiv.

Die freien Elektronen, die bei der elektrischen Leitfähigkeit die ausschlaggebende Rolle spielen, zeigen diese Anomalien nur in sehr geringem Grade, denn die gestörte Zone $\left(\alpha \text{ bis } \frac{1}{d} - \alpha\right)$ ist, wie aus Abb. 45 ersichtlich, sehr eng. Der Einfluß der Anomalitäten auf die elektrische Leitung ist also sehr gering. Das gilt aber nicht mehr für manche andere Prozesse, z. B. für den HALL-*Effekt*. PEIERLS[1] hat eine Theorie entwickelt, die die beiden Vorzeichen des HALL-Effektes dadurch zu erklären sucht, daß in den einen Metallen die Elektronen mit der positiven, in anderen die

[1] PEIERLS, R., Z. Physik **53**, 255 (1929) — Physik. Z. **30**, 273 (1929).

mit der negativen scheinbaren Masse die größere Bedeutung haben. Dieser Versuch von PEIERLS bedeutet eine Verallgemeinerung der BLOCHschen Theorie für die Fälle, in denen außer der elektrischen auch die magnetische Feldstärke eine Rolle spielt. Doch stößt eine solche Erweiterung auf ziemlich große Schwierigkeiten, so daß man zunächst nur qualitative Ergebnisse erhält.

33. Schlußfolgerungen; Bedeutung der Austauschphänomene. Die gesamte dargestellte Theorie beruht auf einigen Hypothesen, auf die man zweckmäßigerweise zum Schluß nochmals hinweisen soll. Wir nahmen an, daß sich die Elektronen in einem unveränderlichen Kraftfeld bewegen, und wir ließen ihre Wechselwirkung untereinander unberücksichtigt. Dies ist sicher eine Vernachlässigung. Die elektrostatischen Wechselwirkungen der Elektronen spielen sicherlich eine nicht unwichtige Rolle bei der Elektronenbewegung. Vor allem kompensieren die Elektronenfelder zum Teil die Kraftfelder der positiven Ionen und bestimmen in dieser Weise die Höhe des *mittleren Potentials* des Gitters.

Eine weitere Folge der Wechselwirkung besteht im Auftreten der *Austauschintegrale* von HEITLER und LONDON. Diese Behauptung muß etwas genauer formuliert werden: Unsere bisherigen Rechnungen enthalten zwar die Austauschvorgänge, aber nur in dem Maße, wie solche in einem konstanten Gitterfeld vorkommen. Unberücksichtigt blieben dabei Vorgänge, die auf der Beeinflussung des Feldes durch die Elektronen selbst beruhen. Dies ist evident, denn unsere statistischen Betrachtungen gingen von der Annahme identischer Elektronen aus. „Austauschvorgänge" treten aber als besondere Prozesse nur auf, wenn man die Elektronen zunächst als selbständig und identifizierbar betrachtet (ihnen etwa Nummern 1, 2, 3, ... und individuelle Koordinaten $x_1, y_1, z_1, x_2, y_2, z_2, \ldots$ zuschreibt) und sich nur am Schluß der Rechnung auf ihre Identität besinnt und bedenkt, daß ein gegenseitiger Austausch etwa der Elektronen 1 und 2 keine beobachtbaren Folgen haben darf. Aus dieser Überlegung folgt die Erkenntnis, daß das Problem entartet ist, und die Aufhebung dieser Entartung führt zum Auftreten von Korrektionsgliedern im Energieausdruck, die man eben als „Austauschintegrale" bezeichnet.

Betrachten wir den Fall von zwei positiv geladenen Zentren (a, b) und von zwei Elektronen $(1, 2)$. Die Zentren a, b mögen so weit voneinander entfernt sein, daß man als erste Näherung für die Eigenfunktion die beiden SCHRÖDINGERschen Eigenfunktionen $\varphi_a(x)$ und $\varphi_b(x)$ der getrennten Atome betrachten darf. Wir unterscheiden noch durch einen oberen Index r oder l die Zustände mit „nach rechts" oder „nach links" gerichtetem Drall. Die möglichen antisymmetrischen Kombinationen sind:

$$\left.\begin{aligned} \psi_{ab} &= \begin{vmatrix} \varphi_a^r(x_1) & \varphi_a^r(x_2) \\ \varphi_b^r(x_1) & \varphi_b^r(x_2) \end{vmatrix}, \\ \psi_a &= \begin{vmatrix} \varphi_a^r(x_1) & \varphi_a^r(x_2) \\ \varphi_b^l(x_1) & \varphi_b^l(x_2) \end{vmatrix}, \\ \psi_b &= \begin{vmatrix} \varphi_a^l(x_1) & \varphi_a^l(x_2) \\ \varphi_b^r(x_1) & \varphi_b^r(x_2) \end{vmatrix}, \\ \psi &= \begin{vmatrix} \varphi_a^l(x_1) & \varphi_a^l(x_2) \\ \varphi_b^l(x_1) & \varphi_b^l(x_2) \end{vmatrix}. \end{aligned}\right\} \tag{293}$$

Die magnetischen Energien, die durch Kopplung der Drehimpulse bedingt sind, können zunächst vernachlässigt werden. Die Störungsrechnung zeigt, daß man als lineare Kombinationen, von denen man in nullter Näherung ausgeht, folgende wählen muß:

$$\psi_{ab}, \quad \psi, \quad \psi_+ = \psi_a + \psi_b, \quad \psi_- = \psi_a - \psi_b.$$

Die Störungsenergie der drei ersten Funktionen ist Null, so daß ihre Energie in erster Näherung:

$$E_a + E_b$$

beträgt. Für die vierte Funktion gilt die Korrektion:

$$\left.\begin{aligned} \varepsilon = -2J = -2\int \varphi_a(x_1)\,\varphi_b(x_2)\Big[\frac{2e^2}{r_{12}} + V_a(x_1) + V_b(x_1) \\ + V_a(x_2) + V_b(x_2)\Big]\,\varphi_a(x_2)\,\varphi_b(x_1)\,dx_1\,dx_2. \end{aligned}\right\} \tag{294}$$

J ist das HEITLER-LONDONsche Austauschintegral. Es enthält die Potentiale V_a und V_b der beiden positiven Ionen, die auf das eine oder das andere Elektron wirken, sowie das gegenseitige COULOMBsche Potential der beiden Elektronen e^2/r_{12}. Dieses letzte Glied ist dasjenige, das unserer bisherigen Theorie fremd war. Wenn man die Vorzeichen der potentiellen Energien der Elektronen und der Ionen berücksichtigt, erkennt man leicht, daß, wenn die Wechselwirkung der Elektronen stark ist, J positiv werden muß. Bei kleiner Wechselwirkung wird J negativ.

Die *magnetischen Eigenschaften* der Körper machen eine Aussage über die Größe und das Vorzeichen des Integrals J möglich. Die HEISENBERGsche Theorie des Ferromagnetismus beruht auf der Annahme, daß J groß und positiv ist. In den ferromagnetischen Metallen (Fe, Co, Ni) muß also eine starke Wechselwirkung zwischen den Elektronen bestehen. Wenn J klein ist, ist ein dem CURIEschen Gesetz entsprechendes paramagnetisches Verhalten zu erwarten. Der temperaturabhängige PAULIsche Paramagnetismus (fünftes Kapitel, Abschnitt 9) ist nur erklärlich, wenn J negativ ist und einen großen Absolutbetrag besitzt:

$$kT \ll -J.$$

Angesichts dieser Tatsachen darf man wohl behaupten, daß das Glied e^2/r_{12} im Integral (294) sehr klein sein muß. Indem wir die Wechselwirkung der Elektronen vernachlässigt haben, haben wir nur einen kleinen Fehler gemacht. Der überwiegende Hauptteil des Austauschintegrals stammt von den konstanten Ionenpotentialen V_a und V_b, und dieser Teil war in unseren Rechnungen, die von der Vorstellung ununterscheidbarer Elektronen im konstanten Ionenfeld ausging, von vornherein enthalten[1].

Es scheint uns also, daß die Berücksichtigung der Wechselwirkungen zwischen den Elektronen keine starke Änderung der Theorie der freien Elektronen mit sich bringen wird, wenigstens solange man die magnetischen Metalle außer Betracht läßt. Es wäre aber sehr wichtig, wenn man eine vollständige Theorie aufbauen könnte, in der die Austauschglieder nicht vernachlässigt wären, denn diese könnten neue interessante Erscheinungen bedingen.

In dem Zusatz 3 am Schluß des Buches findet man noch einige Ergebnisse, die sich auf die zuletzt besprochenen Probleme beziehen, und die der Verfasser einer neuerlichen Diskussion mit den Herren NORDHEIM und PEIERLS verdankt.

---

[1] Dieses folgt direkt aus den Überlegungen der Abschnitte 5 und 6 dieses Kapitels. Man vergleiche die Ansicht von BLOCH in „Leipziger Vorträge". Leipzig: S. Hirzel 1930, dessen Standpunkt von dem hier vertretenen nicht unbedeutend abweicht.

Neuntes Kapitel.

Entartetes Elektronengas und die Verteilung des elektrischen Potentials; Atomstruktur und andere Probleme.

1. Potentialgleichung von Fermi und Thomas. Fermi und Thomas haben die Verteilung des entarteten Elektronengases in einem elektrischen Potentialfeld untersucht. Das Gesetz, nach dem sich die Elektronen in einem solchen Feld verteilen, kann leicht abgeleitet werden. Die erhaltenen Formeln erlauben viele interessante Anwendungen, über die wir kurz berichten wollen[1].

Stellen wir uns eine Elektronenatmosphäre vor. Ihre Dichte soll groß genug sein, um eine weitgehende Entartung hervorzurufen. In der Atmosphäre soll ein von Ort zu Ort variables elektrisches Potential P herrschen. Im siebenten Kapitel [Abschnitt 9, Gleichung (104)], haben wir gesehen, daß die Gleichgewichtsbedingung für einen solchen Fall folgendermaßen lautet:

$$\varphi + eP = C.$$

Hierin ist $e = -\varepsilon$ die Ladung eines Elektrons und C das chemische Potential der Elektronen im Vakuum bei der Temperatur T. Unter allen praktisch wichtigen Bedingungen kann C gleich Null gesetzt werden. Dann gilt:

$$\varphi - \varepsilon P = 0. \tag{1}$$

Das Zeichen φ stellt eine Abkürzung für den Ausdruck:

$$\varphi = \frac{h^2}{2m}\left(\frac{3n}{8\pi}\right)^{\frac{2}{3}} \tag{2}$$

dar, wo n die Elektronendichte (Zahl der Elektronen im Kubikzentimeter) an der betreffenden Stelle bedeutet. Aus (1) erhalten wir:

$$n = \frac{8\pi}{3h^3}(2m\varepsilon P)^{\frac{3}{2}}. \tag{3}$$

---

[1] Thomas, L. H., Proc. Cambridge philos. Soc. **23**, 713 (1927). — Fermi, E., Rend. R. Accad. Lincei **6**, 602 (1927); **7**, 342, 726 (1928) — Z. Physik **48**, 73 (1928); **49**, 550 (1928) — Leipziger Vorträge. S. Hirzel 1928. — Rasetti, F., Rend. R. Accad. Lincei **7**, 915 (1928) — Z. Physik **49**, 546 (1928). — Gentile, G., u. Majorana, E., Rend. R. Accad. Lincei **8**, 229 (1928). — Frenkel, J., Z. Physik **51**, 232 (1928). — Lennard-Jones, J. E., u. Woods, H. J., Proc. Roy. Soc. Lond. A **120**, 727 (1928).

Die obige Gleichgewichtsbedingung hat einen einfachen physikalischen Sinn: sie bedeutet, daß die kinetische Energie der schnellsten Elektronen an jeder Stelle den örtlichen Wert von εP nicht überschreiten darf. Mit anderen Worten: die Gesamtenergie eines Elektrons $\frac{1}{2} m v^2 + \varepsilon P$ ist stets negativ, höchstens gleich Null.

In Abschnitt 1 des siebenten Kapitels wurde gezeigt, daß ein entartetes Elektronengas auch beim absoluten Nullpunkt noch in einer starken Bewegung begriffen ist. Die Elektronen besitzen dabei alle Geschwindigkeiten zwischen Null und einer durch die Beziehung:

$$\tfrac{8}{3}\pi (m v')^3 = n h^3 \tag{4}$$

definierten Maximalgeschwindigkeit.

Die maximale kinetische Energie der Elektronen ist unter solchen Bedingungen:

$$\frac{1}{2} m v'^2 = \frac{h^2}{2m}\left(\frac{3n}{8\pi}\right)^{\frac{2}{3}} = \varphi\,. \tag{4a}$$

Die Gleichung (1) definiert also den Grenzwert der kinetischen Energie (εP), bei dem die Elektronen sich zwar in dem ganzen uns interessierenden Gebiet frei bewegen können, aber noch keine Möglichkeit haben, ins Unendliche zu entweichen.

Wir haben in (3) eine erste Beziehung zwischen der Elektronendichte n und dem Potential P. Dazu tritt als zweite die Poissonsche Gleichung:

$$\Delta P = -4\pi\varrho = 4\pi n \varepsilon\,. \tag{5}$$

Aus diesen beiden Gleichungen erhalten wir folgende Formel, der das Potential gehorchen muß:

$$\Delta P = \frac{32\pi^2\varepsilon}{3h^3}(2m\varepsilon P)^{\frac{3}{2}}. \tag{6}$$

Dies ist die wichtige, von Fermi und Thomas aufgestellte Gleichung.

2. Atomstruktur. Es ist wohl bekannt, welche Schwierigkeiten die Untersuchung der Struktur von schweren Atomen bietet, die aus einem Kern mit der Ladung $+Z\varepsilon$ und Z Elektronen mit der Ladung $-\varepsilon$ bestehen; denn die Elektronen beschreiben im Anziehungsfeld des Kernes sehr komplizierte Bahnen. Für zahlreiche Zwecke ist es aber nicht nötig, die Einzelheiten der Atomstruktur genau zu kennen. Man kann sich mit der Angabe von Mittelwerten der Elektronendichte in verschiedenen Abständen vom Kern sowie der mittleren Geschwindigkeiten der Elektronen begnügen. Solche Aussagen werden durch Gleichung (6) ermöglicht; und die auf diese Weise erreichte Genauigkeit erweist sich als bemerkenswert gut.

Wir machen die Annahme, daß die Elektronenhülle, die den Atomkern umgibt, die Eigenschaften eines entarteten Elektronengases besitzt und daher den oben angeführten Gleichungen entspricht. Eine solche Behauptung wird durch die Tatsache gerechtfertigt, daß die Elektronenbahnen gewöhnlich von der Temperatur in keiner Weise beeinflußt werden. Das Atom stellt wie ein entartetes Gas eine möglichst dichte Packung von Elektronen dar, bei der die tiefsten Zellen im Phasenraum ausgefüllt sind.

Unter Benutzung von sphärischen Koordinaten erhält (6) die Form:

$$\frac{d^2 P}{d r^2} + \frac{2}{r} \frac{dP}{dr} = \mu P^{\frac{3}{2}} \tag{7}$$

mit

$$\mu = \frac{32 \pi^2 \varepsilon}{3 h^3} (2 m \varepsilon)^{\frac{3}{2}}.$$

Der Fall des Atoms ist dadurch gekennzeichnet, daß P bei kleinen Abständen r gegen den Wert $Z\varepsilon/r$ konvergiert:

$$r P \to Z \varepsilon \quad \text{bei} \quad r \to 0. \tag{8}$$

Die Gesamtzahl der Elektronen ist gleich der Kernladungszahl Z:

$$\int n \, d\tau = Z. \tag{9}$$

Daraus folgt, daß P bei unendlich wachsendem Abstand r gegen Null konvergieren muß. Diese Folgerung ergibt sich ohne weiteres aus den Definitionen des vorangehenden Abschnittes.

Setzen wir:

$$x = r \mu^{\frac{2}{3}} (Z\varepsilon)^{\frac{1}{3}}, \qquad \chi = \frac{x P}{\mu^{\frac{2}{3}} (Z\varepsilon)^{\frac{4}{3}}}. \tag{10}$$

Unsere Gleichung (7) erhält dann die Form:

$$\frac{d^2 \chi}{d x^2} = \frac{\chi^{\frac{3}{2}}}{\sqrt{x}} \tag{11}$$

mit den Grenzbedingungen:

$$\chi(0) = 1 \quad \text{und} \quad \chi(\infty) = 0. \tag{12}$$

Die Funktion χ wurde durch numerische Rechnungen ermittelt. Man erhielt dafür folgende Werte:

x	$\chi(x)$	x	$\chi(x)$	x	$\chi(x)$	x	$\chi(x)$
0,00	1,000	0,80	0,485	8	0,037	38	0,0013
0,01	0,985	0,90	0,453	9	0,029	40	0,0011
0,02	0,972	1,0	0,425	10	0,024	45	0,00079
0,03	0,959	1,2	0,375	12	0,017	50	0,00061
0,04	0,947	1,4	0,333	14	0,012	55	0,00049
0,05	0,935	1,6	0,297	16	0,0093	60	0,00039
0,10	0,882	1,8	0,268	18	0,0072	65	0,00031
0,15	0,836	2,0	0,244	20	0,0056	70	0,00026
0,20	0,793	2,5	0,194	22	0,0045	75	0,00022
0,25	0,758	3,0	0,157	24	0,0037	80	0,00018
0,30	0,721	3,5	0,130	26	0,0031	85	0,00015
0,35	0,691	4,0	0,108	28	0,0026	90	0,00012
0,40	0,660	4,5	0,093	30	0,0022	95	0,00011
0,50	0,607	5	0,079	32	0,0019	100	0,0001
0,60	0,562	6	0,059	34	0,0017		
0,70	0,521	7	0,046	36	0,0015		

Die Kenntnis der Funktion χ bestimmt in jedem speziellen Fall eindeutig das Potential:

$$P = \frac{Z\varepsilon}{r}\,\chi\left[r\mu^{\frac{2}{3}}\,(Z\varepsilon)^{\frac{1}{3}}\right]. \qquad (13)$$

Durch Vermittlung von (3) erhält man daraus auch die Elektronendichte:

$$n = \frac{8\pi\varepsilon^3}{3h^3}\,(2mZ)^{\frac{3}{2}}\left(\frac{\chi}{r}\right)^{\frac{3}{2}}. \qquad (14)$$

3. Bildung der Elektronenschalen. Man unterscheidet gewöhnlich im Atom eine Reihe von „Elektronenschalen", die man mit K, L, M, N, O, ... bezeichnet. Ihnen entspricht die Reihe der „Hauptquantenzahlen" 1, 2, 3, 4, 5. Die Betrachtung der Eigenschaften von Elementen an Hand der Mendelejewschen Tabelle macht es möglich, die sukzessive Ausbildung dieser Schalen beim Übergang von leichten zu schweren Elementen zu erkennen. Auch ist es gelungen, die Anzahl der Elektronen zu bestimmen, die sich bei einem gegebenen Element in jeder Schale befinden.

Die Elektronen, die einer Schale angehören, unterscheidet man noch nach ihrem Drehimpuls, d. h. nach der Anzahl l der Rotationsquanten (l mißt den Drehimpuls in den Quanteneinheiten

27*

$h/2\pi$). In der alten BOHRschen Quantentheorie wurden für l (damals mit k bezeichnet), die Werte $1, 2, 3, \ldots$ angenommen (mit der Bedingung $k \leq n$). In der Wellenmechanik wurden diese Ergebnisse etwas abgeändert, l erhielt die um 1 kleineren Werte von $l = 0$ bis $l = n - 1$:

Schale	K	L	M	N	O	P	Q
n	1	2	3	4	5	6	7
k	1	1—2	1—3	1—4	1—5	1—6	1—7
l	0	0—1	0—2	0—3	0—4	0—5	0—6

Zu den durch k bzw. l bestimmten Drehimpulsen der Elektronenbahnen kommen noch die Dralle $s = \pm\frac{1}{2}$ der Eigenrotation der Elektronen hinzu. Durch die vektorielle Addition von l und s bestimmen sich die Gesamtdrehimpulse j der Atome.

Beim Übergang von einem Element im periodischen System zu dem nächstschweren vergrößert sich die Elektronenhülle um ein Elektron, das sich die freie Bahn mit der kleinsten Energie wählt. Die Anzahl der zur Verfügung stehenden Bahnen jeder Art bestimmt sich aus dem PAULI-Prinzip. Nicht immer gehört die freie Bahn, die vom neu hinzukommenden Elektron besetzt ist, der äußersten Schale des Atoms an. Man weiß z. B., daß das Auftreten der Familie der seltenen Erden auf einer Ausfüllung von freien Plätzen in einer inneren Schale beruht.

Was kann uns die oben entwickelte Theorie in bezug auf die Bildung der Elektronenhülle lehren? Sie erlaubt uns, die Anzahl der Elektronen, die bei gegebener Kernladung eine bestimmte Impulsquantenzahl k (oder l) haben, wenigstens angenähert zu berechnen. Die Formel (14) bestimmt die Elektronendichte im Abstand r vom Kern. Aus dieser Dichte ergeben sich die Geschwindigkeiten v der Elektronen in der betrachteten sphärischen Zone [v hat die Werte zwischen $v = 0$ und $v = v'$, wobei v' durch Formel (4) definiert ist]. Die Elektronengeschwindigkeiten sind gleichmäßig auf alle Richtungen verteilt. Man kann daher in einfacher Weise die Anzahl von Elektronen in dem betrachteten Gebiet berechnen, die bestimmte Werte des Drehimpulses um den Kern besitzen. Genau wie in Abschnitt 1 des siebenten Kapitels beruhen auch in diesem Fall alle Rechnungen auf der Voraussetzung einer vollkommenen Entartung.

Betrachten wir ein Einheitsvolumen im Abstand r vom Kern. Wir berechnen die Anzahl von Elektronen in diesem Volumen, bei denen die zum Radiusvektor senkrechte Komponente des Impulses den Wert p bis $p + dp$ besitzt. Diese Anzahl beträgt:

$$\frac{8\pi}{h^3}\sqrt{p'^2 - p^2}\,p\,dp = \frac{8\pi}{h^3}\sqrt{\left(\frac{3n}{8\pi}\right)^{\frac{2}{3}} h^2 - p^2}\,p\,dp\,.$$

Im Impulsraum befinden sich alle Elektronen im Innern einer Sphäre mit dem Radius p' (wenn man damit den Impuls bezeichnet, der der Maximalgeschwindigkeit v' entspricht). Durch Integration des obigen Ausdruckes von 0 bis p', unter Berücksichtigung von (4), erhält man, wie zu erwarten ist, die Gesamtzahl der Elektronen n.

Die *Drehimpulse* der Elektronen von der betrachteten Art liegen zwischen den Grenzen

$$\Pi = rp \qquad \text{und} \qquad \Pi + d\Pi = r(p + dp)\,.$$

Die Anzahl der Elektronen mit Drehimpulsen zwischen Π und $\Pi + d\Pi$ ist daher:

$$\frac{8\pi}{h^3}\,\frac{\Pi}{r^2}\sqrt{\left(\frac{3n}{8\pi}\right)^{\frac{2}{3}} h^2 - \frac{\Pi^2}{r^2}}\,d\Pi\,.$$

Diesen Ausdruck müssen wir mit einem Volumelement $4\pi r^2 dr$ multiplizieren und über alle r-Werte integrieren, um die Gesamtzahl der Elektronen mit den Drehimpulsen von dieser Größe im ganzen Atom zu bestimmen. Diese Rechnung ergibt:

$$dN = \frac{32\pi^2}{h^3}\,\Pi\,d\Pi\int_0^\infty\sqrt{\left(\frac{3n}{8\pi}\right)^{\frac{2}{3}} h^2 - \frac{\Pi^2}{r^2}}\,dr\,. \tag{15}$$

Wir ersetzen n durch seinen Wert (14) und drücken Π in Quanteneinheiten:

$$\Pi = k\frac{h}{2\pi}$$

aus. Wir erhalten dann:

$$dN_k = \frac{8}{h}\,k\,dk\int\sqrt{2mZ\varepsilon^2 r\chi - \frac{h^2k^2}{4\pi^2}}\cdot\frac{dr}{r}\,. \tag{16}$$

Gehen wir von r zu der durch (10) definierten Variablen x über:

$$dN_k = \left(\frac{48Z}{\pi^2}\right)^{\frac{1}{3}} k\,dk\int\sqrt{x\chi - \left(\frac{4}{3\pi Z}\right)^{\frac{2}{3}} k^2}\,\frac{dx}{x}\,.$$

Das Integral ist über alle x-Werte zu erstrecken, bei denen der Ausdruck unter dem Wurzelzeichen positiv ist. Wir führen eine Funktion:

$$\Phi(A) = \int\sqrt{x\chi - A}\,\frac{dx}{x} \tag{17}$$

ein. Das obige Ergebnis erhält dann die Form:

$$d N_k = \left(\frac{48 Z}{\pi^2}\right)^{\frac{1}{3}} k\, d k\, \Phi\left[\left(\frac{4}{3\pi Z}\right)^{\frac{2}{3}} k^2\right]. \tag{18}$$

Fermi hat die Funktion Φ berechnet. Sie verschwindet, wenn A größer als 0,49 ist; denn für solche A-Werte ist der Ausdruck unter dem Wurzelzeichen negativ:

$A =$	0,49	0,4	0,3	0,2	0,1	0
$\Phi(A) =$	0	0,36	0,88	1,48	2,2	3,2.

Die Formel (18) ist auf Grund der mit der klassischen Mechanik operierenden Bohrschen Theorie berechnet worden. Es ist aber bekannt, daß die Wellenmechanik zu ganz ähnlichen Ergebnissen führt. Es gibt nur einen Unterschied: der Ausdruck k^2 muß — je nach den Umständen — durch $k(k-1)$ oder $(k-\frac{1}{2})^2$ ersetzt werden. Fermi führte dementsprechend die Berechnung mit „halb-

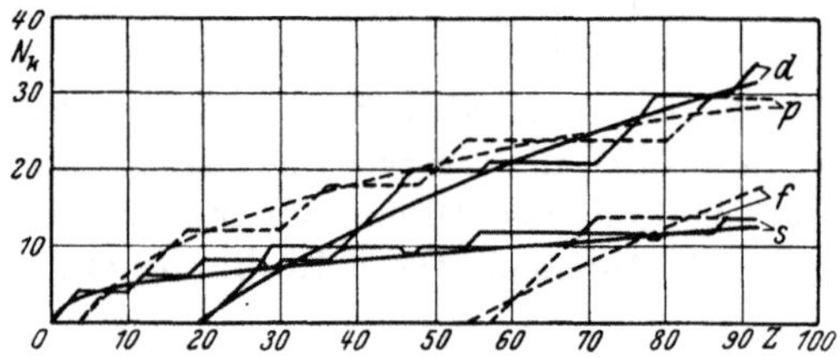

Abb. 47.

zahligen" Quantenzahlen $k = \frac{1}{2}, \frac{3}{2}, \frac{5}{2}, \ldots$ aus und erhielt die in Abb. 47 dargestellte Abhängigkeit der Elektronenzahl N_k von der Kernladung Z.

Die theoretischen Kurven sind stetig und monoton ansteigend, die empirischen dagegen treppenförmig. Die Bezeichnung der Kurvenpaare mit s, p, d, f ist aus der spektroskopischen Symbolik übernommen; s entspricht dem Wert $k = \frac{1}{2}$, p dem Wert $k = \frac{3}{2}$ usw.

Infolge ihres statistischen Charakters vermag die Theorie offenbar nicht, die Einzelheiten des Atombaues genau wiederzugeben, doch wird der allgemeine Kurvenverlauf von ihr ganz richtig vorhergesagt. Insbesondere kann man theoretisch bestimmen, bei welchem Element eine bestimmte Elektronenart zum erstenmal auftreten muß: die s-Elektronen zuerst bei $Z = 1$ (Wasserstoff), die p-Elektronen bei $Z = 5$ (Bor), die d-Elektronen bei $Z = 21$ (Scandium), die f-Elektronen erst bei $Z = 55$. Die ersten drei Zahlen sind genau richtig. So beginnt z. B. der Ausbau der $3\,d$-Elektronengruppe, die das Auftreten der ersten langen Periode im MENDELEJEWschen System bedingt, gerade beim Scandium. Die Zahl $Z = 55$ stimmt nicht genau mit der Stelle überein, an der der Ausbau der $4f$-Gruppe tatsächlich beginnt (Cerium, $Z = 58$), liegt ihr aber sehr nahe.

4. Berechnung der Spektralterme. Um die Energieniveaus der Elektronen in den Schalen $K, L, M, \ldots$ zu berechnen, muß man die Schwierigkeit überwinden, mit der die Abschätzung der gegenseitigen potentiellen Energie der einzelnen Elektronen verbunden ist. Die oben angedeutete Methode erlaubt eine angenäherte Berechnung dieser Energie. Betrachten wir ein Atom Z. Nehmen wir an, daß $Z - 1$ Elektronen in diesem Atom nach denselben Gesetzen angeordnet sind, wie im Atom $Z - 1$, und untersuchen wir das Einfangen des letzten Elektrons, dessen Abstand vom Kern wir mit r bezeichnen wollen. RASETTI führte unter diesen Voraussetzungen die Rechnung folgendermaßen durch:

Nach (13) ist das Potential im Atom $Z - 1$ in der Entfernung r vom Kern durch den Ausdruck:

$$\frac{(Z-1)\varepsilon}{r}\chi$$

bestimmt. Vergrößern wir die Kernladung um 1, ohne die Elektronenverteilung zu ändern. Dies bedeutet das Hinzukommen eines Potentiales ε/r. Wir nehmen an, daß das hinzukommende Elektron dem so bestimmten Potential ausgesetzt ist. Seine potentielle Energie ist dann:

$$-\varepsilon P = -\frac{\varepsilon^2}{r}[1 + (Z-1)\chi]\,. \tag{19}$$

Diese Näherungsmethode erlaubt also die Abschätzung der *Abschirmung*, die die übrigen Elektronen bei der Anziehung des letzten Elektrons durch den Kern verursachen. Diese Abschirmung ist die wichtigste Größe für die Energieberechnung. Wir vernachlässigen bei dieser Rechnung offenbar eine Reihe von sekundären Effekten, wie z. B. die HEISENBERGsche Resonanz, und dürfen daher nur angenähert richtige Resultate erwarten. RASETTI hat die Rechnung speziell für die Terme M_3, bei denen die Abschirmung sehr stark ist, vollständig durchgeführt. Die M_3-Elektronen beschreiben eine angenähert kreisförmige Bahn in einem mittleren Abstand r_0 vom Kern. Wenn r stets nur wenig von r_0 verschieden ist, kann man (19) in eine Reihe entwickeln:

$$-\varepsilon P = A + \frac{B}{r} + \frac{C}{r^2} \cdots . \tag{20}$$

deren Koeffizienten Konstanten sind. Die Bewegung eines Elektrons in einem solchen Potentialfeld kann wellenmechanisch vollständig berechnet werden. Die entsprechende SCHRÖDINGERsche ψ-Funktion verschwindet sehr schnell, wenn r merklich von r_0 abweicht. Dadurch wird die Annäherung (20) gerechtfertigt. Die Ergebnisse der Rechnung sind in Abb. 48 dargestellt. Abszissen sind die Kernladungen Z, Ordinaten die Ausdrücke $\sqrt{\nu/R}$ für die Niveaus M_3. Durch Kreuze sind die experimentellen Werte angedeutet worden, die sehr gut auf die theoretische Kurve fallen. Zur Berücksichtigung der Relativitätstheorie wurde an den Ergebnissen noch eine kleine Korrektur angebracht.

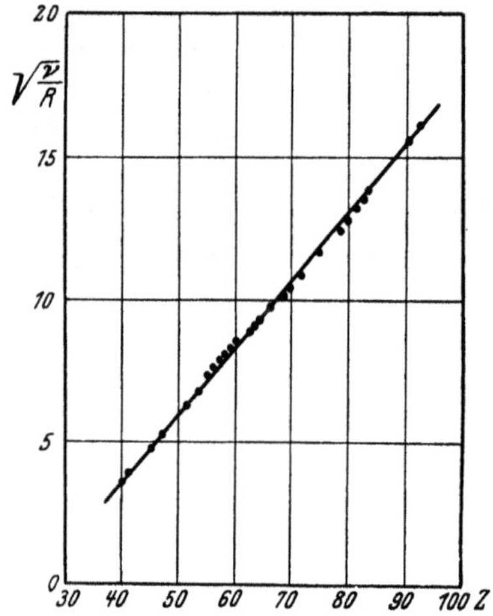

Abb. 48.

Die gleichen Methoden können auch zur Berechnung der Abschirmungskonstanten der äußeren Elektronen, also zur Bestimmung der optischen Terme, angewandt werden. Der Abschirmungseffekt äußert sich in dem Auftreten der „RYDBERG-Korrektur" σ in den Termausdrücken. Die Abb. 49 zeigt (durch Kreise angedeutet) die Mittelwerte dieser Korrektion für die verschiedenen s-Terme der einzelnen Atome. Der Verlauf der σ-Werte als Funktion der Kernladungszahl Z zeigt offenbar große Unregelmäßigkeiten; nichtsdestoweniger kann man ihn in erster Näherung durch eine glatte ansteigende Kurve wiedergeben. Die in die Ab-

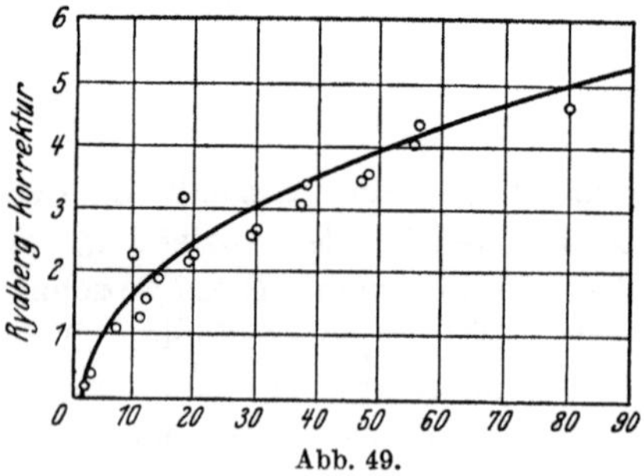

Abb. 49.

bildung eingetragene ausgezogene Kurve ist theoretisch gewonnen worden, und die empirischen Werte passen sich ihr befriedigend an. Es sei daran erinnert, daß die s-Bahnen in fast allen Atomen „eintauchende“ Bahnen sind, die zum Teil außerhalb des „Rumpfs“ verlaufen, zum anderen Teil aber tief in das Gebiet der inneren Elektronenschalen eindringen. Unter diesen Umständen kann die statistische Rechnung nur eine sehr grobe Annäherung darstellen, denn die genaue Struktur der äußeren Teile des Atoms muß hier eine wichtige Rolle spielen.

Die Rechnungen wurden folgendermaßen durchgeführt: Man ging von der Lösung der SCHRÖDINGERschen Wellengleichung aus, die einem s-Niveau ($l = 0$, $k = 1$) mit unendlicher Hauptquantenzahl ($n = \infty$) entspricht. Für das Potential wurde die Formel (19) angenommen; $n = \infty$ zu setzen, heißt die Energie gleich Null zu machen. Die Lösung der SCHRÖDINGERschen Gleichung wurde zunächst für kleine r-Werte aufgestellt und dann nach einer Näherungsrechnung nach großen r-Werten hin erweitert[1].

Die so erhaltene Lösung kann man mit der Lösung der Wasserstoffgleichung vergleichen. Da das Potential (19) in großer Entfernung die NEWTONsche Form annimmt, so kann man zwei Lösungen auswählen, die in genügendem Abstand vom Kern die gleiche Dichte von Knotenpunkten aufweisen. Dies bedeutet, daß in großer Entfernung vom Kern die Elektronenbahnen im betrachteten Atom dieselben sind wie im Wasserstoffatom. Bei kleinen Abständen vom Kern verschwindet die Wasserstoffähnlichkeit, die Knotenpunkte liegen im schweren Atom dichter als im H-Atom. Die Gesamtzahl der Knotenpunkte ist in beiden Fällen gleich der Hauptquantenzahl n; der Unterschied dieser Zahlen gibt daher die Differenz $n^* - n$ (n^* = wahre Hauptquantenzahl einer Bahn im schweren Atom, n = Hauptquantenzahl der nächstbenachbarten Bahn im Wasserstoffatom) oder, genauer gesagt, den Grenzwert dieser Differenz für $n = \infty$.

Die Ausdrücke $n^* - n$ sind die wahren RYDBERG-Korrekturen. Die spektroskopischen Beobachtungen zeigen, daß die RYDBERG-Korrekturen stark von der Hauptquantenzahl abhängen; die obige Rechnung kann daher nur eine sehr grobe Näherung ergeben.

---

[1] Diese Methode ist von BRILLOUIN, L. [J. Physique et Radium **7**, 353 (1926)] und WENTZEL, G. [Z. Phys. **38**, 518 (1926)] angegeben worden.

Gentile und Majorana haben versucht, noch weiter zu gehen und außer den Mittelwerten der Multipletterme auch ihre Aufspaltungen (im optischen sowie im Röntgengebiet) zu berechnen. Die Rechnung ist ziemlich umständlich. Man versucht zuerst, eine empirische Lösung der Wellengleichung mit dem Potential (19) darzustellen. Eine Schwierigkeit entsteht dadurch, daß man theoretisch nicht voraussagen kann, welches Energieniveau die richtige Eigenfunktion geben wird. Man ist daher gezwungen, für verschiedene Eigenwerte der Energie die Funktion ψ versuchsweise zu bilden. Nachdem die richtige Funktion gefunden worden ist, kann man die Multiplettaufspaltung mit Hilfe folgender Formel bestimmen, die die Theorie des Elektronendralls liefert:

$$\Delta\nu = \frac{e^2 h}{8\pi^2 m^2 c^2}\left(k + \frac{1}{2}\right)\overline{\left(\frac{1}{r^3}\right)}. \tag{21}$$

Der Mittelwert $\overline{1/r^3}$ ergibt sich in der Wellenmechanik mittels der Beziehung:

$$\overline{\frac{1}{r^3}} = \int \frac{1}{r^3}\,|\psi|^2\,d\tau.$$

In dieses Integral muß die in obiger Weise bestimmte ψ-Funktion eingesetzt werden. Die Ergebnisse sind bei den M_3-Röntgendubletts und bei den Hauptseriendubletts 6^2P und 7^2P des Cäsiums durchaus befriedigend. Die berechneten Werte weichen um nicht mehr als 10% von den beobachteten ab.

Die in beschriebener Weise empirisch aufgefundenen ψ-Funktionen können auch bei vielen anderen Anwendungen nützlich sein — so z. B. bei der Bestimmung der Linienintensitäten. Gentile und Majorana haben die ψ-Funktionen der drei Zustände $6\,S$, $6\,P$ und $7\,P$ des Cäsiums aufgestellt. Den Übergängen $6P \longleftrightarrow 6S$ und $7P \longleftrightarrow 6S$ entsprechen die beiden ersten Linien der Hauptserie des Cäsiums. Für die Übergangswahrscheinlichkeiten müssen nach der Wellenmechanik die Integrale:

$$\int x\,\Psi_{6s}\,\Psi_{6p}\,d\tau \quad \text{und} \quad \int x\,\Psi_{6s}\,\Psi_{7p}\,d\tau$$

maßgebend sein. Aus dem Verhältnis dieser beiden Integrale berechnet man ein Intensitätsverhältnis von etwa 125:1; auch experimentell fand man dafür einen etwas über 100 liegenden Wert. Dieses Ergebnis ist wichtig, denn früher konnte man keine theoretische Erklärung für die außerordentlich hohe Differenz zwischen den Intensitäten beider Linien finden.

5. Die Gruppe der seltenen Erden. Die Elektronenaffinität der Halogene. Die vierzehn Elemente, die der Gruppe der seltenen Erden angehören, haben sehr ähnliche chemische Eigenschaften. Diese Tatsache wird durch die Annahme erklärt, daß die äußeren Elektronen in allen diesen Elementen die gleiche Anordnung haben und der einzige Unterschied in ihrer Atomstruktur in einem schrittweisen Ausbau der inneren sog. $4f$-Elektronengruppe ($n = 4, l = 3$) besteht, die gerade 14 Elektronen fassen kann.

Damit diese Erklärung überzeugend wird, muß aber nachgewiesen werden, daß die $4f$-Bahnen in den Atomen der seltenen Erden wirklich die Eigenschaften von „inneren Bahnen" besitzen. Denn noch in den unmittelbar vorangehenden Elementen Cs ($Z = 55$), Ba (56), La (57) liegen diese Bahnen außerhalb des Atomrumpfes. Es muß also gezeigt werden, daß die Abmessungen der $4f$-Bahnen und die ihnen entsprechenden Energien sich beim Übergang von der Kernladung 57 zu der Kernladung 58 (Cerium) plötzlich ändern.

Fermi führte die Rechnung für $Z = 55$ und $Z = 60$ aus, unter Benutzung der Potentialgleichung (19). Er rechnete die Wellenfunktion ψ des $4f$-Niveaus numerisch aus und fand tatsächlich, daß die statistische Verteilung der Elektronen, die der $4f$-Gruppe angehören, auf die verschiedenen Kernabstände im Element $Z = 60$ eine ganz andere ist als im Element $Z = 55$. Die ψ-Funktion des $4f$-Zustandes verschwindet praktisch in allen Fällen überall außer in zwei Gebieten, von denen das eine ganz nahe am Kern, das zweite weit außen liegt. Im Element $Z = 55$ ist das innere ψ-Maximum schwach, das äußere sehr ausgeprägt; die $4f$-Bahnen verlaufen also praktisch ganz im Außengebiet. Im Element $Z = 60$ sind die Verhältnisse umgekehrt, das kernnahe Maximum ist viel ausgeprägter als das äußere, die $4f$-Bahnen sind also im letzten Fall als typische „innere" Bahnen anzusehen.

Der Energieeigenwert der $4f$-Eigenfunktion ändert sich nur allmählich mit der Kernladung; entscheidend für das Verhalten der seltenen Erden ist also nur die plötzliche Änderung der *Abmessungen* der $4f$-Bahnen beim Übergang vom La zum Ce.

Noch ein weiteres Problem des Atombaus konnte in Angriff genommen werden: das der negativen Halogenionen. Die Halogenatome haben die Neigung, durch Einfangen eines überschüssigen Elektrons „edelgasähnliche" Ionen zu bilden. Welche

Kräfte binden das überschüssige Elektron? Sie sind doppelter Natur. Erstens besteht das Potential (13):

$$\frac{Z\varepsilon}{r}\chi,$$

das nur im großen Abstand vom Kern praktisch verschwindet. Außerdem muß aber die Polarisationskraft berücksichtigt werden, d. h. die Deformation des Atoms unter dem Einfluß des neu hinzukommenden Elektrons. Dieser letzte Effekt ist schwer abzuschätzen. Die Berechnung der ersten Bindungskraft führte FERMI für den Fall des Jodatoms durch. Er berechnete die Energie, die frei wird, wenn ein zusätzliches Elektron die Bahn $5p$, $5d$, $6s$ oder $6p$ besetzt. Nur für die Bahn $5p$ ergab sich ein positiver Betrag, d. h. eine stabile Bindung. Die Bindungsenergie berechnete FERMI zu 2,2 Volt, während der wahrscheinliche experimentelle Wert 3,6 Volt beträgt. Der Unterschied muß von den vernachlässigten Effekten — Polarisation, magnetische Kopplung usw. — stammen.

6. Experimentelle Prüfungen und mögliche Fortschritte. Die Gesamtheit der geschilderten Ergebnisse ist von großem Interesse, da sie zeigt, daß die statistische Methode auch in Anwendung auf Probleme des Atombaus von großem Nutzen sein kann, obwohl sie hier als eine sehr grobe Annäherung erscheint. Es ist merkwürdig, daß man durch eine so vereinfachte Betrachtung so vollständige Antworten auf manche wichtige Fragen des Atombaus erhalten kann.

Eine Prüfung der Exaktheit der statistischen Methode konnte auf folgendem Gebiet vorgenommen werden: THOMAS benutzte die in Abschnitt 2 definierte Funktion χ, um die Elektronendichte in Abhängigkeit vom Kernabstand [vgl. Formel (14)] zu berechnen. Seine Ergebnisse wurden von W. L. BRAGG für die Berechnung der Intensität der Interferenzpunkte bei der Streuung von Röntgenstrahlen durch Kristalle verwandt. Wie die beigefügten Abb. 50, 51, die dem Bericht von BRAGG vor dem SOLVAY-Kongreß 1928 entnommen sind, beweisen, stimmen die praktisch beobachteten Intensitäten mit den berechneten gut überein. Die Abszissen bedeuten die Werte von $\sin\vartheta$, wo ϑ der Streuungswinkel ist, die Ordinaten die Intensitäten. Wenn das streuende Atom als ein im ganzen punktförmiges System von n Elektronen angesehen werden könnte, müßte die Intensität vom Winkel ϑ

unabhängig sein. Da aber das Atom eine bestimmte Ausdehnung hat und die aus seinen einzelnen Punkten ausgehenden Strahlen untereinander interferieren, so entsteht ein Abfall der Intensität mit wachsendem Winkel ϑ. Für jeden Wert von ϑ kann man eine „äquivalente Elektronenzahl" berechnen, die, in einem Punkte vereinigt, gerade die unter diesem Winkel gestreute Intensität ergeben würde. Die Ordinaten in den Abb. 50 und 51 sind in diesen äquivalenten Elektronenzahlen ausgedrückt.

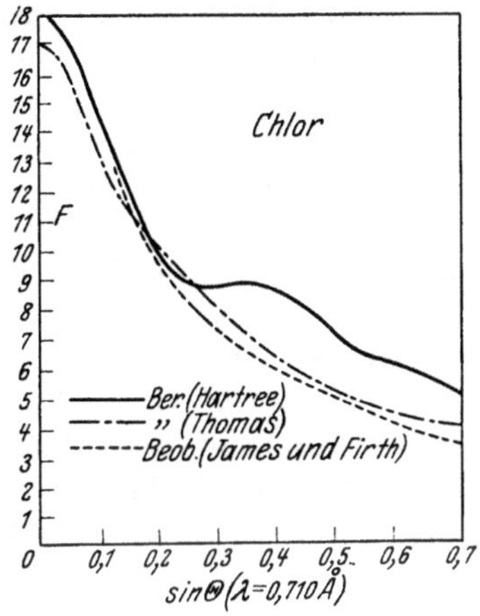

Abb. 50.

Die Abb. 51 zeigt die beobachteten und die nach THOMAS berechneten Intensitätskurven für Fe, Ca, Cl, O, Na und F. Die Abb. 50 enthält im größeren Maßstab die Kurven für Chlor, wobei durch die ausgezogene Linie eine zweite theoretische Kurve an-

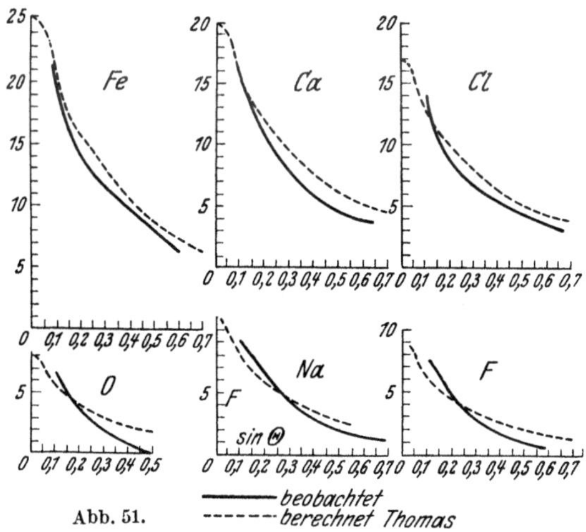

Abb. 51.

gedeutet ist, die von HARTREE[1] auf einem ganz anderen Wege gefunden worden ist und die, wie man sieht, viel schlechter mit

[1] HARTREE, D. R., Philosophic. Mag. **50**, 289 (1925).

der Erfahrung übereinstimmt als die Kurve von THOMAS und BRAGG.

Die Methode von FERMI und THOMAS scheint sich also auch in Anwendung auf die Probleme des Atombaus gut zu bewähren. Um so mehr dürfen wir hoffen, daß sie auf anderen, weniger schwierigen Gebieten zu guten Ergebnissen führen wird — z. B. bei der Bestimmung der Elektronenverteilung im Kristallgitter, mit seinem wellenartigen Potentialverlauf. Wir wollen jetzt sehen, was die statistische Theorie für diesen Fall auszusagen vermag.

7. Verteilung von Elektronen in einem Metall und an seiner Oberfläche. Dieses Problem wurde von FRENKEL und von LENNARD-JONES und WOODS[1] untersucht. Wir wollen ihre Ergebnisse kurz zusammenfassen. FRENKEL beschäftigte sich mit der Bildung der elektrischen Doppelschicht auf der Metalloberfläche. Im siebenten Kapitel, Abschnitt 9 haben wir gesehen, wie dieses Problem wellenmechanisch angegriffen werden kann. Die abklingenden Wellen spielen dabei die wichtigste Rolle, die aber wegen der Rückwirkung der Elektronendichte auf die Potentialverteilung schwer genau zu beschreiben ist.

Die statistische Methode berücksichtigt von selbst diese Rückwirkungen, vernachlässigt aber den Einfluß der abklingenden Wellen. Für ein ebenes Problem reduziert sich die Gleichung (6) auf:

$$\frac{d^2 P}{d x^2} = \mu P^{\frac{3}{2}}, \qquad \mu = \frac{32 \pi^2 \varepsilon}{3 h^3} (2 m \varepsilon)^{\frac{3}{2}}. \tag{22}$$

Die Grenzbedingungen lauten:

$$P = 0, \quad \frac{dP}{dx} = 0 \quad \text{bei} \quad x \to \infty. \tag{23}$$

Die Metalloberfläche soll mit der Ebene $x = 0$ zusammenfallen und ein bestimmtes positives Potential P_0 besitzen.

Setzen wir $P' = \frac{dP}{dx}$, unsere Gleichung (22) lautet dann:

$$\frac{dP'}{dP} P' = \frac{d}{dP}\left(\frac{P'^2}{2}\right) = \mu P^{\frac{3}{2}},$$

also ist:

$$P' = \pm 2 \sqrt{\frac{\mu}{5}}\, P^{\frac{5}{4}}.$$

[1] FRENKEL, J., Z. Physik **51**, 232 (1928). — LENNARD-JONES, J. E., u. WOODS, H. J., Proc. Roy. Soc. Lond. **120**, 727 (1928).

Da P mit wachsendem x abnimmt, muß die Wurzel mit negativem Vorzeichen genommen werden. Man findet dann:

$$P = \frac{b}{(a + x)^4}, \qquad b = 16\left(\frac{5}{\mu}\right)^2. \tag{24}$$

Dies gibt ein Potential $P = 0$ im Unendlichen, das bei der Annäherung an die Oberfläche allmählich auf den Wert P_0 ansteigt:

$$P_0 = \frac{b}{a^4}, \qquad a = 2\sqrt{\frac{5}{\mu}}\, P_0^{-\frac{1}{4}}. \tag{25}$$

Da P_0 die Größenordnung einiger Volt hat, ist a von der Ordnung $3 \cdot 10^{-9}$ cm, also kleiner als der Abstand von zwei Nachbaratomen im Gitter. Die berechnete Kurve ist in Abb. 52 durch die ausgezogene Linie veranschaulicht; als Ordinate ist die potentielle Energie des Elektrons, $-\varepsilon P$, benutzt worden. Wenn wir uns aber auf die Abb. 21 (siebentes Kapitel, Abschnitt 9) besinnen, so sehen wir, daß die $-\varepsilon P$-Kurve nach den dortigen Ergebnissen in der Nähe der Metalloberfläche ein Maximum besitzen sollte, also etwa so aussehen müßte, wie die gestrichelte Kurve in Abb. 52.

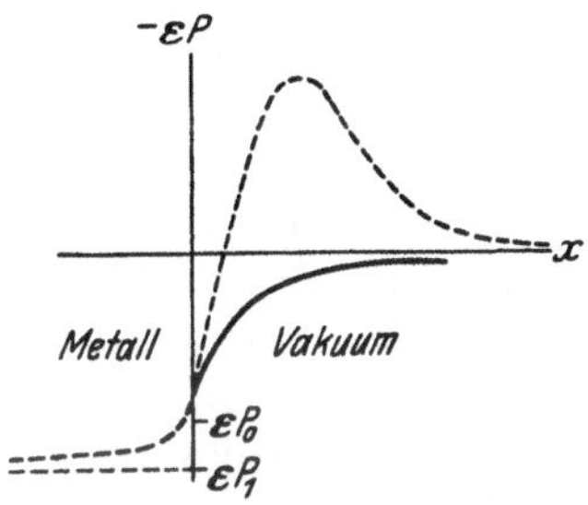

Abb. 52.

Die allmähliche Abnahme des Potentials mit der Entfernung von der Oberfläche beruht, nach den Untersuchungen des siebenten Kapitels, auf der Existenz einer Oberflächenladung.

Für das Innere des Metalls kann man die *mittlere* Potentialverteilung dadurch bestimmen, daß man der Gleichung (22) noch ein Glied hinzufügt, das die mittlere Dichte n_a der positiven Ionen (mit der Ladung $Z\varepsilon$) berücksichtigt:

$$\frac{d^2 P}{d x^2} = \mu P^{\frac{3}{2}} - 4\pi Z \varepsilon n_a. \tag{26}$$

Für $x \to -\infty$ gilt dabei die Grenzbedingung:

$$P \to P_1 = \left(\frac{4\pi\varepsilon Z n_a}{\mu}\right)^{\frac{2}{3}}. \tag{27}$$

Eine weitere Bedingung ist die der Kontinuität von P und von dP/dx an der Metalloberfläche ($x = 0$). Durch Integration nach demselben Verfahren wie oben findet man:

$$\left(\frac{dP}{dx}\right)^2 = \frac{4}{5}\,\mu P^{\frac{5}{2}} - 2\mu_1 P + \mu_2\,,$$

mit:

$$\mu_1 = 4\pi Z\varepsilon n_a = \mu P_1^{\frac{3}{2}}\,.$$

Die Bedingung (27) gibt uns:

$$\mu_2 = \tfrac{6}{5}\,\mu P_1^{\frac{5}{2}}\,,$$

woraus folgt:

$$x - a' = -\int\limits_P^{P_1} \frac{dP}{\sqrt{\frac{6}{5}\,\mu P_1^{\frac{5}{2}} - 2\mu_1 P + \frac{4}{5}\,\mu P^{\frac{5}{2}}}}\,. \tag{28}$$

Die Stetigkeitsbedingungen für die Oberfläche, die man durch Kombination der Ausdrücke (24) (gültig für $x > 0$) und (28) (für $x < 0$) erhält, bestimmen die Konstanten a und a'. Die Rechnungen sind grob, denn das Potential im Metallinnern ist in Wirklichkeit nicht konstant. Es ist sicher positiv an den von Elektronen eingenommenen Stellen und negativ im Innern der Metallionen. Denn jedes Elektron muß von der (positiven) Gesamtheit aller anderen Ladungen angezogen werden und analoges gilt auch für jedes positive Ion.

Wir müssen daher einen Mittelwert des Potentials für die freien Elektronen, P^- ($P^- > 0$), und einen anderen Mittelwert für die positiven Ionen, P^+ ($P^+ < 0$), bilden. Die mittlere potentielle Energie eines Elektrons ist $-\varepsilon P^-$, die eines einwertigen positiven Ions εP^+; beide Ausdrücke sind negativ.

Lennard-Jones und Woods versuchten, diese Behauptungen zu prüfen und zu verfeinern, indem sie die Potentialverteilung im Gitter näher verfolgten. Wir stellen uns vor, daß die positiven Kerne ein einfaches kubisches Gitter bilden. Wir suchen nach einer Lösung der Grundgleichung (6), die folgender Bedingung genügt:

$$P_r \to Z\varepsilon \quad \text{bei} \quad r \to 0\,,$$

worin r den Abstand von einem der Kerne $Z\varepsilon$ bedeutet. Außerdem fordern wir, daß P eine sich im Gitter periodisch wiederholende Funktion sein soll. Betrachten wir einen Kubus mit der Kante, die gleich dem Netzebenenabstand ist und einem Kern im Zentrum. Die Normalkomponente $\partial P/\partial n$ muß in jedem Punkt der Oberfläche dieses Kubus verschwinden.

Das so gestellte Problem ist leider, infolge der Nichtlinearität der Gleichung (14), sehr schwer zu behandeln. Die Autoren haben sich daher mit der Betrachtung eines analogen zweidimensionalen Problems begnügt. Die positiven Ladungen sollen längs der zu Oz parallelen Geraden angeordnet werden; sie bilden ein quadratisches Gitter, mit einer Gitterkonstante $2a$ (Abb. 53). Betrachten wir einen Teil dieses Gitters zwischen den beiden Ebenen $z = 0$ und $z = d$. Wir konstruieren einen Parallelepiped mit der quadratischen Grundfläche $(2a)^2$ und der Höhe d. Wir müssen die Bedingungen des Abschnittes 1 dieses Kapitels wieder ansetzen. Die Geschwindigkeit der Elektronen längs der Oz-Achse spielt gar keine Rolle. Wir nehmen als Beispiel an, daß der ihr entsprechend gequantelte Wert von $p_z = \pm \frac{h}{2d}$ ist. Für die Geschwindigkeiten längs Ox und Oy gilt eine zu (4a) analoge Beziehung:

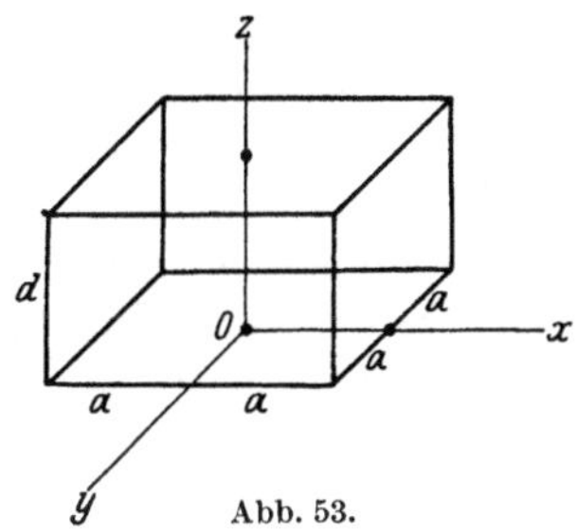

Abb. 53.

$$p_x^2 + p_y^2 \leq 2\,m\varepsilon P. \tag{29}$$

Durch diese Bedingung wird ein Gesamtvolumen im Phasenraum:

$$2\pi(2m\varepsilon P)\frac{h}{2d}$$

definiert. Die Anzahl der darin enthaltenen Zellen ergibt sich durch Division mit h^3; da jede Zelle zwei Elektronen fassen kann, so beträgt die Elektronenzahl:

$$n = \frac{4\pi\varepsilon m P}{d h^2}. \tag{30}$$

Für das Potential P gilt die LAPLACEsche Gleichung:

$$\Delta P = 4\pi n\varepsilon = \frac{16\pi^2\varepsilon^2 m}{d h^2} P = k^2 P. \tag{31}$$

Diese Gleichung ist linear und von gleichem Typus wie eine Wellen-Fortpflanzungsgleichung. Da das Problem zweidimensional ist, stellt die Lösung eine Reihe von BESSELschen Funktionen dar.

Die Grenzbedingungen besagen, daß P bei der Annäherung an eine der mit positiven Ladungen besetzten Geraden gegen den Wert $a \log r$ streben muß, und daß $\partial P/\partial n$ an der Oberfläche des Parallelepipeds verschwinden soll.

Wenn r und ϑ Polarkoordinaten in der xy-Ebene sind, so kann die Lösung folgendermaßen dargestellt werden:

$$P = A_0 K_0(r) + \sum_\nu B_\nu J_{4\nu}(kr) \cos 4\nu\vartheta, \qquad (32)$$

worin ν eine ganze Zahl bedeutet. K und J sind die Funktionen von HANKEL und von BESSEL. Die Entwicklung (32) befriedigt die Bedingung, die wir in bezug auf die mit Ladungen besetzten Linien aufgestellt haben; um auch die äußeren Grenzbedingungen zu erfüllen, muß man die Koeffizienten B_ν in geeigneter Weise auswählen, was nicht ganz einfach ist. Man erhält dafür die Bedingungen:

$$2 A_0 K_{2p+1}(ka) = \sum_\nu B_\nu [J_{4\nu+2p+1}(ka) + J_{4\nu-2p-1}(ka)], \qquad (33)$$

die für alle p-Werte erfüllt sein müssen. Dieses unendliche Gleichungssystem kann gelöst werden.

Die dargestellte Methode gibt eine gute Näherung für die Nachbarschaft der Kerne. Für die Gebiete in der Nähe der Ecken der Quadrate ist es zweckmäßiger, die Lösung nach der Methode der Abbildungen zu gewinnen. Dies ergibt:

$$P = A_0 \Sigma K_0 \left[ka \sqrt{(\xi - 2p)^2 + (\eta - 2q)^2}\right] \qquad (34)$$

mit:

$$\xi = \frac{x}{a} \quad \text{und} \quad \eta = \frac{y}{a}.$$

Die Summe ist über alle — positive und negative — ganzzahligen Werte von p und q zu nehmen.

Die Autoren haben eine vollständige Rechnung für den Spezialfall $ka = 2{,}5$ ausgeführt; dies entspricht der Annahme $d = 2a$, $a = 1{,}66$ Å. Abb. 54 stellt die Ergebnisse dar. Die Kreuze bezeichnen die Stellen, an denen die mit den positiven Kernen besetzten Geraden die Zeichenebene durchdringen. In der Umgebung dieser Punkte sind die Äquipotentiallinien zuerst Kreise, dann deformieren sie sich, schließlich gelangt man zu einer „kritischen Äquipotentiallinie", die sich über das ganze Gitter erstreckt und es in ein Wabensystem einteilt. Um die Winkel der Quadrate, in deren Mittelpunkten die Kerne liegen, entstehen geschlossene Gebiete. Die Elektronen können in zwei

Gruppen eingeteilt werden: in „gebundene", die aus der Umgebung eines Kernes nicht zu entweichen vermögen, und „freie", die genug Energie haben, um die eben erwähnten, von Äquipotentiallinien begrenzten Gebiete zu erreichen. Die freien Elektronen bilden an sich eine Art Gitter, das dem Ionengitter eingelagert ist.

Die Elektronen besitzen in dieser Theorie kinetische Energien, die immer unter dem Grenzwert bleiben, der das Entweichen aus dem Metall ermöglicht hätte. Mit anderen Worten, ihre Gesamtenergie ist immer negativ oder höchstens gleich Null. Es sei P_c das kritische Potential, das den die Waben begrenzenden Potentiallinien entspricht. Die Elektronen mit der Gesamtenergie kleiner als $-\varepsilon P_c$ sind „gebundene" Elektronen, die einem Kern angehören und ihn niemals verlassen können. Elektronen mit einer Gesamtenergie zwischen $-\varepsilon P_c$ und Null vermögen durch das ganze Gitter hindurch zu wandern; sie finden dabei keinen Widerstand, das Metall ist also supraleitend. Dieses Ergebnis beruht natürlich auf der Vernachlässigung der thermischen Bewegung der Kerne. Durch diese Bewegung wird das ganze Gitter deformiert und die scharfe Grenze P_c zwischen freien und gebundenen Elektronen verwischt. Es treten Stöße auf, und dem Elektrizitätsdurchgang wird ein endlicher Widerstand entgegengestellt.

Abb. 54.

Für das betrachtete Idealgitter kann die potentielle Energie eines Elektrons an den verschiedenen Stellen berechnet werden. Es sei $Z\varepsilon$ die Ladung einer der „positiven Linien" (genauer eines Abschnitts davon mit der Länge d). In der Mitte zwischen zwei Nachbarionen ($x = 0, y = a$ oder $y = 0, x = a$) beträgt das Potential $Z \cdot 1{,}141$ Volt. Es sinkt auf $Z \cdot 0{,}713$ Volt in den Punkten, die von vier Nachbarkernen gleich weit entfernt sind ($x = a, y = a$). Da die kritischen Äquipotentiallinien in der Mitte zwischen zwei Nachbarionen verlaufen, ist in dem speziellen von uns betrachteten Fall:

$$P_c = Z \cdot 1{,}141\,.$$

Dieses Beispiel ist sehr lehrreich und hätte eine eingehendere Untersuchung verdient.

8. Einiges über astrophysikalische Anwendungen. Man weiß, daß es Sterne mit ganz abnorm hohen Dichten gibt. Wie müßte der Zustand der Materie bei solchen hohen Konzentrationen sein? Einige Physiker[1] haben versucht, diese Frage durch Anwendung der neuen Statistik — insbesondere der FERMI-Statistik — zu beantworten.

Die Atome können unter so hohen Drucken unmöglich ihre ganze Hülle — die K-, L-, M-Schale usw. — behalten; dafür ist einfach kein Platz vorhanden.

Man muß versuchen, die Verteilung der Materie unter Berücksichtigung der Gravitationskräfte statistisch zu bestimmen. Dieser Versuch wurde von verschiedener Seite unternommen, allerdings nicht ohne willkürliche Annahmen. Aus solchen Berechnungen scheint zu folgen, daß die Materie bei solchen ungeheuren Drucken einen Zustand maximaler Dichte erreicht, der unmöglich überschritten werden kann. Die relativistische Massenvergrößerung wird enorm; die Eigenschaften der Protonen, Photonen und Elektronen werden dadurch sehr ähnlich, der Unterschied zwischen diesen drei Arten von primären Teilchen wird viel weniger ausgesprochen, als er unter gewöhnlichen Bedingungen ist. Der ungeheure Druck gleicht alle individuelle Eigenschaften aus. Es ist uns nicht möglich, an dieser Stelle näher auf die Einzelheiten dieser Ableitungen einzugehen; wir müssen uns mit diesem kurzen Hinweis begnügen.

Zehntes Kapitel.

Das gequantelte Atom, seine Dissoziation und die Wahrscheinlichkeit seiner verschiedenen Quantenzustände.

1. Statistik der gequantelten Atome; Problemstellung. Das BOHRsche Atommodell stellt vom Standpunkt der Statistik ein

[1] FOWLER, R. H., Monthly Not. Roy. Astron. Soc. **87**, 114 (1926). — STONER, E. C., Philosophic. Mag. **7**, 63 (1929). — ANDERSON, W., Z. Physik **54**, 433 (1929); **55**, 386 (1929); **56**, 851 (1929). — FRENKEL, J., Ebenda **50**, 234 (1928).

nicht ganz einfaches Problem dar. Wir wollen zunächst den einfachsten Fall — den des Wasserstoffatoms — betrachten. Bei der Behandlung der komplizierteren Atome treten keine wesentlich neuen Schwierigkeiten auf; nur muß man mit einer Reihe von verschiedenen Ionisierungsstufen statt einer einzigen rechnen. Am Beispiel des Wasserstoffs können wir die verschiedenen vorgeschlagenen Behandlungsmethoden kennenlernen und ihre Ergebnisse miteinander vergleichen. Die Grundaufgabe lautet: Für eine bestimmte Temperatur soll die Verteilung der Atome auf die verschiedenen quantentheoretisch erlaubten Zustände bestimmt werden; insbesondere soll die Zahl der Atome angegeben werden, die sich im ionisierten Zustand befinden, d. h. in ein positives Ion und ein Elektron zerfallen. Um diese Aufgabe zu lösen, muß man das thermodynamische Potential Ψ (oder die Entropie S) berechnen. Betrachten wir zunächst ein einziges Wasserstoffatom [Proton $(+\varepsilon, M)$ + Elektron $(-\varepsilon, m)$], das sich in einem abgeschlossenen Volumen V befindet. Die möglichen Energieniveaus sind nach BOHR:

$$W_n = -\frac{2\pi^2 m \varepsilon^4}{n^2 h^2} = -\frac{Rh}{n^2}\,. \tag{1}$$

Wir müssen die Anzahl P_n von elementaren Komplexionen bestimmen, die jedem dieser Zustände entsprechen; diese Anzahl ist uns durch die Raumquantelung gegeben. Die Gesamtquantenzahl n kann aus Rotationsquanten und Schwingungsquanten zusammengesetzt sein. Es sei k die Anzahl der Quanten der Rotation; k kann die Werte $1, 2, 3, \ldots n$ annehmen. Um die Definition zu vervollständigen, müssen wir die räumliche Lage der Umlaufsbahnen fixieren; dies geschieht durch Angabe der Anzahl m von Rotationsquanten um eine raumfeste Achse Oz. Für m sind die Werte $-k, -k+1, \ldots, -1, 0, +1, \ldots, k-1, k$ möglich; also jeweils $2k+1$ verschiedene Zahlen. Insgesamt ist die Anzahl der Komplexionen, die einem bestimmten n-Wert entsprechen, gleich der Zahl der verschiedenen möglichen Kombinationen m, k, also gleich:

$$\left.\begin{aligned} \Pi_n &= \sum_{k=1}^{k=n}(2k+1) = 3 + 5 + \cdots + (2n+1) \\ &= (n+1)^2 - 1 = n(n+2)\,. \end{aligned}\right\} \tag{2}$$

Man hat bisweilen auch unter der Annahme gerechnet, daß für m alle ganzzahligen Werte zwischen $-k$ und $+k$ erlaubt seien, mit Ausnahme der Zahl 0; dann ist in Komplexionenzahl $\underset{n}{\Pi}$ gleich $n(n+1)$ statt $n(n+2)$. Dasselbe Ergebnis erhält man, wenn man für k (und daher auch für m) halbzahlige Werte statt der ganzzahligen annimmt.

In der Wellenmechanik ist das Ergebnis etwas abweichend; denn der Drehimpuls hat im wellenmechanischen Atommodell die Werte:

$$l = (k-1) = 0, 1, 2, \ldots (n-1).$$

Für m sind wiederum alle ganzzahligen Werte von $-l$ bis $+l$ erlaubt. Dies ergibt insgesamt n^2 Zustände, die der Hauptquantenzahl n zugeordnet sind. Aus Rücksicht auf die beiden möglichen Orientierungen der Drallachse des Elektrons muß die Anzahl der Komplexionen noch verdoppelt werden:

$$\underset{n}{\Pi} = 2n^2. \tag{2a}$$

In den weiteren Rechnungen behalten wir für $\underset{n}{\Pi}$ den ursprünglich von Planck, Fowler u. a. benutzten Wert $\underset{n}{\Pi} = n(n+1)$, um den Vergleich unserer Formeln mit den in diesen Arbeiten angegebenen zu erleichtern. Die Einführung von $2n^2$ an die Stelle von $n(n+1)$ würde aber nichts Prinzipielles an den Ableitungen ändern.

Wir werden die im vierten Kapitel entwickelte statistische Methode benutzen und zunächst die Zustandssumme Z bilden:

$$e^{-\frac{\psi}{kT}} = Z = \sum \cdot \prod_{n} \cdot e^{-\frac{W_n}{kT}} = \sum_{n=1}^{n=\infty} n(n+1) e^{\frac{Rh}{n^2 kT}}. \tag{3}$$

Jetzt entsteht folgende Schwierigkeit: Wenn n unendlich wächst, nähert sich die Energie dem Werte 0; die Exponentialfunktion strebt also dem Wert 1 zu. Der Koeffizient $n(n+1)$ wächst aber unendlich, so daß die ganze Reihe divergent wird!

Wie soll man diese Schwierigkeit überwinden? Es muß sogleich bemerkt werden, daß die Bahnen mit hohen Hauptquantenzahlen n sehr große Dimensionen besitzen. Wenn also das Volumen V beschränkt ist, so ist auch die Anzahl der möglichen Elektronenbahnen endlich. Man weiß, daß auch in sehr verdünnten Gasen nur eine geringe Anzahl von Balmerlinien beobachtet werden kann. In Sternspektren treten mehr Serienglieder auf, niemals aber übersteigt ihre Zahl 60. Die Zahl n ist also in Wirklichkeit beschränkt.

Die Bahn mit der Energie W_n ist eine Ellipse mit der großen Halbachse a, die durch die Beziehung:

$$-W_n = -\frac{E\varepsilon}{2a}$$

bestimmt ist (E = Kernladung, ε = Elementarladung). Diese Gleichung ergibt:

$$a = \frac{\varepsilon E}{2W_n} = -\frac{\varepsilon E}{2Rh} n^2. \tag{4}$$

Nehmen wir den Fall eines neutralen H-Atoms:

$$\varepsilon = -E = 4{,}77 \cdot 10^{-10} \text{ el. st. Einh.},$$
$$m = 0{,}88 \cdot 10^{-27},$$
$$h = 6{,}55 \cdot 10^{-27},$$
$$Rh = \frac{2\pi^2 m e^4}{h^2} = 2{,}16 \cdot 10^{-11}.$$

Wir erhalten dann:

$$2a \simeq 10^{-8} n^2.$$

Für $n \simeq 100$ wäre $2a$ von der Größenordnung 10^{-4} cm, also 1 Mikron. Man sieht ohne weiteres ein, daß sich solche Bahnen nur dann frei entwickeln können, wenn die Atome sehr weit voneinander entfernt sind, also nur im höchsten Verdünnungszustand der Materie.

Man muß sich des weiteren Rechenschaft geben über die Werte der einzelnen Glieder in der Summe Z. Für $n = 1$ erhält man ein erstes, sehr bedeutendes Glied; mit wachsendem n nehmen die Glieder zunächst ab und fangen nur bei sehr hohen Werten von n wieder an zu wachsen. Das Minimum wird bei $\frac{Rh}{n^2 kT} = 1$ erreicht [wenn man zur Vereinfachung das statistische Gewicht eines Terms gleich n^2, statt $n(n+1)$, setzt]. Der numerische Koeffizient Rh/k ist gleich $1{,}6 \cdot 10^{-5}$ (mit $k = 1{,}35 \cdot 10^{-16}$). Folgende Tabelle enthält die Werte von $n_m = \sqrt{\frac{Rh}{kT}}$, die die Lage des Minimums in der Zustandssumme bei verschiedenen Temperaturen kennzeichnen. Die letzte Zeile der Tabelle enthält das Verhältnis des kleinsten Gliedes zu dem ersten, also den Zahlenwert des Ausdrucks:

$$n_m^2 e^{\frac{Rh}{n_m^2 k T}} : e^{\frac{Rh}{kT}} = n_m^2 e : e^{\frac{Rh}{kT}}.$$

Bei der Abschätzung wurde der Näherungswert $e^{2,3} \simeq 10$ benutzt, der für $T = 1$:

$$e^{\frac{Rh}{k}} = e^{160\,000} \simeq 10^{70\,000}$$

ergibt.

Absolute Temperatur T =	1°	10°	100°	1000°	10000°
Stelle des Minimums $n_m^2 =$	$1{,}6 \cdot 10^5$	$1{,}6 \cdot 10^4$	$1{,}6 \cdot 10^3$	$1{,}6 \cdot 10^2$	$1{,}6 \cdot 10$
$n_m =$	400	126	40	12,6	4
Verhältnis des ersten Glieds zum kleinsten	$2{,}2 \cdot 10^{69994}$	$2{,}2 \cdot 10^{6995}$	$2{,}2 \cdot 10^{696}$	$2{,}2 \cdot 10^{67}$	$2{,}2 \cdot 10^4$

Für alle praktisch im Laboratorium erreichbare Temperaturen ist also das kleinste Glied in der Zustandssumme ungeheuer klein; dabei wird es schon bei ziemlich kleinen Werten der Hauptquantenzahl n erreicht. Durch die Beschränkung des zur Verfügung stehenden Volumens wird die Reihe nicht sehr weit hinter dem kleinsten Gliede abgebrochen. Da auch alle der Minimumstelle benachbarte Glieder noch sehr klein sind, wird es praktisch gleich sein, ob man die Reihe etwas früher oder etwas später abbricht; die Summe Z wird daher einen von speziellen Volumverhältnissen kaum abhängigen Wert besitzen.

Herzfeld, der diese Frage als erster erörtert hatte, stellt sie in einer etwas anderen Form dar. Er bestimmt die Zustandssumme Z, indem er die Reihe mit einem Glied abbricht, bei dem die große Halbachse der Bahn einen bestimmten Grenzwert R_0 überschreitet. Die Kugel mit dem Radius R_0 ist also der dem Atom zur Verfügung stehende Raum. Herzfeld berechnet dann (mit Zahlenwerten, die von den von uns benutzten nur wenig abweichen) das Verhältnis der so definierten Summe Z zu ihrem ersten Glied oder zu der Summe der ersten beiden Glieder. Bezeichnen wir diese mit A_1 und A_2. Für $R_0 = 1$ cm beträgt A_1/Z von 1 bis 0,999 bei Temperaturen von 0° abs. bis 3000°; das Verhältnis $\frac{A_1 + A_2}{Z}$ bleibt praktisch gleich 1 noch bei 3700°. Mit kleineren Werten von R_0, z. B. mit $R_0 = 10^{-6}$ cm, erhält man für das

Verhältnis A_1/Z auch noch bei 7500° einen Wert, der von 1 um nicht mehr als 0,001 abweicht; bei Benutzung von $A_1 + A_2$ statt A_1 gilt dasselbe noch bis ca. 8900°.

Die Wasserstoffatome befinden sich also unter allen in Betracht kommenden Bedingungen bis zu Temperaturen von mehreren tausend Grad fast ausschließlich in den ersten beiden Zuständen $n = 1$ und $n = 2$; höhere angeregte Zustände sind kaum vertreten, und thermische Ionisation ist ganz zu vernachlässigen. Dieses Ergebnis kann auch auf einem anderen Wege bestätigt werden. Wir werden etwas weiter unten die Zustandssumme Z für ein freies Elektron berechnen und finden, daß diese unter gewissen Bedingungen angenähert durch den Ausdruck:

$$\frac{V}{h^3}(2\pi m k T)^{\frac{3}{2}}$$

— dem wir schon in der Theorie der idealen Gase begegnet haben — dargestellt werden kann. Fragen wir jetzt nach dem Verhältnis dieser Zustandssumme zu der eines gebundenen Elektrons, wobei wir von der letzteren nur das erste Glied

$$e^{\frac{Rh}{kT}} \simeq 10^{\frac{70000}{T}}$$

berücksichtigen. Das Volumen V setzen wir gleich 10^{-20+x} (unter Normalbedingungen steht jedem Atom ein Raum von der Größenordnung 10^{-20} ccm zur Verfügung). Man erhält dann folgende Werte:

$T =$	1°	10°	100°
$\frac{V}{h^3}(2\pi m k T)^{\frac{3}{2}} : e^{\frac{Rh}{kT}} =$	$2{,}2 \cdot 10^{x-69977}$	$7 \cdot 10^{x-6976}$	$2{,}2 \cdot 10^{x-674}$
$T =$	1000°	10000°	100000°
$\frac{V}{h^3}(2\pi m k T)^{\frac{3}{2}} : e^{\frac{Rh}{kT}} =$	$7 \cdot 10^{x-43}$	$2{,}2 \cdot 10^{x-6}$	$7 \cdot 10^{x+1}$

Wir finden bei der Betrachtung dieser Tabelle dieselben qualitativen Ergebnisse wie vorher wieder: der nichtionisierte Zustand ist ungeheuer viel wahrscheinlicher als der ionisierte, und zwar auch noch bei Temperaturen von mehreren tausend Grad. Erst bei Temperaturen von 10000° und mehr kehrt sich das Verhältnis um. Unter diesen Bedingungen ist allerdings die benutzte Vereinfachung — Außerachtlassen aller angeregten Zustände —

offenbar nicht mehr zulässig. Die ungeheuer großen Exponenten, die bei tiefen Temperaturen auftreten, beweisen, daß eine Änderung des Volumens — d. h. der Dichte — praktisch keine große Rolle spielen kann (obwohl es theoretisch natürlich möglich ist, bei jeder Temperatur durch bloße Verdünnung zu einer Ionisation zu gelangen).

In den Sternen, deren Temperaturen weit über 10000° liegen können, sind die Vorbedingungen für thermische Ionisation erfüllt. MEGH NAD SAHA hat als erster gezeigt, wie man aus dem Auftreten der den einzelnen Ionen zugehörigen Spektrallinien Auskunft über die Temperatur der Sterne erhalten kann. Von diesem Standpunkte aus ist es wichtig, die genauen Gesetze aufzustellen, die die Dissoziation der Atome bei extrem hohen Temperaturen beherrschen.

2. Methode von PLANCK; ein einzelnes Wasserstoffatom im Volumen V. Arbeiten von HERZFELD und PLANCK, die sich gegenseitig ergänzen, führen zu interessanten Ergebnissen auf dem eben angedeuteten Gebiet. Allerdings werden wir weiter unten sehen, daß andere Überlegungen, die von UREY, FERMI und FOWLER stammen, Anlaß zu etwas abweichenden Folgerungen geben.

Betrachten wir zunächst ein einziges Atom (Proton + Elektron) im Volumen V. Das Proton sei als unbeweglich vorausgesetzt — eine Näherung, die durch die große Massendifferenz der beiden Teilchen gerechtfertigt wird. In der Zustandssumme Z unterscheiden wir drei Teile:

$$Z = Z_1 + Z_2 + Z_3 . \tag{5}$$

Das Glied Z_1 entspricht allen *positiven* Energiewerten, d. h. den Hyperbelbahnen der freien Elektronen:

$$0 < E < +\infty .$$

Das Glied Z_2 enthält alle Terme mit negativen Energien bis zu einem gewissen Grenzwert $-\gamma$:

$$0 \geq E > -\gamma .$$

Die übrigen Zustände sind im Glied Z_3 zusammengefaßt; der tiefste davon ist der Grundzustand $-Rh$:

$$-\gamma \geq E \geq -Rh .$$

Der Grenzwert γ soll so gewählt sein, daß:

$$\frac{\varepsilon^2}{\varrho} < \gamma \ll kT \tag{6}$$

gilt; γ soll größer als ε^2/ϱ, aber von der gleichen Größenordnung wie dieser Ausdruck sein. Dabei ist ϱ eine Länge von der Größenordnung $V^{\frac{1}{3}}$. Aus den Ungleichungen (6) folgt offenbar:

$$\varrho \gg \frac{\varepsilon^2}{kT}, \qquad V \gg \left(\frac{\varepsilon^2}{kT}\right)^3. \tag{6a}$$

Vergleichen wir diese Forderungen mit den praktischen Bedingungen. Nehmen wir z. B. an:

$$\varrho = 100 \frac{\varepsilon^2}{kT} \left(\text{also ca. } \frac{0{,}165}{T}\right).$$

Dann ist:

$T =$	1	10	100	1000	10^4	10^5	10^6
$\varrho =$	0,165	$1{,}65 \cdot 10^{-2}$	$1{,}65 \cdot 10^{-3}$	$1{,}65 \cdot 10^{-4}$	$1{,}65 \cdot 10^{-5}$	$1{,}65 \cdot 10^{-6}$	$1{,}65 \cdot 10^{-7}$

Unter den Normalbedingungen enthalten 22,4 Liter ein Grammol, also 1 ccm $2{,}7 \cdot 10^{19}$ Atome. Jedem Atom entspricht ein Volumen von $\frac{1}{2{,}7} \cdot 10^{-19}$; ϱ ist also gleich etwa $\frac{1}{3}\, 10^{-6}$. Bei den höchsten erreichbaren Vakua ist ϱ immer noch von der Größenordnung 10^{-4} cm; bei den höchsten Drucken kann ϱ bis auf ca. 10^{-8} abnehmen. Die Näherung, die in der Berechnung nach PLANCK verwendet wird, entspricht also bei gewöhnlichen Temperaturen den allerniedrigsten Dichten; bei Sterntemperaturen wird diese Näherung noch bis zu relativ hohen Dichten ausreichend sein. Dies sind die Bedingungen, unter denen thermische Ionisation auftreten kann. Wir haben uns oben überzeugt, daß die Dissoziation bei größeren Konzentrationen und nicht zu hohen Temperaturen praktisch gar nicht vorkommt.

Berechnen wir jetzt die einzelnen Teile der Zustandssumme, beginnend mit Z_1. Wir benutzen zuerst die Fiktion einer kontinuierlichen Ausfüllung des Phasenraumes Φ, um später durch h^3, das Volumen der Elementarzellen, zu dividieren:

$$Z_1 = \frac{1}{h^3} \int e^{-\frac{E}{kT}}\, d\Phi \tag{7}$$

mit

$$\left\{\begin{aligned} d\Phi &= m^3 v^2\, dv\, d\omega_v\, r^2\, dr\, d\omega_r \\ E &= \frac{1}{2} m v^2 - \frac{\varepsilon^2}{r}, \end{aligned}\right.$$

v ist die Geschwindigkeit des Elektrons, r sein Abstand vom positiven Kern, $d\omega_r$ das Raumwinkelelement für die Radien r, $d\omega_r$ das Raumwinkelelement für die Geschwindigkeiten. Wir können statt v die Variable E einführen; dann ist:

$$Z_1 = \frac{\sqrt{2\,m^3}}{h^3} \iiiint e^{-\frac{E}{kT}} \sqrt{E + \frac{\varepsilon^2}{r}}\, r^2\, dr\, dE\, d\omega_v\, d\omega_r. \tag{8}$$

Die Raumwinkel sind zwischen 0 und 2π zu integrieren; E variiert zwischen 0 und ∞, r zwischen 0 und r_0, wenn r_0 der Abstand ist, in dem der Konus $d\omega_r$ die Grenzfläche des Volumens V erreicht. Die einzigen Gebiete, die zu dem Integral (8) einen merklichen Beitrag liefern, sind die, in denen E nicht sehr von kT verschieden ist, und r sich nur wenig von ϱ (oder r_0) unterscheidet. Wenn man sich auf die Bedingungen (6) beschränkt, braucht man nur den Fall $rE \gg \varepsilon^2$ zu berücksichtigen; die Quadratwurzel reduziert sich dann auf $\sqrt{E}$, die Integration wird einfach und ergibt:

$$Z_1 = \frac{V}{h^3} (2\pi m k T)^{\frac{3}{2}}, \tag{9}$$

dieses Ergebnis ist dem im Abschnitt 13 des vierten Kapitels bei der Behandlung des idealen Gases erhaltenen vollkommen analog [vgl. dort Gleichung (37a)]. Dies ist nicht verwunderlich, denn die hyperbolischen Bahnen gehören „freien“ Elektronen, die sich von den Kernen sehr weit entfernen können. Die angenommenen Bedingungen bedeuten, daß die potentielle Energie der Elektronen im Feld der Protonen auf dem größten Teil ihrer Bahn sehr klein ist; die Gesamtenergie unterscheidet sich daher nur wenig von der kinetischen Energie.

Es ist möglich, das Integral auch genauer zu berechnen; doch muß man dann die Form des Volumens V vorgeben. Stellen wir uns als Beispiel ein sphärisches Volumen mit dem Radius r_0 vor. Wir wollen zeigen, daß die Summe Z_1 unter diesen Bedingungen die Form:

$$Z_1 = \frac{V}{h^3} (2\pi m k T)^{\frac{3}{2}} F(y), \tag{10}$$

mit:

$$y = \frac{\varepsilon}{\sqrt{r_0 k T}}$$

besitzt; wir werden die Werte der Funktion F für die beiden Grenzwerte „y groß“ und „y klein“ berechnen.

Beginnen wir mit der Integration über r und setzen[1]:

$$z = \frac{2E}{\varepsilon^2} r + 1 .$$

Wir erhalten dann:

$$\left.\begin{aligned}\int_0^{r_0} \sqrt{E + \frac{\varepsilon^2}{r}}\, r^2 dr &= \sqrt{E}\left(\frac{\varepsilon^2}{2E}\right)^3 \int_1^{z_0} \sqrt{z^2 - 1}\,(z-1)\,dz \\ &= \frac{\varepsilon^6}{8} E^{-\frac{5}{2}} \left[\frac{1}{3}(z_0^2 - 1)^{\frac{3}{2}} - \frac{1}{4}\,\mathfrak{Sin}\,2\alpha + \frac{\alpha}{2}\right] \\ &= \frac{\varepsilon^6}{8} E^{-\frac{5}{2}} f\left(\frac{\varepsilon^2}{E r_0}\right).\end{aligned}\right\} \quad (11)$$

Der Winkel α ist durch $\mathfrak{Cos}\,\alpha = z_0$ bestimmt.

Wir können jetzt zu einer Integration über E übergehen. Wir setzen $x = \frac{E}{kT}$ und erhalten:

$$\left.\begin{aligned}Z_1 &= \frac{\sqrt{2m^3}}{h^3} \frac{\varepsilon^6}{8} 16\pi^2 \int_0^\infty E^{-\frac{5}{2}} e^{-\frac{E}{kT}} f\left(\frac{\varepsilon^2}{E r_0}\right) dE \\ &= \frac{\sqrt{2}}{h^3} \left(\frac{m}{kT}\right)^{\frac{3}{2}} 2\pi^2 \varepsilon^6 \int_0^\infty x^{-\frac{5}{2}} e^{-x} f\left(\frac{\varepsilon^2}{x r_0 k T}\right) dx .\end{aligned}\right\} \quad (12)$$

Das Integral ist eine Funktion von $\varepsilon^2/r_0 kT$. Es genügt, diese Funktion in der Form $\frac{4\sqrt{\pi}}{3} y^{-6} F(y)$ zu schreiben, um das angekündigte Ergebnis zu finden. HERZFELD führte die Rechnung auf einem anderen Wege durch und fand eine Reihenentwicklung,

[1] Wenn wir uns an die Definitionen des Abschnitts 12, viertes Kapitel, erinnern, so erkennen wir, daß das betrachtete Integral uns die Anzahl der h^3-Zellen mit der Energie E bis $E + dE$ im Phasenraum gibt:

$$g = \frac{\sqrt{2m^3}}{h^3} 2\pi^2 \varepsilon^6 E^{-\frac{5}{2}} \left(\frac{\varepsilon^2}{E r_0}\right) dE .$$

In einer allgemeineren Weise kann man mit Hilfe einer Transformation, die der oben in (8) benutzten ähnlich ist, leicht bestätigen, daß, wenn die potentielle Energie durch $U(x, y, z)$ darstellbar ist, die Anzahl von Zellen:

$$g = \frac{\sqrt{2m^3}}{h^3} 4\pi \int \sqrt{E - U}\, dx\, dy\, dz\, dE$$

beträgt.

die für kleine Werte von y, d. h. für hohe Temperaturen und schwache Konzentrationen (r_0 groß) gültig ist:

$$F(y) = 1 + y^2 + \frac{1}{2\sqrt{\pi}} y^3 + \frac{1}{2} y^4 + \cdots \qquad (y \ll 1)\,. \tag{13}$$

Wir suchen nach einer asymptotischen Form von F für große y-Werte. Die Variable z_0 unterscheidet sich in diesem Fall wenig von 1:

$$z_0 = 1 + \frac{2E}{\varepsilon^2} r_0 = 1 + \delta\,.$$

(11) ergibt durch Entwicklung:

$$\tfrac{1}{3}(z_0^2 - 1)^{\frac{3}{2}} = (2\delta)^{\frac{3}{2}} [\tfrac{1}{3} + \tfrac{1}{4}\delta + \cdots],$$

$$\alpha = \sqrt{2\delta}\left(1 - \frac{\delta}{12} \cdots\right),$$

$$\frac{\alpha}{2} - \frac{1}{4}\mathfrak{Sin}\, 2\alpha = -\frac{\alpha^3}{3} - \frac{\alpha^5}{15} \cdots$$

$$= -\frac{1}{3}(2\delta)^{\frac{3}{2}} - (2\delta)^{\frac{3}{2}}\delta\left(\frac{2}{15} - \frac{1}{12}\right) + \cdots,$$

$$f\left(\frac{\varepsilon^2}{E r_0}\right) = 2^{\frac{3}{2}} \delta^{\frac{5}{2}} \left(\frac{1}{4} + \frac{1}{12} - \frac{2}{15}\right) = \frac{2^{\frac{3}{2}}}{5} \delta^{\frac{5}{2}}\,. \tag{14}$$

Wir erhalten somit für Z_1:

$$\left.\begin{aligned} Z_1 &= \frac{\sqrt{2m^3}}{h^3} 2\pi^2 \varepsilon^6 \frac{2^4}{5} \frac{r_0^{\frac{5}{2}}}{\varepsilon^5} \int_0^\infty e^{-\frac{E}{kT}}\, dE \\ &= \frac{V}{h^3} (2\pi m\, kT)^{\frac{3}{2}} \frac{12}{5\sqrt{\pi}} \frac{\varepsilon}{\sqrt{r_0 kT}}. \end{aligned}\right\} \tag{15}$$

Die Funktion F strebt also, wenn y groß ist, asymptotisch dem Ausdruck:

$$F = \frac{12}{5\sqrt{\pi}} y \tag{16}$$

zu.

3. Plancksche Ableitung; Diskussion der Bedeutung der äußeren Bahnen. Jetzt gehen wir zu der Berechnung von Z_2 über. Diese Zustandssumme stellt sich als ein Integral von gleicher Struktur wie das oben behandelte dar. Nur ist die Energie jetzt nicht mehr positiv, sondern negativ, $E = -\alpha$. Da α in diesem Gebiet nicht sehr von Null verschieden ist, können wir die Exponentialfunktion gleich 1 setzen, ohne einen großen Fehler zu machen. Die Integration bleibt aber auch bei dieser Vereinfachung kompliziert, wenn das Volumen V eine beliebige Form hat. Wir haben:

$$Z_2 = \frac{\sqrt{2m^3}}{h^3} \iiiint \sqrt{\frac{\varepsilon^2}{r} - \alpha}\; r^2\, dr\, d\alpha\, d\omega_v\, d\omega_r. \tag{17}$$

Für r sind die Integrationsgrenzen 0 und r_0, wenn $\frac{\varepsilon^2}{r_0} - \alpha$ positiv ist, im anderen Fall wird die obere Grenze durch die Bedingung $r = \frac{\varepsilon^2}{\alpha}$ bestimmt; hier verschwindet die Quadratwurzel, ein größerer Kernabstand kann auf einer Ellipse mit der Energie $-\alpha$ nicht erreicht werden.

Suchen wir zunächst nach einer oberen Grenze für Z_2. Wir erhalten sie, indem wir α unter dem Wurzelzeichen vernachlässigen. Dies gibt:

$$\left.\begin{aligned} Z_2 &< \frac{\sqrt{2m^3}}{h^3} \iiiint_0^{\varrho} \varepsilon\, r^{\frac{3}{2}}\, dr\, d\alpha\, d\omega_v\, d\omega_r \\ &< \frac{\sqrt{2m^3}}{h^3} \frac{2\varepsilon}{5} \varrho^{\frac{5}{2}} \gamma\, 16\pi^2. \end{aligned}\right\} \tag{18}$$

Das Integral wird in allen Richtungen bis zu einem Abstand ϱ genommen, der etwas größer als der Mittelwert von r_0 ist.

Wenn das Volumen V kugelförmig ist, mit dem Radius r_0, so können wir, wie FOWLER gezeigt hat, die Integration streng durchführen. Setzen wir:

$$r = \frac{\varepsilon^2}{\alpha} \sin^2 \varphi,$$

dann erhalten wir:

$$Z_2 = \frac{32\pi^2 \sqrt{2m^3}}{h^3} \varepsilon^6 \int_0^{\gamma} \frac{d\alpha}{\alpha^{\frac{5}{2}}} \int_0^{a} \sin^4\varphi \cos^2\varphi\, d\varphi. \tag{19}$$

Die Grenze a ist gleich $\arcsin \sqrt{\alpha r_0}/\varepsilon$, wenn dieser Ausdruck reell ist; andernfalls gleich $\frac{\pi}{2}$. Wir haben $\gamma > \frac{\varepsilon^2}{r_0}$ vorausgesetzt; wir können daher das Doppelintegral in zwei spalten:

$$\int_0^{\varepsilon^2/r_0} \frac{d\alpha}{\alpha^{\frac{5}{2}}} \int_0^{\arcsin \sqrt{\alpha r_0}/\varepsilon} \sin^4\varphi \cos^2\varphi\, d\varphi + \int_{\varepsilon^2/r_0}^{\gamma} \frac{\pi}{32} \frac{d\alpha}{\alpha^{\frac{5}{2}}}, \tag{20}$$

denn die Integration über φ von 0 bis $\pi/2$ ergibt $\pi/32$. Das erste, doppelte Integral in (20) kann umgeformt werden; setzen wir $\vartheta = \arcsin\sqrt{\alpha r_0}/\varepsilon$, wir erhalten dann:

$$\frac{2 r_0^{\frac{3}{2}}}{\varepsilon^3} \int\limits_0^{\pi/2} \frac{\cos\vartheta\, d\vartheta}{\sin^4\vartheta} \int\limits_0^{\vartheta} \sin^4\varphi \cos^2\varphi\, d\varphi\,,$$

eine partielle Integration erlaubt die Bestimmung des Integrals:

$$-\frac{1}{3}\int\limits_0^{\pi/2} \sin^4\varphi \cos^2\varphi\, d\varphi + \frac{1}{3}\int\limits_0^{\pi/2} \frac{d\vartheta}{\sin^3\vartheta} \sin^4\vartheta \cos^2\vartheta = \frac{1}{9} - \frac{\pi}{96}\,.$$

Es ist also:

$$Z_2 = \frac{32\pi^2\sqrt{2m^3}}{h^3}\,\varepsilon^6\left(\frac{2}{9}\,\frac{r_0^{\frac{3}{2}}}{\varepsilon^3} - \frac{\pi}{48}\,\frac{1}{\gamma^{\frac{3}{2}}}\right) = (Rh)^{\frac{3}{2}}\left(\frac{32}{9\pi}\,\frac{r_0^{\frac{3}{2}}}{\varepsilon^3} - \frac{1}{3}\,\frac{1}{\gamma^{\frac{3}{2}}}\right). \quad (21)$$

Wir können dieses genaue Ergebnis mit der vorher abgeleiteten Näherung vergleichen. Stellen wir uns vor, daß die Bedingung:

$$\gamma = a\,\frac{\varepsilon^2}{r_0} \qquad a \gg 1 \quad (22)$$

erfüllt ist, und somit auch die eingangs angenommene Ungleichung (6) zutrifft. Die genaue Rechnung ergibt für diesen Fall:

$$Z_2 = \frac{32\pi^2}{h^3}\sqrt{2m^3}\,\varepsilon^3 r_0^{\frac{3}{2}}\left(\frac{2}{9} - \frac{\pi}{48 a^{\frac{3}{2}}}\right), \quad (23)$$

während die vorangehend abgeleitete Ungleichung zu

$$\left.\begin{aligned} Z_2 &< \frac{32\pi^2}{h^3}\sqrt{2m^3}\,\frac{1}{5}\,\gamma\,\varepsilon\, r_0^{\frac{5}{2}} \\ &< \frac{32\pi^2}{h^3}\sqrt{2m^3}\,\varepsilon^2 r_0^{\frac{3}{2}}\,\frac{a}{5} \end{aligned}\right\} \quad (24)$$

führt. Es bleibt also zu beweisen, daß bei $a \geq 1$ der Ausdruck $\frac{2}{9} - \frac{\pi}{48 a^{\frac{3}{2}}}$ kleiner als $\frac{a}{5}$ ist.

Für $a = 1$ erhält man tatsächlich: $0{,}157 < 0{,}2$;
für $a = 2$ erhält man: $0{,}2 < 0{,}4$.

Diese Beispiele zeigen, daß, wenn γ sich nur wenig von ε^2/r unterscheidet, die angenäherte Abschätzung Werte ergibt, die der Wahrheit bereits sehr nahe liegen.

Die Summe Z_2 enthält alle Zustände, die durch Berührung der Bahnen mit den Wänden gestört werden könnten. Müssen wir die Elektronen auf solchen Bahnen zu der Gattung der „gebundenen" oder der der „freien" Elektronen rechnen? PLANCK tritt der zweiten Auffassung bei und stellt fest, daß Z_2 neben Z_1 vollkommen verschwindet; in der Tat hat man nach der Ungleichung (18):

$$\frac{Z_2}{Z_1} < \frac{12}{5\sqrt{\pi}} \left(\frac{\varepsilon^2}{\varrho k T}\right)^{\frac{1}{2}} \frac{\gamma}{k T} \frac{\frac{4}{3}\pi \varrho^3}{V}, \tag{25}$$

und dieses Verhältnis ist unter den angenommenen Bedingungen (6) und (22) sehr klein.

Um diese Rechnung abzuschließen, müssen wir noch die Summe Z_3 bestimmen, die sich auf die Elektronen auf elliptischen Bahnen bezieht. Wir haben schon angesetzt:

$$Z_3 = \sum_{n=1}^{\frac{Rh}{n^2}=\gamma} n(n+1)\, e^{\frac{Rh}{n^2 k T}}. \tag{26}$$

Es erscheint zweckmäßig, in dieser Summe die Glieder, die eine konvergente Reihe bilden, von dem divergierenden Rest abzutrennen. Wir setzen das allgemeine Glied in der Form an:

$$\left.\begin{aligned} n(n+1)\, e^{\frac{Rh}{n^2 k T}} &= n(n+1)\left(e^{\frac{Rh}{n^2 k T}} - 1 - \frac{Rh}{n^2 k T}\right) \\ &\quad + n(n+1)\left(1 + \frac{Rh}{n^2 k T}\right). \end{aligned}\right\} \tag{27}$$

Die erste Gruppe von Gliedern gibt an sich eine konvergente Reihe, denn für großes n strebt sie dem Werte:

$$n(n+1)\frac{1}{2!}\left(\frac{Rh}{n^2 k T}\right)^2 \tag{28}$$

zu, wie man sich durch Entwicklung der Exponentialfunktion überzeugen kann. Die zweite Gruppe von Gliedern bildet zwar eine divergente Reihe, kann aber leicht abgeschätzt werden. Bezeichnen wir den Maximalwert von n, den die Bedingung:

$$\frac{Rh}{n^2} \leq \gamma \tag{29}$$

zuläßt, mit m. Wir erhalten dann:

$$\sum n^2 = \frac{m(m+1)(2m+1)}{6},$$

$$\sum n = \frac{m(m+1)}{2}, \qquad \sum \frac{1}{n} \backsimeq \log m,$$

und daraus:

$$\left.\begin{aligned} \sum_1^m \left(n^2 + n + \frac{Rh}{kT} + \frac{Rh}{nkT}\right) &\backsimeq \frac{m(m+1)(m+2)}{3} \\ &+ \frac{Rh}{kT}(m + \log m) \backsimeq \frac{m^3}{3}. \end{aligned}\right\} \tag{30}$$

Wir erhalten also für Z_3 einen Ausdruck, der leicht ausgerechnet werden kann. Er besteht aus einer konvergenten Reihe, ergänzt durch die oben berechnete Gliedergruppe:

$$Z_3 \backsimeq \sum_1^m n(n+1)\left(e^{\frac{Rh}{n^2kT}} - 1 - \frac{Rh}{n^2kT}\right) + \frac{m^3}{3}. \tag{31}$$

In der Summe auf der rechten Seite reicht es aus, nur die wenigen ersten Glieder zu berücksichtigen, da sie allein bei nicht zu hohen Temperaturen merkliche Beiträge liefern.

Fowler meint — im Gegensatz zu Planck — daß man bei der Darstellung der Zustandssumme der gebundenen Elektronen die beiden Teilsummen Z_2 und Z_3 zusammen nehmen muß:

$$Z_2 + Z_3 \backsimeq \sum_1^m n(n+1)\left(e^{\frac{Rh}{n^2kT}} - 1 - \frac{Rh}{n^2kT}\right) + \frac{32}{9\pi}\,\frac{(Rhr_0)^{\frac{3}{2}}}{\varepsilon^3}, \tag{32}$$

das Glied $\frac{m^3}{3}$ in Z_3 wird durch das Glied $-\frac{1}{3}\left(\frac{Rh}{\gamma}\right)^{\frac{3}{2}}$ in Z_2 [vgl. Gleichung (21)] kompensiert. Ist die durch diese Auffassung bedingte Änderung der Ergebnisse bedeutend? Wir können bei der näheren Betrachtung dieser Frage, wie oben, die Annahme:

$$\gamma = a\frac{e^2}{r_0} \quad \text{mit} \quad a \geqq 1$$

benutzen. Die Differenz zwischen den beiden Formeln ist dieselbe wie zwischen den beiden Gliedern im Ausdruck (21) für Z_2; für $a = 1$ beträgt das erste Glied $\frac{2}{9} = 0{,}22$, das zweite dagegen $\frac{\pi}{48} = 0{,}065$. Die Korrektur kann also keinesfalls vernachlässigt werden. Bei hohen Temperaturen kann das letzte Glied in Z_3

viel wichtiger werden als die Summe der konvergenten Reihe, und die FOWLERsche Korrektur wird dann sehr bedeutend. Unter solchen Bedingungen wird aber die Summe Z_1, die sich auf die freien Elektronen bezieht, noch ungeheuer viel größer; denn es gilt immer $Z_2 \ll Z_1$. Die ganze Zustandssumme wird sich also praktisch auf die Teilsumme Z_1 reduzieren, und jedes Elektron wird eine viel größere Wahrscheinlichkeit dafür haben, frei zu werden als dafür, gebunden zu bleiben.

Fassen wir die Ergebnisse zusammen: die Zustandssumme Z besteht aus zwei Teilen:

$$Z = Z_1 + Z_3, \tag{5a}$$

der erste Teil, der sich auf freie Elektronen bezieht, hat angenähert den Wert:

$$Z_1 = \frac{V}{h^3} (2\pi m k T)^{\frac{3}{2}}, \tag{9}$$

der zweite Teil, der die gebundenen Elektronen umfaßt, beträgt[1]:

$$Z_3 = \sum_1^m n(n+1) \left(e^{\frac{Rh}{n^2 kT}} - 1 - \frac{Rh}{n^2 kT} \right). \tag{31a}$$

Das Korrektionsglied Z_2, daß die äußeren Elektronenbahnen darstellt, ist klein gegen Z_1, also auch gegen die Gesamtsumme Z — wenigstens unter den von uns angenommenen Bedingungen:

$$V \gg \left(\frac{\varepsilon^2}{kT}\right)^3, \qquad \frac{Rh}{m^2} \leq \gamma \ll kT. \tag{6a}$$

Der Grad der Ionisation, den man auf diese Weise berechnet, wird von der Vernachlässigung von Z_2 kaum berührt; Z_2 wird nur dann groß gegen Z_3, wenn Z_3 selbst verschwindend klein gegen Z_1 ist, d. h. wenn die Ionisation praktisch vollkommen ist.

Wenn man statt des Koeffizienten $n(n+1)$ den von der neuen Mechanik und der Vorstellung von Elektronendrall geforderten Koeffizienten $2n^2$ benutzt (s. Abschnitt 1 dieses Kapitels)

[1] Wenn Z_2 vernachlässigbar sein soll, so muß auch die Summe der divergenten Glieder von Z_3, die nach (30) $m^3/3$ beträgt, verschwinden; daher wurde dieses Glied in (31) fortgelassen.

Selbstverständlich hat die maximale Quantenzahl m [in (31) usw.] nichts mit der Raum-Orientierungsquantenzahl m oder der Elektronenmasse m [z. B. in (9)] zu tun.

so treten an die Stelle der Formeln (9) und (31) die folgenden Beziehungen:

$$Z_1 = 2 \frac{V}{h^3} (2\pi m k T)^{\frac{3}{2}}, \tag{33}$$

$$Z_3 = 2 \sum_1^m n^2 \left(e^{\frac{Rh}{n^2 k T}} - 1 - \frac{Rh}{n^2 k T} \right). \tag{34}$$

Durch diese Korrektion wird nichts Wesentliches an dem Ergebnis geändert. Da die Konzentration äußerst gering ist, würde auch die Anwendung der neuen Statistik keine merklichen Änderungen mit sich bringen.

4. Ein einziges Elektron und N Protonen im Volumen V. Die ausführliche Diskussion, die oben gegeben wurde, ermöglicht uns jetzt, eine Reihe von komplizierteren Fällen schnell zu erledigen. Betrachten wir zunächst eine große Anzahl N von Protonen, die aufs Geratewohl im Raum V unbeweglich verteilt sind. Als Grundbedingung nehmen wir an:

$$\frac{V}{N} \gg \left(\frac{\varepsilon^2}{kT}\right)^3. \tag{35}$$

Nur unter den Bedingungen (35) kann man einwandfrei entscheiden, ob ein Elektron frei oder an ein bestimmtes Proton gebunden ist. Die Energie ist:

$$E = \frac{1}{2} m v^2 - \frac{\varepsilon^2}{r_1} - \frac{\varepsilon^2}{r_2} \cdots - \frac{\varepsilon^2}{r_N}. \tag{36}$$

Mit $r_1, r_2, \ldots, r_N$ sind die Abstände des Elektrons von den N Kernen bezeichnet. Wir gehen genau wie oben vor und bilden zunächst die Summe Z_1 für alle positive Energiewerte (d. h. für freie Elektronen). Mit den angenommenen Näherungen erhält man für Z_1 denselben Ausdruck, wie früher im Falle eines einzigen Kerns. Daraufhin bestimmen wir Z_2, die Summe der Glieder, die sich auf Bahnen mit kleiner negativer Energie $(-\gamma < E < 0)$ beziehen. Dabei ist:

$$\varepsilon^2 \sqrt[3]{\frac{N}{V}} < \gamma \ll kT. \tag{37}$$

Die Summe Z_2 ist wiederum sehr klein gegen Z_1, also auch gegen Z und kann daher vernachlässigt werden. Es bleiben also nur noch die Glieder Z_3 mit einer negativen Energie tiefer als γ übrig.

Damit die Energie negativ ist und einen großen Absolutbetrag hat, muß einer von den Abständen r_i klein gegen $\sqrt[3]{V/N}$ sein; dann wird das Elektron an den i-ten Kern gebunden sein und eine geschlossene Bahn um diesen Kern beschreiben. Die anderen r-Werte werden von der Größenordnung des mittleren Kernabstandes (oder noch größer) sein, und die entsprechenden Glieder in der Energiegleichung verschwinden gegen ε^2/r_i. Die Summe Z_3 zerfällt also in N Einzelsummen; die Energie, die jedem Glied von Z_3 entspricht, wird annähernd:

$$E = \frac{1}{2} m v^2 - \frac{\varepsilon^2}{r}, \tag{38}$$

und wir gelangen daher zu genau denselben Ergebnissen wie im vorigen Abschnitt. Insgesamt wird die Zustandssumme gleich:

$$Z = Z_1 + N Z_3. \tag{39}$$

5. N Elektronen und N Protonen in einem genügend großen Volumen V. Wie soll man jetzt zu einem Problem übergehen, daß der Realität näher ist — nämlich zu N Elektronen im Felde von N unbeweglichen Protonen? In jedem gegebenen Zustand wird eine bestimmte Anzahl von Elektronen, N_e, frei sein; die übrigen $N - N_e$ Elektronen sind an die Kerne gebunden. Wir bestimmen zunächst die Zustandssumme für eine bestimmte Anzahl N_e und summieren dann über alle Werte von N_e, von 0 bis N. Jede Verteilung der N_e freien Elektronen kann mit jedem Zustand der $N - N_e$ gebundenen Elektronen kombiniert werden. Die gesamte Zustandssumme muß also durch Multiplikation der Summe, die sich auf die N_e freien Elektronen bezieht, mit der entsprechenden Summe für die $N - N_e$ gebundenen Elektronen gebildet werden.

Betrachten wir zunächst die freien Elektronen. Stellen wir vor, daß $N_e - 1$ darunter vorgegebene Zustände (Lagen und Geschwindigkeiten) haben und nur das letzte seine Lage und Geschwindigkeit beliebig variieren kann. Wir bilden für dieses Elektron die Zustandssumme Z_1 und erhalten dafür den bereits früher abgeleiteten Ausdruck wieder. Wir gehen nun zu dem zweiten Elektron über, dann zum dritten usw. bis zum N_e-ten. Die gesamte so erhaltene Zustandssumme ist $Z_1^{N_e}$, da jedem Zustand eines Elektrons jeder beliebige Zustand aller anderen entsprechen kann. Bei dieser Berechnung benutzen wir die

Vorstellung von a priori unterscheidbaren Elektronen. Diese Vorstellung ist, wie wir wissen, unberechtigt, und wir müssen sie nachträglich durch Division mit $N_e!$ korrigieren[1]. Wir erhalten in dieser Weise den ersten Faktor der Zustandssumme:

$$\frac{Z_1^{N_e}}{N_e!} \backsimeq \left(\frac{Z_1 e}{N_e}\right)^{N_e}, \tag{40}$$

e ist in (40) die Basis der natürlichen Logarithmen, die durch die Anwendung der STIRLINGschen Formel in die Gleichung hineinkommt.

Für die $N - N_e$ gebundenen Elektronen müssen wir zuerst die Anzahl ihrer möglichen Verteilungen auf die N Kerne berücksichtigen. Diese Anzahl beträgt:

$$\frac{N!}{(N - N_e)!\,N_e!}.$$

Für jedes gebundene Elektron gilt die Zustandssumme Z_3, für alle solche Elektronen zusammen also $Z_3^{N-N_e}$, für alle ihre möglichen Verteilungen somit:

$$\frac{N!\,Z_3^{N-N_e}}{(N - N_e)!\,N_e!} \backsimeq \frac{N^N}{N_e^{N_e}}\left(\frac{Z_3}{N - N_e}\right)^{N-N_e}. \tag{41}$$

Die beiden gewonnenen Ausdrücke müssen miteinander multipliziert und über alle N_e-Werte summiert werden:

$$Z = \sum_{N_e=0}^{N_e=N} N^N \left(\frac{e Z_1}{N_e^2}\right)^{N_e} \left(\frac{Z_3}{N - N_e}\right)^{N-N_e}. \tag{42}$$

Bezeichnen wir mit x den Bruchteil der freien Elektronen:

$$x = \frac{N_e}{N}$$

und setzen:

$$\zeta = \frac{Z_1}{N} = \frac{V}{N h^3}\,(2\pi m k T)^{\frac{3}{2}}. \tag{43}$$

[1] Wir haben an anderen Beispielen (ideales Gas, s. viertes Kapitel) gesehen, daß dieses Verfahren mit Vorsicht anzuwenden ist. Man müßte auch in diesem Fall die Rechnung nach FERMI-DIRAC durchführen, wie es im fünften Kapitel geschehen ist. Solange aber V/N sehr groß gegen $(\varepsilon/kT)^3$ ist, gibt es noch keine Spuren von Entartung, und die gewonnenen Ergebnisse müssen richtig bleiben.

Man erhält dann:

$$Z = \sum_{N_e=0}^{N_e=N} \left[\left(\frac{e\zeta}{x^2}\right)^x \left(\frac{Z_3}{1-x}\right)^{1-x}\right]^N. \tag{44}$$

Diese Summe kann in ein Integral verwandelt werden; es ist aber einfacher, die Tatsache zu benutzen, daß bei großem N (etwa N = LOSCHMIDTsche Zahl) der Ausdruck hinter dem Summenzeichen ein sehr scharfes Maximum bei einem bestimmten Wert c_1 der Konzentration x besitzt[1]:

$$\frac{c_1^2}{1-c_1} = \frac{\zeta}{Z_3}. \tag{45}$$

Dieses Maximum ist so überragend, daß die ganze Summe praktisch gleich dem maximalen Glied wird. Man kann also setzen:

$$Z = \left[\left(\frac{e\zeta}{c_1^2}\right)^{c_1} \left(\frac{Z_3}{1-c_1}\right)^{1-c_1}\right]^N. \tag{46}$$

Dieses ist das Ergebnis für ruhende Kerne; es ist leicht, auch die Verallgemeinerung für den Fall der thermischen Kernbewegung durchzuführen. Da die Masse m' der Kerne sehr groß ist im Vergleich zu der Masse des Elektrons, so können wir annehmen, daß die Gesamtenergie sich einfach als Summe der kinetischen Energie der Kerne mit der kinetischen und potentiellen Energie des Elektrons bestimmt; die kinetische Energie des Elektrons wird dabei in einem Koordinatensystem bestimmt, das sich mit dem Kern bewegt. Die Zustandssumme Z' der N Kerne ist (vgl. die Behandlung des idealen Gases im vierten Kapitel):

$$Z' = \left(\frac{e Z_1'}{N}\right)^N, \quad \text{mit} \quad Z_1' = \frac{V}{h^3}(2\pi m' k T)^{\frac{3}{2}} = N\zeta'. \tag{47}$$

Die gesamte Zustandssumme für Protonen und Elektronen ist gleich dem Produkt ZZ'; denn jedem in Z' enthaltenen Zustand der thermischen Bewegung der Atome kann jeder in Z enthaltener Bewegungszustand der Elektronen in den Atomen entsprechen:

$$Z_{\text{gesamt}} = Z Z' = \left[e\zeta' \left(\frac{e\zeta}{c_1^2}\right)^{c_1} \left(\frac{Z_3}{1-c_1}\right)^{1-c_1}\right]^N. \tag{48}$$

[1] Wenn man nach der neuen Mechanik gerechnet hätte [Gl. (33) und (34)], so müßte man ζ und Z_3 in (43) und (44) verdoppeln, der Wert von c_1 bliebe aber unverändert.

Wir können jetzt zu dem thermodynamischen Potential zurückkehren:

$$\left.\begin{aligned}\Psi &= -kT\log Z_{\text{gesamt}} = -NkT\left[\log e\zeta' + c_1\log\frac{e\zeta}{c_1^2} + (1-c_1)\log\frac{Z_3}{1-c_1}\right]\\ &= -NkT\left[c_1\log\frac{e\zeta'}{c_1} + c_1\log\frac{e\zeta}{c_1} + (1-c_1)\log\frac{e\zeta' Z_3}{1-c_1}\right].\end{aligned}\right\}\tag{49}$$

Wir finden auch im Ausdruck für Ψ drei Glieder. Das erste bezieht sich auf die isolierten Kerne (positive Ionen), das zweite auf die freien Elektronen, das dritte auf die neutralen Atome. Wir wollen die Formel (49) noch in einer etwas veränderten Form schreiben, indem wir in sie die mittlere Anzahl der Atome $\overline{N_a}$, der positiven Ionen $\overline{N_i}$ und der freien Elektronen $\overline{N_e}(=\overline{N_i})$ einführen. Diese Zahlen sind nach (45) durch die Beziehungen:

$$\frac{\overline{N_e^2}}{N-\overline{N_e}} = \frac{Z_1}{Z_3}, \qquad N = N_a + N_e \tag{45a}$$

definiert. Daraus folgern wir:

$$-\frac{\Psi}{kT} = \overline{N_a}\log\frac{e Z_1' Z_3}{\overline{N_a}} + \overline{N_i}\log\frac{e Z_1'}{\overline{N_i}} + \overline{N_e}\log\frac{e Z_1}{\overline{N_e}}, \tag{50}$$

mit

$$Z_1' = \frac{V}{h^3}(2\pi m' kT)^{\frac{3}{2}}$$

$$Z_1 = \frac{V}{h^3}(2\pi m kT)^{\frac{3}{2}}.$$

In der jetzt allgemein angenommenen Hypothese des rotierenden Elektrons muß man für Z_1 und Z_3 die durch (33) und (34) bestimmten Werte einsetzen. Wenn auch der Kern einen Drall besitzt, so muß Z_1 mit der Anzahl der möglichen Orientierungen der Drallachse in bezug auf eine feste Raumachse multipliziert werden.

6. Wie stellt sich das Problem bei hohen Konzentrationen? Die Rechnungen von Planck fußen, wie wir gesehen haben, wesentlich auf der Annahme, daß das Gas sehr verdünnt ist, denn die benutzten Annäherungen sind nur möglich, wenn die Ungleichung (35):

$$\frac{V}{N} \gg \left(\frac{\varepsilon^2}{kT}\right)^3$$

zutrifft. Diese Bedingung hat uns erlaubt, erstens die Zustandssumme der freien Elektronen auf Grund der vereinfachten Formel

(9) zu bestimmen und zweitens zu beweisen, daß der Beitrag, den die äußeren Elektronenbahnen zur Zustandssumme liefern, verschwindend klein ist.

Was geschieht nun, wenn die Dichte steigt? Um diese Frage zu beantworten, wird man zunächst die Zustandssumme Z_1 der freien Elektronen unter Berücksichtigung ihrer potentiellen Energie neu berechnen müssen; und dieses ist keine einfache Rechnung. Wir lernten oben den Weg kennen, auf dem man zur Lösung eines ähnlichen Problems für den einfachen Fall eines einzigen Teilchenpaares in einem sphärischen Volumen V_0 gelangen kann. Dort fanden wir [Gleichung (10) bis (15)]:

$$Z_1 = \frac{V_0}{h^3}(2\pi m k T)^{\frac{3}{2}} F(y),$$

mit:

$$y = \frac{\varepsilon}{\sqrt{r_0 k T}},$$

wobei r_0 den Radius der Sphäre bedeutete. Für große y-Werte kann $F(y)$ durch den asymptotischen Wert (16):

$$F(y) \simeq \frac{12}{5\sqrt{\pi}}\, y$$

ersetzt werden. Diese Näherung ist schon brauchbar, wenn y einige Einheiten überschritten hat. Bei Zimmertemperatur entsprechen diesen Verhältnissen Drucke, die etwas höher als eine Atmosphäre sind.

Wie können wir den Fall einer großen Anzahl N von freien Elektronen und Protonen in einem endlichen Volumen V behandeln? Dies ist eine heikle Aufgabe. Wir gelangen zu einer angenäherten Lösung, wenn wir in die vorangehenden Formeln einen Mittelwert r_0 einführen, den wir etwa durch die Bedingung

$$N \tfrac{4}{3}\pi r_0^3 = N V_0 = V \tag{51}$$

definieren. Diese Näherung kann nur sehr grob sein, denn jedes einzelne Elektron verbleibt nicht in einem Volumen V_0, das einen Kern umgibt, bewegt sich vielmehr frei durch das ganze von N Kernen erfüllte Volumen V. Im Abschnitt 10 werden wir diese Frage auf Grund der Untersuchungen von Milner und Debye näher verfolgen.

Das Problem hat noch eine andere Seite: nämlich die Berechnung der Zustandssumme Z_3 der gebundenen Elektronen;

hier tritt ebenfalls eine Schwierigkeit auf, weil die Nachbarschaft fremder Atome die Bahnen mit hohen Quantenzahlen empfindlich stören muß. Dieses ist ebenfalls eine interessante Frage, und sie bleibt es auch, wenn man sie ganz ohne Verbindung mit der ersten untersucht; denn hier besteht eine unmittelbare Beziehung zu der Erfahrung. Durch Beobachtung von Spektren kann man feststellen, bei welchen Bedingungen des Drucks und der Temperatur eine bestimmte Linie der BALMER-Serie auftritt. Es ist bekannt, daß die Linien, die ihren Ursprung in hochquantigen Bahnen haben, nur bei sehr großen Verdünnungen beobachtet werden.

Wir wollen uns zunächst damit beschäftigen, diese experimentell festgestellte Tatsache auf Grund der Theorien von UREY, FERMI und FOWLER zu erklären.

Das Problem ist analog demjenigen, das in der VAN DER WAALSschen Gastheorie auftritt, in der man den Einfluß des Volumens der Gasmoleküle auf seine Zustandsgleichung abzuleiten sucht. Betrachten wir ein angeregtes Molekül im n-ten Quantenzustand. Die große Halbachse der Elektronenbahn beträgt:

$$a = \frac{\varepsilon^2}{2Rh} n^2 .$$

Sicher kann auch diese Bahn nur dann ungestört beschrieben werden, wenn kein Nachbaratom „zu nahe" kommt. Mit anderen Worten, das Atom beansprucht in jedem angeregten Zustand ein bestimmtes Volumen. Die linearen Abmessungen dieses Volumens sind von der Größenordnung a. Um zu vereinfachen, nehmen wir an, daß es sich um eine Sphäre mit einem zu a proportionalen Radius, also um ein Volumen:

$$V = A n^6$$

handelt; A ist eine Konstante von der Größenordnung $\frac{4}{3}\pi\left(\frac{\varepsilon^2}{2Rh}\right)^3$. Diese „Wirkungssphäre" entspricht dem Eigenvolumen der Moleküle in der Theorie von VAN DER WAALS. Wenn die Sphären von zwei Atomen in Kontakt kommen, gibt es einen „Stoß", d. h. eine empfindliche Störung der Elektronenbahnen in den beiden beteiligten Atomen. Damit ein Stoß stattfindet, muß der Mittelpunkt des zweiten Atoms in eine Sphäre („Schutzsphäre") eindringen, deren Mittelpunkt im Zentrum des ersten Atoms liegt und deren Radius gleich der Summe der Radien der beiden Wirkungssphären ist. Das Volumen der Schutzsphäre ist also

$u_{12} = A\,(n_1^2 + n_2^2)^3$ (wenn man mit n_1 und n_2 die Quantenzahlen der beiden Atome bezeichnet).

Wie soll man unter diesen Bedingungen das Gas statistisch behandeln? Wir haben N Atomen im Volumen V; der Zustand jedes einzelnen Atoms ist bestimmt durch seine kinetische Translationsenergie E_i und seine innere Energie W_k. Einem bestimmten Wert W_k entspricht, wie oben gezeigt, auch ein bestimmtes Eigenvolumen v_k. Die Verteilung der Atome auf die verschiedenen Zustände ist durch das System der Zahlen N_{ik} beschrieben, die die Anzahl der Atome bestimmen, deren Translationsenergie E_i und deren innere Energie W_k beträgt. Wir bezeichnen mit u_{kk} das Volumen der Schutzsphäre für den Fall eines Stoßes zwischen zwei Atomen im gleichen Zustand W_k, und $u_{kk'}$ das Volumen dieser Sphäre, wenn es sich um einen Stoß zwischen verschieden stark angeregten Atomen (Energien W_k und $W_{k'}$) handelt.

Die Gesamtzahl der Atome mit der inneren Energie W_k ist:

$$N_k = \sum_i N_{ik}, \tag{52}$$

und es gilt offenbar:

$$N = \sum_k N_k = \sum_i \sum_k N_{ik}. \tag{52 I}$$

7. Einführung der Eigenvolumina der Atome in verschiedenen Quantenzuständen nach Fermi. Wir wollen die in den Abschnitten 13 und 14 des vierten Kapitels dargestellte Statistik eines idealen Gases als Grundlage der weiteren Ableitungen annehmen. Wir fangen mit a priori unterscheidbaren Atomen an und verteilen diese zunächst auf die Gruppen N_{ik}, was auf:

$$\frac{N!}{\prod\limits_{ik} N_{ik}!} \tag{53}$$

verschiedene Weisen möglich ist. Betrachten wir jetzt die N_1 Atome, deren innere Energie W_1 beträgt (Atome im einquantigen Zustand) und bestimmen ihre Verteilung auf die einzelnen möglichen Zustände der Translation. Wir beginnen mit den N_{11} Atomen, die die kinetische Energie E_1 haben. Für das erste Atom dieser Art stehen im Phasenraum:

$$g_1 = \frac{V}{h^3}\,4\pi p_1^2\,d p_1 = V\gamma_1,$$

$$\gamma_i = \frac{4\pi}{h^3}\,p_i^2\,d p_i$$

Zellen zur Verfügung. Einem zweiten Atom der gleichen Art steht nur noch der Raum $V - u_{11}$ frei, wenn u_{11} die Schutzsphäre des ersten Atoms bedeutet. Die Anzahl der Zellen ist also für das zweite Atom $(V - u_{11})\gamma_1$, ebenso für das dritte $(V - 2u_{11})\gamma_1$ usw.[1]. Die Anzahl der verschiedenen Verteilungsmöglichkeiten ist also für die N_{11} Atome mit den Energien (W_1, E_1) gleich:

$$\left.\begin{aligned} &V(V - u_{11})(V - 2u_{11}) \ldots [V - (N_{11} - 1)u_{11}]\gamma_1^{N_{11}} \\ &\quad = \frac{\left(\frac{V}{u_{11}}\right)!}{\left(\frac{V}{u_{11}} - N_{11}\right)!}(u_{11}\gamma_1)^{N_{11}}. \end{aligned}\right\} \tag{54}$$

Die Benutzung der Fakultäten setzt voraus, daß V/u_{11} eine ganze Zahl ist; wenn dies nicht zutrifft, muß man die Gammafunktionen heranziehen und in (54) statt $x!$ die Funktion $\Gamma(x + 1)$ einsetzen, was nichts an dem Ergebnis ändert. Der Ausdruck (54) muß die klassische Formel:

$$g_1^{N_{11}} = V^{N_{11}}\gamma_1^{N_{11}}$$

ersetzen, die man für die Atome mit verschwindendem Eigenvolumen erhält.

Gehen wir jetzt zu den N_{21} Atomen mit der inneren Energie W_1 und der Translationsenergie E_2 über. Dem ersten davon steht das Volumen $(V - N_{11}u_{11})$ zur Verfügung, dem $(V - N_{11}u_{11})\gamma_2$ Zellen im Phasenraum entsprechen. Indem wir, wie schon einmal geschehen, zu dem zweiten, dritten ... Atom übergehen, erhalten wir für diese zweite Art von Atomen insgesamt folgende Anzahl von Komplexionen:

$$\left.\begin{aligned} &(V - N_{11}u_{11})[V - (N_{11} + 1)u_{11}] \ldots [V - (N_{11} + N_{21} - 1)u_{11}]\gamma_2^{N_{21}} \\ &\quad = \frac{\left(\frac{V}{u_{11}} - N_{11}\right)!}{\left[\frac{V}{u_{11}} - (N_{11} + N_{21})\right]!}(u_{11}\gamma_2)^{N_{21}}. \end{aligned}\right\} \tag{55}$$

Wir behandeln in ähnlicher Weise die Energieniveaus $E_3, E_4, \ldots$; die Gesamtzahl aller möglichen Verteilungen der N_1 Atome mit

---

[1] Wir nehmen an, daß die Konzentration so gering ist, daß dreifache und mehrfache Stöße, bei denen die Schutzsphären einiger Atome ineinander eindringen, vernachlässigt werden können.

der inneren Energie W_1 bestimmt sich durch Multiplikation aller so erhaltenen Ausdrücke zu:

$$\left.\begin{aligned}&\frac{\left(\frac{V}{u_{11}}\right)!}{\left(\frac{V}{u_{11}}-N_{11}\right)!}\,\frac{\left(\frac{V}{u_{11}}-N_{11}\right)!}{\left(\frac{V}{u_{11}}-N_{11}-N_{21}\right)!}\cdots(u_{11}\gamma_1)^{N_{11}}(u_{11}\gamma_2)^{N_{21}}\cdots\\&\qquad=\frac{\left(\frac{V}{u_{11}}\right)!\,u_{11}^{N_1}}{\left(\frac{V}{u_{11}}-N_1\right)!}\prod_i\gamma_i^{N_{i1}}.\end{aligned}\right\}\quad(56$$

Gehen wir zu den N_2 Atomen des zweiten inneren Energieniveaus $n = 2$ über. Für das erste davon ist noch das Volumen $(V - N_1 u_{12})$ frei, wenn u_{12} die Schutzsphäre für den Stoß zwischen einem Atom W_1 und einem Atom W_2 bedeutet: Die für die nächsten Atome verfügbare Volumina betragen:

$$V - N_1 u_{12}\,,\quad V - N_1 u_{12} - u_{22}\,,\ \ldots\ [V - N_1 u_{12} - (N_2 - 1)\,u_{22}]\,.$$

In ähnlicher Weise wie vorher erhält man für die Anzahl der möglichen Verteilungen die Ausdrücke:

$$\frac{\left(\frac{V-N_1u_{12}}{u_{22}}\right)!\;u_{22}^{N_2}}{\left(\frac{V-N_1u_{12}}{u_{22}}-N_2\right)!}\prod_i\gamma_i^{N_{i2}}. \tag{57}$$

Die Fortsetzung der Rechnung und ihre Ausdehnung auf alle möglichen Energieniveaus bietet keine Schwierigkeiten. Die Gesamtzahl der Verteilungen erhält man durch Multiplizierung aller erhaltener Ausdrücke. Außerdem muß man mit $N!/\prod_{ik} N_{ik}!$ [Formel (53)] multiplizieren und zum Schluß mit $N!$ dividieren, um der a-priori-Gleichheit aller Teilchen Rechnung zu tragen[1]. Man erhält schließlich die Formel:

$$P=\prod_k\left\{u_{kk}^{N_k}\frac{\left(\frac{V-N_1u_{1k}-N_2u_{2k}\cdots-N_{k-1}u_{k-1,k}}{u_{kk}}\right)!}{\left(\frac{V-N_1u_{1k}\cdots N_{k-1}u_{k-1,k}}{u_{kk}}-N_k\right)!}\prod_i\left(\frac{\gamma_i^{N_{ik}}}{N_{ik}!}\right)\right\}. \tag{58}$$

[1] An dieser Stelle ist die Division durch $N!$ vollkommen berechtigt, denn zwei Atome können sich niemals in einer und derselben Zelle befinden; schon ihr endliches Volumen macht dieses unmöglich.

Dies ist die Anzahl der Komplexionen, die einer gegebenen Verteilung N_{ik} entspricht. Wir müssen nunmehr die wahrscheinlichste Verteilung bestimmen. Zu diesem Zweck können wir die im Abschnitt 13, viertes Kapitel, gewonnenen Ergebnisse verwenden. Wenn wir in einer Verteilung N_{ik} nur die i-Werte variieren und k konstant halten, so haben wir es innerhalb jeder Klasse k mit einem Problem zu tun, daß dem eines einfachen idealen Gases vollkommen analog ist. Die wahrscheinlichste unter allen Verteilungen $N_{ik}(i = \text{konst.})$ ist daher:

$$N_{ik} = \gamma e^{-\alpha_k - \beta E_i}, \tag{59}$$

wobei α_k durch die Bedingung

$$\sum_i N_{ik} = N_k \tag{60}$$

bestimmt ist. Indem man diese Werte in den Ausdruck für P einträgt, erhält man:

$$\log P = \sum_k \log P_k = \sum \left\{ N_k \left[\log \frac{(2\pi m' k T)^{\frac{3}{2}}}{N_k h^3} + \frac{5}{2}\right] + \log\left[u_{kk}^{N_k} \frac{\left(\frac{V - N_1 u_{1k} \cdots - N_{k-1} u_{k-1,k}}{u_{kk}}\right)!}{\left(\frac{V - N_1 u_{1k} \cdots - N_{k-1} u_{k-1,k}}{u_{kk}} - N_k\right)!}\right]\right\}. \tag{61}$$

m' bedeutet in (61) die Kern- oder Atommasse.

Das Ergebnis (61) erhält man leicht, wenn man von den Gleichungen (34), (36) (viertes Kapitel, Abschnitt 14) ausgeht und sie auf jede N_k-Gruppe einzeln anwendet. Nur haben wir $N_k \log V$, d. h. $\log(V^{N_k})$ durch den komplizierteren Ausdruck ersetzt, der dem Volumen der Schutzsphären Rechnung trägt.

Welche praktische Bedeutung haben diese neuen Ausdrücke? Diese Frage muß näher untersucht werden. Setzen wir:

$$V_k = V - N_1 u_{1k} - N_2 u_{2k} \cdots - N_{k-1} u_{k-1,k}. \tag{62}$$

Wir müssen jetzt mit Hilfe der Stirlingschen Formel folgenden Ausdruck ausrechnen:

$$\log\left[u_{kk}^{N_k} \frac{\left(\frac{V_k}{u_{kk}}\right)!}{\left(\frac{V_k}{u_{kk}} - N_k\right)!}\right] \simeq N_k \log u_{kk} + \frac{V_k}{u_{kk}}\left(\log \frac{V_k}{u_{kk}} - 1\right) - \left(\frac{V_k}{u_{kk}} - N_k\right)\left[\log\left(\frac{V_k}{u_{kk}} - N_k\right) - 1\right].$$

Dieses ergibt:

$$N_k(-1 + \log V_k) + \left(N_k - \frac{V_k}{u_{kk}}\right)\log\left(1 - \frac{N_k u_{kk}}{V_k}\right).$$

Wir entwickeln den Logarithmus unter der Annahme, daß das Gesamt-Eigenvolumen der Atome noch klein ist gegenüber dem Volumen V:

$$\log\left(1 - \frac{N_k u_{kk}}{V_k}\right) = -\frac{N_k u_{kk}}{V_k} - \frac{1}{2}\left(\frac{N_k u_{kk}}{V_k}\right)^2 - \cdots.$$

Mit Hilfe dieser Entwicklung erhalten wir schließlich, indem wir auch den $\log V_k$ entwickeln:

$$\left.\begin{aligned} & N_k\left(\log V_k - \frac{1}{2} N_k \frac{u_{kk}}{V_k}\right) \\ & \simeq N_k\left[\log V - \frac{1}{V}(N_1 u_{1k} + N_2 u_{2k} + \cdots + N_{k-1} u_{k-1,k} + \frac{1}{2} N_k u_{kk})\right]. \end{aligned}\right\} \quad (63)$$

In der Formel für $\log P$ [Gl. (61)] müssen wir alle diese Ausdrücke summieren; diese Operation ergibt:

$$N \log V - \frac{1}{2V}\sum_k \sum_{k'} N_k N_{k'} u_{kk'}.$$

Die Glieder $k \neq k'$ kommen bei der Summierung doppelt vor; man muß also einen Faktor $\frac{1}{2}$ hinzufügen:

$$\left.\begin{aligned} \log P = N & \left[\log \frac{V}{h^3}(2\pi m' k T)^{\frac{3}{2}} + \frac{5}{2}\right] \\ & - \sum_k N_k \log N_k - \frac{1}{2V}\sum_k \sum_{k'} N_k N_{k'} u_{kk'}. \end{aligned}\right\} \quad (64)$$

Wir können das VAN DER WAALSsche „Kovolumen"

$$b = \tfrac{1}{2}\sum_k \sum_{k'} N_k N_{k'} u_{kk'} \quad (65)$$

einführen; mit Hilfe der Näherung $\log\left(1 - \frac{b}{V}\right) \simeq -\frac{b}{V}$ bringen wir (64) auf die Form:

$$\left.\begin{aligned} \log P = N & \left[\log \frac{V-b}{h^3}(2\pi m' k T)^{\frac{3}{2}} + \frac{5}{2}\right] \\ & - \sum_k N_k \log N_k. \end{aligned}\right\} \quad (66)$$

Was uns vor allem interessiert, ist die Verteilung auf die einzelnen Zustände W_k, also die Zahlen N_k.

Wir drücken zunächst aus, daß $\log P$ den maximalen Wert besitzen muß, den die beiden Bedingungen:

$$\left.\begin{aligned} N &= \sum_k N_k\,, \\ U &= \sum_{i,k} N_{ik}(E_i + W_k) = \tfrac{3}{2} N k T + \sum_k N_k W_k \end{aligned}\right\} \tag{67}$$

zulassen. Die zweite Bedingung (67) bedeutet die Konstanz der Gesamtenergie, wir haben in diese Bedingung den bekannten Wert $\frac{3}{2} k T$ der mittleren kinetischen Energie eines Atoms eingeführt. Die Maximalbedingung kann durch

$$\delta \log P - \alpha \delta N - \beta \delta U = 0 \tag{68}$$

ausgedrückt werden mit zwei willkürlichen Koeffizienten α und β. In $\log P$ wird das erste Glied durch die Variation nicht berührt (N ist konstant). Wir erhalten daher:

$$\sum_k \delta N_k \Big(-1 - \log N_k - \frac{1}{V} \sum_{k'} N_{k'} u_{kk'} - \alpha - \beta W_k\Big) = 0\,. \tag{69}$$

Jeder von den Koeffizienten von δN_k muß gleich Null sein. Mit der Abkürzung $-1 - \alpha = \log C$ erhalten wir:

$$N_k = C e^{-\beta W_k - \frac{1}{V} \sum N_{k'} u_{kk'}}\,. \tag{70}$$

Der Koeffizient C ist durch die Bedingung $\sum N_k = N$ bestimmt. Was β betrifft, so stellt man leicht fest, daß dieser Koeffizient gleich $1/kT$ sein muß. Die Formel (70) stellt das interessante Endergebnis der Rechnungen von Fermi dar. Man erkennt darin, wie die Konzentration die Wahrscheinlichkeit eines Atomzustands je nach seiner Raumbeanspruchung beeinflußt.

Um die Ergebnisse zu vervollständigen, berechnen wir noch den Koeffizienten C. Wir setzen:

$$Z_3' = \sum_k e^{-\frac{W_k}{kT} - \frac{1}{V} \sum N_{k'} u_{kk'}}\,. \tag{71}$$

Diese Summe hat die gleiche Bedeutung wie die Zustandssumme Z_3, die in den vorangehenden Abschnitten eingeführt wurde. Unsere bisherigen Rechnungen ließen die Möglichkeit eines Zusammenfallens einiger Energieniveaus W_k unberücksichtigt. Nehmen wir an, daß es Π_k solcher Niveaus gibt, die sich nur durch räumliche Quantelung unterscheiden, dagegen die gleiche Energie

W_k besitzen. Π_k ist das am Beginn dieses Kapitels definierte „statistische Gewicht“, es beträgt $n(n+1)$ oder $2n^2$, je nachdem, welche Quantenhypothese zur Grundlage gewählt wird. Wenn man diese Entartungserscheinungen berücksichtigt, so gilt, statt (71):

$$Z_3' = \sum_k \Pi_k e^{-\frac{W_k}{kT} - \frac{1}{V}\sum N_{k'} u_{kk'}}. \tag{72}$$

Wir müssen C durch die Forderung

$$\left.\begin{aligned} N &= \sum N_k = C Z_3' \\ \log C &= \log N - \log Z_3' \end{aligned}\right\} \tag{73}$$

aus (70) und (72) berechnen.

Wir können jetzt das thermodynamische Potential $\Psi' = U - TS$ für das betrachtete Atomsystem ableiten. Unter Benutzung von (64) und (67) erhalten wir:

$$\Psi' = U - kT\log P = -NkT\left[\log\frac{V}{h^3}(2\pi m' kT)^{\frac{3}{2}} + 1\right]$$
$$+ kT\sum_k N_k\left(\frac{W_k}{kT} + \log N_k\right) + \frac{kT}{2V}\sum_k\sum_{k'} N_k N_{k'} u_{kk'}.$$

Wir können aber $\log N_k$ aus der Beziehung (70) entnehmen und erhalten dann:

$$\Psi' = -NkT\left[\log\frac{V}{h^3}(2\pi m' kT)^{\frac{3}{2}} + 1 - \log C\right]$$
$$- \frac{kT}{2V}\sum_k\sum_{k'} N_k N_{k'} u_{kk'},$$

oder, unter Benutzung von (73):

$$\left.\begin{aligned} \Psi' = -NkT&\left[\log\frac{V}{Nh^3}(2\pi m' kT)^{\frac{3}{2}} + 1 + \log Z_3'\right] \\ &- \frac{kT}{2V}\sum_k\sum_{k'} N_k N_{k'} u_{kk'}. \end{aligned}\right\} \tag{74}$$

Dies ist der Ausdruck für das thermodynamische Potential der Atome unter Berücksichtigung ihrer verschiedenen angeregten Zustände (mit der Energie W_k und dem statistischen Gewicht Π_k) sowie ihrer kinetischen Energie E_i.

Die Formel (74) ist noch nicht direkt vergleichbar mit der Formel (50), die aus der PLANCKschen Theorie folgt, weil wir in der neuen Ableitung die Existenz von vollständig ionisierten

Atomen und von freien Elektronen ganz vernachlässigt haben. Die Gleichung (50) ist also mit (74) nur zu vergleichen, wenn man in der ersten $N_e = N_i = 0$ setzt. Wir wollen noch sehen, wie man die Formel (74) so vervollständigt, daß sie auch der Ionisation Rechnung trägt. Wir bezeichnen mit N_a die Anzahl der neutralen Atome; N_a muß in den bisherigen Formeln an die Stelle von N treten. N_i und N_e ($N_i = N_e$) sollen, wie schon einmal, die Anzahl von Ionen und von freien Elektronen bedeuten. Die Schutzsphären für die Zusammenstöße Atom + Elektron und Atom + Ion nennen wir $u_{k,e}$ und $u_{k,i}$. Die Stöße Ion + Elektron treten unter gewöhnlichen Umständen so selten auf, daß man von der Einführung einer Schutzsphäre $u_{i,e}$ absehen kann. Wir werden nun folgendermaßen vorgehen: wir verteilen zunächst die N_i Ionen und die N_e Elektronen im Volumen V; diese Verteilung gibt zu $-\frac{\Psi}{kT}$ den Betrag:

$$N_i \log \frac{eZ_1'}{N_i} + N_e \log \frac{eZ_1}{N_e},$$

mit:

$$Z_1' = \frac{V}{h^3}(2\pi m' kT)^{\frac{3}{2}}, \tag{75}$$

$$Z_1 = \frac{V}{h^3}(2\pi m kT)^{\frac{3}{2}}.$$

In das verbleibende freie Volumen setzen wir jetzt die N_a neutralen Atome (die sich auf die verschiedenen angeregten Zustände verteilen) hinein. Die Rechnung wird die gleiche wie vorher sein, nur müssen wir jetzt annehmen, daß in den Summen:

$$\sum_{k'} N_{k'} u_{kk'} \quad \text{und} \quad \sum_k \sum_{k'} N_k N_{k'} u_{kk'}$$

die Indizes k und k' auch die Werte e und i umfassen, womit den Schutzsphären u_{ke} und u_{ki} Rechnung getragen wird. Mit diesen Verabredungen erhalten wir schließlich:

$$\left.\begin{aligned} -\frac{\Psi}{kT} &= N_a \log \frac{eZ_1'Z_3'}{N_a} + N_i \log \frac{eZ_1'}{N_i} \\ &\quad + N_e \log \frac{eZ_1}{N_e} + \frac{1}{2V}\sum_k \sum_{k'} N_k N_{k'} u_{kk'}. \end{aligned}\right\} \tag{76}$$

Erinnern wir uns auf die Bezeichnungen: N_a = Anzahl der neutralen Atome; N_i = Anzahl der positiven Ionen; $N_e (= N_i)$ = Anzahl von freien Elektronen. Die Summierungen über k und k' geschehen unabhängig voneinander, so daß jedes Glied zweimal erscheint (wenn $k \neq k'$ ist), nämlich einmal als kk' und einmal als $k'k$. Die Summierung berücksichtigt alle Zustände W_k der neutralen Atome und außerdem auch die Ionen (Index i) und freie Elektronen (Index e). In der Hypothese des rotierenden Elektrons — die man heute wohl annehmen muß — müssen die statistischen Gewichte Π in Z_3' [Gl. (72)] gleich $2n^2$ gesetzt werden, wo n die Hauptquantenzahl des äußeren Elektrons bedeutet. Der Wert (75) von Z_1 ist entsprechend der Formel (33) zu verdoppeln.

8. Besprechung der Ergebnisse. Es erscheint notwendig, die praktische Bedeutung der verschiedenen abgeleiteten Formeln näher zu diskutieren, um ihren physikalischen Sinn besser zu verstehen. Wir betrachten zunächst die Formel (70):

$$N_k = \frac{N_a}{Z_3'} e^{-\frac{W_k}{kT} - \frac{1}{V}\sum_{k'} N_{k'} u_{kk'}},$$

und suchen die Bedeutung der Korrektur zu bestimmen, die unsere Theorie an der klassischen Formel anbringt. Diese Korrektur äußert sich im Auftreten des Faktors:

$$G_k = e^{-\frac{1}{V}\sum_{k'} N_{k'} u_{kk'}}. \tag{77}$$

Dieser Faktor G_k bestimmt das Verhältnis der Anzahl der Atome, die sich in einem bestimmten Zustand befinden, wenn das Gas komprimiert ist, zu ihrer Anzahl im extremen Vakuum; denn für sehr große V-Werte wird G_k praktisch gleich 1.

Oben wurde erwähnt, daß ein Wasserstoffatom im n-quantigen Zustand das Volumen $A n^6$ beansprucht, wobei die Konstante A die Größenordnung $\frac{4}{3}\pi\left(\frac{\varepsilon^2}{2Rh}\right)^3$ hat. Es ist also in diesem Fall:

$$u_{kk'} = A(n_k^2 + n_{k'}^2)^3. \tag{78}$$

Bei experimentell zugänglichen Temperaturen sind fast alle H-Atome im einquantigen Zustand; wir können daher (70) folgendermaßen vereinfachen:

$$N_k = C e^{-\frac{W_k}{kT} - \frac{1}{V} N_1 u_{1k}} \sim C e^{\frac{Rh}{n_k^2 kT} - \frac{A N_1}{V}(1+n_k^2)^3}. \tag{79}$$

Der Korrektionsfaktor, der (79) von der entsprechenden „klassischen“ Formel unterscheidet, ist also:

$$G_k = e^{-\frac{A N_1}{V}(1+n_k^2)^3}. \tag{80}$$

Wir wollen diesen Faktor numerisch abschätzen, um uns über seine Bedeutung klar zu werden. Die Konstante A ist von der Größenordnung $5 \cdot 10^{-24}$, die Konzentration N_1/V beträgt unter Normalbedingungen (273° abs. und 1 at) etwa $2{,}7 \cdot 10^{19}$; es ist also:

$$G \simeq e^{-0{,}000135\,(1+n^2)^3} \simeq 10^{-0{,}0006\,(1+n^2)^3}.$$

Wir erhalten daraus folgende Tabelle:

$n =$	1	2	3	4	5	6	7	8
$G =$	$10^{-0{,}00048}$	$10^{-0{,}0075}$	$10^{-0{,}06}$	$10^{-0{,}3}$	$10^{-1{,}05}$	10^{-3}	$10^{-7{,}5}$	10^{-18}

Das auffallende Resultat ist also: die tiefsten Zustände ($n = 1, 2, 3$) besitzen einen G-Wert, der nur wenig von 1 verschieden ist (und zwar auch noch bei hohen Konzentrationen). Die entsprechenden Elektronenbahnen können sich frei entwickeln. Anders für die hohen Quantenzahlen: schon die Wahrscheinlichkeit des fünften Zustands ($n = 5$) wird durch Berücksichtigung des Eigenvolumens auf ein Zehntel des „klassischen" Wertes herabgesetzt; für $n = 6$ ist die Wahrscheinlichkeit nur noch ein Tausendstel der klassischen, und für alle höheren Zustände wird sie unter den angenommenen Normalbedingungen völlig verschwinden.

Unsere Abschätzung enthält offenbar eine Unsicherheit; sie besteht in der Wahl des Koeffizienten A. Man könnte daran denken, diesen Koeffizienten aus dem Experiment — durch Vergleich der Intensität der Balmerlinien bei verschiedenen Gasdichten — zu bestimmen. Diese Formeln können auf die Probleme der Thermodynamik der Atome Anwendung finden. In unserer früheren Ableitung, die dem „klassischen" Verfahren von PLANCK folgte, haben wir [Abschnitt 3, Gl. (26)] die Summe (26)

$$Z_3 = \sum_{n=1}^{n=m} n(n+1)\, e^{\frac{Rh}{n^2 kT}}$$

gebildet und die konvergierenden Glieder $n(n+1)\left(e^{\frac{Rh}{n^2 kT}} - 1 - \frac{Rh}{n^2 kT}\right)$ von den divergierenden $n(n+1)\left(1 + \frac{Rh}{n^2 kT}\right)$ separiert. Wenn die Grenzquantenzahl $n = m$ groß genug war, betrug die Summe der divergenten Reihe $m^3/3$. Wir können jetzt in ähnlicher Weise vorgehen, wenn wir die Konzentration als nicht zu hoch annehmen, so daß die Grenzquantenzahl m groß wird. Wir müssen die Summe (72) bilden; wir schreiben dafür:

$$Z_3' = \sum n(n+1)\, e^{\frac{Rh}{n^2 kT}}\, e^{-\alpha n^6}, \tag{81}$$

indem wir $(1+n^2)^3$ durch n^6 ersetzen und $\alpha = \frac{A N_1}{V}$ setzen. Wir trennen in dieser Summe die ersten Glieder ab, in denen die erste Exponentialfunktion merklich von Eins verschieden ist. Nehmen wir an, daß diese erste Gruppe bis zu einem Wert $n = n_1$ reicht. In den späteren Gliedern, $n > n_1$, können wir die erste Exponentialfunktion durch 1 ersetzen; wir behalten dann:

$$\begin{aligned}\sum n(n+1)\, e^{-\alpha n^6} &\simeq \sum n^2 e^{-\alpha n^6} \simeq \int n^2 e^{-\alpha n^6} dn, \\ &= \frac{1}{6}\,\Gamma\left(\frac{1}{2}\right)\left(\frac{1}{\alpha}\right)^{\frac{1}{2}}.\end{aligned} \tag{82}$$

Diese ungefähre Abschätzung kann von Nutzen sein. In dem oben untersuchten PLANCKschen Fall war die Summe $m^3/3$ der divergierenden Glieder stets sehr klein im Vergleich mit der Zustandssumme Z_1 der freien Elektronen. A fortiori dürfen wir sicher sein, daß dieselbe Summe, in der alle Glieder durch die Anwesenheit des exponentiellen Faktors $e^{-\alpha n^6}$ verkleinert sind, ebenfalls vernachlässigt werden kann.

Die Rechnung von FERMI und UREY, so interessant sie auch sein mag, bietet also von diesem Standpunkt aus nichts Neues. Sie erlaubt allerdings, die Dissoziation der Wasserstoffatome unter hohen Drucken theoretisch zu untersuchen. Doch darf man sich nicht damit begnügen, Z_1 aus den vereinfachten Formeln (9) bzw. (75) zu bestimmen; die Theorie müßte durch eine ins einzelne gehende Untersuchung der im Abschnitt 2 erwähnten Schwierigkeiten vervollständigt werden.

9. Eine Variante der geschilderten Theorie (FOWLER). In einer ausführlichen Untersuchung über diese Probleme — auf die wir uns schon oft beziehen mußten — schlägt FOWLER[1] eine Variante der Theorie vor FERMI und UREY vor. Er nimmt die allgemeinen Überlegungen des Abschnitts 7 als gültig an, es handelt sich in seiner Hypothese nur um die Abschätzung der Schutzsphären $u_{kk'}$. Nach FERMI wird jedem Atom, dessen äußeres

[1] FOWLER, R. H., Philosophic. Mag. **1**, 895 (1926).

Elektron eine Bahn mit der großen Achse $2a$ beschreibt, eine Kugel mit dem Radius a als Wirkungssphäre zugeschrieben. Dies ist offenbar eine obere Grenze; sie beruht auf der Annahme, daß die Elektronenbahnen zweier Atome sich im Augenblick eines Zusammenstoßes nicht im geringsten durchdringen können. Man weiß aber, daß in einem einzigen Atom die einzelnen Bahnen sich zu dem kompliziertesten Knäuel verschlingen. Auch ein fremdes Elektron vermag unter geeigneten Umständen tief in die Elektronenhülle eines Atoms einzudringen und wieder herauszukommen, ohne im Elektronengebäude des Atoms eine Störung zu hinterlassen. Der Stoß kann trotz dieses tiefen Eindringens elastisch verlaufen.

Betrachten wir den Stoß eines Elektrons (mit der kinetischen Energie η) mit einem Atom; der Stoß möge unelastisch sein und zur Übertragung der Energie η_{12} auf das Atom führen. J. J. THOMSON hat für solche Stöße eine Größe definiert, die er „target area" (= Stoßquerschnitt) nannte. Für diese fand er:

$$S_{12}(\eta) = \frac{\pi \varepsilon^4}{\eta}\left(\frac{1}{\eta_{12}} - \frac{1}{\eta}\right) \tag{83}$$

(ε = Elektronenladung). Der Mittelwert S_{12}^* für alle Elektronenenergien beträgt:

$$S_{12}^* = \frac{e^{-\frac{\eta_{12}}{kT}}}{(kT)^2}\int_0^\infty e^{-\frac{\eta'}{kT}}(\eta_{12}+\eta')\,S_{12}(\eta_{12}+\eta')\,d\eta' \simeq \frac{\pi\varepsilon^4}{kT\eta_{12}}. \tag{84}$$

Dabei bedeutet $\eta' = \eta - \eta_{12}$; es wurde angenommen, daß die Energien η der Elektronen nach Maßgabe des MAXWELLschen Gesetzes für eine Temperatur T verteilt sind. Als Näherung nahmen wir an, daß η_{12} klein gegen kT ist.

Wenn wir diese Voraussetzungen akzeptieren, können wir durch die Gleichung:

$$S_{12}^* = \pi R^2$$

einen Radius der mittleren Schutzsphäre der Atome definieren, die für die Stöße zwischen freien Elektronen und Atomen maßgebend ist. Dieser Radius ist nur ein Mittelwert, weil die eigentliche exakte Formel für jede Geschwindigkeit die Gleichung (83) ist. Für die Schutzsphäre des Atoms erhalten wir nunmehr die Größenordnung:

$$u \simeq \frac{4\pi}{3}\,\frac{\varepsilon^6}{(kT\eta_{12})^{\frac{3}{2}}}. \tag{85}$$

Für *Wasserstoff* lautet die Reihe der Energiewerte $-\frac{Rh}{n^2}$; die Energiedifferenz zwischen zwei benachbarten Zuständen ist:

$$\eta_{12} = \frac{Rh}{n^2} - \frac{Rh}{(n+1)^2} \backsimeq \frac{2Rh}{n^3}, \tag{86}$$

die Raumbeanspruchung ist daher:

$$u_n \backsimeq \frac{4\pi}{3} \frac{\varepsilon^6 n^{\frac{9}{2}}}{(2RhkT)^{\frac{3}{2}}}. \tag{87}$$

An Stelle eines H-Atoms betrachten wir jetzt ein *r-fach ionisiertes Atom*; das Leuchtelektron soll sich also im Felde einer Ladung $(r+1)\varepsilon$ bewegen. Die Termgröße soll durch die RITZsche Formel ausgedrückt sein:

$$-\frac{Rh}{(n-\mu)^2}(r+1)^2.$$

Die Formel (87) nimmt folgende Form an:

$$u_n \backsimeq \frac{4\pi}{3} \frac{\varepsilon^6 (n-\mu)^{\frac{9}{2}}}{(2RhkT)^{\frac{3}{2}}(r+1)^3}. \tag{88}$$

Unter denselben Bedingungen reduziert sich die FERMIsche Näherungsformel (78) auf den Ausdruck:

$$u_n \backsimeq A \frac{n^6}{(r+1)^3}. \tag{89}$$

Wir können diese Werte für u_n annehmen, sofern die im vorigen Abschnitt beschriebenen Bedingungen erfüllt sind: d. h. die Temperatur ist nicht zu hoch und die Hauptmenge der Atome (bzw. Ionen) befindet sich im Grundzustand von kleinem Volumen. Bei einem Zusammenstoß zwischen einem angeregten Atom mit dem Volumen u_n und einem Atom im Grundzustand kann man die Schutzsphäre gleich u_n setzen; dies kommt auf eine Vernachlässigung des Volumens eines normalen im Vergleich zu dem eines angeregten Atoms hinaus.

10. Berechnung der Summe Z_1 für die freien Ladungsträger (MILNER, DEBYE und HÜCKEL). Die im Abschnitt 7 geschilderten Rechnungen von FERMI sind wichtig, weil sie die Ionisation der Atome — allerdings nur bei nicht zu tiefen Drucken — zu berechnen gestatten. Doch haben wir im Abschnitt 6 gesehen, daß man in diesem Fall noch eine Korrektur anbringen müßte, und zwar in dem Glied, das sich auf freie Elektronen bezieht. Durch Anwendung der Ergebnisse des Abschnitts 2 konnten wir diese Korrektur nur in ganz grober Weise ermitteln [Formel (51)]. Wir kehren jetzt zu diesem Problem zurück und wollen versuchen, eine genauere Lösung zu finden.

Dieselbe Schwierigkeit entsteht auch in der Theorie der Elektrolyte. Dort muß man die elektrostatische Energie der Ionen in der Lösung als Funktion der Temperatur und der Konzentration berechnen. MILNER stellte im Jahre 1912 das Problem ganz korrekt auf, indem er versuchte, daß innere Virial der Flüssigkeit zu bestimmen. Doch gelang ihm infolge der Kompliziertheit des Problems nur eine Näherungslösung. Man zieht heute allgemein die Methode von DEBYE und HÜCKEL vor, die direkt zu praktisch anwendbaren Formeln führt; diese Formeln sind durch Versuche mit starken Elektrolyten experimentell gut bestätigt worden.

DEBYE berechnet die mittlere elektrostatische Energie des Systems $U_e(T)$ bei gegebener Ionenkonzentration als Funktion der Temperatur. Wie können wir seine Resultate für unsere Zwecke ausnutzen und den Einfluß der elektrostatischen Wechselwirkung auf das uns interessierende thermodynamische Potential Ψ berechnen? Die einfachste Methode ist, von Gleichung (16), (viertes Kapitel) auszugehen:

$$\Psi = U - TS.$$

Wenn wir außer den Gliedern, die von der kinetischen Energie stammen, auch diejenigen mitberücksichtigen wollen, die ihre Existenz der potentiellen Energie U_e verdanken, so müssen wir auch die zusätzliche Wärmemenge $\frac{\partial U_e}{\partial T} dT$, die nunmehr zur Erwärmung des Systems nötig ist, in Rechnung setzen. Im Ausdruck für S erscheint daher ein Korrektionsglied $\int \frac{d U_e}{T}$, und das thermodynamische Potential Ψ wächst um:

$$\Delta\Psi = U_e - T\int \frac{\partial U_e}{\partial T} \frac{dT}{T} = -T\int \frac{U_e}{T^2}\, dT. \tag{90}$$

In (90) haben wir eine partielle Integration ausgeführt.

Im Abschnitt 2 [Gl. (10)] fanden wir, daß die Existenz einer potentiellen Energie zur Vermehrung der Funktion Z_1 im Verhältnis $F(y)$ führt, wobei y den Ausdruck $\varepsilon/\sqrt{r_0 k T}$ bedeutet, und somit eine Größe vom Typus:

$$\frac{\varepsilon}{V_0^{\frac{1}{6}}(kT)^{\frac{1}{2}}}$$

darstellt, wenn man mit V_0 die Raumbeanspruchung eines Atoms bezeichnet. Für N_e Ionen und N_e Elektronen im Volumen V dürfen wir nach (51) (Abschnitt 6) folgenden y-Wert annehmen:

$$y = \frac{\varepsilon}{\sqrt{kT}}\left(\frac{N_e}{V}\right)^{\frac{1}{6}}. \tag{91}$$

In dem Ausdruck $-\frac{\Psi}{kT}$ [Gl. (50)] müßte daher ein additives Glied $N_e \log F(y)$ erscheinen, das ebenfalls eine Funktion derselben Variablen y enthielt. Jedoch sind unsere Rechnungen im Abschnitt 2 zur Bestimmung dieses Gliedes gänzlich unzureichend. Debye erhielt für die elektrostatische Energie den Ausdruck:

$$U_e = -N_e k T f(y). \tag{92}$$

Nach (90) führt dieser Wert zu folgendem additiven Glied im Ausdruck $-\frac{\Psi}{kT}$:

$$-\frac{\Delta\Psi}{kT} = \frac{1}{k}\int U_e \frac{dT}{T^2} = -N_e\int f(y)\frac{dT}{T} = 2N_e\int f(y)\frac{dy}{y}, \tag{93}$$

was mit unseren Erwartungen übereinstimmt.

Betrachten wir zunächst N_e freie Elektronen und die gleiche Anzahl von positiven Ionen im Volumen V; die Dielektrizitätskonstante der Umgebung sei D. Mit φ bezeichnen wir das elektrostatische Potential in einem Punkte P; die potentielle Energie des Elektrons ist $-\varepsilon\varphi$, die eines Ions $+\varepsilon\varphi$. Wenn $n\left(=\frac{N_e}{V}\right)$ die mittlere Elektronen- (und Ionen-) Konzentration im ganzen Raum V ist, so müssen wir, nach dem Boltzmannschen Satz, die mittlere Ionen- und Elektronendichte in der nächsten Umgebung des Punktes P durch folgende Formeln ausdrücken:

$$n e^{+\frac{\varepsilon\varphi}{kT}} \quad \text{für die Elektronen,}$$

$$n e^{-\frac{\varepsilon\varphi}{kT}} \quad \text{für die positiven Ionen.}$$

Die mittlere Ladungsdichte in der Umgebung von P beträgt also:

$$\varrho = n\varepsilon\left(e^{-\frac{\varepsilon\varphi}{kT}} - e^{+\frac{\varepsilon\varphi}{kT}}\right) \cong -2n\varepsilon\frac{\varepsilon\varphi}{kT}. \tag{94}$$

Das mittlere elektrische Potential φ bestimmt sich dann aus der POISSONschen Gleichung:

$$\Delta\varphi = -\frac{4\pi}{D}\varrho = \frac{8\pi n\varepsilon^2}{DkT}\varphi = \varkappa^2\varphi, \tag{95}$$

mit:

$$\varkappa^2 = \frac{8\pi n\varepsilon^2}{DkT}. \tag{95a}$$

Die Größe $\varkappa$ hat die Dimension einer reziproken Länge; $1/\varkappa$ bestimmt den Abstand, in dem im Mittel die Wirkung eines Ions fühlbar wird. Betrachten wir ein positives Ion; die Formel (94) zeigt, daß dieses Ion von einer Atmosphäre umgeben ist, in der die Elektronen vorherrschen. Diese Elektronenhülle wird die Ionenladung kompensieren, so daß das Feld im Abstand $1/\varkappa$ nur noch sehr klein sein wird. Wenn wir (95) in sphärischen Koordinaten schreiben, so erhalten wir:

$$\left.\begin{aligned} \frac{1}{r^2}\frac{d}{dr}\left(r^2\frac{d\varphi}{dr}\right) &= \varkappa^2\varphi, \\ \varphi &= A\frac{e^{-\varkappa r}}{r} + A'\frac{e^{\varkappa r}}{r}. \end{aligned}\right\} \tag{96}$$

Die Bedingung, daß das Feld im Unendlichen verschwinden soll, zwingt uns dazu, $A' = 0$ zu setzen. Um das Feld des Ions genauer zu bestimmen, müssen wir jetzt noch den Wert von A ableiten.

Wir wollen uns in der DEBYEschen Rechnung mit der Näherung begnügen, die für nicht zu hohe Konzentrationen erlaubt ist. Wir nehmen also an, daß sich das Potential φ in der Nähe des Ions durch die einfache Formel ε/Dr darstellen läßt; dann müssen wir der Konstanten A den Wert ε/D zuschreiben:

$$\varphi = \frac{\varepsilon}{D}\frac{e^{-\varkappa r}}{r} = \frac{\varepsilon}{Dr} - \frac{\varepsilon}{Dr}(1 - e^{-\varkappa r}). \tag{97}$$

Das elektrische Potential hat also zwei Bestandteile, der erste davon ist das Potential eines einzigen vollkommen isolierten Ions, das zweite die Summe der Potentiale, die von allen übrigen Ionen und Elektronen der Umgebung stammen. Das zweite Glied beträgt:

$$\varphi' = \frac{\varepsilon}{Dr}(1 - e^{-\varkappa r}) \simeq -\frac{\varepsilon}{D}\varkappa, \tag{98}$$

die letzte Näherung gilt für kleine Abstände r. Man kennt andererseits das klassische Theorem: Wenn ein System von Ladungen ε_i

an der Stelle, wo sich ε_i befindet, das Potential φ_i hervorruft, so beträgt die potentielle Energie des Systems:

$$U_e = \tfrac{1}{2} \sum \varepsilon_i \varphi_i .$$

Wenden wir diesen Satz auf die N_e Ionen $+\varepsilon$ und N_e Elektronen $-\varepsilon$ an; wir erhalten:

$$U_e = \frac{1}{2} N_e \varepsilon \left(\frac{-\varepsilon \varkappa}{D}\right) - \frac{1}{2} N_e \varepsilon \left(\frac{\varepsilon \varkappa}{D}\right) = - N_e \frac{\varepsilon^2 \varkappa}{D}, \tag{99}$$

— denn dieselben Beziehungen, die wir für die Nachbarschaft eines Ions abgeleitet haben, gelten (mit umgekehrten Vorzeichen) auch für die Nachbarschaft eines Elektrons.

Bis jetzt haben wir nur eine Gattung von einwertigen positiven Ionen ins Auge gefaßt; stellen wir uns jetzt vor, daß das System M_r Ionen mit der r-fachen Ladung und insgesamt N_e Elektronen enthält:

$$N_e = \sum r M_r . \tag{100}$$

Eine der früheren ähnliche Rechnung führt zu der Gleichung:

$$U_e = - \frac{1}{2} \frac{\varepsilon^2 \varkappa}{D} \left(N_e + \sum r^2 M_r\right), \tag{101}$$

mit einem Koeffizienten $\varkappa$, der durch die — zu (95a) analoge — Formel:

$$\varkappa^2 = \frac{4 \pi \varepsilon^2}{D k T} \cdot \frac{1}{V} \left(N_e + \sum r^2 M_r\right) \tag{102}$$

definiert ist. Um zu diesem Ergebnis zu kommen, genügt es, die frühere Überlegung zu wiederholen und dabei die verschiedenen Ladungen der Ionen zu berücksichtigen.

Jetzt müssen wir die Formel (90) anwenden, um das Korrektionsglied in dem Ausdruck des thermodynamischen Potentials zu bestimmen. Zeigen wir zunächst, daß der Ausdruck (101) tatsächlich, wie wir im voraus behauptet haben, dem Typus (92) angehört. Wir setzen in dem allgemeinen Fall:

$$y = \frac{\varepsilon}{\sqrt{k T}} \left(\frac{N_e + \sum r^2 M_r}{2 V}\right)^{\frac{1}{6}},$$

dann erhält man statt (101) und (102) die Formeln:

$$\varkappa^2 = \frac{8 \pi}{D} y^2 \left(\frac{N_e + \sum r^2 M_r}{2 V}\right)^{\frac{2}{3}}, \tag{103}$$

$$U_e = - \left(N_e + \sum r^2 M_r\right) \frac{k T}{2 D} \sqrt{\frac{8 \pi}{D}}\, y^3 . \tag{104}$$

Die Formel (104) stellt eine Verallgemeinerung von (92) für den Fall von Ionen mit verschiedenen Ladungen dar. Die Funktion $f(y)$ in (92) enthält also y^3, und die Formel (93) bekommt die Form:

$$-\frac{\Delta\Psi}{kT} = \frac{N_e + \sum r^2 M_r}{D}\sqrt{\frac{8\pi}{D}}\int y^2\,dy = 2\,\frac{N_e + \sum r^2 M_r}{3D^{\frac{3}{2}}}\sqrt{2\pi}\,y^3. \qquad (105)$$

Durch Einsetzen von y erhält man:

$$-\frac{\Delta\Psi}{kT} = \frac{2\sqrt{\pi}\,\varepsilon^3}{3(DkT)^{\frac{3}{2}}}\,\frac{(N_e + \sum r^2 M_r)^{\frac{3}{2}}}{V^{\frac{1}{2}}}. \qquad (106)$$

Debye und Hückel behandelten den Fall von hohen Konzentrationen, bei denen man auch die Volumbeanspruchung der Ionen in Rechnung setzen muß; sie erhielten daher kompliziertere Formeln; (106) stellt eine Grenzform ihrer Formeln für nicht zu große Konzentrationen dar.

Das Ergebnis (106) ist offenbar nur eine Näherung; Fowler wies auf einige unsichere Stellen in der Ableitung hin, und Eddington schlug eine Korrektur vor, durch die der numerische Faktor etwa im Verhältnis 1:3 verkleinert wird[1]. Wir wollen uns aber hier mit der bis jetzt erreichten Näherung begnügen.

11. Komplexe Atome; Versuch einer allgemeinen Theorie (Fowler). Die oben entwickelten Methoden können auch auf komplizierte Atome, die aus vielen Elektronen bestehen, angewandt werden. Solange sich nur ein Elektron von seiner Normalbahn entfernt und eine Anregung erleidet, ist die Theorie derjenigen des Wasserstoffatoms durchaus analog. Nur muß der Ausdruck $-\frac{Rh}{n^2}$ durch den entsprechenden Term im optischen Spektrum des betreffenden Atoms ersetzt werden; dieser Term kann etwa durch die Ritzsche Formel:

$$-\frac{Rh}{\left(n + \delta_1 + \frac{\delta_2}{n^2}\right)^2} \qquad (107)$$

dargestellt sein.

Eine solche Beschränkung auf ein Leuchtelektron gilt aber nur für nicht zu hohe Temperaturen; wenn wir eine allgemein gültige Theorie ableiten wollen, müssen wir auch die Möglichkeit

[1] Fowler, R. H., Proc. Cambridge philos. Soc. **22**, 861 (1925). — Eddington, A. S., Monthly Not. R. A. S. **86**, 52 (1925).

einer mehrfachen Anregung und Ionisation berücksichtigen. Dieses ist, was FOWLER zu tun versuchte; wir wollen kurz zeigen, wie man in diesem Fall vorgehen muß.

Betrachten wir eine gewisse Anzahl M^z von Atomen mit der Kernladung $+ z\varepsilon$. Wir bezeichnen mit M_0^z die mittlere Anzahl von Atomen im neutralen Zustand (mit z gebundenen Elektronen), mit M_r^z dagegen die mittlere Anzahl der r-fach ionisierten Atome ($r \leq z$); N_e sei die Anzahl der freien Elektronen. Alle diese Zahlen sind natürlich Funktionen der Temperatur T und des Volumens V. Damit das ganze System ungeladen ist, muß offenbar:

$$\sum_{r,z} r M_r^z = N_e \tag{108}$$

gelten; andererseits ist:

$$\sum_{r=0}^{z} M_r^z = M^z. \tag{109}$$

Wir bezeichnen mit m die Elektronenmasse, mit m_z die Masse des Kerns; m ist verschwindend klein gegen m_z, so daß auch die Masse des neutralen oder ionisierten Atoms gleich m_z gesetzt werden kann.

Betrachten wir jetzt die verschiedenen Zustände der inneren Energie der Ionen. Es seien $\chi_0^z, \chi_1^z, \chi_2^z, \ldots, \chi_{z-1}^z$ die aufeinanderfolgenden Ionisationsenergien des Atoms. Um einem Atom r Elektronen zu entreißen und ein r-fach geladenes Ion zu bilden, muß die Energie:

$$\chi_r^z + \chi_{r+1}^z + \cdots + \chi_{z-1}^z \tag{110}$$

verbraucht werden. Es sei Π_r^z das statistische Gewicht des Ions in seinem Normalzustand; Π ist gleich der Anzahl der verschiedenen Elektronenbahnen, die der gleichen Gesamtenergie entsprechen. In der Theorie des Wasserstoffatoms war dieses Gewicht gleich $n(n+1)$ nach der „alten" Quantenhypothese, und $2n^2$ nach der neuen Theorie, die auf der Wellenmechanik und der Vorstellung vom Elektronendrall beruht.

Die M_r^z Ionen bilden im Volumen V ein Gas, das wir als ideal behandeln wollen. Durch eine Überlegung, die der des Abschnitts 5 ganz analog ist, erhält man also für die Zustandssumme Z (die FOWLER „partition function" nennt und mit F bezeichnet) den Faktor:

$$Z_r^z = \left[\frac{e V \Pi_r^z}{M_r^z h^3} (2\pi m_z k T)^{\frac{3}{2}}\right]^{M_r^z} e^{M_r^z \frac{\chi_r^z + \cdots + \chi_{z-1}^z}{kT}}. \tag{111}$$

Die Formel (111) stellt eine unmittelbare Verallgemeinerung des Ausdrucks (47) dar, den wir im Abschnitt 5 abgeleitet haben. Nur haben wir in (111) auch die statistischen Gewichte Π_r^z mit berücksichtigt und in die Exponentialfunktion die Arbeit eingeführt, die nach (110) zur Bildung eines r-fach geladenen Ions notwendig ist.

Bis hierher haben wir nur die normalen Zustände der Ionen behandelt. Wir müssen aber auch die vielen angeregten Zustände berücksichtigen, deren die Ionen ebenso wie die neutralen Atome fähig sind. Die entsprechenden Energieniveaus seien mit $(\chi_r^z)_s$ bezeichnet, wo s die Hauptquantenzahl des angeregten Elektrons bedeutet. Das statistische Gewicht sei $(\Pi_r^z)_s$. Wir müssen folgende Summe bilden, die eine Verallgemeinerung der Summe Z_3 (Abschnitte 2—5) darstellt:

$$b_r^z(T) = \sum_z \Pi_{r,s}^z e^{-\frac{\chi_r^z - \chi_{r,s}^z}{kT}}. \tag{112}$$

Der reelle Faktor Z_r in der Zustandssumme wird jetzt wieder durch (111) dargestellt, worin man nur Π_r^z durch b_r^z zu ersetzen hat. Dieses Ergebnis stellt eine Verallgemeinerung der Formel (48) dar[1] unter Vernachlässigung des auf die freien Elektronen bezüglichen Gliedes $(e\zeta/c_1^2)^{c_1 N}$. Etwas weiter unten werden wir, um zu einer Endformel zu gelangen, auch dieses Glied wieder einführen. Die Anregungsenergie des Ions ist $\chi_r^z - \chi_{r,s}^z$, wenn mit $\chi_{r,s}^z$ der s-te Spektralterm des Ions (r, z) bezeichnet wird.

Das erhaltene Resultat ist noch nicht vollständig, denn es entspricht den Näherungen der Abschnitte 2—6 und trägt somit den Eigenvolumina der verschiedenen Ionen keine Rechnung. Um auch diese Größe in den Formeln zu berücksichtigen und die im Abschnitt 7 gewonnenen Ergebnisse zu verwerten, müssen wir neue Definitionen einführen. Es sei $(u_{r,s}^z)_e$ die Schutzsphäre für einen Zusammenstoß zwischen einem Ion (z, r, s) und einem Elektron. Mit $(u_{r,s}^z)_\beta$ bezeichnen wir dagegen die Schutzsphäre für einen Zusammenstoß zwischen einem Ion (z, r, s) und irgendeinem anderen Ion (β ist eine Abkürzung für eine Kombination z', r', s'). Die Formel (70) lehrt uns, daß wir nunmehr den Aus-

[1] Der Koeffizient $(1 - c_1)\,N$ in (48) bedeutet die Anzahl N_a von nichtionisierten Wasserstoffatomen; in der neuen Formel wird er automatisch durch die Ionenzahl M_r^z ersetzt.

druck $-\frac{\chi_r^z - \chi_{r,s}^z}{kT}$ im Exponenten durch einen komplizierteren Ausdruck zu ersetzen haben, der die Größe der Schutzsphären u enthält. Die Anzahl $M_{r,s}^z$ von Ionen (r, z) im Zustand s wird durch eine zu (70) analoge Formel bestimmt:

$$M_{r,s}^z = C_r^z \Pi_{r,s}^z e^{\left[-\frac{\chi_r^z - \chi_{r,s}^z}{kT} - \frac{1}{V}\left(N_e u_{r,s;e}^z + \sum_\beta M_\beta u_{r,s;\beta}^z\right)\right]}. \tag{113}$$

Der Ausdruck $b_r^z(T)$ muß also durch folgenden Ausdruck ersetzt werden:

$$U_r^z(T) = \sum_s \Pi_{r,s}^z e^{\left[-\frac{\chi_r^z - \chi_{r,s}^z}{kT} - \frac{1}{V}\left(N_e u_{r,s;e}^z + \sum_\beta M_\beta u_{r,s;\beta}^z\right)\right]}. \tag{114}$$

Die Zahlen $M_{r,s}^z$ müssen die Bedingung:

$$\sum_s M_{r,s}^z = M_r^z, \qquad \text{also} \qquad C_r^z = \frac{M_r^z}{U_r^z} \tag{115}$$

erfüllen. Alle diese Formeln bestimmen zusammen die wahrscheinlichste Verteilung auf die einzelnen energetischen Zustände s der M_r^z Ionen vom Typus (r, z).

Indem wir die so gewonnenen Formeln verwenden, erhalten wir für Z_r^z den neuen Wert:

$$\left.\begin{aligned} Z_r^z(T) &= \left(\frac{e}{M_r^z}\zeta_r^z\right)^M, \\ \text{mit:} \quad \zeta_r^z &= U_r^z \frac{V}{h^3}(2\pi m_z kT)^{\frac{3}{2}} e^{\frac{\chi_r^z + \cdots + \chi_{z-1}^z}{kT}}. \end{aligned}\right\} \tag{116}$$

Um den Vergleich mit den Formeln des Abschnitts 7 (74—75) zu erleichtern, erwähnen wir, daß der Ausdruck $U_r^z e^{\frac{\chi_r^z + \cdots + \chi_{z-1}^z}{kT}}$ dem dortigen Faktor Z_3 entspricht, während ζ_r^z dem Produkt $Z_1' Z_3'$ entspricht.

Für die freien Elektronen erhält man einen analogen Ausdruck:

$$Z_e(T) = \left(\frac{e}{N_e}\zeta_e\right)^N, \tag{117}$$

mit:

$$\zeta_e = \frac{V}{h^3}(2\pi m kT)^{\frac{3}{2}}.$$

Die Hypothese des rotierenden Elektrons führt uns dazu, für ζ_e [in Übereinstimmung mit der Gleichung (33)] den doppelten Wert (117) anzunehmen.

Die Einführung dieser Glieder muß auf die am Schluß des Abschnitts 7 geschilderte Weise geschehen. Unsere Überlegungen zeigten deutlich, daß die Größe ζ_e (die dem Glied Z_1 in Abschnitt 7 entspricht) keine Korrektur auf das Kovolumen mehr erfordert, wenn die Kovolumina $u_{\beta,e}$ in den Summen berücksichtigt worden sind, die in den Gleichungen (113), (114) und (115) vorkommen. Im übrigen ist zu behalten, daß der Ausdruck ζ_e in keiner Weise den elektrostatischen Wechselwirkungen zwischen Ionen und Elektronen Rechnung trägt; wir werden etwas weiter unten diese Effekte mit Hilfe der Formeln von Debye und Hückel in die Theorie einführen.

Die gesamte Zustandssumme Z für alle Atome, Ionen verschiedener Art und freie Elektronen ist das Produkt der einzelnen Faktoren, die sich auf die verschiedenen Teilchen beziehen. Das gesamte thermodynamische Potential ist dagegen die Summe der einzelnen Potentiale. Eine Rechnung, die der in den Abschnitten 6 und 7 durchgeführten vollkommen analog ist, ergibt:

$$\left.\begin{aligned} -\frac{\Psi}{kT} = \log Z = N_e \log\left(\frac{e\zeta_e}{N_e}\right) \\ + \sum_{r,z} M_r^z \log\left(\frac{e\zeta_r^z}{M_r^z}\right) + \frac{1}{2V}\sum_\alpha \sum_\beta M_\alpha M_\beta u_{\alpha\beta}. \end{aligned}\right\} \quad (118)$$

Diese Formel stellt eine direkte Verallgemeinerung der Formel (76) (Abschnitt 7) dar; wir erinnern daran, daß e in (118) die Basis der natürlichen Logarithmen bedeutet und daß α und β entweder je eine Kombination der drei Ionenindizes (r, z, s) oder den einzigen Elektronenindex e bedeuten können. Die Summierung über α und β geschieht unabhängig voneinander, so daß jedes Glied der Summe zweimal auftritt, einmal als α, β und einmal als β, α.

Um vollständig zu sein, bleibt es uns nur übrig, die elektrostatischen Anziehungs- und Abstoßungskräfte zu berücksichtigen. Dies kann mit Hilfe der Formeln von Debye und Hückel [Abschnitt 10, Gl. (106)] erfolgen, die das entsprechende Korrektionsglied liefern.

Schließlich darf *bei hohen Temperaturen* auch die Dichte der Strahlungsenergie nicht mehr außer acht gelassen werden. Diese wird durch die PLANCKsche Formel bestimmt; die Gesamtdichte der Strahlung steigt demnach mit aT^4 (Gesetz von STEFAN und BOLTZMANN, Kapitel 1). Der Koeffizient a ist aus den im PLANCKschen Gesetz auftretenden Konstanten c, h und k zusammengesetzt.

Aus einer mit T^4 proportionalen Energie ergibt sich eine mit T^3 proportionale Entropie; im thermodynamischen Potential Ψ/kT erscheint ein mit VT^3 proportionales Glied, dessen numerischer Koeffizient sich zu $8\pi^5 k^3/45 c^3 h^3$ bestimmt.

Die endgültige Formel ist also:

$$\left.\begin{aligned} -\frac{\Psi}{kT} &= N_e \log\left(\frac{e\zeta_e}{N_e}\right) + \sum_{r,z} M_r^z \log\left(\frac{e\zeta_r^z}{M_r^z}\right) + \frac{1}{2V}\sum_\alpha\sum_\beta M_\alpha M_\beta u_{\alpha\beta} \\ &+ \frac{2\sqrt{\pi}\,\varepsilon^3}{3V^{\frac{1}{2}}(DkT)^{\frac{3}{2}}}\left(N_e + \sum_{r,z} r^2 M_r^z\right)^{\frac{3}{2}} + \frac{8\pi^5 k^3}{45 c^3 h^3} VT^3. \end{aligned}\right\} \quad (119)$$

Bei einem Vergleich mit den Formeln von FOWLER[1] muß man sich daran erinnern, daß seine „charakteristische Funktion“ ψ unserer Größe $-\frac{\Psi}{T}$ entspricht.

Zur Zeit ist es zweckmäßig, für die statistischen Gewichte $\Pi_{r,s}^z$ die Werte anzunehmen, die die Hypothese des Elektronendralls erfordert; man ist dann, wie schon einmal erwähnt, gezwungen, den Ausdruck (117) für ζ_e zu verdoppeln.

12. Dissoziation; Eigenschaften einer Gesamtheit von Atomen. Die wahrscheinlichste Verteilung erhält man, wenn man die Forderung stellt, daß das thermodynamische Potential Ψ den maximalen Wert haben soll. Wir nehmen eine Variation δM_r^z der Anzahl der r-fach ionisierten Atome vor; diese Atome sollen dabei in den $(r+1)$-fach ionisierten Zustand übergehen. Gleichzeitig entsteht die gleiche Anzahl von freien Elektronen:

$$\delta N_e = \delta M_{r+1}^z = \eta\,, \qquad \delta M_r^z = -\eta\,. \qquad (120)$$

Es ist nicht nötig, die Zahlen $M_{r,s}^z$ für sich zu variieren, denn es wurde angenommen, daß die Verteilung der einzelnen Ionenarten auf ihre verschiedenen inneren Niveaus stets durch

[1] FOWLER, R. H., Philosophic. Mag. **1**, 850 (1926), Gl. (8).

(113) geregelt ist, also dem wahrscheinlichsten Zustand entspricht[1].

Wir nehmen also eine Variation vom Typus (120) vor und fordern, daß $\delta \Psi$ gleich Null sein soll. Durch Kombination von (113), (114) und (115) kann man zeigen, daß:

$$\sum_{r,z} \frac{M_r^z}{U_r^z} \frac{\partial U_r^z}{\partial N_e} = -\frac{1}{V} \sum_{\beta} M_\beta u_{\beta,e} \tag{121}$$

gilt. Bei der Berechnung von $\delta \Psi$ benutzt man die Formeln (119), (116) und (121) und erhält:

$$\left.\begin{aligned} \frac{N_e M_{r+1}^z}{M_r^z} &= \frac{V}{h^3} (2\pi m k T)^{\frac{3}{2}} \\ &\cdot \frac{U_{r+1}^z(T)}{U_r^z(T)} e^{\left[-\frac{\chi_r^z}{kT} - \frac{1}{V}\sum_\beta M_\beta u_{\beta,e} + \frac{2\sqrt{\pi}\,\varepsilon^3}{V^{\frac{1}{2}}(DkT)^{\frac{3}{2}}}(r+1)\left(N_e + \sum_{r,z} r^2 M_r^z\right)^{\frac{1}{2}}\right]}. \end{aligned}\right\} \tag{122}$$

Zusammen mit den Bedingungen (108) und (109) bestimmt (122) die Ionisation im thermischen Gleichgewicht. Der resultierende Druck beträgt dabei:

$$\left.\begin{aligned} p = -\frac{\partial \Psi}{\partial V} = kT &\left[\frac{N_e + \sum_{r,z} M_r^z}{V} + \frac{8\pi^5 k^3 T^3}{45 c^3 h^3}\right. \\ &+ \frac{1}{V^2}\left(N_e \sum_\beta M_\beta u_{\beta,e} + \sum_{\alpha,\beta} M_\alpha M_\beta u_{\alpha,\beta}\right) \\ &\left. - \frac{\sqrt{\pi}\,\varepsilon^3}{3(VDkT)^{\frac{3}{2}}}\left(N_e + \sum_{r,z} r^2 M_r^z\right)^{\frac{3}{2}}\right] \\ = p_e + p_a &+ p_{\mathrm{rad}} + p_{\mathrm{vol}} + p_{\mathrm{es}}\,. \end{aligned}\right\} \tag{123}$$

Darin bedeutet:

p_e = Partialdruck der freien Elektronen, wenn man sie als ein ideales Gas behandelt;

---

[1] Es läßt sich übrigens auch direkt — mit Hilfe von (119), (116), (115), (114) und (113) — beweisen, daß $\partial \Psi / \partial M_{r,s}^z$ stets gleich Null ist. Wenn man also die Verteilung $M_{r,s}^z$ der Ionen M_r^z etwas variiert, ändert sich Ψ praktisch nicht. Wenn man die Anzahl M_r^z der Ionen von der Art (r, z) um η ändert, ist es von geringer Bedeutung für Ψ, welche Energieniveaus s durch diese Variation beeinflußt werden. Nur die Gesamtvariation δM_r^z ist von Bedeutung.

p_a = Partialdruck der Ionen und Atome, ebenfalls als ideales Gas behandelt;

p_{rad} = Strahlungsdruck;

p_{vol} = Korrektion auf das Kovolumen der Atome und Ionen (FERMI);

p_{es} = Korrektion auf die elektrostatischen Kräfte (DEBYE und HÜCKEL).

Die Formel (122), die das verallgemeinerte Massenwirkungsgesetz darstellt, kann auch folgendermaßen geschrieben werden:

$$\frac{M_{r+1}^z}{M_r^z}\, p_e = \frac{(2\pi m)^{\frac{3}{2}} (k\,T)^{\frac{5}{2}}}{h^3}\, \frac{U_{r+1}^z}{U_r^z}\, e^{-\frac{\chi_r^z}{k\,T} - J + L}. \tag{123a}$$

Darin bedeutet J die Volumenkorrektion und L die elektrostatische Korrektion:

$$J = \frac{1}{V} \sum_\beta M_\beta\, u_{\beta,\varrho}\,, \qquad L = \frac{2\sqrt{\pi}\,\varepsilon^3}{V^{\frac{1}{2}} (D\,k\,T)^{\frac{3}{2}}} (r+1)\Big(N_e + \sum_{r,z} r^2 M_r^z\Big)^{\frac{1}{2}}.$$

Diese sehr allgemeine Formeln enthalten als Spezialfälle alle die von uns in den vorangehenden Abschnitten diskutierten Probleme.

Um diese Ergebnisse praktisch zu verwenden, müßten wir für jede beteiligte Atomart folgende Größen kennen:

die Ionisierungsenergien χ_r^z;

die Energieniveaus $\chi_{r,s}^z$ des neutralen Atoms z und aller Ionen (r, z);

die statistischen Gewichte $\Pi_{r,s}^z$ dieser Niveaus.

Die Analyse der Spektren liefert eine große Anzahl solcher Daten. Die statistischen Gewichte der verschiedenen Terme sind aus den Untersuchungen des ZEEMAN-Effekts sowie aus allgemeinen spektroskopischen Regeln bekannt, die auf der Hypothese des Elektronendralls und dem PAULIschen Ausschließungsprinzip beruhen.

Praktisch ist es nur nötig, diejenigen Energieniveaus χ_r^z bzw. $\chi_{r,s}^z$ zu kennen, die unter den in Frage kommenden Temperaturbedingungen erreicht werden können, d. h. solche, die nicht zu groß und nicht zu klein im Vergleich zu kT sind. Für die tiefen Terme ($\chi \ll k\,T$) wird die Exponentialfunktion $e^{-\frac{\chi}{k\,T}}$ praktisch gleich 1; die hohen Terme ($\chi \gg k\,T$) treten überhaupt nicht auf, da die entsprechende Exponentialfunktion verschwindet.

Unter Laboratoriumsbedingungen kommen daher nur die optischen angeregten Atomterme in Betracht. Bei den hohen Temperaturen und geringen Dichten, die die Materie vieler Sterne besitzt, müssen dagegen viele Atomarten vollständig ionisiert sein. Sofern die Terme dieser Ionen nicht direkt bekannt sind, wird man sie durch eine — nicht immer sehr sichere — Extrapolation aus den optischen oder Röntgentermen berechnen müssen.

Zahlreiche Rechnungen dieser Art sind von verschiedenen Autoren ausgeführt worden, und auf diese gründen sich viele interessante Diskussionen über die in den Sternen herrschenden Druck- und Temperaturbedingungen. In Ergänzung zu dem Literaturverzeichnis am Schluß des Buches sei hier noch auf die wichtigsten Veröffentlichungen hingewiesen, die sich mit diesem Problem beschäftigen[1].

13. Angenäherte Rechenmethoden; Vergleich der verschiedenen Theorien. Die in den Abschnitten 11 und 12 abgeleiteten sehr allgemeinen Formeln enthalten alle vorher von uns angedeuteten speziellen Theorien in sich. Aus der zusammenfassenden Formel (119) kann man erhalten:

1. die Ergebnisse von PLANCK, wenn man das Kovolumen $u_{\alpha\beta}$ vernachlässigt und das Glied U_r^z (114), das in ζ_r^z (116) auftritt, mit Hilfe der im Abschnitt 3 beschriebenen Vereinfachungen berechnet; denn U_r^z entspricht direkt dem von PLANCK mit Z_3 bezeichneten Ausdruck; diese Methode ist nur auf die Fälle hoher Vakua und hoher Temperaturen anwendbar;

2. die Hypothese von FERMI und UREY — indem man die Kovolumina nach den im Abschnitt 8 beschriebenen Näherungsmethoden abschätzt;

---

[1] MEGH NAD SAHA, Philosophic. Mag. **40**, 472, 809 (1920); **41**, 267 (1921); **44**, 1128 (1922) — Proc. Roy. Soc. Lond. **99**, 135 (1921). — MILNE, E. A., Observatory **44**, 261 (1921). — RUSSELL, N. H., Astrophysic. J. **55**, 119, 354 (1922). — GUNTHER u. SAHA, Jena. Kongreßber. **1921**. — NOYES, A. A., u. WILSON, H. A., Astrophysic. J. **57**, 20 (1923). Man vergleiche auch die im Literaturverzeichnis angeführten Arbeiten von UREY, FERMI, FOWLER sowie FOWLER und GUGGENHEIM. Schließlich sei auf die schöne zusammenfassende Darstellung von BOSLER, „L'évolution des étoiles“ (Conférences-Rapports sur la Physique, Presses Universitaires. Paris 1923) hingewiesen.

3. die Variante von FOWLER — unter den im Abschnitt 9 geschilderten Voraussetzungen; diese Hypothese kann leicht verallgemeinert werden.

Um diese verschiedenen Hypothesen zu vergleichen, muß man die Funktionen U_r^z (114) berechnen; wir wollen zeigen, wie sich diese Rechnung angenähert durchführen läßt. Betrachten wir ein Ion vom Typus (r, z) mit dem Kern $+z\varepsilon$, umgeben von $(z - r)$ Elektronen. Wir nehmen an, daß q Elektronen äußere „angeregte" Bahnen beschreiben, während die übrigen $(z - r - q)$ den stabilen „Rumpf" mit der Ladung $(r + q)$ bilden. Die Bindungsenergie der q angeregten Elektronen ist relativ gering; die Gesamtenergie des Ions (r, z, s) ist also nur wenig verschieden von der Energie des Rumpfs $(r + q, z)$. Wir vernachlässigen zunächst diese Differenz und verwenden in den weiteren Rechnungen für die Energie $\chi_{r,s}^z$ des angeregten Ions einfach die Energie des Rumpfes $(r + q, z)$:

$$\chi_r^z - \chi_{r,s}^z = \chi_r^z + \chi_{r+1}^z + \cdots + \chi_{r+q-1}^z. \tag{124}$$

Diesen Wert wollen wir in die Formel (114) eintragen.

Nehmen wir an, daß die Hauptquantenzahlen der q angeregten Elektronen die Werte:

$$n_1, n_2, \ldots, n_i, \ldots, n_q$$

haben. Den größten dieser n_i-Werte bezeichnen wir mit n. Wir dürfen jetzt die FERMIsche Näherung [Abschnitte 8 und 9, Gl. (89)] benutzen und annehmen, daß das Volumen des Ions für alle Zusammenstöße gleich dem einer Kugel gesetzt werden darf, deren Radius dem des n-ten BOHRschen Kreises gleich ist; denn die Raumbeanspruchung wird durch die höchste im Atom vorhandene Elektronenbahn bestimmt. Die von dem Kovolumen stammende Exponentialfunktion in (114) wird dann gleich:

$$e^{-\alpha \frac{n^6}{(r+1)^3}}, \tag{125}$$

mit:

$$\alpha = \frac{4\pi}{3} \frac{\left(N_e + \sum_\beta M_\beta\right)}{V} a^3. \tag{126}$$

Darin ist a der Radius des ersten BOHRschen Kreises. Die Zustände mit q angeregten Elektronen liefern also folgenden Beitrag zu der Summe (114):

$$e^{-\frac{\chi_r^z + \chi_{r+1}^z + \cdots + \chi_{r+q-1}^z}{kT}} \sum_n e^{-\alpha \frac{n^6}{(r+1)^3}} \sum \Pi, \tag{127}$$

wo $\sum \Pi$ die Summe der statistischen Gewichte aller Zustände mit q angeregten Elektronen bedeutet, bei denen sich ein Elektron auf der n-quantigen Bahn befindet (während für die übrigen $q-1$ Elektronen $n_i \leq n$ gilt). Diese Gewichtssumme läßt sich ohne besondere Schwierigkeiten bestimmen. Das betrachtete Ion besteht aus einem Rumpf mit $z-r-q$ Elektronen; sein statistisches Gewicht sei Π^z_{r+q}. Ein angeregtes Elektron auf der n_1-ten Bahn gibt nach (2a) (Abschnitt 1) einen Faktor $2n_1^2$ im Ausdruck für $\sum \Pi$ (wenn man die Elektronendrallhypothese akzeptiert). Um das gesamte Gewicht zu berechnen, muß man zunächst die Ausdrücke für den Rumpf und für alle q Elektronen miteinander multiplizieren:

$$\Pi = \Pi^z_{r+q} 2^q n_1^2 n_2^2 \ldots n_q^2. \tag{128}$$

Um die Summe $\sum \Pi$ zu bestimmen, nehmen wir zunächst an, daß die höchste Zahl $n_i = n$ dem letzten, q-ten Elektron angehört $(n_q = n)$. Für alle übrigen Elektronen müssen wir:

$$\sum n_1^2 \ldots n_{q-1}^2 \simeq \frac{n^{3(q-1)}}{3^{q-1}}$$

nehmen, wobei die Summe diesmal über alle n_i-Werte von 1 bis n zu erstrecken ist.

Dieser Fall liefert uns den Beitrag:

$$\Pi^z_{r+q} 2^q n^2 \frac{n^{3q-3}}{3^{q-1}} = \Pi^z_{r+q} 2^q \frac{n^{3q-1}}{3^{q-1}}.$$

Wir können aber auch das 1., 2., ... Elektron die Rolle spielen lassen, die wir zunächst dem q-ten zugewiesen haben. Der letzte Ausdruck muß also mit q multipliziert werden:

$$\sum \Pi = \Pi^z_{r+q} \frac{2^q}{3^{q-1}} q n^{3q-1}. \tag{129}$$

Nachdem wir dieses Resultat besitzen, können wir in (127) die Summation über alle n-Werte vornehmen:

$$\Pi^z_{r+q} \frac{2^q}{3^{q-1}} q \sum n^{3q-1} e^{-\frac{\alpha n^6}{(r+1)^3}}.$$

Die Summe kann angenähert durch ein Integral wiedergegeben werden:

$$\int_0^\infty n^{3q-1} e^{-\frac{\alpha n^6}{(r+1)^3}} dn = \frac{1}{6} \Gamma\left(\frac{q}{2}\right) \left[\frac{(r+1)^3}{\alpha}\right]^{\frac{q}{2}}. \tag{130}$$

[Über die verwendeten Gammafunktionen vgl. Zusatz 2, Formel (19).] Der Beitrag zur Summe (114) ist also:

$$\Pi^z_{r+q}\,\frac{q}{2}\,\Gamma\left(\frac{q}{2}\right)\left(\frac{2}{3}\right)^q\frac{(r+1)^{3q/2}}{\alpha^{q/2}}\,e^{-\frac{\chi^z_r+\cdots+\chi^z_{r+q-1}}{kT}}. \tag{131}$$

Die Funktion U^z_r bestimmt sich durch Summierung über alle q-Werte; diese ergibt[1]:

$$U^z_r=\Pi^z_r+\sum_{q=1}^{q=z-r}\Pi^z_{r+q}\,\Gamma\left(\frac{q}{2}+1\right)\left[\frac{2\,(r+1)^{\frac{3}{2}}}{3\sqrt{\alpha}}\right]^q e^{-\frac{\chi^z_r+\cdots+\chi^z_{r+q-1}}{kT}}. \tag{132}$$

Diese geistreiche Methode der angenäherten Berechnung verdankt man Fowler. Wir werden gleich noch einige Anwendungen davon kennenlernen:

Dieselbe Methode läßt sich nämlich auch auf alle andere Hypothesen anwenden, die die Abschätzung des Kovolumens erlauben. Benutzen wir z. B. die spezielle Hypothese Fowlers [Gl. (88)] und vernachlässigen wir zur Vereinfachung den Koeffizienten P in der Ritzschen Formel (S. 471). Wir können jetzt alle oben ausgeführten Rechnungen einfach wiederholen, nur ist statt (130) das Integral:

$$\int\limits_0^\infty n^{3q-1}\,e^{-\frac{N_e}{V}\frac{4\pi}{3}\frac{\varepsilon^6 n^{\frac{9}{2}}}{[2RhkT(r+1)^2]^{\frac{3}{2}}}}\,dn \tag{133}$$

zu setzen. In dem Exponenten haben wir nur N_e gesetzt und nicht $N_e+\sum\limits_\beta M_\beta$, wie in (126), denn wir nehmen an, daß die Energie der Atome bzw. ihrer gebundenen Elektronen zur Ionisation nicht ausreicht. Übrigens sind die Hypothesen des Abschnitts 9 speziell für Stöße zwischen Atomen und freien Elektronen aufgestellt worden; es ist nicht sicher, ob man sie auch auf Stöße der Atome miteinander verallgemeinern darf. Das Integral (133) ergibt:

$$\frac{2}{9}\left(\frac{4\pi N_e\varepsilon^6}{3V}\right)^{-\frac{2}{3}q}(2RhkT)^q\,(r+1)^{2q}\,\Gamma\left(\frac{2}{3}q\right).$$

An Stelle von (132) erhalten wir jetzt die folgende Formel:

$$\left.\begin{aligned}U^z_r=\Pi^z_r+\sum_{q=1}^{q=z-r}\Pi^z_{r+q}\,\Gamma\left(1+\tfrac{2}{3}q\right)\\ \left[\frac{4}{3}RhkT\,(r+1)^2\,\varepsilon^{-4}\left(\frac{4\pi N_e}{3V}\right)^{-\frac{2}{3}}\right]^q e^{-\frac{\chi^z_r+\cdots+\chi^z_{r+q-1}}{kT}}.\end{aligned}\right\} \tag{134}$$

[1] Mit Hilfe der bekannten Formel $x\Gamma(x)=\Gamma(x+1)$.

Nehmen wir an, daß die Temperaturen nicht sehr hoch sind. Wir werden dann in (132) und (134) nur die Zustände mit einem einzigen angeregten Elektron ($q = 1$) zu berücksichtigen brauchen. Für alle anderen Konfigurationen wird die Funktion $e^{-\frac{\sum \chi}{kT}}$ praktisch verschwinden. Unter diesen Umständen behalten wir:

$$U_r^z = \Pi_r^z + \Pi_{r+1}^z \Gamma\left(\frac{3}{2}\right) \frac{2}{3} \frac{(r+1)^{\frac{3}{2}}}{\sqrt{\alpha}} e^{-\frac{\chi_r^z}{kT}}, \tag{132a}$$

$$U_r^z = \Pi_r^z + \Pi_{r+1}^z \Gamma\left(\frac{5}{3}\right) \frac{4}{3} RhkT(r+1)^2 \varepsilon^{-4} \left(\frac{4\pi N_e}{3V}\right)^{-\frac{2}{3}} e^{-\frac{\chi_r^z}{kT}}. \tag{134a}$$

Die numerische Berechnung der Koeffizienten führt zu folgenden Ergebnissen:

$$U_r^z = \Pi_r^z + 7{,}4 \cdot 10^{11} \Pi_{r+1}^z (r+1)^{\frac{3}{2}} \left(\frac{V}{N_e + \sum_\beta M_\beta}\right)^{\frac{1}{2}} e^{-\frac{\chi_r^z}{kT}} \tag{132b}$$

(Theorie von Fermi-Urey), oder:

$$U_r^z = \Pi_r^z + 2{,}9 \cdot 10^{10} \Pi_{r+1}^z (r+1)^2 T \left(\frac{V}{N_e}\right)^{\frac{2}{3}} e^{-\frac{\chi_r^z}{kT}} \tag{134b}$$

(Theorie von Fowler.)

Wir wollen diese Formeln mit denjenigen vergleichen, die aus der Theorie von Planck (Abschnitt 2 und 3) folgen. Wir verfolgen dabei einen Weg, der von dem von Planck benutzten etwas abweicht und führen Vereinfachungen ein, die den eben benutzten analog sind: In der Planckschen Summe Z_3 behalten wir nur das erste Glied. Dies entspricht der Wahl einer Energie von der Größenordnung des zweiquantigen Energieniveaus als Grenze $-\gamma$ in (6). Die Kernladung setzen wir gleich $z\varepsilon$ (und nicht einfach gleich ε, wie dies in Abschnitt 2 war). Wir erhalten dann:

$$Z_3 = 2e^{\frac{Rhz^2}{kT}}, \qquad \gamma \geq \frac{Rhz^2}{2^2}. \tag{135}$$

Unter diesen Umständen dürfen wir die Summe Z_2 für alle Bahnen mit $2, 3, \ldots, n$ Quanten nicht einfach vernachlässigen; wir wollen aber dafür den von Fowler berechneten Näherungswert benutzen[1],

[1] In der Elektronendrallhypothese beträgt das statistische Gewicht $2n^2$ statt des Planckschen $n(n+1)$. Das Gewicht der einquantigen Bahn bleibt unverändert gleich 2; die Gewichte der höheren Bahnen werden aber verdoppelt, so daß wir auch Z_2 verdoppeln müssen.

der für einen sphärischen Raum V mit dem Radius r gilt [vgl. Gl. (21)]:

$$Z_2 = 2(Rhz)^{\frac{3}{2}}\left(\frac{32}{9\pi}\frac{r_0^{\frac{3}{2}}}{\varepsilon^3} - \frac{z^{\frac{3}{2}}}{3\gamma^{\frac{3}{2}}}\right). \tag{136}$$

Die Zustandssumme für alle gebundenen Elektronen ist $Z_2 + Z_3$; sie entspricht unserer Funktion U_{z-1}^z:

$$U_{z-1}^z\, e^{\frac{\chi_{z-1}^z}{kT}} = Z_2 + Z_3\,, \tag{137}$$

$$\chi_{z-1}^z = Rhz^2\,.$$

Diese Formeln stellen eine Verbindung zwischen den von uns zuletzt benutzten Größen und denen von PLANCK her. Berechnen wir jetzt die Größenordnungen. Die Energie $-\gamma$ einer zweiquantigen Bahn ist gleich $-\frac{1}{2}P_2$, wenn P_2 die mittlere potentielle Energie des Elektrons auf dieser Bahn bedeutet. Wenn wir die Halbachse a_2 der Bahn $n = 2$ einführen, so bekommen wir:

$$\gamma = \frac{1}{2}\cdot\frac{z\varepsilon^2}{a_2} = \frac{z^3\varepsilon^2}{8\,a_{1(H)}}\,, \qquad \text{denn} \qquad a_2 = \frac{2^2}{z^2}\,a_{1(H)}$$

$$a_{1(H)} = \text{Radius des ersten Wasserstoffkreises.}$$

Das zweite Glied in (136) nimmt also den Wert:

$$\frac{1}{3}\,\frac{(8a_{1H})^{\frac{3}{2}}}{z^3\varepsilon^3} = \frac{2^{\frac{3}{2}}}{3}\,\frac{a_2^{\frac{3}{2}}}{\varepsilon^3}$$

an und ist gegen das erste Glied zu vernachlässigen, sobald der Radius r_0 des Volumens V groß ist gegenüber dem Radius a_2 der zweiquantigen Bahn. Wir setzen also:

$$U_{z-1}^z(T)\, e^{\frac{\chi_{z-1}^z}{kT}} = 2e^{\frac{\chi_{z-1}^z}{kT}} + 2\,\frac{32}{9\pi}\,\frac{(Rhz\,r_0)^{\frac{3}{2}}}{\varepsilon^3}\,. \tag{138}$$

Wie können wir von dieser Formel, die für einen einzelnen Kern im Volumen $\frac{4}{3}\pi r_0^3$ gilt, zu dem Fall von M Kernen im Volumen V übergehen? Wir nehmen an, daß dieselben Ergebnisse in erster Näherung gültig bleiben, wenn wir für r_0 den Wert:

$$M\tfrac{4}{3}\pi r_0^3 = V$$

wählen. Das Wesentliche in der Hypothese von PLANCK war die Ungleichung (35). Sie hat in unserem Fall die Form:

$$z\varepsilon^2\left(\frac{M}{V}\right)^{\frac{1}{3}} \ll kT\,. \tag{139}$$

Setzen wir jetzt voraus, daß viele verschiedene Kerne mit den Ladungen $z_1, z_2 \ldots$ vorhanden sind; ihre Anzahl soll $M_{z_1}, M_{z_2}, \ldots$ betragen. Wir definieren die Radien $r_1, r_2, \ldots$, die jedem Kern zugeordnet sind, in der Weise, daß die Ungleichung (139) für alle Kernarten mit der gleichen Näherung erfüllt wird. Wir definieren des weiteren einen Radius A durch:

$$\tfrac{4}{3}\pi A^3 \sum z^3 M_z = V$$

und schreiben dem Kern z_1 den folgenden r_1-Wert zu:

$$r_1 = z_1 A\,, \qquad r_1^3 = \frac{3}{4\pi}\,\frac{z_1^3 V}{\sum z^3 M_z}\,. \tag{140}$$

Die Formel (138) erhält jetzt die Form:

$$U_{z_1-1}^{z_1}(T) = 2 + B\,\frac{z_1^3 V^{\frac{1}{2}}}{\left(\sum\limits_z z^3 M_z\right)^{\frac{1}{2}}}\, e^{-\frac{\chi_{z_1-1}^{z_1}}{kT}}\,. \tag{141}$$

B in (141) ist ein numerischer Koeffizient:

$$B = 2\,\frac{32}{9\pi}\left(\frac{3}{4\pi}\right)^{\frac{1}{2}}\frac{(Rh)^{\frac{3}{2}}}{\varepsilon^3} \simeq 10{,}2\cdot 10^{11}\,. \tag{142}$$

Gehen wir zum Fall eines Ions (z, r) mit $(z - r)$ gebundenen Elektronen über. Wir nehmen an, daß $(z - r - 1)$ von diesen Elektronen sich auf festgebundenen Bahnen bewegen und nur eines die Rolle des „Leuchtelektrons" spielt. Wir dürfen dann eine zu (141) analoge Formel verwenden, in der nur folgende Korrekturen anzubringen sind: das Quantengewicht 2 für die tiefste Bahn ist durch das Gewicht Π_r^z des Grundzustands des entsprechenden Ions zu ersetzen; die Glieder in B in (141) werden sich auf ein Ion beziehen, das nur ein äußeres Elektron besitzt; es wird nötig sein, das Quantengewicht Π_{r+1}^z des Rumpfes zu beachten. Die Koeffizienten z_1 müssen durch $r + 1$ (Gesamtladung des Rumpfes) ersetzt werden. Man erhält dann:

$$U_r^z(T) = \Pi_r^z + B\,\Pi_{r+1}^z\,\frac{(r+1)^3 V^{\frac{1}{2}}}{\left[\sum (r+1)^3 M_r^z\right]^{\frac{1}{2}}}\, e^{-\frac{\chi_r^z}{kT}}\,. \tag{143}$$

Um den Nenner — wenigstens grob — abzuschätzen, führen wir eine Größe s ein, die die mittlere Anzahl von freien Elektronen pro Atom bestimmt:

$$\sum_{r,z} r M_r^z = s \sum_{r,z} M_r^z = N_e\,.$$

Wir können jetzt schreiben:

$$\sum (r+1)^3 M_r^z \simeq (s+1)^2 \sum r M_r^z = (s+1)^2 N_e,$$

wo N_e, wie immer, die Gesamtzahl der freien Elektronen bedeutet. Mit diesen Bezeichnungen erhält unsere Formel (143) folgendes Aussehen:

$$U_r^z(T) = \Pi_r^z + 10{,}2 \cdot 10^{11}\, \Pi_{r+1}^z \frac{(r+1)^3}{s+1} \left(\frac{V}{N_e}\right)^{\frac{1}{2}} e^{-\frac{\chi_r^z}{kT}} \qquad (144)$$

(Theorie von PLANCK). Die Gleichung (144) kann direkt mit den Gleichungen (132b) und (134b) verglichen werden, die die Resultate der Theorien von FERMI-UREY und von FOWLER mit den gleichen Vernachlässigungen darstellen.

Bei astrophysikalischen Anwendungen wird man mit T-Werten von der Größenordnung 10^6 bis $5 \cdot 10^7$ zu rechnen haben; $(N_e/V)^{\frac{1}{6}}$ wird stets etwa 10^3 bis 10^4 betragen. Die Formeln von PLANCK und FERMI werden sehr wenig voneinander abweichende Resultate ergeben; dagegen tritt in der FOWLERschen Formel (134b) ein etwa 50mal höherer numerischer Faktor auf. Doch dienen die Funktionen U_r^z nur zur Bestimmung des wahrscheinlichsten Ionisationszustandes der Elemente, d. h. zur Berechnung der Verhältnisse M_{r+1}^z/M_r^z, die nach (122) aus den Verhältnissen U_{r+1}^z/U_r^z folgen. In dieser Hinsicht werden aber alle drei Theorien sehr ähnliche Aussagen geben. Die Wahl zwischen den drei vorgeschlagenen Methoden ist also von sekundärer Bedeutung, solange man für jedes in Frage kommende Ion nur ein einziges angeregtes Elektron zu berücksichtigen braucht.

Zusammenfassend kann man also sagen, daß es noch nicht möglich ist, sich entschieden für eine von den drei dargestellten Hypothesen auszusprechen; die experimentellen Verhältnisse sind zu kompliziert, um eine genügend scharfe Prüfung der Theorie zu ermöglichen.

Anhang.

Zusatz I. Formeln für dispergierende Mittel.

Wir betrachten ein Mittel, das pro Kubikzentimeter N elementare Resonatoren enthält, mit der Masse m, der Ladung e und der Eigenfrequenz ω_0. Die Verschiebung des schwingenden Teilchens aus der Ruhelage bezeichnen wir mit $\vec{s}$, die Dämpfungskraft sei $-2\varrho m\dot{\vec{s}}$. Die Bewegungsgleichung des Resonators ist dann:

$$\ddot{\vec{s}} + 2\varrho\dot{\vec{s}} + \omega_0^2\vec{s} = \frac{e}{m}\vec{h}, \tag{1}$$

worin $\vec{h}$ den elektrischen Feldvektor bedeutet; durch Punkte ist die Differentiation nach der Zeit angedeutet.

Der beschriebene Oszillator führt unter dem Einfluß eines periodischen sinusförmigen Feldes mit der Frequenz ω:

$$\vec{h} = \vec{A}e^{-i\omega t} = \vec{A}\cos\omega t \tag{2}$$

erzwungene Schwingungen aus [von dem komplexen Ausdruck ist in (2) nur der reelle Teil zu beachten]. Die Verschiebung $\vec{s}$ hat die Richtung des Vektors $\vec{A}$ und die Größe:

$$\vec{s} = \vec{B}e^{-i\omega t} \tag{3}$$

(wobei wiederum nur der reelle Teil des komplexen Ausdrucks zu berücksichtigen ist). Der Koeffizient B ist eine komplexe Größe, die man aus der Bewegungsgleichung:

$$B(\omega_0^2 - i2\varrho\omega - \omega^2) = A\frac{e}{m} \tag{4}$$

leicht bestimmen kann.

Es ist zweckmäßig, den Modul des Vektors $\vec{B}$ von seiner Phase φ zu trennen. Man erhält:

$$B = A\frac{e}{m}\frac{\omega_0^2 - \omega^2 + i2\varrho\omega}{(\omega_0^2 - \omega^2)^2 + 4\varrho^2\omega^2} = \frac{A\frac{e}{m}}{\sqrt{(\omega_0^2 - \omega^2)^2 + 4\varrho^2\omega^2}}e^{i\varphi}, \tag{5}$$

mit:

$$\operatorname{tg}\varphi = \frac{2\varrho\omega}{\omega_0^2 - \omega^2},$$

also für den Modul:

$$|B| = \frac{A\frac{e}{m}}{\sqrt{(\omega_0^2 - \omega^2)^2 + 4\varrho^2\omega^2}}. \tag{6}$$

Die Gesetze, nach denen sich φ und $|B|$ ändern, sind gut bekannt und stellen die Grundlagen der klassischen Theorie der Resonanzvorgänge dar. Die Abb. 55 stellt den Verlauf von $|B|$ und von φ in Abhängigkeit von ω dar.

Nachdem wir die Bewegung kennengelernt haben, die ein Resonator unter dem Einfluß eines sinusförmigen elektrischen Feldes ausführt, müssen wir jetzt die Rückwirkung des Resonators auf die Ausbreitung der elektrischen Welle untersuchen. Die Ausbreitung einer solchen Welle gehorcht in einem Mittel, das N Resonatoren in der Volumeinheit enthält, den Gesetzen:

$$\left.\begin{aligned} -\mu_0 \dot{\vec{H}} &= \operatorname{rot}\vec{h}\,, \\ k_0 \dot{\vec{h}} + 4\pi N e \dot{\vec{s}} &= \operatorname{rot}\vec{H}\,, \\ k_0\,\mu_0\, c^2 &= 1\,. \end{aligned}\right\} \quad (7)$$

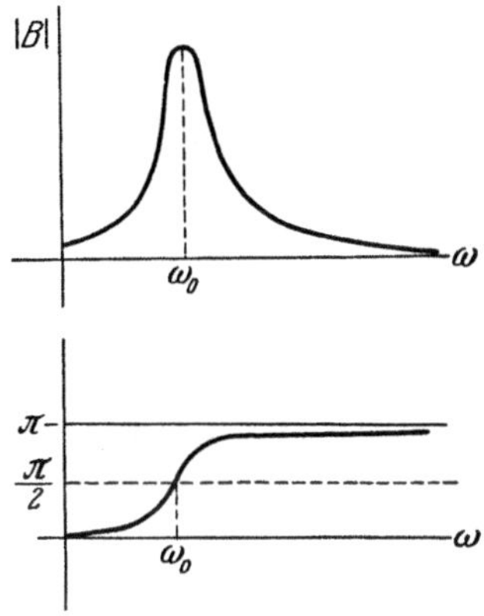

Abb. 55.

Hier bedeutet:

μ_0, k_0 — Permeabilität und Dielektrizitätskonstante des Vakuums;

H — magnetisches Feld;

c — Lichtgeschwindigkeit im Vakuum.

Für ein sinusförmiges Feld $\vec{h}$ finden wir nach Gleichung (1):

$$\vec{h} = \vec{A} e^{-i\omega t}\,, \qquad \vec{s} = \vec{B} e^{i\omega t}\,; \tag{3a}$$

$$B = \frac{eA}{m(\omega_0^2 - 2i\omega\varrho - \omega^2)} = |B| e^{i\varphi}\,. \tag{4a}$$

Durch Eintragen dieses s-Wertes in die Ausbreitungsgleichungen erhalten wir:

$$-\mu_0 \dot{\vec{H}} = \operatorname{rot}\vec{h}\,, \qquad K\dot{\vec{h}} = \operatorname{rot}\vec{H}\,, \tag{8}$$

mit:

$$K = k_0 + \frac{4\pi N \frac{e^2}{m}}{\omega_0^2 - 2i\omega\varrho - \omega^2} = k_0 + 4\pi N e \frac{|B|}{A} e^{i\varphi} = |K| e^{i\psi}\,, \tag{9}$$

$$|K|^2 = \left(k_0 + 4\pi N e \frac{|B|}{A}\cos\varphi\right)^2 + \left(4\pi N e \frac{|B|}{A}\sin\varphi\right)^2,$$

$$\operatorname{tg}\psi = \frac{4\pi N e \frac{|B|}{A}\sin\varphi}{k_0 + 4\pi N e \frac{|B|}{A}\cos\varphi}\,.$$

Die Gleichungen (8) sind den Gleichungen für die Wellenausbreitung im Vakuum formal ähnlich, enthalten aber einen von der Frequenz abhängigen, komplexen Faktor K.

Was ist der physikalische Sinn der Gleichungen (8)? Aus ihnen folgt eine komplexe Ausbreitungsgeschwindigkeit V:

$$\frac{c}{V} = \sqrt{\frac{K}{k_0}},$$

dies bedeutet, daß neben der Ausbreitung auch Absorption stattfindet. Wenn der Brechungsindex mit n und der Absorptionskoeffizient mit $\varkappa$ bezeichnet wird, so ist:

$$n = \left[\text{reeller Teil von } \sqrt{\frac{K}{k_0}}\right] = \sqrt{\frac{|K|}{k_0}} \cos\frac{\psi}{2}, \tag{10}$$

und:

$$\varkappa = \frac{\omega}{c}\left[\text{imaginärer Teil von } \sqrt{\frac{K}{k_0}}\right] = \frac{\omega}{c}\sqrt{\frac{|K|}{k_0}} \sin\frac{\psi}{2}.$$

Die beiden charakteristischen Konstanten des Mittels bestimmen sich also aus dem reellen und dem imaginären Teil von $\sqrt{K}$.

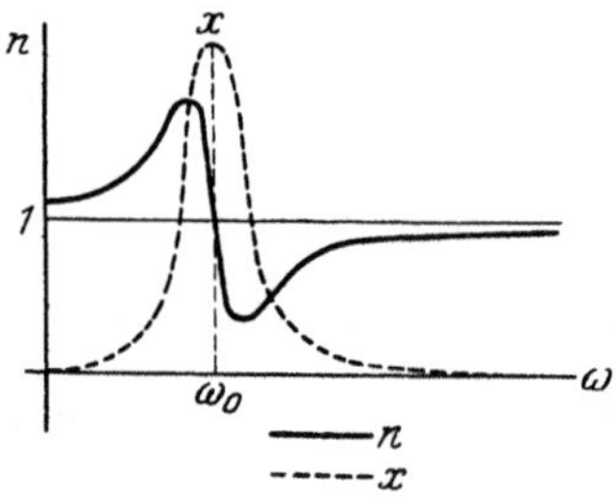

Abb. 56.

Es sei besonders darauf hingewiesen, daß die Kurve, die n als Funktion von ω darstellt (Abb. 56), die Gerade $n = 1$ in der Nähe von ω_0 kreuzt und in dieser Gegend eine sehr schnelle Veränderung zeigt. Diese Tatsache steht in direkter Beziehung zu der schnellen Änderung der Phase φ der Resonatoren bei der Frequenz ω_0.

Wir finden in dieser Weise die klassische *Dispersionskurve* für das Gebiet einer Absorptionsbande wieder, auf die wir schon im ersten Kapitel des Textes (vgl. Abb. 2) hingewiesen haben. Die Kurve, die das Verhalten des Reziproken der *Gruppengeschwindigkeit* veranschaulicht, kann aus der Kurve für n leicht graphisch konstruiert werden; denn es gilt:

$$\frac{c}{U} = \frac{d\frac{\omega c}{V}}{d\omega} = \frac{d n \omega}{d\omega} = n + \omega\frac{dn}{d\omega}, \qquad \left(n = \frac{c}{V}\right). \tag{11}$$

Für die ω-Werte, die etwas weiter entfernt von der Absorptionsbande liegen, können wir folgenden Näherungsausdruck für n benutzen, der auf der Vernachlässigung des Gliedes, das ϱ enthält, beruht:

$$K = k_0 + \frac{4\pi N\frac{e^2}{m}}{\omega_0^2 - \omega^2}, \qquad n = \sqrt{\frac{K}{k_0}}. \tag{12}$$

Um die Formel (19) des Kapitels 1 abzuleiten, genügt es, folgende Beziehungen zu formulieren:

$$\frac{V}{U} = 1 + \frac{\omega}{\frac{1}{V}} \frac{d\frac{1}{V}}{d\omega} = 1 + \omega \frac{d \log \frac{1}{V}}{d\omega} = 1 + \frac{\omega}{2} \frac{d \log K}{d\omega}$$

$$= 1 + \frac{\omega}{2K} \frac{dK}{d\omega},$$

$$\frac{V}{U} = 1 + \frac{4\pi N e^2}{Km} \frac{\omega^2}{(\omega_0^2 - \omega^2)^2}. \tag{13}$$

Kehren wir zu den Formeln für die Wellenausbreitung im dispergierenden Mittel zurück. Wir haben gesehen, daß diese für eine bestimmte Frequenz $\nu \left(= \frac{\omega}{2\pi}\right)$ die gleiche Form haben, wie wenn es sich um ein nichtdispergierendes Medium mit der Dielektrizitätskonstante K handelte.

Wie man für ein solches Medium die Ausdrücke einer ebenen Welle, einer sphärischen Welle usw. zu bilden hat, ist bekannt; durch Gebrauch von retardierenden Potentialen gelangt man leicht zu den allgemeinen Formeln.

Wir untersuchen jetzt die *Energiedichte* einer Welle im dispergierenden Mittel. Sie beträgt:

$$E = \frac{k_0 \overline{h^2}}{8\pi} + \frac{\mu_0 \overline{H^2}}{8\pi} + N\left(\frac{1}{2} m \overline{\dot{s}^2} + \frac{1}{2} m \omega_0^2 \overline{s^2}\right), \tag{14}$$

$$h = A \cos \omega t.$$

Das Überstreichen bedeutet Mittelwertbildung. Die vier Glieder in (14) bedeuten die elektrische und die magnetische Feldenergie sowie die kinetische und die potentielle Energie von N mitschwingenden Resonatoren[1].

Andererseits findet man leicht die folgende Beziehung:

$$\frac{\mu_0 \overline{H^2}}{8\pi} = \frac{K_r \overline{h^2}}{8\pi}, \tag{15}$$

---

[1] In der Notiz des Verfassers in den C. r. Acad. Sci. Paris **172**, 116 (1921) wurde ein überflüssiges Glied $N e h\, ds$ in (14) eingeführt, das die Arbeit der elektrischen Kraft an dem Dipol darstellen sollte. Jedoch ist diese Arbeit, nach der Bewegungsgleichung (1), offenbar gleich der Änderung der potentiellen und der kinetischen Energie des Oszillators. In der zitierten Arbeit wurde also ein und dasselbe Glied zweimal (mit verschiedenen Vorzeichen) gerechnet, was offenbar sinnlos ist.

worin:
$$K_r = \text{reeller Teil von } K$$
$$= k_0 + 4\pi N \frac{e^2}{m} \frac{(\omega_0^2 - \omega^2)}{[(\omega_0^2 - \omega^2)^2 + 4\varrho^2\omega^2]}$$

bedeutet. Die Gleichung (15) drückt die Gleichheit der mittleren elektrischen und magnetischen Energie (für ein Medium mit der Dielektrizitätskonstante K_r) aus; sie läßt sich einfach aus den Ausbreitungsgleichungen ableiten. Der Ausdruck für E läßt sich umformen und der Faktor $K_r A^2/8\pi$ vor die Klammer setzen, wenn wir uns an die Beziehung $\overline{h^2} = \frac{1}{2}A^2$ erinnern. Man erhält dann:

$$E = \frac{K_r A^2}{8\pi}\left(1 - \frac{1}{2}\frac{(K_r - k_0)}{K_r} + \frac{1}{2}\frac{4\pi N e^2}{K_r m}\frac{(\omega^2 + \omega_0^2)}{[(\omega_0^2 - \omega^2)^2 + 4\varrho^2\omega^2]}\right). \tag{16}$$

Das Glied mit $\frac{K_r - k_0}{K_r}$, das aus dem Ausdruck $\frac{k_0\overline{h^2}}{8\pi}$ entstanden ist, läßt sich leicht berechnen:

$$K_r - k_0 = \frac{4\pi N e^2}{m}\frac{(\omega_0^2 - \omega^2)}{[(\omega_0^2 - \omega^2)^2 + 4\varrho^2\omega^2]}. \tag{17}$$

Das letzte Glied in der Formel für E wurde dadurch gewonnen, daß man für $\overline{s^2}$ und $\overline{\dot{s}^2}$ ihre aus den Bewegungsgleichungen (1) bis (3) folgenden Werte einsetzte. Durch Ausrechnen erhält man aus (16) und (17):

$$E = \frac{K_r A^2}{8\pi}\left(1 + \frac{4\pi N e^2}{K_r m}\frac{\omega^2}{[(\omega_0^2 - \omega^2)^2 + 4\varrho^2\omega^2]}\right). \tag{18}$$

Für die Energie-Fortpflanzungsgeschwindigkeit U_1 erhalten wir nunmehr, unter Benutzung der Definitionsgleichungen des Abschnitts 4, erstes Kapitel:

$$\frac{V}{U_1} = 1 + \frac{4\pi N e^2}{K_r m}\frac{\omega^2}{[(\omega_0^2 - \omega^2)^2 + 4\varrho^2\omega^2]}. \tag{19}$$

Auch in den Gebieten der anomalen Dispersion ist diese Formel noch gültig. In der Abb. 2 des Textes (S. 9) wurde die aus (19) bestimmte Kurve eingezeichnet, die die Änderung von $1/U_1$ als Funktion der Frequenz ungefähr wiedergibt.

In größerer Entfernung von der anomalen Zone kann K mit dem reellen Teil K_r identifiziert und ϱ vernachlässigt werden; der Vergleich von (13) und (19) ergibt in diesem Fall:

$$\frac{1}{U} = \frac{1}{U_1},$$

also Gleichheit der Energietransport- und der Gruppengeschwindigkeit.

Zusatz II. Grundbegriffe der Kombinatorik.

1. Einfache Permutationen ohne Wiederholungen. Einfache Permutationen aus n verschiedenen Elementen zu bilden, bedeutet: diese Elemente in allen möglichen verschiedenen Reihenfolgen anzuordnen. Jede Anordnung muß alle n Elemente enthalten; jedes Element darf in jeder Anordnung nur einmal vorkommen.

Aus zwei Elementen a und b kann man zwei Permutationen bilden: ab und ba. Wenn man ein drittes Element c hinzufügt, so kann man es in jede der beiden Anordnungen ab und ba an drei Stellen einführen: z. B. können aus ab die Gruppen cab, acb und abc entstehen. Es ist also:

$$\mathrm{Perm}\,(2) = 2 = 2!\,,$$

$$\mathrm{Perm}\,(3) = 3\,\mathrm{Perm}\,(2) = 3\cdot 2 = 3!\,.$$

Allgemein gilt:

$$\left.\begin{aligned}\mathrm{Perm}\,(n) &= n\,\mathrm{Perm}\,(n-1)\\ &= n(n-1)\,\mathrm{Perm}\,(n-2) = n!\,.\end{aligned}\right\} \qquad (1)$$

(Bekanntlich muß man in allen solchen Formeln $0!$ gleich 1 setzen.)

2. Einfache Variationen ohne Wiederholungen. Als einfache Variationen „zu p aus n Elementen" bezeichnet man alle möglichen Gruppen, die aus je p von den n Elementen gebildet werden können und sich entweder durch die beteiligten Elemente oder durch ihre Reihenfolge unterscheiden. Jedes Element darf in einer Gruppe nur einmal vorkommen.

Die n Elemente seien durch die Buchstaben $a, b, c, \ldots, l$ bezeichnet. Die Anzahl der Variationen zu 1 Element ist offenbar gleich n:

$$\mathrm{Var}_1(n) = n\,.$$

Wenn wir alle Variationen zu zwei Elementen bilden, in denen als erstes das Element a vorkommt, so bestehen dazu die Möglichkeiten $ab, ac, \ldots, al$, insgesamt also $(n-1)$ Möglichkeiten. Analoges gilt für die mit b beginnenden Variationen usw. Es ist also:

$$\mathrm{Var}_2(n) = (n-1)\,\mathrm{Var}_1(n) = n(n-1)\,.$$

Allgemein erhält man:

$$\left.\begin{aligned}\mathrm{Var}_p(n) &= (n-p+1)\,\mathrm{Var}_{p-1}(n) = \cdots\\ &= n(n-1)\ldots(n-p+1)\,.\end{aligned}\right\} \qquad (2)$$

Für $p = n$ geht die Formel (2) in die Formel (1) für die Permutationen über.

Die Formel (2) kann auch in der Form:

$$\mathrm{Var}_p(n) = \frac{n!}{(n-p)!} \tag{3}$$

geschrieben werden.

3. Einfache Kombinationen ohne Wiederholungen. Unter einfachen Kombinationen „zu p aus n Elementen" versteht man alle Gruppen, die je p Elemente enthalten und sich nach ihrer Zusammensetzung unterscheiden; in Unterschied von den Variationen werden Gruppen, die sich nur durch die *Reihenfolge* der Elemente unterscheiden, nicht gesondert gezählt. Die Anzahl der Kombinationen ist offenbar gleich dem Quotienten aus der Anzahl der Variationen zu p von n Elementen und der Anzahl der Permutationen von p Elementen:

$$C_p(n) = \frac{\mathrm{Var}_p(n)}{\mathrm{Perm}\,(p)} = \frac{n!}{p!(n-p)!} = \binom{n}{p}. \tag{4}$$

Das Eulersche Symbol $\binom{n}{p}$ bedeutet den Koeffizienten des p-ten Gliedes in einem Binom n-ten Grades. Bekanntlich ist:

$$\binom{n}{p} = \binom{n}{n-p}, \quad \binom{n}{-a} = \binom{n}{n+a} = 0, \quad \binom{n}{0} = \binom{n}{n} = 1 \tag{5}$$

(n, p und a sind ganze positive Zahlen).

4. Permutationen mit Wiederholungen. Es seien n Elemente gegeben, die zum Teil identisch sind. Es sollen a Elemente vom Typus A, b Elemente vom Typus B, . . ., t Elemente vom Typus T vorhanden sein. Es ist:

$$n = a + b + c + \cdots + t. \tag{6}$$

Die Permutationen, die man aus solchen Elementen bilden kann, nennt man „Permutationen mit Wiederholungen". Ihre Anzahl ist:

$$\mathrm{Perm}_w(n) = \frac{n!}{a!\,b!\,c!\ldots!\,t!}. \tag{7}$$

Man erhält (7) in folgender Weise: man geht von $n!$ Permutationen aus, die im Falle von lauter verschiedenen Elementen vorhanden wären; man macht a Elemente untereinander gleich, dadurch wird die Anzahl der Permutationen im Verhältnis $1:a!$ verkleinert, denn in jeder Anordnung kann man nunmehr a Elemente beliebig permutieren, ohne daß man einen Unterschied merkt. Analoge Überlegungen gelten für die Gruppen $b, c, \ldots, t$.

Anwendung der Formel (7): Gesucht seien die Verteilungen von n verschiedenen Kugeln auf eine gewisse Anzahl von Urnen; die erste Urne (A) soll a Kugeln enthalten, die zweite Urne (B) b Kugeln usw. Die Anzahl der verschiedenen Verteilungen ist auch in diesem Fall durch (7) gegeben; die Gleichwertigkeit der a Kugeln in der ersten Urne, der b Kugeln in der zweiten usw., ist diesmal nicht in der Natur der Kugeln begründet, sondern dadurch bedingt, daß man die Permutationen im Innern einer Urne als unwesentlich ansieht.

5. Variationen mit Wiederholungen. Variationen mit Wiederholungen zu p aus n verschiedenen Elementen sind Gruppen, die man bilden kann, wenn man je p solcher Elemente nimmt und sie in einer bestimmten Reihenfolge anordnet, wobei jedes Element bis zu p Mal in einer Gruppe vorkommen darf. Gruppen, die sich durch die Reihenfolge der nichtidentischen Elemente unterscheiden, werden gesondert gezählt. Es gilt offenbar:

$$\mathrm{Var}_{p(w)}(n) = n^p, \tag{8}$$

denn auf jede der p Stellen in einer Gruppe kann man jedes von den n Elementen setzen, ohne sich darum zu kümmern, ob ein ähnliches Element in der Gruppe bereits vorhanden ist.

6. Kombinationen mit Wiederholungen. Die Kombinationen mit Wiederholungen zu p von n verschiedenen Elementen sind Gruppen, die man aus diesen Elementen bilden kann, indem man je p Elemente, ohne auf ihre Reihenfolge zu achten, vereinigt. Jedes Element kann bis zu p Malen in einer Gruppe vorkommen.

Mit drei Buchstaben a, b, c kann man 6 Kombinationen mit Wiederholungen zu 2 Buchstaben bilden, nämlich aa, ab, ac; bb, bc; cc sowie 10 Kombinationen zu 3 Buchstaben ($aaa, aab, aac, abb, abc, acc, bbb, bbc, bcc, ccc$) usw. Man erhält somit:

$$C_{2(w)}(3) = 6,$$
$$C_{3(w)}(3) = 10 = \frac{3+2}{3} \cdot 6,$$
$$C_{4(w)}(3) = 15 = \frac{4+2}{4} \cdot 10.$$

Die allgemeine Reduktionsformel lautet, wie leicht zu beweisen ist:

$$C_{s(w)}(n) = \frac{s+n-1}{s} C_{s-1(w)}(n). \tag{9}$$

Rechnen wir aus, wie oft einer von den Gegenständen „A“ in der Gesamtheit aller Kombinationen mit Wiederholungen auftritt. Da die Gesamtzahl solcher Gegenstände in allen Kombinationen $s\,C_{s(w)}(n)$ beträgt, so tritt jeder Gegenstand A:

$$\frac{s}{n}\,C_{s(w)}(n) \tag{10}$$

Male auf, denn die Wahrscheinlichkeit für das Auftreten jedes von den n ursprünglich vorhandenen Gegenständen ist die gleiche. Wenn wir jetzt alle Kombinationen zu $(s-1)$ Elementen betrachten, so wird derselbe Gegenstand A:

$$\frac{s-1}{n}\,C_{(s-1)(w)}(n)$$

Male auftreten. Indem man zu jeder der $C_{(s-1)(w)}(n)$ Kombinationen zu $(s-1)$ je einen Gegenstand A zufügt, erhält man offenbar alle diejenigen Kombinationen zu s, in denen A wenigstens einmal vorkommt. Die Anzahl von Fällen, in denen ein Gegenstand A in den Kombinationen zu s auftritt, ist also:

$$\frac{s-1}{n}\,C_{(s-1)(w)}(n) + C_{(s-1)(w)}(n)\,. \tag{11}$$

Durch Gleichsetzen dieses Ausdrucks mit dem direkt erhaltenen Ausdruck (10) bekommen wir:

$$\frac{s}{n}\,C_{s(w)}(n) = \left(1 + \frac{s-1}{n}\right) C_{(s-1)(w)}(n)\,,$$

wodurch die Formel (9) bewiesen ist.

Setzen wir s gleich $1, 2, \ldots, p$ und multiplizieren wir miteinander alle vorkommenden Reduktionsformeln. Wir erhalten dann:

$$C_{p(w)}(n) = \frac{n(n+1)\ldots(n+p-1)}{1.\,2\ldots p} = \frac{(n+p-1)!}{p!\,(n-1)!}\,. \tag{12}$$

Die Anzahl der Elemente, die eine Gruppe bilden, darf in den Variationen oder Kombinationen mit Wiederholungen auch größer sein als die vorgegebene Anzahl n der verschiedenen Gegenstände.

7. Anwendungen. Betrachten wir p gleiche Kugeln; sie sollen auf n Urnen verteilt werden. Jede Urne kann eine beliebige Anzahl von Kugeln aufnehmen oder auch leer bleiben. Eine bestimmte Verteilung wird z. B. erreicht, wenn sich m_1 Kugeln in der Urne a_1, m_2 Kugeln in der Urne $a_2, \ldots, m_n$ in der Urne a_n

befinden. Einige von den Zahlen m_i können gleich Null sein. Es gilt:

$$m_1 + m_2 + \cdots + m_n = p\,.$$

Dieser Verteilung entspricht, wie man leicht einsehen kann, eine von den Kombinationen mit Wiederholungen zu p von n Elementen (wobei als Elemente die Urnen $a_1, a_2, \ldots, a_n$ auftreten), nämlich diejenige, in der das Element a_1 insgesamt m_1-fach, das Element a_2 — m_2-fach auftritt usw.

Die Zuordnung ist eindeutig; die Anzahl der möglichen Verteilungen wird also durch die Formel (12) bestimmt.

Dasselbe Ergebnis kann auch auf einem anderen Weg gewonnen werden. Reihen wir aufs Geratewohl, in beliebiger Abwechslung, die p Kugeln und die $n - 1$ von den n Urnen auf einer geraden Linie auf. Als Schlußglied der Reihe setzen wir die letzte, n-te Urne. Die Anzahl der möglichen Anordnungen dieser Art ist gleich der Anzahl der Permutationen aus $(n + p - 1)$ Elementen, also gleich $(n + p - 1)!$ Wenn wir alle Kugeln als identisch ansehen und nur die Urnen unterscheiden, so erhalten wir direkt die Anzahl der Permutationen mit Wiederholungen:

$$\frac{(n + p - 1)!}{p!}\,.$$

Sammeln wir jetzt alle Kugeln, die zur Linken von einer Urne sich befinden, in dieser Urne. Da die letzte Stelle rechts von einer Urne eingenommen ist, werden in dieser Weise alle Kugeln verteilt. Wir gelangen durch diese Operation zu einer bestimmten Verteilung. Die gleiche Verteilung kommt aber $(n - 1)!$-mal vor, denn die ersten $n - 1$ Urnen können noch beliebig permutiert werden. Durch Division mit $(n - 1)!$ gelangen wir wieder zu der Formel (12), die wir somit auf einem indirekten Wege nochmal abgeleitet haben.

Dieses Problem kehrt in vollständig analoger Form in der Statistik von PLANCK, BOSE und EINSTEIN wieder.

8. Die Formel von STIRLING. Die Fakultäten $n!$ wachsen sehr schnell mit wachsendem n; $30!$ ist eine 33stellige Zahl, $400!$ bereits eine 869stellige. Um die Rechnungen mit den Fakultäten durchzuführen, muß man daher über eine Näherungsformel verfügen. Die bekannteste davon ist die Formel von STIRLING:

$$n! \simeq \frac{n^n}{e^n}\sqrt{2\pi n}\left(1 + \frac{1}{12\,n} + \frac{1}{288\,n^2} - \frac{139}{51\,840\,n^3} + \cdots\right). \qquad (13)$$

Der absolute Fehler, der bei der Anwendung der Formel (13) gemacht wird, wächst mit wachsendem n ins Unendliche, dagegen nimmt der relative Fehler rasch ab; er beträgt 0,004 für $n = 20$ und 0,0008 für $n = 100$.

Wenn wir zu den natürlichen Logarithmen übergehen, erhalten wir:

$$\log n! \simeq \left(n + \frac{1}{2}\right)\log n - n + \frac{1}{2}\log(2\pi) + \frac{1}{12n} - \frac{1}{360n^3} + \cdots \qquad (14)$$

Es genügt oft, in (14) nur die ersten Glieder zu behalten; man darf oft einfach

$$\log n! \simeq n(\log n - 1)$$

setzen.

9. Einige oft vorkommende Integrale. Die Γ-Funktion. Es gibt einige Integrale, die in statistischen Rechnungen oft wiederkehren. Wir führen die wichtigsten an:

$$J = \int_{-\infty}^{+\infty} e^{-x^2} dx = 2\int_0^{\infty} e^{-x^2} dx = \sqrt{\pi}. \qquad (15)$$

Der Beweis ist klassisch. Man bildet J^2 mittels zweier Integrale, die sich auf die rechtwinkligen Koordinaten x, y beziehen und geht zu den Polarkoordinaten ($x^2 + y^2 = \varrho^2$) über:

$$J^2 = \int_{-\infty}^{+\infty} e^{-x^2} dx \int_{-\infty}^{+\infty} e^{-y^2} dy = \int_0^{\infty} e^{-\varrho^2}\, 2\pi\varrho\, d\varrho = \pi \int_0^{\infty} e^{-\varrho^2} d(\varrho^2) = \pi.$$

Durch partielle Integration beweist man die Formeln:

$$\int_0^{\infty} x^2 e^{-x^2} dx = \frac{1}{2}\left[x e^{-x^2}\right]_0^{\infty} + \frac{1}{2}\int_0^{\infty} e^{-x^2} dx = \frac{\sqrt{\pi}}{4}, \qquad (16)$$

$$\int_0^{\infty} x^4 e^{-x^2} dx = -\tfrac{1}{2}\left[x^3 e^{-x^2}\right]_0^{\infty} + \tfrac{3}{2}\int_0^{\infty} x^2 e^{-x^2} dx = \tfrac{3}{8}\sqrt{\pi}. \qquad (17)$$

Aus der Formel (16) leitet man, indem man $x^2 = \alpha y^2$ setzt, die folgende ab:

$$\int_0^{\infty} y^2 e^{-\alpha y^2} dy = \alpha^{-\frac{3}{2}} \int x^2 e^{-x^2} dx = \frac{1}{2\alpha}\int e^{-\alpha y^2} dy, \qquad (18)$$

woraus:

$$\overline{y^2} = \frac{1}{2\alpha}$$

folgt. Alle diese Integrale können als Spezialfälle der sog. Gammafunktion angesehen werden, die nach EULER durch die Gleichung:

$$\Gamma(z) = \int_0^\infty t^{z-1} e^{-t}\, dt \tag{19}$$

definiert werden können, wenn z einen positiven imaginären Teil hat. Die allgemeine Definition für beliebige z-Werte ist die von WEIERSTRASS:

$$\frac{1}{\Gamma(z)} = z e^{\gamma z} \prod_{n=1}^{n=\infty} \left[\left(1+\frac{z}{n}\right) e^{-\frac{z}{n}}\right] \tag{20}$$

(n = ganze Zahl). γ ist die Konstante von EULER und MASCHERONI:

$$\gamma = \lim \left(1 + \frac{1}{2} + \cdots + \frac{1}{m} - \log m\right)_{m \to \infty} = 0{,}5772157\ldots$$

Bei Betrachtung der Formel (20) erkennt man, daß $\Gamma(z)$ unendlich ist, wenn z einen beliebigen negativen ganzzahligen Wert annimmt. Man findet des weiteren ohne Schwierigkeit die charakteristischen Beziehungen:

$$\Gamma(z+1) = z\Gamma(z), \qquad \Gamma(1) = \Gamma(0) = 1, \tag{21}$$

$$\Gamma(z)\,\Gamma(1-z) = \frac{\pi}{\sin \pi z}. \tag{22}$$

Aus (21) folgt, daß für ganzzahlige positive z-Werte einfach:

$$\Gamma(z+1) = z! \tag{23}$$

gilt. Wenn der Modul $|z|$ sehr groß ist, kann auf die Funktion Γ die STIRLINGsche Formel angewandt werden:

$$\log \Gamma(z) = \left(z - \frac{1}{2}\right) \log z - z + \frac{1}{2} \log(2\pi) + \frac{1}{12z} - \frac{1}{360 z^2} + \cdots. \tag{24}$$

Durch Kombination dieser Formel mit (21) findet man die Formel (14) für $n!$ wieder.

10. Einige Integrale, die in der FERMI-Statistik vorkommen. Die Integrale, die uns hier beschäftigen, sind von folgendem Typus:

$$U_\varrho = \frac{1}{\Gamma(\varrho+1)} \int_0^\infty \frac{z^\varrho\, dz}{e^{\alpha+z}+1}. \tag{25}$$

Für $\varrho = \frac{1}{2}$ und $\varrho = \frac{3}{2}$ erhalten wir aus (25) die Funktionen, die im fünften Kapitel (Abschnitt 4) mit $F(\alpha)$ und $H(\alpha)$ bezeichnet wurden. Wenn α positiv und groß ist, so gibt eine einfache Reihenentwicklung:

$$\left.\begin{aligned} U_\varrho &= \frac{1}{\Gamma(\varrho+1)}\int_0^\infty z^\varrho\, dz \sum_k (-1)^{k-1} e^{-k(\alpha+z)} \\ &= e^{-\alpha} - \frac{e^{-2\alpha}}{2^{\varrho+1}} + \frac{e^{-3\alpha}}{3^{\varrho+1}} - \frac{e^{-4\alpha}}{4^{\varrho+1}} + \cdots . \end{aligned}\right\} \quad (26)$$

Das allgemeine Glied der Entwicklung ist — unter Benutzung der Definition (19):

$$\begin{aligned} (-1)^{k-1}\frac{e^{-k\alpha}}{\Gamma(\varrho+1)}\int z^\varrho e^{-kz}\, dz &= \frac{(-1)^{k-1} e^{-k\alpha}}{\Gamma(\varrho+1)\, k^{\varrho+1}}\int t^\varrho e^{-t}\, dt \\ &= \frac{(-1)^{k-1} e^{-k\alpha}}{k^{\varrho+1}} . \end{aligned}$$

Nicht so einfach ist das Problem bei großen negativen α-Werten — also unter Bedingungen, die dem Zustand starker Gasentartung entsprechen: Wir führen zunächst einen Variablentausch aus:

$$\alpha = -a, \qquad \alpha + z = z - a = ay .$$

Es ist dann:

$$U_\varrho = \frac{a^{\varrho+1}}{\Gamma(\varrho+1)}\int_{-1}^{\infty}\frac{(1+y)^\varrho\, dy}{e^{ay}+1} . \quad (27)$$

Wir betrachten das Integral getrennt für die Gebiete $-1 \leq y \leq 0$ und $0 \leq y \leq \infty$:

$$\left.\begin{aligned} U_\varrho &= \frac{a^{\varrho+1}}{\Gamma(\varrho+1)}\left[\int_{-1}^{0}\frac{(1+y)^\varrho}{e^{ay}+1}\, dy + \int_0^\infty \frac{(1+y)^\varrho}{e^{ay}+1}\, dy\right] \\ &= \frac{a^{\varrho+1}}{\Gamma(\varrho+1)}\left[\int_0^1 \frac{(1-y)^\varrho}{1+e^{-ay}}\, dy + \int_0^\infty \frac{(1+y)^\varrho}{e^{ay}+1}\, dy\right]. \end{aligned}\right\} \quad (28)$$

Im ersten Integral ersetzten wir die Integration von $y = -1$ bis $y = 0$ durch eine Integration von $-y = 1$ bis $-y = 0$.

Wir benutzen folgende Beziehung:

$$\frac{1}{1+e^{-ay}} = 1 - \frac{e^{-ay}}{1+e^{-ay}} .$$

Indem wir sie auf das erste Integral anwenden, erhalten wir:

$$\left.\begin{aligned}\int_0^1 \frac{(1-y)^\varrho}{1+e^{-ay}}\,dy &= \int_0^1 (1-y)^\varrho\,dy - \int_0^1 (1-y)^\varrho \frac{e^{-ay}}{1+e^{-ay}}\,dy \\ &= \frac{1}{\varrho+1} - \int_0^1 \frac{(1-y)^\varrho}{e^{ay}+1}\,dy.\end{aligned}\right\} \quad (29)$$

Durch Umformung von (28) und (29) bekommen wir:

$$U_\varrho = \frac{a^{\varrho+1}}{(\varrho+1)\Gamma(\varrho+1)} + \frac{a^{\varrho+1}}{\Gamma(\varrho+1)} \int_0^\infty [(1+y)^\varrho - (1-y)^\varrho] \frac{dy}{e^{ay}+1}. \quad (30)$$

Die Integration von 0 bis 1 wurde in (30) durch eine Integration von 0 bis ∞ ersetzt. Dieser Ersatz kann leicht gerechtfertigt werden, wenn a, wie vorausgesetzt wurde, groß ist; denn für $y \geq 1$ ist der Nenner groß, und die Integration von 1 bis ∞ gibt keinen nennenswerten Beitrag.

Wie kann das Integral (30) bestimmt werden? Bemerken wir, daß der Integrand für $y = 0$ verschwindet und bei etwas höheren Werten schon wieder sehr klein wird. Das einzige Gebiet, das von Bedeutung ist, ist die Nachbarschaft von $1/a$. Der Klammerausdruck kann — unter Benutzung der Abkürzungen (4) — folgendermaßen entwickelt werden:

$$\left.\begin{aligned}&(1+y)^\varrho - (1-y)^\varrho \\ &= 2\left[\varrho y + \frac{\varrho(\varrho+1)(\varrho+2)}{3!} y^3 + \cdots + \binom{\varrho}{2k+1} y^{2k+1} + \cdots\right].\end{aligned}\right\} \quad (31)$$

Wir erhalten dann:

$$\int_0^\infty [(1+y)^\varrho - (1-y)^\varrho] \frac{dy}{e^{ay}+1} = 2\int_0^\infty \frac{dy}{e^{ay}+1} \sum_k \binom{\varrho}{2k+1} y^{2k+1}. \quad (32)$$

Da e^{-ay} immer kleiner als 1 ist, so können wir folgendermaßen entwickeln:

$$\left.\begin{aligned}\frac{1}{e^{ay}+1} &= \frac{e^{-ay}}{1+e^{-ay}} \\ &= e^{-ay}[1 - e^{-ay} + e^{-2ay} + \cdots + (-1)^n e^{-nay} + \cdots] \\ &= \sum_n (-1)^n e^{-(n+1)ay}.\end{aligned}\right\} \quad (33)$$

Für das Integral (32) erhalten wir den Ausdruck:

$$\left.\begin{aligned} & 2\int\limits_0^\infty dy \sum_{kn} \binom{\varrho}{2k+1} (-1)^n y^{2k+1} e^{(n+1)\,a y} \\ & = 2 \sum_{kn} (-1) \binom{\varrho}{2k+1} \frac{1}{(n+1)^{2k+2}\, a^{2k+2}} \int\limits_0^\infty t^{2k+1} e^{-t}\, dt . \end{aligned}\right\} \tag{34}$$

Das Integral reduziert sich auf die Funktion $\Gamma(2k+2) = (2k+1)!$ Der Wert des Binomialkoeffizienten ist:

$$\binom{\varrho}{2k+1} = \frac{\Gamma(\varrho+1)}{\Gamma(2k+2)\,\Gamma(\varrho-2k)} .$$

Führen wir folgende Koeffizienten c_ν ein:

$$c_\nu = 1 - \frac{1}{2^\nu} + \frac{1}{3^\nu} + \cdots + \frac{(-1)^n}{(n+1)^\nu} + \cdots .$$

Unsere Entwicklung (34) nimmt dann die Form:

$$2\,\Gamma(\varrho+1) \sum_k \frac{c_{2k+2}}{a^{2k+2}} \frac{1}{\Gamma(\varrho-2k)} \tag{35}$$

an, so daß die Funktion U_ϱ, nach (30) und (35), folgendes Aussehen erhält:

$$\begin{aligned} U_\varrho = {} & \frac{a^{\varrho+1}}{\Gamma(\varrho+2)} \\ & + 2a^{\varrho+1}\left(\frac{c_2}{a^2\,\Gamma(\varrho)} + \frac{c_4}{a^4\,\Gamma(\varrho-2)} + \cdots + \frac{c_{2k+2}}{a^{2k+2}\,\Gamma(\varrho-2k)} + \cdots\right). \end{aligned}$$

Die Ausdrücke, die im fünften Kapitel, Abschnitt 5, Gl. (35) und (36), für die beiden Fermischen Funktionen F und H gegeben wurden, sind Spezialfälle der Formel (36), die den Werten $\varrho = \frac{1}{2}$ bzw. $\varrho = \frac{3}{2}$ entsprechen. Bei ihrer Bestimmung wurde der exakte Wert des Koeffizienten c_2:

$$c_2 = 1 - \frac{1}{2^2} + \frac{1}{3^2} - \frac{1}{4^2} + \cdots = \frac{\pi^2}{12} \tag{37}$$

verwendet. Die Entwicklung (36) ist von einem Fehler von der Größenordnung $e^{\alpha} = e^{-a}$ behaftet, der sich zwischen den Gleichungen (29) und (30), beim Ersatz der oberen Integrationsgrenze 1 durch ∞, eingeschlichen hat.

Die Bedeutung der Rechnungen kann an der beigefügten Abb. 57 leicht erkannt werden. Die ausgezogene Kurve ist die

Funktion z^ϱ, die gestrichelte Kurve — der Integrand $\frac{z^\varrho}{e^{\alpha+z}+1}$ Bei kleinen z-Werten stimmen die beiden Kurven praktisch vollständig überein; in der Nähe von $z = -\alpha = a$ gehen sie stark auseinander. Im Punkt $z = a$ selbst beträgt das Verhältnis der beiden Größen genau 1:2; bei noch höheren z-Werten nimmt es sehr rasch exponentiell ab. In erster Näherung [erstes Glied von (30)] ersetzt man das Integral durch die Fläche, die unter der z^ϱ-Kurve bis zur Ordinate $z = a$ eingeschlossen ist. Die nächsten Näherungen [Gl. (31) bis (35)] entsprechen der Berechnung der Differenz zwischen den beiden gestrichelten Flächenstücken. Die Umgebung des Punktes $y = \frac{1}{a}$ ($z = a - 1$ oder $a + 1$) spielt die Hauptrolle bei dieser Berechnung.

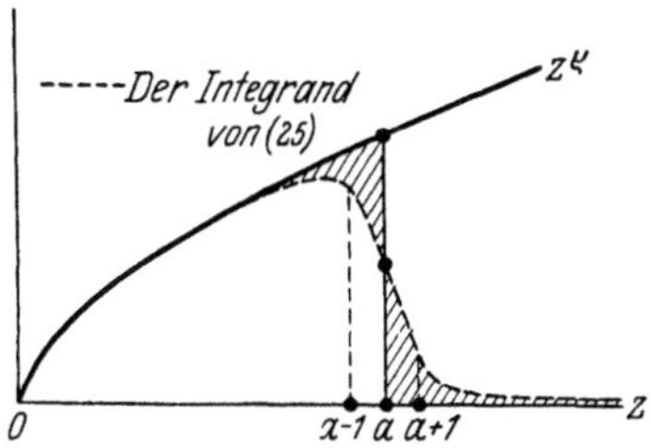

Abb. 57.

Die gewonnenen Ergebnisse können für das Integral:

$$V = \int_0^\infty \frac{dz}{e^{\alpha+z}+1} \frac{\partial \varphi(z)}{\partial z} \tag{38}$$

verallgemeinert werden. Wir nehmen an, daß die Funktion $\varphi(z)$ bei $z = 0$ verschwindet und daß in dem wichtigen Gebiet von $z = 0$ bis zu einem Punkt etwas hinter $z = a$ eine Reihenentwicklung:

$$\varphi = \sum_\varrho A_\varrho \frac{z^{\varrho+1}}{(\varrho+1)!}, \qquad (\varrho+1)! = \Gamma(\varrho+2) \tag{39}$$

möglich erscheint. Die ν-te Abgeleitete von φ ist dann:

$$\varphi^{(\nu)} = \sum_\varrho A_\varrho \frac{z^{\varrho+1-\nu}}{(\varrho+1-\nu)!}. \tag{40}$$

Unter Benutzung der Entwicklung (39) verwandelt man V in eine Reihe von Gliedern, die die Integrale U_ϱ enthalten:

$$V = \sum_\varrho A_\varrho U_\varrho = \varphi(a) + 2\left[c_2 \varphi^{\mathrm{II}}(a) + c_4 \varphi^{\mathrm{IV}}(a) + c_6 \varphi^{\mathrm{VI}}(a) + \cdots\right]. \tag{41}$$

Die Entwicklung (41) erhält man durch Anwendung der Formel (36) und geeignete Umgruppierung der von den verschiedenen Integralen U_ϱ in (40) stammenden Gliedern.

Als Beispiel der Anwendung der Formel (41) berechnen wir folgende Funktionen:

$$\left.\begin{aligned} V_0 &= \int_0^\infty \frac{\partial L_1}{\partial z} \frac{dz}{e^{\alpha+z}+1}, \\ V_1 &= \frac{1}{2!}\int_0^\infty \frac{\partial L_2}{\partial z} \frac{dz}{e^{\alpha+z}+1}, \\ V_3 &= \frac{1}{3!}\int_0^\infty \frac{\partial L_3}{\partial z} \frac{dz}{e^{\alpha+z}+1} \end{aligned}\right\} \tag{42}$$

mit

$$L_1 = z\,L(z), \qquad L_2 = z^2 L(z), \qquad L_3 = z^3 L(z). \tag{43}$$

In der SOMMERFELDschen Theorie ist $L(z)$ die mittlere freie Weglänge der Elektronen $\left(\text{als Funktion ihrer Geschwindigkeit, mit } z = \frac{p^2}{2mkT}\right)$.

Wenn α groß und negativ ist ($\alpha = -a$), erhalten wir:

$$\left.\begin{aligned} V_0 &= L_1(a) + \frac{\pi^2}{6}\frac{\partial^2 L_1}{\partial z^2} + \cdots \\ &= a\,L(a) + \frac{\pi^2}{6}\left(2\frac{\partial L}{\partial z} + z\frac{\partial^2 L}{\partial z^2}\right)_{z=a} + \cdots, \\ V_1 &= \frac{1}{2}\left[L_2(a) + \frac{\pi^2}{6}\frac{\partial^2 L_2}{\partial z^2} + \cdots\right] \\ &= \frac{a^2}{2}L(a) + \frac{\pi^2}{12}\left(2L + 4z\frac{\partial L}{\partial z} + z^2\frac{\partial^2 L}{\partial z^2}\right)_{z=a} + \cdots, \\ V_2 &= \frac{1}{6}\left[L_3(a) + \frac{\pi^2}{6}\frac{\partial^2 L_3}{\partial z^2} + \cdots\right] \\ &= \frac{a^3}{6}L(a) + \frac{\pi^2}{36}\left(6zL + 6z^2\frac{\partial L}{\partial z} + z^3\frac{\partial^2 L}{\partial z^2}\right)_{z=a} + \cdots. \end{aligned}\right\} \tag{44}$$

Die zweiten Glieder sind nur kleine Korrekturen. Man erhält aus (44):

$$\frac{V_1}{V_0} = \frac{a}{2}\left[1 + \frac{\pi^2}{3a^2}\left(1 + a\frac{\partial \log L}{\partial z}\right)_{z=a} + \cdots\right],$$

$$\frac{V_2}{V_1} = \frac{a}{3}\left[1 + \frac{\pi^2}{3a^2}\left(2 + a\frac{\partial \log L}{\partial z}\right)_{z=a} + \cdots\right].$$

11. Einige Integrale, die in der Statistik von BOSE-EINSTEIN vorkommen. Bei der Anwendung der Formel von PLANCK und der Statistik von BOSE und EINSTEIN treten folgende Integrale auf:

$$I_m = \int_0^\infty \frac{\xi^m d\xi}{e^\xi - 1} = \sum_{p=1}^{p=\infty} \int_0^\infty \xi^m e^{-p\xi} d\xi = m! \sum_{p=1}^{p=\infty} \frac{1}{p^{m+1}} = m!\, s_{m+1} . \qquad (46)$$

Die Lösung folgt aus der Formel (19) für die Γ-Funktion. Mit s_m bezeichnen wir die Summe der $-m$-ten Potenzen der ganzen Zahlen von 1 bis ∞. Diese Summen sind berechnet worden; wir geben einige Werte wieder:

$$1 + \frac{1}{2^2} + \frac{1}{3^2} + \cdots = s_2 = 1{,}6449340668 = \frac{\pi^2}{6},$$

$$1 + \frac{1}{2^3} + \frac{1}{3^3} + \cdots = s_3 = 1{,}2020569031,$$

$$s_4 = 1{,}0823232337 = \frac{\pi^4}{90},$$

$$s_5 = 1{,}0369277551,$$

$$s_6 = 1{,}0173430619 = \frac{\pi^6}{945},$$

$$s_7 = 1{,}0083492773,$$

$$s_8 = 1{,}0040773561 = \frac{\pi^8}{9450},$$

$$s_9 = 1{,}0020083928,$$

$$s_{10} = 1{,}0009945751 = \frac{\pi^{10}}{93555}.$$

Die Integrale mit ungeraden Indizes stehen in einfacher Beziehung zu den BERNOULLIschen Zahlen [siehe S. 383]:

$$I_{2k-1} = \frac{2^{2k-2} \pi^{2k}}{k} B_k . \qquad (48)$$

Folgende Integrale reduzieren sich durch partielle Integration auf den eben behandelten Typus:

$$I_m = \int_0^\infty \frac{e^\xi}{(e^\xi - 1)^2} \xi^m d\xi = -\left| \frac{\xi^m}{e^\xi - 1} \right|_0^\infty + m I_{m-1} = m!\, s_m . \qquad (49)$$

Zusatz III. Über eine neue Arbeit von Nordheim bezüglich der Elektronentheorie der Metalle. — Über die Umklapp-Prozesse von Peierls.

I.

Als dieses Buch schon abgeschlossen wurde, erschien eine sehr interessante Arbeit von Nordheim[1] über die Elektronentheorie der Metalle. Ich möchte hier einige Hinweise machen, die dem Leser den Vergleich der Ergebnisse von Nordheim mit den im achten Kapitel dieses Buches gegebenen Ableitungen erleichtern sollen. Zunächst mögen die Bezeichnungen zusammengestellt werden:

Dieses Buch		Nordheim	Bedeutung
d	$=$	a	Gitterkonstante;
Gd	$=$	K	Kubuskante im zyklischen Gitter;
$\vec{a}_1(a_1 b_1 c_1)$	$=$	$\frac{\mathfrak{k}}{K}\left(\frac{k_x}{K}, \frac{k_y}{K}, \frac{k_z}{K}\right)$	Wellenzahl der einfallenden Elektronenwelle;
$\vec{a}_2(a_2 b_2 c_2)$	$=$	$\frac{\mathfrak{k}'}{K}\left(\frac{k'_x}{K}, \frac{k'_y}{K}, \frac{k'_z}{K}\right)$	Wellenzahl der gestreuten Elektronenwelle;
$\vec{a}\,(a\,b\,c)$	$=$	$\frac{\mathfrak{f}}{K}\left(\frac{f_x}{K}, \frac{f_y}{K}, \frac{f_z}{K}\right)$	Wellenzahl der elastischen Welle;

(1)

$$\omega = \frac{h^2}{2mK^2} = \frac{h^2}{2m\,G^2 d^2} \quad (m = \text{Elektronenmasse}).$$

$$\text{Energie der Elektronen} = \omega\,|k|^2,$$

$$1/A = e^{\alpha} \text{ in der Formel von Fermi.}$$

In dem ersten Kapitel des Aufsatzes von Nordheim untersucht dieser, in Anlehnung an Bloch, Morse und Peierls, die Natur der Elektronenwellen in Kristallgitter. Die Ergebnisse, zu denen er kommt, sind weniger vollständig und genau als die in diesem Buch (achtes Kapitel, Abschnitte 4—13) gewonnenen. Speziell sei hervorgehoben, daß Morse, nachdem er den Fall eines eindimensionalen Gitters (Gleichungen von Mathieu und Hill, Abschnitte 5 und 6, S. 271) behandelt hat, den Versuch unternimmt, die Ergebnisse auf ein dreidimensionales Gitter zu über-

[1] Nordheim, L., Ann. d. Phys. **9**, 607 (1931).

tragen. Dabei überlagert er einfach die drei periodischen Potentiale in x, y und z:

$$P(xyz) = P_1(x) + P_2(y) + P_3(z)\,. \tag{2}$$

Eine solche Überlagerung ergibt aber keinesfalls eine Abbildung des wirklichen Raumgitters, denn in einer Zerlegung des Potentials (2) in eine dreifache Fourier-Reihe [vgl. achtes Kapitel, Abschnitt 7, S. 281, Gl. (42)] findet man nur die Glieder $P_{\alpha 00}$, $P_{0\beta 0}$, $P_{00\gamma}$ wieder, jedoch keines von den Gliedern $P_{\alpha\beta\gamma}$; d. h. das Gitter (2) besitzt nur die drei zueinander senkrechten Scharen von Netzebenen, aber keine von den zahlreichen schiefen Netzebenen, die der wirkliche Kristall immer enthält.

MORSE findet, daß sich die Energie der Elektronen durch die Gleichung:

$$E = E_1(k_x^2) + E_2(k_y^2) + E_3(k_z^2) \tag{3}$$

darstellen läßt; dieses Ergebnis hat aber keine allgemeine Bedeutung und beruht ausschließlich auf der eben erwähnten Annahme. In dieser Weise erklärt sich der Unterschied zwischen der Abb. 2 von NORDHEIM (S. 612 seiner Arbeit) und der korrekteren Abb. 30 auf S. 287 dieses Buches.

Im zweiten Kapitel untersucht NORDHEIM in einer sehr allgemeinen Weise die Gleichungen, die das Elektronengleichgewicht im Gitter darstellen. Wir wollen zuerst den Inhalt des dritten Kapitels der NORDHEIMschen Arbeit besprechen und kehren später zum zweiten Kapitel zurück.

Das dritte Kapitel behandelt die verschiedenen Prozesse, die zur Streuung der Elektronenwellen führen können; NORDHEIM berücksichtigt folgende drei Vorgänge dieser Art:

1. *Wärmebewegung des Gitters.* Diese Bewegung läßt sich in ein System von elastischen Wellen zerlegen. Die Wechselwirkung von Elektronenwellen mit solchen elastischen Wellen ist das im achten Kapitel dieses Buches behandelte Grundphänomen.

2. *Gitterverzerrungen.* Dazu gehören z. B. die Unregelmäßigkeiten des mikrokristallinen Gefüges, elastische Deformationen usw.

3. *Legierungsbildung.* Haben wir eine Mischung von zwei oder mehr Komponenten vor uns, so ist der Fall der festen Lösung dadurch charakterisiert, daß einzelne homologe Gitterpunkte abwechselnd von verschiedenen Ionen besetzt sind. Dies ist die Hauptursache des sog. „Zusatzwiderstandes" der Legierungen.

Die Effekte 2 und 3 sind — im Gegensatz zu der dynamischen Störung 1 — rein statischer Natur und daher temperaturunabhängig.

Nordheim führt in einer sehr geschickten Weise die von uns vernachlässigten Effekte 2 und 3 in die Rechnung ein. Er erreicht dabei eine vollkommen korrekte Ableitung der Matthiesenschen Regel[1] (Additivität des gewöhnlichen und des durch Verunreinigungen bedingten Widerstandes). Er gibt auch eine vollständige Darstellung der Widerstandsänderung der Legierungen und fester Lösungen in Abhängigkeit von der Zusammensetzung; die entsprechenden Gesetze beruhen wesentlich auf den Interferenzeffekten der Elektronenwellen. Dieser ganze Teil der Nordheimschen Arbeit bildet eine eigene Leistung und ist von besonderem Interesse.

Die Diskussion der Wechselwirkung von Elektronenwellen mit elastischen Wellen (Effekt 1) wird in der Nordheimschen Arbeit nach einer Methode durchgeführt, die der von uns in den Abschnitten 16—21 des achten Kapitels benutzten durchaus analog ist. Bei Nordheim wird die Rechnung unter der Annahme ausgeführt, daß die einzelnen Ionen starr sind und sich unter der Wirkung der elastischen Wellen nicht deformieren. Wir benutzten dagegen im Abschnitt 16 die Vorstellung von deformierbaren Ionen; jeder Teil des Ions verschiebt sich nach unseren Annahmen so, als ob es sich um die Bewegung eines kontinuierlich angedehnten Mediums handelt, in welchem sich eine Welle:

$$u = l e^{-2\pi i(\nu t - ax - by - cz)}$$

ausbreitet. Es scheint uns, daß keine von den beiden extremen Vorstellungen der Wirklichkeit entspricht. Born zeigte in seiner „Dynamik der Kristallgitter“, daß in einem Gitter mit Basis (d. h. einem solchen, in dem jede Elementarzelle mehrere Teilchen $\alpha, \beta, \gamma \ldots$ enthält) jedes Teilchen von einer elastischen Welle einzeln nach einem besonderen Gesetz:

$$u_\alpha = l_\alpha e^{-2\pi i(\nu t - ax - by - cz)}$$
$$u_\beta = \cdots$$

[1] Vgl. siebentes Kapitel, Ende des 5. Abschnitts, S. 213, sowie achtes Kapitel, 27. Abschnitt, S. 383—384.

verschoben wird; die Koeffizienten $l_\alpha, l_\beta, l_\gamma \ldots$ sind verschiedene komplexe Größen, und die Bewegungen der Teilchen $\alpha, \beta, \gamma \ldots$ haben weder eine gemeinsame Amplitude noch die gleiche Phase.

Es ist übrigens nicht besonders wichtig, welche von den erwähnten Vorstellungen von der Natur der Gitterionen bei der Behandlung der elektrischen Leitfähigkeit benutzt wird; die Rechnung von NORDHEIM führt zu demselben Ergebnis wie die von BLOCH, die mit deformierbaren Ionen operiert [Formeln (137), (138) und (139) auf S. 329, 330 dieses Buches]. Die ganz rohe, im Abschnitt 14 des achten Kapitels dieses Buches erwähnte Theorie gibt dasselbe Resultat. In den Endformeln bleibt stets ein willkürlicher Koeffizient C [Gleichung (136)] stehen; die verschiedenen Grundhypothesen unterscheiden sich nur durch die Deutung, die sie diesem Koeffizienten geben. In allen Fällen sind es die longitudinalen elastischen Wellen, die fast allein wirksam sind.

In seiner ganzen Rechnung läßt NORDHEIM die Umklappvorgänge von PEIERLS ganz außer acht; er nimmt mit BLOCH an, daß die elastischen Schwingungen nach der Wechselwirkung mit den Elektronen schnell genug das thermische Gleichgewicht wiedererreichen, so daß man auch in Anwesenheit eines elektrischen Feldes oder eines Temperaturgradienten in genügender Annäherung überall mit dem Vorhandensein eines solchen Gleichgewichts rechnen darf.

Wir kehren jetzt zu dem zweiten Kapitel der NORDHEIMschen Arbeit zurück. In diesem wird die allgemeine Form der Integralgleichung diskutiert, die die Verteilung der Elektronen bestimmt. NORDHEIM bezeichnet mit $\mathfrak{W}(\mathfrak{k}\mathfrak{k}')$ die Wahrscheinlichkeit eines Überganges $\mathfrak{k} \rightarrow \mathfrak{k}'$ bei der Temperatur T und mit a und b die Anzahl der Elektronen von der Art $\mathfrak{k}$, die durch solche Übergänge erzeugt bzw. zerstört werden (dies ist die auch von uns im siebenten Kapitel, Abschnitt 3, S. 202, und im achten Kapitel, S. 345, benutzte LORENTZsche Bezeichnung). Mit diesen Definitionen erhält NORDHEIM die zu unseren Gleichungen [(168), (169), S. 345] analoge Beziehung [Gleichung (3, 10) auf S. 620 seiner Arbeit]:

$$-b + a = -\iiint \{\mathfrak{W}(\mathfrak{k}\mathfrak{k}') f(1-f') - \mathfrak{W}(\mathfrak{k}'\mathfrak{k}) f'(1-f)\} dk'_x\, dk'_y\, dk'_z\,.$$

In Abwesenheit jeder Störung muß dieser Ausdruck verschwinden. Wenn f (und f') die FERMIschen Funktionen f_0 (bzw. f'_0) sind, so gilt:

$$\frac{f_0}{1-f_0} = e^{-\frac{E}{kT}}, \qquad \frac{f'_0}{1-f'_0} = e^{-\frac{E'}{kT}};$$

und wir finden [Gleichung (3, 12) von NORDHEIM]:

$$W(\mathfrak{k}\mathfrak{k}') = e^{\frac{E}{kT}}\,\mathfrak{W}(\mathfrak{k}\mathfrak{k}') = e^{\frac{E'}{kT}}\,\mathfrak{W}(\mathfrak{k}'\mathfrak{k}) = W(\mathfrak{k}'\mathfrak{k})\,;$$

der Ausdruck W stellt also eine symmetrische Funktion von $\mathfrak{k}$ und $\mathfrak{k}'$ dar.

Man beachte, daß in der Gleichung (3, 10) keine vorbereitende Integration durchgeführt worden ist; um diese Gleichung mit unseren Formeln zu vergleichen, muß man also die Gleichung [(158), S. 341] heranziehen, die der Integration, die auf den S. 342 bis 344 durchgeführt wird, vorangeht. Außerdem ist daran zu erinnern, daß in unseren Formeln nur der Effekt 1 (Wärmebewegung des Gitters) berücksichtigt worden ist, nicht aber die NORDHEIMschen Effekte 2 und 3.

Unter diesen Bedingungen erhält man aus dem Vergleich der NORDHEIMschen Formel mit der unsrigen folgende Identitäten:

NORDHEIM: Dieses Buch:

$$\left.\begin{aligned}\mathfrak{W}(\mathfrak{k}\mathfrak{k}') &= \frac{C^2h^2\nu}{4\pi^2 M m^2 W^2}\,\frac{\sin 2\pi(\nu_1+\nu-\nu_2)t}{2\pi(\nu_1+\nu-\nu_2)}\,N\,,\\ \mathfrak{W}(\mathfrak{k}'\mathfrak{k}) &= \frac{C^2h^2\nu}{4\pi^2 M m^2 W^2}\,\frac{\sin 2\pi(\nu_1+\nu-\nu_2)t}{2\pi(\nu_1+\nu-\nu_2)}\,(N+1)\,.\end{aligned}\right\} \tag{4}$$

N bedeutet in (4) die Anzahl der Schwingungsquanten $h\nu$, die durch die Formeln:

$$N = \frac{1}{e^{\frac{h\nu}{kT}}-1}\,; \qquad N+1 = \frac{e^{\frac{h\nu}{kT}}}{e^{\frac{h\nu}{kT}}-1}$$

bestimmt ist.

Aus (4) erhält man die Formel:

$$\left.\begin{aligned}W(\mathfrak{k}\mathfrak{k}') = W(\mathfrak{k}'\mathfrak{k}) &= \mathfrak{W}(\mathfrak{k}\mathfrak{k}')\,e^{\frac{E'}{kT}} = \mathfrak{W}(\mathfrak{k}'\mathfrak{k})\,e^{\frac{E}{kT}}\\ &= \frac{C^2h^2\nu}{4\pi^2 M m^2 W^2}\,\frac{\sin 2\pi(\nu_1+\nu-\nu_2)t}{2\pi(\nu_1+\nu-\nu_2)}\,\frac{e^{\frac{E'}{kT}}}{e^{\frac{h\nu}{kT}}-1}\,,\end{aligned}\right\} \tag{5}$$

indem man die Beziehung[1]

$$E' - E \simeq h\nu$$

berücksichtigt.

[1] An dieser Stelle gibt es eine kleine Schwierigkeit; denn in der Formel (158) dieses Buches, vor jeder Integration, gibt es gar keine direkte Be-

Die NORDHEIMsche Formel (3, 12) ermöglicht es, die grundlegende Integralgleichung auf die FREDHOLMsche Form (mit zwei Variablen und unendlichen Grenzen!) zu bringen. NORDHEIM nimmt an, daß $W(\mathfrak{k}\,\mathfrak{k}')$ von der absoluten Orientierung der beiden Vektoren $\mathfrak{k}$, $\mathfrak{k}'$ unabhängig ist und nur von dem Winkel ϑ zwischen diesen Vektoren abhängt; diese Annahme erscheint plausibel und wird durch die folgenden Formeln gerechtfertigt. Das Endergebnis [Gleichung (3, 22), auf S. 624 bei NORDHEIM] lautet nunmehr:

$$\int\limits_{k'} \mathfrak{M}' \frac{f_0 f_0'}{A\,k\,T} \frac{k'^3}{k}\, 2\pi \int\limits_{\vartheta} W \cos\vartheta \sin\vartheta \, d\vartheta \, dk'$$

$$- \mathfrak{M} \int\limits_{k'} \frac{f_0 f_0'}{A\,k\,T} k'^2\, 2\pi \int\limits_{\vartheta} W \sin\vartheta \, d\vartheta \, dk'$$

$$= \frac{2\omega K}{h} \frac{\partial f_0}{\partial E} \left[eF - \frac{kT}{A} \frac{\partial A}{\partial x} - \frac{E}{T} \frac{\partial T}{\partial x} \right].$$

In dieser Formel ist k im Ausdruck k'^3/k der Absolutbetrag des Wellenzahlvektors der einfallenden Elektronenwelle, k im Ausdruck $1/kT$ bedeutet dagegen den Boltzmann-Faktor; k' ist der Absolutbetrag des Wellenzahlvektors der gestreuten Elektronenwelle. Über k' ist also von 0 bis ∞ zu integrieren. Das zweite Glied in der Formel ist bis auf die Bezeichnungsdifferenzen identisch mit unseren Ausdrücken [(176), S. 349, u. a. analoge Formeln]. Das elektrische Feld F ist bei uns mit E bezeichnet; und in unseren Formeln steht der Ausdruck $\left(eE + kT\frac{\partial\varepsilon}{d\,x}\right)$, der sich folgendermaßen umformen läßt:

$$\left.\begin{aligned} eE + kT\frac{\partial\varepsilon}{\partial x} &= eE + kT\frac{\partial\alpha}{\partial x} - \frac{E_1}{T}\frac{\partial T}{\partial x} \\ &= eF - \frac{kT}{A}\frac{\partial A}{\partial x} - \frac{E}{T}\frac{\partial T}{\partial x} \end{aligned}\right\} \qquad (7)$$

(in der Bezeichnung von NORDHEIM) — denn nach (171) ist:

$$\varepsilon = \alpha + \frac{E_1}{kT} = -\log A + \frac{E}{kT}$$

ziehung zwischen den Größen ν, ν_1 und ν_2 — d. h. zwischen ν, E und E'. Der Resonanzfaktor $\frac{\sin 2\pi(\nu_1 + \nu - \nu_2)\,t}{2\pi(\nu_1 + \nu - \nu_2)}$ hat nur die Wirkung, daß von allen denkbaren Übergängen allein diejenigen eine merkliche Wahrscheinlichkeit erhalten, für die $h\nu$ wenig von $E' - E$ abweicht.

(nach NORDHEIM) —; und andererseits entspricht der Quotient $\partial f_0/\partial E$ bei NORDHEIM (bis auf einen Zahlenfaktor) dem Ausdruck $-\frac{e^\varepsilon}{(e^\varepsilon+1)^2}$ in unserer Bezeichnung.

Der Ausdruck $\mathfrak{M}(k)$ bei NORDHEIM hat [vgl. seine Formeln (3, 20) und (3, 15)] die Bedeutung:

$$\mathfrak{M} = -\frac{\chi}{\frac{\partial f_0}{\partial E}},$$

worin χ, bis auf einen konstanten Faktor, mit unserer Funktion X aus (168), die in der gestörten Elektronenverteilungsfunktion auftritt, identisch ist.

Die Integralgleichung (3, 22) von NORDHEIM ist eine FREDHOLMsche Gleichung mit zwei Variablen ϑ und k', von denen die zweite von 0 bis ∞ läuft. Nach Durchführung aller Reduktionen bleibt — infolge der Symmetrie der Funktion $W(\mathfrak{k}\mathfrak{k}')$ — ein symmetrischer Kern. Es wäre ohne Schwierigkeit möglich, von dieser FREDHOLMschen Gleichung zu unserer VOLTERRAschen Gleichung (achtes Kapitel, Abschnitt 22, S. 349—357) überzugehen, indem man die Integration über ϑ vervollständigt. In der Tat schreibt NORDHEIM seine Gleichungen auf den Seiten 644 bis 647 seiner Arbeit in einer Form, die den in diesem Buch benutzten Formeln sehr ähnlich ist.

Die von uns im Abschnitt 22 des achten Kapitels hervorgehobene Schwierigkeit, die in der Existenz von zwei Polen beruht, besteht somit auch für die FREDHOLMsche Gleichung von NORDHEIM, ist dort nur tiefer versteckt. Indem NORDHEIM die Existenz eines lösenden Kerns annimmt, gibt er eine Reihe von sehr eleganten strengen Ableitungen der Beziehungen, die zwischen den verschiedenen thermoelektrischen Effekten bestehen müssen (Anhang II seiner Arbeit). Es wäre sehr wünschenswert, wenn man diese schönen Rechnungen durch einen endgültigen Beweis der tatsächlichen Existenz eines lösenden Kerns ergänzen könnte. Wir sind überzeugt, daß sich ein solcher strenger Beweis erbringen lassen muß.

Die weiteren Ausführungen von NORDHEIM über die elektrische und thermische Leitfähigkeit bei tiefen und hohen Temperaturen sind unseren Diskussionen im achten Kapitel sehr ähnlich. Auf den Seiten 661—669 findet man bei NORDHEIM interessante Vergleiche mit den experimentellen Tatsachen für reine Metalle, wie auch für Legierungen.

II.

Von R. PEIERLS erhielt der Verfasser einen Brief, der eine genauere Formulierung einiger in den bisher veröffentlichten Arbeiten PEIERLS' zur Widerstandstheorie vorausgesetzten, aber nicht deutlich ausgesprochenen Annahmen enthält. Die wichtigste Frage ist dabei die nach der Wahrscheinlichkeit der „Umklapp-Prozesse". Für die normalen Stöße gilt [Gl. (137), S. 329]:

$$W(a_1 a_2 a) = \frac{h^2 i}{2\pi m} C |l| |a| . \tag{8}$$

Für die anomalen Stöße erhielten wir aus der allgemeinen Formel (136):

$$W(a_1 a_2 a) = \frac{h^2 i}{2\pi m} C \sum_{\alpha} l_\alpha \left(a_\alpha + \frac{m_\alpha}{d}\right), \tag{9}$$

$$\alpha = x, y, z .$$

Statt dieser Formel will PEIERLS auch für die Stöße, bei denen die Zahlen m nicht verschwinden, die Formel (8) als gültig annehmen. Diese Hypothese schien uns sehr willkürlich zu sein; eine Begründung wurde in dem Originalaufsatz von PEIERLS nicht gegeben. Im Brief schreibt er darüber folgendes:

„Sie behaupten mit Gleichung (136), daß die Wahrscheinlichkeit eines Umklapp-Prozesses auch dann nicht verschwindet, wenn die Wellenzahl der beteiligten elastischen Welle sehr klein wird (also $a, b, c \to 0$). Dieses Resultat hängt aber wesentlich daran, daß Sie annehmen, daß die Amplitudenfunktion A von dem Vektor $\vec{a}_1$ unabhängig ist. Diese Annahme, die für fast freie Elektronen im allgemeinen zulässig ist, ist jedoch gerade für ‚Umklapp-Prozesse' nicht erlaubt, denn dort hängt die Amplitudenfunktion wegen der starken Störung der Eigenfunktion stark von $\vec{a}_1$ ab. Daß (136) mit konstantem C nicht richtig sein kann, sehen Sie am besten daraus, daß die Vektoren $\vec{a}$, $\vec{a}_1$ . . . ja willkürlich normiert waren und an sich nur mod $1/d$ definiert sind; bei verschiedener Wahl der $\vec{a}$ würde man also verschiedene Resultate erhalten. In Wirklichkeit verschwindet aber das $W(a_1 a_2 a)$ gerade, wenn der Ausbreitungsvektor der elastischen Welle verschwindet. Allerdings läßt sich dies aus ihrer Ableitung nicht ohne weiteres sehen, aber man schließt es leicht aus dem folgenden Argument: Ist der Vektor der elastischen Welle exakt gleich Null, so sind ja die beiden Elektronenzustände solche, die durch die BRAGGschen Relationen miteinander verbunden sind:

$$a_2 - a_1 = \frac{m_1}{d}, \quad b_2 - b_1 = \frac{m_2}{d}, \quad c_2 - c_1 = \frac{m_3}{d} . \tag{10}$$

In diesem Falle ist aber aus Ihrer Formel (60) zu entnehmen, daß bereits die Eigenfunktionen ‚nullter Näherung' stehende Wellen darstellen, so daß die zugehörige Dichte bei Spiegelung an einem Atom gerade ist. Andererseits ist auch das Potential bei Spiegelung gerade, sein Gradient also ungerade. Mithin verschwindet das Integral:

$$\int \operatorname{grad} P \, \psi \overline{\psi} \, d\tau \tag{11}$$

stets, und damit auch Ihr Integral (131), das ja mit dem obigen bis auf eine partielle Integration identisch ist.

Dieses Resultat läßt sich nach HEISENBERG physikalisch so formulieren: In dem Grenzfall unendlich langer Elektronenwellen werden die Eigenfunktionen für Anfangs- und Endzustand des Elektrons miteinander identisch, das Matrixelement wird also hier ein Diagonalelement und bedeutet die Energieänderung, die das Elektron erfährt, wenn man die zu der betreffenden Gitterwelle zugehörige Verschiebung vornimmt. Im Grenzfall unendlich langer elastischer Wellen ist diese Verschiebung aber eine gleichmäßige Verschiebung des ganzen Gitters und kann daher natürlich keine Energieänderung hervorrufen.

Sobald aber das Integral $W(a_1 a_2 a)$ für $a = 0$ verschwindet, so muß es natürlich auch klein werden, wenn a klein ist, da es stetig von a abhängt; es ist dann nicht schwer zu beweisen, daß es proportional zu dem Betrag des Vektors $\vec{a}$ verschwindet. Es hängt noch natürlich von der Richtung ab, aber nicht in so einfacher Form wie der Kosinusfaktor in (274); die Richtungsabhängigkeit ist übrigens für die Diskussion der Temperaturabhängigkeit belanglos.

Sobald man mit diesen Matrixelementen rechnet, bekommt man ein T^4-Gesetz. . . .

. . . Ich habe den Eindruck, daß von Ihren Einwänden nur einer berechtigt ist, nämlich der (S. 408), daß es eine unberechtigte Näherung ist, die Umklapp-Prozesse als kleine Störung anzusehen. Ich bin Ihnen für die Feststellung dieses Fehlers in meinen Überlegungen sehr dankbar und habe mir inzwischen überlegt, was herauskommt: man erhält dann ein T^5-Gesetz, was ja im Hinblick auf die empirischen Resultate sehr erfreulich ist.

Dieser Einwand trifft jedoch genau so die Berechnungsmethode, die Sie anwenden und die mit meiner im wesentlichen identisch ist. Denn wenn man nur die Änderung der Größe Q_x berechnet, indem man von der Verteilung (277) ausgeht, so steckt darin die implizite Voraussetzung, daß diese Verteilung näherungsweise stationär ist . . . Sie bemerken ja selbst (S. 409), daß es nicht zu beweisen ist, daß Ihre Verteilung (277) einen stationären Zustand darstellt."

Dieser Brief von PEIERLS enthält zahlreiche interessante Bemerkungen. In einigen Punkten sind wir mit ihm nicht einig, in vielen anderen stimmen wir dagegen überein. Um mit dem Ende zu beginnen: in den Abschnitten 29, 30, 31 des achten Kapitels unseres Buches wurde auch von uns betont, daß die dortigen Rechnungen nur sehr grobe Näherungen darstellen und keinen Anspruch darauf erheben, eine genaue Theorie zu geben.

Jetzt möchten wir zum wichtigsten Punkt zurückkehren: Gibt es Umklapp-Prozesse oder gibt es sie nicht? und wenn ja, was ist ihre Wahrscheinlichkeit? Wenn man die brieflichen Ausführungen von PEIERLS mit unserem Abschnitt 31 (S. 410) vergleicht, so kann man das Problem klar erkennen, und man sieht, daß es zu seiner Behandlung notwendig erscheint, die ersten Grundannahmen der Theorie zu betrachten. Man muß darüber entscheiden, welche Grundformeln man als streng gültig und welche als Näherungen ansehen will.

1. Man kann die Theorie aufbauen, indem man in erster Näherung von vollkommen freien Elektronen ausgeht. In dieser Theorie wird man folgende Gleichungen als streng gültig ansehen müssen:

$$\left.\begin{aligned}
&\text{a) Energie:} && E_1 = \frac{h^2}{2m}(a_1^2 + b_1^2 + c_1^2) = h\nu_1,\\
&\text{b) } \psi\text{-Welle:} && \psi = A_1 e^{-2\pi i(\nu_1 t - a_1 x - b_1 y - c_1 z)},\\
&\text{c) elektrischer Strom:} && J_x = e A_1^2 \frac{h}{m} a_1,\\
& && [A_1 \text{ ist die Konstante aus (69), S. 291}]\\
&\text{d) Fluß:} && Q_{x(\mathrm{el})} = A_1^2 a_1 = \frac{m}{he} J_x,\\
& && [\text{in (255), (256), S. 390}].
\end{aligned}\right\} \quad (12)$$

Als Störungen müssen in dieser Theorie auftreten: die BRAGGschen Reflexionen; die Wirkung von elastischen Wellen („normale Stöße“); und die Umklapp-Prozesse von PEIERLS.

Indem man in der im Abschnitt 16 dargestellten Weise vorgeht, findet man tatsächlich die normalen Stöße, mit der Wahrscheinlichkeit [(137), S. 329] wieder — mit anderen Worten, man kommt zur Gleichung (8) dieses Zusatzes; diese enthält einen willkürlichen Koeffizienten C.

Des weiteren findet man auch anomale Stöße, mit der Wahrscheinlichkeit [(138), S. 329], d. h. die Formel (9) dieses Zusatzes. Es gibt zwei Spezialfälle solcher Stöße:

a) $\vec{a} = 0$ — einfache BRAGGsche Reflexionen. Nach der Gleichung (10), Zusatz 3, ist es für solche Reflexionen ganz natürlich, daß in den Formeln für diese Stöße ein Koeffizient $\vec{m}/d$ erscheint, für dessen Quadrat:

$$\frac{|m|^2}{d^2} = \frac{1}{\delta^2}$$

gilt, wo δ den Netzebenenabstand des Gitters bedeutet.

b) $\vec{a} \neq 0$ — Umklapp-Prozesse nach PEIERLS, mit dem Wahrscheinlichkeitskoeffizienten [(9), Zusatz 3]. Wie auf S. 410 in Gl. (292) ausgedrückt wurde, stellen diese Prozesse Überlagerungen von normalen Stößen mit BRAGGschen Reflexionen dar.

Die skizzierte Theorie umfaßt also BRAGGsche Reflexionen und Umklapp-Prozesse; sie ist es, die von uns in den Abschnitten 29, 30, 31 diskutiert wurde, ohne daß wir uns dort über die in (12) zusammengefaßten Voraussetzungen dieser Theorie genügend im klaren gewesen wären.

Diese Theorie ist sicher ungenau (sie führt auch zu dem unmöglichen T^2-Gesetz!); denn sie behandelt die BRAGGschen Reflexionen als Störungen, statt sie von vornherein in die Struktur der Wellen einzuführen, wie dies in den Abschnitten 4—12 des achten Kapitels geschehen war.

2. Es ist also notwendig, von den in den Abschnitten 4—12 formulierten Grundsätzen auszugehen und statt der Formeln (12) folgende Grundgleichungen anzunehmen:

$$\left.\begin{array}{lll}
\text{a) Energie:} & E_1 = f(a_1 b_1 c_1); \\
\text{b) } \psi\text{-Welle:} & \psi = A_1(xyz)\, e^{-2\pi i (\nu_1 t - a_1 x - b_1 y - c_1 z)}; \\
\text{c) mittlerer elektrischer Strom:} & J_x = \dfrac{1}{V}\displaystyle\int\limits_V \frac{eh}{4\pi m i}\left(\overline{\psi}\,\frac{\partial \psi}{\partial x} - \psi\,\frac{\partial \overline{\psi}}{\partial x}\right) dx\,dy\,dz; \\
\text{d) Fluß:} & Q_{x(\mathrm{el})} = A_1^2 a_1 \neq J_x.
\end{array}\right\} \quad (13)$$

Die Energie stellt eine komplizierte Funktion der drei Zahlen $a_1 b_1 c_1$ dar; wenn diese klein sind, kann man für diese Funktion *näherungsweise* den Ausdruck [(101), S. 311]:

$$\frac{h^2}{2m^*}(a_1^2 + b_1^2 + c_1^2)$$

annehmen; dieser Ausdruck ist aber nicht mehr brauchbar, sobald sich die Spitze des Vektors $\vec{a_1}$ in der Nähe einer der in Abb. 34 (S. 304) gezeichneten Polyederflächen befindet. Wir haben im achten Kapitel gezeigt, wie die Amplitude $A_1(xyz)$ solcher anomalen Wellen von den drei Koordinaten abhängt und welche Folgen sich daraus ergeben (Abschnitt 8, S. 289). Es sei besonders darauf hingewiesen, daß J_x unter solchen Umständen (in bezug auf die Größen $a_1 b_1 c_1$, die die Rolle von Quantenzahlen spielen) keine Diagonalmatrix mehr darstellt. Es gibt vielmehr auch Glieder $J_x(a_1 b_1 c_1, a_1' b_1' c_1')$, die von Null verschieden sind:

$$J_x(a_1, a_1') = \frac{1}{V} \frac{eh}{4\pi m i} \int_V \left[\overline{\psi}(a_1) \frac{\partial \psi(a_1')}{\partial x} - \psi(a_1) \frac{\partial \overline{\psi}(a_1')}{\partial x} \right] dx\, dy\, dz. \quad (14)$$

Im Abschnitt 8 wurde von uns die Existenz solcher Matrixelemente erwähnt, ihre Bedeutung aber nicht näher verfolgt. Es müßte übrigens untersucht werden, ob die Formeln des Abschnitts 21 (S. 345) von diesen Komponenten von J_x nicht beeinflußt werden.

Eine von den in (13) formulierten Grundsätzen ausgehende vollständige Theorie ist noch nicht entwickelt worden; die in den Abschnitten 19—28 von uns dargestellte Theorie von F. BLOCH (die neuerdings von NORDHEIM weiter ausgebaut wurde) stellt nur eine ziemlich grobe Näherung dar, denn sie vernachlässigt vollständig die Wirkung der BRAGGschen Reflexionen.

Wenn aber eine vollständige Theorie dieser Art aufgebaut sein wird, so wird sie als einzige Störung die Wirkung der elastischen Wellen enthalten; die BRAGGschen Reflexionen werden als besondere Vorgänge aus der Theorie verschwinden und wir glauben, daß auch die Umklapp-Prozesse das gleiche Schicksal erleiden werden, denn sie sind eng an die BRAGGschen Reflexionen gebunden.

Was beweisen in der Tat die Bemerkungen von PEIERLS in dem oben angeführten Brief? Nur, daß der Wahrscheinlichkeitskoeffizient der Umklapp-Prozesse bei der Annäherung von $\vec{a}$ an Null ebenfalls gegen Null streben muß. PEIERLS macht daraufhin die Annahme, daß dieser Koeffizient von der Form:

$$W(a_1 a_2 a) \simeq C_u |l|\,|a| \quad (15)$$

ist, mit einer zusätzlichen unbekannten Abhängigkeit von den Orientierungswinkeln. In dieser hypothetischen Formel (15) nimmt PEIERLS dann noch die Identität des Faktors C_u für die Umklapp-Prozesse mit dem Faktor C für normale Stöße an:

$$C_u = C. \quad (16)$$

Die Hypothese (15) erscheint plausibel; man müßte sie allerdings erst streng beweisen. Die Annahme (16) scheint dagegen gänzlich willkürlich; wir glauben, daß der Koeffizient C_u in Wirklichkeit sehr klein oder sogar gleich Null ist. Hier liegt der ganze Unterschied zwischen unserer Auffassung und der Meinung von PEIERLS.

Wir wollen noch den Gedanken genauer formulieren, der etwas zu flüchtig auf S. 410 ausgedrückt wurde. Warum nahm PEIERLS in seiner oft zitierten Arbeit[1] an, daß die Umklapp-Prozesse die wichtigste Bedeutung haben müssen? Aus dem Grunde, weil für die normalen Stöße ein Erhaltungsprinzip besteht, das auf S. 334 wiedergegeben wurde:

$$Q_{x\,(\text{Schw})} + Q_{x\,(\text{El})} = \text{konst.}$$

PEIERLS meinte, daß aus diesem Prinzip ein Verschwinden des durch normale Stöße bedingten Widerstands folgen müßte. Uns scheint diese Folgerung ungenau zu sein; denn in (13c) und (13d) sieht man deutlich, daß Q_x von dem elektrischen Strom J_x verschieden ist; und für anomale Wellen (BRAGGsche Anomalien) wird der Unterschied zwischen Q_x und J_x, wie im Abschnitt 8, S. 289, gezeigt worden ist, sehr bedeutend.

In der angedeuteten genauen Theorie wird man eine ausführliche Untersuchung der normalen Stöße bei anomalen Wellen durchführen müssen, und es scheint uns jetzt, daß man auf diese Weise vielleicht doch wichtige Effekte ableiten wird, durch die die Theorie von BLOCH ergänzt werden muß; dagegen glauben wir immer noch daran, daß die Umklapp-Prozesse in der vollständigen Theorie nur eine geringe Rolle spielen werden.

Es bleibt noch, diese schwierigen Punkte zu untersuchen und die etwas unbestimmten Vermutungen durch genaue Beweise zu ersetzen. Um Mißverständnisse zu vermeiden, möchte ich zum Schluß noch erwähnen, daß ich die Untersuchungen von PEIERLS für sehr wichtig und verdienstlich halte; sie haben zu einer klaren Stellung eines Problems geführt, das für die gesamte Theorie der Leitfähigkeiten grundlegend ist. Wenn unsere Meinungen über die Lösung dieses Problems nicht ganz übereinstimmen, so wird dadurch meine Schätzung seiner Arbeit in keiner Weise vermindert.

[1] PEIERLS, R., Ann. Physik 4, 121 (1930).

Literaturverzeichnis.

1. Allgemeine Werke über die statistische Thermodynamik.

Boltzmann, L., Vorlesungen über Gastheorie. Leipzig: J. A. Barth 1896.

Planck, M., Thermodynamik, 5. Aufl. Leipzig: Veit u. Co. 1917. — Wärmestrahlung. 5. Aufl. Leipzig: J. A. Barth 1923.

Lorentz, H. A., Abhandlungen über theoretische Physik **1**, Nr 11, 301. Leipzig: B. G. Teubner 1907 — Les théories statistiques en Thermodynamique. Vorlesungen im Collège de France 1913. Leipzig: B. G. Teubner 1916.

Nernst, W., Theoretische und experimentelle Grundlagen des neuen Wärmesatzes, 2. Aufl. Halle: W. Knapp 1927.

Ehrenfest, P. u. T., in der „Mathematischen Enzyklopädie" **4**, 4.

Borel, E., u. Fr. Perrin, Mécanique statistique classique. Paris: Gauthier-Villars 1925.

Gibbs, J. W., Elementare Grundlagen der statistischen Mechanik. Leipzig: J. A. Barth 1905.

Jeans, J. H., Report on radiation and quantum theory. Physic. Soc. Lond. 1914.

Reiche, F., Quantentheorie. Berlin: Julius Springer 1921.

Berichte des 1., 2., 3., 4., 5. Solvay-Kongresses. Paris: Gauthier-Villars.

Herzfeld, K. F., Kinetische Theorie der Wärme. Braunschweig: V. Vieweg 1925.

Uhlenbeck, G. E., Over statistische Methoden in de theorie der quanta. Haag: M. Nyhoff 1927.

Fowler, R. H., Statistical mechanics. Cambridge Univ. Press. 1929.

Tolman, R. C., Statistical mechanics. New York: Chemical Catalog Co.

Und alle Lehr- und Handbücher der Physik.

2. Einzelne Abhandlungen zur Quantenstatistik. (Arbeiten, die in loserer Beziehung zum Hauptinhalt des Buches stehen, sind nur in Fußnoten zitiert worden.)

1. Einstein, A., Ann. Physik **9**, 417 (1902).
2. Einstein, A., Ann. Physik **11**, 170 (1903).
3. Einstein, A., Ann. Physik **14**, 359 (1904).
4. Ehrenfest, P. u. T., Wiener Ber. **115**, 89 (1906).
5. Ehrenfest, P. u. T., Physik. Z. **8**, 311 (1907).
6. Hertz, P., Ann. Physik **33**, 225, 537 (1910).
7. Sackur, O., Ann. Physik **36**, 958 (1911).
8. Milner, S. R., Philosophic. Mag. **23**, 551 (1912); **25**, 742 (1913).
9. Sackur, O., Nernst-Festschrift **1912**, 405.

10. TETRODE, H., Ann. Physik **38**, 434 (1912).
11. SACKUR, O., Ann. Physik **40**, 67 (1913).
12. STERN, O., Physik. Z. **14**, 629 (1913).
13. TETRODE, H., Physik. Z. **14**, 212 (1913).
14. PLANCK, M., Physik. Z. **14**, 258 (1913).
15. LENZ, W., Vorträge der Wolfskehlstiftung 1913 in Göttingen. Teubner 1914.
16. PLANCK, M., ebenda.
17. EHRENFEST, P., Physik. Z. **15**, 657 (1914).
18. TETRODE, H., Proc. Amsterdam Acad. **17**, 1167 (1915).
19. PLANCK, M., Sitzgsber. preuß. Akad. Wiss., Physik.-math. Kl. **1916**, 653.
20. HERZFELD, K. F., Ann. Physik **51**, 261 (1916).
21. EHRENFEST, P., Ann. Physik **51**, 327 (1916).
22. EHRENFEST, P., Proc. Amsterdam Acad. **19**, 576 (1916).
23. EINSTEIN, A., Physik. Z. **18**, 121 (1917).
24. LORENTZ, H. A., Proc. Amsterdam Acad. **19**, 737 (1917).
25. STERN, O., Z. Elektrochem. **25**, 79 (1919).
26. v. MISES, R., Physik. Z. **21**, 225, 256 (1920).
27. EHRENFEST, P., u. TRKAL, V., Proc. Amsterdam Acad. **23**, 162 (1920) — Ann. Physik **65**, 609 (1921).
28. BRILLOUIN, L., J. Physique et Radium **2**, 65 (1921).
29. SCHOTTKY, W., Physik. Z. **22**, 1 (1921).
30. PLANCK, M., Ann. Physik **66**, 365 (1921).
31. BROGLIE, L. DE, J. Physique et Radium **3**, 33, 422 (1922).
32. PLANCK, M., Sitzgsber. preuß. Akad. Wiss., Physik.-math. Kl. **1922**, 63.
33. DARWIN, M. A., u. FOWLER, R. H., Philosophic. Mag. **44**, 450, 823 (1922).
34. ENSKOG, D., Ann. Physik **72**, 321 (1923).
35. PLANCK, M., Sitzgsber. preuß. Akad. Wiss., Physik.-math. Kl. **1923**, 350, 355.
36. FOWLER, R. H., Philosophic. Mag. **45**, 1, 497 (1923).
37. BECKER, R., Z. Physik **18**, 325 (1923).
38. DEBYE, P., u. HÜCKEL, E., Physik. Z. **24**, 185, 305 (1923).
39. PAULI, W., Z. Physik **18**, 272 (1923).
40. BOTHE, W., Z. Physik **20**, 145 (1923).
41. ORNSTEIN, L.-S., u. BURGER, H.-C., Z. Physik **20**, 345, 351 (1923).
42. EINSTEIN, A., u. EHRENFEST, P., Z. Physik **19**, 301 (1923).
43. FERMI, E., Physik. Z. **24**, 261 (1923).
44. FERMI, E., Rend. R. Accad. Lincei **32**, 493 (1923) — Z. Physik **26**, 54 (1924).
45. URBANSKI, W., Physik. Z. **25**, 47 (1924).
46. FERMI, E., Nuovo Cim. **1**, 153 (1924).
47. CHERRY, T.-M., Trans. Cambr. Phil. Soc. **23**, 43 (1924).
48. NORDHEIM, L., Z. Physik **27**, 65 (1924).
49. PLANCK, M., Ann. Physik **73**, 272 (1924).
50. PLANCK, M., Ann. Physik **75**, 673 (1924).
51. SCHRÖDINGER, E., Physik. Z. **25**, 41 (1924).
52. BOTHE, W., Z. Physik **23**, 214 (1924).

53. Pauli, W., Z. Physik **22**, 251 (1924).
54. Bose, S.-N., Z. Physik **26**, 178 (1924).
55. Bose, S.-N., Z. Physik **27**, 384 (1924).
56. Einstein, A., Sitzgsber. preuß. Akad. Wiss., Physik.-math. Kl. **1924**, 261.
57. Schidlof, A., Arch. de Genève **6**, 281, 381 (1924).
58. Fowler, R. H., Philosophic. Mag. **47**, 257 (1924).
59. Urey, H. C., Astrophys. J. **59**, 1 (1924).
60. Planck, M., Z. Physik **35**, 155 (1925).
61. Planck, M., Sitzgsber. preuß. Akad. Wiss., Physik.-math. Kl. **1925**, 49.
62. Planck, M., Sitzgsber. preuß. Akad. Wiss., Physik.-math. Kl. **1925**, 442.
63. Lewis, G. N., Proc. Nat. Acad. Sci. U. S. A. **11**, 179, 422 (1925); **13**, 307, 471 (1927).
64. Fowler, R. H., Proc. Cambridge philos. Soc. **22**, 861 (1925).
65. Fowler, R. H. u. Guggenheim, Monthly Not. R. A. S. **85**, 939 (1925).
66. Pauli, W., Z. Physik **31**, 765 (1925).
67. Landé, A., Z. Physik **33**, 571 (1925).
68. Schrödinger, E., Sitzgsber. preuß. Akad. Wiss., Physik.-math. Kl. **1925**, 434.
69. Einstein, A., Sitzgsber. preuß. Akad. Wiss., Physik.-math. Kl. **1925**, 3, 18.
70. Ehrenfest, P., Z. Physik **34**, 362 (1925).
71. Heitler, W., Z. Physik **34**, 526 (1925).
72. Jordan, P., Z. Physik **33**, 649 (1925).
73. Stern, O., Z. Elektrochem. **31**, 448 (1925).
74. Stern, O., Z. physik. Chem. **120**, 60 (1926).
75. Fermi, E., Z. Physik **36**, 383, 902 (1926).
76. Fermi, E., Atti Accad. Lincei (6) **3**, 145 (1926).
77. Fowler, R. H., Philosophic. Mag. **1**, 845 (1926).
78. Fowler, R. H., Proc. Roy. Soc. Lond. A **113**, 432 (1926) — Monthly Not. R. A. S. **87**, 114 (1926).
79. Heisenberg, W., Z. Physik **38**, 411 (1926).
80. Schrödinger, E., Sitzgsber. preuß. Akad. Wiss., Physik.-math. Kl. **1926**, 23.
81. Schrödinger, E., Physik. Z. **27**, 95 (1926).
82. Dirac, P. A. M., Proc. Roy. Soc. Lond. A **112**, 661 (1926).
83. Jauncey, G. E. M., u. Hughes, A. L., Proc. Nat. Acad. Sci. U. S. A. **12**, 169 (1926).
84. Lenz, W., Physik. Z. **27**, 642 (1926).
85. Bothe, W., Z. Physik **41**, 345 (1927).
86. Jordan, P., Z. Physik **41**, 711 (1927).
87. Ehrenfest, P., u. Uhlenbeck, G. E., Z. Physik **41**, 24 (1927).
88. Brillouin, L., C. r. Acad. Sci. Paris **184**, 589 (1927) — Ann. Physique **7**, 315 (1927).
89. Thomas, L. H., Proc. Cambridge philos. Soc. **23**, 542 (1927).
90. Pauli, W., Z. Physik **41**, 81 (1927).
91. Ornstein, L. S., u. Kramers, H. A., Z. Physik **42**, 481 (1927).
92. Bothe, W., Z. Physik **46**, 327 (1927).

93. Rosenfeld, L., u. Witmer, E. E., Z. Physik **47**, 517 (1928); **48**, 530 (1928); **49**, 534 (1928).
94. Jüttner, Z. Physik **47**, 542 (1928).
95. Sommerfeld, A., Naturwiss. **15**, 825 (1927); **16**, 374 (1928).
96. Sommerfeld, A., Z. Physik **47**, 1, 43 (1928).
97. Mitchell, A. C. G., Z. Physik **50**, 570 (1928).
98. Fürth, R., Z. Physik **48**, 323 (1928); **50**, 310 (1929).
99. Nordheim, L., Z. Physik **46**, 833 (1928).
100. Nordheim, L., Proc. Roy. Soc. Lond. A **119**, 689 (1928); A **121**, 626 (1928).
101. Nordheim, L., Naturwiss. **16**, 1042 (1928).
102. Oppenheimer, J. R., Proc. Nat. Acad. Sci. U. S. A. **14**, 363 (1928).
103. Pauli, W., Probleme der modernen Physik, S. 30. Hirzel 1928.
104. Richardson, O. W., Proc. Roy. Soc. Lond. A **117**, 719 (1928).
105. Ruedy, R., Physic. Rev. **32**, 974 (1928).
106. Wentzel, G., Probleme der modernen Physik, S. 79. Hirzel 1928.
107. Bartlett, R. S., Proc. Roy. Soc. Lond. A **121**, 456 (1928).
108. Bieler, E. S., J. Franklin Inst. **206**, 65 (1928).
109. Biggs, H. F., Nature (Lond.) **121**, 503 (1928).
110. Fermi, E., Z. Physik **48**, 73 (1928) — Rend. R. Accad. Lincei **6**, 602 (1927) — Z. Physik **49**, 550 (1928) — Leipziger Vorträge **1928**, 95.
111. Rasetti, F., Rend. R. Accad. Lincei **7**, 915 (1928) — Z. Physik **49**, 596 (1928).
112. Gentile, G., u. Majorana, E., Rend. R. Accad. Lincei **8**, 229 (1928).
113. Fock, V., Z. Physik **49**, 339 (1928).
114. Fowler, R. H., Proc. Roy. Soc. Lond. A **117**, 549 (1928).
115. Fowler, R. H., u. Nordheim, L., Proc. Roy. Soc. Lond. A **119**, 173 (1928).
116. Fowler, R. H., Proc. Roy. Soc. Lond. A **118**, 229 (1928).
117. Frenkel, J., Z. Physik **49**, 31 (1928).
118. Frenkel, J., u. Mirolubow, N., Z. Physik **49**, 885 (1928).
119. Frenkel, J., Z. Physik **50**, 234 (1928); **51**, 232 (1928).
120. Gibson, G. E., u. Heitler, W., Z. Physik **49**, 465 (1928).
121. Hall, E. H., Proc. Nat. Acad. Sci. U. S. A. **14**, 366, 802 (1928).
122. Houston, W. V., Z. Physik **47**, 33 (1928).
123. Houston, W. V., Z. Physik **48**, 449 (1928).
124. Kretschmann, E., Z. Physik **48**, 739 (1928).
125. Lennard-Jones, J. E., Proc. Phys. Soc. Lond. **40**, 320 (1928).
126. Lennard-Jones, J. E., u. Woods, H. J., Proc. Roy. Soc. Lond. A **120**, 727 (1928).
127. Lewis, G. N., u. Mayer, J. E., Proc. Nat. Acad. Sci. U. S. A. **14**, 569 (1928); **15**, 127, 208 (1929).
128. Houston, W. V., Physic. Rev. (2) **33**, 361 (1929).
129. Klein, O., Z. Physik **53**, 157 (1929).
130. Fowler, R. H., Proc. Roy. Soc. Lond. A **122**, 36 (1929).
131. Bloch, F., Z. Physik **52**, 555 (1929).
132. Bloch, F., Z. Physik **53**, 216 (1929).

133. Nordheim, L., Physik. Z. **30**, 177 (1929).
134. Uhlenbeck, G. E., J. Frankl. Inst. **207**, 539 (1929).
135. Houston, W. V., Physic. Rev. **34**, 279 (1929).
136. Darrow, K. K., Revue of Modern Physics **1** (1929) — Einführung in die physikalische Statistik. Hirzel 1931.
137. Lenz, W., Z. Physik **56**, 778 (1929).
138. Bloch, F., Z. Physik **57**, 545 (1929).
139. Peierls, R., Z. Physik **53**, 255 (1929) — Physik. Z. **30**, 279 (1929).
140. Frank, N. H., Z. Physik **63**, 596 (1930).
141. Milne, E. A., Monthly Not. R. A. S. **90**, 769 (1930).
142. Stern, T. E., Proc. Roy. Soc. Lond. **126**, 570 (1930).
143. Frank, N. H., Z. Physik **64**, 650 (1930) — Naturwiss. **18**, 751 (1930).
144. Bloch, F., Z. Physik **59**, 208 (1930).
145. Peierls, R., in Leipziger Vorträge 1930.
146. Bloch, F., ebenda.
147. Grüneisen, E., ebenda.
148. Peierls, R., Ann. Physik **3**, 1055 (1930); **4**, 121 (1930); **5**, 244 (1930).
149. Brillouin, L., C. r. Acad. Sci. Paris **191**, 198, 292 (1930) — J. Physique **1**, 377 (1930).
150. Kronig, R. de L., u. Penney, W. G., Proc. Roy. Soc. Lond. **130**, 499 (1931).
151. Frank, N. H., u. Sommerfeld, A., Rev. of Modern Physics **3**, 1 (1931).
152. Nordheim, L., Ann. Physik **9**, 607 (1931).

Sachverzeichnis.

GPSR Compliance

The European Union's (EU) General Product Safety Regulation (GPSR) is a set of rules that requires consumer products to be safe and our obligations to ensure this.

If you have any concerns about our products, you can contact us on ProductSafety@springernature.com

In case Publisher is established outside the EU, the EU authorized representative is:

Springer Nature Customer Service Center GmbH
Europaplatz 3
69115 Heidelberg, Germany

Batch number: 10682427

Printed by Printforce, the Netherlands